블랙아웃과 전력시스템 운용

블랙아웃과 전력시스템 운용

전력공급의 안전도 유지와 EMS의 효과적 활용

2015년 8월 20일 초판 인쇄
2015년 8월 25일 초판 발행

지은이 | 김영창 · 유재국
펴낸이 | 이찬규
펴낸곳 | 북코리아
등록번호 | 제03-01240호
주소 | 462-807 경기도 성남시 중원구 사기막골로 45번길 14
　　　 우림2차 A동 1007호
전화 | 02-704-7840
팩스 | 02-704-7848
이메일 | sunhaksa@korea.com
홈페이지 | www.북코리아.kr
ISBN | 978-89-6324-433-4 (93560)

값 32,000원

BLACK OUT

and Power System Operation

블랙아웃과 전력시스템 운용

전력공급의 안전도 유지와 EMS의 효과적 활용

김영창 · 유재국 지음

북코리아

블랙아웃의 위험과 이 책의 구성
"현재 사용 중인 차세대 EMS는 폐기되어야 한다."

9.15 정전사고의 발생

2011년 9월 15일에 발생한 전국적인 정전사고(이하에서는 9.15 정전)는 이 책을 집필하게 된 결정적인 사건이었다. 9.15 정전은 우리나라의 전력시스템 운용의 허점을 여실히 보여준 사고였으나, 당시 전력정책을 총괄하던 지식경제부는 사고의 원인을 확인하려는 상세한 기술분석보고서를 내놓지 않았다. 지식경제부는 수요예측에 실패했고 예비력을 충분히 확보하지 못해 9.15 정전이 발생했다고 보았다. 이후, 한국전력거래소(이하 전력거래소)를 포함한 전력당국은 예비력이 400만kW 규모 이하로 떨어지면 '블랙아웃(blackout)'이 일어날 것처럼 어수선한 분위기를 조성했다. 급기야 블랙아웃을 막기 위한 대책으로 고전적 수단인 '절전'이 등장했다. 전력당국은 예비력이 충분하면 블랙아웃 발생의 확률이 사라진다는 진단에서 블랙아웃 관련 정책을 시작했기에 블랙아웃을 막을 수 있는 제대로 된 근본적인 정책 수단을 찾지 못한 것이다.

2012년 6월에 이르러서야, 9.15 정전은 예비력 부족 문제라기보다는 전력거래소가 예비력을 계측할 수 없는 기술적 결함을 가지고 있고 아울러 전력거래소가 운용예비력을 계측하고 발전기의 출력을 재배치하는 EMS(Energy Management System)를 비정상적으로 사용했기 때문에 발생한 사고였다는 내용의 보고서[1]

---

1   유재국(2012b). 「전력계통운영시스템(EMS) 운용 현황과 개선 방안」, 『현안보고서』, 제157호,

가 국회입법조사처에서 발간되었다. 동 보고서는 9.15 정전의 직접적 원인은 EMS라는 소프트웨어의 기술적 문제로 급전원들이 전력시스템의 현재 상태가 어떠한가를 인식하는 데에 실패한 것이라고 보았다. 이 보고서 발간을 계기로 EMS가 무엇이며 어떻게 사용하는 것이 정상적인 것인지에 대한 기나긴 논쟁이 시작되어 오늘에 이르렀다.

불행히 아직까지도 우리나라에는 블랙아웃에 대한 정의가 없을 뿐만 아니라 예비력의 정의도 제대로 이루어진 것이 없다. 수많은 예비력의 분류 중에서 어떤 예비력이 도대체 어떤 블랙아웃을 막는다는 것인지 명확하게 정의되어 있지 않다. 본문에서 블랙아웃 즉 정전의 분류를 살펴보겠지만, 큰 규모의 전력시스템에서는 예비력이 부족하다고 해서 전력시스템에 연결된 발전기가 동시에 멈춰버리는 시스템 붕괴(system collapse)가 발생하지는 않는다.[2] 전력시스템 붕괴란 송전망에서 우연히 발생한 작은 사건이 연쇄적으로 확대되어 발전기를 동시에 모두 정지시켜버리고 전력시스템 자체가 정상적 기능을 수행하지 못하는 것을 말한다. 이 책에서 언급하고 있는 '블랙아웃'은 시스템 붕괴를 의미하며, 전력시스템에 연결된 모든 발전기가 멈추게 되어 어두운 밤을 지낼 수밖에 없어 블랙아웃이라 지칭되는 것이다.

블랙아웃의 위험

블랙아웃은 전쟁을 제외하고 한 국가에서 가장 큰 재앙을 가져다줄 수 있는 인위적 재난이라고 필자들은 단언한다. 이 주장에 동의하기 어렵다고 생각하는 독자들은 이 책 제3장에서 다룬 연쇄고장(cascading failure)과 이것의 시작으로 인한

국회입법조사처.

2   우리나라의 경우, 발전설비 규모가 현재에 비해 대단히 적었던 1971년에 하나의 발전기 탈락으로 전력시스템 붕괴가 일어난 적이 있으며, 발전설비 규모가 커진 상황에서는 발전기 하나의 탈락은 주파수 변화로 나타나며 시스템 붕괴로 이어지지 않는다. 현재 외국에서 일어나는 전력시스템 붕괴는 주로 송전선의 고장에 기인한다. 주요 사고의 원인 분석은 제3장에 수록했다.

블랙아웃의 영향 범위를 우선 읽어보기 바란다. 보다 구체적인 상황극은 미국 대륙에서 블랙아웃 발생을 가상한 시나리오를 시뮬레이션한 아메리칸 블랙아웃(American Blackout)이라는 인터넷 사이트에 자세히 나와 있다. 이 인터넷 사이트에서는 미국에서 블랙아웃이 발생할 경우, 발생 10일째에 33만 9천여 명이 사망할 것이며, 1조 2,780억 달러($)[3]의 경제적 손실이 발생할 것이라는 시뮬레이션 결과를 제시한다. 블랙아웃은 인간이 만들어낸 시스템을 인간이 잘못 운용해 생기는 재난으로서는 가장 큰 재앙이 아닐 수 없다.

일반인들도 원자력발전소의 사고 발생확률은 매우 작지만 한번 사고가 발생하면 그 위험성과 심각성이 크다는 것을 매스컴을 통해 충분히 인지하고 있으리라고 본다. 따라서 대다수 사람들은 블랙아웃으로 인한 사고의 위험보다 원자력발전소 사고의 위험이 더 크다고 생각할지 모른다. 그러나 필자들은 이 두 가지 사고 중에서도 블랙아웃이 더 큰 사고라고 단언한다. 그 이유는 다음과 같다.

만약 이 시간에 블랙아웃이 발생하게 되면 2015년 5월 현재 국내에서 운전 중인 23기의 원자력시스템은 원자로의 가동을 멈추고 원자로를 냉각시켜야 한다. 원자로 냉각시간은 원자로가 안정화될 때까지 소요되며 보통 10시간에서 며칠 또는 몇 주간의 시간이 필요하다. 그런데 블랙아웃이 발생하면 23기의 원자력발전기는 모두 외부 전력을 공급받지 못하게 된다는 점에서 블랙아웃에 의한 원자로 정지는 전력시스템 운용이 정상적일 때의 원자력발전기 고장정지와는 다른 성격을 갖는다. 일반적으로 전력시스템이 정상일 때의 원자로 고장정지는 외부 전력의 공급이 가능한 상태에서 발생하므로 충분한 대처가 가능하다. 그러나 블랙아웃이 발생하면 외부 전력 공급이 차단된 상태에서 전력시스템이 복구되는 데에 시간이 얼마나 걸릴지 모르는 불확실한 상황이 지속될 수 있기 때문에 블랙아웃은 원자로 안전성에 심각한 위협이 된다. 만약 블랙아웃이 발생해 우리나라 23기의 원자로 중 하나에서라도 원자로 냉각 실패 문제가 발생한다면 이후

---

3   이는 원화로 약 1,278조 원 정도인데, 2010년 우리나라 명목 GDP가 원화로 1,265조 원이었음을 감안하면 그 피해 규모를 짐작할 수 있다.

의 문제는 걷잡을 수 없는 상황으로 진행될 것은 명확하다.

블랙아웃으로 인해 전국의 모든 발전기가 운전을 중단하면 원자력발전기 안전성 문제뿐만 아니라, 모든 지하시설의 침수를 막는 양수기도 작동되지 않게 되어 지하시설물의 피해도 클 것으로 예상된다. 방송통신이 두절되고, 급수장치와 하수설비 처리장치가 작동불능 상태로 되어 식수가 오염되며, 냉장시설이 가동되지 않아 식품을 보존할 수조차 없게 된다. 그야말로 준전시 상태에 처할 것이다. 블랙아웃의 피해에 관한 내용은 제2장에서 상세히 설명한다.

블랙아웃의 예방 방법

블랙아웃을 일으키는 초기 문제가 발생한 후 이를 감지하지 못하고 방치하게 되면 최종적인 직접 원인으로 인해 10여 초 이내에 모든 발전기의 운전이 중단되고 전력시스템은 붕괴된다. 그러나 이의 복구에 필요한 시간은 최소한 수일이 걸릴 수 있다. 이 사이에 국민의 생명과 재산은 심각한 위협을 받는다. 전력시스템의 규모가 커질수록 이로 인한 위험의 크기는 더욱 커지는 것이다. 이 책은 바로 이 위험을 예방하고 피해를 줄이기 위한 기초지식을 전달하기 위해 집필되었다.

블랙아웃에 대한 문제는 앞에서 언급한 원자력발전기를 포함해 전력시스템 전체를 보고 논의해야만 이해가 가능한 분야이다. 뿐만 아니라, 블랙아웃을 막기 위해서는 전력시스템이라는 네트워크를 관찰하면서 5분을 주기로 반복적으로 발전기의 출력을 재배치하는 자동발전제어라 불리는 AGC(Automatic Generation Control)와 같은 미시적인 기술도 이해해야만 한다. 시스템 운용의 안전도(security)를 유지하기 위해 미시적인 기술 조작이 네트워크에 어떤 영향을 주며, 미시적 조작이 실패했을 때에 거시적 네트워크에 어떤 문제가 발생하는가를 이해하게 되면 전력시스템 운용의 큰 맥락을 이해하는 데 도움이 된다. 또한 네트워크의 상태가 동적으로, 즉 시간의 흐름에 따라 변화하기 때문에 작은 움직임이 전체에 미치는 영향을 판단하는 시스템 사고(systems thinking)가 전력시스템 운용자들에게는 필요하다. 전력시스템 운용자들이 이러한 생각의 기반 위에서 EMS를 이용한 시스템 분석(system analysis)과 급전을 정상적으로 실행하지 않으면 차선에도 못 미치는 최악의 선택을 할 수 있으며, 이는 극단적인 사고로 진행될 수 있는 것이다. 전력시스템과 같이 복잡한 시스템의 하부를 구성하는 요소들 중 일부에서 발생한 문제가 전체 시스템의 정상적 기능을 수행하지 못하도록 하는 사고 발생의 확률은 기존에 알려진 것보다 크게 나타나는 멱함수 법칙(power law)을 따른다는 것이 최근 이론의 동향이다. 따라서 EMS와 같은 고도의 기술과 인간의 합리적 판단이 결합된 전력시스템 운용이 실행되지 않는다면 전력시스템에서 중대한 사고가 발생할 수 있는 임계점(criticality) 근처로 접근하게 되어 파국을 면치 못할 수 있다.

이와 같은 사고를 막기 위해서는 전력거래소도 EMS를 이용해 운용예비력을 정상적으로 계측하고 연쇄고장의 발생을 예방하기 위한 방법, 즉 실시간 안전도 제약 최적조류계산(SCOPF)[4]이라는 프로그램에 의한 발전기 출력 제어가 반드시 필요하다. 지금부터라도 수동급전으로부터 탈피해 EMS를 이용한 전력시스템 운용을 실시해야만 한다.

EMS 사용 여부에 대한 논쟁의 시작

그러나 필자들의 이러한 주장은 기존 학계와 정책 당국자로부터 외면당했다. 결국 우리나라의 EMS가 비정상적으로 운용되고 있다는 필자들과 같은 소수

---

[4] 송전선에 과부하가 발생하지 않도록 하면서 시스템 운용의 안전도(security)를 유지하고 가장 경제적인 발전기 출력을 낼 수 있도록 모든 발전기의 출력을 5분마다 재배치하는 EMS의 출력 명령을 계산하는 것을 의미한다. 안전도 제약 최적조류계산이라고 하며, security-constrained optimal power flow의 약자이다. 안전도 제약 경제급전이라 불리는 SCED(Security-constrained Economic Dispatch)도 이와 유사한 기능을 갖기에 혼용해 사용하고 있다. SCOPF나 SCED 모두 OPF의 알고리즘을 기본 뼈대로 두고 작동하는데, SCED의 ED가 자칫 송전선의 용량 제약을 고려하지 않는 단순한 라그란지(Lagrange) 함수를 연상시킬 수 있어 본 책에서는 SCOPF로 통일해서 사용한다. 전력거래소는 SCED라는 용어를 사용한다.

파와 전력거래소는 EMS를 정상적으로 사용하고 있다는 다수파 간에 논쟁이 시작되었다. 논쟁이 시작된 지 3년이 넘도록 EMS의 정상적 사용여부에 대한 논쟁은 여전히 지속되고 있다. 필자들은 학술적 이론적 문제만이라도 정리를 하고자 EMS의 정상적 사용과 관련된 기술적 쟁점과 관련된 이론을 정리하고, 외국의 사례를 소개하려는 목적으로 이 책을 집필했다.

일반인에게는 블랙아웃, EMS, 그리고 전력시스템 운용 등의 용어는 생소할 뿐만 아니라 이를 이해하는 것은 매우 어렵다. 일반 대중들이 이 문제를 인식하지 못함으로써 EMS와 관련된 전문 집단 내의 사람만이 이 문제에 대응하게 되었고 EMS의 그릇된 사용이 블랙아웃의 원인이 될 수 있다는 의제(agenda)의 중요성은 작아지게 되었다. 만약 EMS를 비정상적으로 사용하는 즉시 블랙아웃이 발생한다면 일반인들의 EMS에 대한 관심은 증폭되었을 것이다. 그리고 우리나라의 전력산업이 구조개편을 완성한 상황이었다면 EMS가 발전비용의 정산에 필수적인 정보를 산출하므로, ESM의 비정상적 사용으로 손해를 입는 당사자가 나온다면 이해관계자들이 이익 침해를 이유로 집단적 행동을 했었을 것이다. EMS가 제대로 작동하지 않아도 블랙아웃이 발생하지 않는 이유는 수많은 발전기가 개별적으로 주파수 유지를 위한 제어를 스스로 수행하고 있기 때문이다. EMS를 전력시스템에서 보조적인 운용수단으로 본다면 그 중요성이나 가치를 제대로 평가할 수 없게 된다. 그러나 사람이나 개별 발전기가 수행할 수 없는 기능인 송전선 감시, 상태 추정, 그리고 시스템 붕괴의 예방을 위한 발전기 출력 계산 등의 기능으로 EMS를 바라본다면 EMS는 대규모 전력시스템 운용에서 필수적인 도구임은 자명하다. 그러나 아직 EMS의 시스템 붕괴 예방 기능에 대한 인식은 일반 대중은 물론 전문가 사이에서도 낮은 수준인 것으로 보인다.

EMS의 정상적 사용 여부에 대한 논쟁이 지속되는 가운데, 산업통상자원부 주관으로 2013년 4월부터 약 3개월 동안 국내 전기공학과 교수 몇 사람들로 구성된 기술조사위원회가 꾸려졌다. 이 위원회는 전력거래소가 EMS를 정상적으로 사용하느냐에 대한 기술조사를 실시했다. 필자 중 한 사람인 김영창 교수는 정상적으로 사용하지 않는다는 의견과 함께 400여 페이지에 달하는 기술조사보고서를 제출했다. 그러나 정상적으로 사용한다는 보고서를 제출한 교수들은 몇십 페이지 남짓 되는 보고서를 각자의 명의가 아닌 공동명의로 제출했다. 기술조사의 결과는 EMS를 정상적으로 사용한다는 의견이 '다수'라는 이유로 내용의 심층적 검토도 없이 "EMS 사용에는 문제가 없다."고 처리되었다. 기술 문제를 행정적 방법으로 희석시킨 것이다.

그러던 중, 2013년 11월 말경에 서울행정법원은 최소한 2011년 9월 15일을 포함해 그 이전의 예비력은 허수예비력이 포함되어 있었다고 판결했다.[5] 필자들의 의견에 사법부도 손을 들어준 것이다.

감사원은 2014년에 전력시스템을 제어하는 컴퓨터 장비인 EMS의 실제 사용 여부를 감사했으며, 감사 결과 중에 우리나라의 EMS에서 실시간 상정사고 분석(N-1 contingency analysis)을 실행한 적이 없으며 따라서 안전도 제약 경제급전에 의한 5분 주기의 신호가 정상적으로 만들어지지 않았음을 확인해 이를 감사보고서에 명확히 기술했다(제4장과 제7장의 'EMS의 구조' 참고). 그런데도 전력거래소는 5분마다 EMS가 발전기의 출력을 변경하라는 신호를 보내는데 발전사업자의 발전기가 이를 받지 않았다는 감사보고서 내의 문장만을 강조하면서 문제를 축소하고 있다.

하지만 전력거래소가 과거에 사용했던 EMS와 지금 사용하고 있는 EMS가 전력시스템 운용의 안전도와 경제성을 동시에 담보할 수 있는 의미 있는 신호를 생성해 발전기에 보내고 그 신호를 기준으로 발전기들이 출력을 내고 있는지에 대한 문제에 대해 아직 명쾌한 답을 제시하지 못하고 있다.

---

5   서울행정법원 2012구합32727 견책처분취소(2013년 11월 28일). 급전원들도 허수예비력이 얼마인지를 모르기 때문에 공표된 예비력 자체가 허수가 된다. 또한 2011년 9월 16일부터 허수예비력을 포함시키지 않고 전력시스템을 운용하고 있지는 않았을 것이며, 이후에 이를 개선해 보고했다는 증거도 없다. 다만 태양광이나 풍력 등과 같은 급전불능 발전기를 설비 용량 등에 포함해 예비력을 계산하는 것은 운용예비력을 여전히 정확히 계산하지 못하는 것에 대한 단적인 증거이다. 자세한 것은 제3장의 급전불능 발전기의 처리에 대한 절에서 논하기로 한다.

차세대 EMS의 비정상적 사용

현재 '차세대'란 용어를 붙여가며 국산화 개발에 성공했다고 하면서 사용하고 있는 EMS(차세대 EMS)는 상정사고 분석(contingency analysis)을 실행할 수 있다고 한다. 그러나 전력거래소는 상정사고 분석의 실행결과를 이용해 온라인 상에서 발전기 출력조정에 사용하지 않고 있으며 전력시장 운영규칙에서 상정사고 분석 결과를 SCOPF에 활용하는 것을 제외시킴으로써 SCOPF의 기능은 사용되지 않고 있다. SCOPF라는 기능을 사용해야만 제약발전(constrained-on)과 제약비발전(constrained-off)에 대한 정상적인 정산이 가능해지고, 모선(변전소)별 한계비용을 계산해 지역(모선)별로 요금을 차등 부과할 수 있게 된다. 그런데 전력거래소는 자신들이 SCOPF 기능을 사용하지 않고 있는 것을 합법화시키고자 전력시장운영규칙을 개정했다. 전 세계가 공통으로 사용하는 SCOPF에 대한 표준적 정의가 있음에도 불구하고 전력거래소는 이러한 공통 기준을 사용하지 않고 한국의 전력시장에서만 통용될 수 있는 SCOPF 기준을 정의해 놓고, 그마저도 사용하지 않고 있다. 상정사고 제약조건을 추가하지 않는 SCOPF는 SCOPF가 아닌 OPF일 뿐인데, 전력시장 운영규칙에서 SCOPF(SCED라고 표현)라고 정의해 버린 것이다[6]. 약 1,000억 원 들여 개발한 제품에 정상적으로 들어 있어야 할 기능인 SCOPF를 실행시키지 못하니까 학술적인 용어를 행정적인 규칙에서는 전혀 다른 뜻으로 바꾸어 사용하고 있는 것이다.[7] 우리나라의 EMS에는 제대로 작동하는 SCOPF 기능을 장착되어 있지 않았기에 시스템 붕괴의 예방, 제약발전 및 제약비발전에 대한 정산, 송전선 혼잡비용 계산, 그리고 모선(변전소)별 한계비용의 계산은 더 이상 불가능하게 되었다. 기술적 무능을 행정적으로 합법화시킨 것이다. 아마도 상급기관과 감사원의 감사는 규정에 맞는 행위를 했는가를 확인하기 때문에 자신들이 할 수 없는 부분을 전력시장 운영

---

6   SCOPF 또는 SCED 기능에서 상정사고 분석을 하지 않으면 N-0의 상정사고를 계산하는 것이므로 OPF 프로그램을 수행하는 바와 다를 바가 없다. 자세한 것은 제7장의 수식을 확인하기 바란다.

7   2014년 10월 '차세대 EMS' 개발 완료 당시에 이 개발비보다 낮은 가격으로 상정사고 분석 기능을 반영해 SCOPF 기능을 수행할 수 있는 외국 제품이 판매되고 있었다면, 차세대 EMS 개발의 효용은 무엇인지 개발을 기획한 사람들은 소비자들에게 충분한 설명을 해주어야 한다.

규칙을 변경해 정당화시켰을 것이다.

더 중요한 것은 실시간으로 상정사고 분석을 해서 5분마다 EMS의 계산에 의한 발전기 출력을 변화시키지 않으면 시스템 붕괴를 예방하기 위한 발전기 출력기준점 제어를 수행할 수 없다는 것이다. 2015년 현재 SCOPF 기능은 우리나라의 컴퓨터(EMS)에서 사라졌다. 차세대 EMS의 전신이라고 주장하는 K-EMS의 개발 관련 논문에는 상정사고 분석을 포함해 SCOPF(또는 SCED)가 개발되었다고 하는데,[8] 4~5년이 지나면서 왜 이 기능이 없어진 것인지 알 수 없는 일이다. 차세대 EMS의 인터페이스 상에는 SCED라는 용어의 기능이 표시되어 있지만 그것은 알고리즘을 제대로 갖춘 SCOPF가 아니며 그냥 명목상으로 만든 기능일 뿐이다.

현재 차세대 EMS는 SCOPF 대신에 단순한 경제급전 계산 프로그램에 의해 풀이된 출력기준점을 1분마다 일부 발전기에게 보내고 있는 것으로 알려졌다. '북상조류 문제' 등을 운운하면서 송전선 용량 제약 문제를 가장 크게 고민한다고 하는 전력거래소가 정작 송전선 용량 제약 문제를 고려하지 않고 각 발전기별 출력기준점을 계산해 송출한다는 것은 심각한 문제를 내포한 급전(dispatch) 관행이다. 경제급전 결괏값을 이용해 1분마다 발전기 출력기준점을 지시한다는 것은 모선(변전소)별 소비자 수요의 변화에 따른 송전선 용량 제약을 위반하지 않는 발전기 출력기준점을 결정하지 않는 것이며, 일부 발전기에게만 출력기준점을 지정하는 것은 전체 전력시스템에서의 연료비를 최소화할 수 없다는 것을 보여주는 것이다.[9] 즉 이러한 급전은 전력시스템 운용의 안전도 유지도 경제성도 고려

---

8 "상정사고 제약 검토는 계통에 상정사고가 발생한 것으로 가정하고 기준 케이스(base case) 제약 검토와 같은 방식으로 진행한다. 즉, 상정사고 후 계통에 제약위반 발생 시 직류조류계산을 통한 각 발전기들의 민감도로부터 제약 해소를 위한 발전기들의 응동량을 계산하고 이 값들을 발전출력의 상/하한치로 하고 발전 재배분을 수행하게 된다."라고 2009년 발표한 논문(이상호 외)에 적시되어 있다. 즉, 2009년에는 상정사고 분석을 통해 발전기 제어가 가능하다고 적어 놓았는데, 2014년에 새로운 버전으로 출시된 차세대 EMS에서는 이를 연결해 사용하는 것이 끊겨져 있어 새로운 버전의 기능이 오히려 퇴행했다. 이상호 외(2009), 「한국형 EMS용 제약경제급전 프로그램 개발」, 『2009년도 대한전기학회 하계학술대회 논문집』, 대한전기학회, p. 38 참고

하지 않는 것이며, 앞에서 필자들이 주장하는 전력시스템 붕괴에 대한 예방조치를 취하지도 않고 있는 것이다.

이제 조사를 통해 잘못이 드러나도 전력거래소와 산업통상자원부는 전력시장 운영규칙에 맞게 전력시스템을 운용했다고 할 것이다. 따라서 전력시장 운영규칙이 어떤 경위에 의해서 변경되어 전 세계가 공통으로 사용하는 SCOPF의 정의가 우리나라의 시장 운영규칙에서는 다른 뜻의 용어로 사용하게 되었는지

9 전력거래소는 SCOPF라는 용어 대신에 SCED라는 용어를 사용하고 이 값이 제시하는 최댓값과 최솟값의 사이에서 단순 경제급전 값을 1분마다 출력하고 있으므로 안전도도 유지한다고 주장할 수 있다. 즉 경제급전 값이 최댓값과 최솟값 사이에서 나온다고 주장하므로 마치 1분마다 SCED를 수행하는 것처럼 보일 수 있다. 이것은 '최댓값과 최솟값의 사이에서 개별 발전기가 출력을 낸다.'라는 주장이다. 하지만 다음과 같은 이유에서 차세대 EMS에는 SCED, 즉 SCOPF 기능이 없다.

① 1분마다 발전기 출력을 재배치하는 전력시스템을 찾아보기 어렵다.
② 전력거래소는 지금까지 SCED를 수행하게 되면 비용이 상승하기 때문에 SCED를 수행하지 않는다고 했는데, 경제급전 값이 SCED의 값을 따른다고 하는 것은 경제급전의 범위를 벗어나 비싼 가격으로 정산되고 있다는 것을 의미하므로 자기모순에 빠진 주장을 하고 있다.
③ 경제급전은 등증분비용이라는 단순한 방법으로 발전기 출력을 구하는 것이며, SCED는 비선형최적화 방법을 통해서 답을 구하는 것인데 이 두 값은 호환되어 사용할 수 없다.
④ 차세대 EMS에서 SCED의 값이 발전기별 범위(예를 들면, 350~500MW)로 출력되고 있다고 주장하는바 발전기별 출력 범위는 SCED를 구하기 위해 입력되는 조건인데 이것을 계산의 결과물이라고 주장하고 있다. SCED도 발전기별로 하나의 단일 출력기준점(set-point)의 형태로 답을 구하는 것이 정상이다.
⑤ 1분마다 수행하는 단순 경제급전인 ED는 수요 예측자료를 이용해 그 결괏값을 산출하고 5분마다 계산하는 SCED는 5분마다의 상태추정 실행을 거친 자료를 이용해 그 결괏값을 계산하는데 두 연산 프로그램의 입력 자료가 다르므로 두 계산 값은 다른 의미를 갖는 것이다. 따라서 이 값을 상호 바꾸어 사용할 수 없다.
⑥ SCED를 실행하는 과정에서 변전소별 한계가격인 LMP가 부수적으로 계산되는데, 전력거래소는 LMP를 계산하지 못한다고 한다. 즉 선행단계(LMP)가 없는데 후행단계(SCED)의 결과물이 나온다고 주장하고 있는바, 이는 자동차의 새시(sash)는 만들지 않는데 자동차를 만들었다고 주장하는 것과 동일한 주장이다.

이 여섯 가지 상황으로 보았을 때 **차세대 EMS에는 SCED, 즉 SCOPF의 기능은 존재하지 않는다. 차세대 EMS가 1분마다 발전기에** 최대 최소 신호 2개를 보내면 발전기는 출력기준점을 임의적으로 정할 수밖에 없다. EMS가 최소 출력, 최대 출력의 범위를 최적해라고 하여 발전기에 보내더라도 개별 발전기의 가버너가 자기 출력을 결정할 수학적 알고리즘을 갖고 있지 않기 때문에 EMS는 범위로 답을 주지 않고 하나의 값으로 출력기준점을 5분마다 보내는 것이다. SCOPF를 계산할 때 발전기의 최대 최소 출력 범위를 주는 것은 입력조건으로서 제시되는 것인데 입력값도 범위이고 결괏값도 범위로 계산한다면 SCOPF의 계산 결과를 발전기가 사용할 방법은 없다. 범위로 답이 도출되는 최적화 기법이 있는가 수학자에게 문의해야 한다.

에 대한 조사가 이루어져야 한다.

　　2003년 미국 동북부 블랙아웃을 경험한 미국의 북미전력신뢰도위원회(NERC)는 실시간 상정사고 분석[10]을 반드시 수행하라고 표준서에 명시했다(본문제3장 참조). 우리나라는 현재 이와 같은 기술적 추세에 대해 역주행하고 있다. 오히려 전력거래소는 어떤 기술이 내장되어 있는지 불명확한 컴퓨터 모형을 사용하여 전력시스템을 운용할 뿐만 아니라 이를 해외에 수출하겠다고 하고 있다. 차세대 EMS는 '전력산업기반기금'이라고 하는 소비자가 낸 돈으로 개발된 것이다. 따라서 전기 소비자들인 국민은 자신의 생명과 재산의 문제가 달린 EMS라는 기술이 어떤 기능을 수행하고 있는지, 그리고 그것이 제대로 작동되고 있는지를 알 권리가 있다. 또한 국민을 대표하는 사람은 이를 묻고 감시할 권리가 있으며, 국민들로부터 규제권한을 위임받은 대리인인 정부는 이를 철저히 관리감독해야 하는 것이다.

　　2014년 10월 전정희 국회의원이 밝힌 바에 따르면, 동일 시점에 발전기가 전력거래소의 차세대 EMS로부터 받은 신호의 값과 전력거래소가 보냈다고 하는 신호의 값이 일치하지 않는다고 한다. 이는 차세대 EMS가 시스템 붕괴를 예방하기 위한 기능을 사용하지 못하고 오히려 발전기를 제어하지 못한다는 것이며, 이는 자칫 시스템 붕괴를 초래해 국민의 생명과 재산에 치명적인 문제를 가져올 수 있는 잠재적 위험을 내포하고 있는 것이다.

10　전력거래소는 실시간(on-line)이라는 용어에 대해서 실시간으로 들어오는 자료를 받아 상태추정과 이를 기반으로 상정사고 분석을 하므로 실시간 상정사고 분석을 실시한다고 주장하는 반면에, 필자들은 그 자료의 신빙성을 떠나서 이 자료를 이용해 발전기의 출력을 5분마다 재배치하는 SCOPF에 이용하지 않으므로 비실시간(off-line)이라고 보고 있는 것이다. 상정사고 분석 프로그램에서 상정했던 사고가 실제로 발생한다면 이를 어떻게 실시간으로 수 초 이내에 급전원들이 발전기별 출력을 재배치해 연쇄고장을 일으키지 않도록 조치할 수 있는지에 대해 논리적인 해설이 필요하다. 문제 발생 시 발전기 출력의 배치를 수작업으로 수 초 내에 계산해서 급전 지시를 할 수는 없으므로 SCOPF에서 상정사고 분석결과가 고려되지 않으면 문제를 해결할 수 있는 해를 찾지 못한다. 실제로 연쇄고장이 일어나 시스템이 붕괴하는 데 8초 내지 10초가 걸린다고 하는데, 이 동안에 급전원이 붕괴를 막을 조치를 한다고 주장하는 것은 불가능하다는 것을 제7장에서 설명한다.

차세대 EMS는 폐기 처분되어야

　　이러한 상황에서도 전력거래소는 외국 전력회사도 상정사고 분석 프로그램을 실시간에 실행해 그 결괏값이 반영된 SCOPF를 수행하지 않으니 우리도 실행하지 않아도 된다고 주장한다. 우리나라의 전력시장 규모 및 송전망 용량을 고려할 때 실시간 상정사고 분석과 이때 생성된 상정사고 제약조건을 반영한 SCOPF에 의한 발전기 출력기준점의 재배치가 가능한 EMS의 기능을 조속히 받아들이지 않으면 시스템 붕괴는 피할 수 없을 것이다.[11] 전력거래소는 우리와 동일한 환경의 전력시스템은 세계 어디에도 존재하지 않으므로 우리나라 실정에 맞는 K-EMS와 차세대 EMS까지 개발했다고 주장한다. 그러나 전력거래소는 해외 사례를 들어가며 SCOPF를 우리나라에서 사용할 수 없다고 주장하고 있다. 외국 기관이 시스템 운용의 안전도를 유지하면서 경제급전을 할 수 있는, 수학적으로 난도가 높은 기술을 컴퓨터에 장착해 사용할 수 있었던 것은 과거 수십 년 동안의 수학자와 전기공학자들의 노력에 힘입은 것이다. 외국에서는 수학적 알고리즘을 컴퓨터 프로그램으로 변경해 상업용 EMS를 개발했고, 현재 여러 전력시스템 운용기관에서 이것을 사용하고 있는 것이다. 전력시스템의 규모가 커지면서 EMS의 역할이 더욱 중요해지고 있으므로 SCOPF 기능이 없고 하부

11　전력거래소는 SCOPF 기능을 사용하는 전력시스템 운용기관은 한 군데도 없다고 주장하면서 자신들이 SCOPF 기능을 사용하지 않는 것도 당연하다고 주장하고 있다. SCOPF의 종류는 크게 세 가지가 있는데, ① preventive SCOPF(보통 P-SCED라고 함), ② corrective SCOPF(보통 C-SCED라고 함), ③ preventive-corrective SCOPF(보통 PC-SCED라고 함)으로 분류된다. 전력시스템의 규모와 컴퓨터의 연산 속도와 성능에 따라서 2000년대 이전에는 불가능했던 기술들이 2015년 현재에는 많은 개선과 진보가 이루어지면서 SCOPF가 구현되는 전력시스템도 있다. 차세대 EMS는 2014년에 개발이 완료되었다. 그렇다면 당연히 2010년대의 최근 기술에 근접해 있어야만 그 상업적 가치와 전력시스템의 안전성 향상에 기여한다고 할 수 있다. 만약 차세대 EMS가 2000년대 이전 수준의 알고리즘으로 개발된 것이라면 곧 1억kW 규모의 설비를 맞이하는 초대형 전력시스템을 구형 제어시스템으로 제어하는 것이다. 한편, **현재 우리나라 어느 문헌에도 P-SCOPF, C-SCOPF 및 PC-SCOPF에 대한 언급은 찾아볼 수 없다. 따라서 이것에 대한 알고리즘을 명확히 이해하고 있는 개발자도 없는 상태에서 차세대 EMS가 개발되었을 것이며, 따라서 1990년대 기술이 적용된 시스템이라는 것이 필자들의 의견**이다. P-SCOPF, C-SCOPF 및 PC-SCOPF의 차이는 제7장에서 논의한다.

프로그램 간 논리적 흐름에 문제가 있는 차세대 EMS를 하루빨리 폐기해야 한다고 필자들은 건의한다. '차세대 EMS'는 우리나라 전력시스템의 환경을 우리나라 기술자가 반영해 개발한 것이니 기능이 결여된 것이라도 꼭 사용해야 한다고 주장하는 사람들은 현재 EMS 기술과 우리의 차세대 EMS 기술을 자세히 분석·비교한 후에 이에 대한 논의를 해야 할 것이다. 따라서 큰돈을 들인 '차세대 EMS'라는 제품을 냉정히 평가해 기능상에 문제가 있고 이를 보수·유지할 능력이 없다면 과감히 폐기해야 할 것이다.

필자들은 현재 전력거래소가 사용하고 있는 차세대 EMS는 1990년대 수준의 기술로 판단하고 있다. 왜냐하면 1990년대 당시에는 컴퓨터의 성능이 지금보다 낮아서 모든 상정사고를 반영한 SCOPF의 실행은 불가능했다. 그래서 상정사고-이전의 제약조건만을 계산해 이의 결과를 급전원에게 권고하는 방식으로 운영되었다. 이것은 스토트 등(Stott, B. *et al.*)의 1987년 논문에 잘 나타나 있다. 논문이 발표될 당시에는 완벽한 SCOPF를 구현할 방식이 없었으며, 따라서 SCOPF의 결과를 이용해 발전기 출력을 컴퓨터 프로그램에 의해서 직접 제어하지 못하고 급전원에게 출력의 범위를 권고하는 방식으로 프로그램이 구성되었다. 그런데 1980년대 말에 소개된 권고방식이 2000년대 후반에 설계한 K-EMS에 그대로 나타나 있다. 2015년 현재 외국의 몇몇 EMS 제작사는 상정사고-이후의 문제까지 수식에 반영한 완벽한 SCOPF를 구현하는 것으로 인터넷에서 검색되고 있으며, 미국의 ERCOT[12]와 같은 전력시스템 운용기관에서도 현재의 기술을 조합해 SCOPF를 실행하고 있다.

차세대 EMS가 1990년대 수준의 제품이라는 또 하나의 상황적 근거가 있다. 1999년에 한국전력공사(이하 한전)가 EMS를 개발하기 위해 민간기업 연구소에 연구 위탁을 맡겨 과제를 수행한 적이 있다. 이 과제를 재위탁을 받은 기관이 캐나다의 온타리오 하이드로(Ontario Hydro Inc.)라는 회사인데, 이 회사도 EMS를 개발

---

12 'Electric Reliability Council of Texas'의 약자로 미국 텍사스 주의 전력시스템 운용기관임.

한 적이 있다. 이 과제를 수행할 당시에 온타리오 하이드로의 EMS 소스 프로그램이 국내에 들어왔을 것이다. 한전이 수행한 초기 EMS 모델 개발 결과보고서[13]를 보면 'ACM DB[14]'라는 용어가 등장한다. 한편, K-EMS의 개발보고서나 관련 논문[15]에도 'ACM DB'라는 용어가 동일하게 사용되고 있다. EMS를 구성하는 여러 응용 프로그램이 공통으로 사용하는 DB라고 해서 명명된 것으로 보이는데, 한전이 1999년에 개발한 EMS와 K-EMS에서 'ACM DB'라는 용어가 동일하게 사용되고 있는 것이다. ACM DB라는 용어가 컴퓨터 프로그래밍 분야에서 범용적으로 사용된다면, 이 용어를 사용하는 것에 대해 문제를 제기할 이유는 없다. 그러나 세계 최대의 검색 사이트 구글(Google)에서 'ACM DB'를 입력해 검색하면 K-EMS 분야에서만 검색이 된다. DB 관련 일반적 용어가 아닌 것이다. 이로써 K-EMS는 1990년대 말 한전이 도입한 온타리오 하이드로가 개발한 EMS 모델을 근거로 만들어졌을 것이라는 의심을 하지 않을 수 없다.[16] 또한 민간기업이 개발한 K-EMS의 ACM DB 구조에 대한 논문이 2009년 상반기에 나오고 2012년[17] 및 2013년[18]에 K-EMS나 차세대 EMS 개발과 관련이 없는 한전에서 ACM DB 구조를 이용한 배전용 EMS(DAS[19]) 개발과 관련된 논문이 발표된다.[20] 2009년에 발표된 논문과 2013년에 발표된 논문을 보면 두 논문에서 사용

---

13 현대중공업(주) 중앙연구소(1999), 『에너지관리, 제어시스템(EMS) 소프트웨어 개발에 관한 연구』, 한국전력공사.

14 Application Common Model Data Base.

15 윤상윤 외(2009), 「한국형 EMS 시스템의 Baseline 계통 해석용 소프트웨어 개발을 위한 데이터 모델링」, 『전기학회논문지』, 대한전기학회, 58(10), 1842-1848.

16 전정희(2012), 『EMS의 허와 실: 전력계통운영시스템 운용 개선을 위한 정책 토론회』, 전정희 의원

17 윤상윤 외(2012), 「스마트배전 운영시스템용 구간부하 추정 프로그램 개발」, 『전기학회논문지』, 61(8), 1083-1090.

18 윤상윤 외(2013), 「배전운영시스템용 응용 프로그램을 위한 공통 데이터베이스 구축」, 『전기학회논문지』, 62(9), 1199-1208.

19 DAS: Distribution Automation System.

20 이러한 내용은 앞의 대한전기학회의 논문집에 잘 나타나 있으며, 저자가 논문을 발표할 당시의 소속 기관을 기준으로 한 것이다.

했다는 ACM DB는 동일한 구조라는 것을 알 수 있다. 정리하면 ACM DB는 1990년대 말 국내에 소개되었고 당시 EMS 개발에 참여한 한전과 참여기업이 ACM DB 구조 설계 등에 대한 기술을 가지고 있었을 것이나, 2000년 대 중반에 앞의 두 기관이 아닌 제3의 기관이 ACM DB에 대한 기술을 이용해 K-EMS를 개발하고, 2000년 후반에 한전이 갑자기 ACM DB 구조에 대한 기술로 DAS를 개발한다. 결국 EMS에서 사용되는 핵심 DB 구조에 대한 기술이 누구에 의해 관리되고 있는지 불분명한 상황이다. 관련 DB 구조의 개발이 이런 식으로 이루어진다는 것은 향후 '차세대 EMS'의 유지보수와 업그레이드에 문제가 있을 가능성이 높다는 것을 의미한다.[21]

앞에서 얘기한 바와 같이 국내에서 ACM DB가 소위 전력 IT 분야에서 화려하게 활약하고 있음에도 불구하고, 1999년 우리나라 EMS 개발에 참여한 온타리오 하이드로는 2015년 현재 더 이상 자신의 EMS를 개발하지도 않고 있을 뿐만 아니라, 자신이 개발했던 EMS를 사용하고 있지도 않다. 온타리오 하이드로는 전력거래소가 2014년 이전에 사용했던 제품을 제작한 미국 EMS 회사의 제품을 사용하고 있다.

K-EMS의 개발 목표는 개발 발주 당시인 2000년대 중반의 미국 제품을 대체하는 것이었다. 그런데 2010년경 완성된 K-EMS는 미국 제품을 대체하지 못했다. 업그레이드가 필요하다는 이유였다. 설치 후에도 업그레이드가 가능한데 왜 업그레이드를 한 후 설치해야 했는지에 대해서도 여전히 의문이다. 그리고는 전력신기술 제도를 이용해 신기술[22]로 지정을 받고 K-EMS의 업그레이드 명목으로 전력거래소는 EMS를 또 발주한다. 한전 자회사인 모 기관에서 수의계약으로 이 용역과제에 대한 계약을 체결하고 '차세대 EMS'가 만들어진다. 전력신기술로 지정되면 경쟁 입찰을 하지 않고 수의계약이 가능했던 것이다.

---

21 예를 들면 어떤 이유로 차세대 EMS의 ACM DB 구조를 변경해야 한다면, 유지보수를 법적 책임도 없는 한전이 맡아서 할 수도 없는 일이다.

22 이미 1999년에 한전에 의해서 그 뼈대가 만들어져 있었으므로 신기술이 아니라 구기술인 것이다.

이렇게 EMS가 두 번 만들어지면서도 차세대 EMS의 성능 향상을 위한 업그레이드가 이루어지지도 않았다. 앞서 언급한 바와 같이 K-EMS에 있던 SCOPF 기능은 '차세대 EMS'에서는 오히려 사라지는 등 다운그레이드(down-grade)되어서 지금 운용되고 있다.

여기에서 정부 감독기관은 K-EMS 개발보고서와 차세대 EMS의 개발보고서 및 인터페이스에서 무엇이 변경되었는지 찾아보기를 바란다. 무엇이 업그레이드 되었는지 명확히 밝혀주기를 요청하는 바이다.[23]

2003년 미국 동북부의 블랙아웃 사고 이후에 블랙아웃 예방기술의 적절한 사용이 중요시되고 있었음에도 불구하고 1990년대의 기술을 이용해 국내에서 개발된 제품을 그것도 하위 프로그램 사이에 어떤 데이터가 오가는지도 명확하지 않은 제품을 사용하는 것이, 현재 약 8,000만kW이고, 그리고 앞으로 1억kW 이상의 전력시스템이 되는 상황에서 합리적인 것인지를 묻지 않을 수 없다.

책의 발간 목적

필자들은 3년 이상 EMS와 관련한 문제로 전력산업계와 전력 관련 학계와 논쟁해왔고 이로 인해 정신적 · 육체적인 피로가 많이 누적되었다. 그리고 그 간에 개인적인 환경에도 많은 변화가 있었다. 논쟁의 과정에서 누구에게도 보상받지 못할 많은 상처를 받은 것은 사람의 일이라 어쩔 수 없다. 현실과 계측된 사이버 세계의 간극이 전혀 다른 세계라는 것을 안 순간부터 받은 충격은 아무도 상상하지 못할 것이다. 그러나 너그러운 마음으로 지금까지의 모든 과정을 바라보았을 때 가장 안타까운 일은 이 논쟁의 과정에서도 학문적 진보가 일어나지 않고 있다는 점이다. 필자들의 주장에 문제가 있다면 기존 학계와 실무자들이 필자들의 글을 논리적으로 비판했어야 했지만, 아직까지 그러한 글은 한 군데에도 발표되지

---

23   감독기관은 내부적으로라도 반드시 확인해보기 바란다.

않았으며, 여전히 전력시스템 운용은 불완전 상태를 담보하고 있다.

물론 필자들의 의견에 개인적으로 동조하는 사람들도 있기는 하다. 그러나 우리나라의 전력산업은 관료, 행정부의 산하기관, 공기업과 전력산업기반기금에서 나오는 프로젝트에 의한 연구를 하는 기관과 대학으로 연결되어 있어 드러내 놓고 필자들 의견을 동조하는 조직이나 사람은 아직 없다. 이러한 현상이 나타나는 것은 비단 전력산업계에서만 국한된 상황은 아니라고 본다.

앞서 설명한 모든 상황에도 불구하고 필자들은 용기를 내서 이 책을 발간하기로 결심했다. 바쁜 시간 중에도 밤과 새벽을 이용해 다시 글을 다듬고 새로운 자료로 수정하고 보완했다. 이렇게까지 하는 이유는 2011년 9월 15일 발생한 정전사고에 대해 가까운 원인과 먼 원인을 검토하고, 재발을 방지하기 위해 무엇을 해야 하는가를 제시하고 글로 된 지식을 남겨야 후대에 누군가가 공부할 것이기 때문이다. 미국의 경우, 2003년 8월 미국 동북부 블랙아웃 발생 이후 발간한 원인분석 및 재발방지 보고서는 그 내용이 매우 충실하고 급전원의 전력시스템 운용에 관한 교육자료로서 아주 훌륭하다. 필자들은 우리나라에는 2011년 9월 15일에 발생한 정전에 대해 미국 동북부 블랙아웃 기술분석보고서와 같은 수준의 책이 없다고 판단했으며, 우리에게도 재발방지를 위한 교과서가 필요하다는 점을 깊이 인식했다. 특히 미국의 경우 전력시스템 운용에 관한 교과서 및 전문 연구기관의 보고서가 다량 발표되고 있으며 시스템 운용 교육자료도 연구기관 및 전력시스템 운용회사가 개발해 사용하고 있다. 우리나라에도 제대로 된 전력시스템 운용 관련 교과서와 교육자료 발간을 통해 관련 이론의 정립, 용어의 명확한 정의, 그리고 관련 지식의 사회적 공유가 시급히 필요하다고 생각한다.

독자들에 대한 당부

이 책의 발간으로 인해 필자들은 학계와 관계로부터 조선시대의 사문난적 (斯文亂賊)과 같은 취급을 받을 지도 모른다. 그러나 가야 할 길은 가야 하며, 올라야 할 산은 올라야 한다. 거대한 지식 집단을 몇 사람이 상대하기에는 역부족임을 느끼고는 있지만 아직 젊은 학생들은 이 책을 통해 객관적인 시각을 가지고 전력시스템의 올바른 운용을 고민할 것임을 필자들은 확신한다. 어쩌면, 이 책으로 공부하는 학생들은 자신의 선생, 선배, 동료들의 지식을 부인해야 하는 상황에 처할지도 모른다. 그러나 지금까지의 고정관념을 버릴 때 새로운 지식이 들어갈 여지가 생긴다. 필자들도 같은 상황이었으나 그러한 정(情)을 버림으로써 새로운 세계로 들어갈 수 있었다.

일선의 전력시스템 운용 실무자들에게는 다음과 같이 당부하고 싶다. 첫째, 필자들이 전하고자 하는 명확한 뜻을 이해해주기 바란다. 필자들이 현재 전력시스템에서 나온 예비력 숫자나 값이 허위라고 밝힌 것은 공공의 이익을 위해서 매우 중요하다고 판단했기에 때문이다. 실무자들은 이 책에서 전달하고자 하는 내용, 특히 SCOPF가 무엇인가를 있는 그대로 봐주기를 바란다. 그리고 이 책을 읽고 지금까지의 잘못된 지식을 버리고 함께 앞으로 나아갈 수 있기를 기대한다. 둘째, 더욱 중요한 것인데 이 책의 내용이 틀리고 자신의 경험이 옳다는 것을 증명하기 위해 국민을 대상으로 실험을 하지 말기를 바란다. 그 실험이 보다 큰 위험을 초래할 수도 있다. 우리나라와 같은 단독 전력시스템의 경우에는 시스템 운용 기관에서 주파수를 제어하는 기능보다 350여 개의 발전기가 스스로 제어하는 기능의 역할이 30배 정도 크다고 보고되어 있다. 따라서 현재에도 실무자들이 뛰어나거나 열심히 일을 해서 주파수가 유지되는 것이 아니라 8,000만kW 수준의 규모가 큰 전력시스템을 운용하다 보니 이른바 경제학의 '규모의 경제'와 유사한 효과가 주파수를 안정시키고 있다고 보는 것이 타당하다. 그럼에도 일선 실무자들의 역할이 중요한 것은 기계인 발전기의 가버너(governor)가 생각할 수 없는 경제성과 안전도 유지를 위한 제어를 EMS가 실행할 수 있고 이를 실무자들이 운용하기 때문이다. 이 점을 놓친다면 국민의 생명과 재산을 보호하는 의무를 방기하는 것이 될 것임을 명심해야 한다. 실무자들은 선진국의 전력시스템 운용기관 또는 전문기관에 가서 훈련을 받고 그 경험과 지식을 실시간 시스템 운용에 적용해 연료비를 절약하고 시스템 붕괴를 막는 데에 최선을 다해주기를 바랄 뿐이다.

정부 정책결정자들은 기술과 정책이 이원화된 상태에서는 정합성이 높은 정책이 이루어지기 어렵다는 점을 알았으면 하는 바람이다. 어렵게 조직행동론적 이론을 거론하지 않더라도 기술을 모르면 기술을 아는 사람들의 의견에 포획될 수 있는 우려가 있다. 또한 정책결정자들이 가진 자원배분권과 기술자들의 지식이 잘못된 방식으로 결합되면 경제성이 낮고 기술적 효과도 불분명한 기술, 예를 들면 스마트 그리드(smart grid)와 배터리 전력저장 시스템(BESS[24])에 의한 주파수 응동(frequency response)에 소비자가 지불한 전기요금을 쏟아 붇는 결과를 초래한다. 스마트 그리드 기술의 핵심은 전력시스템을 감시하고 제어할 수 있는 EMS 기술인데, '차세대 EMS'가 정상적으로 작동하고 있지 않다는 문제는 앞에서도 잠시 언급했다. 이의 정상화 없이는 스마트 그리드는 모래 위에 성을 쌓는 격이 될 것이다. 이 책의 곳곳에서 우리나라에서 개발한 차세대 EMS가 어디가 문제인지 기술적인 분석을 했으니 참고하기 바란다. 뿐만 아니라 "배터리로 주파수 응동을 한다."는 주장의 한계를 알기 위해서는 이 책의 제4장 및 제6장을 살펴보기 바란다. 주파수 응동의 정의와 그것의 구현 원리를 알면 왜 BESS 기술이 주파수 응동을 하는 것이 어려운가를 알게 될 것이다.[25]

전력정책에 영향을 미치는 사람들은 이 책을 통해 최소한 시스템 운용과 관련된 기본적인 기술 사항을 습득해 올바른 정책 결정을 내리기 바란다. 모름지기 정부 정책이란 항상 최악의 상태를 가정해야 한다. 그것이 공공정책이다. 그래서

---

24 battery energy storage system.
25 주파수는 회전체의 회전운동에 의해서 나타나는 것이다. 따라서 직류인 배터리가 방전 및 충전을 해서 회전체의 속도를 정교하게 제어할 수도 없을 뿐만 아니라 자신은 회전체가 아니므로 자신의 출력을 제어해 전체 전력시스템의 주파수를 조정하는 것도 발전기의 주파수 조정능력과 다르다. 일정 주파수 아래에서 배터리 방전이 큰 용량으로 일시적으로 발생할 경우에 이것이 가버너를 장착한 발전기에 어떠한 영향을 미칠 것인가에 대해서도 많은 연구를 해야 한다. 그럼에도 불구하고 큰 용량의 배터리를 일시에 우선 설치하고 보자는 것은 경제성을 고려하지 않은 판단이며, 한전에게는 재정적 부담이 될 것이고, 소비자는 또 하나의 요금인상 요인을 맞이하게 되는 것이다.

민간이 투자를 꺼려하는 분야에도 정부는 과감히 투자하고 전쟁을 대비해 국방비를 투입하는 것이다. 전력시스템 붕괴와 같은 국가재난사태가 발생하지 않도록 미리 예방대책을 세우고, 발생하더라도 이를 빠른 시간 내에 복구하고, 피해를 최소화하기 위한 복구절차를 마련하는 것이 정부의 책무이다. 지난 3년의 전력시스템 운용의 문제점에 대한 논쟁은 우리나라의 기술정책에 많은 화두를 던졌다. 전력 관련 정책결정자들이 이 화두를 먼저 푼다면 다른 기술 분야와 관련된 정책의 모범을 보일 수 있는 좋은 위치에 있음을 알아두었으면 좋겠다.

발전사업자들은 자신이 지불받은 돈이 정상적인 절차에 따라서 받은 것인지 확인해보기 바란다. 우리나라에는 제약발전과 제약비발전이라는 이름으로 정산받은 돈이 2014년을 기준으로 볼 때 매년 약 5조 원 이상이다.[26] 원자력발전기를 매년 2~3개 정도 건설할 수 있는 큰 돈이다. 여기에서 발전사업자들은 제약발전이 무엇인지 생각해보고 돈을 정상적으로 받은 것인지, 그리고 그 제약을 어떻게 계측하고 있는가를 스스로 묻고 그 결과를 전력소비자들에게 밝혀주었으면 한다. 이 책의 제2장, 제5장, 및 제7장을 읽어보고 자신이 받은 돈의 정체와 투자의 수익률에 대해서 모든 소비자들에게 충분히 설명해주기 바란다. 다시 한 번 자신이 정산받은 금액이 경제급전과 SCOPF에 의한 결과에 의해서,[27] 그리고 공정한 원칙[28]에 의해 발전하고 투자비를 적정수익률에 의해 회수할 수 있는 수준에

---

26 발전사업자들은 어떤 시간대에 100kWh의 거래량 중에서 1kWh가 제약발전 상태로 발전을 하게 된 전력량이라면 100kWh 전량이 제약발전으로 인정되어 제약발전의 정산액이 크다고 한다. 그러나 정상적인 제약발전의 양이 계산된 적이 없다.

27 SCOPF의 결과와 경제급전의 차이를 이용해 제약발전과 제약비발전을 계산하는 방법은 제2장과 제7장에 서술되어 있다.

28 만약 '가'라는 발전기가 발전하게 되면 공급력과 시스템부하가 같아야 한다는 제약조건에 의해서 '나'라는 발전기는 '가'가 출력을 높인 만큼 발전 기회를 상실한다. 이때, '가' 발전기가 발전을 하게 된 근거가 명확해야만 '나' 발전기 소유자는 발전 기회(수익을 낼 수 있는 기회) 상실을 이해할 수 있을 것이다. 만약 출력 배치의 기준이 없다면 급전원의 자의성이 개입하게 되어 공정하지 못한 출력 배치가 이루어지게 되며, 그 비용은 최종적으로 소비자가 부담하게 된다. **이 출력 배치의 기준이 프로그램화된 것이 SCOPF인 것이다. 이 기능이 제대로 작동하지 않는다는 것은 출력 배치의 기준이 없다는 것이며, 시장의 공정성이 상실되어 있다는 것이다.**

서 정산을 받는 것인지 확인해보기 바란다.

　만약에 문제가 있었다면 그것을 어떤 식으로든 다시 소비자들에게 돌려주어야 할 것이다. 또한 전력거래소가 SCOPF를 사용하지 못해서 비정상적인 제약발전 및 제약비발전에 대한 정산을 수행할 때에도 소비자를 생각하지 않고 전력거래소의 편의를 위해서 이를 묵과하는 것이 윤리적인 일인지에 대해서도 소비자들에게 알려주기 바란다. 1년에 40조 원 규모의 전력거래가 이루어지는 상황에서 1%의 오차는 4,000억 원이라는 큰 돈이 된다. 자신이 어떤 원칙에 의해서 정산을 받는지를 소비자들에게 설명할 수 있을 때에 소비자들에게 합당한 요금을 요구할 충분한 자격을 갖는다. 전기요금을 줄일 수 있는 방법이 있다면 이를 줄이도록 요구하는 것은 소비자의 정당한 권리이다.

　송전망의 운용과 전력판매를 담당하는 한전은 다음의 상황을 이해해야 한다. 첫째, 전력시스템이 붕괴되었을 때 이에 대한 책임과 원인을 규명할 수 있는 자료가 어디에 존재하는지 알아야 한다. 전력거래소가 운용을 잘못해 일부 송전선에 과부하가 걸려 이 송전선이 끊어지고 연속적으로 탈락하는 연쇄고장이 발생했음에도 불구하고 한전이 송전선을 건설하지 않아 문제가 발생했다는 결론을 내렸을 때 한전은 어떤 근거로 이 문제의 원인을 밝힐 수 있는지 생각해보길 바란다. EMS가 정상적으로 작동하고 이 기록을 함부로 열람하지 못하게 해서 조작을 못하도록 한 후 일정 기간이 지나면 공개하도록 해야만 사고에 대한 기술분석이 가능하다. 둘째, 한전의 재무건전성과 재투자를 위해서는 정상적인 EMS의 운용이 필요하며 특히 연간 5조 원의 제약발전/제약비발전 비용이 합당한 이유로 정산되고 있는지 확인해보길 바란다. 한전은 국민을 위한 기업으로 소비자의 편에 서서 이를 충분히 객관화시켜야 한다. 늘어나는 송전선 건설문제를 해결하기 위해 관심을 받고 있는 지역차등요금(LMP)의 시행이 정작 전력시장 구조의 문제인지 기술적 결함의 문제인지 소비자 및 정부 관계자들에게도 알려주기 바란다.

책의 구성과 감사의 말

이 책의 집필에는 미국 EPRI, 전력시스템 운용기관(ISO), 그리고 NERC의 발표자료 및 각종 기술보고서 등을 참조했다. 또한 시스템 운용 관련 각종 인터넷 자료 및 교과서를 참조했다. 각 장은 독립성이 있도록 구성했으며 주제의 설명이 중복될 수도 있고 앞부분에서 다루어진 주제가 다른 장에서 일부 소개될 수 있다. 각 장의 주요 내용을 간략하게 소개하면 다음과 같다.

1장은 에너지와 전력에 대한 기본 이야기로 시작한다. 그리고 전력(kW)과 전력량(kWh)의 차이를 이해함으로써 전력시스템의 제어가 무엇을 다루는 것인지에 대해서 이해하도록 한다.

2장은 전력시스템의 운용과 그 구성요소에 대해서 살펴보도록 한다. 협의의 전력시스템의 운용은 현재 시스템에 연결된 발전기의 출력을 재배치하는 것이다. 이것을 재배치하기 위해 필요한 수학적인 알고리즘도 함께 살펴본다.

3장은 블랙아웃의 정의를 살펴보고 블랙아웃 특히 시스템 붕괴에 대한 학술적 이해를 살펴본다. 또한 시스템 붕괴 현상에 대한 이론인 SOC(Self Organizing Criticality) 모델과 HOT(Highly Optimized Tolerance) 모델, 복잡 네트워크 분석(complex network analysis) 등의 이해를 통해 수동급전으로는 시스템 붕괴를 막을 수 없으며, 오히려 이것이 위험을 가중시키는 행위가 될 수 있다는 다양한 논거들을 살펴볼 것이다. 그리고 2011년 9월 15일의 정전은 바로 네트워크 상태를 제대로 인식하지 못해 오히려 사태가 가중되었을 수도 있었다는 점을 시뮬레이션을 통해 살펴보도록 한다.

4장은 시스템 붕괴를 예방하기 위해 구비해야 할 하드웨어/소프트웨어의 강건성에 대해 살펴볼 것이다. 아울러 우리나라의 하드웨어와 소프트웨어의 강건성을 평가해볼 것이다. 무엇보다도 소프트웨어의 집합체인 EMS와 각종 기기를 상호 간에 어떻게 연결하는 것이 정상적인 연결이 될 것인가를 살펴볼 것이다.

5장에서는 운용예비력에 대해서 살펴볼 것이다. 예비력이라는 말은 너무 광범위하고 모호한 표현이다. 미국 NREL, ERCOT 및 NERC가 정의한 운용예비력을 살펴봄으로써 운용예비력의 중요성과 EMS의 운용예비력 관리방식에 대해서 이해할 수 있을 것이다.

6장은 주파수 제어에 대해서 살펴볼 것이다. 우리나라에는 아직 주파수 조정(control), 주파수 응동(response), 주파수 편의(bias) 및 주파수 편차(deviation 또는 error) 등에 대한 정확한 정의가 확립되어 있지 않다. 뿐만 아니라 가버너와 출력기준점에 대한 정확한 이해가 없는 상황이다. 이것들의 명확한 정의와 기능을 살펴볼 것이다. 발전기의 가버너가 주파수 조정을 위해 하는 일이 무엇이며 EMS가 주파수를 안정화시키기 어떤 작동을 수행하는가를 알기 위해서는 제6장에 대한 이해가 반드시 필요하다.

7장은 전력시스템 운용의 컴퓨터 모형인 EMS의 구조, 구성 프로그램의 기능 및 전력시스템 운용에 관련한 이론을 설명한다. 특히 최적조류계산(OPF: optimal power flow)과 SCOPF의 이론을 소개하는 데 초점을 맞추었다. 수학적인 알고리즘이 있다고 하더라도 이를 컴퓨터 언어를 사용해 소프트웨어로 변환하는 것은 또 다른 일이다. 매우 고도한 작업과 기술이 필요하다. 우리가 전력시스템 운용기술을 향상시키기 위해서는 소프트웨어의 구조에 대한 이해가 필요하고 더 나아가서 프로그램을 개발할 수 있는 단계까지 도달한다면 더욱 환영할 만한 일이다. 이 책은 그 길의 초입으로 이끌 안내서일 뿐이다.

블랙아웃에 이르는 사건이 진행되면서 이를 완화시키기 위한 조치는 행정력과 정치적 행위로 해결할 수 없다. 오로지 전력시스템을 감시하는 화면 앞에 있는 급전원이 컴퓨터의 도움을 받아가며 상황에 맞게 대처하는 방법밖에 없다. 따라서 우리가 기술에 의존한 세상을 건설할수록 기술의 운용자들은 더 많은 도덕적 책무와 전문지식으로 무장하고 일반인들은 그들에 대한 신뢰 속에서 생활해야 한다. 결국 일반인들을 대신한 규제 당국은 전력시스템 운용자들이 정상적인 장비와 소프트웨어를 이용해 정상적인 지식수준에서 업무를 수행하고 있는

가를 관리·감독해야 한다. 따라서 일반인들은 전력정책을 규제하는 담당자들에게 제대로 된 규제시스템을 갖도록 요구하고 이를 관철시킬 수밖에 없다. 그리고 지금까지의 다른 학자들과 실무자들과의 의견은 다르지만 필자들은 이 책이 전력시스템 운용의 교재로 사용되어 우리나라 전력시스템 운용기술이 자생적으로 진보하기를 기원한다.

이 책을 집필하는 데에는 제19대 국회의 국회의원인 전정희 의원과 황훈영 보좌관의 도움이 매우 컸다. 전정희 의원이 국회산업통상자원위원회의 위원으로서 전력거래소가 EMS를 정상적으로 사용하고 있지 못함을 지적함으로써 기술 부문에 있어서도 국회의 역할이 증가하고 있음을 알려준 계기를 마련했다고 평가하는 바이다. 그리고 국민의 대표로서 국민들의 재산과 생명을 지키기 위해 열심히 일해주셨음에 대해 깊은 감사의 말을 드린다. 일일이 이름을 밝힐 수는 없지만 이 책이 발간되기 전에 많은 분들이 원고 내용을 교정해주시고 편집 및 집필에 대한 의견도 아울러 전해주셨다. 직접 교정을 해주시고 편집과 집필에 대한 의견을 주신 많은 분들께 감사드린다. 또한 이 책을 출간해주신 북코리아 출판사 이찬규 사장님과 이하 편집부 직원들께도 깊은 감사의 뜻을 전하는 바이다.

마지막으로 이 책에서 나오는 크고 작은 오류는 전적으로 필자들의 짧은 지식에 의한 한계와 불찰에 의한 결과이다. 책의 내용과 관련된 비판과 잘못된 점에 대해서는 아래의 연락처로 연락을 주기 바란다. 지적된 것을 모아서 보다 더 좋은 내용의 책을 편찬하는 데 사용할 것이다.

김영창: waickim@hanmail.net
유재국: yujk91@gmail.com

2015년 8월
김영창·유재국

서문: 블랙아웃의 위험과 이 책의 구성 ··· 5
약어 목록 ·· 37

1 전력시스템과 제어의 기초

1.1 에너지와 전력시스템 43

1.1.1 에너지 이용의 변화 ··· 43
1.1.2 전력의 이용 ··· 46
1.1.3 전력시스템의 개념과 구성 ··· 49

1.2 전력시스템의 제어 54

1.2.1 전력(kW)과 전력량(kWh)에 대한 이해 ··· 54
1.2.2 전력 흐름의 특징 ·· 58
1.2.3 전력시스템 운용(제어)의 세 가지 요소 ··· 61
1.2.4 전력시스템 제어의 방법 ·· 66
1.2.5 전력시스템 운용의 결과: 열효율과 주파수 품질 ·· 68

1.3 결론 및 요약 75

2 전력시스템의 운용

2.1 전력시스템의 설계와 운용 79

2.1.1 전력시스템과 물공급사업 ··· 79
2.1.2 동기운전 ·· 85
2.1.3 전력시스템 운용의 주요 과제 ··· 90

2.1.4 전력시스템 운용의 특성 ·································· 91

2.1.5 시스템 운용자의 역할 ·································· 92

2.1.6 시스템 운용의 주체 ·································· 93

2.2 전력시스템 운용의 구성요소 96

2.2.1 계획과 운용의 차이 ·································· 96

2.2.2 수요예측 ·································· 98

2.2.3 발전, 송전 및 운용예비력의 확보계획 ·································· 101

2.2.4 발전기 기동정지계획 ·································· 103

2.3 전력시스템의 실시간 운용 109

2.3.1 기술자료와 경제자료를 결합한 정산 ·································· 109

2.3.2 에너지 공급 ·································· 113

2.3.3 품질유지 서비스 ·································· 113

2.3.4 실시간 공급력 및 시스템부하의 균형 ·································· 117

2.4 전력시스템 운용과 전력생산비용 121

2.4.1 전력생산비용의 절감 ·································· 121

2.4.2 전력생산비용의 구성요소 ·································· 122

2.4.3 비용적상 ·································· 123

2.4.4 증분비용의 결정 ·································· 124

2.4.5 평균 열소비율 ·································· 125

2.4.6 증분열소비율 ·································· 127

2.4.7 증분비용 곡선 ·································· 128

2.4.8 운용계획과 기동정지계획 수립 시의 비용 고려 ·································· 129

2.4.9 실시간 경제운용 ·································· 132

2.5 제약발전 · 제약비발전 136

2.6 결론 및 요약 144

3

블랙아웃과 전력시스템 붕괴

3.1 블랙아웃의 개념과 원인 151

3.1.1 블랙아웃(정전)의 정의 ·································· 151

3.1.2 순환정전 ·································· 153

3.1.3 전력시스템 붕괴의 원인 ·································· 155

3.1.4 연쇄고장의 개념 ·· 162

3.1.5 전력시스템의 신뢰도 ·· 166

3.2 2003년 8월 14일 미국 동북부 블랙아웃 169

3.2.1 초기 원인 ··· 169

3.2.2 블랙아웃 발생 원인의 분류 ·· 171

3.2.3 위반사항 및 EMS 관련 권고 조치 ··· 174

3.2.4 표준의 개정 ·· 178

3.3 시뮬레이션으로 재구성해본 9.15 정전 179

3.3.1 모형의 설정 ·· 179

3.3.2 시나리오 ··· 184

3.3.3 시뮬레이션 결과 ··· 185

3.4 전력시스템의 네트워크 특성 분석 191

3.4.1 연쇄고장의 원인: 복잡계 ·· 191

3.4.2 멱함수 법칙 ·· 192

3.4.3 중개성 ·· 196

3.4.4 좁은 세상 네트워크의 속성 ··· 198

3.4.5 전력시스템에 대한 네트워크 분석 사례 ··· 200

3.4.6 SOC 모형으로서의 전력시스템 ··· 203

3.4.7 HOT 모형으로서의 전력시스템 ··· 207

3.5 블랙아웃의 예측 가능성과 예방 211

3.5.1 블랙아웃의 진행 과정 ··· 211

3.5.2 정전의 빈도와 발생주기 ··· 212

3.5.3 전력시스템 붕괴의 예방기술 ·· 213

3.5.4 전력시스템 붕괴를 예방하기 위한 조직 ··· 223

3.6 전력시스템의 복구, 블랙스타트 227

3.6.1 전력시스템의 중요성 ··· 227

3.6.2 블랙아웃의 영향 ··· 232

3.6.3 전력시스템의 복구 ·· 235

3.6.4 블랙아웃과 원자력발전기 ·· 241

3.7 결론 및 요약 244

4

블랙아웃 예방기술의 확보

4.1　하드웨어의 건전성　249
4.1.1　발전 용량과 송전선 증설의 관계 ································· 249
4.1.2　송전선의 용량과 위험 평가 ································· 251
4.1.3　송전망의 구조적 취약성 ································· 252
4.1.4　송전망 과부족의 평가 방법 ································· 258

4.2　정전 예방 프로그램의 구비　262
4.2.1　정전 예방 소프트웨어를 사용해야 하는 이유 ················ 262
4.2.2　수동급전과 자동급전 ································· 266
4.2.3　1차 제어와 전력시스템 ································· 268
4.2.4　EMS의 의사결정 지원도구 ································· 273
4.2.5　EMS가 제공하는 서비스 ································· 276

4.3　전자적 자료의 보관 및 관리　280
4.3.1　자료 전송의 출발 지점(발전단 출력과 송전단 출력) ········· 280
4.3.2　EMS의 관리 ································· 284
4.3.3　시스템 운용의 신뢰도를 높이기 위한 자료 및 정보교환 ······ 284

4.4　EMS와 외부 기기의 연결　288
4.4.1　기술정보와 시장정보의 연결 ································· 288
4.4.2　급전불능 발전기(분산형 전원)의 처리 ······················ 294

4.5　EMS 활용의 효용　298
4.5.1　전력시스템 운용자의 합리적 의사결정 지원 ················ 298
4.5.2　경제급전의 실현 ································· 298
4.5.3　효과적인 사고 분석 및 블랙스타트 ························· 300
4.5.4　과잉 규제 방지 ································· 300
4.5.5　위기 대응능력 강화 ································· 301

4.6　결론 및 요약　302

5

운용예비력

5.1　운용예비력의 기초　309
5.1.1　전력시스템 운용자의 의무 ································· 309

5.1.2 전력시스템과 운용예비력의 개관 ……………………………………………… 312

5.2   운용예비력의 분류   **322**
5.2.1 AGC 조정 예비력 …………………………………………………………… 322
5.2.2 부하추종 예비력 …………………………………………………………… 325
5.2.3 사고대비 예비력 …………………………………………………………… 326
5.2.4 부하급변대비 예비력 ……………………………………………………… 329
5.2.5 1차 예비력(사고대비 예비력 아래에서) ……………………………… 329
5.2.6 2차 예비력(사고대비 예비력과 부하급변대비 예비력 아래에서) …… 333
5.2.7 3차 예비력(사고대비 예비력과 부하급변대비 예비력 아래에서) …… 333

5.3   ERCOT의 운용예비력 분류 사례   **334**
5.3.1 개요 ………………………………………………………………………… 334
5.3.2 설비예비력 ………………………………………………………………… 334
5.3.3 운용예비력 ………………………………………………………………… 335
5.3.4 응동예비력 ………………………………………………………………… 337
5.3.5 AGC 조정 예비력(ERCOT) ……………………………………………… 339
5.3.6 즉응예비력 ………………………………………………………………… 339

5.4   NERC의 예비력 분류   **340**

5.5   결론 및 요약   **343**

6

주파수 제어

6.1   주파수 제어의 기초   **347**
6.1.1 부하의 변화 ……………………………………………………………… 347
6.1.2 주파수 제어시스템의 필요성 …………………………………………… 348
6.1.3 주파수 제어의 정의 ……………………………………………………… 348
6.1.4 주파수와 에너지 균형 …………………………………………………… 349
6.1.5 정상 상태와 비상 상태에서의 주파수 편차 …………………………… 353
6.1.6 주파수 편의 ………………………………………………………………… 355
6.1.7 전력시스템의 관성 ………………………………………………………… 357

6.2   가버너   **360**
6.2.1 가버너의 소개 ……………………………………………………………… 360
6.2.2 기계식 원심구 가버너 …………………………………………………… 361

6.2.3 디지털 가버너 ·· 363

6.2.4 가버너 드룹 특성곡선 ·· 365

6.2.5 독립시스템에서의 가버너 제어 ·· 369

6.2.6 복수의 발전기 시스템에서의 가버너 제어 역할 ························· 375

6.2.7 자동발전제어에 대한 발전기의 응동 ·· 377

6.2.8 시스템의 주파수 응동 특성 ··· 379

6.2.9 가버너 응동의 한계 ··· 381

6.3   자동발전제어 신호의 설계   385

6.3.1 AGC의 소개 ·· 385

6.3.2 AGC의 기능 ·· 387

6.3.3 AGC의 구성 ·· 388

6.3.4 AGC의 작용 ·· 388

6.3.5 출력기준점의 종류 ··· 391

6.3.6 AGC 신호의 형식과 설계 ··· 392

6.3.7 ERCOT의 시스템 운용 ·· 395

6.3.8 AGC 제어의 모드 ·· 397

6.4   NERC의 제어성능표준   400

6.4.1 제어성능표준 ··· 400

6.4.2 NERC CPS1 ··· 402

6.4.3 ERCOT의 제어성능표준 ··· 405

6.5   주파수 편차의 영향   405

6.5.1 증기터빈 날개에 대한 영향 ·· 405

6.5.2 유효전력 흐름에 대한 영향 ·· 407

6.6   저주파수에 대한 보호   408

6.6.1 전력시스템의 고립 ··· 408

6.6.2 자동 저주파수 확정 부하 차단 ··· 409

6.6.3 송전선로의 저주파수 계전기 ·· 412

6.6.4 저주파수에 대한 발전기의 보호 ··· 412

6.7   결론 및 요약   413

7 전력시스템 컴퓨터제어모형

7.1	**EMS**	419
7.1.1	EMS의 구조	419
7.1.2	전력시스템 운용 최적화의 역사	420
7.2	**SCADA**	427
7.2.1	전력제어시스템의 감시제어 및 자료취득시스템	427
7.2.2	전력제어시스템의 구조와 통신기술	429
7.2.3	용어의 정의	430
7.3	**전력시스템 상태추정**	432
7.3.1	상태추정의 개념	432
7.3.2	필요성	433
7.3.3	알고리즘	433
7.3.4	최우최소자승 추정	440
7.4	**상정사고 분석**	453
7.4.1	정의	453
7.4.2	실시간 상정사고 분석과 비실시간 상정사고 분석	453
7.4.3	송전선의 용량 제약과 SCOPF의 사용	454
7.4.4	ED, OPF 그리고 SCOPF	456
7.5	**자동발전제어**	456
7.5.1	단일 발전기로 구성된 시스템의 주파수 변화	456
7.5.2	추가적 제어의 필요성	458
7.5.3	주파수 추종 출력제어	460
7.5.4	연계선 전력조류제어	462
7.6	**전력시스템 안전도**	467
7.6.1	안전도의 정의	467
7.6.2	안전도 유지의 필요성	469
7.6.3	연쇄고장 방지의 알고리즘	470
7.7	**경제급전 최적화 이론**	475
7.7.1	최적성 조건	475
7.7.2	카르시-쿤-터커(KKT) 조건	480
7.7.3	제약자격	492

7.8   경제급전과 최적조류계산   504

7.8.1 경제급전의 정의 ·· 504

7.8.2 경제급전의 제약조건 ·· 505

7.8.3 화력발전시스템의 급전 ·· 505

7.8.4 구간별 선형 비용함수를 이용한 경제급전 ······················· 509

7.8.5 선형계획법을 이용한 경제급전 ··· 510

7.8.6 출력기준점과 참여인자 ·· 512

7.8.7 최적조류계산의 정의 ·· 515

7.8.8 최적조류계산의 해법 ·· 518

7.8.9 반복선형계획법 ··· 520

7.8.10 비선형 내점법의 정식화의 예 ·· 522

7.9   안전도 제약 최적조류계산   525

7.9.1 OPF와 SCOPF의 비교 ··· 525

7.9.2 P-SCOPF, C-SCOPF, PC-SCOPF ·································· 529

7.9.3 선행급전의 부당성 ·· 531

7.9.4 EMS 요약 ··· 534

7.10   모선별 한계가격요금제   536

7.10.1 LMP의 개관 ·· 536

7.10.2 LMP의 정의 ·· 537

7.10.3 LMP의 특성 ·· 545

7.10.4 최적화 이론과 잠재가격 ·· 548

7.10.5 섭동비선형계획 문제와 라그란지 쌍대 문제 ······················ 550

7.10.6 라그란지 승수의 경제학적 해석 ······································· 554

7.11   결론 및 요약   557

부록: 용어집 ·· 558

참고문헌 ··· 573

찾아보기 ··· 587

AC	Alternating Current
ACE	Area Control Error
ACOPF	Alternating Current Optimal Power Flow
AFLS	Automatic Under-frequency Load Shedding
AGC	Automatic Generation Control
ANSI	American National Standards Institute
BA	Balancing Area, Balancing Authority (U. S.)
BAAL	Balancing Authority ACE Limit (U. S.)
BESS	Battery Energy Storage System
BIC	Bus Incremental Cost
BPA	Base Point Allocation
CA	Contingency Analysis
CA	Control Area
CAISO	California Independent System Operator
CBP	Cost Based Pool
CFC	Constant Frequency Control
CF	Capacity Factor
Con-off	Constrained-off
Con-on	Constrained-on
CPC	Control Performance Criterion
CPM	Control Performance Measure
CPS	Control Performance Standard
CPU	Central Process Unit
C-SCOPF	Corrective Security-constrained Optimal Power Flow

DAS	Distribution Automation System
DC	Direct Current
DCM	Disturbance Control Measure
DCS	Disturbance Control Standard
DOE	Department of Energy (U. S.)
ECAR	East Central Area Reliability Coordination Agreement (U. S.)
ED	Economic Dispatch
EENS	Expected Energy Not Served
EIA	Energy Information Administration (U. S. DOE)
EMS	Energy Management System
EPRI	Electric Power Research Institute (U. S.)
ERCOT	Electric Reliability Council of Texas (U. S.)
FACTS	Flexible AC Transmission System
FAL	Frequency Abnormal Limit
FE	First Energy Co. (U. S.)
FERC	Federal Energy Regulatory Commission (U. S.)
FMD	Five Minute Dispatch
FRC	Frequency Response Characteristics
FRL	Frequency Relay Limits
FRM	Frequency Response Measure
FRO	Frequency Response Obligation
FRR	Frequency Responsive Reserve
GMD	Geo-magnetic Disturbance
HLO	House load operation
HOT	Highly Optimized Tolerance
HVDC	High Voltage Direct Current
Hz	Hertz
ICCP	Inter-Control Center Communications Protocol
ICE	Interconnect Control Error (ERCOT)
IDC	Interchange Distribution Calculator
IEA	International Energy Agency
IEEE	Institute of Electrical and Electronics Engineers (U. S.)
INEEL	Idaho National Engineering and Environmental Laboratory (U. S.)
IPP	Independent Power Producer
ISO	Independent System Operator

ISO-NE	Independent System Operator New England
IT	Information Technology
LFC	Load Frequency Control
LMP	Locational Marginal Pricing
LOLP	Loss of Load Probability
LOOP	Loss of Off-site Power
LSE	Load Serving Entity
mHz	Milli-hertz
MISO	Midwest Independent System Operator (U. S.)
MMS	Market Management System
MOS	Market Operating System
MVA	Megavolt-amperes
MVAr	Megavolt-amperes-reactive
NDT	Non-dispatchable Technology
NEA	Nuclear Energy Agency (U. S.)
NERC	North American Electric Reliability Corporation (starting in 2007)
NERC	North American Electric Reliability Council (prior to 2007)
NREL	National Renewable Energy Laboratory (U. S.)
NYISO	New York Independent System Operator
OASIS	Open Access Same-time Information System
OPF	Optimal Power Flow
OTDF	Outage Transfer Distribution Factor
p.u.	Per Unit
PC-SCOPF	Preventive Corrective Security-constrained Optimal Power Flow
PFR	Primary Frequency Reserve
PJM	PJM(Pennsylvania-New Jersey-Maryland) Interconnection (U. S.)
P-SCOPF	Preventive Security-constrained Optimal Power Flow
PUC	Public Utility (or Public Service) Commission (U. S.)
RC	Reliability Coordinator
RMS	Root Mean Square
ROW	Right-of-way
RTCA	Real-time Contingency Analysis
RTO	Regional Transmission Organization
RTU	Remote Terminal Unit
SCADA	Supervisory Control and Data Acquisition

SCED	Security-constrained Economic Dispatch
SCOPF	Security-constrained Optimal Power Flow
SCUC	Security-constrained Unit Commitment
SDX	System Data Exchange
SMP	System Marginal Price
SOC	Self-organized Criticality
SOE	Sequence of Events
SO	System Operator
T&D	Transmission and Distribution
TDF	Transfer Distribution Factors
TO	Transmission Operator
TSO	Transmission System Operator
TVA	Tennessee Valley Authority (U. S.)
UFLS	Under-frequency Load Shedding
USEIA	U. S. Energy Information Administration
VG	Variable Generation
VOLL	Value of Lost Load
VSL	Violation Severity Levels
WECC	Western Electricity Coordinating Council (U. S.)

BLACKOUT

and Power System Operation

1

전력시스템과 제어의 기초

1.1 에너지와 전력시스템

1.1.1 에너지 이용의 변화

에너지는 어떤 물질의 상태(위치 또는 구성 등)를 변화시키는 힘을 말한다. 미국에너지정보청(USEIA)에서는 에너지를 "측정 가능한 형태의 일을 할 수 있는 능력(잠재 에너지) 또는 운동할 수 있는 능력으로 변환된 (운동에너지)"이라고 정의[1]하고 있다. 미국에너지정보청의 에너지에 대한 정의에서 말하는 '잠재에너지'를 담고 있는 물질 또는 자원을 에너지원(energy source)이라고 하며, 석탄 및 석유 등이 여기에 속한다. 에너지원으로부터 에너지를 추출해 이를 운송해 사용하게 될 경우 이를 에너지 운반체(energy carrier)라고 하며, 2차 에너지라고 한다. 에너지 운반체를 통해 실생활에서 사용하기 편리한 형태로 바뀌는 것이다. 2차 에너지의 경우 자기 자신은 일을 하지 않는다. 전력[2]을 보내는 전자와 수소가 대표적 에너지 담체이다.

인간이 에너지라고 체감하는 것은 유효에너지(useful energy)이다. 유효에너지는 에너지를 사용해 일의 형태로 바꿔 경제적 효용을 창출하는 에너지를 말하며, 조명과 동력 등이 최종적인 유효에너지이다. 유효에너지를 통해 사람들은 일을 하고 경제적 가치가 있는 재화와 서비스를 창출한다.

〈그림 1.1〉은 에너지가 변환되어 사용되는 과정을 간단하게 표현한 다이어그램(diagram)이다. 이 그림에는 1차 에너지원인 석탄, 석유 등의 자원이 유효에너지로 직접 사용되거나 열과 전기로 전환되어 이용되는 경로가 표시되었다. 1차 에너지를 직접 사용하는 경우는 주로 열을 이용한다. 그 밖에는 1차 에너지를 연소시킨 열을 이용해 운동에너지의 형태로 에너지를 전환하는 장치를 이용하는

---

1 "The capacity for doing work as measured by the capability of doing work (potential energy) or the conversion of this capability to motion (kinetic energy)." USEIA(U.S. Energy Information Administration)의 홈페이지 용어(glossary) 부분 참조.
2 전력과 전기는 동일한 의미이나 학술적으로는 전력이라는 용어를 사용하고 일상생활에서는 전기라는 용어를 사용하는 경향이 있다.

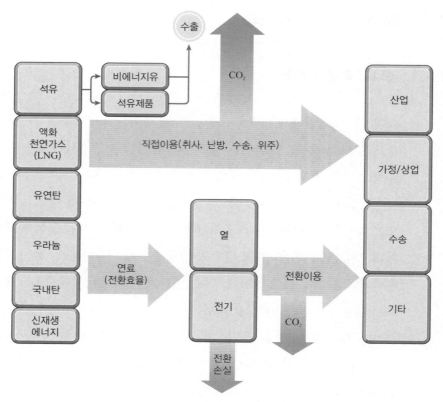

그림 1.1 에너지 시스템의 구조

데, 이를 열기관(heat engine)이라고 한다. 자동차의 엔진이나 발전소의 보일러·터빈 등은 열기관의 대표적인 예이다.

1차 에너지이든 전환 에너지이든 간에 열역학 제1법칙(에너지 보존법칙)에 의해 어떤 계(system)에 투입된 에너지의 양은 산출된 에너지와 손실되는 에너지의 합과 같으며 이는 보존된다. 지구로 투입되는 에너지는 태양에너지가 유일하다.[3]

---

3 태양으로부터 지구로 유입되는 에너지의 양은 대략 5.46×10^{24} J(Joule)이다. BP의 통계자료에 따르면 2013년에 세계 1차 에너지 소비량은 약 5.33×10^{20} J로 태양에서 들어오는 연간 에너지의 양은 지구에서 연간 소비되는 에너지의 약 10,244배이다. BP (2014), *BP Statistical Review of World Energy*, 〈http://www.bp.com/statisticalreview〉; Kümmel, R. (2011), *The second law of economics: Energy, Entropy, and the origins of wealth*, Springer Science + Business Media, LLC..

지구 내에서는 지하 깊은 곳에서의 압력 등에 의한 지열과 중력에 의한 조력을 제외하고 지구 외부로부터 들어오는 에너지는 태양에너지 하나밖에 없다. 태양에너지를 직접적으로 저장할 수 있는 능력을 가진 개체는 '식물'뿐이며 태양에너지를 축적하는 작용이 바로 광합성 작용이다. 광합성 작용 시에는 식물이 물(H_2O)과 이산화탄소(CO_2)를 흡수해 탄수화물 형태로 에너지를 저장하며, 산소(O_2)를 배출한다. 동물은 태양에너지를 저장한 식물을 먹거나, 다른 동물과의 먹이사슬 구조를 통해 에너지를 얻고 있다. 반면에 목재나 석탄을 연소시키는 것은 광합성의 역의 과정이 되며, 탄소(C)와 수소(H_2)를 분리하면서 이산화탄소와 물을 배출하고 열(=에너지)을 얻는다.[4]

20세기 초반까지 에너지를 얻는 방법은 탄화수소 계열의 에너지를 담은 물질을 연소시키는 것이 유일한 방법이었다. 원자번호 1인 수소를 탄소와 분리함으로써 에너지를 얻는 것이었다. 20세기 중반 이후에 인류는 자연계에 존재하는 마지막 원소인 원자번호 92인 우라늄(U_{92}^{235})의 원자를 분열시켜 결합에너지(binding energy)의 일부분을 연쇄반응(chain reaction)을 이용해 방출시키는 방법을 알게 되었는데, 핵분열에너지를 발전에 이용한 것이 원자력발전이다. 이처럼 인류가 에너지를 얻는 방법은 원자번호가 1인 수소를 통해서 얻는 것과 자연계에 존재하는 마지막 원자번호 92번인 우라늄을 이용하는 방법으로 대별된다.

〈그림 1.2〉에서 보는 바와 같이 현재 화석연료를 주로 사용하고 있는 인류는 같은 양에 더 많은 에너지를 포함하고 있는 에너지, 즉 에너지 밀도가 높은 에너지 사용을 추구해왔다. 고체연료인 석탄을 이용하기 시작해, 석유와 같은 액체연료를 이용하고 있다가 최근에는 천연가스와 같은 기체연료를 사용하고 있다. 탄화수소연료 가운데 탄소의 비율이 낮은 연료(궁극적으로는 수소 자체)[5]를 사용하는

---

4 식물의 엽록소는 대기 중의 이산화탄소와 토양의 물을 흡수하고 여기에 태양광을 받아 광합성을 해 포도당을 만든다. 여기에 효소 작용이 가해지면 전분이 된다.
$$6CO_2 + 6H_2O \rightarrow C_6H_{12}O_6 + 6O_2$$

5 수소를 이용하는 연료전지는 탄소와 결합된 형태의 수소를 이용해 열과 전기를 생산하는 기술이다.

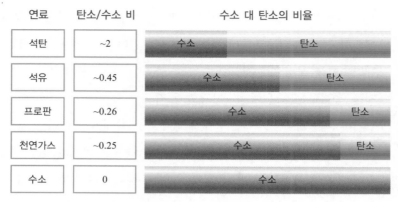

연료	탄소/수소 비	수소 대 탄소의 비율	
석탄	~2	수소	탄소
석유	~0.45	수소	탄소
프로판	~0.26	수소	탄소
천연가스	~0.25	수소	탄소
수소	0	수소	

그림 1.2 연료별 탄소 대 수소의 비율

것은 환경에 부담이 적은 에너지 시스템으로 가기 위한 과정이다.

이상에서 본 바와 같이 전력은 전환에너지 또는 에너지 운반체로서 그 자체로는 일을 수행하지 않으며, 에너지를 포함하고 있는 어떤 매개적 존재일 뿐이다. 미래에는 에너지 운반체인 전자와 수소의 경쟁이 한층 더 강화될 것이다.

1.1.2 전력의 이용

최초의 인류는 화석연료를 사용하지 못했다. 아마도 최초의 인류는 산불 등 자연적으로 발화한 불(열)을 이용했을 것이다. 인류가 불을 이용하기 시작한 이래로 지금에 이르기까지 상당히 오랜 기간 목재와 같은 바이오연료(bio fuel)[6]를 사용하고 있다. 불을 사용해 음식을 익힘으로써 육류 섭취에 들어가는 체내 에너지 소모를 줄이고 단백질 형태의 에너지를 체내에 축적할 수 있었다. 이것은 장(腸) 길이의 축소, 허리 각도의 변화와 직립 보행 그리고 손의 사용에 도움을 주고 마지

---

6   바이오 연료를 달리 표현한다면 탄소의 순환주기상 석탄, 석유와 같이 지하에서 농축되지 못하고 지금 우리가 사는 현 시점에서 바로 탄소와 수소로 분리되는 자원이다.

막으로 뇌의 용량을 증가시키는 데 기여했을 것이다. 이것이 '제1차 에너지 혁명'
이다. 즉, 불의 사용은 에너지의 효과적인 체내 축적을 가능하게 해 손과 같은 신
체기관의 효율적인 사용과 지적 능력의 개발을 가능하게 했던 것이다. 제1차 에
너지 혁명은 '뇌의 혁명'이었다.

제2차 에너지 혁명은 우리가 잘 알고 있는 산업혁명(industrial revolution)이다.
이는 인류가 '에너지, 일, 그리고 열'이 등가라는 것을 경험적으로 알게 될 즈음
에 시작되었다. 수학적 · 물리적으로 에너지, 일 그리고 열이 같은 속성을 갖는다
는 것을 안 것은 산업혁명이 시작된 이후의 일이다. 2차 에너지 혁명인 산업혁명
은 '근육 혁명'이다. 인류는 인간의 노동을 대체할 수 있는 뛰어난 열기관을 만들
면서 또 다른 역사를 만들었다. 인류는 바이오연료에서 화석연료로 에너지 사용
을 전환하게 된다. 지하에 매장된 에너지원을 캐내어 사용하면서 기차나 배와 같
은 커다란 기계를 움직이는 일(work)을 수행하기 시작한 것이다. 가장 중요한 일
의 형태는 회전운동이다. 공장이든 가정이든 모터(motor)와 같은 회전운동을 하는
장치가 얼마나 많은가를 살펴보면 전력의 중요성을 더욱 실감할 수 있을 것이다.
산업혁명 초기에는 왕복운동을 회전운동으로 바꾸는 열기관이 발전하다가 19세
기에는 열기관을 이용해 회전운동[7]을 보다 용이하게 만들 수 있는 기술이 개발
되었는데 이것이 바로 전력이다. 제2차 에너지 혁명에서 가장 중요한 전환에너
지인 전력은 터빈의 회전운동에 의해서 생산된다. 회전운동에 의한 교류전력의
특성은 현대사회의 중요한 동력원인 모터를 움직이는 힘이기도 하다. 뿐만 아니
라 수요 측[8]과 공급 측에서 회전운동을 하는 장치의 관성은 전력시스템의 공급
력과 시스템수요의 균형을 유지하는 데에 매우 중요한 요인이다. 수요나 공급 어
느 한쪽에라도 회전운동을 하는 장치가 없다면 시스템 균형을 유지하는 것은 어
려운 일이 된다. 회전운동의 관성이 에너지를 저장하기 때문에 회전체의 관성은

---

[7]   이에 대한 충분한 이해를 위해서는 회전자계(rotating magnetic field)에 대한 지식이 필요하다.

[8]   수요 측이 모두 전기를 소비하는 것이 아니라 회전운동을 하는 모터는 일부 에너지를 회전에너지로서
       보유하고 있다.

급작스러운 교란이 전력시스템에 가해졌을 때 그 충격을 완충시켜준다.[9]

제3차 에너지 혁명은 현재 진행 중인 상태이다. 이것은 전력과 정보의 결합으로 발생했다. 다시 말해 에너지와 정보가 등가인 시대가 열리게 된 것이다. 전력이 공급되지 않으면 정보의 생산·전달·소비가 이루어지지 않는 시대가 되었으며, 경제활동이 마비되는 상황을 만들 수도 있는 것이다. 대표적인 것이 컴퓨터 시스템과 이를 연결하는 망(internet)이다. 지금 이 시간에도 인간의 뇌나 서적 말고도 대규모로 지식을 저장할 수 있는 기억장치가 가동되고 있으며, 정보를 전달할 수 있는 망이 전기를 지속적으로 공급받아 정보를 옮기고 있다. 제3차 에너지 혁명은 개인별로 처해 있는 환경의 경계를 무너뜨리는 혁명으로서 '공간 혁명'이라고 볼 수 있다. 즉 경제활동이 공간적 제약을 상대적으로 덜 받는 상태에서 효율적으로 이루어지고 있고, 에너지 시스템 자체도 개별 구성요소 간에 정보를 교류함으로써 시스템 효율을 높여가고 있다. 전력시스템 구성요소 간 정보 교환을 통해 전력시스템 전체의 효율을 높이고자 하는 기술의 총칭이 바로 스마트 그리드(smart grid)[10]이다. 이러한 측면에서 본다면 전기는 현대 문명사회를 유지하기 위해 가장 중요한 역할을 하고 있는 재화이다. 전기는 개개인이 가지고 있는 정보와 지식을 연결시켜주고, 경제활동의 공간적 제약을 극복할 수 있도록 도와주는 역할을 수행하고 있다.

전기에너지의 중요성이 점차 증가하고 있음은 〈표 1.1〉을 통해서도 알 수 있다. 최근 10년 동안 1차 에너지 중 전기에너지로 전환되는 비중과 최종 에너지의 소비량 중에서 전기에너지의 비중은 점점 커지고 있다. 2003년에는 비에너지유를 제외한 1차 에너지의 16.7%를, 그리고 최종 에너지의 18.2%를 전기의 형태로 소비했다. 이로부터 10년 후인 2013년에는 1차 에너지의 19.5%를 최종 에

---

9 이 점은 회전관성이 없는 배터리(battery)가 주파수를 유지시키는 역할에서 근본적인 문제가 있다는 점을 시사한다. 자세한 내용에 대해서는 제6장의 모터와 같은 회전부하와 출력기준점 조정을 자세히 살펴보기 바란다.

10 Knapp, E. D. and Samani, R. (2013), *Applied Cyber Security and the Smart Grid : Implementing Security Controls into the modern Power infrastructure*, Syngress Publishing.

표 1.1 전기에너지의 전환과 소비 비중

연도	에너지 소비량(천 TOE)*			총발전량 (GWh)	1차 에너지 (비에너지유 제외) 중 전력으로의 전환률(%)	최종 에너지 중 전력소비량의 비중(%)
	1차 에너지		최종 에너지			
	비에너지유 포함	비에너지유 제외				
2003	215,066	179,432	163,995	347,756	16.7	18.2
2004	220,238	182,853	166,009	368,033	17.3	19.1
2005	228,622	189,996	170,854	389,479	17.6	19.6
2006	233,372	193,030	173,584	402,988	17.9	20.0
2007	236,454	191,825	181,455	425,407	19.1	20.2
2008	240,752	196,933	182,576	442,610	19.3	20.8
2009	243,311	197,660	182,066	452,447	19.7	21.4
2010	263,805	216,849	195,587	495,028	19.6	21.8
2011	276,636	226,089	205,863	517,569	19.7	21.6
2012	278,698	226,772	208,120	530,628	20.1	21.9
2013	280,290	227,899	210,247	517,148	19.5	21.1

* TOE: Tons of Oil Equivalent(석유환산 톤).
자료: 국가에너지통계종합정보시스템(http://www.kesis.net/flexapp/KesisFlexApp.jsp)에서 발췌해
정리함.

너지의 21.1%를 전기 형태로 소비해 10년 전에 비해 전기 에너지의 비중이 각
각, 2.8% 및 2.9%씩 증가했다. 즉, 우리나라의 경우에는 전기 소비가 점점 더 증
가하는 것으로 분석된다.

1.1.3 전력시스템의 개념과 구성

시스템(system)이란 여러 요소들이 상호 작용하는 집합체를 의미한다. 이 말이 처
음 사용된 것은 연혁적으로 열역학(thermodynamics)에서 카르노 사이클(carnot cycle)

을 주장한 니콜라스 카르노(Nicolas Carnot)였다. 처음으로 시스템이라는 용어가 사용되었을 때에는 에너지(energy)와 물질(material)의 교환과 관련된 일체의 상호작용을 하는 집합체를 의미했다.

시스템 이론을 열기관뿐만 아니라 생물체 등에 적용할 수 있도록 일반적인 이론을 적용한 사람은 생물학자인 버틀란피(Bertalanffy)였으며 이후에 위너(Wiener) 등과 같은 미국의 정보과학자들이 '시스템'이라는 용어를 사용하면서 발달한 개념이다. 시스템이 이론적으로 보다 정교해졌다.

아이러니하게도 전력에 대한 관심은 물리적 관심보다는 생물학적 관심에서 시작되었다. 18세기 말엽 서구 사회에서는 생명이란 무엇인가에 대한 관심이 무척 높았다. 생명의 근원이 무엇이며 인공적으로 생명을 무기체에 불어넣기 위한 다양하고 잔혹한 실험이 진행되었다. 그중에 하나가 상체가 제거되어 죽은 개구리의 뒷다리에 전기를 흐르게 해서 죽은 근육이 경련을 일으킬 수 있다는 사실을 발견한 이탈리아의 해부학자 갈바니(Galvani)의 실험이었다. 갈바니는 생명체 안에서 전기가 흐른다는 생체 전기의 개념을 생각했으며, 생명의 원천이 '전기'라는 것에 관심이 증폭되어 다양한 실험이 이루어진 것이다.[11] 이후에 볼타(Volta) 등의 연구에 의해서 생체 전기가 아니라 건전지의 기본이 되는 전기화학의 개념을 알게 되었다. 이후 전력에 대한 과학적 지식의 증폭되었으며, 과학의 시대에 직류와 교류 전기가 만들어졌다. 에디슨(Edison)과 테슬라(Tesla)가 각각 발명한 직류발전기와 교류발전기에 관한 양자의 경쟁 끝에 교류발전기가 전력산업의 시장을 점유하면서 오늘날에 이르고 있다.

전력시스템(power system)[12]은 인간이 만들어낸 가장 거대한 기계장치 집합 중에 하나이다. 전기는 수백 개의 발전기에서 생산되어 변전소, 송전망, 배전망 등의 전력설비를 거쳐 마지막으로 공장의 모터, 도시의 지하철, 가정의 냉장고 등

---

11 제레미 리프킨(2010), 『공감의 시대』, 이경남 역, 민음사(Rifkin, J. (2009), *The empathic civilization: The race to global consciousness in a world in crisis*, Penguin Group Inc.).

12 이 책에서는 '전력계통'이라는 용어 대신에 '전력시스템'을 사용한다.

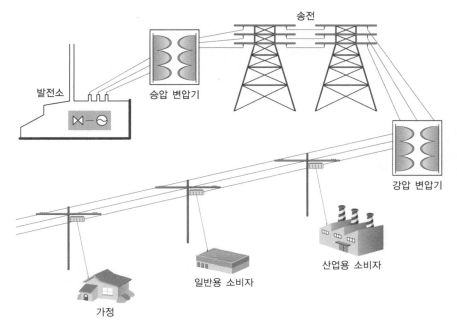

그림 1.3 전력시스템의 구성

전기를 소비하는 기기 등에 도달하는 것이며 이 모든 것은 하나의 기계, 즉 시스템이라고 말할 수 있다.

〈그림 1.3〉에서 보는 바와 같이 전력시스템은 발전 · 송전망 · 배전망 · 판매로 이루어진다. 발전은 원자력, 화력, 가스복합화력, 수력, 양수발전과 같은 기술로 구성되는데, 발전은 가스 · 석유 · 석탄 등과 같은 화석연료의 연소 혹은 우라늄의 핵분열에 의한 에너지를 전력으로 변환시키는 과정을 의미한다. 발전기가 사용하는 연료는 종류마다 가격이 다르며 발전기의 건설비도 서로 다르다.

발전기는 급전방식별로 급전대상 발전기와 급전불능 발전기로 구분된다. 급전(dispatch)이란 시스템 운용의 관점에서 각 발전기의 출력을 실시간(on-line)으로 지정하는 것이다. 발전기의 출력을 한곳에서 제어할 수 있으면 급전대상 발전기라고 하며, 중앙에서 제어할 수 없으면 급전불능 발전기라고 한다. 대부분의 분산형 전원은 급전불능 발전기이다.

표 1.2 급전방식별 발전기 수 및 용량(2014년 12월 31일 현재)

급전방식	회원 구분	거래사	발전형식	종합	
				발전기 수(대)	용량(MW)
급전 대상 발전기	정회원	전력거래소	원자력	23	20,715.68
			기력	65	28,741.10
			복합	153	23,529.88
			수력	57	6,281.78
			집단에너지	35	2,838.06
			내연	3	135.00
	준회원(PPA)	전력거래소	복합	27	3,276.25
급전 불능 발전기	정회원	전력거래소	집단에너지	22	852.31
			신재생에너지	1,393	3,624.53
	비회원	한전	내연	2	110.00
			신재생에너지	5,138	511.63
			내연	203	84.69
			신재생에너지	13	1.21
합계				7,134	90,702.11

자료: 한국전력거래소, 『전력통계정보』, 〈http://epsis.kpx.or.kr〉.

2014년 12월 31일 현재 우리나라에서는 전력거래소가 중앙급전을 지시할 수 있는 권한을 갖고 있다. 〈표 1.2〉에서와 같이 363기의 급전대상 발전기가 있다. 앞서 말한 바와 같이 급전대상 발전기는 전력거래소의 급전실에서 출력을 제어할 수 있는 발전기를 의미하는데, 전력시스템 운용 시에 중앙급전대상 발전기에 대한 시스템적 관리기술이 중요한 의미를 갖게 되는 것이다. 우리나라에는 2014년 12월 기준으로 복합화력이 약 26,700MW가 있으며, 소비자부하의 변동에 따라 출력변동이 용이한 발전기의 비중이 높다는 특징이 있다. 급전대상 발전기를 더욱 세부적으로 나누면 다음과 같이 분류할 수 있다.

○ 기저부하용 발전기(base-load units): 변동비가 낮고 계속적으로 운전되는 발전기이다. 이들의 출력은 거의 변화하지 않으며 따라서 부하추종 발전을 하지 않는다. 기저부하용 발전기는 순환적으로 기동하거나 정지하지 않는다. 원자력 발전기와 석탄화력 발전기가 기저부하용 발전기의 예이다.

○ 의무가동 발전기(must-run units): 전압을 유지하기 위한 발전기, 안정도를 유지하기 위한 발전기 또는 지역적 송전 제약 및 안전도 유지를 위한 발전기 등은 발전사업자와 시스템 운용자 사이의 계약에 의해 필요에 따라 운전된다. 의무가동 발전기는 경제적인 발전기라고 할 수 없다.

○ 부하추종용 발전기(load-following units): 하루의 변화하는 부하곡선의 형태를 따라가는 발전기이다. 가스복합화력 발전기는 부하추종을 위해 운전되는 경우가 많다. 부하추종용 발전기는 부하가 낮은 기간(예를 들면 심야)에는 가동을 멈춘다.

○ 첨두부하용 발전기(peak-load units): 변동비는 대단히 높고 기동비용이 낮으며, 하루 중 최대부하가 발생하는 짧은 기간 동안에 사용된다. 대부분의 첨두부하용 발전기는 가스터빈 발전기이며 부하가 낮은 시간에는 가동하지 않는다.

　　정리하면, 기저부하용 발전기와 신뢰도 유지를 위한 의무가동 발전기는 일정 출력을 유지한다. 부하추종용 발전기는 하루 중 소비자부하의 변동 사이클을 쫓아가는 발전기이다. 첨두부하용 발전기는 단기적으로 부하가 높은 시간에 가동하는 발전기이다. 이른바 일정 기간 동안 계속 나타나는 기저부하(base load)를 담당하는 발전기는 변동비가 낮은 대신 건설비가 높다. 원자력발전기가 대표적인 기저부하용 발전기이다. 반면에 첨두부하 발생시간의 짧은 시간 동안에 사용하는 발전기는 건설비가 낮은 대신 변동비는 높다. 따라서 서로 다른 형식의 발전기를 어떻게 조합해 건설할 것인가는 전기사업자 입장에서는 수익에, 소비자 입장에서는 전기요금에 절대적인 영향을 미친다. 비용의 관점에서 전력수요를 예측해 발전기를 최소비용으로 건설하고 운용할 수 있는 계획을 찾는 일은 매우 중요한 일이다.[13] 이러한 일련의 과정을 발전기 건설계획 수립이라고 한다.

발전 전압은 15~25kV[14]인데 터빈과 발전기를 통해 발전소에서 생산된 전기는 변압기를 통해 154~765kV로 전압을 승압시켜, 수송에 따른 전력 손실을 감소시킨다. 고압 송전선은 전력을 발전소로부터 도시와 같은 큰 부하지점까지 전송한다. 고압 송전은 주로 철탑 등의 지지물에 의지한 전선을 사용하며, 소비자 근처의 배전용 변전소에서 낮은 전압으로 바꾼다. 배전용 변전소는 전압을 22.9kV로 낮추어 산업용 소비자, 일반용 소비자, 가정용 소비자에게 보내게 된다. 배전용 변압기는 전압을 220V로 낮추어 각 가정과 상업시설 등에 공급하고 있다.

1.2 전력시스템의 제어

1.2.1 전력(kW)과 전력량(kWh)에 대한 이해

에너지란 물리적인 일을 할 수 있는 능력을 의미하며, 에너지의 크기는 물체가 할 수 있는 일의 양을 누적한 것이다. 여기에서 일을 할 수 있는 능력을 일률이라한다. 일률(또는 공률, Power)의 단위는 Joule/초이며, 단위는 와트(watt, 1Joule/초)이지만 실용상으로 너무 작아서 전기 분야에서는 kW나 MW[15]의 단위를 주로 사용한다.[16] 에너지는 위치에너지, 운동에너지, 열에너지, 전자기에너지 등 다양한 형

---

13   이의 계획을 찾는 일은 국제원자력기구(IAEA)에서 개발한 WASP라는 소프트웨어가 지원하고 있는데, 이는 동적 계획법(dynamic programming)을 이용해 최소비용을 만족하는 발전기 건설계획을 찾는 프로그램의 기능에 포함된다. 현재 우리나라의 장기 전력수급계획 수립에 활용된다.

14   전압(voltage)은 전력시스템에서의 두 지점 간의 전위의 차이로서, 전기가 흐르는 원천이며 물로 보면 낙차에 해당한다. 단위는 V(volt)이다. 전류(암페어)는 전하(electrical charge)의 흐름의 율(rate)을 지칭하며, 단위는 A(ampere)이다.

15   • k(킬로): 1,000 = 10^3
     • M(메가): 1,000,000 = 10^6
     • G(기가): 1,000,000,000 = 10^9
     • T(테라): 1,000,000,000,000 = 10^{12}

표 1.3 전력과 전력량

구분	설명	단위
전력 (Power)	와트로 나타내며, 일률 또는 공률(Joule/sec)로서 단위시간당의 에너지 사용을 의미함(전력은 수시로 변화함).	W, kW, MW, GW
전력량 (Energy)	일정 시간 동안의 에너지 사용량. 1kW로 1시간 동안 사용된 에너지는 1kWh임.	kWh
용량 (Capacity)	전력을 전달할 수 있는 잠재능력(Potential Power)이며 매 초당 백만 Joule의 에너지를 사용한다면 용량이 백만 kW임.	W, kW, MW, GW

태로 존재한다. 전력량은 전자들의 운동 형태를 갖는 에너지이며 kWh(킬로와트시 또는 킬로와트아워)의 단위를 사용한다.

여기에 추가적으로 알아야 할 것이 '일(work)'이라는 개념이다. 물체에 외부 힘이 작용해 그것이 힘의 방향으로 움직일 때, 외부 힘이 물체에 일을 했다고 표현하며, 이는 에너지와 동일한 개념으로 줄(J: joule)이라는 단위를 사용한다.

전력은 일반적으로 일을 할 수 있는 능력을 지칭하며, 전력량은 실제로 일정 기간 동안 일을 하는 데 사용된 에너지의 양[17]을 의미한다. 전력이란 전기에너지(electrical energy)[18]를 생산할 수 있는 능력을 의미한다. kWh에서 시간을 뺀 kW는 단위시간당 사용하는 에너지의 양을 나타내는 것이며 단위시간은 초이다. kWh(킬로와트시)와 kW(킬로와트)를 구별하는 것은 매우 중요한 문제이며, 이를 〈표 1.3〉에서 나타내었다.

일반인들은 전기요금 청구서의 전력사용량에 대한 요금을 계산하는 단위가

---

[16] 제1장에서는 kW, kWh를 주로 사용하지만 실제 시스템 운용에서는 MW, MWh가 많이 사용된다.

[17] 각 발전기는 출력을 낼 수 있는 최대 용량(capacity)을 지니며, 발전기가 가진 정격출력(rated capacity)으로 1년 동안 운전했을 때를 연간 최대 발전량이라고 할 수 있다. 기저부하용 발전기와 첨두부하용 발전기는 이용률(CF: capacity factor)에서 차이가 크다.

$$이용률(\%) = \frac{실제 \ 발전한 \ 전력량}{연간 \ 최대 \ 가능 \ 발전량} \times 100$$

[18] 영어에서의 'electrical'은 전기의 형용사인 '전기의'에 해당하며, 'electric'은 '전기를 사용하는'으로 번역해야 한다. 따라서 전기 모터의 경우 electric motor이지 electrical motor가 아니다.

원/kWh이기 때문에 이에 대해서는 익숙하나, 발전출력을 의미하는 kW가 의미하는 것을 이해하는 데에 어려움을 느끼곤 한다. 일반적으로 전력시스템 운용에서는 시시각각 발전기의 kW를 결정하는 것이 중요하며, 정산(settlement)은 이렇게 출력이 변화하며 발전기가 운전될 때에 일정 기간 동안에 사용된 에너지인 kWh를 대상으로 한다.

우리나라 교류전력시스템에서는 보일러에 연결된 터빈이 1초에 60번을 회전해야 정상이지만, 모든 발전기가 이와 동일한 속도, 즉 60Hz(헤르츠)를 유지하는 것이다. 이것은 모든 교류발전기와 소비자의 회전기기 사용에서 서로 약속된 것으로, 서로 맞물려 회전하는 것이다. 전력시스템 운용은 시스템에 접속된 모든 발전기가 60Hz를 유지할 수 있도록 제어(control)하는 행위를 포함하며 가장 우선적으로 실행하는 과제이다. 제어는 수 초에서 수 분 사이에 발전기의 출력을 제어하는 것이며 에너지(kWh)를 제어하는 것이 아니고 출력(kW 또는 MW)을 제어하는 것이다. kWh는 kW가 결정되어가면서 5분 또는 1시간 동안에 사용되는 에너지의 양으로서 계량기에 기록된다. kW는 순간적인 능력이며 설비의 크기(용량)를 나타내는 단위이다. 또한 어떤 발전기가 산출하는 출력은 자신이 낼 수 있는 최대출력 범위 안에서 순간적으로 다양하게 정해진다. 킬로와트(kW, kilo-Joule/초)는 시간에 따라 계속 변화하며, 1시간 동안 매 초당 사용된 에너지가 누적되면 사용된 에너지는 kWh가 되는 것이다.

사용 전력량이 같을지라도 시간대별 출력이 다르면 전력시스템의 운용의 결과에는 많은 차이가 발생한다. 〈그림 1.4〉를 보면 시스템 A와 시스템 B의 사용된 에너지는 둘 다 75만kWh이다. 그러나 1시에는 시스템 A의 출력(또는 부하)은 100만kW를 유지해야 하는 반면에 시스템 B의 출력(또는 부하)은 50만kW를 유지해야 한다. 반면에 2시에는 시스템 A의 출력은 50만kW를, 시스템 B의 출력은 100만kW를 내야 한다. 따라서 전력시스템을 운용하는 사람은 전력시스템 A와 B를 운용하는 방식을 달리 해야 한다.

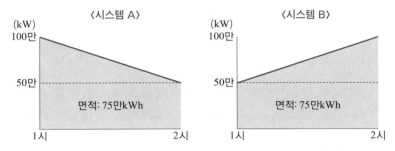

그림 1.4 에너지 사용량(kWh)이 같으나 출력(kW) 변화가 다른 두 시스템의 비교

첫째, 전력시스템 A와 B에 있어서 순간순간 송전망의 부하 상태(line loading)가 다르다.

둘째, 발전기를 정지시키고 기동하는 계획에 미치는 영향이 달라서 가동 발전기의 종류가 다르다.

셋째, 경제급전(economic dispatch)의 결과물이 다르다.

넷째, 발전비용 및 소비자가 지불해야 할 요금에 미치는 영향이 다르다.

이때 에너지(kWh)는 전력시스템 운용에 아무런 영향을 미치지 않으며, 오히려 에너지는 시스템 운용의 결과물로 나타날 뿐이다. 따라서 이 책에서 다루는 대부분은 출력(kW) 단위로 이루어져 있음을 명심해야 한다. 앞에서도 말했지만 시스템 운용에서 EMS(Energy Management System)[19]는 kW 또는 MW를 결정하는 기능이고 이에 따라 발전기들이 발전해 계량기에 발전량이 기록되며, 정산은 계량기의 기록(kWh)에 대한 문제이다.

---

19 EMS에 대한 구조와 원리는 제5장 이후에 자세히 다룬다.

1.2.2 전력 흐름의 특징

현대사회의 대부분의 기계장치는 전기로 움직인다. 석탄, 석유, 가스 등과 같은 연료를 연소하면서 발생하는 열을 이용해 물을 가열하고, 이 물을 고온·고압의 증기로 바꾸고 터빈의 날개를 이용해 회전운동이 발생한다. 회전운동을 하는 회전체는 고정자 권선(stator winding)에서 전기를 생산한다. 터빈은 일정한 속도로 회전하기 때문에 회전운동을 하는 기계를 제어하기가 용이하다.[20] 전기의 회전성은 전기 사용이 점차 증가하는 첫 번째 이유이다. 산업체이든 가정이든 우리 사회는 회전체에 의존하고 있다. 그중 가장 대표적인 것이 모터이며 전기철도, 지하철, 고층빌딩의 승강기, 개인용 컴퓨터의 냉각 팬, 선풍기, 냉장고의 냉매펌프 등이 모두 모터에 의해서 작동한다.

회전체에 의해서 전기가 만들어진다는 것은 전기를 생산할 때 주기(cycle)가 있다는 것을 의미한다. 우리나라의 회전기기는 1분에 60번의 회전을 하도록 설계되어 있다. 이를 60Hz(헤르츠)라고 하며, 이것이 교류전기의 주파수이다. 생산하는 측, 즉 발전기만 60Hz가 아니라 소비자 측의 회전체도 이 주파수를 기준으로 돌아가게끔 설계되어 있다. 간단히 말해 선풍기도 60Hz의 전기를 받을 때 선풍기 날개 회전수가 일정하게 쾌적한 바람을 보내도록 설계되어 있는 것이다.

이것은 전기품질과 매우 관련이 깊다. 주파수가 일정하지 않으면 전기로 움직이는 대부분의 기계가 일정하게 움직이지 않게 된다. 일정한 주파수가 서비스되지 않으면 직물공장에서 섬유제품을 만들 때 무늬가 뒤틀리게 되거나 반도체 제작과정에서 불량률이 높아진다. 심지어 전기시계의 경우에는 시계가 맞지 않게 된다. 미국은 시스템 운용에서 전기시계의 오차를 정정하기 위해 계획주파수[21]를 60Hz와 달리 지정한다. 주파수는 전기 품질과 관련이 깊으며 산업체 생산품의 불량률과도 관련성이 높다.

---

20   이에 반해 자동차의 엔진은 왕복운동을 회전운동으로 변화시키는 장치를 갖추었다.

21   scheduled frequency.

그렇다면 발전기만 잘 움직이면 주파수가 유지되는가 하는 문제가 남는다. 주파수를 60Hz로 유지하기 위해 발전기 출력의 합이 시스템수요와 일치하도록 해야 한다. 그런데 시스템수요가 공급력보다 적은 것은 가능한데, 반대로 시스템수요가 공급력보다 많다는 것은 불가능하다. 즉, 다음 식

$$S \geq D_s \tag{1.1}$$

여기서, S: 모든 발전기 출력의 합인 공급력
D_s: 시스템수요

의 관계가 성립한다.

시스템 운용자는 정격주파수인 60Hz를 유지하도록 발전기를 제어해야만 하며, 이때 작용되는 것이 발전기의 가버너와 중앙급전실에 있는 소프트웨어인 EMS(전력시스템 컴퓨터제어모형)이다. 전기 생산의 회전성은 관성이 있다는 것을 의미한다. 이 관성은 주파수를 조정할 때 매우 중요한 역할을 수행한다.

전기의 두 번째 특성은 디지털적 표현이 가능하다는 것이다. 전기가 '흐르지 않느냐', '흐르느냐'를 기준으로 '0'과 '1'을 표현하면 상태의 디지털적 표현이 매우 쉽다. 디지털 시대의 매우 유용한 에너지원임은 분명하다.

이른바 약전(弱電)이라 불리는 전자공학의 핵심은 전기를 흐르거나 흐르지 않게 하거나의 특징으로 모든 것을 해석하는 것이다. '0' 또는 '1'을 명확하게 표현할 수 있는 전기의 특징은 정보사회를 열었다. 즉 작은 전류를 전기회로에 흘려보내 하드웨어적인 정보를 만들고 이 하드웨어적 정보를 사람의 언어로 만든 소프트웨어로 다시 제어함으로써 인류는 이제 우주의 해석까지 할 수 있는 지적 존재가 되었다.

'0'과 '1'로 표현이 가능한 문제를 응용해, 복잡한 계산, 통신의 처리까지 가능하게 되었는데, '0'과 '1'의 조합이라 하는 단순한 특징은 더 복잡한 기계를 만들어내는 데 도움을 주었고 더 복잡한 연산을 가능하도록 했다. '0'과 '1'은 정보

의 경제체제를 이루는 기초 단위이며, '0'과 '1'에 의해서 전쟁 당사국들의 승패도 좌우되고, '0'과 '1'에 의해서 에너지를 보다 효율적으로 이용할 수 있게 되었고, 사람과 사람 사이의 경계를 허물고, 인간과 기계의 대화를 가능하게 해주고 있다.

전기의 세 번째 특성은 즉각적이라는 것이다. 전기는 전기를 필요로 하는 사람의 수요가 발생하면 즉각 반응한다. 전등의 스위치를 켜게 되면 바로 전등의 불이 들어오지 1분 후에 들어오거나 서서히 들어오는 경우는 없다. 지구상의 수많은 종류의 재화와 서비스 중에 수요가 생기면 바로 응답하는 것은 전기와 전파가 유일할 것이다. 전기의 즉각성은 현대 소비사회에 가장 걸맞은 미덕이다.

전국적으로 전기가 공급되지 않으면 모든 것이 멈춘다. 심지어 휘발유로 가는 자동차도 신호체계가 정지되면서 멈출 수밖에 없다. 전력이 갑자기 중단되면 은행의 금융거래 전산망이나 수도, 가스와 같은 사회기반시설을 제어하는 장치도 멈추게 된다. 모든 급수펌프가 멈추어 물도 제대로 공급되지 않을 것이며, 지하철도 멈출 것이다. 모든 건물의 승강기가 멈추게 되면, 외부에서 구해줄 인력도, 인력들이 움직일 도로도 모두 막혀 있을 것이다. 이것이 이른바 대정전 또는 시스템 붕괴(system collapse)의 상황이다. 전기가 예기치 않게 모두 공급되지 않는다는 것은 큰 재앙일 수밖에 없다.

따라서 대정전을 막는 것은 오늘날 전기사업자의 막대한 책무이며, 이를 예방하기 위한 기반설비를 구축하는 것은 발전설비나 송전설비를 구축하는 것 이상의 의미를 갖는다. 시스템 붕괴를 뜻하는 블랙아웃이라는 용어는 2011년 9월 15일 정전을 계기로 이제는 더 이상 낯선 용어가 아니다. 이를 어떻게 막을 것이며, 어떻게 대처해야 하는가의 문제가 전력산업계의 핵심 과제이다.[22] 이 과제를 해결하기 위해서는 전력시스템이 어떻게 구성되었으며 어떻게 작동하는가에 대한 이해가 선행되어야 한다. 이를 뒷받침으로 해서 발전에서부터 송배전 그리고

---

22 블랙아웃이라는 용어에 대해서는 제3장에서 자세히 다룬다.

EMS의 원리와 기능 간의 연계성을 시스템적으로 이해해야만 한다.

전력시스템이란 것은 발전, 송전, 배전 등의 요소가 결합된 것이라고 볼 수 있으며 미래의 전력시스템에 대해 확장계획을 세우고, 전력설비를 건설하고, 이들을 운용해 소비자에게 전력을 공급하는 것이 전력산업이라고 말할 수 있다.

미국 등의 스마트 그리드의 핵심기술은 송전선 감시 및 발전기 제어기술 및 정보통신을 이용한 소비자의 반응을 조정하는 것임을 감안할 때 우리나라의 스마트 그리드 기술 분야에서는 연구가 이루어지지 않고 있다고 판단된다. 소비자 부하가 변화하거나, 발전기의 출력이 변화할 때 일어나는 전기의 흐름의 변화는 IT(information technology)가 제어하지 못하며, 다만 IT는 전기 흐름의 변화량을 현시(display)해주고 제어에 관련된 신호를 통신을 통해 주고받을 수 있는 기능을 수행한다. 전기는 전자의 흐름인데 전자는 '스마트(smart)'해질 수 없으며, 물리 법칙에 따라 움직일 뿐이다. 우리의 전력시스템이 스마트해지기 위해서는 전력시스템에 대한 이해와 이를 제어하기 위한 기술, 그리고 왜 이 기술을 사용하는지에 대한 명확한 이해가 필요하다.

1.2.3 전력시스템 운용(제어)의 세 가지 요소

전력시스템 제어에 장애가 되는 것은 전력시스템이 넓은 지역에 걸쳐 있어 이를 시각화해보기가 어렵다는 점이다. 발전소와 송전선 등이 우리나라의 곳곳에 설치되어 서로 연결되어 있으므로 공간적으로 이를 한눈에 볼 수 있는 방법은 없다. 더구나 전기는 눈에 보이지 않는다. 또한 전기는 빛의 속도로 움직이므로 그 움직임을 그 자체로서 제어하는 것은 불가능하다. 전력 자체를 제어하지 못하기 때문에 전력의 흐름을 네트워크의 모양과 발전기의 출력조정, 그리고 모선별 소비자부하의 변화로써 조정하는 것이다. 이 과정에서 전력시스템의 나타나는 신호는 주파수 하나뿐이다. 전력시스템을 제어하는 것은 심해에서 잠수함을 운전하는 것과 유사하다. 오로지 음파라는 신호로 심해의 절벽과 암초를 피해서 운전하듯이 전력시스템을 제어할 때에는 주파수를 보고 위험을 감지한다. 최근에는 위상측정기기(PMU: Phase Measurement Unit)가 개발되어 사용되고 있다.

전력의 흐름은 네트워크 내에서 이루어진다. 네트워크란 선(edge)과 노드(node 또는 bus)로 구성된 도형을 말한다. 일반적으로 재화의 흐름이 네트워크를 따라서 움직이는 산업을 네트워크 산업(network industries)이라 하며, 전력·통신·수도가 대표적인 네트워크 산업의 예이다. 그런데 전력시스템에서는 수도사업과 같이 네트워크의 중간 밸브를 열고 닫음으로써 전력의 양을 제어할 수는 없다. 즉 일단 생산된 전력의 흐름을 인위적으로 네트워크에서 물리적·강제적으로 제어하는 것은 대단히 어렵다.[23] 이는 A 지역에서 생산된 전기를 인위적으로 B 지역으로 흐르게 하는 제어가 불가능하다는 것을 의미한다. 전기의 흐름(조류)은 송전망의 구성 형태, 발전기의 위치 및 출력, 소비자부하의 위치와 크기 등에 따라 정해지는 것이다. 다시 말하면 전력의 흐름은 네트워크의 모양 또는 구성 형태를 의미하는 토폴로지(topology)에 의해서 제어되는 것이다. 전력의 흐름을 인위적으로 제어하지 못한다는 것은 전력시스템 제어에 있어서 가장 큰 제약요인이다.

전력시스템을 제어한다는 것은 실시간으로 전력시스템의 상태를 추정한 후 시스템수요와 공급력을 일치시키면서 동시에 전력시스템의 제약조건(전압 유지 범위, 송전선의 용량 제약 등)의 범위를 넘지 않도록 조치를 취하는 것을 의미한다.

이러한 내용을 수학적으로 표현해보도록 한다.

균형조건[24]은 다음 식

---

23 "in no other market is it impossible to physically enforce bilateral contracts on the time scale of price fluctuations." Stoft, S. (2002). *Power System Economics: Designing Markets for Electricity*, The Institute of Electrical and Electronics Engineers, Inc., p. 15.

24 Momoh, J. A. (2009), *Electric Power System Applications of Optimization, 2nd Ed.*, CRS Press, pp. 8-11.; Stott, B., Alsac, O., and Monticelli, A. J. (1987), "Security Analysis and Optimization," *proceeding of the IEEE*, Vol. 75, No. 12, 1623-1644.

$$h_1(x_1, ..., x_n; u_1, ..., u_m) = 0$$
$$h_2(x_1, ..., x_n; u_1, ..., u_m) = 0 \tag{1.2}$$
$$\vdots$$
$$h_n(x_1, ..., x_n; u_1, ..., u_m) = 0$$

여기서, $x_1, ..., x_n$: 출력, 전압, 위상 등 전력시스템의 상태변수

$u_1, ..., u_m$: 제어변수

과 같이 표현할 수 있다.

또한 다음의 식은 전력조류 방정식(load-flow equations)[25]과 관련이 된다.

$$g_1(x_1, ..., x_n; u_1, ..., u_m) \le 0$$
$$g_2(x_1, ..., x_n; u_1, ..., u_m) \le 0 \tag{1.3}$$
$$\vdots$$
$$g_n(x_1, ..., x_n; u_1, ..., u_m) \le 0$$

위의 식 (1.2)와 식 (1.3)을 일반적인 형태로 바꾸면 다음의 식과 같다.

$$\mathbf{h}(\mathbf{x}, \mathbf{u}) = 0$$
$$\mathbf{g}(\mathbf{x}, \mathbf{u}) \le 0 \tag{1.4}$$

식 (1.4)를 이용하면 전력시스템의 세 가지 상태를 표현할 수 있다.

첫째, 정상 상태(normal/steady state)로 공급력과 시스템수요의 균형도 정상이고 각종 제약조건을 모두 만족하는 상태이다. 이의 상태는 다음의 식

$$min\ f(\mathbf{x}, \mathbf{u}) \tag{1.5}$$

---

[25] 발전기 출력 및 모선별 소비자부하가 주어진 상태에서, 각 모선의 전압, 전류, 위상 및 송전선의 전력 흐름을 나타내는 비선형 연립방정식을 말한다.

$$s.t. \quad \begin{aligned} h(x, u) &= 0 \\ g(x, u) &\leq 0 \end{aligned}$$

여기서, $f(x, u)$는 비용함수이다.

으로 표현할 수 있다.

정상 상태일 경우에는 시스템 목적함수가 정상적으로 작동한다.

둘째, 비상 상태의 시스템수요와 공급력의 균형조건은 정상 상태의 것과 동일한데 제약조건식 $g(x, u)$을 변화시켜야 하는 상태로 다음의 식

$$\begin{aligned} h(x, u) &= 0 \\ g(x, u) &\leq 0 \end{aligned} \tag{1.6}$$

과 같다.

마지막으로 대정전이 발생해 다시 복구해야 하는 상태는 정상 상태의 균형조건이 일치되지 않고, 제약조건을 충족시켜야 해야 하는 상태로 다음의 식

$$\begin{aligned} h(x, u) &\neq 0 \\ g(x, u) &\leq 0 \end{aligned} \tag{1.7}$$

과 같다.

전력시스템의 제어는 전력시스템의 구성요소로부터 정보를 받아 이를 시스템의 목적을 담은 코드와 비교해 목적의 범위 내에서 발전기의 출력을 변화하는 것을 말한다. 전력시스템 제어의 목적을 구현하기 위해서는 앞에서 제시한 식처럼 다음 항목을 구성해야 한다.

① 목적함수로서의 비용함수
② 공급력과 시스템부하의 균형을 맞추기 위한 균형제약조건식

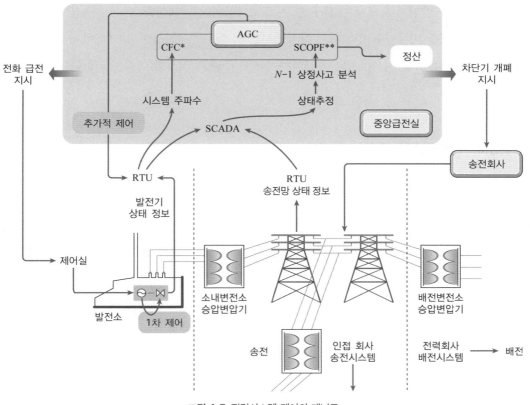

그림 1.5 전력시스템 제어의 개념도

*CFC: Constant Frequency Control.
**SCOPF: Security-constrained Optimal Power Flow.

③ 송전선 최대 전력 흐름 등 각종 기술 관련 제약조건식(연쇄고장 발생을 예방하기 위한 상정사고 제약조건식)

중앙급전실과 발전기 및 송전망에서의 통신을 주고받는 관계 및 정보를 표현한 것이 〈그림 1.5〉이다. 이 그림에서 보는 바와 같이 중앙급전실에서 EMS가 자동으로 제어하는 것은 추가적 제어(supplementary control)라고 하는 자동발전제어(AGC)[26] 신호뿐이다. 이 신호를 만들기 위해서는 복잡한 연산과정을 거쳐야 한다. EMS는 바로 수학적 연산작용을 통해서 마지막으로 자동발전제어 신호를 생성해 발전기에 보내는 도구 또는 프로그램의 집합체이다. 물론 자동발전제어가 어려운 비상상황이나 위기 상황에서는 시스템 운용자들이 발전소에 유선통화로 출력변화를 지시하거나 송전회사에 차단기 개폐 지시를 내리기도 한다.

1.2.4 전력시스템 제어의 방법[27]

〈그림 1.5〉에서 발전소 측을 보면 '1차 제어'를 볼 수 있는데, 이 기능은 전체 시스템이 중앙급전실에서 제어되는 것이 아니라 발전기별로 분산되어 자발적으로 제어된다는 것을 의미한다. 이를 일반적으로 주파수 응동(frequency response)이라고 한다. 즉 전력시스템의 제어에서 우선순위가 높은 것은 발전기의 자체 제어이며, 주파수 응동이 수행된 이후에 주파수 편의(偏倚, frequency bias)를 제어하는 중앙급전실의 제어가 이루어진다. 이 둘의 제어는 상호 보완적인 관계에 있다.

여기에서 주파수 응동과 주파수 편의의 차이를 이해하는 것은 중요하다.[28] 발전기와 시스템부하의 상호작용에 의한 주파수 응동은 시스템부하와 개별 발전기의 집합에 작용하는 AGC에 의한 주파수를 변화시키려는 발전기 제어에 대한 응동이다. 주파수 응동은 1차 제어라고 하며 부하와 개별 발전기의 제어시스템 사이의 물리적 함수 관계에 의해서 제어된다. 이에 반해서 주파수 편의(bias)는 주파수 교란 발생 후에 수 분 내에 작용하는 시스템 운용기관의 ACE 공식에서 사용되는 제어 파라미터(parameter)이다.[29] ACE식에 의해 설정된 주파수 편의의

---

26 Automatic Generation Control의 약어로, 이에 대한 자세한 사항은 제6장에서 다루고 있다.

27 주파수 응동(frequency response), 주파수 편차(frequency deviation), 그리고 주파수 편의(frequency bias)를 구별하는 것은 매우 중요하다. 전력시스템의 제어는 결국 주파수와 관련되는데 발전기 자체의 제어는 응동, EMS에서의 제어는 bias와 관계되며, 편차는 계측된 물리 양의 차이를 지칭한다. 보다 자세한 사항은 발전기 자체의 제어인 주파수 응동은 6장의 가버너 제어를 참고하고, EMS 제어와 관련된 주파수 편의는 6장의 출력기준점(set-point)과 주파수 편의에 대한 설명을 참조하기 바란다.

28 NERC (2010a). *Motion for an extension of time of the North American Electric Reliability Corporation: United States of America of before the Federal Energy Regulatory Commission*, Docket No. RM06-16-010.

사용목적은 개별 발전기와 부하의 물리적 작용인 주파수 응동의 효과가 떨어지지 않도록 AGC로 전력시스템을 제어하는 것인데, 전력시스템 외부에서 발생한 사건에 의해 주파수 하락이 이루어지고 두 전력시스템 사이의 연계선조류 변화에 대한 응동이 허락되었다면 AGC 신호가 연계된 전력시스템에 작동한다. 바꿔 말하면 ACE식에서 사용되는 주파수 편의는 발전기의 가버너 작동을 통해서 제공되는 반응이 연속적으로 줄어들지 않게 하거나 상쇄되지 않도록 하기 위해 사용된다. 이 경우의 AGC 작동은 목푯값 또는 교란발생 이전의 근사치에 대한 주파수 회복을 위해 작동한다. 이 목적을 달성하기 위해 주파수 편의의 절댓값은 전력시스템 운용기관의 발전기 및 부하의 주파수 응동의 절댓값보다 크거나 같아야 한다.

따라서 주파수 응동과 시스템 주파수의 급락에 대한 응동에 대한 제어작용은 이 응동을 상호 보완하는 구성요소로 나눌 수 있다.

O 관성응동(inertial response): 제어작용이 발생하기 전에 시스템 주파수가 더 이상 하락하는 것을 정지시키기 위한(arresting) 응동이다. 이것은 발전기 또는 모터부하와 같은 것이 회전체(rotating mass)이기 때문이며 주파수가 하락하면 1,000분의 1초 이내에 응동을 시작한다.

O 1차 또는 자연주파수 응동(primary 또는 natural frequency response): 전력시스템 운용자 또는 EMS의 간섭 없이 발전기의 가버너와 부하응동(load response)의 조합에 의한 반응이다. 이것은 기계적 응동이지 주파수 편차를 조정하는 ACE식을 통해서 응동하는 것이 아니다. 이것은 드룹과 불감대(dead-band)와 같은 기계적 속성의 제어 설정값에 근거해 발생한다. 어떤 발전기는 가버너가 작동하지 않도록 조치해 놓은 것이 있는데, 예를 들면 원자력발전기는 안전규제에 의해 주파수 응동을 하지 않도록 하는 전력회사도 많다.

29 약어 β(베타)로서 표시한다.

AGC는 전력시스템 운용기관이 제시한 ACE 공식을 사용해 작동된다. 이것은 주파수 편의 지정치와 균형유지기관에서 설정한 운용예비력에 의해서 완성된다. 장시간에 걸친 회복은 운용예비력과 대체예비력을 스케줄링하는 전력시스템 간 협약에 의해서 이루어진다. 따라서 주파수 응동은 발전기와 부하의 관성응동에서 시작해 AGC까지 관여하는 등 몇몇 구성요소가 관계된 매우 기술적인 논제이기 때문에 전력시스템의 신뢰도 유지를 위해 각 연계시스템에 필요한 주파수 응동의 규모를 정확하게 결정하기 위한 분석과 연구가 필요하다.[30]

1.2.5 전력시스템 운용의 결과: 열효율과 주파수 품질

전력시스템은 연료를 공급받아 이를 전력에너지로 바꾸어주는 전환시스템이다. 전력에너지는 석탄, 석유, 우라늄이 가지고 있는 에너지를 전자의 움직임으로 바꾸어주는 장치인 발전기에서 생산되어 이를 전달해주는 송배전 설비를 거쳐서 최종소비자(산업 부문, 가정·상업 부문, 수송 부문)에게 전달된다.

전력시스템을 EMS라는 소프트웨어를 통해서 운용[31]할 경우에는 급전대상 발전기의 경제적인 출력을 결정할 수 있다. 우선 〈그림 1.6〉에서와 같이 어떤 시간대에 900MW의 출력을 내야 한다고 하자. 이 출력을 맞추는 조합은 여러 가지가 있지만, 470MW급 2개의 발전기가 450MW의 출력을 내고 순동예비력을 40MW를 확보하는 경우에는 평균 80원/kWh로 전력을 생산할 수 있다고 하자. 반면에 〈그림 1.7〉에서와 같이 운용예비력 용량 60MW를 확보하되 평균 100원/kWh로 전력을 생산하는 방법도 있다. 여기에서 차이는 20MW의 AGC 조정 예비력을 더 확보하기 위해 소비자는 20원/kWh를 더 지불해야 한다는 것이다.

---

30 미국 NERC의 경우 발전사들은 'BAL003-0'에 신뢰도 규정의 충족요건을 만족시켜야 한다.

31 operation은 '운용'으로 번역했고, management는 '운영'으로 번역했다. 그러나 plant operation은 '발전소 운전'으로 한다.

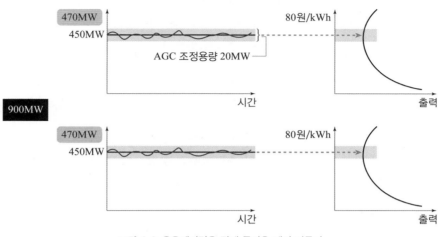

그림 1.6 운용예비력을 적게 두었을 때의 변동비

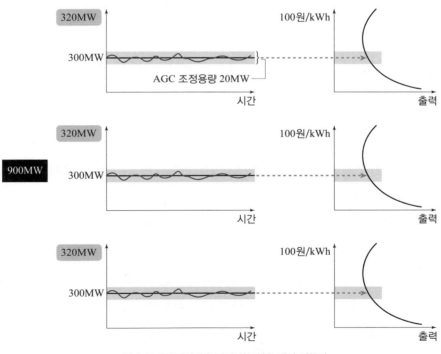

그림 1.7 운용예비력을 많이 확보했을 때의 변동비

이는 운용예비력 또는 순동예비력에 대한 기회비용이다. 따라서 운용예비력을 많이 확보할수록 그에 대한 비용을 지불해야만 한다.

EMS는 적정 운용예비력을 확보하게 해줌으로써 화력발전의 열효율을 개선시키는 역할을 하며, 열효율 지표를 통해 전력시스템의 효율성을 측정할 수 있도록 도와준다.

EMS는 5분마다 들어오는 발전소의 출력 및 모선(발전소)별 부하, 상태추정 자료 등을 이용해 발전기의 출력기준점의 값을 재조정하도록 명령한다. 이때, 송전 제약을 고려하고 발전기별 비용함수(cost function)를 사용해 안전도 제약 최적 조류계산(SCOPF) 프로그램에 의해 전체 연료비가 최소화되도록 발전기의 출력기준점을 변경한다. 경제급전을 하기 위해서는 전력시스템 운용자는 모든 발전기의 비용함수를 사전에 EMS에 입력해야 한다. EMS는 사전에 입력된 자료를 바탕으로 시스템의 총 연료비가 최소가 되도록 발전기별 가버너의 출력기준점을 정하는 것이다. 이를 5분 간격으로 모선별 소비자부하의 변동을 주기적으로 보면서 각 발전기의 출력기준점을 조정한다. 조정된 출력기준점 값은 원격계측장치(RTU)를 거쳐 가버너에 입력되어 최종적으로 터빈 출력을 조정하고 발전기의 출력을 재조정하게 되는 것이다. 5분마다 발전기별 출력기준점을 조정하는 것은 발전기가 매 순간 효율적인 출력을 낼 수 있도록 해서 결과적으로 전력시스템 전체의 효율을 높인다. 개별 발전기의 효율을 높이는 것과 전체 전력시스템의 연료비를 최소화하는 것은 별개의 문제이다. 개별 발전기의 효율은 기기를 제작할 때 결정되어 출력에 따라 효율이 변화한다. 그러나 전력시스템 전체로 본 효율은 가동 중인 발전기의 출력을 어떻게 결정해 총 시스템의 연료비를 최소로 하는가의 최적화 문제이다. 발전에 사용되는 연료는 각자 고유한 열량을 지니지만, 그 열량이 100% 일로 전환되지 않고 일로 사용하지 못하는 손실이 발생한다. 이 손실을 제외하고 전기로 전환된 부분을 통해서 열효율을 계산할 수 있는데, 우리나라의 2013년 전환효율은 39.55%이다. 열역학 제1법칙에 의한 열효율을 계산할 수 있는데, 이는 다음 식

$$발전기의 열효율(\%) = \frac{산출열량(\text{kcal})}{투입열량(\text{kcal})} = \frac{발전량(\text{kWh}) \times 860\frac{\text{kcal}}{\text{kWh}}}{HR_i(\text{kcal/m}) \times Q_i(\text{m})} \qquad (1.8)$$

여기서, m은 석탄(kg), 석유(ton), LNG(m^3) 등 고유단위이다.

과 같다. 식 (1.8)로 연료원별 열효율을 계산하면 〈표 1.4〉와 같다.[32]

표 1.4 발전원별 열효율(한전 발전자회사, 2013년 기준)

(단위: %)

구분	무연탄	유연탄	중유	LNG		내연력
				가스	복합화력	
발전단	34.93	38.64	36.26	36.06	45.42	41.20
송전단	31.97	36.72	34.06	34.83	44.30	38.95

자료: 한국전력공사(2014), 『2013년 한국전력통계』, 제83호.

2013년 한국전력공사의 통계를 기준으로 했을 때 우리나라 발전량(상용자가발전량 제외) 517,148GWh 중에서 7.53%는 소비되지 못하고 발전소 내에서 사용되거나 송전 및 배전 과정에서 열 등으로 손실되었다.

발전효율이 의미를 갖는 것은 전력시스템을 어떻게 운용하느냐에 따라 그 효율이 달라지기 때문이다. 즉, 전력시스템의 총 연료비와 관련되어 있기 때문이다. 이것은 공학적인 관점에서 최적화 문제와 연결되는데 전력시스템 설계 및 운용에서 관련 해답을 얻기 위한 목적함수는 '비용최소화'이기 때문이다. 발전기의 효율은 기계적으로 이미 정해져 있지만 발전기의 출력에 따라 이 효율은 상이하다. 전력시스템의 제약조건 아래 시스템의 연료비를 최소화는 것이 시스템 운용의 핵심 사항이다.

급전이란 현재 전력시스템의 부하의 변동에 따라서 공급력이 변화해야 할

---

[32] 열효율 계산 시에는 원자력발전기, 수력발전기, 신재생에너지 발전기는 포함되지 않으며, 화석연료를 연소시키는 연료원만을 대상으로 한다.

때 가동 중인 발전기의 현재 출력기준점에서 시스템 전체를 고려해 최소의 비용이 들도록 발전기 별로 변화해야 할 출력변동분을 할당하는 행위를 말한다. 이 최적의 출력점은 전력시스템 운용자들이 수동으로 계산할 수 없으며, 컴퓨터가 최적의 값을 계산해 자동으로 명령해야만 한다.

미국 연방에너지규제위원회(FERC)에 보고된 바에 따르면 경제급전으로 효율을 높일 경우에 2009년 기준으로 절감할 수 있는 비용이 미국 내부에서는 연간 60억$에서 190억$(약 6조 원에서 19조 원)이며, 전 세계적으로도 연간 약 26억$에서 870억$(약 26조 원에서 87조 원)에 다다를 것으로 추정된 바 있다.[33]

〈표 1.5〉에서 보는 바와 같이 복합화력발전기의 열효율은 47% 이상까지 가능하다. 전력시스템에서 효율이 높은 발전기가 운용된다면 전체 전력시스템의 발전효율도 비례해 증가해야 한다. 그러나 우리나라의 경우 복합화력발전기의 열효율도 증가하고 그 발전량의 비중도 점차 높아지고 있는데 발전단 열효율은 이에 비례해 증가하지 못하고 있다. 〈그림 1.8〉은 2003년부터 2013년까지 복합발전의 열효율과 전력시스템 열효율의 관계를 분석한 것인데, 2003년 데이터를 제외한 후 이를 분석하면 복합화력의 열효율이 증가할수록 전력시스템의 열효율이 감소하는 관계, 즉 두 변수의 관계식의 계수가 음의 값을 갖는 것을 보여주고 있다. 이것은 전력시스템 운용 최적화에 어떤 문제가 있다는 것을 의미한다.

33 Cain, M. B., O'Neill, R. P., and Castillo, A. (2013), *History of Optimal Power Flow and Formulations*, FERC, p. 10.

표 1.5 우리나라의 에너지 전환효율

연도	복합화력 발전단 열효율(한전 자회사) (%)	발전단 열효율 (%)	복합화력 발전량 (GWh)	한전 및 한전 자회사 발전량 (GWh)	복합화력 비중 (%)
2003	45.71	38.23	40,375	322,452	12.5
2004	47.19	39.94	55,452	342,148	16.2
2005	47.13	40.66	57,457	364,639	15.8
2006	47.52	40.70	67,138	381,181	17.6
2007	46.45	40.97	76,405	403,125	19.0
2008	46.10	40.90	74,519	422,355	17.6
2009	46.74	40.84	64,486	433,604	14.9
2010	46.45	40.55	94,012	474,660	19.8
2011	47.30	40.83	101,479	496,893	20.4
2012	47.73	40.44	110,882	509,574	21.8
2013	45.42	39.95	124,400	517,148	24.1

자료: 국가에너지통계종합정보시스템, 〈http://www.kesis.net/flexapp/KesisFlexApp.jsp〉.

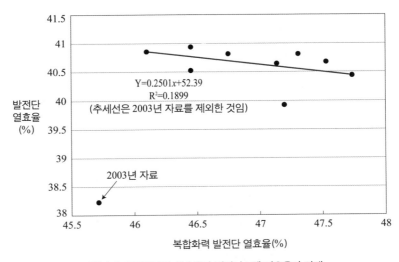

$Y=0.2501x+52.39$
$R^2=0.1899$
(추세선은 2003년 자료를 제외한 것임)

2003년 자료

복합화력 발전단 열효율(%)

발전단 열효율 (%)

그림 1.8 복합발전의 열효율과 전력시스템 열효율의 관계

두 번째로 전력시스템 운용을 잘 한다면 주파수의 품질이 좋아진다. 주파수가 기준 주파수 범위를 유지하는 것은 매우 중요하다. 모든 전기기기들은 적정 주파수 범위 내에서 사용될 때 그 수명이 보장되며, 이를 벗어나 사용하면 수명이 줄어든다. 특히 발전기 터빈의 수명에는 치명적인 영향을 미친다. 전력거래소는 매달 2개월 전의 전력시스템 운용실적을 발표하면서 주파수 유지실적도 함께 발표하고 있다. 우리나라의 경우 정격주파수(60Hz)로부터의 편차가 난 횟수와 주파수 유지의 분포를 발표하고 있다. 〈표 1.6〉은 전력거래소가 발표한 2014년 11월 주파수 유지 실적이며 〈표 1.7〉은 같은 기간의 주파수 유지율 분포이다. 주파수 품질의 국제적인 비교를 위해서는 주파수 유지율에 대한 공통된 그리고 표준화된 정의가 필요하다. 그리고 이 기준을 근거로 국제적인 비교가 가능하다.

표 1.6 주파수 유지 실적

(단위: %, %p)

구간별		11월 실적	2014년		
			누계 실적	연간 목표	증 감
육지	60±0.1Hz	99.99	99.99	99.99	0
	60±0.2Hz	100.00	100.00	–	–
제주	60±0.1Hz	99.99	99.99	99.99	0

자료: 한국전력거래소(2014), 「2014년 11월 전력계통 운영실적」.

표 1.7 시스템 주파수 60Hz 이하/초과 유지율

구분 (Hz)	59.80 이하	59.80 ~59.85	59.85 ~59.90	59.90 ~59.95	59.95 ~60.00	60.00 ~60.05	60.05 ~60.10	60.10 ~60.15	60.15 ~60.20	60.20 이상
횟수	0	13	60	3,723	654,306	633,831	4,058	9	0	0
점유율 (%)	0.00	0.00	0.00	0.29	50.49	48.91	0.31	0.00	0.00	0.00

자료: 한국전력거래소(2014), 「2014년 11월 전력계통 운영실적」.

보다 과학적인 주파수 유지의 평가지표는 북미전력신뢰도위원회(NERC)[34]가 제시하고 있는 제어성능 표준인 CPS(Control Performance Standard) 1 및 CPS 2 기준[35]이 있다. NERC는 이 기준에 따른 지표를 각 전력시스템 운용기관으로부터 보고받고 있다. 이에 대한 자세한 것은 제6장에서 다루기로 한다.

1.3 결론 및 요약

제1장에서는 에너지란 무엇이고 에너지를 어떻게 구분하는가를 살펴보았다. 그리고 에너지의 한 형태로서 전력의 위치를 가늠해 보았다. 현대사회는 정보기기를 운용함으로써 그 문명이 유지되고 있으므로 에너지는 정보 그 자체이며, 전력의 흐름이 멈춘다면 정보의 흐름이 멈추고 이것은 인간의 생명활동인 경제가 멈춘다는 점을 인식해야만 한다. 그만큼 정상적 전력시스템 운용의 가치가 현대사회에서 매우 큰 비중을 차지한다고 평가할 수 있다.

블랙아웃과 전력시스템 운용을 이해하기 위해서는 전력(kW)과 전력량(kWh)의 차이를 명확히 이해해야만 한다. 독자들은 전력시스템의 제어 또는 운용이 전력량(kWh)을 제어하는 것이 아니라 전력(kW)을 제어하는 것이라는 점을 명확하게 이해해야만 전력시스템의 제어의 원리와 그 대상에 대한 이해가 가능함을 다시 한 번 유념해주기 바란다.

또한 전력시스템은 발전·송전·배전·소비의 단계로 이루어졌으며 발전 부문에서 급전가능발전기의 출력(kW)을 제어하는 것이 전력시스템의 운용의 기

---

34 우리나라에서 점검하고 있는 주파수 품질에 대해서도 NERC의 표준과 같은 체계를 만들어 평가를 할 필요가 있다.

35 NERC (2011a). *Balancing and Frequency Control: A Technical Document*, NERC Resources Subcommittee, pp. 33-36.

본 내용이다. 즉, 전력시스템을 제어한다는 것은 실시간으로 전력시스템의 상태를 추정한 후 시스템수요와 공급력을 일치시키면서 동시에 전력시스템의 기술관련 제약조건(전압 유지 범위, 송전선의 용량 제약 등)의 범위를 넘지 않도록 조치를 취하는 것을 의미한다.

전력시스템을 제어할 때에는 ① 시스템 전체 연료비를 최소화하기 위한 각 발전기의 비용함수, ② 시스템수요와 공급력을 일치시키기 위한 균형제약조건식, ③ 송전선 최대 용량 등 기술 관련 제약조건식에 대한 정보를 갖추어야 한다.

전력시스템 제어가 잘 이루어질 때 전력시스템의 주파수는 60Hz가 되는데, 주파수는 ① 전력시스템에 맞물려 있는 모든 회전체가 보유한 에너지에 의해 제어되는 관성응동, ② 발전기 자체가 수행하는 1차 제어, ③ EMS로 개별 발전기를 집합적으로 제어하는 2차 제어에 의해서 그 균형을 이룬다.

개별 발전기의 1차 제어와 EMS의 제어작용이 잘 이루어진다면 전력시스템 전체로 본 열효율과 전기 품질은 상대적으로 좋게 나타난다.

BLACK OUT

and Power System Operation

2

전력시스템의 운용

2.1 전력시스템의 설계와 운용

2.1.1 전력시스템과 물공급사업

전력시스템의 운용이 무엇인가를 알아보기 위해 〈그림 2.1〉과 같은 저수지를 이용한 물공급사업을 비유로 전력산업을 설명한다. 발전 1, 발전 2, 발전 3이라고 하는 급수펌프와 저수지, 물 소비자로 구성된 시스템이 주어져 있다. 수면의 높이를 일정하게 유지하면서 저수지를 운용하려면 매 순간 저수지에 들어가는 물의 흐름(톤/초)의 합이 수요 1, 수요 2, 수요 3에서 매 순간 사용되는 물의 흐름의 합과 일치해야 한다. 그렇지 못하면 수면이 올라가거나 내려간다. 수면의 높이는 전력시스템의 주파수에 비유할 수 있다. 수면이 높아지거나 낮아지는 것은 전력시스템에서는 주파수가 높아지거나 낮아지는 것과 유사하며 주파수는 항상 일정한 값으로 유지되어야 한다. 물공급사업에 있어서도 수면이 일정하게 유지되지 않으면 넘치거나 바닥이 나거나 하는 상태가 되므로 일정한 수면의 유지가 중요하다.

수요 1이 물의 사용을 증가하면, 즉 물의 흐름이 증가하면, 이에 맞추어 급수펌프의 물 흐름이 증가해야 하며 이것은 3개의 급수펌프 가운데 어느 것이라도 담당해야 한다. 각 급수펌프는 수요 1, 수요 2, 수요 3의 사용량의 변화에 따라 물의 흐름을 조정할 수 있어야 하며, 물의 사용이 증가하면 저수지 운용자는 급수펌프의 용량을 증가시켜야 한다. 급수펌프의 설치에 시간이 필요하다면 미래의 물 사용량을 예측해 급수펌프를 미리 설치하기 시작해야 한다. 또한 급수펌프가 사용 중에 고장을 일으킨다면 설치되어 있는 예비용 급수펌프를 가동해야 한다.

최소비용으로 수요 1, 수요 2, 수요 3에 물을 공급하려면 발전 1, 발전 2, 발전 3에서 급수하는 비용의 합이 최소로 되어야 한다. 그렇지 않으면 물의 사용료가 상승할 것이다. 저수지와 파이프를 통해 물을 공급하는 데 손실이 없고 파이프의 용량에 제약이 없고 매 순간 급수펌프의 흐름의 합과 사용되는 물 사용량의 합은 같아야 한다는 조건 아래에서는 발전 1, 발전 2, 발전 3의 증분비용이 같아지는 수준에서 각 급수펌프의 흐름이 결정되어야 한다. 여기에서 증분비용이란 물의 흐름이 한 단위 증가할 때에 필요한 추가비용을 뜻하는 것이며 각 급수펌프마다 비용은 다르다. 증분비용은 물 공급을 한 단위 줄일 때 줄어드는 비용이기도 하다. 얼핏 보면 가장 비용이 낮은 급수펌프를 먼저 최대용량으로 가동하고 차례로 높은 비용의 급수펌프를 가동해야 할 것 같으나 물의 수요량과 공급량은 매 순간 일치해야 한다는 제약조건을 만족해야 한다면, 이것은 최소비용으로 물을 공급하는 방안이 될 수 없다.

예를 들어 어느 두 급수펌프의 증분비용이 다르다고 하자. 이때는 증분비용이 비싼 급수펌프의 물 공급을 1단위 줄이고, 증분비용이 싼 급수펌프의 물 공급을 1단위 늘이면 전체적으로 공급하는 물의 양은 같고 물의 공급비용은 줄어들게 된다. 따라서 모든 급수펌프의 증분비용이 같아지는 점에서 각 급수펌프의 물의 흐름을 결정하면 최소비용으로 물을 공급한다.

물공급사업에 이어서 전력시스템으로 이동한다. 〈그림 2.1〉에서 보면 급수펌프 측을 발전시스템, 저수지를 송전시스템, 그리고 수요 1, 수요 2, 수요 3에 연결된 파이프 부분을 배전시스템이라고 말할 수 있다. 판매사업자는 발전사업자와 소비자 사이에서 전력을 구매해 사용하도록 알선하고 소비자에게 전기요금 청구서를 발송하고 전기요금을 징수한다. 전력산업의 송전망은 저수지와 유사한 개념이지만 전기를 저장할 수 있는 저수지의 형태가 아니고 송전선이 그물처럼 전국에 설치되어 있는 형태이다. 전기는 생산되는 즉시 빛의 속도로 송전선 및 배전선을 통해 소비자에게 전달된다.

저수지의 수위와 유사한 개념으로서 전력시스템에서는 주파수가 사용된다. 여기서 주파수는 교류전력시스템에서 전압의 방향이 1초 동안에 바뀌는 횟수를 뜻하는데, 우리나라의 경우는 주파수가 60Hz로 유지된다. 따라서 소비자는 주파수가 60Hz인 교류전력이 공급되는 것을 전제로 모터 등의 전기기기를 설치하

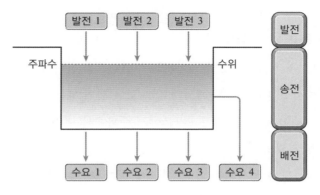

그림 2.1 전력산업과 물공급사업의 비유

여 사용하고 있다. 이것이 주파수가 60Hz로 유지되어야 하는 이유 가운데 하나이다.[1] 공급량(톤/초)과 수요량(톤/초)이 매 순간 일치한다면 수면이 일정하게 유지되는 것처럼 전력시스템에서는 주파수가 60Hz로 유지된다. 저수지의 경우에는 수위의 변동에 일정한 범위가 주어질 수 있지만 전력시스템의 경우에는 수위(주파수)가 더 엄밀하게 유지되어야 한다. 전력시스템에서 60Hz의 주파수를 유지하는 것은 공급력(각 발전기 출력의 합계)이 매 순간 시스템수요와 일치해야 가능하다. 이때에 모든 발전기가 같은 속도로 회전하면서 발전을 하는데, 이것을 동기운전[2]이라고 한다.

물의 수요량과 공급량 사이에 균형을 유지하기 위해 매 순간 각 급수펌프의 물 흐름을 측정해 합하고 소비자의 사용량을 합해 비교해볼 필요 없이, 저수지의 어느 곳에서나 막대기를 설치해 수위를 읽으면 공급량과 수요량의 변화를 누구라도 알 수 있다. 전력시스템의 경우에는 각 발전기의 출력을 매 순간 합하고 전

---

1   매 순간 발전기에 사용되는 에너지와 전력시스템에서 사용되는 에너지는 항상 같다. 유럽은 50Hz를 유지하면서 전력을 공급하고 우리나라는 60Hz를 기준으로 전력을 공급한다. 60Hz가 변한다면 이것은 시스템수요 또는 공급력 가운데 하나가 변동했기 때문이다.

2   synchronous operation. 모든 발전기가 하나의 회전속도(예를 들면 60cycle/초)로 운전하는 것을 말하며 회전자계의 회전속도에 따라 회전한다.

국의 모든 지점에 나타나는 소비자 수요를 모두 합해 이 둘을 비교해보지 않더라도 전국 어느 곳에서나 전압의 파형을 관측해 주파수를 알아내면 공급력(발전기 출력의 합)과 시스템수요가 일치하는지 아닌지를 판단할 수 있다. 왜냐하면 주파수는 전력시스템의 어느 곳에서나 같은 값을 갖기 때문이다.

주어진 정격주파수 60Hz에서 주파수가 벗어나는 오차가 생기면 운전 중인 각 발전기의 가버너[3]는 이를 감지하고 스스로 출력을 조정해 주파수를 60Hz로 유지하도록 설계되어 있다. 이 기능은 항상 연속적으로 그리고 자발적으로 작동하며 이것으로서 주파수 조정은 가능하지만 발전기 출력의 증분변화는 총 연료비를 최소화하는 각 발전기의 출력을 결정하지 못하기 때문에 EMS라는 컴퓨터 소프트웨어를 이용해 일정한 시간 간격(5분)으로 비용최소화를 위한 계산을 수행하고 각 발전기의 출력을 다시 배분한다. 이 연산 과정에서는 시스템수요와 공급력이 일치해야 한다는 제약조건만 존재하며, 송전선 용량의 제약이 없고 송전 손실이 없다면 각 발전기의 증분비용이 같아지는 수준에서 각 발전기의 출력을 우선 결정하면 된다. 이것이 가장 간단한 형태의 '경제급전(ED)'이다. 단순한 경제급전이 계산되고 나면 다시 송전선 용량의 제약과 안전도 유지를 위한 제약조건을 고려한 SCOPF[4] 프로그램을 실행해 이 결과로서 발전기의 출력기준점(set-point)[5]이 결정되어 각 발전기에게 전달된다.

〈그림 2.2〉에서 보면 4개의 발전기가 여러 곳에 위치하고 8개의 지점에서 소비자가 전기를 사용한다고 할 경우에, 각 발전기의 연료비 함수, 선로 용량, 각 지점의 소비자 수요가 파악되면, 최적조류계산 프로그램은 총 연료비를 최소화하는 4개 발전기의 출력을 결정한다. 이때에 연료비 최소화 계산에 사용되는 시스템수요로서는 소비자가 사용하는 부하뿐만 아니라 송전설비, 변전소, 그리고

---

[3]　governor를 조속기라고 번역하면 속도를 조정한다는 의미로만 해석될 수 있어 이 책에서는 '가버너'라고 한다.

[4]　안전도 유지 최적조류계산(SCOPF: Security-constrained Optimal Power Flow).

[5]　base point라고도 한다.

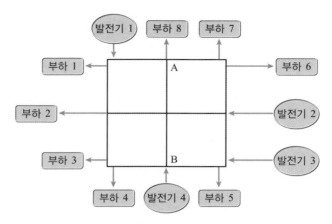

그림 2.2 송전 제약이 있는 전력시스템

배전설비에 전력이 흐름으로써 발생하는 손실, 그리고 발전소의 소내소비(auxiliary use)를 위한 전력도 포함된다. 만약 두 지점 A와 B 사이의 송전선 용량이 작다면 이것은 송전선 용량 제약으로 작용해 이곳을 흐르는 전력 흐름이 용량을 벗어나지 않도록 하는 각 발전기 출력이 결정되며 이로 인해 전체 연료비는 송전선 용량의 제약이 없을 경우보다 증가한다. EMS는 5분 간격으로 이 계산을 실행해 현재 운전 중인 발전기의 가버너에 대해 출력기준점의 증가 또는 감소의 신호를 보내서 각 발전기의 출력기준점이 다시 결정된다. 출력기준점에 대해서는 가버너를 설명하는 제6장에서 설명한다.

　발전기는 유형에 따라 운전 특성이 다르므로 시스템 운용자는 시스템수요의 변화에 응해 출력을 변화시켜 주파수 및 시스템 운용의 기술적 요건을 만족시킬 수 있도록 여러 유형의 발전기를 구성해야 한다. 전력시스템을 실시간 운용할 때, 발전설비는 이미 주어진 것으로 한다. 다시 말하면 오늘 수요가 증가했다고 해서 현재의 발전설비 용량을 증가할 방법은 없는 것이다. 물의 예와 마찬가지로 현재의 발전기는 건설기간의 차이에 따라 9년 전에 건설을 시작해 준공한 발전기, 6년 전에 건설을 시작한 것, 또는 2년 전에 건설한 것 등으로 구성되어 있다. 물론 9년 전보다 이전에 건설되어 운전을 하고 있는 것도 많이 존재한다. 현재의 전력시스템을 운용하면서도 미래의 수요증가를 예측해 미리 발전기를 건설해야 한다.

발전기를 건설할 때에는 언제 얼마만큼, 어떤 유형의 발전기를 건설할 것인가에 대해 의사결정을 해야 하며, 이때 중요하게 고려되는 것이 설비예비력이다. 〈그림 2.3〉에서 보면 발전기 건설계획을 수립할 때에는 미래의 어떤 연도에 대해 예측된 연간 수요를 대상으로 설비예비력을 결정한다. 이것을 결정할 때에는 총 발전설비 용량을 이용해 1년 동안 전력시스템을 운용할 때에 발전기의 고장정지, 수력발전소 저수지 수위 저하, 발전기 성능 감소, 그리고 발전기 예방정비를 위한 정지 등에 따른 총 발전 용량의 감소 등을 고려해 8,760시간 동안에 각 시간대의 발전기 용량의 합계가 시간대별 수요보다 낮게 되는 시간이 얼마인가를 계산하여 설비예비력을 간접적으로 구한다. 각각의 발전기는 확률적으로 고장정지를 일으키므로 이를 고려해 1년 동안에 공급지장[6]의 발생시간이 정해진 값(공급지장시간[7])을 넘지 않도록 하는 예비력을 갖도록 발전기 건설계획을 수립하며, 이렇게 정해진 여유설비를 연간 최대수요의 %로써 나타내고 설비예비율이라고 한다. 〈그림 2.4〉는 설비예비력을 표시한 것이다.

시스템 운용 단계에서는 해당 일에 고장정지를 일으키지 않고 가동할 수 있는 발전기를 대상으로 발전계획을 수립하며, 이때 운용예비력을 시간별로 얼마만큼 확보할 수 있는가를 파악하고 운용한다. 즉 얼마만큼 발전기를 기동해 운용예비력[8]을 확보하고 시간대별로 수요의 변동 및 발전기의 탈락 등에 대비할 것인가가 중요한 과제이다.

운용예비력을 많이 확보하면 발전시스템의 총 운전비는 상승하지만 수요변

6   미래의 어떤 연도에 있어서 매 시간마다 발전기 용량의 합이 매 시간의 수요보다 작게 될 상황을 의미한다.

7   LOLP(Loss of Load Probability, 시간/년)라고 하며 0.5시간/년 등으로 표시된다.

8   운용예비력(operating reserve)은 순동예비력(spinning reserve)과 비순동예비력(non-spinning reserve)을 말한다.

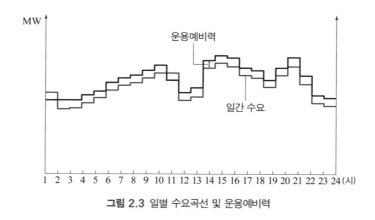

그림 2.3 일별 수요곡선 및 운용예비력

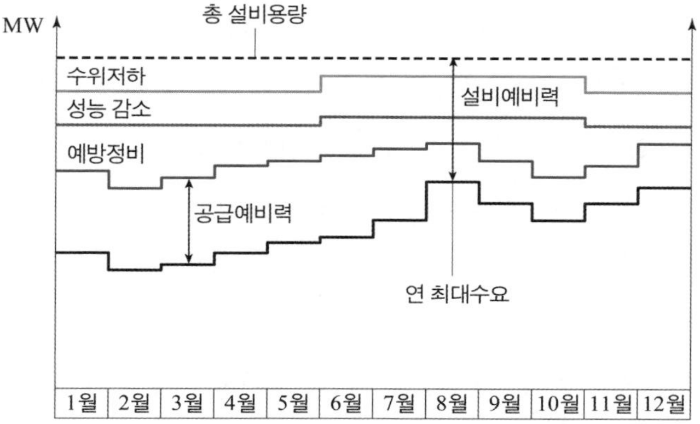

그림 2.4 설비예비력

동에 대한 대응능력 및 주파수 조정능력은 향상된다. 따라서 적정 운용예비력 용량을 결정한 때에는 비용 대비 효과에 대한 분석이 반드시 필요하다.

2.1.2 동기운전

동기운전(synchronous operation)을 설명하기 위해 〈그림 2.5〉와 같은 발전기, 회전축, 모터부하(회전부하)를 사용한다. 공급 측에는 축을 회전하는 3개의 발전기가 존재하고 수요 측에는 4개의 방앗간이 있다. 전기를 전달하는 송전망은 하나의 전압 및 주파수로서 운용되는 것으로 하고 이것을 1초 동안에 60번 회전하는 하나의 축이 존재하는 것으로 나타낼 수 있다. 즉, 회전자계가 존재해 1초에 60번 회전하는 것으로 본다. 왜냐하면 발전기들은 동기속도(synchronous speed)로 회전하면서 에너지를 시스템수요에 전달하기 때문이다. 발전기들은 전력시스템에 전기를 공급하는 한, 동기속도를 벗어나 자유롭게 회전하면서 전기를 생산할 수 없다. 소비자 수요는 이 축에 피댓줄을 연결해 각종 일을 하는 공장에 비유했다.

동기운전이라는 것은 운전 중인 모든 발전기의 회전자가 1초에 같은 속도(60회전/초)로 회전하면서 전력을 생산하는 것이다. 즉 하나의 발전기 회전자의 N극이 시계의 12시 방향을 지나갈 때에 다른 발전기의 회전자 위치도 비슷하게 유지되면서 회전하는 것이다. 회전자의 상대적 위치는 위상이라고 표현된다.

〈그림 2.5〉에서는 공급력과 시스템수요의 크기가 400만kW로서 같으므로 주파수는 60Hz로 유지되고 있다. 3개의 터빈에 투입되는 에너지가 결국은 모터 부하가 유효한 일을 할 수 있도록 전기로 바뀐 것이며, 이 과정에서 전기가 에너지의 전달자 역할을 하는 것이다. 만약 시스템수요가 변화한다면 공급력과의 균형이 변화하고 이에 맞추어 공급력이 증가 또는 감소해야 한다. 만약 시스템수요가 증가한다면 공급력이 이에 미치지 못하므로 축을 회전시키는 에너지가 부족해 축의 회전속도가 감소할 것이다. 이때에 각 발전기의 가버너가 속도를 감지해 출력을 증가시켜 주파수를 60Hz로 맞추려고 할 것이다. 가버너는 주파수 편차를 감지해 60Hz로 회복하는 역할 및 발전기 출력을 지정한 값으로 유지하는 두 가지 기능을 가지고 있다. 주파수를 회복하는 역할은 가버너의 자발적 기능이고 출력을 지정한 값으로 유지하는 것은 발전소 외부에 있는 EMS의 발전기에 대한 출력변경 지시에 따르는 것이다. 이 역할이 충분하면 주파수는 60Hz로 회복된다. 부하가 감소하면 역과정에 의해 주파수가 회복된다. 이러한 기능이 계속해 작동하면서 전력시스템이 운용되는 것이다. 가버너가 주파수 편차를 감지해 출력을 조정하려면 출력을 조정할 여유가 있어야 한다. 〈그림 2.5〉의 3개의 발전

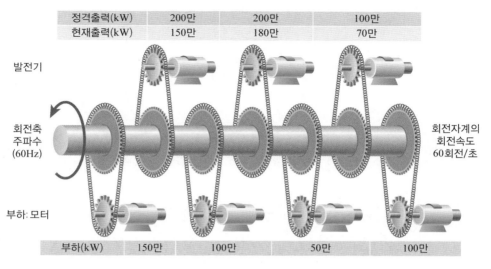

정격출력(kW)	200만	200만	100만
현재출력(kW)	150만	180만	70만

발전기

회전축
주파수
(60Hz)

회전자계의
회전속도
60회전/초

부하: 모터

부하(kW)	150만	100만	50만	100만

그림 2.5 방앗간의 예와 동기운전

기의 정격출력의 합은 600만kW이고 현재 400만kW의 출력을 내고 있는데, 각 발전기의 여유출력(headroom)의 합을 순동예비력이라고 하며 〈그림 2.5〉의 예에서 순동예비력은 200만kW이다. 주파수 편차를 조정하기 위해 순동예비력이 시시각각으로 사용되므로 이 수치는 매 초마다 변화한다.

전력시스템에서 발전기 간의 상호 협조로 주파수를 유지하는 원리를 표현한 것이 〈그림 2.6〉이다. 발전기 2는 발전기 1과 똑같은 속도로 1초에 60번 회전하면서 항상 회전자의 위치가 발전기 1보다 θ만큼 앞서 있는 상황을 나타낸다. 그러면 발전기 2에서 나타나는 전압의 파형은 발전기 1에서 발생하는 것보다 θ만큼 수평으로 이동한 형태로 각각 나타난다. 하나의 전력시스템에서 운전 중인 발전기는 위상이 서로 조금씩 다른 상태를 유지하면서 모두 1초에 60번 회전한다. 앞의 〈그림 2.5〉에서는 설명을 간략하게 하기 위해 모든 발전기의 위상이 같은 것으로 한다. 실제로 각 발전기의 전압의 위상, 전력시스템의 각 모선에서의 전압의 위상은 서로 약간씩 다르며 송전선의 전력 흐름이 커지면 선로 양단의 위상차도 크게 나타난다.

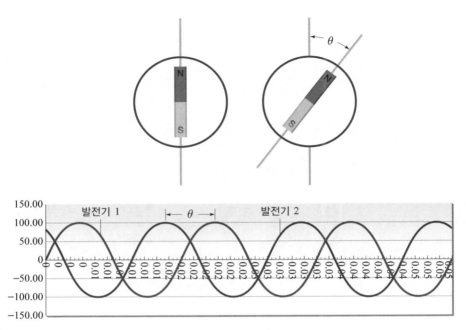

그림 2.6 발전기의 회전자와 위상

만약 시스템수요가 늘어나서 현재의 순동예비력 확보량(MW)이 부족하다면 설치되어 있는 발전기 가운데 대기 중인 발전기를 더 가동해야 한다. 새로운 발전기는 회전수, 전압 그리고 위상을 맞추어 전력시스템의 주파수와 발전기의 회전수가 같아지고 전압의 위상이 전력시스템의 위상과 일치하는 순간에 전력시스템에 연결되어 발전기의 전력을 시스템에 전달할 수 있는 상태가 된다. 이 과정을 "발전기를 시스템에 병입시킨다[9]."고 말한다.

각 발전기는 전기를 생산하면서 같은 회전수로 운전된다. 만약 하나의 발전기가 출력을 증가하면 이 발전기의 추가적 에너지는 축을 더 빨리 회전시키는 것을 도와주는 작용을 하며 축의 회전수를 상승시키는 역할을 한다. 이때에 정격주파수 60Hz를 유지하기 위해 다른 발전기가 이에 상응하는 출력을 감소해야 한

---

9   synchronize. '동기시킨다'라고도 말한다.

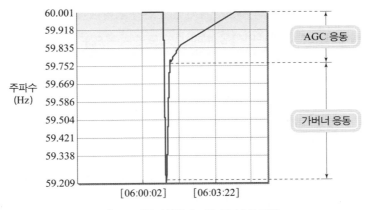

그림 2.7 발전기 탈락에 따른 주파수의 변화

다. 이 과정에서 발전기별로 출력이 다시 배분된다.

〈그림 2.7〉은 하나의 발전기가 운전 중에 탈락할 경우의 주파수의 변화를 나타낸 것이다. 탈락 직후에는 주파수가 급격히 강하하며 초기에는 발전기에 장착된 가버너의 작용으로 주파수가 회복되기 시작하고 다음 순서로는 AGC의 작용에 의해 주파수가 정격주파수로 회복되는 것을 알 수 있다. AGC에 대해서는 제7장의 자동발전제어 부분에서 설명한다.

시스템수요의 변동이 완만하거나 고장을 일으킨 발전기의 용량이 전체 발전 용량에 비해 작다면 축의 회전수는 변화하다가 각 발전기의 출력변화에 의해 정상으로 회복한다. 그러나 용량이 큰 발전기, 즉 운전 중인 발전기 출력의 합에서 차지하는 비중이 큰 발전기가 고장을 일으키면 주파수가 급격하게 하락하는데, 이때 건전한 발전기들이 급격한 주파수의 변화로 인해 자신의 출력을 변화하지 못하면 발전기가 탈락한다. 하나의 발전기가 탈락하면 그 순간에 더 큰 변화를 다른 발전기가 견디지 못하고 또 탈락한다. 이러한 현상은 작게는 1초 이내 또는 수 초 이내에 일어나며 모든 기기에 대해 전기가 공급되지 못할 수 있다. 정상적으로 작동하던 나머지 발전기도 동시에 탈락해 축이 회전하지 않게 된다. 이것을 '전력시스템이 붕괴된다'고 말한다.

일단 전력시스템이 붕괴되면 발전기를 하나씩 기동해 동기시키면서 주파수를 60Hz로 유지하면서 소비자 수요도 순차적으로 접속해 전력시스템 운용을 원래의 상태로 회복시켜야 하는데, 이것은 상당한 시간을 요구한다. 이 절차에 대해서는 제3장에서 설명한다.

우리나라와 같은 대규모 전력시스템에서는 총 발전설비 용량에 비해 개별 발전기의 용량이 크지 않으므로 발전기 탈락에 의한 발전기 연쇄고장의 발생확률이 낮은 반면, 송전선 고장으로 인한 탈락으로 송전선 연쇄고장이 시작해 모든 발전기가 거의 동시에 탈락하는 시스템 붕괴로 이어질 위험이 크다.

2.1.3 전력시스템 운용의 주요 과제

물리적인 전력시스템은 수백 또는 수천 킬로미터에 걸친 발전기, 송전, 변전, 배전시스템, 그리고 소비자부하기기 등의 매우 복잡한 요소로서 구성되어 있는 하나의 시스템이다. 전력시스템 요소의 다양성에도 불구하고, 그것은 항상 긴밀하게 제어되어야 한다. 공급력과 시스템수요 사이에는 언제나 균형이 유지되어야 하고, 전압과 주파수는 엄격한 범위 내로 유지되어야 한다. 발전기 또는 송전망에 중대한 고장이 발생하면 주파수가 하락하고 고장이 파급되어 소비자들은 전기기기를 적절하게 사용할 수 없으며, 망 설비가 손상을 입을 수도 있다. 즉 일부 소비자가 정전(power outage, power cut)을 경험할 수도 있다. 최악의 시나리오에서는 시스템이 붕괴할 수도 있다. 복잡한 전력시스템을 단기[10] 및 실시간(real-time)에서 관리하는 것은 시스템 운용자의 책임이다. 시스템 운용자는 공급력이 시스템수요의 변동에 맞춰 전력시스템이 운용될 수 있도록 하기 위해 발전기의 가동계획을 세워야 하며, 실시간으로 EMS를 사용해 시스템수요의 변동에 맞춰 계속해

---

10 1년, 1주일, 또는 하루 등 설비를 증설할 시간이 없을 경우이다.

발전기 출력을 조정해야 한다.

2.1.4 전력시스템 운용의 특성

시스템 운용은 주로 몇 가지 핵심적인 물리적 특성 때문에 복잡한 과제이다. 첫째, 전기를 효율적으로 저장하는 것은 어렵다. 둘째, 전기가 이동하는 속도가 빛의 속도와 같고 공급력이 시스템수요와 매 순간 계속적으로 같도록 유지해야 한다. 셋째, 시스템 운용은 전기가 이동하는 경로를 제어하기가 매우 어렵다는 사실에 의해 더욱 복잡해진다. 즉, 어떤 소비자가 원하는 양 만큼 특정한 발전기로부터 전기를 보내는 것은 불가능하다는 것이다. 전기는 계약상의 합의에 의한 경로(contract path) 혹은 시스템 운용자의 의도와는 무관하게 물리 법칙에 따라 최소저항의 경로를 따라 흐른다. 그러므로 연계된 전력시스템[11]은 그들 이웃의 행위와 불가피하게 얽히게 된다.

시스템 간 상호의존을 회피하는 방법은 전력회사들이 자신의 전력시스템을 분리하는 것이다. 그러나 전력시스템을 연계해서 운용하면 첫째, 각 전력시스템마다 최대수요의 출현시간이 서로 다르기 때문에 단독시스템으로 운용할 때보다 작은 설비예비력을 갖고도 수요를 만족시킬 수 있어 비용을 절감할 수 있고 공급신뢰도를 향상시킬 수 있다. 또한 둘째, 발전기가 고장정지를 일으킬 경우에 인접한 전력시스템으로부터 발전기 출력을 지원받을 수 있다. 마지막으로 셋째, 전력시스템의 규모가 커지고 발전기의 수가 많아지므로 인해 주파수가 단독시스템으로 운용할 때보다 안정적으로 유지되기 때문에 연계에 참여한 전력회사에게 모두 유리하다. 따라서 연계된 시스템을 분리해 운용하는 것은 좋은 대안이 아니다. 이 문제는 제6장에서 ACE를 설명할 때 다시 설명한다.

---

11   interconnected system.

전력시스템 운용을 더욱 복잡하게 하는 것은 고장의 영향이 전파되는 속도이다. 전기는 빛의 속도로 움직이며, 주요한 교란(disturbance)은 송전망을 따라 수초 이내에 파급된다. 소비자에게 공급되는 전기 서비스의 품질이 저하되는 것을 방지하기 위해서는 전압과 주파수가 엄격한 범위 내에서 유지되어야 하기 때문에 외란은 위험할 수도 있다. 예로서 높은 전압은 컴퓨터를 손상시키며, 낮은 전압은 전등을 희미하게 하고 회전기기에 손상을 주며, 높은 주파수는 모터를 사용하는 전기기기의 회전을 가속시키며 발전기를 손상시킬 수도 있다. 컴퓨터와 마이크로 칩 등에 의존하는 정보화 사회에서는 순간적인 정전(transient fault)조차도 소비자에게 엄청난 손해를 입힐 수도 있기 때문에 소비자들은 별도의 비상용 발전기(back-up power)를 설치하기도 한다.

2.1.5 시스템 운용자의 역할

시스템 운용자는 관할 지역 운용자로도 알려져 있는데, 지정된 자신의 제어지역(control area) 내의 발전사업자, 송전망 소유자 및 판매사업체(LSE)[12]의 행위를 관리하며, 서비스 수준을 유지하기 위해 인접 제어지역 혹은 지역 시스템 운용자와 운용계획을 서로 조정한다. 이를 위한 시스템 운용자의 의무는 첫째, 하루 전에 내일의 수요를 예측하고 이 수요에 맞추어 발전기를 가동할 계획을 수립하는 것이고, 둘째, 각종 운용예비력 및 품질유지 서비스의 공급계획을 수립하는 것이며, 셋째, 경쟁전력시장의 경우, 시장 참여자들 사이에서 송전망의 사용계획을 수립하는 것이고, 넷째, 연계선의 전력 흐름을 계획하기 위해 발전기 운전계획을 인접 시스템의 운용자에게 통보하는 것이며, 다섯째, EMS를 이용해 주파수 편차를 수정하고 약 5분 간격으로 각 발전기의 출력기준점을 다시 배분함으로써

---

12 판매사업체(LSE: Load Serving Entity).

전력시스템을 실시간으로 운용하는 것이며, 여섯째, EMS를 이용해 발생할지도 모를 교란을 방지하고 발전기, 선로 등의 고장이 발생하면 시스템을 정상 상태로 회복시키는 것 등이다.

2.1.6 시스템 운용의 주체

우선 미국 등 북미지역의 예를 들어 시스템 운용의 주체를 살펴보겠다. 미국과 캐나다는 4개의 연계된 전력시스템으로 구성된 지역 송전망을 가지고 있다. 이들은 동부, 서부, 텍사스 및 퀘벡 연계지역이며, 일반적으로 서로 독립적으로 운용된다. 그러나 각 연계지역 내의 수직통합 전력회사, 송전망 소유자 및 발전사업자는 연결된 송전망에 서로 묶여 있어 어느 지역의 시스템 운용자의 의사결정은 지역 송전망 내의 다른 시스템 운용자에게 강한 영향을 준다. 각 연계지역은 여러 제어지역으로 분할된다. 물론 각 제어지역에는 시스템 운용을 책임지는 기관이 있다. 여기에는 수직통합전력회사, 공영전력회사, 전력산업 규제기관[13], 전력 풀(Power Pool), 시스템운용기관(ISO)[14] 등이 있다. 자기 전력회사의 시스템 운용을 직접 수행할 만큼 충분히 설비 규모가 크지 않은 전력회사는 때로는 인접한 대규모 전력회사와 서비스 계약을 체결하기도 하므로, 제어지역은 여러 전력회사로서 흔히 구성된다. 시스템 운용을 최적화하기 위해 발전기를 풀(pool) 형태로 공유하도록 허용한다. 경쟁시장 도입 이전에 미국에서 사용되었던 전력 풀은 타이트 풀(tight pool)이라고 말한다. 구조개편이 진행된 지역에서는 시스템 운용업무가 ISO로 이관되며 제어지역이 보다 광범위해졌다.

　1999년, 미국 연방에너지규제위원회(FERC)는 'ORDER 2000'을 고시했으며 지역 송전사의 설립을 요구해 수직통합 전력회사를 분할하려고 시작한 것이

13　Public Utility Commission.
14　독립 시스템 운용자(Independent System Operator).

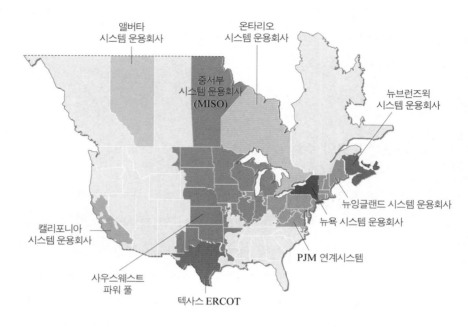

앨버타
시스템 운용회사

온타리오
시스템 운용회사

중서부
시스템 운용회사
(MISO)

뉴브런즈윅
시스템 운용회사

뉴잉글랜드 시스템 운용회사

뉴욕 시스템 운용회사

PJM 연계시스템

캘리포니아
시스템 운용회사

사우스웨스트
파워 풀

텍사스 ERCOT

그림 2.8 미국의 ISO와 RTO

다. 지역별 송전망 운영 담당기관(RTO)[15]은 지역 송전망 회사로 분리된 IOU[16]가 송전망의 소유권을 갖도록 하고 ISO는 시스템 운용만을 담당하는 ISO 모형을 따르던가, 아니면 RTO가 별도의 송전회사로 되고 영리목적으로 송전망을 운용하는 형식을 취한다. 〈그림 2.8〉은 미국의 ISO와 RTO의 현황을 보여준다.

각 관할지역의 시스템 운용자는 NERC를 통해 다른 시스템 운용자와 업무를 서로 협의하고 조정한다. NERC의 임무는 북미의 송전망이 적정 신뢰도를 유지하고(reliable), 설비가 적정하며(adequate), 운전이 안전하도록(secure) 보장하는 것이다. NERC는 1968년에 설립된 이래, 자발적 기관으로서 모든 관련 당사자들의 호혜주의, 회원 사이의 압력 및 상호 이익증진에 의존해 성공적으로 운용되

---

15   지역 송전망 운용자(Regional Transmission Organization).

16   투자자 소유 전력회사(Investor-owned Utilities).

어왔다. NERC에 속하는 전력회사는 실질적으로 미국, 캐나다, 멕시코 내의 캘리포니아의 전력 공급에 대한 책임을 진다. NERC는 신뢰도를 보장하기 위한 일반 운용기준을 설정하며, 각 지역의 NERC는 지역의 특성을 고려해 시스템 운용자가 준수하도록 이 기준을 적절하게 적용한다. 지역 NERC는 역사적으로 수직통합 전력회사가 주도해온 바, 1994년에 독립발전회사(IPP)와 판매사업체가 회원이 되었다. 회원들은 이제 송전망 소유회사, 시스템 운용자, 판매사업체, 전력회사, 발전사업자, 최종소비자와 정부기관을 포함한다.

지역 NERC가 설정한 신뢰도 기준은 제어지역 내에서 공급력과 시스템수요의 균형을 정상 상태로 유지하고, 발전기 혹은 송전선에 예측치 못한 고장이 발생할 경우, 15분 이내에 공급력과 시스템수요의 균형을 회복하며, 전압 및 주파수를 규정된 범위 내에서 유지하고, 발생할지도 모를 외란에 대응하기 위해 운용예비력을 유지하며, 송전선의 과부하 방지를 요구하고 있다. 시스템 운용에 있어서 신뢰도 유지는 시스템 운용자가 예측오차를 상쇄하기 위한 운용예비력을 발전계획에 포함시킬 뿐 아니라, 발전기·송전선 등의 시스템 구성요소의 사고에 대해서도 대비하도록 요구하고 있다. 그래서 신뢰도 기준은 제어지역 내에서 사용할 수 있는 각종 운용예비력 수준을 예측수요의 일정 비율, 또는 발전기 혹은 송전선 고장 가운데 가장 중대한 단일 사고(single contingency)에 대비할 수 있는 수준 이상으로 유지할 것을 요구하고 있다. 운용예비력은 예측치 못한 발전기나 송전선의 고장 시에 신속하게 공급력과 시스템수요의 균형을 맞추기 위해 항상 사용할 수 있는 상태를 유지해야 한다.

2.2 전력시스템 운용의 구성요소

2.2.1 계획과 운용의 차이

전력시스템의 운용은 장·단기 계획과 협의의 실시간 운용으로 크게 구분할 수 있다. 미국의 NERC에서도 전력시스템의 신뢰도를 설명하면서 〈그림 2.9〉를 제시하고 있다. 〈그림 2.9〉를 보면 '운용'이라는 행위는 주어진 조건하에서의 시스템 운용자들의 의사결정과 관련된다. 나머지 광의의 운용에 포함되는 계획 자체는 전력시스템의 물리적인 현상에 영향을 미쳤던 또는 미칠 정보로서의 의미를 지닌다. 이 정보는 운용에 필요한 지속적인 피드백 과정을 통해서 시스템 운용자들에게 전달된다.

한편 전력시스템에서 계획과 운용에 관계되는 시간축은 10^{-6}초에서 수 시간

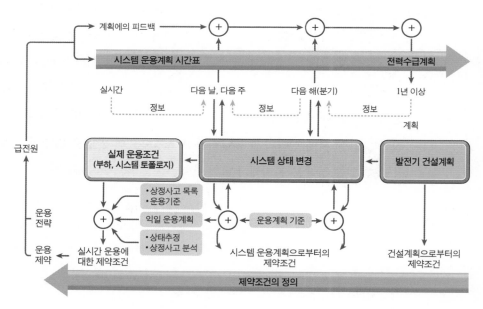

그림 2.9 NERC가 제시한 전력시스템 신뢰도에 미치는 행위들

자료: NERC (2007). *Reliability Concepts Version 1.0.2.*, p. 32.

그리고 수 년까지 다양하다. 뇌격과 같이 이상 전압이 송전선에 가해졌을 때에는 10^{-6}초 단위에서 사건이 진행되며, 전력시스템이 스스로 충격을 방어하거나 운용자들이 문제를 처리해야 한다. 그러나 사람이 이를 대처할 시간적 여유는 없다. 그리고 보일러의 시동과 관련된 핫 스타트(hot start), 웜 스타트(warm start), 콜드 스타트(cold start) 등은 수 시간 단위로 수행된다.

〈표 2.1〉은 아민(Amin) 등이 전력시스템 운용과 설비계획과 관련된 시간축을 정리한 것이다. 〈표 2.1〉에서의 유지보수계획, 설비증설계획 및 입지선정, 급전과 관련된 업무 수행자가 수행하는 것이 아니며 별도의 계획 수립 담당자가 수

표 2.1 전력시스템의 계획 및 운용과 관련된 시간축(time span)

제어 주체	사건명	시간축
전력시스템 자체 안전장치	서지(Surge)효과, 뇌격에 의한 과도전압의 제어	10^{-6}~10^{-3}초
	차단기 개폐에 의한 과도전압	10^{-3}초
	차단기 개폐 보호(fault protection)	10^{-1}초 또는 사이클
	고장에 대한 전자파 효과	10^{-3}~수 초
	안정도	60사이클 또는 1초
	안정도 증가	수 초
	모터 및 발전기의 전자기기적 효과	10^{-3}초에서 수 초
EMS	연계선의 전력 흐름 제어	1~10초(실시간)
	경제급전	5분~1시간(실시간)
	시스템 구조 감시	정상 상태(계속적)
	시스템 상태 계측 및 추정	정상 상태(계속적)
	시스템 안전도 감시	정상 상태(계속적)
발전기	보일러 제어에 대한 열역학적 변화	수 초~수 시간
신뢰도 조정기관	부하 관리·예측 및 발전기 기동정지계획	정상 상태(계속적)
계획 관련 기관	예방보수계획	1년 또는 그 이상(계속적)
	설비증설계획	수 년(계속적)
	부지 선정, 설계, 건설 계획	2~10년 또는 그 이상

자료: Amin, M. and Stringer, J. (2008). p. 401.의 내용물에 제어 주체를 추가한 것임.

행하는 역무이다. 나머지 작업들은 시스템 운용계획 담당자와 시스템 운용자의 역무이거나 또는 기계적 장치들의 자동제어에 의해 실시간으로 이루어지는 기능들이다.

〈그림 2.9〉의 실시간 시스템 운용 부분에서 보듯이 가장 중요한 요소는 변화하는 네트워크 토폴로지 아래에서 상정사고 목록 선정, 상정사고 분석결과의 사용이다. 전력시스템 운용자는 EMS의 도움을 받아 신뢰도, 안전도, 경제성을 유지하는 것이다.

2.2.2 수요예측

발전 및 송전시스템의 시스템 운용계획은 복잡한 과업이다. 이 계획의 시작은 전력수요의 예측이다. 그리고 시스템 운용자는 예상하지 못한 상황이 발생할 경우에 대비해 운용예비력의 확보는 물론 전력시스템의 각종 제약을 고려하면서 소비자 수요를 만족시키기 위해 발전기의 가동계획을 세워야 한다.

기후 유형 및 경제활동에 대한 예측이 주어진 경우, 실적 수요예측 자료를 이용해 수요를 예측할 수 있다. 시스템 운용자는 예측모델을 활용해 하루 전, 또는 시간 단위로 수요예측을 실행한다. 운용 당일에는 수요예측 모델을 다시 사용해 일기변동 혹은 다른 요인들에 의해 변동된 수요를 지속적으로 작성한다.

그런데, 2011년 9월에 발생한 정전사고의 원인으로 지목된 '수요예측'의 부정확성 문제는 수요예측의 시간축(time span)이 다양하므로 모호한 의미를 지니고 있음에 유념해야 한다. 수요예측의 시간축에 따라 운용 행위가 달라지며 실시간 시스템 운용에 영향을 미치는 수요 측은 어떤 시간축에서의 예측인가가 무엇보다도 먼저 분석되어야 한다.

실시간 운용에 활용되는 수요예측은 매우 제한적이다. 실시간으로 시스템 운용을 하고 있는 상황에서 1년 내지 5년 이후의 연도에 대해 수요를 전망하는 수요예측은 의미가 없고, 실시간으로는 최소 1일 전 수요예측이 의미를 갖는다고 할 수 있다. 전력시스템에서 발전기 구성 및 요금 등은 장기적 과제이며 발전기 형식에 따라 건설기간이 서로 다르므로 전력수급계획을 수립한 이후에도 건설계획을 수정할 시간이 충분하다. 시스템 운용은 현재 실시간의 시점에서 이루어지는 문제이며, 실시간(on-line, real-time)에서 수요예측을 하면서 시스템 운용을 하는 것은 아니다. 짧은 시간에 대해서는 운용예비력을 확보해 시스템수요의 가변성 및 불확실성[17]을 대비한다. 시스템 운용 지원팀[18]이 자기 자리에서 시스템 운용 문제를 검토하는 업무(off-line, real-time이 아님)와 실시간으로 EMS가 실행하는 업무(on-line)를 구분해야 한다.

지금부터 수요예측의 종류에 대해 살펴보기로 한다. 첫 번째의 수요예측은 발전기 건설계획 수립단계에서 필요한 장기 수요예측이다. 장기 수요예측이란 미래의 전력수요를 만족시키는 발전기를 건설하는 계획을 수립하는 업무로서 다음 사항을 포함한다. 장기 전력수급계획을 수립할 때에는 3~30년을 대상으로 수요를 예측한다. 이때에는 25년 동안의 날씨를 예측할 수 없다. 장기 수요예측은 경제성장률, 인구 등의 자료를 사용한다. 이때 주요 고려항목은 운용예비력 400만kW의 예비력 확보 여부가 아니라 공급지장시간(LOLP)이 정해진 시간을 넘지 않도록 발전기를 연간 최대수요보다 얼마만큼 많이 건설하는가를 계산해 결정한다.

장기 수요예측에서 수요성장을 과도하게 예측하면 원자력과 같이 건설기간이 긴 발전기를 미리 건설해 기저부하용 발전기만 과잉되며 과소예측 시에는 단기간에 건설이 가능한 복합화력발전기를 많이 건설하는 결과를 낳는다. 발전기 건설계획 수립 시에는 LOLP[19] 제약조건을 설정하며 운용 중에는 운용예비력

---

17 가변성 및 불확실성에 대해서는 제6장에서 자세히 다룬다.

18 EMS를 사용하는 급전이 정상적으로 될 수 있도록 이를 지원해주는 팀.

19 Loss of Load Probability의 약어로 전력을 모두 공급해주지 못할 시간을 의미하며, 우리말로는 공급지장시간이라고 한다. 이는 1년 동안에 부하가 발전기 출력의 합보다 커질 시간의 합의 수학적 기대치를 의미하며 이때 '400만kW'와 같은 운용예비력을 고려하지 않음에 유의해야 한다.

(operating reserve)을 설정한다. 발전기를 건설할 시간이 없는 상황에서는 시스템 운용능력으로 이를 대처하는 수밖에 없다. 마지막으로 비상시에는 적절한 비상대응 매뉴얼에 따라 조치해 소비자의 피해나 불편을 최소화하는 것이다.

두 번째의 수요예측에는 주간예측이 있다. 이 예측 결과는 기동정지계획에서 주로 사용된다. 기동정지계획은 1주일 또는 10일 이내의 수요변동을 대상으로 발전기의 기동정지계획을 수립하는 것이며, 매일 기동정지계획을 새로이 수립하지는 않는다. 기동정지계획 문제의 목적함수는 일주일 동안에 기동을 새롭게 하는 발전기의 기동비용을 고려해, 시스템 운용을 컴퓨터 프로그램으로 시뮬레이션해서 연료비를 최소화하는 발전기별 기동정지계획을 수립하는 것이다.

세 번째의 수요예측은 다음날에 대한 수요예측이다. 내일의 24시간 수요변동에 대해 오늘 기동정지계획을 다시 검토해볼 수는 있으나 원자력발전기는 예방정비 또는 연료교체기간을 제외하고는 한번 가동하면 1년 중 일정한 출력으로 운전하며, 유연탄화력과 같은 기저부하용 발전기는 한번 기동하면 고장정지를 일으키지 않는 한 운전을 계속한다. 중간부하용 발전기는 하루의 부하변동에 따라 정지하거나 출력을 크게 변동한다. 첨두부하용 발전기는 하루 중에 시스템수요가 높을 때 짧은 시간 동안 발전한다. 그러므로 매일 기동정지계획을 수립할 대상으로 되는 발전기는 아주 제한적이다.

내일의 기동정지계획은 부하추종용 예비력과 순동예비력을 고려해 어떤 발전기를 대기예비력으로 할 것인가 또는 어떤 발전기에 AGC 예비력 역할을 맡길 것이냐가 시스템 운용자의 중요한 관심사이다.

5분 수요예측 등은 실시간 전력시스템 운용에 활용될 가능성이 없다. 실시간 운용은 시스템 상태의 변화에 대해 발전기의 가버너와 EMS가 상호 협조해 주파수를 유지하는 일을 말한다. 발전기가 탈락했을 경우 주파수를 회복하는 것은 순동예비력이 있어야 가능하다. 모선별 소비자 수요를 예측해 수시로 급전원이 수동으로 발전기별 출력에 대한 의사결정을 할 수도 없으며 다만 이미 확보한 운용예비력을 활용해 시스템상의 변화에 대응한다. 실시간으로는 사실상 예측할 것이 없으며 예측을 해도 그 결과물을 실시간 시스템 운용에 반영할 방안이 없다. 실시간 상태추정 프로그램에 의해 모선별로 소비자부하를 추정해 경제급전을 해야 한다.

2.2.3 발전, 송전 및 운용예비력[20]의 확보계획

일단 하루 전 수요예측이 이루어지면, 시스템 운용자는 자신의 전력시스템 내에서뿐 아니라 인접 연계 전력시스템이 사용할 수 있는 발전기 출력이 있는지를 살핀다. 시스템 운용자는 운용예비력의 요구량을 확보하기 위해 1시간 단위로 발

---

20 2011년 9월 15일 정전 당시에 많은 전문가들이 수요예측 실패가 9.15 정전의 가장 큰 원인이라고 발표하는 데 동의했다. EMS의 적정사용 여부가 문제였다는 사실은 부정하고 이에 대한 지지부진한 논쟁을 3년 넘게 했다. EMS에는 시스템과 관련된 모든 정보가 들어 있다. 한마디로 빅 데이터(big data)가 들어 있는 것이다. 그런데 9.15 정전에 대한 기술 데이터가 없다. 오로지 주파수 하나밖에 없는데, 이것은 EMS가 없어도 산출되는 정보이다. 그런데 결과적으로 예비력이라는 것도 어떤 숫자인지 모를 허수였다. 2012년 1월 26일에 9.15 정전 당시 지식경제부 책임자 중에 한 명이 견책이라는 징계를 받고 이 징계가 부당하다면서 이의 취소를 요청하는 행정소송을 제기한다. 이 소송에 대한 행정법원의 결론은 2013년 11월 28일에 나왔는데, 서울행정법원은 징계를 취소하라는 판결을 내린다. 판결문에는 다음과 같은 내용을 포함하고 있는데, 전력거래소의 예비력이 허수예비력이라는 것이 사실로 인정되었다.

(가) 2001년 4월 2일 설립된 한국전력거래소는 국내의 전력생산량과 전력수요량을 실시간 집계해 그 차이를 예비력으로 표시하는 전력수급 모니터를 설치·운영하고 있고, 그 단말기를 지식경제부 전력산업과와 한국전력공사에도 설치해 두었다. 그래서 지식경제부 전력산업과와 한국전력공사는 자신들이 한국전력거래소와 동일한 정보를 실시간 공유하는 것으로 알고 있었다.

(나) 그러나 한국전력거래소는 전력수급 모니터에 표시되는 예비력이 현재 운전 중인 발전기의 용량에서 전력수요량을 제외한 양(이를 '운전예비력'이라 한다)과 위기상황 시 즉시 가동해 20분 이내에 전력을 생산할 수 있는 발전기의 용량(이를 '대기예비력'이라 한다, 운전예비력과 대기예비력을 합한 것을 '운영예비력'이라 한다) 외에 즉시 가동할 수 없는 발전기의 용량(이를 '허수예비력'이라 한다)도 포함하고 있는 사실을 그 설립 초기부터 계속 지식경제부나 한국전력공사에 알리지 않고 은폐해, 지식경제부나 한국전력공사는 전력수급 모니터의 예비력에 허수예비력이 들어 있는 사실을 전혀 모르고 있었다.

(다) 이 사건 정전사태 당시까지 전력수급 모니터의 운영방식이나 거기에 어떤 예비력을 표시해야 하는지에 관해 아무런 규정이나 지침이 존재하지 않았다.

(라) 이 사건 정전사태 당시 전력수급 모니터상의 예비력에 포함된 허수예비력은 약 300만kW였다.

전기 운용계획을 세운다. 시스템 운용자의 목표는 ① 신뢰도 기준을 만족시키는 것이며, ② 발전시스템의 연료비를 최소화하는 것이며, ③ 전력시스템의 안전도를 유지하는 것이다. 이를 종합하면 연료비를 최소화하면서 이를 전력시스템의 제약을 고려한 경제급전을 해야 한다.

실시간 급전 시에는 ① 전력을 시스템의 여러 부분으로 수송하기 위한 송전망의 능력, ② 시스템 운용을 안전하게 운용하기 위해 가동해야 하는 발전기의 환경적·규제적 요구를 포함해야 한다. 이러한 제약을 고려한 전력시스템의 물리적 수송능력은 안전도 제약 최적조류계산(SCOPF) 프로그램에 의해 결정된다. SCOPF 프로그램을 이용해 실현 불가능한 운용계획 또는 안전도를 유지하기 어려운 상황이 발견되면 가능한 해답이 발견될 때까지 발전기 출력을 조정하는 과정을 거친다. 송전망의 기술적 특성 또는 시스템 운용의 제약조건을 만족하기 위해 의무적으로 가동되어야 하는 발전기를 의무가동발전기[21]라고 하는데, 시스템 운용자는 의무가동발전기를 일정 기준을 정해 지정할 수 있다.

발전계획은 일주일 또는 하루 전에 시간 단위로 수립되며, 각 발전기 소유자에게 계획이 통보된다. 발전기들은 에너지 공급 및 품질유지 서비스를 위해 발전 시간과 용량이 계획된다. 발전기가 운전될 때, 일정 부분의 용량은 에너지 공급용으로 사용되고 나머지는 품질유지 서비스를 공급하기 위해 사용되기도 한다. 예로서 400MW 용량의 발전기가 300MW의 전력을 담당하고 나머지의 100MW가 순동예비력을 담당하도록 계획될 수도 있다. 공급 당일에 발전기 가동계획은 예측된 수요가 변동되어 나타날 때 조정될 수도 있다.

일단, 어떤 발전기가 하루 전에 품질유지 서비스를 제공하기로 계획되면, 시스템 운용자는 다음날 각 시간대별로 계획된 운전에 대해 사업자들로부터 통보를 받는다. 그러나 하루 전 계획은 수요의 변동, 발전기의 고장정지, 송전선의 사용 가능한 용량의 변동 등이 발생하면 1시간 전[22]에 조정될 수도 있다.

---

21   must-run unit: 필수가동 발전기.

2.2.4 발전기 기동정지계획

발전기 기동정지계획(Unit Committment)은 기동비용 및 연료비를 최소화하기 위해 언제 발전기를 가동해 시스템에 병입(synchronize)할 것인가를 결정하는 문제이다. 고려대상 기간은 2~6시간, 하루, 1주일 등이다. 기동정지계획 문제는 시간상으로 전후가 연결된 제약조건[23]을 포함한다. 즉 현재 시간의 운전 상태가 다음 시간의 운전 상태 결정에 영향을 미친다. 그러므로 시간 사이의 연결고리를 감안한 가동상황을 결정하는 것이다.

이 문제는 정수계획 문제[24]이며 각 발전기가 고려 대상기간 중에 운전 중인가 아니면 정지 중인가를 0과 1의 정수로서 결정하는 프로그램이다. 그러므로 발전기가 N개 있다면 가능한 해의 종류는 2^N개이다. 만약 발전기가 50개이면 가능한 계획의 수는 1.2×10^{15} 정도이다. 물론 운전가능성의 제약을 고려한다면 선택할 개수는 상당히 감소하지만 그래도 역시 천문학적인 개수이다. 발전기의 가동 여부를 결정하는 것은 정수계획의 문제이지만 운전비를 알기 위해서는 각 발전기의 출력을 알아야 하기 때문에 연속변수(continuous variable)도 고려해야 한다. 이 변수는 발전기 출력의 상한 및 하한에 대한 제약조건을 만족해야 한다. 기동정지계획 문제의 해를 구할 때에 있어서 SCOPF를 부문제(subproblem)로 사용한다면 이것은 안전도 제약 기동정지계획(SCUC) 문제라고 한다.

기동정지계획 문제에서 고려하는 주요 제약조건은 가동 중인 발전기가 고장으로 정지해도 주파수가 지정한 수치 이하로 하락하지 않아야 되는 조건식을 나타내는 순동예비력 확보량에 대한 제약, 화력발전기의 운전제약, 연료량의 제약, 시스템 운용의 안전도 유지에 관한 제약, 필수가동 발전기의 제약, 수력발전기 저수지 용량의 제약 등이다.

---

22 실질적으로 운전에 앞서 2시간.

23 inter-temporal constraints.

24 integer programming problem.

해법으로서 우선순위 열거법, 동적계획법(Dynamic Programming), 라그란지 완화법(Lagrange Relaxation), 혼합정수 선형계획법 등이 있으며, 여기에서는 라그란지 완화법과 혼합정수계획의 정식화를 설명한다.

라그란지 완화법[25]

동적계획법은 각 시간대별로 검토할 조합의 개수를 축소해 기동이 가능한 소수의 조합(state)만을 검토하는 약점이 있다. 라그란지 완화법은 동적계획법의 단점을 보완하지만 그래도 몇 가지 약점은 남아 있다. 여기에서는 쌍대최적화기법을 이용한 방법을 소개한다.

먼저 U_i^t 변수를 다음과 같이 정의한다.

$$U_i^t = 0: 발전기 i가 기간 t에서 가동되지 않는다.$$
$$U_i^t = 1: 발전기 i가 기간 t에서 가동된다.$$

(2.1)

그리고 목적함수는 다음 식

$$\sum\sum (F_i(P_i^t) + SC_{i,t}) U_i^t = F(P_i^t, U_i^t)$$

(2.2)

여기서, SC: 기동비용

과 같다. 제약조건식은 다음과 같다.

25 Bazaraa, M., Sherali, H. D., and Shetti, C. M. (2006), *Nonlinear Programming, 3rd. Ed.*, John Wiley & Sons.; Wood, A. J., Wollenberg, B. F., and Sheblé, G. B. (2014), *Power Generation, Operation And Control, 3rd Ed.*, New York: Wiley.

1. 균형조건에 관한 제약조건식

$$P_{load}^t - \sum_{i=1}^{N_{gen}} P_i^t\, U_i^t = 0 \quad \text{for} \quad t = 1, \cdots, T \tag{2.3}$$

2. 발전기 출력에 관한 제약조건식

$$U_i^t\, P_i^{min} \leq P_i^t \leq U_i^t\, P_i^{max} \; \text{for} \; i = 1, \cdots, N_{gen} \; \text{and} \; t = 1, \cdots, T \tag{2.4}$$

3. 최소기동시간과 최소정지시간에 대한 제약조건식
4. 시스템 운용의 안전도 유지에 관한 제약조건식
5. 송전선 용량 제약조건식
6. 발전기 연료사용에 대한 제약조건식
7. 순동예비력 제약조건식

위의 식 (2.2), 식 (2.3), 그리고 식 (2.4)를 이용해 라그란지안 또는 라그란지 함수를 정의한다.

$$\mathcal{L}\,(\boldsymbol{P}, \boldsymbol{U}, \boldsymbol{\lambda}) = F(P_i^t,\, U_i^t) + \sum_{i=1}^{T} \lambda^t\,(P_{load}^t - \sum_{i=1}^{N_{gen}} P_i^t,\, U_i^t) \tag{2.5}$$

기동정지계획 문제는 위의 제약조건을 고려해 라그란지 함수를 최소화하는 것이다. 이 문제를 라그란지 완화법에 의해 풀 경우의 특징을 살펴보면 다음과 같다.

1. 비용함수 $F(P_i^t,\, U_i^t)$ 와 제약조건식 (2.4)와 최소가동시간 및 최소정지시간은 다른 발전기의 비용에 영향을 미치지 않는 제약조건이다. 이것은 발전기 간에 분리할 수 있는(separable) 것이라고 한다.

2. 제약조건식 (2.3)은 연결고리 제약조건(coupling constraint)이라고 말하며 한 발전기에 대한 결정이 다른 발전기의 기동에 관한 결정에 영향을 미치는 것이다.

라그란지 완화법은 연결고리 제약조건을 일시 무시하거나 완화(relax)하고 문제를 푸는 것이다. 이것은 쌍대최적화기법이라고 불린다. 쌍대최적화절차는 다른 변수에 대해 최소화하는 한편으로 라그란지 승수에 관해 라그란지 함수를 최대화하는 것으로서 이 기법으로 원 문제의 제약조건 있는 최소화 문제를 푸는 것이다. 이것을 수식으로 나타내면 다음 식

$$q^*(\lambda) = \mathop{max}_{\lambda^1,\ \lambda^2,\ \cdots,\ \lambda^t}\ q(\lambda) \tag{2.6}$$

여기서, $q(\lambda) = \mathop{min}_{P_i^t\ U_i^t},\ \mathcal{L}\ (\boldsymbol{P}, \boldsymbol{U}, \lambda)$

t: 시간대

과 같다. 이것은 다음의 2 단계로서 처리된다.

단계 1: $q(\lambda)$ 가 증가하는 방향으로 움직이는 각각의 $\lambda^1, \lambda^2 \cdots \lambda^t$ 가 하나의 값을 찾는다.

단계 2: 단계 1에서 찾은 λ^t 가 고정되었다고 가정해서 P_i^t 와 U_i^t 를 조정해 라그란지 함수 $\mathcal{L}$ 를 최소화한다.

혼합정수 선형계획법

위에서 설명한 라그란지 완화법을 보면 1 또는 0의 값을 취하는 변수가 있다는 것을 알 수 있다. U_i^t 변수는 다음

$U_i^t = 0$: 발전기 i 가 기간 t 동안에 가동되지 않는다.
$U_i^t = 1$: 발전기 i 가 기간 t 동안에 가동된다.

과 같이 정의되었다. 목적함수는 다음 식

$$\sum\sum \left[(F_i(P_i^t) + SC_{i,t} \right] U_i^t = F(P_i^t), U_i^t)$$

여기서, SC : 기동비용

과 같다. 기동정지계획 문제의 제약조건식을 정의하면

1. 균형조건에 관한 제약조건식
$$P_{load}^t - \sum_{i=1}^{N_{gen}} P_i^t U_i^t = 0 \text{ for } \quad t = 1, \cdots, T \tag{2.7}$$

2. 발전기 출력에 관한 제약조건식
$$U_i^t P_i^{min} \leq P_i^t \leq U_i^t P_i^{max} \text{ for } \quad i = 1, \cdots, N_{gen} \text{ and } t = 1, \cdots, T \tag{2.8}$$

3. 최소기동시간과 최소정지시간에 대한 제약조건식
4. 시스템 운용의 안전도 유지에 관한 제약조건식
5. 송전선 용량 제약조건식
6. 발전기 연료사용에 대한 제약조건식
7. 순동예비력 제약조건식

과 같다.

발전기의 기동비용 측면에서 보면 원자력발전기는 정지 상태에서 가동에 이르는 시간이 길고, 유연탄화력발전기도 정지 상태에서 시스템에 동기하는 데 24시간에서 36시간 정도의 시간이 필요하고 기동비용이 높으며 중간부하용 발전기는 기저부하용 발전기와 첨두부하용 발전기의 중간 정도의 특성을 갖는다. 또한 원자력 및 화력발전기는 한번 운전을 중지하면 일정 시간이 지나야 가동을 시작할 수 있고, 첨두부하용 발전기는 기동시간이 짧고 기동비용이 거의 없다. 수력발전기는 화력발전기의 특성과 달리 기동비용은 거의 없고 기동시간도 짧으므로 시스템수요의 변동에 따라 출력을 조정하거나 주파수 조정에 편리하게 이용된다. 양수발전기도 수력발전기와 동일하지만 에너지 저장 발전기이므로 상부저수지에 물을 펌핑해 놓아야 발전이 가능하다.[26] 즉 펌핑하고 있는 동안에는 소비자부하처럼 작용한다. 기동정지계획 수립 프로그램은 발전기의 기동비용 및 최소정지시간 등의 특성도 고려해 계획을 수립한다.

　우리나라에는 2014년 말 현재 350여 개 이상의 중앙급전대상 발전기가 있지만 내일의 전력시스템 운용을 위해 가동을 결정해야 할 발전기를 선택할 때에는 발전기를 선택할 범위가 거의 없다. 즉 고장정지 또는 예방보수 중인 발전기는 가동할 수 없다. 이미 운전하고 있는 원자력발전기 또는 화력발전기를 기동정지계획을 고려해 새로 가동 여부를 결정할 수도 없다. 그러므로 매일 기동정지계획을 수립한다고 해도 기동정지계획에서 선택할 발전기는 한정적인 것이며 기동비용 및 연료비의 최소화를 고려해 기동정지계획을 변경할 대상이 몇 개 되지 않는다. 내일의 기동정지계획은 부하추종용 운용예비력과 순동예비력을 고려해 어떤 발전기를 대기예비력으로 할 것인가, 또는 어떤 발전기에 주파수 조정 역할을 맡길 것이냐가 시스템 운용자의 중요한 관심사이다.

26　상태추정 시에 펌핑을 하고 있는 양수발전기를 발전기로 취급한다면 음(-)의 출력값이 계산된다. 따라서 양수발전기가 펌핑을 할 때에는 이것을 소비자부하(customer load)로 계산해야 한다.

2.3 전력시스템의 실시간 운용

2.3.1 기술자료와 경제자료를 결합한 정산

모든 것이 주어진 상태임을 조건으로 실제로 시스템 운용이 실행되어 발전기 출력을 조정하는 상황을 실시간(real-time)[27] 전력시스템 운용이라고 한다. 실시간으로 전력시스템을 운용한다는 것은 소비자 수요의 변화, 시스템의 상태를 가장 최신의 상태로 파악해 발전기의 출력이 전력시스템의 상태가 안전도를 유지하면서 경제적으로 가동될 수 있도록 한다는 것을 의미한다.[28]

기술적으로는 SCOPF를 구현하는 것이 전력시스템 운용의 가장 중요한 목적이지만, 경제적 측면에서 이것은 돈을 주고받는 정산과 관련되어 있는 행위이다. 따라서 전력시스템의 각 발전기가 SCOPF의 결과를 통해 에너지를 공급하되 각 발전기가 시스템 운용의 안전도를 위해서 기여한 기회비용이나 추가적 기능에 대해서는 별도의 보상을 해주어야 한다.

안전도 기여에 대한 보상의 관점에서 구조개편이 진행된 전력회사의 전력시스템 운용은 통상 2개의 시장으로 구분해 운용되고 있다. 에너지 서비스 시장과 품질유지 서비스 거래시장으로 구분한다. 〈그림 2.10〉은 이 2개의 시장을 구분해 표현한 것이다.

여기에서 품질유지 서비스 거래는 전력시스템에 있는 송전선 용량 제약 등 기술관련 제약을 해소하는 거래이며, 에너지 거래와 기술적 제약을 만족하는 거래를 합하면 총 전력량 거래가 된다.

에너지 서비스 시장과 품질유지 서

그림 2.10 전력 거래 시장의 구분

---

27   real-time이나 on-line도 같은 의미를 갖는다.
28   이때에도 안전도 유지가 경제성보다 우선순위를 갖는다.

비스 거래시장을 물리적으로 분리하는 것은 불가능하다. 이는 발전기의 특징에 따라서 거래 당사자들 간의 계약에 의해 발생한 상황을 논리적으로 분리한 것일 뿐이고 물리적으로 구분된 시장이 아니다. 이 두 시장은 EMS에 내장된 소프트웨어의 계산 결과로 도출된 출력기준점을 기준으로 구분해 운영된다.

전력을 생산한 자와 구매하는 자가 정산을 하기 위해서는 객관적인 근거에 의해서 각 발전기가 얼마의 출력을 내야 하는 것이 정당한 것인지, 그리고 그 출력기준점으로부터 어떤 이유에서 얼마나 벗어나 출력을 했는지에 대해 상호 확인하고 그 자료를 근거로 거래를 해야 한다. 이는 거래 당사자 간에 계측 기준을 우선 설정하는 '계약'의 문제이다. 이 계약을 지키기 위해서는 EMS의 출력기준점이 반드시 필요하다. EMS에서 주파수 조정을 위해 발전기가 어떤 변화를 했는지를 추적해 이를 기록하거나 송전선 용량의 제약 또는 안전도 유지를 위한 제약으로 인해 출력의 변화가 생긴 상황을 기록해놓지 않으면 정산 관련 정보가 부정확해지고 투명하지 못해 객관적인 정산이 어렵다. 발전회사가 전력 거래의 신뢰성에 문제를 제기할 경우 이를 대응할 대책이 없다.

발전기의 '1차 제어' 또는 'FGMO' 운전으로 알려진 가버너 프리 운전에 의한 출력과 전력시스템 운용기관에서 각 발전기로 보내는 AGC 조정 신호에 의해서 나온 출력을 물리적으로 구분할 수 있는 방법은 사실상 없다. 게다가 어떤 발전기가 산출한 에너지의 양(kWh)만을 갖고 주파수 조정을 위해 각 발전기의 가버너가 수행해 발전한 양과 AGC 제어에 의해 발전한 양을 구분할 수 있는 것은 불가능하다.

예를 들면 어떤 발전기가 현재 100MW를 출력하고 있는데, 이 가운데 에너지 공급을 위해 내고 있는 출력이 80MW이고 주파수 품질을 위해 20MW의 출력을 내고 있다고 전력시스템 운용기관이 주장해도 이를 물리적으로 구분해 확인할 방법은 없다.[29] 또한 거래를 담당하는 ISO가 이와 같은 주장을 한다고 해

---

29 컵에 1시간 전에 부은 물과 지금 부은 물이 합해졌을 때, 이 둘을 물리적으로 구분하지 못하는 것과 같다.

도 이는 자의적일 뿐이다.

에너지 거래와 품질유지 거래에 대한 정산을 올바르게 하기 위해 반드시 필요한 정보가 모든 발전기별 출력기준점이다. 이 출력기준점을 수학적인 알고리즘으로 구현된 소프트웨어의 연산을 통해서 설정한다. 그리고 이것을 정확히 따랐을 때의 출력과 실제 출력을 비교해 주파수 조정 등에 사용한 출력을 계산하고 이를 전력량으로 바꾸어 정산을 하면 에너지 거래와 품질유지 거래의 구분은 명확해진다. 논리적으로 출력기준점이 있어야 이 기준점으로부터 벗어난 발전량이 품질유지 거래가 되는 것이며, 출력기준점이 있어야 경제급전이 가능한 것이다.

〈그림 2.11〉과 같은 예를 들어보자. 300MW의 출력을 내고 있던 어떤 발전기가 0시 정각에 SCOPF로 계산된 출력기준점이 250MW로 나와 출력을 낮추라는 급전 지시를 받는다. 발전기는 이 출력변경 명령을 충실히 따르겠지만, 관성 때문에 주파수 조정이 쉽게 이루어지지 않는다. 출력은 0시 10분에 250MW로

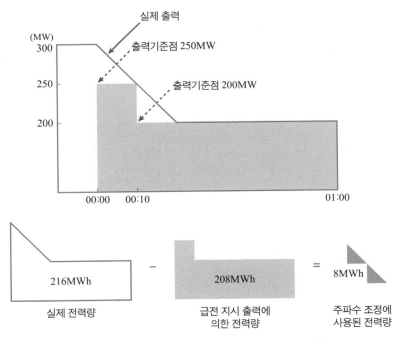

그림 2.11 에너지 서비스와 품질유지 서비스의 논리적 분리

조정되었지만 다시 출력기준점이 200MW로 변화하라고 급전 지시가 왔으며, 이 상황이 1시까지 지속된다고 가정을 하자. 최종적으로 이 발전기가 총 생산한 전력량은 216MWh이다. 그리고 급전 지시대로 응동했을 경우에는 208MWh를 생산한다. 이 둘의 차이인 8MWh는 주파수 조정 등의 이유로 추가로 발전한 양이며 이에 대해서는 별도의 보상을 해서 정산하면 된다. 이처럼 출력기준점이 정해지면 품질유지 거래를 정산하는 것도 가능하다. 여기에서 유념해야 할 사항은 일반적으로 주파수 조정을 위해 4초마다 AGC 조정의 대상인 발전기는 미리 결정되고, 5분마다 출력기준점을 변경하는 것은 경제급전 행위이며 이것은 품질 유지를 위한 제어가 아니라는 점이다.[30]

발전기의 출력기준점을 제어하는 데에는 보일러의 응동 시간으로 인해 몇 분의 시간이 소요되며, 따라서 EMS가 4초가 아닌 더 짧은 시간에 출력기준점 신호를 준다고 해도 이 값을 기계적으로 모든 발전기가 추종하기 어렵기 때문에 짧은 주기의 신호는 무의미하다. 미국에서는 4초마다 ACE를 0으로 하기 위해 미리 지정한 발전기 가버너의 출력기준점을 조정하지만 아주 미세한 주파수 변화에 대해서는 반응하지 않도록 하고 있다. 5분마다 출력기준점 신호를 주는 주기를 설정하는 것은 발전기의 기계적 특성, 컴퓨터의 계산 성능, 발전기의 개수 등에 따른 것이다.

여기에서 주의할 점은 실시간 시장(real-time market)에는 하루 전 시장(day-ahead market)을 포함한 개념이라는 점이다. 전력산업 구조 개편이 완료된 시장이나, 우리나라와 같이 구조개편이 완성되지 않은 시장이나 동일하게 에너지 시장은 하루 전 시장에서 시간대별로 도매가격인 SMP(system marginal price)가 결정된다. 그러나 주파수 제어 및 제약발전/제약비발전[31]의 정산은 하루 전 시장에서 예측이 불가능해 실시간 시장에서 정산한다. 왜냐하면 모선별 소비자 수요의 크기 및 송

---

30 제6장의 AGC에서 자세히 설명한다.
31 con-on/con-off. 자세한 내용은 이 책의 제2장 5절(2.5)에 기술되어 있다.

전선 제약사항 등 실질적인 운용조건에서 발생하는 문제를 해결하는 것이므로 하루 전에 이를 미리 결정할 수 없기 때문이다. 따라서 우리나라에서는 실시간 시장이 없기 때문에 AGC 주파수 조정 서비스를 EMS 기록과 관계없이 하루 전 계획에서 미리 정해진 대로 정산한다는 것은 '기술적 배경'을 이해하지 못한 데에서 기인한 것이다.

2.3.2 에너지 공급

전력시장 구조개편이 이루어진 경쟁시장에서는 전력량을 에너지 서비스로 제공된 전력량과 품질유지 서비스로 제공된 전력량으로 구분한다. 이 둘은 물리적으로 다른 것이 아니라 논리적으로 다른 것이다. 시장 관점에서의 전력시스템은 전력을 사는 자와 파는 자에게 재화를 거래해주는 통로이다. 재화를 파는 사람은 하루 전에 내일 얼마의 양을 얼마에 팔겠다고 시스템 운용기관(ISO)에게 경매(auction)에 의해 입찰가격을 제시한다. 이것은 에너지 단일가격(energy-only price)이라고 불리며 단위는 원/kWh이다. 발전사업자는 내일 해당 시간대에 해당 출력을 시스템에 제공할 의무가 부여된다. 예를 들면 내일 오후 1시에서 2시 사이 1시간 동안 최대 300MW의 용량을 이용해 발전한 양에 대해 110원/kWh에 판매한다고 선언하면 해당 시간대에 공급될 최대 300MWh는 에너지 양이 되는 것이지 주파수 유지를 위한 전력량을 포함하지는 않는다.

2.3.3 품질유지 서비스

품질유지 서비스(ancillary service)는 전기 품질을 유지하기 위해 시스템 운용자가 요구하는(에너지 공급이 주목적이 아닌) 서비스들을 가리킨다. 품질유지 서비스는 다양한 종류가 있어서 실제 발전량은 에너지 공급양보다 더 많을 수도 있고, 더 적을 수도 있다.

전력시스템마다 품질유지 서비스의 구분 방법과 종류는 다르다. 미국 연방에너지규제위원회(FERC)는 품질유지 서비스란 "어떤 제어지역의 주어진 계약 의무 전력량을 판매자로부터 구매자와 상호 연계된 시스템의 신뢰도 있는 시스템 운용을 유지하기 위해 제어지역으로 연결된 다른 시스템의 송전회사에게 전송하기 위해 필요한 서비스"라고 정의했다. 그리고 이 안에는 ① 발전기 기동정지 계획(scheduling), ② 급전(dispatch), ③ 무효전력 및 전압 조정(reactive power and voltage control), ④ 손실 보상(loss compensation), ⑤ 부하 추종(load following), ⑥ 시스템 보호(system protection), ⑦ 에너지 불균형 해소(energy imbalance correction)가 있다고 했다.[32]

여기에서는 주파수 조정, 운용예비력 관리, 무효전력 및 전압 지원, 자체기동 서비스 및 공급력과 시스템부하의 균형에 대해서 살펴보도록 하겠다.

주파수 조정[33]

시스템수요는 매 순간마다 변화하므로 공급력도 매 순간순간마다 변화해야 한다. 그런데 시스템수요의 변화와 공급력의 변화 사이에는 수천 분의 1초에서부터 수 분에 이르기까지 시간지연이 작용한다. 이에 따라 주파수는 정확하게 60Hz를 유지하지 못하고 미세하게 지속적인 요동(fluctuation)이 발생한다. 시스템 수요의 변동에 의한 주파수 조정을 위해 발전기의 출력은 연속적으로 변화하며 4초마다 주파수를 기준값에 맞추기 위해서도 출력은 변화하며, 5분마다의 경제급전(SCOPF의 실행)에 의한 출력기준점의 재배치에 의해서도 발전기 출력은 변화한다. 시간의 흐름에 따라 변화하는 출력에 의해 발전량은 결정된다.

주파수 조정은 크게 두 가지로 구분한다. 첫째, 1차 제어(primary control)[34]에는

---

32 FERC (2007a), *Open Access Transmission Tariff.* Retrieved from ⟨http://www.ferc.gov/legal/maj-ord-reg/land-docs/rm95-8-0aa.txt⟩

33 자세한 사항은 제5장에서 다룬다.

모든 발전기의 가버너가 참여한다.[35] 모든 개별 발전기가 60Hz를 맞추기 위해 스스로 주파수 조정에 참여한다. 둘째는 EMS가 60Hz를 유지하기 위해 미리 지정한 발전기의 출력기준점을 조정해주는 것이다. 이것을 보통 자동발전제어(AGC)라고 한다. 자동발전제어에는 다시 두 가지 신호가 있다. 첫째는 60Hz에서 벗어난 주파수를 회복하기 위해 출력기준점의 변화가 빠른 발전기를 이용한 주파수 추종 출력제어(load frequency control)로서 시스템의 여건에 따라 다르지만 4~10초 사이에 수행된다. 다른 하나는 5분마다 모든 발전기의 출력기준점을 지정하는 것으로 이것은 SCOPF에 의한 AGC라고 한다. SCOPF는 주파수를 조정하는 목적으로 출력기준점을 지정하는 것이 아니며 제약조건 아래에서 비용최소화를 위해 발전기별로 출력을 재배치하는 것이 주목적이다. 즉, SCOPF는 주어진 공급력에 대해 이를 발전기에 어떻게 할당하는가에 대한 문제이므로 주파수 조정으로 취급하지 않고 에너지 시장에서의 발전기별 에너지 생산량을 계산할 때 응용된다.

운용예비력 관리[36]

전력시스템[37]의 신뢰도를 보장하기 위해서는 적정한 운용예비력이 확보되어야 하며, 사고(contingency)에 뒤따르는 부하 차단을 방지하기 위해 주파수를 감시하면서 운용예비력을 확보할 수 있도록 해야 한다. 운용예비력 관리(reserve management) 프로그램은 AGC의 지시 후에 순동예비력의 변화에 대해 항상 관측하고, 이것이 부족하면 시스템 운용자에게 알려 적정량을 확보하도록 알려준다.

최대출력으로 운전하지 않고 있는 발전기 출력의 여유분(headroom)은 주파수

---

34 1차 제어(primary control)는 미국에서 주로 frequency response라고 표현한다.

35 미국의 경우 전력회사별로 원자력발전기에 대해서는 1차 제어를 담당하도록 하는 곳도 있고 담당하지 않도록 하는 곳도 있다.

36 순동예비력의 변화를 EMS가 파악해 이것이 부족할 경우 이를 확보해야 한다는 정보를 시스템 운용자에게 알려준다.

37 연계시스템(interconnection)에 속하지 않은 전력시스템.

조정을 위해 수시로 변동하므로 각 발전기의 여유출력의 합인 순동예비력도 따라서 변화한다. 운용예비력 관리 프로그램[38]은 수백 개 발전기의 출력 변화를 감시하고 운용예비력의 적정 여부를 약 5분 간격으로 전력시스템 운용자에게 알려주는 기능을 한다. 이것은 시스템 운용에 필요한 최소한의 순동예비력 소요량을 결정하는 동적 모수(dynamic parameter)를 항상 관측해야 하는 작업에 대해 시스템 운용자를 도와주는 역할을 하는 것이다. NERC는 이에 대한 운용기준을 시스템 운용자에게 고시한다.

무효전력 및 전압 지원

전압 지원(voltage support)은 무효전력을 공급할 능력이 있는 설비에 의해 제공되며 전압을 규정치 부근으로 유지하는 역할을 한다. 송전 손실을 줄이기 위해서도 무효전력의 제어가 필요하며 지역적으로 해당 모선 부근의 각종 무효전력 공급장치가 이것을 담당한다. 무효전력은 유효전력의 경우처럼 중앙에서의 공급계획을 세워 각 발전기로 증감에 대한 지시를 보내지 않는다. 발전기에서는 자동전압조정장치가 발전기의 여자기(exciter)에 흐르는 전류를 조정해 전압을 규정치 이내로 유지한다.

발전기는 특징적으로 유효전력과 무효전력이 혼합된 형태의 전기를 생산하며, 변화하는 전력시스템의 상태에 응해 짧은 시간 내에 무효전력은 조정된다. MW(메가와트)로 계측되는 유효전력은 전기기기를 움직이게 하는 전기의 형태이다. 교류전력시스템의 하나의 형태인 무효전력은 VAR(volt-amperes reactive)라는 단위로 계측되며 전기설비의 내부 혹은 주변에 전기장 또는 자기장을 형성하기 위해 공급되는 에너지의 형태이다. 무효전력은 유도전류(induced current)를 생산하기 위해 자기장에 의존하는 설비(예: 모터, 변압기, 펌프 그리고 냉방기기 등)에 있어서는 대단히 중요한 것이다. 송전선은 무효전력을 생산하기도 하고 소비하기도 한다. 경부하

38　RMS: Reserve Management System.

상황에서 송전선은 무효전력의 순생산자이며 중부하 상황에서는 무효전력을 소비하는 대규모 부하이다. 이러한 설비 또는 장치에서 무효전력이 사용되면 송전전압을 낮추는 역할을 하고, 발전기 또는 송전선에서 무효전력이 생산되거나 카페시터와 같은 장치에서 무효전력이 주입되면 전압이 높아진다. 무효전력은 중부하 발생 시에 상대적으로 짧은 거리 내에서만 이동된다. 만약 무효전력이 즉시 그리고 충분한 양으로 공급되지 못한다면 전압 강하가 일어나고 그리고 극한적 상황에서는 '전압 붕괴'가 일어날 수도 있다.

자체기동

대부분의 화력발전기는 송전망으로부터의 전력 공급이 없으면 기동할 수 없다. 이것은 만약 시스템이 붕괴된 경우, 전력시스템 운용을 정상으로 회복시키는 데 문제를 일으킬 수 있다. 자체기동(black-start) 발전기는 송전망으로부터 전력 공급[39]이 없어도 자체적으로 기동할 수 있다. 시스템 운용자는 시스템이 붕괴한 경우 복구할 능력을 보장하기 위해 일정량의 자체기동 발전기를 유지할 필요가 있다.

2.3.4 실시간 공급력 및 시스템부하의 균형

시스템 운용자는 수요를 예측하고, 예측된 수요를 만족시키기 위해 하루 전에 발전기 운용계획을 수립하며, 1시간 전에 그 계획을 조정한 후에, 실시간으로 시스템 상태를 감시하며 관리해야 한다. 시스템 운용을 하고 있는 실시간 운용 중에도, 일반적으로 EMS는 자동발전제어 대상 발전기의 출력기준점을 증가하거나 감소해 공급력과 시스템수요의 균형을 시시각각 유지한다. 시스템수요가 예측한 것보다 높게 나타나거나, 발전기가 고장정지를 일으켜 현재 확보한 순동예비

---

39   off-site power.

력만으로는 불충분한 경우, 시스템 운용자는 대기예비력을 호출해 시스템수요와 공급력의 균형이 잡히도록 순동예비력을 확보한다.

그러나 이때 예기치 않은 설비고장이 또 발생하면 순동예비력이 부족하게 될 수도 있다. 그러면 운용자는 대기예비력을 순동예비력 상태로 전환하거나, 대기예비력을 곧바로 에너지를 공급할 수 있는 상태로 전환한다. 일단 대기예비력에서 추가적인 출력을 사용할 수 있게 하려면 순동예비력의 확보를 위해 발전기의 출력을 낮추어 놓을 것이다. 이와 같은 방법을 통해 시스템 운용자는 사고가 발생해도 시스템 운용을 신뢰도 기준 이내에서 유지할 수 있다.

때때로 시스템 운용자의 최대한의 노력에도 불구하고 시스템이 균형 상태에서 일탈할 수 있다. 그 결과, 전압과 주파수가 허용 한도를 초과할 수 있다. 높은 주파수는 발전기 출력을 줄여서 관리하는 반면, 낮은 주파수는 공급력을 증가해 대응한다. 낮은 주파수에 대한 마지막의 방어수단은 공급력과 시스템수요의 균형을 회복하기 위해 소비자부하를 차단하는 것이다. 대부분의 전력회사는 신뢰도를 유지하기 어려운 상황에서 미리 확보한 차단 가능 부하를 대상으로 부하차단을 시행하기도 한다. 최후의 수단으로서 시스템 운용자는 강제적으로 송전망에서 특정 소비자 수요를 차단함으로써 신뢰도를 유지할 수 있다.

실시간으로 시스템수요와 공급력의 균형을 유지하는 것은 시스템 운용의 가장 중요한 임무이다. 시스템수요는 소비자가 전력사용을 변화하는 즉시 빛의 속도로 발전기에 전달되며 발전기가 빛의 속도로 출력을 조정할 수 있다면 별 다른 문제가 없다. 그러나 발전기는 터빈의 입력에너지를 바꾸어주어야 출력이 변화하며 입력에너지를 바꾸는 데에는 시간이 필요하다. 또한 회전체는 관성이 있어 즉시 회전수를 바꿀 수도 없다.

이러한 문제를 〈그림 2.12〉를 이용해 설명한다. 주파수는 앞에서 설명한 바와 같이 시스템 전체로서 매 순간마다의 시스템수요와 공급력의 균형을 나타내는 지수[40]이다. 공급력이나 시스템수요가 변동되면 시소게임에서 보듯이 균형이 무너지고 발전기의 출력이 즉시 변화하지 못하므로 주파수가 떨어진다. 이 상황

시스템 수요
– 발전기의 소내소비
– 송변전 손실
– 소비자의 시스템 수요

공급력
– 발전기 출력의 합

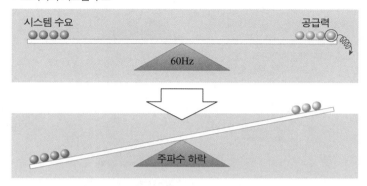

그림 2.12 시스템수요와 공급력의 균형(순동예비력의 사용)

에서는 주파수가 60Hz으로 회복하지 않으므로 무엇인가 조치를 해야 한다. 〈그림 2.13〉에서 보듯이 공급력이 부족하면 발전기 출력을 증가시켜야 한다. 이때,

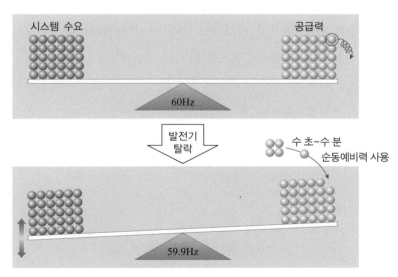

그림 2.13 시스템수요와 공급력의 균형(발전출력의 상실)

40   system-wide index.

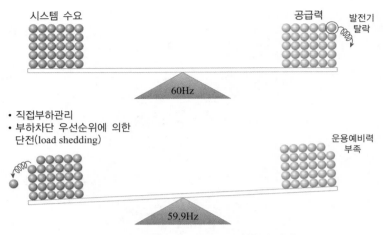

그림 2.14 시스템수요와 공급력의 균형(부하 차단)

확보해 놓은 순동예비력이 사용되면 주파수가 60Hz으로 회복된다. 순동예비력의 출력으로 전환되는 과정에 수 초 내지 수 분이 소요된다.

그런데 확보한 순동예비력이 부족하고 대기 중인 예비력을 사용할 수가 없다면 〈그림 2.14〉에서와 같이 전력시스템 운용자는 할 수 없이 소비자부하를 차단해 순동예비력을 확보해야 한다. 소비자부하를 차단함에 있어서는 미리 약정해 놓은 차단 우선순위에 의하거나 차단 가능 소비자(interruptible customer)의 부하를 차단하는 것이다. 이렇게 함으로써 주파수를 유지하고 시스템수요와 공급력의 균형을 이룬다.

2.4 전력시스템 운용과 전력생산비용[41]

2.4.1 전력생산비용의 절감

전력시스템의 운용 또는 제어는 원칙이나 규정 없이 하는 것이 아니며, 최소비용으로 신뢰도와 안전도를 유지하며 운용하는 것이 그 목적이다. 따라서 전력시스템 운용의 목적함수는 연료비의 최소화이다. 전력생산비용이 무엇이며 비용을 최소화시키는 전략이 무엇인지를 인지하는 것은 매우 중요하다.

일반적으로 발전을 하는 데 들어가는 전력생산비용은 고정비와 변동비의 두 종류가 있다. 고정비는 발전기 건설에 소요된 건설비를 회수하는데 필요한 연간 비용을 말한다. 발전기 운전에 필요한 인건비 및 수선유지비도 포함하는데, 이것을 고정 수선유지비라고 한다. 고정비라는 것은 발전기가 실제로 전기를 생산하는가의 여부에 관계없이 소요되는 비용이다. 변동비는 전기 생산에 관련된 비용을 뜻하며 이것은 보통 발전비용이라고 말한다. 변동비의 대부분을 차지하는 것은 연료비이다. 기타의 변동비 구성요소로는 발전기가 운전되는 동안에 추가로 소요되는 인건비 및 예방보수비용이 있다. 예를 들면 설비의 마모 및 감손으로 인해 추가적으로 예방보수를 해야 하며 이에 따른 비용이 소요된다.

전력생산비용은 발전기의 기동 정지를 계획할 때 평가되는 비용이다. 전력생산비용은 여러 종류로 나눌 수 있다. 먼저 각각의 구성요소에 대해 설명하고 증분비용에 대해서는 자세하게 설명한다. 여기에서의 모든 비용은 화력발전기의 연료비에 관한 것이다. 물론 전력회사마다 사용하는 용어의 정의가 다를 수 있으므로 어떤 상황에서 사용된 용어인가를 명확하게 기술해야 한다.

---

41   EROCOT (2011), Fundamentals Manual.

2.4.2 전력생산비용의 구성요소

기동비용

화력발전기의 기동비용(start-up cost)은 발전기가 정지해 있을 때부터 동기속도에 도달할 때까지 소요되는 비용을 말한다. 터빈/발전기를 동기속도로 회전시키기 위해 보일러를 가열하는 데에는 상당한 에너지가 사용된다. 이 비용은 발전기의 조건에 따라 변한다. 이미 가열되어 있는 보일러는 오랫동안 정지해 있던 보일러와 달리 기동비용이 낮다. 그러므로 전력회사별로 같은 발전기라도 기동비용에 대한 정의가 다르다.

무부하비용

무부하비용(no-load costs)은 발전기를 전력시스템에 동기시켜 놓은 상태에서 출력을 내지 않는 상태로 유지하는 데 필요한 비용이다. 에너지의 일부분은 발전기에서도 소모되지만 풍손과 마찰손을 극복하기 위해서도 에너지가 사용된다. 발전기를 회전시키는 이유는 터빈/발전기의 여러 부분에 냉각 개소(cold spots)가 존재하지 않도록 하려는 것이다. 이렇게 터빈/발전기의 각 부분을 운전온도에 맞추어 놓는 이유는 시스템에서 발전기의 출력을 높이라는 명령이 도달했을 때 재빨리 응동하기 위한 것이다.

최소출력 유지비용

최소출력 유지비용(minimum-load costs)은 발전기가 최소출력을 유지하는 데 필요한 비용이다. 정상운전 상태에서 가동 중인 발전기는 시스템수요의 변화에 응하면서 안정적으로 운전되어야 하기 때문에 최소출력 이상에서 발전해야 한다.

증분비용

　　전력생산비용의 마지막 성분은 에너지를 전력시스템에 전달하는 비용이다. 이것은 발전기 출력의 몇 단계(각각의 증분)를 거쳐서 설명된다. 각 증분 단계별 비용은 증분비용(incremental costs)이라고 하며 원/kWh로 나타낸다.

2.4.3 비용적상

〈그림 2.15〉는 개별 비용성분이 합쳐져 전체 연료비를 결정하는 방법을 설명한다. 기동비용, 무부하비용, 그리고 최소출력 유지비용 등은 비용적상의 기본을 이룬다. 증분비용은 발전기가 원하는 출력에 도달할 때까지 쌓인다. 각각에 추가되는 증분구역은 적상되는 것의 맨 윗부분에 놓인다. 기동비용은 발전기가 가동될 때 한 번 적용되는 비용이다. 다른 비용 구성요소는 시간에 따라 발생되는 비용이며 사용시간을 곱하면 전체 비용이 결정된다.

　　〈그림 2.15〉에 나타낸 바와 같이, 증분비용은 출력이 증가함에 따라 커진다.

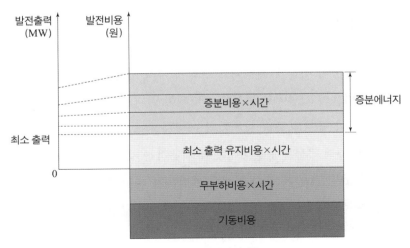

그림 2.15 전체 발전비용

예를 들면 출력이 200MW일 때 1MWh를 추가로 발전할 때의 비용은 300MW 출력에서 1MWh를 추가로 발전할 때의 비용보다 낮다.

전체 발전비용은 가동되어 운전되는 기간 전체에 걸친 비용이다. 전체 발전 비용은 다음 식

$$\text{전체 발전비용} = \text{기동비용} + \text{시간당 발전비용} \times \text{시간} \tag{2.9}$$

과 같다. 여기에서 시간당 발전비용은 다음 식

$$\text{시간당 발전비용} = \text{무부하비용} + \text{최소출력 유지비용} + \text{증분연료비의 합계} \tag{2.10}$$

과 같다.

아래에서 설명할 것이지만, 전체 발전비용은 발전기의 기동정지계획을 수립할 때에 사용되는 비용이고 증분비용은 가동되어 있는 발전기의 출력기준점을 어떻게 결정해 경제급전을 할 것인가를 결정하는 데에 사용된다.

2.4.4 증분비용의 결정

증분비용이 어떻게 결정되고 출력에 따라 어떻게 변화하는가를 알기 위해서는 열소비율의 개념에서 논의를 출발해야 한다. 열소비율은 입출력 곡선에서 유도된다. 이 곡선은 해당 발전기의 에너지 사용량을 측정한 자료를 이용해 작성된다. 입출력 곡선을 만들어내는 데 사용하는 자료는 발전기의 출력을 결정하기 위해 〈그림 2.16〉과 같은 곡선을 개발하는 데 이용되는 원천적 자료이다. 열소비율과 증분열소비율은 〈그림 2.16〉의 입출력 곡선 자료로부터 계산한 것이다.

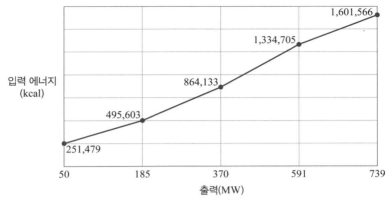

입력 에너지
(kcal)

1,601,566

1,334,705

864,133

495,603

251,479

50   185   370   591   739

출력(MW)

그림 2.16 입력-출력 곡선

표 2.2 입출력 곡선과 열소비율 자료

구분	출력(%)		입력/출력 곡선 (1,000kcal/시간)	증분열소비율 (kcal/kWh)	평균 열소비율 (kcal/kWh)
블록 1	7	50	251,479	5,030	5,030
블록 2	25	185	495,608	1,808	2,679
블록 3	50	370	864,133	1,992	2,336
블록 4	80	591	1,334,705	2,129	2,258
블록 5	100	739	1,660,566	2,202	2,247

2.4.5 평균 열소비율

열소비율(heat rate)은 입력에너지를 출력으로 나눈 값이다. 〈그림 2.17〉에서 보는 바와 같이, 개별 발전기의 평균 열소비율은 하향곡선으로 나타난다. 이 곡선은 현재의 연소/발전기술, 발전기 형식 및 연료의 종류, 그리고 온도와 오염물질 배출 제어와 같은 운전조건 등에 의해 변화한다. 일반적으로 발전기 출력이 높아지면 열소비율은 감소한다.

시간이 경과함에 따라 발전기에 변화가 일어나므로, 출력수준을 유지하기

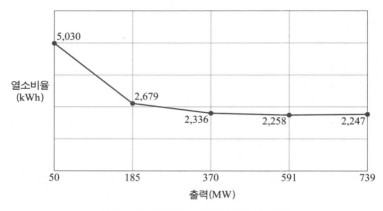

그림 2.17 화력발전기의 평균 열소비율 곡선

위한 연료소비량도 변화한다. 그러므로 평균 입출력 곡선을 작성하려면 여러 번의 시험에서 얻은 평균 열소비량을 구해 입출력 곡선을 작성해야 한다. 비록 입출력 곡선에 '평균'이라는 용어를 붙이지 않지만 결과적으로 얻어지는 열소비율 곡선은 평균 열소비율 곡선이라 불린다. 그러므로 열소비율과 평균 열소비율은 같은 용어이다.

발전소의 열소비율은 연소효율의 한 척도이다. 열소비율은 kcal로 측정된 입력 에너지를 발전량(MWh)으로 나눈 값이다. 〈그림 2.18〉의 경우 어떤 발전기가 100MWh를 생산하기 위해 315×10^6 kcal를 사용했다면 열소비율은 다음의 식

$$열소비율 = \frac{315 \times 10^6 (\text{kcal})}{100 \text{MWh}} = 3,150 \text{kcal/MWh} \qquad (2.11)$$

과 같다.

발전기의 열소비율은 효율에 반비례한다. 효율이 높으면 열소비율이 낮고 효율이 낮으면 열소비율이 높다. 열소비율은 출력수준에 따라 변화한다. 〈그림 2.18〉에 나타난 열소비율 곡선의 예에서, 최소 열소비율은 발전기 정격출력의 80%에서 발생한다. 최대출력에서 최고 효율이 나타나지 않음을 유념해야 한다.

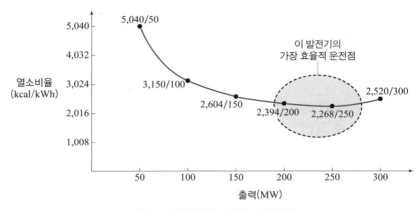

그림 2.18 화력발전기의 열소비율 곡선

2.4.6 증분열소비율

발전기의 증분비용을 구하기 위해 발전기의 증분열소비율(incremental heat rate)을 먼저 결정해야 한다. 증분열소비율은 전력을 1MW 추가로 생산하기 위해 필요한 추가적 kcal가 얼마인가를 알려준다. 증분열소비율은 출력을 1MW 증가하는 데 필요한 추가적 kcal를 말한다. 화력발전기의 증분열소비율은 발전기 출력이 증가함에 따라 커진다. 〈그림 2.19〉에 나타난 증분열소비율 곡선을 보면 첫 번째

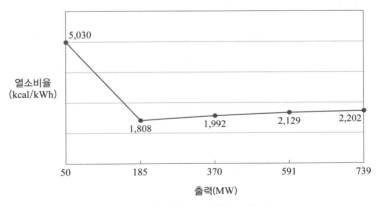

그림 2.19 화력발전기의 증분열소비율 곡선

값은 진정한 증분값이 아니다. 〈그림 2.19〉의 2~4번째 점의 값이 발전기의 출력 기준점을 지정하는 급전에 사용될 수 있는 진정한 증분값이다.

2.4.7 증분비용 곡선

증분열소비율은 전기에너지의 추가적 발전량을 생산하기 위한 추가적(또는 증분) 입력에너지라고 정의한다. 입력에너지는 보일러에 추가적 연료를 공급함으로써 가능하다. 만약 kcal당 에너지 비용을 알고 있다면 증분비용을 결정할 수 있다. 이것을 나타내는 것이 다음 식

$$증분비용(원/kWh) = 증분열소비율(kcal/kWh) \times 연료비(원/kcal) \qquad (2.12)$$

이다.

달리 말하면, 증분비용은 전기에너지를 한 단위 더 생산하기 위한 추가적 비용이다. 대부분의 증분비용은 연료비용이다. 증분열소비율이 그러하듯이 증분비용은 발전기 출력이 증가함에 따라 커진다. 〈그림 2.20〉은 대표적인 증분비용 곡선이 나타나 있다. 증분비용이 점차로 커지는 현상이 〈그림 2.20〉에도 나타나며 출력이 증가함에 따라 증분비용의 계단의 폭도 커진다.

발전기의 증분비용은 실시간으로 발전기의 경제급전에 사용된다. 만약 시스템 운용자가 시스템의 공급력을 조금 늘일(또는 증분할) 필요가 있다면 실시간으로 EMS는 증분비용이 가장 낮은 발전기의 출력을 증가시킬 것이다.

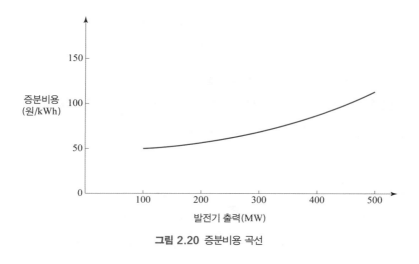

그림 2.20 증분비용 곡선

2.4.8 운용계획과 기동정지계획 수립 시의 비용 고려

기동정지계획은 다음날부터 일주일 앞에 대해 어떤 발전기를 얼마만큼 가동해 시스템수요를 만족시키고 운용예비력을 확보할 것인가를 결정하는 과정이다. 공급력의 여유가 없다면 변동비가 높은 발전기도 모두 가동될 것이다.

공급력 확보에 대한 예측

다음날 또는 일주일까지에 대해 공급력을 확보하기 위한 계획을 수립하는 데 있어서 첫 번째 단계는 수요예측이다. 수요예측에서의 수요는 시스템수요로 ① 모선별 소비자 수요의 합, ② 인접한 연계시스템과의 전력거래계획, 그리고 ③ 송전 손실을 총합한 것이다. 수요예측을 할 경우 시스템 운용계획 수립에 활용되는 예측정보를 만들기 위해 적정 시간축을 결정해야 하는데, 일반적으로 다음날부터 1주일까지의 시간대별 수요를 예측하는 것이다. 수요는 예측가능한 일간 부하곡선 형태를 따른다. 부하곡선의 형태는 근무일, 휴일, 주말, 그리고 1년 중의 어떤 날인가에 따라 변화한다. 만약 최대부하 예측이 행해지면, 완전한 형태의 부하곡선은 1년 중의 일간 부하형태를 근거로 작성될 수 있다.

부하의 크기는 날씨에 의해 영향을 많이 받으며 특히 온도에 민감하다. 또한 온도 관련 인자는 습도, 풍속, 구름의 가림, 그리고 강우량 등도 부하의 크기에 영향을 미친다. 온도에 무관한 인자는 학교의 방학과 등하교시간과 일반인의 근무에 영향을 주는 휴일의 존재 등이다.

운용계획과정

발전사업자의 경제성 평가, 계약의무사항, 그리고 품질유지 서비스 계약에 의해 어떤 발전기가 가동되어야 하고 어떤 발전기가 첨두부하를 담당해야 하는지, 운용예비력을 어떤 발전기가 얼마나 담당해야 하는가가 결정된다. 〈그림 2.21〉은 이것을 나타낸 것이다. 컴퓨터 프로그램이 기동정지계획을 수립하기 위해 사용된다. 운용계획에 관한 의사결정은 여러 인자에 의해 이루어지며 제약요인은 발전기의 가용도(availability)와 용량, 발전비용, 순환운전 제약, 그리고 송전망 제약 등이다.

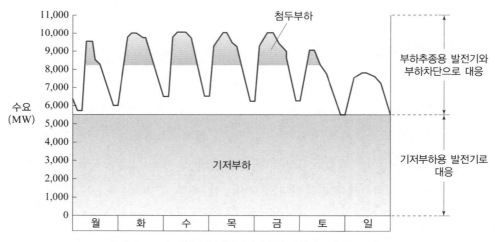

그림 2.21 시스템수요를 만족시키기 위한 발전기의 기동정지계획

가용도와 공급력

발전기의 가용도와 최대출력은 예방보수 및 주변조건에 의해 영향을 받는다. 기상조건에 의해도 발전기 출력은 영향을 받는다. 예를 들면, 여름의 높은 대기온도는 겨울철에 비해 가스터빈발전기의 출력을 낮춘다. 겨울보다는 여름에 온도가 높으므로 연소용 공기의 밀도가 낮아서 공기의 입력량을 떨어뜨린다. 높은 온도는 화력발전기의 복수기(컨덴서) 냉각능력을 낮추며 발전기 출력을 떨어뜨린다. 따라서 발전소의 운전원은 여름의 발전기 최대 출력을 결정할 때 여러 사항을 고려해야 한다.

발전비용

기동비용을 포함한 발전비용은 기동정지계획 수립과정에서 고려되며 된다. 이때에는 상호절충이 필요하다. 예를 들면, 어떤 발전기는 증분비용이 낮지만 기동비용은 매우 높을 수도 있다.

순환운전제약

순환운전의 제약조건은 발전기 제작회사가 결정하며 전력시스템 운용자는 기동 및 정지 과정에서 보일러, 터빈 그리고 발전기에 불필요한 스트레스를 가하지 말아야 한다. 이때 고려되는 사항이 최소정지기간과 최소운전시간이다.

송전망 제약

송전선 용량의 한계는 발전기의 출력수준을 결정하는 데에 영향을 미친다. 예를 들면, 어떤 특정한 발전기가 송전망에 보낼 수 있는 출력에는 한계가 있을 수 있다. 또한 전압지원을 위해 어떤 발전기는 실시간으로 항상 가동되어야 한다.

2.4.9 실시간 경제운용

발전기의 운전계획은 실시간 시스템 운용이 행해지기 전에 완료된다. 실시간에 있어서, 기동정지 계획에 의해 가동된 발전기는 실제의 시스템수요를 만족시키기 위해 출력이 조정된다. 시스템수요가 상승하면, 발전기의 MW 출력은 증가해야 하며 시스템수요가 하락하면 MW 출력은 감소되어야 한다. 시스템 운용자는 발전기의 바람직한 출력기준점을 결정하기 위해 SCOPF 프로그램을 사용한다.[42] 이 경우 모선별 소비자 수요에 대해서는 상태추정 프로그램의 출력이 사용되고, 발전기 출력 한계치, 송전선의 최대 용량 등이 제약조건으로 작용하며 발전기의 출력을 결정할 때에 사용되는 지침은 등증분비용 운용의 원칙이다. 이 원칙은 경제급전의 기본이다. 이때 등증분비용법에 의한 각 발전기 출력은 SCOPF의 출력과 비교되어 급전구간마다의 제약발전 및 제약비발전에 관한 정보를 생산하는 데 사용된다.

등증분비용 운전

① 등증분비용법의 원칙

앞에서 발전의 증분비용은 정해진 발전기 출력수준에서 1MWh의 발전량을 증가할 때 추가되는 비용이라고 정의했다. 일반적으로 발전기의 출력(MW)이 증가하면 증분비용도 증가한다. 등증분비용법의 원칙에 의하면 발전시스템 전체로 보아 가장 경제적인 발전기 운전은 모든 발전기가 동일한 증분비용에서 운전될 때 이루어진다는 것이다.

예를 들어서 증분비용의 원리를 설명하면 보면 다음과 같다. 〈그림 2.22〉에서 보면 전력시스템 운용자가 3개의 운전범위가 서로 다른 발전기를 가동하고 있다. 공급력은 750MW이다. 3개의 발전기가 가동된 상태에서 750MW의 공급

---

[42] 경쟁시장(competitive market)의 경우, Energy Offer Curve가 cost function을 대신해 사용된다.

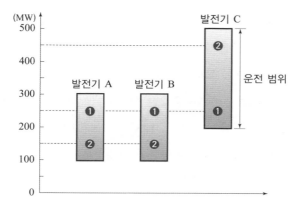

	선택❶	선택❷
A	250MW	150MW
B	250MW	150MW
C	250MW	450MW
합계	750MW	750MW

그림 2.22 발전기 출력결정의 선택사항

력을 만드는 방법에는 수많은 조합이 있다. 하나의 가능성은 발전기 A와 B를 최소출력으로 놓고 발전기 C가 공급력의 나머지 부분을 채우는 것이다. 또 다른 선택은 3개의 발전기를 동일 출력수준으로 결정하는 것이다. 분명히 또 다른 선택이 무수히 많다.

　가동하고 있는 발전기의 가장 경제적인 조합을 결정하기 위해, 각 발전기의 증분비용을 살펴보아야 한다. 각 발전기의 증분비용 곡선은 〈그림 2.23〉에 나타나 있다.

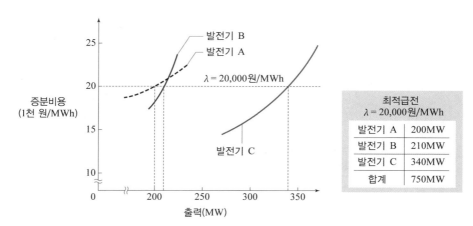

최적급전 $\lambda = 20{,}000원/MWh$	
발전기 A	200MW
발전기 B	210MW
발전기 C	340MW
합계	750MW

그림 2.23 각 발전기의 등증분비용법에 의한 출력결정

등증분비용법에 의하면 3개의 발전기에 대해 급전 지시를 할 때 가장 경제적인 출력기준점은 각각의 발전기의 증분비용이 같아지는 출력점이다. 전체로 필요한 공급력은 750MW이다. 〈그림 2.23〉을 보면 3개의 증분비용 곡선은 시스템수요가 750MW일 때 등증분비용은 2만 원/MWh이라는 것을 알 수 있다. 발전기 A의 출력은 200MW, 발전기 B는 210MW, 그리고 발전기 C는 340MW이다. 또한 각 발전기의 출력점에서 전력생산의 증분비용은 2만 원/MWh이다.

〈표 2.2〉는 비용함수와 증분비용함수의 단위를 비교한 것이다. 이것이 중요한 이유는 급전에서 사용하는 단위는 에너지(kWh)가 아니라 일률, 즉 출력(kw 또는 MW)이라는 점이다.

그리고 〈그림 2.24〉는 비용함수와 증분비용함수의 기하학적으로 나타낸 그래프이다. 여기에서도 나타나듯이 x축과 y축의 단위는 매우 중요하며, 해석이 중요한데, 이를 이해하는 것은 정산(kWh 중심)의 기본일 뿐만 아니라 급전(kW 중심)의 기본적인 문제를 해결하는 단초를 제공한다. 우리나라의 경우 연료비 함수는 2차 함수의 형태로 가공되어 EMS에 입력되고 있다.

표 2.3 비용함수와 증분비용함수의 비교

구분	비용함수 $Y = aX^2 + bX + c$	증분비용함수 $Y' = 2aX + b$
계수	$Y : \dfrac{원}{hour}$ $a : \dfrac{원}{(kW)^2 - hour}$ $b : \dfrac{원}{kW - hour}$ $c : \dfrac{원}{hour}$	$Y' : \dfrac{원}{kW - hour}$ $a : \dfrac{원}{(kW)^2 - hour}$ $b : \dfrac{원}{kW - hour}$
의미	어떤 출력점에서 해당 출력으로 1시간 동안 발전했을 경우의 비용	어떤 출력점에서 1kW의 출력 증가가 발생할 때 추가적으로 투입되는 1시간 동안의 비용

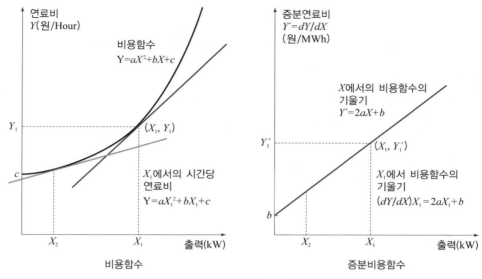

연료비
Y(원/Hour)

비용함수
Y=aX²+bX+c

Y_1 --- (X_1, Y_1)

c

X_1에서의 시간당
연료비
Y=aX₁²+bX₁+c

X_2 X_1 출력(kW)

비용함수

증분연료비
Y'=dY/dX
(원/MWh)

X에서의 비용함수의
기울기
Y'=2aX+b

Y_1' --- (X_1, Y_1')

X_1에서 비용함수의
기울기
(dY/dX)X₁=2aX₁+b

b

X_2 X_1 출력(kW)

증분비용함수

그림 2.24 연료비 함수와 증분연료비 함수의 비교

평균비용함수는 비용곡선을 해당 출력으로 나눈 것과 같다. 이는 〈그림 2.25〉
와 같은 모양을 갖는다.

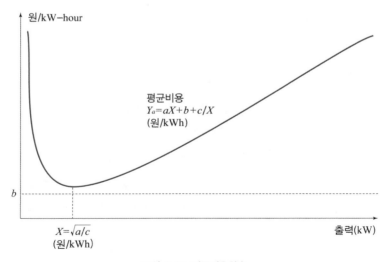

원/kW-hour

평균비용
$Y_a=aX+b+c/X$
(원/kWh)

b

$X=\sqrt{a/c}$
(원/kWh)

출력(kW)

그림 2.25 평균비용함수

람다

〈그림 2-23〉에 의하면 비용최소화를 위한 발전기 출력을 결정할 때의 증분비용은 20원/kWh이다. 이 값은 시스템의 증분비용 또는 '람다(lambda)'라고 한다. 람다는 그리스 문자 'λ'로 나타낸다. 〈그림 2-23〉을 보면 시스템수요가 증가할 경우, 발전기가 계속해 각 발전기의 증분비용에서 출력을 내면 람다 값은 상승할 것이다. 람다 값은 소비자부하의 크기와 실시간으로 가동 중인 발전기의 구성에 따라 변화한다.

2.5 제약발전 · 제약비발전

영어로 표현된 'constrained-on'과 'constrained-off'는 우리말로 각각 제약발전, 제약비발전이라고 한다. 제약에 의해 어떤 발전기가 발전을 했다든가 또는 발전을 하지 않았다는 의미이다. 전기위원회의 전기용어사전에서는 제약운전(制約運轉: Constraints)을 다음과 같이 설명하고 있다.[43]

각종 제약요인을 고려한 발전기 운전을 제약운전이라고 한다. 발전기 운전은 원칙적으로 발전원가가 저렴한 발전기부터 발전에 참여시키고 발전원가가 비싼 발전기는 가동하지 않는 것이 합리적이다. 그러나 전력시스템을 운영함에 있어서는 전력시스템의 안정적 운용 또는 정책적 고려에 따라 여러 가지 제약요인들을 발전계획에 반영하게 되므로 연료비 우선순위와는 다른 발전기 운영이 이루어지게 된다. 발전경쟁전력시장(CBP)에서 가격결정 발전계획은 연료비를 기준으로 한 발전계획이며, 운영발전계획은 각종 제약요인이 고려된 발

---

43 〈http://www.leadernews.co.kr/korec/webzine07/popDicSearchView.asp?mPage=1&n=1378&c=&s=제약운전〉

전계획이다. 현재 주요하게 고려되고 있는 제약요인들은 다음과 같다.

o 연료 제약: 정부에서는 국내 석탄산업의 보호를 위해 외국산 석탄에 비해 경제
성이 낮은 국내 석탄을 발전용 연료로 사용토록 하는 석탄산업 지원정책을 추
진하고 있다. 이러한 정부 정책에 따라 연료비(경제성)와는 무관하게 국내탄을
사용하는 발전기를 운영발전계획에 반영하게 된다.

o 송전 제약: 송전선의 특성, 휴전작업 또는 선로고장 등으로 인한 송전 용량의 한
계로 연료비가 저렴한 발전기라도 발전계획에 반영되지 못하는 경우가 있으
며, 반대로 대전력을 수송받는 수도권 지역에서는 이러한 송전 제약 때문에 연
료비가 비싼 발전기라도 운영발전계획에 반영될 수 있다.

o 열공급 제약: 지역난방을 공급하는 열병합발전소에서 난방용 열 공급을 위해
발전기가 가동되는 경우에는 연료비와 무관하게 이를 운영발전계획에 반영
한다.

o 보조 서비스: 전기품질을 유지하기 위해서 전압과 주파수 조정이 필요한 경우가
있다. 일부지역의 전압 강하를 보상하기 위해 연료비가 비싼 발전기를 가동하
는 경우가 있다.

위의 문장 가운데 전기위원회가 정의하는 다음의 문장은 연료비 최소화를
보장하는 급전방법이 아니며 가장 간단한 등증분비용법의 원칙에도 어긋난다.[44]

"발전기 운전은 원칙적으로 발전원가가 저렴한 발전기부터 발전에 참여시
키고 발전원가가 비싼 발전기는 가동하지 않는 것이 합리적이다."

이것이 옳은 표현이 아니라는 것은 몇 개의 발전기를 대상으로 증분비용함
수를 사용해 증명할 수 있는 것이다. 또한 '발전원가'를 이용해 발전기의 투입순

---

44 경제급전을 설명하는 절을 참조 바람.

위 및 출력을 결정한다는 것은 무슨 수학적 의미를 갖는지 알 수 없으며 전력거래소가 내일의 시간대별 SMP를 결정하는 방법[45]과 전혀 다르다. 전기위원회가 정의한 내용을 무시하고 전력거래소가 별도의 방법으로 발전계획을 수립한다는 것도 문제이며 전기위원회의 정의에 무관하게 기동정지계획 프로그램을 사용해 SMP를 결정한다는 것에도 문제가 있다. 왜냐하면 SMP의 결정 및 제약발전 여부의 문제는 현재 사업자 및 소비자에게 미치는 영향이 대단히 크기 때문이다. 또한 전기위원회가 규정한 제약의 종류 가운데 안전도 유지를 위한 상정사고 제약은 포함되지 않고 있다.

한편, 전력거래소는 이를 다음과 같이 설명하고 있다.[46]

"제약비발전이란 거래일의 가격결정 발전계획에는 포함됐으나 전력거래소의 급전 지시에 의해 가격결정 발전계획량보다 적게 발전하는 것으로, 제약비발전정산금은 시스템 제약으로 인해 값싼 발전기가 계획보다 작게 발전하는 경우 그 발전기에 기대수익을 보상하는 제도를 말한다. 그리고 현재 가격결정 발전계획에 의한 발전기 발전계획량은 시스템 제약을 고려하지 않고 발전기의 기술적 특성 및 변동비만을 고려해 결정되지만, 실제 거래일 시스템 제약에 의해 계획된 발전출력보다 적게 낼 수밖에 없다."

전력거래소의 정의에서 제약발전 또는 제약비발전에 대한 정산의 기준은 실시간 운용 중에 발생한 제약이 아니라 "내일의 시간대별 시스템 한계비용(hourly marginal cost)을 결정하는 가격결정 발전계획량"이 기준이라고 되어 있다. 그런데, 가격결정 발전계획이라는 표현도 의미가 분명하지 않으며 기동정지계획을 수립하는 프로그램이 자동적으로 내일의 시간대별 계통한계가격(SMP)을 계산

45   한국전력거래소(2014), 『전력시장 실무자를 위한 정산규칙해설』.
46   한국전력거래소(2013), 「"발전사들 전력 생산 않고도 4년간 1조 챙겨"에 대한 해명」, 『보도설명자료』, 2013년 10월 1일자.

하는 것인지 아니면 기동정지계획을 수립한 이후에 이를 바탕으로 시간대별 한계비용을 결정하는 것인지도 분명하지 않다.

EMS를 사용하는 것은 발전계획을 하는 것이라기보다 시스템수요의 변화에 따라 주파수를 유지하며 발전기 출력을 지정해주는 실시간 시스템 운용이므로 '발전계획'이라는 표현은 의미가 명확하지 않다. 왜 가격결정 발전계획량과 다르면 제약발전이라고 정의하는가에 대한 설명이 없다. 계획한 발전량이 존재하는 것은 무의미하다. 왜냐하면 EMS의 급전 지시를 받는 발전기는 출력기준점이 시시각각 변화하므로 계획된 발전량을 정확하게 발전할 수 없다.

발전량을 입찰한다는 것도 경쟁시장이 아닌 경우 무의미한 표현이며, '발전량'을 입찰하느냐의 여부에 대한 의문도 발생한다. CBP시스템에 입찰이라는 행위가 없는데 입찰이라는 용어를 사용하는 것도 문제이며 발전량을 입찰하면 시스템 운용자가 발전량을 보전해주는 시스템 운용을 할 수 있는가도 문제이다. 연료, 열, 송전선 용량, 품질유지 서비스 제약은 이론적으로만 설명되어 있을 뿐 실제로는 발전을 하는 데 있어서 어떠한 제약을 받아서 발전사업자의 정산비용에 영향을 미치는 것인가가 불확실하다. 전력거래소가 하루 전에 기동정지계획 프로그램을 사용해 출력을 알아냈다고 하는 발전기별 출력이 수동급전 또는 EMS의 실시간 실행에서 그대로 시현될 수 없다. 기동정지계획 프로그램이 송전선 용량 제약 및 안전도 유지의 제약에 의한 발전기 출력의 변화를 고려해 내일의 발전기 출력을 알려줄 수는 없다. 왜냐하면 5분마다 모선별 소비자 수요의 변화로 인해 SCOPF의 실행에 의한 발전기 출력기준점은 변화하기 때문이다.

오늘 계획한 발전이 내일 다르게 나타나는 것에 대해 왜 제약발전 또는 제약비발전이라고 정의해야 하는지에 대한 논리가 없다. 실시간 시스템 운용에서 발생하는 제약사항이 아니라 계획한 내용이 제대로 실행되지 않는 것이 어떤 제약조건이 될 수 있는지는 의문이다. 이는 마치 내일 일을 하지 않기로 되어 있는 인력이 어떤 사정에 의해 당일에는 일을 하게 되었으면 인건비를 더 지급해준다는 이론인데, 설득력이 없고 무슨 제약에 의해 제약발전비용을 지급하는지도 분명하지 않다.

기동정지계획을 수립한 결과에 따라 발전기 기동정지계획이 수립되었다 하더라도 실시간 급전에서 계획된 발전량을 그대로 맞추어 출력을 지시하는 것은 불가능하다. 즉, 발전사업자가 발전량을 입찰(신고)[47]했고 전력거래소가 350여 개 발전기의 발전량을 어제 예측한 대로 실현시켜주는 것은 불가능하다. 왜 불가능한 일에 제약발전 및 제약비발전이라는 명목으로 비용을 지급하는가에 대해서 명쾌한 논리가 아직 없다. 이렇게 발전하는 것은 제약발전이 아니라 '비계획발전'이다. 다시 말하면, 발전하기 하루 전에는 발전을 할 계획에 없던('비계획') 발전기가 실시간으로는 운용예비력 등의 문제로 '발전'을 하게 되는 경우에 지급하는 것이므로 '비계획발전'인 것이다. 어떤 발전기가 발전을 안 하는 것이 전체 시스템 상에서는 경제적으로 더 큰 효용이 있지만 '제약' 상황이 발생해 불가피하게 '발전'을 할 경우가 정상적인 '제약발전'이다.

제약발전을 정산에 엄격하게 반영하려면 송전 제약, 안전도 제약으로 인한 발전, 제약비발전에 대한 정산항목과 지불방법을 정의해야 한다. 전력거래소의 주장대로 지불한다면 운용예비력을 많이 확보하면 할수록 제약발전비용이 커지게 된다.

제약비발전에 대한 정의도 명확히 해야 한다. 발전사업자가 제약비발전 상황에 처하면 전력을 생산하고 판매해 투자비를 회수할 기회를 상실했으므로 고정비를 회수하지 못한다. 이 부분에 대해 보상이 필요해서 제약비발전의 개념이 도입된 것이다. 제약비발전은 연료비와 무관하다. 왜냐하면 발전을 하지 않은 부분에 대해서는 연료가 소비되지 않았기 때문이다. 제약발전(con-on)은 최종 정산 과정에서 자신의 경제적인 출력량 이상으로 계량된 발전량에 대한 보상인 반면에 제약비발전(con-off)은 최종 정산금액에서 자신의 경제적인 발전량 이하에서 발전한 것에 보상하는 것이다.

---

47 '입찰'이라는 용어가 CBP에서 의미를 가질 수 없음에도 불구하고 입찰이라는 용어를 계속해 사용한다.

제약발전과 제약비발전에 대한 정산은 송전선로 용량 제약 및 상정사고 제약이 없는 경제출력기준점으로부터 벗어나 송전선로 용량 및 상정사고 제약이 반영된 출력기준점이 지정됨으로 인해 각 발전기가 입을 손실에 대한 보상이다. 정상적인 제약발전과 제약비발전의 정산 비교대상은 하루 전 계획발전양과 실시간 발전양이 아니라 실시간으로 경제급전했을 때의 발전양과 실시간 SCOPF에 의한 발전양이다. 이것을 간과하고 하루 전 시장에서 발전 여부에 관한 보상을 더 해준 것은 정산에서 가장 큰 문제이다. 비용 면에서도 전체 전기요금 수입의 상당한 부분이 추가적으로 지급된다고 본다. 2014년 한 해에만 5조 원의 비용이 제약발전 비용으로 지급되었다. 이렇게 잘못된 비용이 과거 10여 년 동안 지급된 것이므로 엄청난 비용이 잘못 지급된 것이다.[48]

원자력 및 유연탄화력은 내일은 발전하지 않기로 했다가 당일에 급히 기동해 발전할 수 없다. 이것은 기동비용이 커서 못하는 것이 아니고 기동시간이 길기 때문이다. 그러므로 당일에 와서 예상하지 못한 수요증가에 응할 수 있는 발전기는 복합화력 등 이 기동시간이 아주 짧은 발전기이다. 이러한 발전기가 어제는 가동하지 않기로 했는데 오늘 어떤 사정으로 인해 가동한다고 하면 왜 비용을 더 지급받는 대상이 되어야 하는지 논리가 부족하다. 특별히 비싼 연료를 소비해 발전한 것도 아니고 발전기가 손상을 입는 것도 아니고 오히려 발전을 더 많이 해서 투자비를 회수하는 데 유리한 것일 뿐이다.

〈표 2.4〉에는 200MW의 공급력을 내는 조합에 대해서 설명한 것이다. 단순 경제급전(ED)에서는 A 발전기가 100MW, B 발전기가 100MW의 출력을 내라는 결과가 나왔다. 그런데, 시스템 제약이 발생해 SCOPF 실행의 결과로 A 발전기가 원래의 결과에서 20MW의 출력을 줄여 80MW, B 발전기가 20MW를 높여 120MW의 출력을 내라는 결과가 나왔다고 하자. 각 발전기는 두 종류의 출력기

---

48 전력거래소는 100kWh의 전력거래량 중에서 1kWh라도 제약발전으로 정산이 된다면 100kWh 전체가 제약발전으로 정산한다고 보고하고 있어서 이것도 과다 지급의 한 원인으로 되어 있다. 그러나 여전히 정산방법은 앞서 지적한 것과 같은 문제가 있다.

표 2.4 경제급전(ED)과 SCOPF의 차이에 따른 제약발전/제약비발전의 결정

구분	A 발전기	B 발전기	합계 출력
경제급전(ED)	100MW	100MW	200MW
송전망 제약 시의 경제급전 (SCOPF)	80MW	120MW	200MW
비고	con-off	con-on	
증감	20MW ↓	20MW ↑	별도로 정산해주어야 함

준점의 차이를 이용해 제약발전량과 제약비발전량을 계산한다. 즉, SCOPF를 통해 계산된 출력기준점과 등증분비용법에 의한 출력기준점 결과와의 차이를 통해서 제약발전 여부를 정산하면 된다.[49] 이것이 대체적인 정산의 원칙이며 미국의 ERCOT도 이렇게 하고 있다.

이와 같은 방식은 호주[50]에서도 채택하고 있다. 캘리포니아에 대한 사례[51]도 찾아볼 수 있다.

ERCOT에 따르면, 시스템 운용의 기술적 제약조건은 EMS가 파악하고 SCOPF를 MOS[52]가 실행해서 제약발전과 제약비발전의 상황을 발전기별로 5분마다 기록해 놓으며 MOS의 출력자료에는 발전기별 5분마다의 발전량을 기록하고 이를 저장하고 있다. 제약발전 및 제약비발전 상황을 컴퓨터에 기록 저장하면서 5분 급전(FMD: Five Minute Dispatch)의 시장청산가격(market clearing price)을 사용해 발전사업자에게 정산한다.

---

49 ERCOT 예를 참조하면 되며, SCOPF를 수행하지 못하면 con-on/con-off의 정상적인 정산은 불가능하다.

50 AEMC 2006 (2008), *Congestion Management Review, Apendix A: introduction in the NEM*, final report. Retrieved from ⟨http://www.aemc.gov.au/getattachment/42a1dfd9-bf32-4bf1-bcc4-81dd8095dfc7/Final-Report-Appendix-A-An-introduction-to-congest.aspx⟩

51 Harvey, S. M. and Hogan, W. W. (2000), *Nodal and Zonal Congestion Management and the Exercise of Market Power*, pp. 10-11.

52 EMS와 MOS의 연결은 제4장에서 자세히 다룬다. 다만 전력거래소가 사용하는 'MOS'라는 용어는 학술적 용어가 아니며 아직도 그 정체가 모호한 소프트웨어 통칭이다.

ERCOT는 매일 90일 전의 거래내역을 공개한다. 오늘은 90일 전의 제약발전과 제약비발전의 상황을 공개하고 내일은 내일에서 본 90일 이전의 자료를 공개한다. 만약 EMS가 기록한 제약발전, 제약비발전에 대한 내용이 문제가 있다고 판단하면 시장참여자는 규제위원회에 불만을 제소할 수 있다. 우리나라의 경우 발전사업자가 발전량의 공정성을 확인하는 절차는 없는 것 같다. 전력거래소는 과연 5분마다 발전기에게 SCOPF의 실행에 따라 발전기에게 유효한 신호를 보내고 제약발전 및 제약비발전에 대한 정산의 근거를 기록해두는가를 알 수 없으며, 이것은 SCOPF가 실행되고 제약발전과 제약비발전의 기록이 보관되어야 가능하다. 전력거래소가 이 자료에 근거해 정산을 수행하는지는 알 수 없다. 아니면 어제 예측한 내용이 절대적으로 우위를 차지할 수는 없다. 그러나 감사원의 결과보고서에는 실행하지 않는 것으로 지적되었다.[53]

발전사업자는 제약발전, 제약비발전 상황 및 이에 관련한 비용 지불규칙 및 공정성에 대해 동의하는지를 밝혀야 한다. 이에 관한 정보가 발전사업자에게 전달되었는가에 대해서도 밝혀진 바가 없다. 전력거래의 공정성이라는 것은 발전사업자의 발전량이 공정하게 EMS의 급전 지시에 따라 결정되는 것으로 하는데, SCOPF를 사용하지 않는 상황에서의 출력 변화에 따라 발전량이 결정되는 것은 공정한 발전이 될 수 없다. 외국의 발전사업자는 EMS에 의한 출력기준점 지정이 공정하고, 이로 인한 발전량(kWh)이 공정한 것이라고 시장참여자가 서로 신뢰하기 때문에 ISO의 급전을 믿는 것이다. 우리나라의 경우, 발전사업자 간에 발전의 공정성을 확인해주는 기관도 없는 것 같다.

제약에 따라 어떤 발전기가 발전을 더 많이 하고 다른 발전기가 발전을 덜하는 것은 5분마다의 주어진 실시간 수요가 정해진 상태에서 발전기의 출력배분에 공정을 기하기 위한 것이며, 각 발전기의 비용함수를 이용해 EMS가 SCOPF를 실행해 결정하는 방법에 대해 시장참여자가 동의했기 때문에 시스템 운용자

---

53   감사원(2014), 『전력계통운영시스템 운영 및 한국형 계통운영시스템 개발구축실태』.

(ISO)가 시스템 운용을 하는 것이다. 이것이 불공정하거나 근거가 없으면, 미국의 경우 발전사업자가 소송할 제기할 수 있으나 우리나라는 5분마다 SCOPF를 실행해 공정한 출력기준점 변경신호를 보내는 것인지 여부가 명확하지 않고 발전사업자가 알 권리를 갖고 소송할 수 있는가는 명확하지 않다.

EMS를 사용하지 않고 수동급전으로 출력이 지정되고 주파수 조정이 실행된다면 1년 동안 운전했을 때 각 발전기의 발전량이 어떻게 공정하게 이루어졌고 수익률은 어떻게 보장되는지 발전사업자가 알 수 있는 방법은 없다. 발전사업자가 자기의 발전량이 불공정하게 배분되었다면 이를 확인하는 방법밖에 없다. 공정성의 문제가 명확하지 않으면 현재와 같이 매년 수천억 원에서 5조 원이 발전사업자에게 더 지불되므로 발전사업자는 무조건 발전기 건설을 하려는 잘못된 투자결정을 할 수도 있을 것이다. 왜냐하면 수익률이 타 사업에 비해 높아지기 때문이다. 반면 소비자의 지출 또는 피해는 커지게 된다.

2.6 결론 및 요약

제2장에서는 전력시스템의 운용에 대한 일반적 내용을 살펴보았다. 전력시스템에 맞물려 있는 발전기들은 동기운전을 하는데, 발전기들의 회전자의 위치가 거의 동일하며 60회전/초를 유지할 때 품질 좋은 전력을 생산할 수 있다. 그리고 이것은 전력시스템 내의 발전기들이 서로 협업할 수 있는 원리이자 동시에 전력시스템이 붕괴되는 원인이기도 하다.

전력시스템의 실시간 시스템 운용 부분에서 보듯이 가장 중요한 요소는 변화하는 네트워크 토폴로지 아래에서 상정사고 목록을 선정하고, 상정사고 분석 결과를 사용해, SCOPF를 실행한 후, 결과치인 출력조정 신호를 각 발전기에 보내는 것이다. 전력시스템 운용자는 EMS의 도움을 받아 신뢰도, 안전도, 경제성을 유지하는 것이다. 협의의 전력시스템의 운용은 현재 시스템에 연결된 발전기의 출력을 재배치하는 것이다. 즉 이미 가동 중인 발전기의 기존 출력기준점을 새로운 출력기준점으로 갱신하는 것이다.

주어진 상태를 조건으로 하여 실시간으로 시스템 운용이 실행되어 발전기 출력을 조정하는 것을 실시간(real-time) 전력시스템 운용이라고 한다. 실시간으로 전력시스템을 운용한다는 것은 모선별 소비자 수요의 변화, 시스템의 상태 등을 가장 최근 상태로 파악해 발전기의 출력이 시스템 운용의 안전도를 유지하면서 경제적으로 가동될 수 있도록 한다는 것을 의미한다. 경제적이라는 말은 시간 축이 다를 경우에는 다른 의미를 가지며 실시간 경제급전이란 연료비를 최소화하는 것이다. 기동비용은 실시간 운용에서 고려되지 않으며 하루 전 또는 일주일 전에 기동정지계획을 수립할 때에 고려된다. 특히 발전기의 고정비는 실시간 시스템 운용에서 고려되지 않는다.

한편, 제2장에서는 전력시스템의 운용과 관련된 구성 요소들을 살펴보았다.

첫째, 수요예측이다. 수요예측은 발전 및 송전시스템의 시스템 운용계획의 시작이다. 전력시스템 운용자는 예상하지 못한 상황이 발생할 경우에 대비해 운용예비력의 확보는 물론 전력시스템의 각종 제약을 고려하면서 소비자 수요를 만족시키기 위해 발전기의 운용계획을 세워야 한다. 여기에서 유념해야 할 것은 실시간 급전과 수요예측은 관련이 있지만 4초 또는 5분마다 발전기 출력을 조정할 때에는 수요예측 자료는 무의미하다는 점이다. 즉 5분마다 급전 신호를 보내기 위해서 수요예측을 한다 하더라도 이 예측 자료는 실시간 급전에 이용되지 못한다. 5분마다 발전기 출력을 조정할 때에는 현재로서는 이미 과거 자료인 상태 추정 자료를 사용한다는 점을 고려할 때 수요예측은 발전기의 기동과 관련된 정보라는 점에 유의해야 한다.

둘째, 운용예비력 확보계획이다. 일단 하루 전에 수요예측이 이루어지면, 시스템 운용자는 자신의 전력시스템 내에서 뿐 아니라 인접 연계 전력시스템이 존재할 경우, 이웃 전력시스템에서 사용하는 발전기 출력 등에 대해서도 정보를 갖고 자체 시스템 운용에 고려해야 한다.

셋째, 발전기 기동정지계획이다. 발전기 기동정지계획은 발전시스템의 기동비용 및 연료비를 최소화하기 위해 언제 발전기를 가동해 시스템에 병입(synchronize)할 것인가를 결정하는 문제이다. 기동정지계획에서 고려하는 기간은 2~6시간, 하루, 일주일 등이다.

발전사업자들의 발전기가 발전을 하게 되면 거래가 이루어지는데, 그 거래는 통상 품질유지 서비스 거래와 에너지 거래로 이루어진다. 품질유지 서비스 거래는 전력시스템의 기술 관련 제약 및 주파수를 유지하기 위한 거래이며, 에너지 거래와 기술적 제약을 해소한 거래를 합하면 총 전력량 거래가 된다. 에너지 거래는 출력을 지정함으로써 이루어지는 거래이지만 품질유지 서비스 거래는 관성응동, 발전기의 가버너 등의 작용에 의한 것이므로 물리적으로 품질유지 서비스에 의한 발전을 계측하는 것은 어렵다. 따라서 품질유지 서비스 거래는 총 발전량에서 출력기준점으로부터 계측되는 에너지 거래량을 차감해 구할 수 있다. 따라서 출력기준점이 반드시 존재해야만 에너지 거래와 품질유지 서비스 거래가 구분된다는 점을 유념해야 한다.

전력시스템 운용을 최적화하기 위해서는 시간 축에 따라 기동비용, 무부하비용, 최소부하 유지비용, 그리고 증분비용의 사용처에 대한 이해가 필요하다. 이것을 기본으로 현재 기동 중인 발전기에게 요구되는 총 출력변화량을 발전기별로 배분하는 것이 경제급전(economic dispatch)이다. 그러나 경제성만을 고려할 경우 전력시스템의 안전도 유지에 문제가 발생할 수 있으므로 이를 위해 송전선 용량 제약 및 안전도유지를 고려한 SCOPF도 경제급전을 추구하면서 우선적으로 고려되어야 한다. 즉 송전선 용량제약 및 안전도 유지라는 제약조건 아래에서 연료비를 최적화하는 것이 SCOPF의 목적함수이다. 이 목적함수에 기동비용은 포함되지 않으며 무부하비용은 비용함수의 절편(intercept, 출력이 0일 때의 비용)으로 나타난다.

발전기별로는 경제급전 출력값과 SCOPF 출력값의 차이를 비교해 제약발전과 제약비발전 값을 계산하는 것이다. 따라서 제약발전과 제약비발전에 대한 정산은 SCOPF의 계산 순서에 따른 5분마다의 출력기준점이 반드시 지정되어야만 가능한 것이다. 역으로 말하면 정상적 SCOPF의 실행이 없으면 제약발전과 제약비발전에 대한 정산이 불가능하다는 것을 의미한다.

BLACK OUT

and Power System Operation

3 블랙아웃과 전력시스템 붕괴

3.1 블랙아웃의 개념과 원인

3.1.1 블랙아웃(정전)의 정의

정전 또는 우리가 블랙아웃(blackout)이라고 부르는 것은 어느 지역에 대해 일시적 또는 몇 시간 동안 전력 공급이 중단되는 것을 의미한다. 영어로는 파워 컷(power cut: 전력 손실), 블랙아웃, 정전(power outage: 전력 상실), 파워 페일루어(power failure: 전력 공급 실패) 등 여러 용어로 사용된다. 전력시스템에서 정전의 원인은 발전소의 고장 정지(faults at power stations), 송전선 고장으로 인한 탈락, 변전소 또는 배전시스템의 고장, 단락(short circuit) 또는 전력시스템 주요 요소(electricity mains)의 과부하(overload) 등이다.

전기를 공급받아 방사선을 관리하거나, 공기를 정화하고, 지하수를 펌핑하는 작업 등과 같은 환경적 위험요소가 많은 장소 또는 일반대중의 안전이 유지되어야 하는 곳에서의 정전은 대단히 치명적이다. 병원, 지하수 처리설비, 광산 등이 비상발전기와 같은 보완공급설비(backup power sources)를 갖추어 정전과 같은 비상상황에 대비하는 것은, 이와 같은 시설의 기능이 전력의 공급 여하에 따라 제대로 작동하느냐 하지 못하느냐가 결정되기 때문이다. 통신회사는 비상발전기(emergency power)를 설치할 뿐만 아니라, 배터리와 같은 보완공급설비를 갖추어야 하며 정전시간이 길어지는 것에 대비해 배터리를 비상전원에 연결할 소켓(socket)을 갖추어야 한다.

현대사회는 전력시스템이라는 거대한 네트워크를 통해서 전력을 공급받아야만 정상적인 기능이 이루어진다. 경제활동인 생산과 소비를 연결하는 네트워크가 전력을 중심으로 기능을 하기 때문에 하나의 연결고리가 끊어져도 산업에 대한 파급 효과는 대단히 크다. 전기를 동물의 혈액에 비유하고 전력망(grid 또는 network)을 혈관이라고 비유한다고 해도 지나치지 않는 것이다. 혈관의 이상으로 다리 부분에 정상적으로 공급되지 않아 다리가 저리는 경우와 뇌 근처 또는 뇌 내부의 혈관에 문제가 발생해 뇌에 혈액이 공급되지 않는 경우에 있어서 개인의 건강 상태에 미치는 영향의 크기는 매우 다르듯이 정전도 그 크기와 지속시간, 발생하는 지역 등에서 차등적으로 다루어지고 그 대응방안도 달라야 한다. 따라서 정전에 대해 정확한 이해를 할 때에 이에 대한 현명한 대처가 가능하다.

정전이 왜 발생하고, 전력을 보내는 전력망이 갖는 네트워크의 속성이 무엇이며, 정전의 영향이 무엇인가를 정확히 이해해야만 정전이 예측 가능한 것인지를 확인할 수 있으며, 예측이 어렵더라도 정전을 어떻게 예방 또는 방어해야 할 것인지에 대한 대안을 발굴할 수 있다. 또한 정전이 발생하더라도 피해를 최소화하기 위해 어떤 복구절차를 갖추어야 하는가에 대한 해답을 얻을 수 있는 것이다.

공학자, 시스템 운용자 및 전력사업자들은 정전을 예방하기 위한 기술을 개발하고 이 기술을 현장에 적용해야 한다. 전력산업 규제기관은 정전의 본질을 이해하고 이를 예방하고 발생했을 경우 빠른 시간 내에 복구하고 사회적 무질서를 막기 위한 매뉴얼, 제도 및 규제체계를 만들어야 한다. 그런데, 전 세계 대형 전력시스템의 회원단체인 VLPGO의 보고서에 따르면 "우리나라에는 블랙아웃이 무엇인지에 대한 정의가 없다"고 한다.[1] 그만큼 정전에 대한 연구가 상대적으로 적게 이루어진 것이라고 볼 수 있다.

정전은 그 지속시간 및 정전이 미치는 영향에 따라 크게 세 가지로 분류해 볼 수 있다.

첫째, 순간정전(과도정전, transient fault)이다. 순간정전은 송전 및 배전선로의 이상(temporary fault on a power line)이 발생해 수 초 이내의 정전이 일어나는 것이고 고장 원인이 해소되면 전력시스템은 정상 상태로 바로 복귀한다.

둘째, 브라운아웃(brownout)이다. 브라운아웃은 전력 공급에 있어서 전압강하(voltage drop)가 발생하는 것이다. 브라운아웃은 전압이 낮아지면 전등이 희미해지는 현상 때문에 생긴 용어이며 기기의 성능을 약화시키거나 오작동을 유발할 수

---

1   VLPGO (Very Large Power Grid Operators) WG#2 (2010), *Electrical Power System Restoration*, Survey Paper on Electric Power System Restoration, p. 14.

있다.

마지막으로 우리에게 친숙한 이름인 블랙아웃이다. 블랙아웃은 일부 지역에서 발생할 수도 있는데 이를 부분정전(partial blackout)이라고 한다. 광역정전, 대정전 또는 시스템 붕괴는 지역 전체에 대해 정전이 발생하는 것이다. 이는 발생할 수 있는 정전의 형태 중에서 가장 심각한 정전(total blackout)이다. 어떤 교란이 있은 후에 일부 지역에만 전력이 공급될 수도 있는데 이 지역을 고립시스템(islanded system)이라고 한다. 부분정전은 순환정전(rotating blackout)을 포함하며, 순환정전의 경우에는 한 지역을 계속해 부하를 차단하는 것보다는 여러 지역을 시간차를 두고 순차적으로 차단해 소비자의 불편을 최소화하고 순동예비력을 확보하려는 시스템 운용전략의 하나이다. 발전기의 사고로 인한 블랙아웃은 회복하는 데에는 시간이 많이 소요된다. 블랙아웃의 성격과 송전망의 구성 형태에 따라 정전의 지속시간은 수 분 내지 하루가 되기도 한다. 여기에서 가장 중요한 사건은 대정전, 즉 시스템 붕괴라고도 하며 가장 중요한 사건이다. 시스템 붕괴는 이 책에서 다루는 가장 중요한 주제의 하나이다.

3.1.2 순환정전

순환정전은 시스템 운영자가 인위적으로 전력을 차단해 전력시스템의 부하를 낮추는 행위를 말한다. 순환부하 차단(rotational load shedding), 공급선 순환(feeder rotation)이라고도 하며 전력시스템 운용자가 의도적으로 계획해 실시하는 것이다. 순환정전을 실시할 경우에는 전력 차단이 중복되지 않도록 여러 배전지역에 대해 실시하며, 전력시스템 전체의 블랙아웃을 막기 위한 최후의 수단으로 사용한다. 순환정전은 전력시스템의 공급력이 상한에 달했을 때에 부하 차단을 행하는 것이며 특정한 지역으로 정전을 한정시킬 수 있으며 시스템 전체로 파급되어 전국에 영향을 미칠 수도 있는 것을 예방한다. 순환정전의 두 가지 원인은 공급력

표 3.1 순환정전의 조건

구분		주파수	
		정상	기준치 이하
운용 예비력	충분	정상 상태	공급력 부족
	기준치 이하	공급력 = 시스템부하	순환정전 (ERCOT의 경우 1,750MW 이하의 운용예비력이 지속되고 주파수가 59.8Hz 이하일 때 100MW의 부하 블록 단위로 실시함[2])

의 부족과 소비자에게 필요한 전력을 전달하기 위한 송전능력의 부족이다.

캘리포니아에서는 2000~2001년의 에너지 위기 동안 순환정전을 시행한 사실이 있다. 순환정전은 연쇄고장의 시작과는 무관하며, 단지 발전기 출력이 제한됨으로 인해 시스템수요와 공급력의 균형을 맞추기 위한 부하감축이었다.

순환정전은 시스템 운용자에 의해 인위적으로 발생하는 부분정전의 한 종류이다. 정전이 소비자부하의 배전단 블록별로 돌아가면서 이루어지기 때문에 순환정전이라고 하는 것이다. 따라서 순환정전도 일종의 기술이 필요하다. 순환정전은 시스템부하와 공급력의 불일치에 의해 주파수가 하락할 때 실시하는 것이 일반적이다. 〈표 3.1〉에 나타나 있듯이, 운용예비력이 기준치 이하로 지속적으로 감소하고 주파수도 동시에 감소할 때 실시하는 것이 순환정전이다.

따라서 순환정전을 실시하면서 주민들의 피해를 최소화하기 위해서는 다음과 같은 정보가 사전에 습득되어야 한다.

---

2   ERCOT의 순환정전 매뉴얼 사례
  • EEA 1(예비력 2,300MW 이하): 직류연계선(DC tie-line)으로부터 사용 가능한 용량을 사용해 발전지시 명령.
  • EEA 2(1,750MW 이하): 수요 측 부하관리자원 이용, 연계 전력시스템의 부하전가를 차단함.
  • EEA 2B: 60Hz를 유지하면서 예비력이 감소하거나 이용 불가능할 시에는 직접 부하제어(EIL: Emergency Interruptible Load)를 실시.
  • EEA3: 59.8Hz 수준에서 주파수를 유지하기 위해 송전사업자에게 100MW 블록의 순환정전을 지시함.

① 주파수 0.1Hz를 높이기 위해서 삭감해야 할 부하의 양 또는 100MW를 삭감할 때 향상되는 주파수

② 100MW 정도 부하가 되는 부하 블록(load block)의 지정

3.1.3 전력시스템 붕괴의 원인

전력시스템의 붕괴 원인은 다양하다. 미국 EPRI는 ① 위상각 불안정(angle instability), ② 설비 과부하, ③ 전압 불안정, ④ 자연현상, ⑤ 기타로 크게 구분하고 있다.[3] 위상각의 불안정은 발전기, 변전소, 소비자부하의 위상각이 기준치의 범위 내에서 벗어나 상호 간에 차이가 커지면 생기는 것인데 이 차이가 커지면 발전기가 탈락하면서 정전을 유발시키는 것이다. 설비 과부하는 어떤 장치를 스위칭하는 데 있어서 오작동이 발생해 설비가 과부하되거나, 송전선 및 발전기가 과부하에 의한 고장에 의해서 발생할 수 있다. 그리고 MW와 MVar의 적정 여유도를 유지하지 못할 경우는 정전이 발생할 수 있으며, 이는 시스템 복구에도 영향을 미친다. 자연현상으로는 한파 및 태풍, 지진 및 지구자기교란(GMD: Geo-magnetic Disturbances)이 있다. 기타 원인으로는 고의적인 파괴 및 부적절한 제어시스템의 활용, 그리고 부적절한 송전선 주변의 나뭇가지 치기 등 유지보수의 문제 등이 있다. 전력시스템의 규모가 커질수록 안정적으로 운용할 수 있으나 한번 붕괴하면 이를 복구하는 것은 더 어렵다는 점을 유념해야 한다.

정전의 원인을 논리적으로 설명하기 위해서 NERC의 신뢰도 기준에 근거해 오티스(Ortis)가 제시한 분석틀을 통해서 설명한다. 오티스는 정전의 원인으로서 크게 두 가지 요인을 지목했다. 첫 번째 요인은 시스템을 구성하는 발전 및 송·변전 설비가 충분히 구비되어 있는가에 대한 문제이다. 두 번째 요인은 안전도이다. 안전도는 송전선의 과부하를 막는 것과 밀접한 관련이 있다. 오티스는

3   EPRI (2009), *EPRI Power System Dynamics Tutorial*, 1016042, Palo Alto, CA., pp. 11-3~11-9.

어떤 시스템의 상태를 설비의 적정성 여부와 안전도의 확보 여부에 따라서 네 가지 조합을 만들어 정전 문제를 설명하고 있다.

시스템의 안전도는 시스템 운용기술과 밀접한 관련이 있는데, 실질적으로 시스템 운용자가 실시간으로 수백 개의 발전기를 대상으로 수작업으로 계산해 시스템 운용의 안전도를 확보할 수는 없다. 따라서 현대의 시스템 운용은 시스템의 안전도를 컴퓨터[4]로 계산해 시스템 붕괴를 예방할 수 있는 최선의 방법을 도출하는 것이다.

〈그림 3.1〉은 오티스가 제시한 시스템 운용의 안전도를 운용기술의 확보 여부로 변경해 설비의 확보와 운용기술의 확보라는 2개의 축으로 틀을 변형해 전 세계에서 발생한 주요 대정전을 배치한 것이다. 〈그림 3.1〉을 통해서 우리는 대

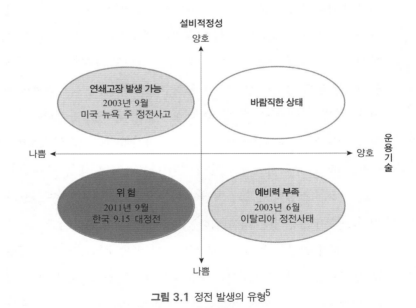

그림 3.1 정전 발생의 유형[5]

4   이 컴퓨터 시스템을 전력시스템 운용 컴퓨터 모형(EMS: Energy Management System)이라고 하며 이에 대해서는 제7장에서 설명하기로 한다.

5   Ortis, A. (2005), "Reliability and Security of Electricity Supply: the Italian blackout," *5th NARUC/CEER Energy Regulators' Roundtable Washington, DC.*, p. 14.를 재구성함.

정전의 형태와 유형을 대략적으로 볼 수 있다. 설비가 적절히 갖추어져 있고 동시에 시스템 운용기술을 충분히 확보해 놓는 것이 가장 바람직한 상태이다. 이들에 따르면 설비만 확보한다고 해서 대정전을 막을 수 있는 것이 아님을 알 수 있다. 또한 안전도를 확보해 놓는다고 해서 정전 문제를 완전히 해결할 수 없음도 알 수 있다.

여기에서 가장 문제가 되는 것은 설비가 적절하게 확보되어 있지 않고 안전도를 고려한 전력시스템 운용을 할 수 있는 능력을 보유하지 못한 상태이다. 이러한 경우가 2011년에 대한민국에서 발생한 '9.15 정전'이라고 볼 수 있다.

루(Lu) 등[6]도 20세기 후반부터 발생한 주요한 대정전의 초기원인과 기술적 요인에 대해서 발표한 자료가 있다. 〈표 3.2〉에 따르면 정전의 원인으로서 연쇄고장이 총 10건 중 7건에서 나타났으며, 전압 붕괴도 6건이 나타났다.

루 등의 연구는 대정전의 초기 사건에 대한 기술적 원인도 포함하고 있는데 〈표 3.3〉에서 볼 수 있듯이 그 결과를 보면 18건의 대정전의 경우, 8건이 송전선 탈락에 의한 것이었으며, 6건이 송전선 과부하와 관련되어 있다. 발전기의 탈락은 2건으로 나타났다.

한편 하인즈(Hines) 등[7]은 1984년부터 2006년 사이에 발생한 미국의 정전 자료를 바탕으로 어떤 유형과 패턴으로 정전이 발생했는가를 조사했다. 〈표 3.4〉는 하인즈 등이 정리한 미국에서 규모가 컸던 15개의 사건 목록이다. 지금까지 미국에서 발생한 가장 큰 규모의 정전은 2003년 8월 미국 동북부에서 발생한 정전사고였다.

---

6   Lu, W. *et al.* (2006), "Blackouts: Description, Analysis and Classification," *Proceedings of the 6th WSEAS International Conference on Power Systems*, Lisbon: Portugal.

7   Hines, P., Apt, J., and Talukdar, S. (2009b), "Large blackouts in North America: Historical trends and policy implications," *Energy Policy*, Vol. 37, Iss. 12, pp. 5249-5259.

표 3.2 주요 전력시스템 붕괴의 기술적 원인

사건명	전압 붕괴 (voltage collapse)	주파수 붕괴 (frequency collapse)	연쇄적 과부하 발생 (cascade overload)	시스템 비대칭성 (system unsymmetry)	동기탈조 (loss of synchronism)
미국(1965. 11. 9.)			∨		
프랑스(1979. 12. 19.)	∨		∨		
미국(1996. 4. 16.)	∨		∨		
미국(1996. 7. 2.)	∨		∨		
크로아티아(2003. 1. 12.)				∨	
미국 북동부 및 캐나다 (2003. 8. 14.)	∨		∨		
덴마크 동부 및 스웨덴 남부 (2003. 9. 23.)	∨		∨		
이탈리아(2003. 9. 28.)		∨	∨		∨
아테네 및 그리스 남부 (2004. 7. 12.)	∨				
호주 남부 (2005. 3. 14.)					∨
계	6	1	7	1	2

자료: Lu, W. *et al.* (2006), p. 432.

표 3.3 주요 전력시스템 붕괴의 초기 사건

사건명	송전선 단락 (short-circuit)	송전선 과부하 (overload)	• 원인 파악 불가 • 사고 방호의 실패	발전기 탈락 (loss of units)
미국(1965. 11. 9.)		∨	∨	
뉴욕(1978. 7.)			∨	
스웨덴(1983. 12. 27.)		∨		
이스라엘(1995. 6. 8.)	∨			
플로리다(1996. 3. 12.)		∨		
미국(1996. 4. 16.)	∨	∨		
미국(1996. 7. 2.)	∨			
캘리포니아 태평양 연안 (1996. 8. 10.)		∨		
뉴욕(1996. 8. 26.)			∨	
알레게니(1996. 9. 21.)			∨	
브라질(1999. 3. 11.)	∨			
크로아티아(2003. 1. 12.)	∨		∨	
미국 북동부 및 캐나다 (2003. 8. 14.)	∨			
런던(2003. 8. 28.)			∨	
덴마크 동부 및 스웨덴 남부 (2003. 9. 23.)				∨
이탈리아(2003. 9. 28.)	∨	∨		
아테네 및 그리스 남부 (2004. 7. 12.)				∨
호주 남부(2005. 3. 14.)	∨			
계	8	6	6	2

자료: Lu. W. *et al.* (2006), p. 431.

표 3.4 15대 북미 블랙아웃 사건(1984~2006)

순번	일시	장소	규모 (MW)	수용가 수 (Customers)	1차 원인
1	2003. 8. 14.	미국 동북부 및 캐나다	57,669	15,330,850	연쇄고장
2	1989. 3. 13.	캐나다 퀘벡 및 뉴욕	19,400	5,828,000	태양광 폭풍 및 연쇄고장
3	1988. 4. 18.	동부 및 캐나다	18,500	2,800,000	겨울 한파
4	1996. 8. 10.	미국 서부	12,500	7,500,000	연쇄고장
5	2003. 9. 18.	미국 남서부	10,067	2,590,000	허리케인 이사벨
6	2005. 10. 23.	미국 남서부	10,000	3,200,000	허리케인 윌마
7	1985. 9. 17.	미국 남서부	9,956	2,991,139	허리케인 글로리아
8	2005. 8. 29.	미국 남서부	9,652	1,091,057	허리케인 카트리나
9	1984. 2. 29.	미국 서부	7,901	3,159,559	연쇄고장
10	2002. 12. 4.	미국 남서부	7,200	1,140,000	겨울 폭풍
11	1993. 10. 10.	미국 서부	7,130	2,142,000	연쇄고장
12	2002. 12. 14.	미국 서부	6,990	2,100,000	겨울 폭풍
13	2004. 9. 4.	미국 남서부	6,018	1,807,881	허리케인 프랑세스
14	2004. 9. 25.	미국 남서부	6,000	1,700,000	허리케인 지니
15	1999. 9. 14.	미국 남서부	5,525	1,660,000	허리케인 플로이드

자료: Hines, P. *et al.* (2009b), p. 5251.

동 연구에서는 미국 내에서 발생한 크고 작은 정전의 원인을 〈표 3.5〉와 같이 정리했다. 정전의 원인 중 가장 큰 빈도를 나타내는 것은 폭풍우로서 전체의 31.4%를 차지했다. 다음으로 하드웨어의 고장으로 인한 것이 19.9%를 차지했으며, 겨울 한파(ice storm)가 11.1%를 차지했다. 대부분 날씨에 의한 영향의 빈도가 높게 나타나고 있다. 시스템 운용자의 실수에 의해서도 약 8.5%의 정전이 발생되는 것으로 나타났다. 〈그림 3.2〉에서 보는 바와 같은 뇌격(lightening stroke)과 같은 현상이 발생하고 다른 사건들이 우연히 겹쳐 일련의 작용을 하게 되면 전체 전력시스템이 붕괴되는 단계에까지 이르게 되는 것이다.

정전 발생에 의해 영향을 받는 소비자부하의 크기는 미국의 경우 허리케인

표 3.5 미국에서 발생한 정전의 원인

원인	비중(%)	평균 규모(MW)	평균 고객수
폭풍우	31.4	679	235,840
설비 고장	19.9	767	248,643
겨울 한파	11.1	1,664	431,184
허리케인 또는 태풍	10.1	2,684	912,870
기타의 날씨	8.8	1,045	271,924
뇌격	8.8	794	200,617
시스템 운용자 실수	8.5	1,226	358,440
화재	5.6	972	294,994
전압 강하	3.9	437	1,162,860
기타 외부 요인	3.6	1,518	823,691
토네이도	3.6	721	227,073
공급력 부족	2.3	600	896,432
자발적 출력 감축	2.3	239	966,645
지진	1.6	1,124	526,260
의도적인 외부 공격	0.7	2,154	165,000

자료: Hines, P., Apt, J., and Talukdar, S. (2009a).

그림 3.2 뇌격 현상

자료: 한국전력공사.

및 태풍에 의한 영향이 가장 큰데, 평균 2,684MW가 정전되는 것으로 나타났다. 그 다음이 겨울 폭풍과 시스템 운용자의 인적 실수로서 각각 1,664MW와 1,226MW를 보였다. 그러나 영향을 받는 평균 소비자 수가 가장 많은 것은 전압 이상에 의한 고장으로서 1건당 평균 1,162,860명으로 나타났다. 2003년도 미국 동북부 정전이 이 범주에 들어가는 것이며, 전체 사고의 3.9%를 차지할 정도로 빈도는 낮았지만 연쇄고장으로 진행해 사고의 영향의 범위가 크다고 볼 수 있다.

정전의 규모가 크든 작든 정전을 겪는 당사자에게는 불편함과 경제적 손실이 있게 된다. 현대사회에서 대규모 광역정전, 대정전 또는 연쇄고장에 의한 정전이 발생하게 되면 그 피해의 범위는 시스템에 연결된 모든 소비자들을 포함한다. 따라서 연쇄고장이 무엇인가를 이해하는 것은 중요하다.

3.1.4 연쇄고장의 개념

정전은 일반적으로 대용량 송전선 혹은 발전기가 예상하지 못한 고장으로 갑자기 탈락하는 경우에 시작된다. 반면에 연쇄고장은 주로 송전선과 수목의 접촉, 낙뢰에 의한 송·변전 설비고장에 의해 일어난다. 일반적으로 전력시스템 운용자는 하나의 발전기가 탈락하는 경우에 순동예비력을 이용하든가 아니면 대기예비력을 신속하게 순동예비력으로 변환해 공급력과 시스템부하의 균형을 맞춤으로써 정상 상태로 복귀할 수 있다. 그러나 전력시스템이 이미 발생한 사고로 인해 어렵게 운용되고 있거나, 시스템의 응동과 복구조치가 물리적 상황, 설비고장 혹은 전력시스템 운용자의 실수 등으로 인해 적절하지 못하다면 추가적으로 시스템 교란이 발생할 수 있다. 어느 지역에서 공급력과 시스템수요가 균형을 벗어나면, 전압과 주파수의 이상 상태가 송전선을 따라 파급된다. 외란은 전력설비에 손상을 줄 수 있게 때문에, 송전선 및 발전기는 사고발생지역을 송전망의 나머지로부터 격리시키기 위해 자동 혹은 수동의 보호계전기를 보유하고 있다. 격리조치가 신속하게 이루어지고 자신의 수요를 충족하는 충분한 공급력을 보유하는 경우, 정전은 작은 지역에 한정된다. 그러나 외란을 분리하는 노력이 실패하는 경우, 문제가 송전망을 통해 차례로 확대된다. 이것이 전력시스템 붕괴인 것이다. 여러 시스템이 연계되어 있는 미국의 경우, 하나의 지역에서 발생한 외란을 적절하게 제압하지 못하면 연계시스템 전체로 파급되기도 한다.

연쇄고장(cascading failure)이라는 것이 무엇이고 왜 발생하는가를 알아야 시스템 붕괴를 예방할 수 있기 때문에 간단한 시스템을 이용해 송전선 탈락에 따른 연쇄고장의 발생과 시스템 붕괴에 대해 설명한다. 전력시스템 운용에서 EMS의 상태추정, 상정사고 분석, SCOPF 등의 3개 프로그램은 직렬로 순서에 의해 5분마다 실행된다.

상태추정 프로그램은 5분마다 모선별 소비자부하를 추정해 상정사고 분석 및 SCOPF 프로그램의 입력자료를 제공한다. 그러면 다음과 같은 순서로 계산을 실행한다. 첫 번째 단계로서 우선 등증분비용법에 의해 각 발전기의 출력기준점을 결정한다. 이 경우에는 모선별 소비자부하를 추정하지 않고 송전선의 제약조건을 고려한다. 각 발전기 출력은 추정해 알고 있으므로 공급력은 파악되었고, 다음 식

$$\sum_{i=1}^{n} G_{i,old} = \sum_{i=1}^{n} G_{i,new} \tag{3.1}$$

여기서, $G_{i,old}$: 5분 급전을 계산하기 직전의 각 발전기의 출력기준점
$G_{i,new}$: 5분 급전에서 SCOPF가 결정해야 할 각 발전기의 출력

과 같이 현재의 공급력은 재배분해야 할 공급력과 같아진다. 이때 식 (3.1)을 만족하는 각 발전기의 출력기준점이 결정되고, 이 계산 결과가 제약발전 정산을 위해 보관된다.

두 번째 단계로서 실시간으로 5분마다 변화하는 모선별 소비자부하를 상태

추정 프로그램이 추정하고 송전선의 제약조건을 이용해 최적조류계산(OPF)을 실행한다. 이 계산의 결과로 송전선 용량 제약조건을 만족하며 총 연료비가 최소로 되는 발전기의 출력이 결정되었다.

〈그림 3.3〉과 같은 상태에서 발전기 출력기준점이 결정된 후에 상정사고 분석 프로그램은 선로 B-C의 고장을 가정한다. 이 선로가 탈락한 상태인 〈그림 3.3〉에서 전력조류계산을 실행해보면 〈그림 3.4〉와 같다.

이 상태를 분석하면 두 가지 경우가 발생한다. 첫째, B-C 선로가 탈락해 이 선로에 흐르던 전력 흐름을 건전한 선로가 과부하 상태를 일으키지 않고 운전될 수 있다면 SCOPF 프로그램은 사고발생 이전에 계산한 각 발전기의 출력기준점을 각 발전기에게 보낸다. 즉 각 발전기의 출력기준점을 이것으로 변경하라는 신호를 보낸다. 두 번째, B-C에 흐르던 전력이 다른 건전한 선로로 흘러서 추가적인 부담을 주어 선로가 과부하 상태로 되면 이 선로는 탈락할 것이다. 이것은 하나의 선로탈락이 다른 선로의 탈락을 유발하는 것으로서 연쇄고장이 시작되었다고 한다. 그러면 나머지 건전한 선로들은 2개의 선로가 탈락한 상황을 맞이하게 되므로 더 큰 과부하 상태를 일으켜서 세 번째, 네 번째 선로들이 연쇄적으로 탈락하게 되며 순식간에 모든 선로가 탈락되어 발전기가 출력을 송출할 경로를 잃게 되므로 모든 발전기가 동기운전에서 벗어나 정지한다.

이 상황이 일어나는 것을 예방하기 위해 SCOPF 프로그램은 B-C에 흐를 수 있는 최대 전력 흐름의 제약조건을 더 낮게 지정해[8] 이것을 추가적 제약조건으로 또 다시 SCOPF를 실행한다. 이 상황이 〈그림 3.5〉에 나타나 있다. 이렇게 B-C 선로의 최대 전력 흐름에 제약을 추가하는 것을 상정사고 제약조건식을 추가하는 것이라고 하며 재실행한 SCOPF의 해가 각 발전기의 출력기준점으로 결정된다. 이렇게 결정된 각 발전기의 출력기준점의 값이 5분 동안 유지된다. 이 계산이 상정사고 분석의 대부분의 계산시간을 점유하는 것이며 발전기의 개수

---

8   상정사고 분석 프로그램은 고장분포인자(OTDF: Outage Transfer Distribution Factor)를 계산해 송전선의 용량 제약조건식을 수정한다.

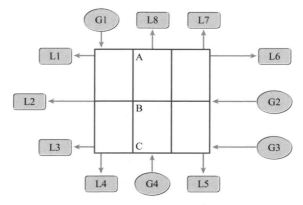

그림 3.3 초기의 SCOPF의 계산

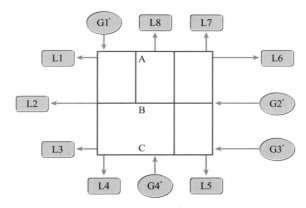

그림 3.4 B-C 선로가 탈락된 이후의 상태

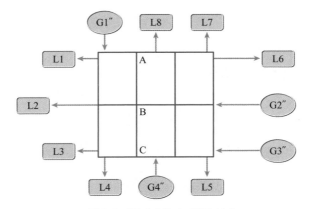

그림 3.5 발전기 출력이 변경된 상태

및 상정사고 목록의 개수에 따라 5분의 계산주기는 변경할 수 있다.

시스템 붕괴는 천천히 일어나는 것이 아니고 8초~10여 초 이내에 모든 발전기가 탈락하는 것으로 알려져 있다.[9] 연쇄고장의 발생을 시스템 운용자가 미리 알 수 없다. EMS의 구성 프로그램의 기능에 의존하지 않고 수동으로 급전을 해서 5분마다 모선별 소비자부하의 변화를 실시간으로 전력시스템 운용자가 파악하고 어떤 송전선에 얼마만큼 전력이 흐르도록 350여 개의 발전기에 지시해 연쇄고장이 일어나지 않고 시스템 붕괴가 일어나지 않도록 하는 것은 불가능하다.

정상 상태에서는 송전선의 연쇄고장과 같은 사건이 시작되지 않도록 방어적 운용이 필요하다. 각 발전기는 등증분비용법에 의한 계산결과와 방어적 운용을 위해 실행되는 프로그램인 SCOPF에 의한 출력기준점을 얻을 수 있다. 등증분비용법에 의한 발전기의 출력기준점은 상정사고 분석 이후의 SCOPF 프로그램의 해로서 얻은 각 발전기의 출력기준점과 비교되어 제약발전 여부를 기록하는 데 사용된다. 앞서 언급한 바와 같이 어떤 발전기의 출력이 등증분비용법에 의하면 100만kW인데 SCOPF 실행에서 80만kW로 주어졌다면 5분 단위의 정산에서는 제약발전으로 기록된다. 위에서 예시한 상정사고 분석 및 SCOPF 실행과정은 실시간 시스템 운용에서 모선별로 소비자부하가 변화할 때 송전선이 고장으로 인해 탈락해서 연쇄고장이 발생해 시스템이 붕괴되는 것을 예방하기 위한 것으로서, 5분마다의 방어적 시스템 운용을 위해 사용된다.

3.1.5 전력시스템의 신뢰도

전력시스템이 안전하게 유지되고 있는가의 여부를 알 수 있는 것은 전력시스템 주파수이다. 시스템이 정상 상태(steady state)일 경우에는 이 주파수가 우리나라의

---

9   2013년 뉴욕 대정전 보고서.

경우에 60Hz 근처에서 변동한다. 그러나 단지 정상 상태를 보인다고 해서 전력시스템이 신뢰도를 가지고 있다고 표현하지는 않는다. 불시의 사고가 발생하더라도 이 사고가 시스템 전체에 파급되어 정전의 크기를 확산시키지 못하도록 하는 예방대책과 기술을 보유하고 또 그 대책들이 실제로도 정상적으로 작동할 것이라는 기대가 있을 때에 우리는 전력시스템에 신뢰도가 있다고 표현하는 것이다. 따라서 정상 상태를 얼마나 잘 유지하는지의 여부와 사고 대책의 두 요인이 잘 갖추어져 있을 때 전력시스템에 신뢰도가 있다고 보는 것이다.

미국의 「에너지 정책에 관한 법률 2005(Energy Policy Act of 2005)」의 "subtitle A Reliability Standards sec. 215"에서는 전력 신뢰도 표준에 대해 정의했다. 특이한 점은 장기정책인 설비 증설계획에서 사용되는 전력신뢰도는 시스템 운용 신뢰도 기준에 포함되지 않는다고 명시적으로 기록[10]했다는 점이다. 신뢰성 있는 운용의 정의도 장치 및 시스템의 열용량, 전압, 안정도 등의 범위 내에서 운용해 사이버 보안사고 또는 시스템 구성요소의 예기치 않은 고장을 포함해 불안정도의 증가, 불시의 탈락, 연쇄사고 등이 발생하지 않도록 현재의 설비로 안전도를 유지하면서 운용하는 것[11]이라고 했다. 미국 법률에서 사이버 보안이 포함되어 있음은 시스템 운용에 컴퓨터 시스템이 사용되고 있음을 반증하는 것이다.

미국 법률에서 신뢰성 있는 운용에 대한 정의가 의미하는 것은 신뢰도의 시간 영역은 실시간 운전에 필요한 조치가 이루어지는 기간으로 한정한다는 것인데, 10년 전에 발전기 건설에 투자해 예비력이 20%를 유지된다고 해서 이것이 시스템 운용의 신뢰도에 영향을 미치는 것이 아니라는 점을 법률에서 분명히 해두고 있으며, 설비의 확충이나 송전설비 및 발전설비 용량의 건설에 대한 요구사항은 포함하지 않는다고 명시한 것이다.

신뢰도에 대한 NERC의 전통적인 정의는 '설비적정성(adequacy)'과 '운용신

---

10   Sec. 215 (a) (3).
11   Sec. 2015 (a) (4).

뢰도'라는 두 가지 요인을 핵심으로 한다.[12] 설비적정성은 전력시스템의 구성요소들의 불시 고장이나 예방정비 등을 충분히 고려하면서 모든 시간에 걸쳐 소비자가 전력을 사용하고자 할 때 이를 공급해줄 수 있는 전력시스템의 능력을 의미한다. 운용신뢰도는 전력시스템의 구성요소들의 탈락이나 단락 사고와 같은 갑작스러운 외란을 견딜 수 있는 전력시스템의 능력을 의미한다. 전력시스템은 다음의 내용을 구비해야만 정상 상태를 유지할 수 있다고 한다.

첫째, 정상 상태 동안에 수용 가능한 한계범위 내의 기준을 유지하도록 전력시스템이 어떤 상태에 있어야 한다. 둘째, 어떤 비상상황 이후에도 시스템이 한계범위 내에 머물도록 작동해야 한다. 셋째, 사고나 불안정한 상황이 발생했을 때 전력시스템에 교란의 충격이 확대되는 것을 방지해야 한다. 넷째, 전력시스템에 있는 정전 예방 장치들을 작동시켜 전력 공급이 차단되지 않도록 전력시스템의 구성요소들을 보호해야 한다. 다섯째, 전력시스템의 구성요소 하나가 탈락 또는 분리되더라도 전력시스템의 설비 간의 통합성은 즉시 복귀되어야 하며, 마지막으로 설비 규모의 적정성을 갖추어야 한다.

우리나라는 「전기사업법」 제18조, 동법 시행규칙 제18조 및 별표3 제3호의 규정에 의거 전력시스템 신뢰도 및 전기품질의 유지기준을 수립하고, 동법 제27조 및 동법 시행규칙 제21조의2 규정에 의해 송전용 전기설비를 갖추는 데 필요한 사항을 정해 놓은 고시에서 '신뢰도'를 정의했다.

"신뢰도라 함은 전력시스템을 구성하는 제반 설비 및 운영체계 등이 주어진 조건에서 의도된 기능을 적정하게 수행할 수 있는 정도로, 정상 상태 또는 상정사고 발생 시 소비자가 필요로 하는 전력수요를 공급해줄 수 있는 '적정성'과 예기치 못한 비정상 고장 시 시스템이 붕괴되지 않고 견디어낼 수 있는 '안전성'을 말한다."

---

12   Definition of "Adequate Level of Reliability."

미국의 NERC에서도 전력시스템 신뢰도에 대한 개념을 정립하기 위해 많은 간행물을 발간했다. NERC는 시스템 신뢰도에 대한 표준(reliability standard)을 지속적으로 개발하고 있는데, NERC가 정의한 전력시스템 신뢰도의 정의도 우리의 「전기사업법」과 동일하다.[13]

3.2 2003년 8월 14일 미국 동북부 블랙아웃

3.2.1 초기 원인

전력시스템 붕괴의 심각성에 대한 교훈을 얻기 위해 2003년 8월 14일 발생한 미국 동북부 정전사고를 분석하기로 한다. 이는 우리나라의 전력시스템 운용 관행에 대해 참고해야 할 중요 사항이 많기 때문이다. 여기에서는 사고의 경위보다는 개선해야 할 급전 문제의 교훈을 얻고자 최종 보고서[14]의 내용을 인용한다. 사실상 2003년 미국 대정전도 실시간 시스템 운용에 필요한 기술을 사용하지 않고 어떤 상황을 가정하고 계산을 해보는 휴전 검토와 수동 전력시스템 운용 때문에 발생한 것이다.

2003년 8월 14일 정전 직전에 감시시스템 보수자가 고장 처리를 위해 자동 모드에서 5분마다 상태추정을 하는 모드로 변경했다. 그러나 이를 수리한 후에 자동 모드로 변경하지 않아 실시간 데이터가 생성되지 않았다. 그런데 그날 한여름에 기온이 상승하자 송전선이 늘어졌고, 그 늘어진 송전선에 나뭇가지[15]가 접

---

13   NERC (2014), *Glossary of Terms Used in NERC Reliability Standards*, updated October 1.

14   U.S.-Canada Power System Outage Task Force (2004), *Final Report on the August 14, 2003 Blackout in the United States and Canada: Causes and Recommendations*.

15   이 문제로 인해 송전선 주변에 사후 대책으로 가지치기를 의무화시킨다.

촉하는 바람에 전기가 대지로 흘러버렸다. 전기가 땅속으로 흘러들어가니, 즉 단락된 송전선은 끊어진 송전선이나 다름이 없었다. 따라서 다른 송전선이 지락된 송전선을 대신해 더 많은 전력을 보내야만 했던 것이다. 이것은 앞의 예와 유사한 것이다. 그러나 단순히 이것으로 사고 분석이 끝나지 않는다. 왜 전력시스템 운용자들이 송전선이 나뭇가지에 접촉한 것을 알 수 없었는가에 대해서 보고서는 분석한다.

시스템 운용자인 MISO는 데이튼 파워(Dayton Power)와 라이츠 스튜어트-아틀랜타(Light's Stuart-Atlanta)의 345-kV에 대한 실시간 상태추정[16] 결과 자료를 확보하지 못했다. 시스템 운용자가 자신의 관할구역에 대한 상태추정의 결과가 없기 때문에 송전선에 어떤 문제가 있는지를 알 수 없었다. 결국 퍼스트 에너지[17](First Energy: 이하 FE 사) 소유의 송전시스템에 문제가 있음을 조기에 발견하지 못했으며, MISO가 FE 사에 문제가 있으니까 송전선 상태를 진단해보라는 지시 또는 문제가 있다는 정보를 제공할 수 없었다. MISO의 신뢰도 조정기관(reliability coordinator)은 실시간 플로게이트(flowgate)[18] 감시를 지원하기 위해 비실시간(off-line)에서 자료를 사용하고 있었다. 비실시간으로 사용하는 자료는 실제의 송전선 상태에 대한 자료가 아니므로 MISO가 FE 사의 송전 시스템에서의 상정사고(N-1)를 가정해 발생할 수 있는 문제를 인식할 수 없었다. MISO가 중요한 사고를 가정해 문제를 완화할 수 있는 해법을 찾아서 이 해법대로 FE 사에 지시해야 하는데, MISO는 문제가 어디에서 발생했는지 알 수 없었기 때문에 FE 사는 상황을 완화할 조치를 취할 수 없었다.

MISO는 자신들의 EMS에서 생산된 차폐기 조작에 대한 정보를 이용해서

---

16 EMS가 시스템 구성요소의 고장을 상정해 결과를 분석해보는 과정이다.

17 미국의 전력회사로, FE 사가 관할하던 송전선이 전지(trimming)가 안 된 나뭇가지와 접촉하면서 지락고장(ground fault)이 일어나 탈락되었으나, 이를 FE 사가 감지하지 못했고, 시스템 운용자인 MISO도 이를 감지하지 못해 이 사고가 2003년 블랙아웃의 원인이 된 것이다.

18 어떤 제어지역에서 생산한 전력이 어디에 어떻게 흘러가는가를 계측하는 시스템이다.

는 어떤 차폐기를 조작해야 될 지에 대한 방법을 알 수 없었다. 실시간 정보를 가지고 생산된 상태추정 프로그램의 결과로 얻은 정보는 MISO의 전력시스템 운용자가 중요한 송전선이 탈락되었는지를 인지하게 할 수 있는 가장 중요한 수단이었는데, 어떤 상황을 가정한 자료를 바탕으로 만든 해결책은 실시간 시스템 운용 중에 일어나는 사고에서는 무용지물이었던 것이다.

뿐만 아니라 PJM과 MISO는 서로 다른 지역에서 시스템 운용의 제약조건 위반이 발견되었을 때 언제 어떻게 협조해야 하는가에 대한 공동 수행 절차나 지침도 없었다.

ECAR(FE 사가 소속된 신뢰도협의회)는 FE 사의 전압기준에 대한 분석이나 독립적 검토를 수행하지 않았으며, 이 때문에 문제의 수정 없이 부적절한 관행을 허용하게 되었던 것이다.

FE 사는 일상적으로 효과적인 상정사고 분석(contingency analysis)[19] 프로그램을 사용하지 않아 중요하지만 예측 불가능한 사고 후에 송전선 시스템의 신뢰도를 확보하는 데 실패했으며, FE 사의 제어실 컴퓨터 시스템 지원자들과 전력시스템 운용자들은 효과적인 내부 의사소통 절차를 구축하지 못했을 뿐만 아니라, FE 사는 감시도구의 수리 후, 이의 기능 상태를 효과적으로 테스트할 수 있는 절차가 없었다. NERC의 계획 및 운용 요구사항과 표준 중 일부는 모호해 FE 사가 신뢰성 있는 시스템 운용에 부적절한 관행을 포함하도록 해석하게 했던 것이다.

3.2.2 블랙아웃 발생 원인의 분류

2003년 8월 14일의 미국 오하이오 지역의 블랙아웃은 문제발생 단계(phase)에서부터 비상시 도움이 되지 않는 관행과 설비의 결함에 기인하며, 그날 오후의 시

---

19 2003년 8월 현재 MISO의 직원들은 상태추정(SE) 및 실시간 상정사고 분석(RTCA)이 여전히 개발 중이라고 생각했으나, 그러나 이것은 개발되어 완벽하게 작동이 가능했다.

스템 상태와 사고결과에 영향을 미친 여러 조직의 직원들의 의사결정 구조상에 문제가 있던 것으로 밝혀졌다. 예를 들면, 무효전력의 부족은 블랙아웃의 원인의 조사에서 논의되기는 했지만 그것은 원인 그 자체는 아니었다. 이보다는 회사 정책의 결함, 산업계의 정책에 대한 준수의 결여, 그리고 무효전력이 부족했다기보다는 무효전력과 전압관리가 부적절했다는 것 등이 블랙아웃을 일으킨 것이었다. 블랙아웃의 원인은 크게 네 가지 항목으로 규정할 수 있다.

원인 그룹 1

FE 사와 ECAR는 특히 전압 불안정(instability)에 관련한 문제와 클리브랜드-아크론(Cleveland-Akron) 지역의 취약성 등에 있어서 FE 사 시스템이 부적절하다는 것을 이해하지 못했으며 FE 사는 적정한 전압 유지기준 아래에서 시스템 운용을 하지 못했다(최종보고서 원문 제4장에서 상세히 설명).[20]

A) FE 사는 자신의 전력시스템에 대해 엄격한 장기계획을 수립하고 검토하지 못했고, 일어날 수 있는 다중사고 또는 극한 상태 평가(최종보고서 원문 37-39쪽 과 41-43쪽)를 게을리 했다.

B) FE 사는 FE 사의 오하이오 제어지역 부분에 대해 충분한 전압 분석작업을 실시하지 않았으며, 실제 전압안정도 유지조건과 필요성을 반영하지 않는 운전전압 기준을 사용했다(최종보고서 원문 31-37쪽).

C) ECAR(FE 사가 속한 신뢰도협의회)는 FE 사의 전압 유지기준과 시스템 운용상의 필요성에 대해 독립적인 검토나 분석을 하지 않았으며, 이로 인해 FE 사가 잘못된 관행을 수정하지 않고 그대로 사용하도록 했다(최종보고서 원문 39쪽).

D) NERC의 계획과 운용의 요구사항과 기준은 대단히 모호해 FE 사로 해금

---

20 이 원인은 사고조사전담반(Task Force) 중간보고서에서는 확인되지 않았다. 이것은 중간보고서가 발표된 이후에 조사팀에 의한 분석에 근거한 것이다.

시스템 운용의 신뢰도를 유지하는 데 부적절한 관행을 포함시켜도 된다고 해석하게 했다(최종보고서 원문 31-33쪽).

원인 그룹 2

FE 사는 상황인식이 부적절했다. FE 사는 시스템 상태가 악화되어가는 것을 인지하지도 못했고 이해하지 못했다(최종보고서 원문 제5장에서 상세히 설명).

A) FE 사는 중요하고 예기치 못한 사고가 발생한 이후에 효과적이고 정기적인 상정사고 분석능력을 활용하지 않았기 때문에 실시간으로 예측하지 못한 사고가 발생했을 때 자신의 전력시스템 운용의 안전도를 유지하는 데 실패했다(최종보고서 원문 49-50쪽과 64쪽).

B) FE 사는 운용자가 계속 중요한 감시도구의 작동 여부를 파악할 수 있도록 하기 위한 절차를 갖추지 못했다(최종보고서 원문 51-53쪽, 56쪽).

C) FE 사 급전제어실 컴퓨터 지원조직과 운용조직은 효율적인 내부 의사교환 절차를 갖추지 못했다(최종보고서 원문 54쪽, 56쪽, 65-67쪽).

D) FE 사는 보수공사가 끝난 이후에 해당 설비를 관측하는 계기의 작동가능성을 효과적으로 검사하는 절차를 갖지 못했다(최종보고서 원문 54쪽).

E) FE 사는 그들의 1차 관측/경보 시스템의 고장이 발생한 이후에 송전시스템의 상태를 가시화하거나 운용자가 송전시스템 상태를 이해하도록 하기 위한 추가설비 또는 보완(back-up)하는 관측도구를 보유하고 있지 않았다(최종보고서 원문 53쪽, 56쪽, 65쪽).

원인 그룹 3

FE 사는 송전선 경과지의 수목 성장에 대한 관리를 제대로 하지 못했다. 이러한 관리 부실은 FE 사의 345-kV 송전선과 하나의 138-kV 선로의 공통적인 고장원인이었다(최종보고서 원문 57-64쪽).

원인 그룹 4

연계시스템의 신뢰도 조정기관은 효과적인 실시간 진단에 대한 지원을 하지 못했다(최종보고서 원문 제5장에서 상세히 설명함).

3.2.3 위반사항 및 EMS 관련 권고 조치

2003년 미국 동북부 정전사고 분석의 내용 중 EMS 관련 규정 위반사항은 다음과 같다.

① FE 사의 상태추정 및 상정사고 분석도구가 시스템 상태 및 NERC 시스템 운용정책 위반에 대한 평가에 사용되지 않았다.

② MISO는 일어날 가능성이 있는 시스템 운용 문제에 대해 다른 신뢰도 조정기관에 통고하지 않았다.

③ MISO는 실시간급전을 지원하기 위한 실시간 자료를 사용하기 있지 않았다. 또한, FE 사의 직원들은 실시간 상정사고 분석 기능을 정상적으로 수행하며 효과가 있는지에 대해 확신하지 못하고 있었다.

이와 관련해 사고조사전담반은 권고사항을 다음과 같이 제시했다.

① 완벽하게 작동하는 후비(백업) 제어실을 구비할 것
② EMS와는 독립적인 자료의 투입과 더불어 자기 관할 지역과 더 광범위한 지역을 볼 수 있는 전자지도(electronic map-board)를 보급할 것
③ 전력시스템 운용자가 이용 가능하고 백업 기능이 있는 실시간 급전도구를

구비할 것

④ 백업 기능을 포함해 SCADA와 EMS에 대한 요구사항을 충족시킬 것

⑤ 급전제어실 또는 제어실 작업에 대한 감독 책임에 대한 접근권한이 있는 모든 직원을 위한 교육 프로그램을 만들고 실시할 것

⑥ 급전제어실 관리자와 직원의 자격 요건을 마련해 이를 충족시킬 것

　

이상이 그 내용이다. 아울러 전력시스템 운용자와 신뢰도 조정기관을 위해 더 좋은 실시간 도구(on-line EMS 프로그램)를 채택해야 하며, EMS와 SCADA가 대규모 네트워크 시스템의 핵심에 있기 때문에 이것을 독립적인 제3의 기관에 의해 테스트하고 보증하는 것이 필요하다는 점을 강조했다.

한편 NERC는 2003년 미국 동북부 블랙아웃의 후속조치로 2008년 3월에 미국의 전력사업자들이 실시간으로 사용 가능한 소프트웨어 도구를 얼마나 구비해 활용하고 있는가를 조사·발표한 바 있다. 이들이 조사한 내용에서 우선순위를 둔 것은 다음과 같은 것들이다.[21] 우리나라의 경우에도 EMS의 사용을 위해 다음의 다섯 가지 사항에 대해서 주기적으로 살펴야 할 것이다.

　

① 실시간 자료 수집(real-time data collection)

○ 원격통신 자료(telemetry data)

○ ICCP 특화 자료(ICCP-specific data)

○ 기타 자료(miscellaneous data)

　

② 상황 인식을 위한 신뢰도 도구(reliability tools for situational awareness)

○ 경고 도구(alarm tools)

○ 시각화 기술(visualization techniques)

○ 네트워크 토폴로지 생성기(network topology processor)

21　Real-time Tools Best Practices Task Force (2008), *Real-time Tools Survey Analysis and Recommendations*, Final Report, NERC.

○ 토폴로지 및 아날로그 자료 오류 감지(topology and analog error detection)

○ 상태추정 프로그램(state estimator)

○ 상정사고 분석(contingency analysis)

○ 중요 설비 부하부담 평가(critical facility loading assessment)

○ 전력조류계산(power flow)

○ 실시간 유지보수에 대한 시뮬레이션(study real-time maintenance)

○ 전압안정도 평가(voltage stability assessment)

○ 동적 안정도 평가(dynamic stability assessment)

○ 설비 용량 평가(capacity assessment)

○ 비상 도구(emergency tools)

○ 기타(other tools)

③ 상황 인식 관행(situational awareness practices)

○ 예비력 감시(reserve monitoring)

○ 경고반응 절차(alarm-response procedures)

○ 보수적 운전(conservative operations)

○ 운용지침(operating guides)

○ 부하 차단 능력(load shed capability)

○ 시스템 재평가 및 재가동(system reassessment and re-posturing)

○ 블랙스타트 능력(blackstart capability)

④ 모델링 관행

○ 모델의 특성 분석(model characteristics)

○ 모델링 관행 및 도구(modeling practices and tools)

⑤ 유지보수 도구

○ 시각화 장치의 유지보수 도구(display maintenance tool)

○ 변화 관리에 대한 도구 및 관행(change management tools and practices)

표 3.6 EMS의 실시간 이용과 비실시간 이용

실시간: 상정사고(on-line)	비실시간: 휴전 검토(off-line)
• 시스템 운용 중에 현재의 상태에서 EMS의 상정사고 분석 프로그램이 어떤 선로가 갑자기 탈락됨을 가정하는 것이다. 휴전과 달리 어느 송전선에서 사고가 일어나 탈락할 지도 모를 상황을 가정하는 것이다. • 해당 선로에 흐르던 전력 흐름을 다른 건전한 선로가 부담할 수 있는가를 검토한다. • SCOPF의 상정사고 제약조건(contingency constraint)을 생성하기 위해 시행한다. • 실시간으로 5분마다 변화하는 수요를 상태추정에 의해 파악해 실시한다. 5분마다 실시간으로 모선별 수요가 변화하는 것을 대상으로 검토한다.	• 선로를 계획에 의해 제거할 수 있는가를 검토하는 것이다. • 선로가 제거된 상황에서 OPF를 실행해 선로의 전력조류를 검토하는 것이다. • 발전기의 출력배분 및 시스템 운용조건의 변화는 송전선의 용량 제약을 고려해 발전기의 출력이 어떻게 결정되는가를 검토하는 것이다. • 휴전할 대상 선로가 있으면 검토한다. • 모선별 소비자 수요를 가정해 비실시간(off-line)에서 휴전에 따라 어떤 조치가 필요한가를 검토하는 것인데, 실시간 상정사고 분석에서는 실시간(on-line)으로 나타난 모선별 소비자 수요를 상태추정에 의해 파악해 사용하므로 이것이 휴전검토 시의 작업과 크게 다른 점이다. • 실시간으로 발전기의 출력을 결정하는 것이 아니며 발전기의 출력을 제한해 놓는 것도 아니다. 즉, 휴전에 따라 발전기 출력을 미리 제한하면 공급력이 턱없이 부족하게 된다. • 실시간(on-line) 상정사고 분석과 기능이 다르며 안전도 유지 여부를 검토할 수 없다. • 모선별 수요를 전력시스템 운용자가 자신의 컴퓨터에서 예측하고 한 선로의 고장 상황을 가정해 수행하는 것이므로 실시간 상황과 같을 확률이 거의 없어 무의미하다. • 미국 2003년 뉴욕 대정전사고 시의 발생원인과 유사하다.

 O 설비 감시(facilities monitoring)

 O 중요 응용 소프트웨어의 감시(critical applications monitoring)

 O 사고보고 도구(trouble-reporting tool)

  결국, 2003년 미국 동북부 정전의 원인은 EMS를 실시간으로 이용하느냐 실시간으로 이용하지 않느냐의 문제로 귀결된다. 시스템 운영자가 EMS를 갖추었지만 이를 실시간에 사용하지 않았기 때문에 송전망 감시 실패와 연쇄고장이 일어났다는 것이다. 따라서 실시간과 비실시간의 차이를 명확히 이해하는 것이 중요하다. 이의 이해를 돕고자 실시간과 비실시간의 행위에 대한 차이를 〈표 3.6〉에 표시했다.[22]

3.2.4 표준의 개정

2003년 정전 이후 미국 연방에너지규제위원회(FERC)는 96개의 새로운 신뢰도 기준을 승인했다. 이 기준은 '3Ts(trees, training, tools)'이라고 통칭되는데 나뭇가지에 대한 전지, 전력시스템 운용자들에 대한 훈련과 EMS와 같은 감시도구에 대한 규정을 마련했다.[23]

첫 번째, 사람에 대한 표준이다. 이 표준은 2005년 4월에 제정되었으며, 2011년에 개정되었다.[24] 크게 세 가지를 규정했는데, ① 신뢰도 조정기관(RC: Reliability Coordinator)[25]은 NERC의 신뢰도 운용 자격증을 소지한 시스템 운용자와 함께 신뢰도 관련 운용을 실시간 수행하는 직위로 선출해야 한다는 규정을 마련했고, ② 송전선 운용자 역시 NERC 인증 자격증을 소지한 운전원이 배치되어 실시간 운용을 해야 하며, ③ 미국의 경우에는 신뢰도 조정기관(Reliability Coordinator)의 하부에 있는 균형유지기관(BA: Balancing Authority)[26]도 NERC 인증 자격증을 소지한 운용자가 배치되어야만 한다. 만약 이를 어기게 될 때의 위험수준은 가장 심각한 수준인

---

22 2014년 감사원이 전력거래소에 대해 실시한 감사에서는 EMS의 5분 급전 지시가 이행되는 발전기가 하나도 없었으며, 상정사고 분석이 이루어지지 않고 있다고 지적했다. 이는 경제급전이 이루어지고 있지 않다는 의미이며, 실시간 전력시스템 감시 또한 이루어지고 있지 않다는 의미이다. 감사원(2014), 『전력계통운영시스템 운영 및 한국형 계통운영시스템 개발구축실태』. 〈http://www.bai.go.kr/bai/cop/bbs/detailBoardArticle.do?bbsId=B BSMSTR_100000000009&nttId=1685&mdex=bai20〉

23 Minkel, JR. (2008), "The 2003 Northeast Blackout: Five Years Later," *Scientific American*. Retrieved from 〈http://www.scientificamerican.com/article.cfm?id=2003-blackout-five-years-later &page=3〉

24 NERC (2015b), "Standard PER-003-1 − Operating Personnel Credentials Standard," *Reliability Standards for the Bulk Electric Systems of North America*.

25 익일 및 실시간의 비상사태를 완화하고 이를 예방하기 위한 권한을 가지며, 광역전력시스템(bulk electric system)에 대한 운용 책임을 지고 광역전력시스템에 대한 감시 및 운용 기구, 절차서 등을 갖는다. RC의 관할구역은 넓어서 연계지역의 신뢰성 있는 운용제약에 대한 계산을 수행해야 가능한데, 이것은 송전사업자들의 가시범위 내에 있는 송전시스템의 운전 파라미터에 기초한 것이어야 한다.

26 시간에 선행해 발전계획 관련 자원을 통합하고, 균형유지 담당지역에서의 시스템부하, 거래, 공급력 발전의 균형을 유지하고 실시간에 연계시스템 간의 주파수를 지원해주는 책임기관을 말한다. 균형유지기관의 관할지역(Balancing Authority Area)은 BA의 관할 아래에 있는 발전기, 송전선 및 부하의 집합체를 의미하며, BA는 이 지역의 균형 유지에 대한 책임을 진다.

'Severe VSL'로 설정[27]했다. 두 번째로 전지 의무조항을 설치했는데 이의 내용은 간단한 것이라 생략한다.[28] 세 번째로[29] 아무리 커다란 외부 교란이 발생하더라도 송전선이 탈락되지 않고 운전을 계속할 수 있는 방법을 강구할 것을 규정한다. 그리고 이 표준의 R6 항목에서는 "BA(균형유지기관) 및 송전 사업자는 NERC 등에서 정한 기준에 부합되도록 불시의 사고에 대한 대비를 위해 최소한 1개의 사고를 가정한 상정사고 분석(N-1)에 대한 계획을 마련해야 한다."라고 규정함으로써 실시간 상정사고 분석이 의무조항이 되었다.

3.3 시뮬레이션으로 재구성해본 9.15 정전

3.3.1 모형의 설정

2011년 9월 15일의 정전의 원인으로 지목된 것이 수요예측의 실패였다. 하지만 정전과 수요 예측의 상관성이 적음은 앞에서 밝힌 바와 같다. 여기에서는 시스템 운용자의 시스템 상태에 대한 인지적 결함이 전력시스템 제어에 어떤 영향을 미치는가를 살펴보기로 한다. 이를 위해서 간단한 시뮬레이션 모형을 만들어 다양한 시나리오별 결과를 비교 평가해보기로 한다. 또한 이 시뮬레이션 모형을 통해서 9.15 정전 당시에 무엇이 문제였던가를 역추적할 수 있다. 시뮬레이션 모형은 시스템 다이내믹스(system dynamics)라는 방법을 이용했다.

---

27   NERC의 위반 심각 수준(VSL: Violation Severity Levels)은 총 4단계로 구분된다. 가장 낮은 단계가 Lower VSL이며, 다음으로 Medium VSL, High VSL이 있으며, 가장 심각한 수준이 Severe VSL이다.

28   NERC (2015a), "Standard FAC-003-1 – Transmission Vegetation Management Program," *Reliability Standards for the Bulk Electric Systems of North America*.

29   NERC (2015c), "Standard TOP-002-1 – Normal Operations Planning," *Reliability Standards for the Bulk Electric Systems of North America*.

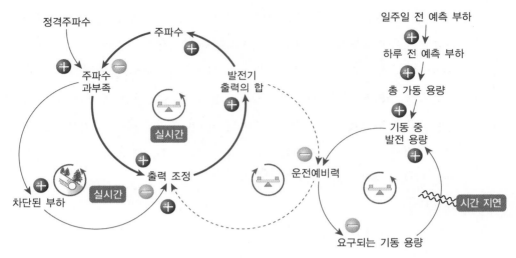

그림 3.6 모형 설계를 위한 논리 모형

〈그림 3.6〉은 모형 설계를 위해 논리모형을 작성한 것이다. 실시간 운용과 관련된 것은 굵은 실선으로 표시된 루프이다. 이는 정격주파수(60Hz)와 현재의 시스템 주파수와의 편차를 줄이기 위해 발전기의 출력을 조정해서 주파수를 줄이는 피드백 구조를 설명한 것이다. 그 오른쪽에 있는 루프들은 순동예비력이 모자라면 이를 채워주기 위해 예비력을 증가시키는 연쇄적 과정들이다. 가는 실선의 루프는 운용예비력이 출력으로 변화하는 일련의 과정이다. 이 시간은 매우 짧은 시간에 이루어지는 일이라 실시간인 몇 시간의 문제를 다룰 때에는 굵은 선의 루프가 모델링으로서의 의미를 지닌다.

다음에서는 논리모형에 수식과 상수의 값 등을 넣어 〈그림 3.7〉의 정량적 모형으로 변환했다.

앞의 논리모형은 시스템의 구조를 이해하기 위해 작성된 것인 반면에 정량 모형은 실제적인 시뮬레이션을 수행하는 모형이다. 이 모형에서 핵심은 가동 용량과 관련된 부분이다. 가동 중인 발전기의 용량은 두 부분으로 구분될 수 있는데, 하나는 출력 부분이고 다른 하나는 순동예비력 부분이다. 이 둘의 합이 발전기의 가동 용량이다. 이를 수식으로 표현하면 다음 식

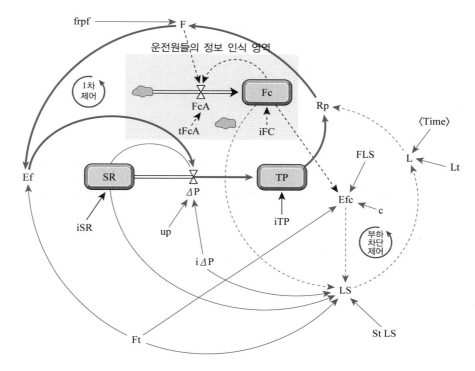

그림 3.7 9.15 정전사고 재현을 위한 시스템 다이나믹스 모델

$$Cp = TP + SR \tag{3.2}$$

여기서, Cp: 총 가동 용량
TP: 총 출력
SR: 총 순동예비력

과 같다.

그런데, TP 및 SR은 시간에 따른 출력변화율에 따라 변화되는 저량(stock)의 성격이다. TP가 늘어나면 SR이 줄어들고 TP가 줄어들면 SR이 증가하는 관계에 있다. 즉 출력변화율은 다음 식

$$TP = \int_{t=0}^{n} \Delta P \ dt + i \, TP \tag{3.3}$$

$$SR = \int_{t=0}^{n} - \Delta P \ dt + i \, SR \tag{3.4}$$

과 같다.

출력변화율은 조건에 따라 변화가 되므로 주파수 편차가 존재하더라도$(E_f \neq 0)$ 예비력이 없으면$(SR=0)$ 출력변화율 ΔP은 증가하지 않는다. 그러므로 ΔP는 다음 식

$$\Delta P = \text{if then else}(SR \leq 0 : \text{AND} : Ef > 0, 0, \ Ef \times i\Delta P / \tau P) \tag{3.5}$$

여기서, τP : 출력변화율을 조정하는 데 소요되는 시간
Ef : 주파수 편차

과 같은 조건이 필요하다.

이를 중심으로 예비력이 부족하다고 판단되거나 주파수에 문제가 있으면 부하 차단을 통해서 주파수를 조정할 수 있는 모델을 구성했다.

모형에 반영된 수식은 〈표 3.7〉에서 설명했다.

표 3.7 수식 및 입력값

수식	단위	설명
SR = ∫ (−ΔP)dt + i SR	MW	순동예비력
i SR = 100	MW	순동예비력 초깃값
ΔP = if then else(SR = 0 : AND : Ef0, 0, Ef*i ΔP/τp)	MW/min	주파수 편차를 조정하기 위해 순동예비력이 실제 출력으로 전환되거나 또는 발전기의 출력 감소로 다시 예비력을 확보하는 출력 변동률
I ΔP = 10000	MW/Hz	주파수 0.1Hz를 높이거나 줄이기 위해 필요한 출력 변동량
τp = 5	min	출력 변동에 소요되는 시간
TP = ∫ (ΔP)dt + i TP	MW	총 출력
i TP = 50000	MW	총 출력 초깃값
Ef = (Ft−F)	Hz	정격주파수와 실제 주파수의 편차
Fc = ∫ (FcA)dt + i Fc	Hz	시스템 운용자가 인식하고 있는 주파수
i Fc = 60	Hz	시스템 운용자가 인식하고 있는 주파수의 초깃값
FcA = (F−Fc)/τFcA	Hz/min	시스템 운용자가 주파수를 인식해 주파수를 조정해가는 변화율
τFcA = 1	min	시스템 운용자들이 주파수를 인식하는 데 소요되는 시간
L = Lt(Time)−LS	MW	시간대별 부하로서 소내소비 및 송전 손실을 포함함
LS = smooth3 (i ΔP*(Ft−Fc)*Efc*(if then else(SR = 0, 1, 0), St LS)	MW	부하 차단량
Lt([(0, 0)−(100, 60000)], (0, 50000), (30, 50000), (30, 52000), (40, 52000), (100, 52000)	MW	시간에 대한 총 부하 그래프 함수
St LS = 5	min	부하 차단에 소요되는 정보 지연 시간
Efc = F LS(abs(Ft−Fc)/c)	Dmnl (무차원)	정격주파수와 운용자들이 인지하고 있는 주파수 편차를 줄이기 위해 운용자가 지시하는 부하 차단량의 가중치
F LS([(0, 0.9)−(2, 2)], (0, 1), (0.1, 1), (2, 1)	Dmnl	부하 차단 가중치 함수로, 값이 1 이면 작용하지 않는 것을 의미함
Ft = 60	Hz	정격주파수
c = 1	Hz	단위 변환용
F = f rp f(Rp)	Hz	시스템 주파수
Rp = (L/TP)	Dmnl	부하 대 총 출력의 비율

(계속)

주파수 관련 수식	단위	설명
f rp f([(0.8, 58)–(1.2, 62)], (0.8, 62), (1, 60), (1.2, 58)	Hz	부하 대 출력의 비에 따른 주파수 1차 함수

시뮬레이션 시간 상수	단위	설명
FINAL TIME = 100	min	시뮬레이션 최종시간
INITIAL TIME = 0	min	시뮬레이션 최초시간
SAVEPER = TIMESTEP	min [0, ?]	데이터 기록 간격
TIME STEP = 0.125	min [0, ?]	시간 간격

3.3.2 시나리오

시뮬레이션은 약 100분간 진행된 것인데, 변수 조작의 효과를 살펴보기 위해 〈표 3.8〉처럼 여섯 가지 시나리오를 설정했다. 정상 시나리오에서 설정된 변수의 값과는 다른 시나리오가 다섯 가지이다. 모든 시나리오의 부하의 변동은 〈그림 3.8〉과 같이 30분이 되는 시점에 50,000MW에서 52,000MW로 계단 형태로 상승하는 것을 가정했다.

시나리오별 입력값의 차이도 〈표 3.8〉에 나타낸 바와 같다. 시스템 다이내믹스 모델도 다른 방법을 사용하는 시뮬레이션 방법에서와 같이 모든 가정 사항은 상수 입력값으로 처리된다. '정상' 시나리오를 기준으로 입력값의 변화가 가져다주는 결과를 비교하면 입력값의 효과를 측정할 수 있다.

표 3.8 시나리오별 변수의 입력값

시나리오 이름	조작 변수와 값			설명
	i SR	F LS	τ FcA	
	순동 예비력	부하 차단의 가중치	주파수 인지 지연시간	
정상	3,000	1	1	순동예비력 충분, 부하 차단도 적당한 수준에서 실시하며, 운용자의 시스템 상황 인지도 정상임
비정상 1	100	1.5	15	순동예비력이 부족한 상황에서, 운용자의 시스템 상황 인지가 느리며 과도한 부하 차단을 실시함
비정상 2	100	0.5~1.5	15	운용자의 시스템 상황 인지에 필요한 시간이 느리고, 문제 시 부하 차단에 대해 일정한 규칙이 없음
비정상 3	100	1	1	순동예비력이 부족한 상황이며 운용자의 시스템 상황 인지도 정상, 부하 차단을 적절하게 실시
비정상 4	100	1.5	1	순동예비력이 부족한 상황에서, 운용자의 시스템 상황 인지도 정상이나 과도한 부하 차단을 실시함
비정상 5	100	0.5	1	순동예비력이 부족한 상황에서, 운용자의 시스템 상황 인지도 정상이나 부하 차단을 과소하게 실시함

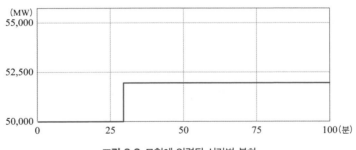

그림 3.8 모형에 입력된 시간별 부하

3.3.3 시뮬레이션 결과

앞에서와 같은 입력값을 모형에 넣고 시뮬레이션을 실시하고 부하 차단량과 주파수가 시간에 따라 어떻게 변화하는지를 보여주는 것이 〈그림 3.9〉와 〈그림 3.10〉이다. 아울러 이 두 변수가 시뮬레이션 시간(0~100분) 사이에 어떤 거동을 보

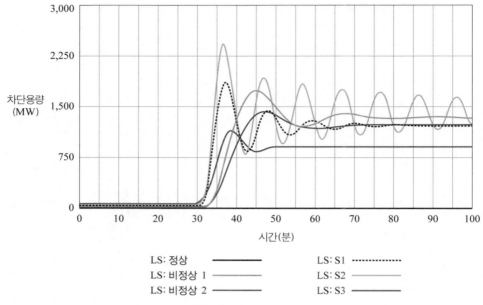

LS: 정상 ———	LS: S1 ··············
LS: 비정상 1 ———	LS: S2 ———
LS: 비정상 2 ———	LS: S3 ———

그림 3.9 부하 차단의 변화

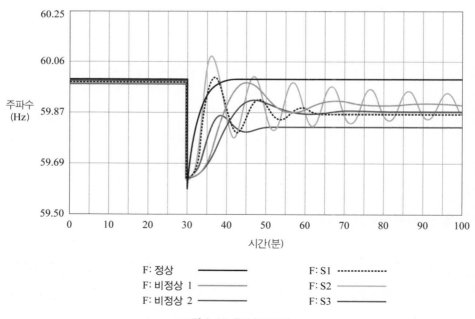

F: 정상 ———	F: S1 ··············
F: 비정상 1 ———	F: S2 ———
F: 비정상 2 ———	F: S3 ———

그림 3.10 주파수의 변화

표 3.9 시뮬레이션 결과 통계

변수	시나리오 이름	검출 수	최솟값	최댓값	평균	중위치	표준편차
주파수 (Hz)	정상	801	59.60	60.00	59.99	60.00	0.0439
	비정상 1	801	59.60	60.00	59.92	59.91	0.0823
	비정상 2	801	59.60	60.00	59.90	59.88	0.0865
	비정상 3	801	59.60	60.01	59.91	59.88	0.0754
	비정상 4	801	59.60	60.09	59.93	59.95	0.0800
	비정상 5	801	59.60	60.00	59.87	59.82	0.0922
부하 차단량 (MW)	정상	801	–	–	–	–	–
	비정상 1	801	–	1,736.83	870.80	1,318.89	655.87
	비정상 2	801	–	1,418.36	770.25	1,191.41	581.83
	비정상 3	801	–	1,853.64	821.90	1,195.24	588.96
	비정상 4	801	–	2,419.95	967.03	1,184.45	722.16
	비정상 5	801	–	1,134.11	602.81	900.43	427.39

이는지에 대한 통계자료가 〈표 3.9〉에서 나타난다. 여기에서 중요하게 보아야 할 것은 주파수나 부하 차단량의 거동이지 이것이 실제의 현상인가를 검토하는 것이 아님을 유념해야 한다.

6개의 시나리오에 기반한 시뮬레이션 결과 중에서 주파수 품질이 가장 안 좋은 시나리오는 '비정상 5' 시나리오이다. 순동예비력이 부족한 상황에서, 운전원의 시스템 상황 인지도는 정상이나 부하 차단을 과소하게 실시할 때 나타난 결과이다. 시뮬레이션 시간 동안의 주파수의 평균이 59.87Hz이었으며 표준편차도 0.0922Hz로 나타나 주파수의 평균은 낮고 분산은 크다고 나타났다. 부하 차단량은 시뮬레이션 시간 동안 평균 602MW로 나타났다.

그 다음으로 평균이 낮고 분산이 큰 시나리오는 '비정상 2' 시나리오이다. 이 시나리오는 부하를 얼마나 줄여야 하는가에 대한 판단을 못해 부하 차단량을 자의적으로 판단한 '비정상 2' 시나리오도 평균 59.90Hz로 나와서 '비정상 5' 시나리오 다음으로 주파수 품질이 좋지 않는 결과를 보여주었다. 주파수의 평균 표

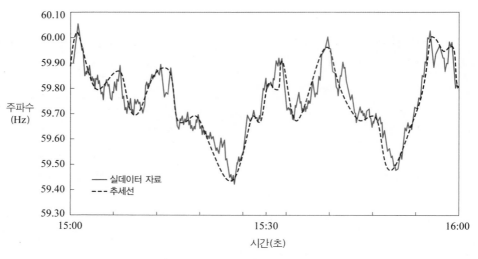

그림 3.11 9.15 정전 당시의 주파수 변화

자료: 대한전기학회 등.

준편차도 0.0865Hz로 6개 시나리오 중 편차가 두 번째로 큰 수치를 보였다. 부하 차단량은 평균 '비정상 2' 시나리오가 시뮬레이션 시간 동안 770MW를 보였다. 동일한 상황이지만 주파수의 품질은 운용방법에 따라서 상이하며 회복시간도 달라짐을 보여주는 시뮬레이션이다.

이상의 시뮬레이션에서 알 수 있는 것은 전력시스템 운전원들이 비정상적 상황에 처했을 때 시스템의 상황을 정확하게 인지하고 빠른 시간으로 문제를 조치하는 것이 문제를 완화시키는 가장 좋은 수단이라는 것이다. 이것들이 적시에 조치되지 못하면 주파수가 순동예비력이 확보될 때까지 안정되지 못하고 요동 (fluctuation)한다.

〈그림 3.11〉에서 볼 수 있듯이 주파수가 요동하는 현상은 9.15 정전 당시에도 발생한 것으로 추정된다. 〈그림 3.11〉의 실선은 9.15 정전 시간 동안 특정 시간 2시간에 대한 실제의 주파수이며, 점선은 주파수의 요동을 파악하기 위해 대략적인 거동을 표시한 임의적인 선이다. 이 그림에서 주파수가 안정화되지 못하고 지속적으로 동요하는 모습을 볼 수 있다. 이것은 전력시스템 운용자들이 허수

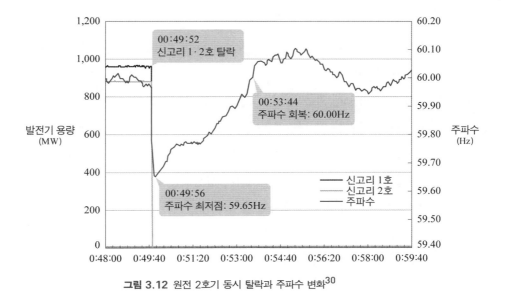

그림 3.12 원전 2호기 동시 탈락과 주파수 변화[30]

예비력으로 인해 시스템의 상태가 어떠한지 알 수 없었으며 주파수 회복을 위해 필요한 부하 차단량이 정확히 얼마인지 알지 못했거나 또는 이 양을 알더라도 어느 구역에 부하 차단을 해야 원하는 부하 차단량이 되는지 모르기 때문에 대중적인 부하 차단이 이루어졌다고 분석할 수 있다.

따라서 정상적인 시스템으로 신속하게 복귀하기 위해서는 주파수 회복을 위해 차단해야 할 부하의 양을 대략적으로 사전에 알고 있어야 한다. 우리나라 전력시스템의 부하변동에 대한 주파수 변화의 특성은 원자력발전소 사고를 통해 간접적으로 파악할 수 있다. 2012년 11월 4일 0시 49분경 신고리 1, 2 호기에 연결된 외부 변전소의 이상으로 발전기 2호기 2,000MW가 동시에 시스템에서 탈락한 사례가 있었다. 〈그림 3.12〉에서 보는 바와 같이 전력시스템 주파수는 60Hz 부근에서 59.65Hz로 0.3Hz 급감한 후 약 3분 후에 정상 주파수인 60Hz로 회복했다. 물론 이 주파수 회복은 운용예비력의 작용에 의한 것이다. 주파수 하락 직

---

30 이건웅(2012), 「계통운영시스템 운영현황, EMS의 허와 실 발표자료」, 『전력계통운영시스템 운용 개선을 위한 정책 토론회』, 전정희 의원실, 정책토론회자료집.

후의 주파수 회복은 각 발전기의 가버너의 1차 제어 또는 주파수 응동에 의한 것이며 그 이후의 회복은 AGC의 역할에 의한 것일 수 있다. 그러나 EMS의 AGC 기능이 작동해 주파수가 회복된 것인지 아니면 그 사이에 시스템수요가 변동해 3분 후에 주파수가 회복되었는지는 자료를 검토해보아야 한다. 여기에서 '것일 수 있다'라고 표현한 이유는 우리나라 전력시스템에서는 5분마다 발전기에 보내는 신호인 SCOPF의 출력기준점 조정 신호를 5분마다 보내고 있지 않을 뿐만 아니라, 일부 주파수 조정을 위해 4초마다 생성되는 신호도 어떤 규칙도 없이 주로 일부 LNG 복합화력을 대상으로 신호가 만들어지고 있기 때문이다.

미국 NERC는 1,000MW 용량의 발전기가 탈락할 경우에 주파수 변동을 다음과 같이 파악하고 있다.[31]

- O −0.036Hz (동부연계지역)
- O −0.154Hz (텍사스)
- O −0.067Hz (서부연계지역)
- O −0.833Hz (캐나다 퀘벡 수력지역)

텍사스 지역의 경우[32]를 보면 1,000MW 규모의 발전기가 탈락했을 때 주파수가 0.154Hz 정도 하락한다는 것이다. ERCOT와 같은 단독시스템인 우리나라의 경우 〈그림 3.12〉에서의 사례를 보면 1,000MW 규모의 발전기가 탈락하게 되면 0.175Hz의 주파수가 하락하는 것을 알 수 있다. 그러나 이것은 전체 전력시스템의 특징을 나타내는 지표가 아니며, 시간대별 부하 크기 등을 고려해 통계적인 계산을 통해서 구해야 할 것이다.

---

31 NERC (2011a), *Balancing and Frequency Control: A Technical Document*, NERC Resources Subcommittee, p. 25.

32 NERC가 2013년에 ERCOT 지역의 하계 피크를 65,901MW로 설명하고 있다. 다음의 자료를 참조할 것. NERC (2013), *2013 Summer Reliability Assessment*, p. 7.

3.4 전력시스템의 네트워크 특성 분석

3.4.1 연쇄고장의 원인: 복잡계

연쇄고장이 발생하는 이유는 전력시스템이 복잡계(complex system)이기 때문이다. 네트워크의 트래픽(traffic) 문제의 하나로 취급되는 것이 연쇄고장의 문제이다.[33] 시스템 복잡성에 대한 이해를 하지 못하면, 시스템 붕괴를 막기 위한 대안과 시스템 복구에 대한 전략을 수립할 수 없다. 특히, 복잡한 네트워크는 멱함수 법칙에 따른 분포, 중개성 및 군집도 계수의 특징에 따른 '좁은 세상 네트워크 속성(small-world network property)' 등을 포함한다. 또한 네트워크의 모양(configuration)에 따라 정보, 에너지 및 물질의 이동에 대한 트래픽 문제가 항상 제기된다. 따라서 네트워크 구조에 대한 기본적 이론의 습득은 트래픽 발생을 억지할 수 있는 네트워크 구조의 설계와 이의 공학적 해결에 대한 기초가 된다.

최근에는 네트워크의 구조뿐만 아니라 네트워크 안의 질서와 무질서의 발생 이유, 질서에서 무질서로 갑자기 넘어가는 임계현상 등에 대한 연구가 활발하다. 전력시스템에서는 어떤 임계점에서 블랙아웃이 발생하는가에 대한 연구로 응용할 수 있는 분야이다. 이에 대한 이론적 모형이 '자기 조직화된 임계점(SOC: Self-organized Criticality)' 모형이며, 한 걸음 더 나아간 이론이 '고도로 최적화된 허용성(HOT: Highly Optimized Tolerance)' 모형이다.

여기에서는 네트워크 구조에 대한 속성과 SOC 및 HOT에 대해 살펴보기로 한다.

---

33 Dorogovtsev, S. N. (2010), *Lecture on Complex Networks: Oxford master series in statistical computational, and theoretical physics*, NY: Oxford University press, pp. 97-98.

3.4.2 멱함수 법칙

모든 연결 망(network)은 노드(node)[34]와 선 또는 에지(edge)로 구성되어 있다. 이 노드를 정점(vertex; vertices)이라고 한다. 노드의 차원(degree of node)은 노드에 연결된 에지의 수를 의미하며 루프의 경우에는 2개로 계산한다. 〈그림 3.13〉의 동그라미는 노드를 의미하며 동그라미 안의 숫자는 노드의 차원을 계산한 예이다.

헝가리 출신의 에르되스 팔(Erdős Pál)과 그의 동료 레니 알프레드(Rényi Alfréd)는 1960년대에 네트워크의 모양에 대해 통계적으로 정리했다. 이들은 정상 그래프(regular graph)에서 노드의 차원에 대한 분포 함수를 제시했다. 이 분포는 쁘아송 분포의 형태를 갖는다고 하며, 이를 E-R 그래프라고 지칭한다.[35] E-R 그래프로 정의된 어떤 네트워크에서 모든 노드의 차원, 즉 노드에 연결된 에지의 개수를 k라고 하고, 각 노드의 차원에 대한 전체 평균을 z라고 할 때 네트워크에서 뽑은 노드가 k의 차원을 가질 확률 $P(k)$는 다음 식

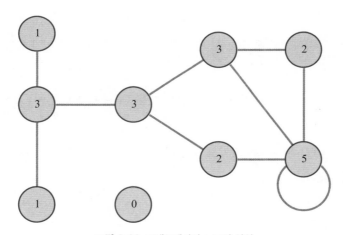

그림 3.13 그래프에서의 노드의 차원

---

34 전력시스템에서는 노드를 bus라고 한다.

35 Cohen, R. and Havlin, S. (2010), *Complex networks: structure, robustness and function*, Cambridge University Press, pp. 9-10.

$$P(k) = e^{-z} \frac{z^k}{k!} \tag{3.6}$$

과 같이 정의된다.

이에 반해, 현실 세계(real world)에 존재하는 인터넷, 교통망, 연구 결과물의 인용 네트워크, 비행기의 네트워크 등은 E-R 그래프의 분포를 따르지 않음을 여러 학자가 제시했다.[36] 오히려 현실의 네트워크에서 k개의 선(edge)을 갖는 노드가 출현할 확률은 노드의 차원에 지수가 있는 다음 식

$$P(k) = ck^{-\gamma}, \tag{3.7}$$

여기서, $k = m, \cdots, K$
$\quad m$: 네트워크의 최소 차원
$\quad K$: 네트워크의 최대 차원
$\quad c \approx (\gamma - 1)m^{(\gamma - 1)}$: 정규화 요소

과 같은 멱함수 법칙에 따른 분포를 갖는다는 것이다.

네트워크에서 노드의 차원과 그 발생빈도가 멱함수 관계를 갖는 네트워크를 척도 없는 네트워크(scale free network)라고 한다.[37] 멱함수 법칙은 어떤 크기를 갖는 사건 k가 나타나는 빈도와 사건 $P(k)$의 관계가 멱함수 $P(k) = ck^{-\gamma}$의 관계를 갖는다는 것이다. 이 함수는 〈그림 3.14〉와 같은 모양을 갖는다.

한편 원 식의 양변에 자연로그(ℓn) 값을 취하면 식은 다음과 같이 된다.

$$\ell n\, P(k) = \ell n\, c - \gamma \ell n\, k \;\; (c > 0) \tag{3.8}$$

---

36 Dorogovtsev, S. N. and Mendes, J. F. F. (2013), *Evolution of Networks: From biology nets to the internet and WWW*, Oxford University Press, pp. 79-81.

37 이에 대한 더 자세한 것은 Caldarelli, G. (2007), *Scale-free networks: complex webs in nature and technology*, Oxford university press.을 참조하기 바란다.

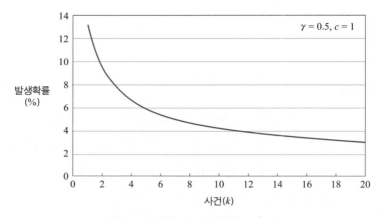

그림 3.14 멱함수 법칙의 확률분포도 예시

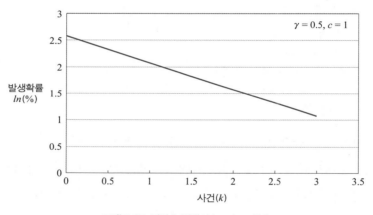

그림 3.15 멱함수 법칙의 log-log 함수

식 (3.8)은 간단한 선형함수로 표현이 가능하며 〈그림 3.15〉와 같은 모양이
된다. 따라서 각 시스템의 고유 γ 값이 무엇이냐에 따라 어떤 시스템에서의 사고
발생확률이 정해진다.

우리가 멱함수 법칙(power law)에 따른 분포를 갖는 시스템에 관심을 갖는 이
유는 그 확률분포가 평균(mean)과 분산(variance)을 갖는 전통적인 통계에서의 확률
밀도함수(pdf: probability density function)인 쁘아송(Poisson) 함수가 갖는 특성이 아닌 다
른 특성이 있기 때문이다. 즉 쁘아송 확률분포의 꼬리(tail)에서는 발생확률 $P(k)$

표 3.10 쁘아송 분포와 멱함수 분포의 비교

x의 값	$\gamma=1$(쁘아송 분포)(%)	$\gamma=-2.5$(멱함수 분포)(%)
0	36.79	
1	36.79	100.00
2	18.39	17.68
3	6.13	6.42
4	1.53	3.13
5	0.31	1.79
6	0.05	1.13
7	0.01	0.77
8	0.00	0.55
9	0.00	0.41
10	0.00	0.32
11	0.00	0.25
12	0.00	0.20
13	0.00	0.16
14	0.00	0.14
15	0.00	0.11

가 0에 가까우나 멱함수 법칙에 따르는 확률분포에서는 이 확률이 크게 나타난다. 〈표 3.10〉의 예에서와 같이 15번의 값을 갖는 사건 x의 경우 쁘아송 함수($\gamma=1$)는 0의 확률로 나온다. 그러나 이와 유사한 패턴을 보이는 멱함수($\gamma=-2.5$)에서는 확률이 0.115%가 존재한다. 즉 사고의 규모가 큰 사건이 쁘아송 분포에서는 나타날 확률이 0이지만, 멱함수 법칙에 따르는 확률분포에서는 보다 큰 숫자로 나타난다는 것이다.

정전의 발생확률이 어떤 확률분포를 따르는가를 연구하는 것의 의미는 블랙아웃 또는 정전이라는 사건의 발생분포가 전통적 확률분포를 따르지 않고 멱함수 법칙을 따른다는 것을 실증적으로 밝힘으로써 사고의 발생 가능성이 우리가 기대했던 것보다 훨씬 클 수도 있다는 것을 의미한다.

3.4.3 중개성

어떤 네트워크 상의 노드 i가 다른 노드의 경로(routing path)로 이용되는 경과지의 숫자를 셀 수 있는데 이것이 중심성(centrality)이다. 어떤 노드 i에 대한 중개성(betweenness centrality) $g(i)$는 다음 식

$$g(i) = \sum_{[j,\,k]} g_i(j, k) \tag{3.9}$$

여기서, $[j,\,k]$는 경로의 쌍이며
$\quad j$ 노드와 k 노드가 노드 i를 경과해 연결된다면 1의 값을 가지며
$\quad j$ 노드와 k 노드에 대한 차수는 무시하고 한 번만 계산한다.

과 같이 정의된다.

이것은 모든 노드의 쌍 사이에서 가장 짧은 경로의 숫자를 의미한다. 모든 노드의 쌍의 개수를 C라고 할 때, i 노드를 포함한 모든 노드를 $C(j, k)$라고 표현한다. 그리고 i 노드를 경과하는 경로의 숫자를 $C_i(j, k)$라고 할 때 중개성 $g(i)$는 다음의 식

$$g(i) = \sum_{[j,\,k]} g_i(j, k) = \frac{C_i(j, k)}{C(j, k)} \tag{3.10}$$

으로 정의할 수 있다.

예를 들면 〈그림 3.16〉과 같은 네트워크 상에서 A노드가 다른 노드의 경로로 사용되는 경로는 10(=2×5)개이며, B노드의 경우는 12(=3×4)개이며 총 노드의

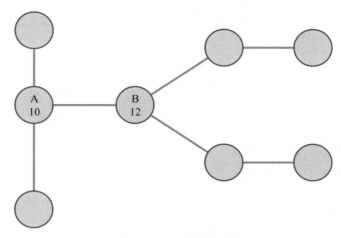

그림 3.16 노드의 중개성 예시

쌍은 16(=2×8)개이다. 따라서 $g(A) = \dfrac{10}{16}$ 이며, $g(B) = \dfrac{12}{16}$ 이다.

B 노드가 A 노드보다 경로로서의 역할이 크다는 것을 의미하며 중개성이 높다고 보는 것이다. 중개성이 갖는 의미는 네트워크 상의 정보 및 물질의 이동에 대한 병목현상(bottle neck)을 분석하는 데 용이하기 때문이다.

여기에서 어떤 네트워크의 $g(i) = C_i(j, k)$가 나타날 확률을 $P_i(g)$라고 할 때, $P_i(g) \sim g^{-\eta}$의 관계가 있다고 한다. E-R 그래프에서는 이것이 지수 함수로 나타나는 반면에 인공 네트워크에서는 멱함수 형태를 지니며 그 값은 $\eta \approx 2$라고 한다. 척도 없는 네트워크(scale free network)에서는 $\eta \approx 2.2$라고 알려져 있다.[38]

전력시스템의 노드인 모선(bus)의 중개성이 멱함수 법칙에 따른 분포를 갖는가에 대한 분석을 통해서 전력시스템의 취약성을 분석해낼 수 있다.

---

38 Cohen, R. and Havlin, S. (2010), *op. cit.*, pp. 27-29.

3.4.4 좁은 세상 네트워크의 속성

현실 세계의 네트워크 모양은 단순히 멱함수 법칙만을 따르는 것이 아니라 한 가지 더 큰 특징을 보이고 있다. 그것은 네트워크 상에서 중요한 역할을 하는 노드가 있고 이것을 허브(hub)라고 하는데, 실제의 네트워크는 바로 군집(clustering)되어 있다는 것이다. 따라서 네트워크가 얼마나 군집되어 있는가에 대한 평가를 해야 하며, 이를 정량적인 수로 표현한 군집도 계수를 구해야 한다. 고리(ring) 모양의 네트워크 상의 각 노드가 왼편과 오른편에 각각 k개에 연결되어 있다고 하자. 이때 각 노드의 이웃은 $2k$개이다.

네트워크 상의 노드의 쌍의 숫자는 등차수열의 공식을 이용하면 $\dfrac{2k(2k-1)}{2}$ $= k(2k-1)$개이다. 어떤 노드가 자신의 왼쪽 또는 오른쪽에 있는 모든 노드와 연결되어 있다고 할 경우에는 왼쪽 또는 오른쪽에는 $\dfrac{2k(k-1)}{2} = k(k-1)$의 쌍이 있게 된다. 어떤 노드로부터 k개의 노드와 떨어진 위치에 있는 노드의 위치를 d라고 하면 각 측으로부터 k만큼 가까운 이웃 노드가 된다. 따라서 노드 쌍의 개수는 다음의 식

$$k(k-1)+\sum_{d=1}^{k}(k-d)=k(k-1)+\frac{k(k-1)}{2}=\frac{3}{2}k(k-1) \tag{3.11}$$

이다. 이것은 링 위의 삼각형의 개수와 동일하다. 따라서 군집계수는 다음 식

$$C=\frac{\text{삼각형의 갯수}}{\text{노드 쌍의 수}}=\frac{\frac{3}{2}k(k-1)}{k(2k-1)}=\frac{3(k-1)}{2(2k-1)} \tag{3.12}$$

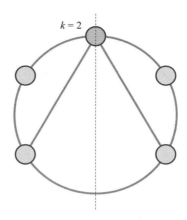

$k = 2$

그림 3.17 노드의 군집도 계수의 사례

과 같이 표현할 수 있다. 이때 $k \to \infty$ 이면 $C = \lim_{k \to \infty} \dfrac{3(k-1)}{2(2k-1)} = \dfrac{3}{4}$ 이다.

〈그림 3.17〉은 $k = 2$인 네트워크이며 삼각형의 개수는 3개, 노드의 쌍은 6개이므로 군집도 계수(clustering coefficient)는 1/2이다.

1보다 큰 k를 갖는 네트워크는 클러스터가 항상 존재한다. 이러한 특징을 갖는 네트워크가 좁은 세상 네트워크(small-world network)이다. 좁은 세상 네트워크는 거의 모든 노드가 서로 이웃해 있지 않지만 몇 단계를 거치면서 모든 노드가 서로 연결되어 있는 망을 말한다. 노드와 노드가 연결할 때 몇 단계를 거치느냐를 거리(d: distance)라고 하는데, 하나의 시스템에서 2개의 노드를 선택했을 때 이 두 노드 사이의 거리가 동일한 거리를 갖는 샘플의 숫자(N)는 로그 함수의 관계를 갖는다. 즉, 다음의 식

$$d \propto \log N \tag{3.13}$$

과 같다.

좁은 세상 네트워크는 노드는 무수히 많지만 노드를 연결하는 최단 경로가

매우 짧고 노드의 에지가 서로 근처에 있을 확률이 높은 클러스터화되어 있다는 특징이 있다.

전력시스템에서 군집도 계수의 특성을 분석하는 것이 갖는 의의는 전력시스템의 취약성을 분석하는 것과 관련이 있다. 즉 군집도 계수가 높다는 것은 네트워크의 가장 취약한 부분에 스트레스가 발생하면 전체 시스템에 악영향을 줄 수 있다는 것이므로 이의 문제를 보완하기 위한 연구에 적용될 수 있다.

3.4.5 전력시스템에 대한 네트워크 분석 사례

파가니(Pagani) 등[39]은 미국 등 여러 전력시스템이 갖는 노드의 차원(degree of node)을 조사했다. 〈표 3.11〉에서 볼 수 있듯이 대부분 전력시스템의 노드의 차원을 누적시키면 지수함수(exponential function)를 나타내고 있다고 보고하고 있다. 전력시스템이 멱함수를 갖는다는 일반적인 진단[40]은 실제로는 미국과 캐나다를 포함한 북아메리카의 시스템에서는 적용이 가능하나 기타 지역에서는 주로 지수함수 형태를 따르고 있음을 보여준다. 외형적으로 지수함수를 보이지만 확률과정을 통해서 멱함수로 전이되는 관계가 있으므로 이와 같은 확률분포를 갖는 시스템의 특징을 밝히는 것은 중요한 일이다.[41]

즉, 어떤 계(system)에서 사건이 진행될 확률과정(stochastic process)이 전통적인 확률과정을 따르느냐를 살펴야 한다. 무작위로 뽑은 어떤 크기를 갖는 사건 x가 발생할 확률이 지수함수 분포를 갖는 다음의 식

---

39 Pagani, G. A. and Aiello, M. (2013), "The Power Grid as a complex network: A survey," *Physica A: Statistical Mechanics and its Applications*, Vol. 392, Iss. 11, 2688-2700.

40 Cohen, R. and Havlin, S. (2010). *op. cit.*; Newman, M. E. J. (2010), *Networks: An Introduction*, Oxford University Press.

41 Hohensee, G. (2011), *op. cit.*, p. 3.

표 3.11 전력시스템의 노드의 차원에 대한 연구

x : 노드의 차원

연구대상	누적확률 분포의 형태	피팅된 분포 함수	중개성 분포함수
북아메리카	지수함수	$y(x) \sim e^{-0.5x}$	$y(x) \sim (2500+x)^{-0.7}$
이탈리아	지수함수	$y(x) \sim 2.5e^{-0.55x}$	
북아메리카	멱함수	$y_1(x) \sim 0.84x^{-3.04}$ $y_2(x) \sim 0.85x^{-3.09}$	
유럽	지수함수	$y_1(x) \sim e^{-0.81x}$ $y_2(x) \sim e^{-0.54x}$	
유럽	지수함수	$y(x) \sim e^{-0.56x}$	
유럽	지수함수	$y(x) \sim e^{-0.61x}$	
유럽	지수함수	$y_1(x) \sim e^{-0.18x^2}$ $y_2(x) \sim e^{-0.21x^2}+0.18e^{-0.25(x-4)^2}$ $y_3(x) \sim 0.96e^{-0.17x^2}+0.25e^{-0.19(x-3.9)^2}$	
미국 서부 및 뉴욕 주 인근	이산함수	$y_1(x) \sim f_1(x)$ $y_2(x) \sim f_2(x)$	
미국	멱함수 및 지수함수	$y_1(x) \sim x^{-1.49}$ $y_2(x) \sim 0.15e^{-21.47x}+0.84e^{-0.49x}$	$y_1(x) \sim x^{-1.18}$ $y_2(x) \sim 0.68e^{-6.8*10^{-4}x}$
중국	지수함수	$y_1(x) \sim e^{-0.65x}$ $y_2(x) \sim e^{-0.58x}$	$y(x) \sim x_1^{-1.71}$ $y(x) \sim x_2^{-1.48}$
-	지수함수	$y(x) \sim e^{-0.5x}$	

주) • 지수함수: $y=f(x)=c^x$ 양변에 로그를 취하면 $\log y = x \log c$
    • 멱함수: $y=f(x)=x^c$ $\log y = c \log x$
    • 여기서, c: 상수.
자료: Pagani, G. A. and Aiello, M. (2013), p. 2690 및 p. 2694.

$$X : Pr(X=x) = \lambda e^{\lambda x} \tag{3.14}$$

을 따른다고 하자. 이와 같은 지수함수의 초깃값은 다음 식

$$X : Y(X) = y_0 e^{\alpha x} \tag{3.15}$$

과 같이 표현할 수 있다. 식 (3.15)를 전개하면 다음과 같은 식

$$PY = y = PX = \alpha^{-1} \ell n(\frac{y}{y_0}) = \lambda e^{\ell n(\frac{y}{y_0})^{\frac{\lambda}{\alpha}}} = \lambda \frac{y}{y_0}^{\frac{\lambda}{\alpha}} \tag{3.16}$$

이 된다. 결과적으로 지수함수적 특성은 확률과정을 통해 멱함수의 형태의 결과를 낳는다고 보는 것이다.[42]

한편, 파가니 등은 같은 연구에서 전력시스템의 중개성을 연구한 사례는 몇 개 없지만, 이 몇 안 되는 연구에서 전력시스템의 중개성을 나타내는 확률분포는 멱함수 법칙을 따르는 것이 많은 것으로 나타났다.

불행히도 우리나라의 전력시스템에 대한 네트워크에 대한 특징을 분석한 사례는 아직 없다.

하인즈(Hines)와 그의 동료들 역시 전력시스템이 복잡계적 특징이 있다고 밝혔는데, 복잡계의 가장 큰 특징은 어떤 사건의 크기와 그 발생빈도와 사이에 멱함수 법칙이 있다는 것이다. 〈그림 3.18〉은 하인즈 등의 보고서에 해당되는 부분인데, 정전의 규모에 따른 발생확률이 직선으로 나타나는데 이것이 복잡계에서 나타나는 멱함수 법칙의 특징을 보여주는 전형적인 예이다.

쇼틀(Shortle) 등의 연구[43]에서도 복잡한 시스템의 거시적 양상 중에 하나가 멱함수 법칙에 따른 확률분포를 갖는 다양한 관계들이 존재한다는 것이다. 전력시스템도 마찬가지라고 한다.

---

42   Hohensee, G. (2011), *op. cit.*

43   Shortle, J., Rebennack, S., and Glover, F. W. (2014). "Transmission-Capacity Expansion for Minimizing Blackout Probabilities," *IEEE Transactions on On Power Systems*, Vol. 29, No. 1, pp. 43–52.

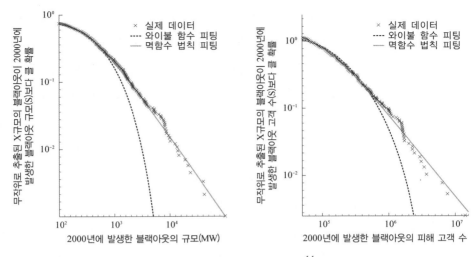

그림 3.18 미국의 정전 발생 분포[44]

3.4.6 SOC 모형으로서의 전력시스템

사고 발생확률이 멱함수 법칙에 따른 확률분포의 특징을 갖는 이유에 대한 분석
은 물리학의 주된 관심사이다. 멱함수 법칙이 왜 나타나는가를 설명하는 대표적
이론적 모형이 SOC(Self-organized Criticality)와 HOT(Highly Optimized Tolerance)이다.

먼저, SOC 모형은 박(Bak. P.) 등[45]이 1987년도에 이 모델을 발표하면서 복
잡한 시스템을 분석하고 설명하기 위해 확산된 모형이다.[46] SOC는 모래더미가
쌓이는 현상이나 수풀의 화재 또는 지진 등 여러 자연 현상을 다룸으로써 아직
하나의 모델로는 정립되었다고 볼 수 없다.[47]

44 Hines, P., Apt, J., and Talukdar, S. (2009a), *Large Blackouts in North America: Historical trends and policy
implications*, Carnegie Mellon Electricity Industry Center Working Paper, CEIC 09-01, figure 6.

45 Bak, P., Tang, C., and Wiesenfeld, K. (1987), "Self-organized criticality: an explantion of 1/f noise,"
Physical review Letters, Vol. 59, 381-394.

46 페르 박(2012), 『자연은 어떻게 움직이는가?: 복잡계로 설명하는 자연의 원리』, 정형채·이재우 역,
한승(Per Bak, *How Nature Works: the science of self-organized criticality*).

SOC의 대표적인 예는 모래더미(sand pile)가 쌓이는 예이다. 모래가 위에서 쌓이기 시작하면 일정한 각도를 유지해가면서 모래가 흘러내리면서 쌓이는 것을 볼 수 있다. 이러한 현상을 수학적으로 모델링한 것이 "자기조직화된 임계점(SOC)"인 것이다. 어떤 공간 i에 모래가 s로 쌓이다가 이것이 임계점 s_c에 다다르면, 즉 스트레스를 받으면 공간 i는 자신의 공간을 비우고 다른 공간 j에게 자신의 s를 전가한다. 이러한 현상은 입체적으로 이루어지기 때문에 상당한 복잡성을 지닌다. 〈그림 3.19〉는 1~N개까지의 공간(lattice)에 모래가 임계점까지 쌓이고 그 이후에 이를 비우는 과정을 표현한 것이다.

정전의 발생빈도와 정전의 규모의 관계를 살펴보았을 때 복잡계적 성격이 존재한다. 특히, 연쇄고장의 경우에는 작은 사건이 커다란 결과를 일으키는 복잡계 이론에서 재난을 설명하는 좋은 예가 된다. 연쇄고장의 사고 전이를 잘 설명해줄 수 있는 모형 중의 하나가 SOC 모형이다. 임계지점에서 작동하는 시스템은 멱함수 법칙에 따른 확률분포의 꼬리를 갖는다. 빈도는 작지만 규모가 큰 사고의 발생빈도는 사고 규모의 지수함수를 따라 감소한다고 평가하게 되면 대형사고의 발생확률은 과소평가될 우려가 있다. 즉, 멱함수 함수 법칙에 따른 확률분포를 갖는 시스템의 대형사고 발생위험을 전통적인 와이불(Weibull) 분포를 따라 평가하게 되면 와이불 분포에서는 발생빈도는 실패 크기에 따라 지수함수적으로 감소하므로 대형사고의 발생확률은 과소평가된다는 것이다.

멱함수 법칙은 SOC의 특징 중에 하나이다. 전력시스템의 경우에 과부하에 걸려 있는 송전선은 스스로 시스템에서 이탈하려는 성격이 강하다. 발전기도 마찬가지이다. 정격주파수 이상으로 돌아가는 발전기는 시스템에서 스스로 이탈하려고 한다. 전력시스템에 이상이 발생했을 때 개별 구성요소들이 어떤 정상 상태로 돌아가려는 노력이 전력시스템의 자기조직화라고 볼 때, 이 정상화 과정 중에 뜻

---

47   Sornette, D. (2006), *Critical phenomena in nature sciences; Chaos, fractal, self organization and disorder: Concepts and tools*, 2nd Ed., Springer, p. 397.

그림 3.19 SOC 모형의 구조(모래더미 모형의 예)

하지 않게 어떤 임계점을 넘게 되면 시스템이 다른 상태로 상전이가 이루어지며 전력시스템은 이 경우에 시스템 붕괴를 맞이하게 된다.

전력시스템도 여느 복잡시스템과 같이 사고 규모의 발생빈도가 멱함수 법칙에 따른 확률분포를 갖는다는 것이 일반적인 의견이다. 블랙아웃을 논할 때 멱함수 분포가 중요한 의미를 갖는 이유는 이 함수의 꼬리 부분이 와이불 분포나 쁘아송 분포에서 보여주는 꼬리 부분보다 두껍다는 점을 인식시켜주기 때문이다. 미국의 정전에 대한 자료는 정전의 크기나 분포가 멱함수 법칙에 따른 확률분포의 꼬리(power tail)를 지님을 보여주고 있다. 이것은 정전이 매우 복잡한 동적

시스템임을 암시하는 것이며, 우리나라의 전력시스템도 이와 유사한 사고 확률 분포를 가지고 있음을 가정해볼 수 있다.

카레라스(Carreras) 등[48]과 도슨 등[49]은 전력시스템에서 발생하는 사고의 멱함수 법칙은 정전의 위험을 줄이고 그 크기를 줄이는 해법을 찾는 데 어려움에 봉착하게 만드는 요인으로 작용한다고 본다. 정전을 줄이려는 여러 해법은 그 해법이 시스템의 균형 상태를 다른 곳으로 옮겨 놓는데, 그것은 자칫 멱함수 법칙에 따른 확률분포의 꼬리 부분에 해당하는 임계점까지 균형 상태를 옮겨 놓기까지 한다고 한다. 정전을 제거하기 위한 조치들은 작은 수의 정전 발생빈도를 부분적으로 완화시킬 수 있을지 몰라도 시스템이 위험 상태 직전에 놓인 임계수준을 안전한 상태로 옮기지는 못한다. 심지어는 작은 사고의 완화를 위한 노력은 대형 사고의 발생확률을 증가시킬 수 있다고도 주장한다. 이것은 크고 작은 사고가 독립적인 것이 아니라 강하게 연결되어 있다는 것을 의미한다.

SOC 모형의 경우에는 어떤 크기의 사고가 발생하더라도 이 사고를 균형 상태로 다시 놓으려는 힘이 작동한다. 그리고 멱함수 법칙에 따른 확률분포의 꼬리에서도 이러한 기제는 작동한다. 만약 균형 상태에 도달하지 못하면 시스템은 임계점에 도달하게 되어 곧바로 붕괴에 직면하게 된다고 설명한다. 전력시스템에서 나타나는 블랙아웃 현상들의 통계적 특징인 멱함수 법칙에 따른 확률분포가 바로 SOC 모형이 보여주는 멱함수 법칙에 따른 확률분포와 같기 때문에 전력시스템의 붕괴문제를 SOC 측면에서 연구하는 것이다.

---

48   Carreras, B. A. *et al.* (2003), "Blackout Mitigation Assessment in Power Transmission System," *proceedings of Hawaii International Conference on System Science.*

49   Dobson, I. *et al.* (2007), "Complex systems analysis of series of blackouts: cascading failure, critical points and self-organization," *Chaos*, Vol. 17, American Institute of Physics.

3.4.7 HOT 모형으로서의 전력시스템

HOT(Highly Optimized Tolerance) 모형[50] 역시 전력시스템의 취약성이 왜 존재하며 사고가 어떤 과정을 거치면서 진행하는가를 이해하는 데에 많은 도움을 준다. HOT란 우리말로 굳이 번역하자면 '고도로 최적화된 허용성'이 된다.[51] 즉, 인간이 시스템을 시스템의 목적에 맞게 잘 설계해 최소의 오차나 사고가 발생하도록한 시스템을 말한다. 이러한 시스템을 매우 견고하거나 강건하다고(robust) 표현한다. SOC 모형은 생물체, 사회조직, 복잡시스템 등에 대한 논의를 전개할 때주로 사용된다. SOC 모형도 HOT 모형처럼 시스템에서 사고가 날 확률은 매우적다고 보고 있다. 그런데 HOT 모형은 시스템 외부에서 일어나는 작은 사건에대해 시스템 자체가 갖는 취약성이 있으며, 이 취약성은 SOC 모형처럼 멱함수법칙을 따르는 특징이 있다고 보는 것이다.

대체적으로 원자력발전소, 전력시스템, 가스 망, 교통(지하철, 고속도로, 해운)시스템, 정보시스템, 인터넷 망 시스템, 통신시스템의 사고를 HOT 모형의 분석 대상으로 보고 있다. 전통적인 복잡계 이론에서 파생된 SOC 모형에서 한 발자국 더진보한 이론이 바로 HOT 모형이다.

앞에서 이미 복잡계의 멱함수 법칙을 따르는 분포를 갖는 네트워크를 '척도없는 네트워크'라고 함은 설명했다. 이 중에서 네트워크가 군집도가 크다면 이것이 현실의 '좁은 세상 네트워크'인 것이다.[52] 전력시스템은 척도 없는 네트워크의한 종류일 가능성이 크며, 인위적인 복잡시스템을 설명하는 HOT 모형으로 전력시스템에 대한 설명이 가능하다.

바이러스와 같은 생물 유기체나 전력시스템, 비행기, 발전소 등은 모두 복잡

---

50   Bompard, E., Wu, D., and Pons, E. (2012), "Complex science application to the analysis of power systems vulnerabilities," *SESAME project*.

51   Carlson, J. M. and Doyle, J. (1999), "Highly Optimized Tolerance: A Mechanism for Power Laws in Designed Systems," *Phys. Rev. E* 60(2), 1412-1427.

52   Hohensee, G. (2011), *op. cit.*

성을 띄며, 복잡계를 설명하는 대표적인 확률분포인 멱함수 법칙을 따라서 폐사 또는 고장 등의 문제가 발생한다. 그러나 이 둘은 엄연한 차이가 있다. 하나는 생명 유기체이거나 자연계에 존재하는 것이고, 다른 하나는 전력시스템이나 비행기와 같이 인간이 특정한 목적을 위해서 만든 복잡한 시스템이라는 것이다. 미국의 칼슨(Calson)과 도일(Doyle)은 이 점에 착안해 SOC 모형과 유사하지만 다른 특징을 보이는 HOT 모형을 도입했다.

생명체나 모래더미의 예에서 볼 수 있듯이 외부 교란이 오면 이러한 시스템은 동질적인 반응을 하지만 인공적인 시스템은 각 하위시스템들이 다양한 반응을 수행한다(〈표 3.12〉의 11 참조). 또한 그 반응의 감도도 SOC 모형에서는 동일하다고 보는 반면에 HOT 모형에서는 교란의 크기에 따라 새로운 구조와 민감도로 이행한다고 보고 있다(〈표 3.12〉의 10 참조).

칼슨과 도일이 설명하는 SOC 모형과 HOT 모형의 가장 큰 차이는 HOT 모형은 인간이 만든 소프트웨어, 즉 자료(data)의 일련 또는 집합이라는 것이다(〈표 3.12〉의 1 참조). HOT 모형에서 대부분의 문제는 바로 자료의 특징에 의해서 나타난다. 이것은 자연계가 자연을 설계하는 방식과 인간이 기계 장치를 설계하는 방식이 다른 데서 기인한 것이다.

그 첫 번째 차이는 어떤 복잡시스템을 구성하는 내부 구성요소들의 배치가 SOC 모형은 공통의 기능을 염두에 두고 만들어지는 반면에, HOT 모형은 내부 구성요소들이 구조적이고 이질적인 요소로 구성되어 있다는 점이다. 박테리아의 유전자와 인간이 만든 기계에 내장된 중앙연산장치[53]만 보더라도 박테리아의 유전자는 서로 유사성이 크지만 인공적인 장치들은 각각 자기 나름대로의 기능대로 설계되는 이질성을 보이고 있다.[54]

두 번째 차이는 강건성이다(〈표 3.12〉의 3 참조). SOC 모형은 시스템 구성요소

---

53   CPU: Central Process Unit.

54   Carlson, J. M. and Doyle, J. (2002), "Complexity and Robustness," *PNAS*, Vol. 91, Suppl. 1, Feb. 19, 2538-2545.

표 3.12 SOC와 HOT의 비교

번호	특성	SOC	HOT /data
1	구성요소의 내부 배치	공통성, 동질성, 자기 유사성	구조적, 이질성, 자기 이형성
2	강건성	구성요소들이 포괄적으로 강건성을 지님	강건하나 깨지기 쉬움
3	시스템 강건도 파라미터 (density and yield)	작음	큼
4	최대 사건의 크기	극소	큼
5	대형 사건의 모양	프랙탈	단순함
6	멱함수 법칙의 작동원리	변곡점에서 내부적인 변동	강건함
7	멱함수 지수 α의 크기*	작음	큼
8	멱함수 지수 α의 차원**	$\alpha \approx (d-1)/10$	$\alpha \approx (1/d)$
9	DDOFs***	작음(1)	큼(∞)
10	모델 해결책 증가	변화 없음	새로운 구조, 새로운 민감도
11	외력에 대한 반응	동질성	다양성

* α의 크기가 작을수록 함수의 꼬리 부분이 두꺼워진다. 즉 사고의 가능성이 높게 나타난다.

** SOC는 차원이 높아질수록 $\alpha(d \geq 1)$의 값이 증가하는 비례관계에 있지만, HOT는 반비례하는 관계를 갖는다. 즉, SOC 모형의 대표적인 예인 산불(forester fire) 모델에서 산불이 진행되는 차원이 작을수록 진화가 쉽게 이루어진다. HOT 모형에서는 차원이 커질수록 α의 크기가 작아지며 이는 함수의 꼬리 부분이 두꺼워지는 것이며 사고의 가능성이 높게 나타난다. 즉 시스템의 복잡성이 커지면서 사고의 크기도 커지는 특징이 있다.

*** design degree of freedom : 시스템 변화 또는 진화에 필요한 파라미터의 종류의 수

자료: Carlson, J. M. and Doyle, J. (2002), p. 2538.

들 전체가 포괄적인 강건성을 지닌다고 보고 있다. HOT 모형에서 바라보는 시스템의 강건성은 SOC 모형의 그것보다 크지만 작은 사건으로 인해 무너질 수 있다고 본다. 인공적 산물들을 구성하는 요소들은 인위적으로 특정 목적을 달성하려하고 구성요소들이 하나둘씩 증가할 때마다 복잡성이 증가하고 동시에 시스템의 강건성도 증가해 외부의 변화로부터 시스템을 보호하고 견딜 수 있게 해준다. 즉 복잡성과 함께 강건성도 증가한다. 그러나 강건성은 큰 사고에 대해서는 유효하지만, 작은 사고(microscopic contingency)에 대해서는 깨지기 쉽게 설계되어

있다(robust but fragile). 이 중에서 가장 치명적인 사고가 소프트웨어의 실패(software failure)이다.

세 번째 차이는 SOC 모형은 시스템 내부의 피드백 작용과 인간의 설비 투자 등에 의해 최적화되어 있으며 안정화되어 있다고 본다. 이에 반해 HOT 모형에서는 이미 가장 상위의 단계에서 최적의 설계가 되었으며, 세부적인 요소를 추가하면서 하향적 최적화 과정을 갖는다. 이는 전력시스템의 상세한 세부사항에 의해 결정되는 체계적인 설계이다.[55] 따라서 사고도 SOC 모형에서는 시스템 내부에서 변곡점으로 이동하지만 HOT 모형에서는 시스템은 강건하나 외부의 교란에 대한 대비설계가 사전에 미리 마련되어 있는가가 중요하다(〈표 3.12〉의 6 참조).

네 번째는 멱함수 지수 α의 크기도 SOC 모형은 작지만 HOT 모형에서의 α는 이보다 크다고 보고 있다(〈표 3.12〉의 7 및 8 참조). 즉, SOC 모형보다 HOT 모형이 더 강건하다는 특징이 있다. HOT 모형은 앞서 설명한 설계의 자유도[56]가 큰데, 이것은 시스템 설계 시에 시스템에서 내외부에서 발생할 수 있는 사고를 견딜 수 있도록 많은 요소를 설계 단계에서부터 반영하기 때문이다(〈표 3.12〉의 9 참조). 다만, 설계 시에 고려하지 못한 사건이 발생하면 시스템은 취약하게 무너질 수 있는 맹점이 있는 것이다.

칼슨과 도일은 위와 같은 내용으로 SOC 모형과 HOT 모형을 〈표 3.12〉와 같이 자세히 비교했다.

---

55   Hohensee, G. (2011), *op. cit.*

56   DDOF: Design Degree of Freedom.

3.5 블랙아웃의 예측 가능성과 예방

3.5.1 블랙아웃의 진행 과정

대정전으로 진행되는 과정과 이의 복구에 대한 순환과정은 〈그림 3.20〉과 같다. 시스템은 항상 설계된 대로 움직이는 정상 상태를 유지해야 한다. 그런데, 이것이 외부적 요인이든 아니면 내부적 요인이든 정상 상태를 벗어난 이상 상황이 발생할 때가 있다. 이 중에서 일부는 자기 안정화로 인해 제거될 수도 있다. 이상 상황이 진화하게 되면 사건으로 된다. 물론 이상상황이 곧바로 사건으로 될 수도 있다. 이 사건이 전압 및 주파수 문제를 발생시키고, 때로는 특정 선로에 조류를 갑작스럽게 증가시키거나 과부하를 일으켜, 전력시스템의 정상 상태를 벗어나게 해서 시스템 비대칭 상태에 이르게 한다. 즉, 전력시스템의 특정 지점이 자신의 임계점을 넘는 상태에 다다르면, 이 부하를 다른 송전선에 떠넘기고, 동시에 여러 송전선이 임계점에 이르도록 하는 상태에 이르게 된다. 이것이 연쇄고장이다. 우

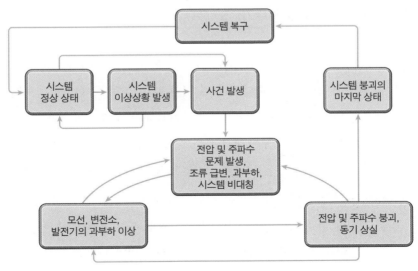

그림 3.20 전력시스템 운용의 구조

자료: Lu, W. *et al.* (2006), p. 433.

연한 지점에서 발행한 과부하가 모선, 변전소 및 발전기 전체의 과부하를 발생시키고, 연쇄적으로 다른 모선과 변전소 및 발전소에 영향을 미친다. 결국 이것이 완화되지 못하면 전압 및 주파수가 붕괴되는 시스템 붕괴가 발생하게 된다.

시스템이 붕괴되면 어떤 특정 상황에서 발생한 시스템을 다시 복구(restoration)하는 과정을 거쳐 시스템의 정상 상태를 만드는 것이다. 초기 사건이 시스템을 붕괴시키는 시간은 8~10여 초가 소요된다. 그러나 이를 복구하는 데에는 수일 내지 수 주가 소요된다.

장시간의 복구시간은 인간의 생명과 재산에 치명적인 손상을 미친다. 따라서 정전의 예방활동이 매우 중요하며, 사고 발생 시 신속한 복구가 필요하다. 다시 한 번 더 반복하지만, 정전의 예방활동은 사람이 계산하는 것은 불가능하며 컴퓨터가 실시간으로 자료를 받아 이를 분석해 해법을 제시함으로써 가능하다.

앞의 복잡시스템에서 설명한 바와 같이 송전선의 증가도 정전을 막는 데에는 한계가 있으며 오히려 잘못 설계된 네트워크는 취약성을 증가시킬 수 있다.

3.5.2 정전의 빈도와 발생주기

정전은 네트워크에서 발생하는 것이기 때문에 네트워크의 모양이나 연결 상태에 따라서 그 규모가 다양하다. 도시와 같은 부하 쪽에서 발생하는 정전도 있고 루프를 형성하고 있는 네트워크의 한가운데서 정전이 발생할 수도 있다.

배전 쪽의 가지 모양에서 사고가 발생하면 정전의 크기도 크지 않고 복구도 용이하다. 즉 노드(node)가 없는 쪽 또는 노드의 차원이 작은 쪽에서의 사고는 그 규모가 작게 발생하지만 많은 전력망이 루프(loop)를 형성하는 곳 특히 허브가 되는 지점에서 사고가 발생하면 연쇄고장으로 될 가능성이 매우 높다.

그런데 이 정전도 이론적으로는 발생 주기가 있다. 〈표 3.13〉에서 보는 바와 같이 호주에서 연구한 자료에 따르면 호주의 경우 500MW 미만의 부하에 영향을

표 3.13 정전의 발생주기에 대한 연구

정전의 크기(MW)	추정된 주기(년)	관측된 주기(년)
≥ 500	1.6	1.25
≥ 1,000	2.7	2.5
≥ 1,800	4.5	5
≥ 5,000	12.1	해당사항 없음
≥ 10,000	24.6	해당사항 없음
≥ 15,000	37.3	해당사항 없음
≥ 20,000	50.3	해당사항 없음
≥ 25,000	63.4	해당사항 없음

자료: ROAM Consulting Pty Ltd (2014), p. 19.

미치는 정전은 이론적으로 1.6년마다 한번 발생할 것으로 추정된다고 한다. 실제로 관측된 주기는 약 1.25년이라고 한다. 5,000MW 이상의 커다란 규모의 정전은 아직 관측되지 않았지만 이론적으로는 12.1년에 한 번 발생하고, 25,000MW 이상의 정전은 63.4년에 한 번 발생한다고 보고되고 있다.

　　미국 뉴욕만을 보면 1965년, 1977년, 2003년에 큰 규모의 대정전이 발생했었다.[57] 12년과 26년을 간격으로 시스템이 붕괴되었다.

3.5.3 전력시스템 붕괴의 예방기술

정전에 대해서는 복잡계적 시각으로 진화해 복잡계로서의 정전을 연구한 연구는 매우 다양하다. 복잡계적 관점의 연구는 선형적 사고의 틀과 배치되는 결과들을 많이 도출했다.

---

[57] Nye, D. E. (2010), *When the lights went out: A history of blackouts in America*, MA: Cambridge; London: MIT Press.

하인즈(Hines) 등은 크고 작은 정전의 발생빈도가 그 크기와의 관계에서 멱함수 법칙에 따른 확률분포를 갖는 이유[58]를 설명한다. 이것은 생각지도 않은 작은 사고가 연쇄적으로 확산되는 것과 관련이 깊다고 보고 있다. 지금까지 개별적인 사고의 분포를 가장 잘 설명하는 확률분포로는 쁘아송 분포이다. 그것은 어떤 개별 사건이 다른 사건에 영향을 받지 않는 독립사건이라는 전제에서 가능한 이야기이다. 시스템을 구성하는 설비 중 한 설비의 고장이 다른 설비와 관계가 있을 때에는 사고의 크기는 이 관계의 크기에 비례해 증가한다. 한 가지 사건으로 인해 여러 설비가 동시에 고장 나는 것을 공통원인고장(common cause failures)이라고 한다.

일반적으로 한꺼번에 동시에 많은 구성요소가 작동을 멈추게 하는 대형 재난(예컨대, 태풍)은 부분 정전을 불러일으킬 수 있으며 이것은 대규모 정전을 일으킬 수도 있다. 전력시스템에서 독립적으로 발생하는 아주 작은 사고가 커다란 사고를 불러일으킬 수 있다는 것이다.

하인즈 등이 정전을 예방하기 위해 제시한 사항은 다음과 같다. 첫째, 정전의 규모에 대한 발생빈도가 멱함수 법칙을 갖는다는 것은 어떤 임계부하 근처에서는 급작스러운 출력 상실을 가질 수 있다는 것을 의미한다. 둘째 적정한 순동예비력을 유지하는 것은 대규모 정전 위험을 줄이는 데 기여한다. 순동예비력이 많은 시스템은 꼬리가 지수함수적 모양을 가지며, 순동예비력이 줄어들수록 멱함수 형태를 갖는다.[59] 셋째, 보다 강건한 보호장치들이 시스템의 신뢰도를 증가시킨다. 즉 시스템의 사건이 멱함수 법칙을 따르더라도 그 기울기가 급격한 형태를 갖게 함으로써 꼬리의 두께를 얇게 만들어 사건 발생확률을 줄일 수 있다. 넷째, 즉각적인 발전기 제어가 대규모 정전을 막는 데 기여하며 빠른 제어가 발생할수록 멱함수의 꼬리 부분을 아래쪽으로 이동시킨다.

---

58   Hines, P. *et al.* (2003), *Cascading Failures: Extreme Properties of Large Blackouts in the Electric Grid*, Mathematics Awareness Month.

59   Hines, P., Apt, J., and Talukdar, S. (2009a), *op. cit.*, pp. 27-29.

그럼에도 불구하고 하인즈 등[60]의 다른 연구에서 그는 대정전을 예방하는 것은 불가능하다고 보고 있다. 오히려 이들은 탈룩타(Talukdar) 등이 제시[61]한 생존성(survivability)의 증대에 큰 관심을 갖고 있다. 탈룩타 등은 정전을 막는 데에 투자하는 것보다는 정전이 발생해도 피해를 최소화하는 정책을 강조했다. 우선 정전이 되어도 개별 소비자들이 더 오랫동안 생존할 수 있는 백업 장치를 마련해야 한다는 것이다. 이를 위해서는 핵심 설비를 지정하고 우선순위를 정해 이를 집행해야 한다는 것이다. 또한 가외성(redundancy)의 확보와 네트워크의 정교한 설계를 통해서 네트워크의 생존성을 증대시킬 수 있다고 보고 있다.

생존성 확보가 정전에 대한 수동적 대응이라면 기기 간 상호 이타적 반응(reciprocal altruism)은 보다 적극적인 대응이다. 전력시스템에 맞물려 있는 장치들이 임계점에 도달하지 않도록 스트레스를 상호 덜어주는 분산적인 정책이 필요하다는 것이다. 이를 위해서는 망에 대한 감시 정보가 전력시스템에 맞물려 있는 이해관계자들에게 공유되어야 한다고 본다.

한편 전력시스템의 크기도 정전의 규모에 영향을 미친다는 연구도 있다. 즉, 전력시스템이 커져도 일정 규모 이하에서는 정전의 규모가 크지 않지만 전력시스템이 일정 규모 이상이 되면, 즉 임계 규모를 벗어나면 정전의 영향을 받는 크기가 갑자기 증가한다. 이것은 연쇄고장의 위험을 증가시킨다.[62] 반면에 시스템에 연결되어 있는 고객의 수가 증가할수록 크고 작은 정전 횟수가 감소한다는 실증 연구도 있다.[63]

장(Zhang) 등의 연구[64]에서는 전력시스템의 망 구조를 복잡 네트워크 분석

---

60 Hines, P., Balasubramaniam, K., and Sanchez, E. C. (2009c), "Cascading failures in power grids," *IEEE Xplore*, September/October.

61 Talukdar, S. N. *et al.* (2003), "Cascading failures: Survival versus Prevention," *The Electricity Journal*, Nov., pp. 28-29.

62 Carreras, B. A. *et al.* (2003), *op. cit.*, figure 2.

63 Carreras, B. A. *et al.* (2003), *ibid.*

64 Zhang, G. *et al.* (2013), "Understanding the cascading failures in Indian power grids with complex

(complex network analysis)을 통해 분석했다. 시스템 노드의 부하 강도를 더 많이 버틸 수록 연쇄고장의 확률도 작아진다고 주장하면서 시스템의 견고성(tolerance)을 어느 정도 수준에서 결정하느냐가 중요함을 지적한 바 있다.

모사비(Mousavi)는 연쇄고장의 원인으로는 송전선의 과부하와 송전선 보호장치의 고장을 지목하고, 발전기의 1차 제어와 주파수 편차에 대한 부하응동(load response)도 중요하다[65]고 보았다.

쇼틀(Shortle) 등의 연구도 정전의 예방이 단순한 것이 아님을 잘 보여준다.[66] 첫째, 이들은 작은 규모의 정전을 줄이는 데 성공한 전략이 대규모 정전을 줄이는 데 반드시 최적의 대안이 될 수 없으며 그 역도 마찬가지라고 한다. 특히 작은 규모의 정전은 경험적인 처방을 통해서 최소화할 수 있지만, 대규모 정전은 보다 복잡한 대안을 통해서 최소화된다. 다른 말로 말하자면, 대규모 정전은 네트워크의 각 노드의 다양한 연결 통로의 자원을 분리함으로써 해결되는 것이 아니라 네트워크의 각 노드의 한 경로를 강화할 수 있도록 모든 자원을 집중함으로써 이를 피할 수 있다고 한다. 두 번째 새로운 선로를 기존 망에 추가해 설치하는 것이 문제해결의 근본 해법이 아니다. 새로운 선로는 설비에 대한 낮은 이용률과 전기 흐름의 경로를 증가시켜 오히려 더 많은 상정사고 시나리오를 낳을 뿐이라고 한다. 과부하된 선로의 수가 충분히 작아 모든 선로의 고장을 억제함으로써 규모가 작은 정전의 빈도를 줄일 수 있는 시뮬레이션을 해보면 대형 정전의 빈도가 극적으로 증가할 수 있음을 보여준다. 이는 마치 산불에서 작은 불을 막으면, 이것은 나무와 수풀의 밀도를 증가시키고 다시 이것은 큰 불에 민감하게 반응하는 것과 유사하다는 것이다. 대규모 정전이 멱함수 법칙을 준수하는 정도는 네트워크의

networks theory," *Physica A: Statistical Mechanics and its Applications*, Vol. 392, Iss. 15, 3273-3280

65 Mousavi, O. A., Cherkaoui, R., and Bozorg, M. (2012), "Blackouts risk evaluation by Monte Carlo Simulation regarding cascading outages and system frequency deviation," *Electric Power Systems Research*, 89, 163.

66 Shortle, J., Rebennack, S., and Glover, F. W. (2014), *op. cit.*, p. 51.

엔트로피(entropy)와 관련이 깊으며, 보다 불규칙적으로 연결된 네트워크가 보다 약한 멱함수 법칙의 꼬리를 갖는다고 한다.[67]

쇼틀 등의 연구와 대조적인 결론을 내놓은 연구도 있다. 웨이(Wei) 등의 연구에서는 연쇄고장의 문제를 막기 위해서는 네트워크의 모양이 중요함을 강조한다. 웨이 등은 정전을 예방하거나 그 크기를 줄이는 데 효과적인가를 비교하기 위해 2개의 가상 네트워크를 비교한다. 네트워크의 모양을 결정하는 지표는 노드의 차원(degree of node)이다. 웨이 등의 연구는 전력시스템의 네트워크의 모양은 '좁은 세상 네트워크'보다는 '척도 없는 네트워크'가 연쇄고장의 영향을 더 적게 받는다는 것이다. 그러나 전력망을 이상적인 척도 없는 네트워크로 구성하는 것이 타당함에도 불구하고 현실에서는 그 비용을 고려해야 하며, 계산을 수행해야할 노드와 에지(edge)가 증가할수록 컴퓨터 연산에 문제가 발생할 수 있다. 따라서 송전망 건설은 그 비용을 고려해서 증설을 결정해야 할 것이다.

도슨(Dobson)은 연쇄고장을 막는 두 가지 보완적 방법을 소개한다.[68] 첫 번째 방안으로는 현재 상태에서 시스템의 약점과 전력시스템 운용자들의 문제를 교정하기 위해 유용한 상정사고 분석(N-k contingency analysis)을 실시해 위험도가 높은 사건의 연속적 결과를 계산하는 것이다. 두 번째 방법은 신뢰도를 계량화하고 시스템 붕괴 관리에서 발생하지 않을 것 같은 다양한 사고를 포함해 작은 사고에 의한 시스템 붕괴의 가능성을 가늠해보는 것이다.

대규모 정전에 대한 문제는 너무 복잡해서 사람이 그 해법을 계산할 수 없다. 따라서 전력시스템 운용에서 연쇄고장에 의한 대정전을 예방하기 위해서는 SCOPF와 같은 프로그램을 이용해야 한다.

키르셴(Kirschen) 등은 SCOPF가 우리나라와 같이 전력시장이 자유화되기전 시장에서 자유화된 시장보다 더 잘 적용될 수 있음을 언급하고 있다. 즉 규제

67　Hohensee, G. (2011), *op. cit.*

68　Dobson, I. (2006), "Risk of Large Cascading Blackouts," *EUCI Transmission Reliability Conference*, Washington DC.

시장에서는 더 강력한 규칙이 존재하므로 발전사업자들이 이 규칙을 더 잘 따른다는 것이다.[69] 어떤 선로의 탈락 또는 발전기의 고장을 1개씩 가정해 안전도를 유지하도록 발전기의 출력을 제어하는 것을 SCOPF라고 한다. 일반적으로 SCOPF에서는 한 가지 사고가 나는 것(N-1)을 가정한다. 왜냐하면 SCOPF의 해는 5분에 한 번씩 산출되며 5분에 두 가지 사고가 동시에 발생할 확률은 작기 때문이다. 따라서 송전선의 구성 형태(topology)와 길이 및 발전기의 위치 등이 시스템의 안전도를 계산하는 데 매우 중요한 요인임을 알 수 있다. 이것에 대한 투자는 전력산업구조 개편 전 시장에서 오히려 활발한 투자로 이어질 수 있다. 그러나 투자의 증가가 안전도의 증가로 이어지는 것인가에 대해서는 물리학적인 분석을 통해서 결정되어야 한다는 것을 유념해야 할 것이다.

에토(Eto) 등[70]은 원인불명의 고장(hidden failure)에 대한 대비의 중요성을 강조한다. 갑작스러운 출력저하 등을 대비하기 위해서는 첫째 대형 발전기의 탈락에 대비해야 하고, 둘째 1차 제어 작용의 효율성을 최대화시키며, 셋째 신재생에너지 도입의 주파수에의 영향을 살피고, 마지막으로 1차 제어를 위한 순동예비력의 적정성은 AGC 조정 예비력의 적절성에 의존하므로 이를 적절히 확보해야 함을 강조하기도 한다.

원인불명의 고장이란 정상적 운용 상황임에도 불구하고 시스템 상의 기기의 고장이 감지되지 못하고, 무엇인가 잘못된 또는 부적절한 문제가 있을 때 작동하는 보호계전기가 작동해 전력시스템에 고장이 발생했다고 인식된 고장을 말한다.

첸(Chen) 등[71]도 원인불명의 고장에 대한 올바른 조치를 취할 수 있는 대안을

69 Kirschen, D. and Strbac, G. (2004), "Why Investments Do Not Prevent Blackouts," *The Electricity Journal*, Vol. 17, Iss. 2, 29-36.

70 Eto J. *et al.* (2010), *Use of frequency response metrics to assess the planning and operating requirements for reliable integration of variable renewable generation,*" LBNL, LBNL-4142E, pp. 81-87.

71 Chen, J., Thorp, J. S., and Dobson, I. (2005), "Cascading dynamics and mitigation assessment in power system disturbances via a hidden failure model," *Electrical Power and Energy Systems*, Vol. 27,

찾기 위해 간단한 직류 시스템으로 시뮬레이션을 수행한 바 있다. 결과적으로 전압이상이나, 주파수 교란 등의 문제에 대해서는 분석을 못했다는 한계를 지니지만, 정전 규모의 확률이 임계부하 규모 근처에서 급속하게 커지는 멱함수 법칙이 적용된다는 점과 감추어진 기기 고장을 대비하기 위해서는 순동예비력을 확보하는 것이 중요함을 강조했다. 물론 순동예비력이 많더라도 멱함수 법칙에 의한 그래프에서 벗어나는 것이 아니라 그 기울기가 급격히 커지는 것으로 여전히 대규모 정전의 확률은 존재한다.

모사비 등[72]도 원인불명의 고장에 대한 대비하기 위해 직류 시스템을 대상으로 몬테카를로 시뮬레이션을 실시해 이에 대한 대비책을 제시한다. 이 연구에서도 순동예비력의 중요성을 확보해야 함을 강조한다. 즉 순동예비력이 일정 수준 있어야만 시스템의 신뢰성이 담보되는 것이다. 물론 순동예비력이 비용효과적으로 유지되어야 할 것이다.

국제에너지기구(IEA: International Energy Agency)도 2003년 미국 동북부 블랙아웃 이후인 2005년에 정전 예방기술을 발표한 적이 있다.[73] 〈표 3.14〉는 이 기술들을 정리한 것이다. 여기에서도 전력망 감시시스템, 개선된 시스템 모델링, 그리고 개선된 시스템 시각화 도구의 중요성을 강조하고 있는데, 이는 EMS 기능의 일부이며 따라서 시스템 안전도를 관리할 수 있는 소프트웨어의 중요성을 보여주고 있다.

시스템 붕괴를 예방하는 것은 일반 국민이 할 수 있는 사안이 아니고 시스템 운용을 맡은 기관이 전문성을 확보해 EMS를 정상적으로 사용해 컴퓨터의 도움을 받는 시스템 운용(computer-aided dispatch)을 해야만 가능하다. 전력시스템 운용자는 EMS를 사용해 송전선이 과부하 상태로 되지 않도록 하고 연쇄고장이

318-326.

72 Mousavi, O. A., Cherkaoui, R., and Bozorg, M. (2012), *op. cit.*

73 Cooke, D. (2005), *Learning From the Blackouts: Transmission System Security in competitive Electricity Markets*, Paris: IEA(International Energy Agency), pp. 144-147.

표 3.14 IEA의 정전 방어기술

기술	설명	기술개발 상태
고온 초전도 케이블 (high-temperature superconducting cables)	초전도 세라믹 케이블은 동급 송전선보다 낮은 저항으로 많은 전류를 흐르게 하는데, 현재의 선로에서 보다 많은 전력량을 보낼 수 있다. 그러나 필요한 냉각 비용이 높아 경제성이 없다.	시범 진행 중인 전류 흐름을 스스로 억제하는 최대 400 피트(ft.)를 가진 시범 사업은 상용화에 근접했다.
지중 케이블 (underground cables)	지중화 케이블은 가공선로가 건설되기 어려운 지역에 낮은 전자파로 전력을 보낼 수 있다. 이는 가공선로보다 비용이 약 5배에서 10배 더 소요되며 전기적 성질상 교류(AC)의 경우에는 약 25mile로 제한된다.	가공선로가 실용적이지 못한 도심 지역이나 수중에서 사용된다. 비용 절감을 위한 연구개발이 진행 중이다.
개량 복합도체 (advanced composite conductors)	철심이 아닌 복합 코어를 가진 새로운 송전 도체는 현재의 선로보다 많은 전력을 보내면서 경량일 뿐만 아니라 고용량의 전력을 수송할 수 있다.	현재 상업적 실험이 시작되었으며, 전체 비용을 줄이기 위해서는 더 많은 실험이 필요하다.
조밀 송전선 배치 (More compact transmission-line configurations)	현재 선로보다 더 많은 전력을 보내기 위해 컴퓨터로 최적화해서 새로운 철탑 경과지를 설계한다.	가능한 방법이며, 이용이 증대되고 있다.
6상 또는 12상 송전망 구성	고압 송전망은 일반적으로 3상이다. 6상 또는 12상을 사용하면 더 많은 위상 상쇄 효과(phase cancellation)로 전자기장이 감소한다.	시범 선로가 건설 중이다. 가장 중요한 관건은 현재의 3상 시스템과의 연계 문제이다.
모듈식 장치	모듈식 장치의 설계는 송전선 변경을 쉽게 함으로써 송전시스템에 유연성을 제공한다. 변압기와 같은 중요 기기에 예비적으로 설치해 놓음으로써 비상시 급전을 용이하게 한다.	많은 표준이 이미 존재하나, 아직 확산되어 있지는 않다.
초고압송전선	초고압송전선은 고압보다 많은 전력을 수송한다. 초고압은 기술적으로 현재 가능하지만 기존 선로보다 크며, 무효전력이 증가하고 보다 높은 전자기장이 형성된다.	일본에서는 현재 1,000kV정도까지 사용되고 있다. 전자기장 및 기존 선로와의 기술적 문제 등이 그 사용 판단에서 제한사항으로 작용하고 있다.
고압직류 송전 (HVDC)	HVDC는 장거리 전력수송을 위해서 경제적이고 제어 가능한 전력 공급의 대안으로 출현했다. DC는 비동기화된 시스템과도 연결이 되며 지하나 해저 등으로 장거리 수송이 가능하다. 교류-직류 상호 간 변환 비용이 현재 사용의 제약사항이다.	변환 비용이 감소함으로써 직류 사용이 대안으로 증가하고 있다. 대부분의 상업망에서 HVDC를 사용하고 있다.
에너지 저장 장치	에너지 저장장치는 저비용, 경부하 시간대에 에너지를 저장했다가 고비용 피크부하 시간대에 이를 이용해 발전하게 한다. 몇몇 에너지 저장장치는 시스템 제어를 향상시키는 데 사용된다. 관련 기술은 양수, 압축공기, 초전도 자기에너지 저장장치(SMES), 플라이휠과 배터리가 있다.	아직 상용화를 위한 기술 개발 단계이며, 경제성이 실용화가 관건이다.

(계속)

기술	설명	기술개발 상태
개선된 전력 감시 시스템 (enhanced power device monitoring)	송전선, 케이블, 변압기 등 많은 각종 전력시스템 장치의 운전은 열적 특성에 의해서 제약을 받는다. 이러한 장치의 고압 운용은 직접적인 열계측이 어렵다. 계측의 어려움은 보수적인 운전을 하게 하며 송전선의 용량을 적절하게 사용하지 못하게 하고, 운전의 유연성을 떨어뜨린다. 개선된 동적 감지 장치는 송선 시스템의 용량과 운용 유연성을 증대시킬 수 있다.	현재까지 상용화된 시스템은 동적으로 송전선 용량 제약을 확인하면서 전도체들의 열적 완화를 측정할 수 있다. 동적 변압기(dynamic transformer)와 케이블 계측 기기는 현재 상용화되어 있다.
시스템 상태 직접 감시 센서 (direct system state sensors)	어떤 상황에서, 송전시스템의 용량은 지역의 동적 제약에 의해서 제약된다. 시스템 전압 및 전력조류 센서는 개선된 시스템 제어를 수행함으로써 시스템 운용상황을 직접 계측한다.	고속도의 전력시스템 측정 기기(예: phase measurement units)는 이미 실용화되어 있으며 사용 중이다. 전력시스템의 실시간 제어가 가능한 계측을 사용하기 위한 연구개발이 진행 중이다.
개선된 시스템 모델링 (enhanced system modeling)	확률적 위험평가를 수행함으로써 송전시스템을 보다 정확하게 파악하고 동적 모델링은 보다 유연한 전력시스템 운용을 할 수 있도록 하며, 실시간 운전 상황에서 사고를 예방할 수 있으며, 시스템 안전도를 관리할 수 있도록 한다.	소프트웨어 프로그램은 운용 계획과 시스템 관리에 대한 확률적 기법이 도입됨에 따라 개선되고 있다. 계획 도구는 미국의 여러 전력회사에 도입되어 있으며, 계속 개발 중이다.
개선된 시스템 시각화 도구 (enhanced system visualization)	동적 시스템 운용 상태에 대한 향상된 실시간 시각화 기술은 운전원이 상황을 인식하는 데 중요한 역할을 하며 비상상황 시 대응능력을 향상시켜 준다.	실시간 시각화 도구는 개발되었다. TVA 등에서 현재 시험 중이다.

자료: Cooke, D. (2005).

일어나지 않도록 발전기의 출력을 조정해야 한다. 이것을 위한 EMS의 기능인 전력시스템 감시기능, 상태추정 프로그램, 상정사고 분석 프로그램, 그리고 SCOPF 등을 사용해야 하는 것이다.

특히 미국의 대정전 사후 기술분석보고서를 치밀하게 검토해 예방대책을 마련하는 것과 같은 피드백 과정이 있어야 한다. 현재와 같은 복잡한 전력시스템을 운용함에 있어서 수동으로 또는 경험을 중시하는 시스템 운용 관행으로는 엄청난 위기를 불러올 수 있다는 것을 숙지해야 한다. 특히 지역주민의 반대로 인한 송전선 건설 부진 문제를 해결하기 위해서는 시급히 대책을 수립해야 하며, 그 대책 가운데 하나가 직류 송전망을 건설하는 것이다.

전력시스템의 복잡성과 시스템을 운용함에 있어서 매일 변화하는 상황에 대응해야 하는 책무가 주어져 있을 때에 잘못될 수 있는 일이 대단히 많은데 이러한 것을 생각해보면 "왜 대규모 정전이 거의 발생하지 않을까?" 하는 의문이 일어난다. 대규모 정전 또는 블랙아웃은 흔히 발생하지 않는다. 왜냐하면 시스템 운용의 책임을 맡고 있는 전력시스템 운용자 및 시스템의 소유주들과 운용원은 "심층방어(defense in depth)"를 실행하기 때문이다. 이것은 안전도 유지에 관련된 관행 및 다중 보호설비가 많기 때문이다.

첫째, 장기계획에서의 평가가 존재하기 때문이다. 1년 앞의, 한 계절 앞의, 한 주 앞의, 내일의, 그리고 다음 시간과 실시간의 시스템 운용의 상정사고 분석 등을 포함한 엄밀한 계획 및 운용대책이 존재한다. 계획 입안자와 운전원은 시스템의 상태를 평가하기 위해 이 자료를 사용하고, 발생확률이 낮은 것부터 시작해 발생확률은 낮지만 미치는 영향이 심각한 것까지를 고려해 문제점을 예상하고, 사고가 발생할 경우에 안전한 시스템 운용 상태를 확보하기 위해 한계와 규칙에 대한 확실한 이해를 높인다. 만약 하나의 연계지역 내에 다중사고가 일어나면 이 사고는 확률적이라기보다는 상호 연관되고 의존적이므로 계획 단계에서 충분히 예상되어야 한다.

둘째, 최악의 상황에 대해 대비하기 때문이다. 시스템 운용규칙은 단일 최악의 사고가 발생해도 시스템이 안전하게 유지되도록 준비하는 것이다.

셋째, 신속 대응능력을 준비하고 있기 때문이다. 일어날 수 있는 가능성이 있는 문제는 처음에는 규모가 작고 국지적인 상황으로서 발생한다. NERC의 시스템 운용관행을 이용해 조그만 국지적인 문제가 재빨리 책임을 갖고 처리된다면(특히 30분 이내에 $N-1$ 상태의 정상상태로 복귀한다면) 이 문제는 통상적으로 해결될 수 있는 것이며 더 큰 사고로 확대되지 않도록 통제된다.

넷째, 발전설비와 송전설비의 여유를 확보해 운용한다. 이것은 매일의 시스템 운용의 완충제를 제공하는 것이며 작은 문제가 큰 문제로 확대되는 것을 예방한다.

다섯째, 중요한 기능에 대한 백업 능력을 확보한다. 대부분의 설비 소유주와 운전원은 이미 가동되어 있는 잉여설비(발전 중인 발전기의 여유출력의 합인 순동예비력과 송전선의 여유용량과 컴퓨터, 그리고 기타의 시스템 운용 제어시스템의 한계) 등과 같은 백업능력을 유지하고, 설비고장에 대비해 예비부품의 재고를 유지한다.

그러나 심층방어 시스템에도 불구하고 예상치 못했던 몇 가지 사고발생의 조건이 일치하면 2003년 8월의 미국 동북부에서 발생한 것과 유사한 대정전이 발생하는 것이며, 이를 방어하기 위해서는 컴퓨터 프로그램의 지원을 받는 것이 반드시 이루어져야 한다.

3.5.4 전력시스템 붕괴를 예방하기 위한 조직

미국의 사회학자 찰스 페로(Perrow)는 정상사고(normal accident)라는 이론을 제창했다.[74] 그는 미국 스리마일 섬(Three Miles Island)의 원자력 사고를 조직론적으로 접근해 복잡한 시스템에 대해서는 사고를 피하기 어렵고 이를 받아들여야 한다는 이론을 주창했다. 즉 사고는 정상적으로 발생하는데 이것이 정상사고 이론이다. 정상사고 이론은 설비를 중요한 설비를 취급하는 기관의 의사결정 구조와 설비의 관계에 대한 것이다.

페로는 첫 번째로 조직의 결합성(coupling)에 대해서 다룬다. 조직은 일반적으로 외부와 상호 작용을 하며, 고립되어 홀로 그 영역을 유지하는 조직은 거의 없다. 조직이 상호관계를 하면서 생성되는 특징이 결합성이다. 페로에 따르면 조직의 복잡한 상호작용과는 독립적인 관계로서 결합성이 존재한다고 한다.

그는 결합성을 그 정도에 따라서 '강한 결합성'과 '느슨한 결합성'으로 구분

---

74 Park, H. (2010), *The social structure of large scale blackouts changing environment, institutional imbalance, and unresponsive organizations*, the degree of Doctor of Philosophy Graduate Program in Planning and Public Policy, Graduate School - New Brunswick Rutgers, the State University of New Jersey.

했는데, 강한 결합성과 느슨한 결합성은 시스템간의 관계를 조정하거나 통제하는 장치의 유무에 의해서 결정된다.[75] 결합성은 시스템의 상호 작용이 타 시스템에 영향을 미치는 시간지연이 중요한 요인으로 작용한다. 즉 강한 결합성을 가진 시스템 관계는 하나의 시스템 상태에 대한 정보가 즉각적으로 다른 시스템에 영향을 미치지만, 느슨한 결합성을 가진 관계는 하위시스템 간의 영향력이 전달되는 시간적 여유가 상대적으로 길게 존재해, 이에 대한 대처를 할 수 있게 된다. 강한 결합성을 갖는 조직은 하드웨어에 의존성이 강한 조직, 이를테면 원자력발전소, 항공사, 수력 댐, 화학공장 등과 같은 조직이 여기에 속하며, 느슨한 결합성을 특징으로 보여주는 조직은 학교, 이익단체 등과 같이 주로 제도의 가치가 조직의 핵심을 이룬다.

페로가 조직의 의사결정의 구조를 다루는 두 번째 특징은 복잡성이다. 여기에서의 복잡성은 조직이 갖는 하부조직의 수라든가 조직의 분화수준이 복잡성을 결정하지 않는다는 점이다. 조직이 결과물을 산출하기 위한 과정에 초점이 맞추어져 있다. 페로는 복잡시스템(complex system)의 특징을 선형시스템(linear system)과 대조해 설명하고 있다. 선형시스템은 산출물을 산출하는 하부조직 간에 공간적으로 격리되어 있으며, 특정 목적을 위해서 조직 간에 전용으로 연결(dedicated connection)되어 있다. 또한 문제 해결에 다수의 대체품이 존재하고, 조직 간 제어의 피드백이 상대적으로 적으며, 문제를 풀기 위해 필요한 지식도 포괄적인 지식이다. 반면에 복잡한 시스템은 중간 산출물 간에 서로 공간적으로 근접해 있으며, 중간 산출물 간의 피브백과 다수의 제어 과정이 필요하고, 상호 연결된 하부시스템 그리고 문제 해결을 위한 전문적인 지식이 있다는 것이다. 조직의 복잡성은 조직이 관련을 맺는 개체 수의 다양성에 의해서 발생하지만, 관련 조직 혹은 하부 조직이 다양하다고 해서 복잡성을 띄는 것은 아니다. 오히려 적은 수의 조직 간 관계, 하부조직 관계를 맺더라도 피드백이 얼마나 생성되는가가 복잡성을

---

75   Perrow, C. (1986), *Complex organizations: a critical essay*, Random House.

표 3.15 순환정전의 조건

구분		복잡성	
		선형(linear)	복잡(complex)
결합성	강함	• 강한 연결을 다루기 위한 집권성 • 선형적 상호작용에 대한 집권성 • 예: 댐, 연속적 생산공정, 철도 및 해상 운송 1	• 강한 연결을 통제하기 위한 집권성 • 의도되지 않은 상호작용을 통제하기위한 분권성 • 예: 원자력발전소, 화학공장, 항공기, 우주 탐사 등(전력시스템)[76] 2
	느슨함	3 • 집권 혹은 분권 • 엘리트들의 취향과 전통적 방법에 의한 해결 • 예: 대부분의 제조업, 한 가지 목적의 조직(우체국 등)	4 • 복잡성을 통제하기 위한 분권성 • 느슨한 연결에 대한 분권성 • 예: 복수목표조직, 연구개발조직

자료: Perrow, C. (1986), p. 150.

좌우한다.

페로는 조직의 복잡성과 결합성을 의사결정과 연결시켜 설명한다. 그에 의하면 강한 결합성은 집권된 의사결정을 요구하는 반면에 복잡성은 분권화된 의사결정을 요구한다고 한다. 이것이 바로 의사결정 구조의 딜레마를 형성하는데 그 상황은 〈표 3.15〉에서 나타나 있다. 그는 특히 강한 결합성과 복잡성이 함께 존재하는 2분면의 문제점을 지적하고 있다. 즉 복잡성은 분권적인 의사결정 구조를 원하지만 강한 결합성으로 말미암아 문제해결을 위한 올바른 해결책을 이해할 수 있는 사람이 이를 통제해야 한다는 상황에 처하게 되어 있다는 것이다. 대부분의 위험 산업 조직은 2분면, 즉 복잡하고 강한 결합성이 작용하는 조직인데, 페로는 2분면에 해당하는 조직들의 의사결정구조는 상충되는 구조를 가지고 있다는 것이다. 2분면에서 문제해결은 개인의 학습과 의사결정이 중요한 역할을 하게 된다. 그런데 〈표 3.15〉에서와 본 바와 같이 2분면에 속하는 조직은 기술적 통제가 강하게 작용하는 조직들임을 알 수 있다.

페로의 이론을 적용해본다면 전력시스템은 매우 복잡하고 구성요소 간의 연결성이 매우 강한 시스템이므로 강한 연결성을 통제하기 위해서는 조직은 집권화된 구조를 이루어야 하지만, 예기치 못한 사고가 발생했을 때에는 조직 구성원들의 순간순간의 판단에 기초한 처방이 이루어져야 하므로 분권성이 요구된다.

의사결정의 집권성에 대한 문제는 강한 규제활동과 부합되나, 의사결정의 분권성에 대한 문제는 규제활동과 부합되기 어렵다. 따라서 획일적인 규제보다는 전력시스템의 조직활동 중에서 결합성이 상대적으로 느슨한 분야에 대해서는 규제활동을 대폭 강화하고, 결합성과 비선형성이 강한 분야에 대해서는 교육훈련이나, 안전 문화 등에 대한 교육 측면에서 보완하는 방향이 도움이 될 것이라고 판단된다. 상대적으로 느슨한 활동으로는 자재 구매 및 전력 판매, 내부 감사 등이 있으며, 결합성이 강하고 복잡한 활동으로는 기기 조작과 직접적 관련이 있는 운전, 유지 보수, 실험 활동 등을 지칭한다.

인간이 환경을 해석하는 과정에서 나오는 정보지연에 의해서도 문제 발생의 크기는 증폭하는데 혼돈을 방지하기 위해서는 명확한 가치의 우선순위를 부여해 조직 내부에서의 규칙을 만들고 이를 지키면 면책해주어야 한다.

전력시스템과 같은 복잡조직의 운용에 종사하는 전력시스템 운용자의 지식 수준 향상도 매우 중요한데, 분권적으로 빠른 의사결정을 내릴 경우 불안정한 시스템 상태를 보다 빨리 복구시킬 수 있다. 정보통신기술의 발달로 컴퓨터의 의사결정 지원 분권적 의사결정의 가능성이 높아졌다.

---

76 페로(Perrow, 1986)의 책에는 없지만 그가 2007년에 저술한 Perrow, C. (2007), *The Next Catastrophe: Reducing Our Vulnerabilities to Natural, Industrial, and Terrorist Disasters,* Princeton University Press.에서는 전력시스템 붕괴를 재난의 목록에 포함시켰으며, 이를 저자가 여기에 추가한 것이다.

3.6 전력시스템의 복구, 블랙스타트

3.6.1 전력시스템의 중요성

먼저, 전력시스템이 현대사회에서 어느 정도 중요한 역할을 수행하고 있는지 살펴보도록 하겠다. 국가중요시설 간의 상호의존도와 중요도를 도출한 연구가 있는데 이 연구의 결과물의 하나로 제시된 것이 〈표 3.16〉이다.[77] 표의 가로방향(행)은 해당 기반시설의 타 시설 분야에 대한 미치는 영향(중요도)을 의미하며, 세로방향(열)은 해당 기반시설의 타 시설 분야에 의존하는 정도(의존도)를 지칭한다.[78] 이에 따르면 전력시스템은 중요도는 39.7점, 총 의존지수는 37.6점으로 나타나 전력시스템은 영향을 미치는 정도나 영향을 받는 측면에서 가장 중요한 인프라라고 할 수 있다.

이 국가·광역 수준의 영향요인 분석은 단위 국가기반시설과 달리 기반시설 간의 상호의존도-중요도 매트릭스를 활용해 만들어진 것이다. 19개 국가기반분야 간 상호의존도 및 중요도는 인적·경제적·사회적 영향요인을 근간으로 결정해야 하는데, 이를 위해 분야별 전문가들의 의견을 수렴한 결과이다.

경제적인 측면에서도 전력시스템은 매우 중요하다. 즉, 전력과 소득은 밀접한 관련이 있다. 전력소비량이 증감한다는 것은 그만큼 인간의 경제활동이 증가한다는 것을 의미한다. 우선 소득과 전기 소비량의 관계에 대해서 살펴보도록 하겠다. 〈그림 3.21〉은 2011년 1인당 GDP와 1인당 전기소비량의 관계를 나타낸 그래프이다. 이 그래프는 전 세계적으로 1인당 GDP 10%가 증가하면 1인당 전기사용량이 약 9% 증가하는 함수관계가 있다는 것을 의미한다. 1인당 소득과 전기사용량이 높은 정의 관계에 있음을 보여준다.

---

[77] 한국건설기술연구원(2012), 『국가기반체계 보호전략 개발연구』, 행정안전부.

[78] 상호의존도와 중요도는 0에서 3까지 점수를 부여했으며, 전문가들의 응답을 평균해 최종적인 의존도 및 중요도를 도출한 것이다.

표 3.16 상호의존도–중요도 매트릭스(예시)

의존도 ＼ 중요도		에너지			정보통신		교통수송						금융	보건의료		원자력	환경	식용수		정부중요시설	총중요도지수
		전력	가스	석유	통신망	전산망	철도	항공	화물	도로	지하철	항만	금융	의료서비스	혈액	원자력	매립	댐	정수장	정부중요시설	
에너지	전력	-	1.8	2.0	2.7	2.7	2.1	2.1	1.2	1.3	2.9	1.7	3.0	2.8	2.3	3.0	1.5	1.2	2.7	2.7	39.7
	가스	1.8	-	1.5	-	-	-	-	-	1.0	-	-	1.0	1.5	-	2.0	1.0	-	-	1.3	11.0
	석유	2.0	1.5	-	2.0	2.0	1.8	2.9	2.7	2.0	1.5	2.2	1.0	1.0	1.0	2.0	1.0	1.0	2.0	1.0	30.6
정보통신	통신망	1.7	1.0	1.3	-	2.4	2.0	2.4	1.5	1.6	1.9	1.4	2.4	1.6	1.5	1.7	1.0	1.3	1.3	2.7	30.7
	전산망	2.4	1.0	1.3	2.6	-	2.3	2.6	1.2	1.5	2.0	1.5	3.0	1.7	1.8	2.0	1.0	1.7	1.5	2.6	33.5
교통수송	철도	2.3	1.0	1.4	2.3	2.7	-	1.0	1.9	1.5	2.0	1.4	-	-	1.0	-	1.0	-	-	1.3	20.7
	항공	2.0	-	2.0	2.5	3.0	1.5	-	1.5	2.0	1.5	1.5	-	1.0	1.0	-	-	-	-	1.3	20.8
	화물	1.5	1.6	2.2	2.0	2.0	1.6	1.3	-	2.0	2.0	1.3	-	1.0	1.0	1.0	2.0	-	-	1.3	23.5
	도로	1.3	1.8	2.0	2.4	2.2	1.2	1.7	2.7	-	1.3	-	3.0	1.0	1.0	1.0	1.0	1.0	1.0	1.3	29.8
	지하철	3.0	-	2.0	2.3	2.5	2.0	1.3	2.0	1.2	-	1.5	-	1.0	-	-	-	-	-	1.5	20.3
	항만	1.7	1.8	2.0	2.0	2.0	1.3	1.4	1.5	1.5	-	-	-	1.0	1.0	-	1.0	-	-	1.3	20.8
금융	금융	3.0	-	2.0	2.0	2.5	-	1.0	-	1.0	1.0	-	-	1.5	1.0	1.0	-	-	1.0	2.0	19.0
보건의료	의료서비스	2.0	-	2.0	2.0	2.0	-	1.0	1.0	1.5	1.0	-	1.0	-	2.5	1.0	-	-	-	1.0	19.0
	혈액	3.0	-	2.0	2.0	2.5	-	1.0	1.0	1.0	-	-	-	2.8	-	1.0	-	-	-	1.0	20.8
원자력	원자력	2.7	1.7	2.0	2.3	2.3	2.0	2.0	1.0	1.5	1.5	2.0	1.3	1.0	1.0	-	1.0	1.7	2.0	2.3	31.3
환경	매립	1.0	1.0	1.0	-	-	-	-	1.5	-	-	-	-	1.0	-	1.0	-	2.0	-	3.0	11.5
식용수	댐	1.4	-	2.0	2.0	2.0	-	-	-	1.0	1.0	-	-	-	-	1.5	-	-	2.3	1.3	14.5
	정수장	3.0	-	3.0	3.0	3.0	-	1.0	1.0	2.0	-	-	1.0	2.5	1.0	3.0	1.0	2.5	-	2.3	29.3
정부중요시설	정부중요시설	2.0	1.0	2.0	2.5	2.5	1.0	1.0	1.0	2.0	1.0	1.0	1.0	2.0	1.0	1.7	2.0	2.0	2.0	-	28.7
총 의존도지수		37.6	15.2	33.9	37.6	38.8	18.9	23.5	21.7	28.1	23.1	17.1	18.8	24.0	17.4	22.9	16.0	14.3	15.8	30.8	
우선순위지수		77.2	26.1	64.4	68.2	72.3	39.5	44.3	45.1	57.9	43.3	37.9	37.7	43.0	38.1	54.1	27.5	14.3	45.0	59.4	

자료: 한국건설기술연구원(2012), p. 150.

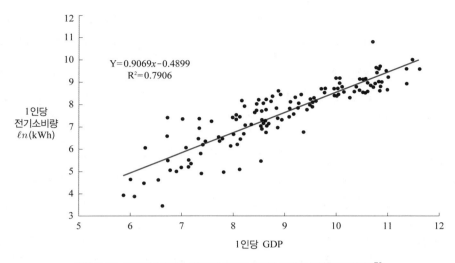

$Y=0.9069x-0.4899$
$R^2=0.7906$

그림 3.21 2011년 1인당 GDP와 1인당 전기소비량의 관계(로그함수)[79]

한편, 〈그림 3.22〉는 1인당 GDP 상위 30개국의 동일 자료를 바탕으로 두 변수의 관계에 대해 나타낸 것이다. 〈그림 3.22〉에서는 1인당 국내총생산과 1인당 전기소비량의 관계는 전 세계 평균보다는 약한 관계로 변화함을 보여준다. 이

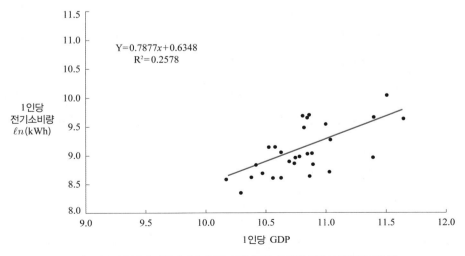

$Y=0.7877x+0.6348$
$R^2=0.2578$

그림 3.22 2012년 기준 1인당 GDP 상위 30위 국가의 전기소비량(로그함수)

는 소득수준인 높은 나라의 경우 국가별 지리적 위도 및 산업구조에 따라 전기사용량에 차이가 크게 나타나기 때문이다. 특히 유럽의 위도가 높은 국가가 포함되었기 때문에 전력소비와 소득의 관계가 전 세계 국가를 대상으로 한 것보다는 다소 약화된다. 그럼에도 불구하고 전력소비량과 소득은 양의 관계가 있음을 알 수 있다.

다음으로는 전력 용량의 현황에 대해서 살펴보겠다.

〈표 3.17〉은 주요국가의 전력소비량과 최대부하를 보여준다. 대부분의 국가가 전력 용량과 최대부하가 같은 방법으로 증가하는 모습을 보여준다. 우리나라의 경우 발전설비 용량은 94.19TW(2011)[80]로서 9위, 최대부하는 75.99TW(2011)로서 5위, 전력소비량도 492.6TWh로 5위를 기록하고 있다. 앞의 순위 중에 고립시스템(island system)으로 구성된 우리나라 시스템은 세계 각국의 전력시스템과 비교해볼 때 대단히 규모가 큰 전력시스템이다.

우리나라의 경우에 2011년 기준으로 국민 한 사람이 1kWh를 사용할 때마다 2.28달러의 국내총생산의 성과를 올렸다. 이것의 역은 만약 전력시스템이 붕괴되어 1kWh를 사용하지 못할 때마다 1인당 2.28달러를 생산하지 못한다는 것을 의미한다.

전력시스템의 규모가 큰 만큼 전력시스템의 붕괴가 일어나지 않도록 관리하는 것이 매우 중요하다. 〈표 3.17〉의 자료 분석에 따르면 만약 우리나라에 전력시스템 붕괴가 발생한다면 2012년 기준으로 하루에 33억$(약 3조 3천억 원) 이상의 피해가 발생할 것으로 예상되기 때문이다. 여기에 국민의 생명에 문제가 생긴다면 국가 재난 중에서 가장 규모가 큰 재난 중에 하나가 될 것으로 예상된다.

---

79   World Bank, 〈http://data.worldbank.org/indicator/EG.USE.ELEC.KH.PC.〉

80   테라와트.

표 3.17 주요 국가의 전력소비량과 최대부하

국가명	설비 용량 (TW)	최대부하 (TW)	소비량 (TWh)	평균부하 (MW)	2012년 GDP (억$)	1시간당 GDP (억$)	1일 평균 피해액 추정 (억$)
독일	177.29	–	539.5	61,587	35,332	4.03	96.80
미국	1067.90	782.47	3831.0	437,329	161,632	18.45	442.83
일본	295.23	155.95	937.0	106,963	59,545	6.80	163.14
캐나다	134.20	–	531.7	60,696	18,214	2.08	49.90
대한민국	94.19	75.99	492.6	56,233	12,228	1.40	33.50
프랑스	129.24	102.1	454.2	51,849	26,867	3.07	73.61
영국	94.50	57.49	325.3	37,135	26,149	2.99	71.64
이탈리아	124.23	54.11	307.2	35,068	20,918	2.39	57.31
스페인	105.16	43.01	245.5	28,025	13,557	1.55	37.14
멕시코	62.14	40.4	235.9	26,929	11,865	1.35	32.51
호주	63.22	40.12	221.2	25,251	15,344	1.75	42.04
터키[81]	57.06	37.18	194.9	22,249	7,889	0.90	21.61
폴란드	35.28	24.23	133.2	15,205	4,962	0.57	13.59
스웨덴	37.84	26.2	130.3	14,874	5,439	0.62	14.90
노르웨이	32.28	23.99	115.7	13,208	5,000	0.57	13.70
네덜란드	29.92	16.83	111.3	12,705	8,231	0.94	22.55
벨기에	20.77	13.14	84	9,589	4,989	0.57	13.67
핀란드	16.91	14.47	82.1	9,372	2,558	0.29	7.01
오스트리아	22.92	10.11	64.4	7,352	4,076	0.47	11.17
칠레	18.15	8.98	62.9	7,180	2,663	0.30	7.29
스위스	20.31	10.24	59.0	6,735	6,661	0.76	18.25
체코	20.45	11.321	58.8	6,712	2,068	0.24	5.66
그리스	22.31	9.89	53.6	6,119	2,495	0.28	6.84
이스라엘	14.40	11.69	52.2	5,959	2,572	0.29	7.05
포르투갈	19.75	8.55	47.1	5,377	2,180	0.25	5.97

81   2015년 4월 1일 오전 10시경, 터키도 대정전을 겪었다.

국가명	설비 용량 (TW)	최대부하 (TW)	소비량 (TWh)	평균부하 (MW)	2012년 GDP (억$)	1시간당 GDP (억$)	1일 평균 피해액 추정 (억$)
뉴질랜드	9.49	6.21	39.2	4,475	1,715	0.20	4.70
헝가리	9.40	6.46	34.2	3,904	1,268	0.14	3.47
덴마크	14.07	6.22	32.3	3,687	3,223	0.37	8.83
슬로바키아	8.41	4.94	24.9	2,842	927	0.11	2.54
아일랜드	8.77	4.64	24.4	2,785	2,220	0.25	6.08
아이슬란드	2.66	2.22	16.5	1,884	142	0.02	0.39
슬로베니아	3.35	2.07	12.7	1,450	463	0.05	1.27
에스토니아	2.92	1.75	7.4	845	227	0.03	0.62
룩셈부르크	1.79	1.02	6.3	719	563	0.06	1.54

자료: GDP 자료-World Bank; 전력 관련 자료-IEA/OECD electricity information 2014.

3.6.2 블랙아웃의 영향

정전의 규모에 따라 그 영향의 범위는 상이하다. 〈표 3.18〉은 NERC가 정전의 규모에 따라 영향을 받는 수요자들의 규모를 제시한 것이다.

여기에서 가장 중요한 사건은 전력시스템 붕괴와 관련된 사건이다. 전력시스템이 붕괴되는 상황이 발생하면 모든 도시시스템, 의료시스템, 군사시스템, 행정시스템, 금융시스템 및 정보시스템 등이 일시에 마비된다. 전력시스템 붕괴 조건이 형성된 후 10초 이내에 전국의 발전기가 동시에 정지해 버리고 전기공급이 중단되면 아래와 같은 위기가 닥쳐올 수 있다.

표 3.18 전력시스템 고장에의 영향

사건	가능한 영향
부속품 고장	고장 난 부품에 의해서 영향을 받는 수요자에 한해서 정전을 실시함
시간 지연을 갖는 송전선 고장	관련 부품에 의해서 영향을 받는 수요자에 한해서 정전을 실시함
변전설비 고장	해당 변전설비에 접속된 소비자
여러 구성요소의 동시 고장	사고 심각성의 정도에 따라 피해 규모가 다름
설비의 과부하	설비 보호를 위해 수동으로 전력 공급이 차단되는 소비자
ACE 조정의 불능	공급력과 시스템부하의 균형을 다시 설정하기 위해 수동으로 차단되는 소비자
전압 및 시스템 불안정	저압 차단 또는 순환정전의 영향을 받는 소비자
고립 전력시스템	저주파 차단기 작동에 영향을 미치는 소비자 및 순환정전 등 부하 차단으로 영향을 받는 소비자
시스템 붕괴 및 이의 복구	모든 고객

자료: NERC (2007), *Reliability Concepts Version 1.0.2.*

○ 전국의 전기 사용기기(모터 등의 회전부하 포함)가 동시에 정지함

　- 암흑세계(조명 모두 꺼짐)

　- 모든 산업체 가동 중지

　- 지하 구조물에 대한 전기공급 중단으로 지하시설 침수피해 가능성

○ 도시의 기능 마비

　- 수도, 가스 공급 중단

　- 고층아파트 급수, 수세식 변기, 엘리베이터 작동 정지

　- 고층빌딩 기능 마비

　- 지하철 승객 모두 어둠 속에 갇힘

　- 병원 응급환자 문제, 수술 중단

○ 통신 두절(컴퓨터 및 인터넷 사용 불가)

　- 방송 청취 및 TV 안내방송 기능 정지 및 마비

　- 운항 중인 선박, 비행 중인 항공기 안전운항 문제 발생(통신 두절)

○ 전국의 교통시스템
  - 전기철도(KTX 포함) 정지
  - 교통신호체계 마비

○ 치안
  - 미국의 경우, 슈퍼마켓 강도 약탈 발생

○ 원자력발전소의 안전
  - 전국의 모든 원전의 외부 전력이 차단됨[82]

이와 같은 위기상황을 빠른 시간 내에 원 상태로 복구하는 것은 매우 중요하다. 미국의 경우에는 전력산업 자체가 다수의 민간 사업자에 의해서 발전된 시스템이어서 주파수가 같은 단일 시스템 내에서도 여러 하부 시스템으로 나뉘어 있다. 따라서 부분적인 복구가 가능하다. 〈표 3.19〉는 2003년 미국 동북부 대정전 사건 시의 지역별 복구시간을 나타낸 것이다. 사고가 본격적으로 진행되어 송전선이 연쇄적으로 탈락하는 데에는 10여 초 정도밖에 걸리지 않지만 이를 복구하는 데에는 짧게는 8시간에서 길게는 80시간이나 소요되었고, 그동안 전기가 들어오지 않았다. 다만 단일 시스템인 우리나라도 빠른 시간 내에 복구하기 위한 절차를 마련하는 것은 매우 중요하다.

82 전력시스템과 원전의 관계는 IAEA의 보고서인 "Interfacing Nuclear Power Plants with the Electric Grid: the Need for Reliability amid Complexity"의 자료를 참조하기 바란다.

표 3.19 2003년 8월 미국 동북부 대정전 사건 시의 지역별 복구시간

발전소명/연계지역 (NERC 지역)	영향 지역	손실 용량 (호수)	복구시간	
			복구시간	소요시간 (시간)
MISO (ECAR)	MISO 신뢰도 관할지역의 일부 (미시간 및 오하이오)	18,500	약 17일 오후 5시	74
Detroit Power (ECAR)	디트로이트 시를 포함한 미시간 남동부	11,000	16일 오전 7시	39
Consumers Power(ECAR)	미시간 남부의 소지역 (플린트, 알마, 새기노, 랜싱)	1,007	16일 오후 1시 3분	45
First Energy (ECAR)	북동부, 오하이오	7,000	16일 오후 8시 27분	52
ISO New England (NPCC)	코네티컷 남서부, 매사추세츠 주 서부와 버몬트	2,500	복구완료: 16일 오전 8시 45분 사고원인 제거: 17일 오후 7시	76
New York ISO (NPCC)	뉴욕 주	22,934	18일 오전 12시 3분	80
Niagara Mohawk (NPCC)	뉴욕 버팔로	–	14일 오후 11시 48분	8
PJM (MAAC)	뉴저지 북부	4,500	약 15일 오전 6시 27분	14
Consolidated Edison Co of New York(NPCC)	NYC	11,202	15일 오후 9시 3분	29

자료: US Energy Information Administration (2003), Electricity Power Monthly.

3.6.3 전력시스템의 복구

일단 시스템이 붕괴되면 발전기를 하나씩 동기시켜(synchronize)[83] 가며 주파수를 60Hz로 유지하면서 부하를 차례로 접속해 전력시스템을 원래의 운용 상태로 회복시켜야 하다. 이것을 블랙스타트(black start)라고 한다. 사고 이전의 상황으로 복

---

83 전력시스템을 이해하는 데 핵심적인 용어 가운데 하나가 이 동기화 문제이다. 즉 전력시스템은 사진을 찍는 것처럼 한순간 멈춰 있는 상태로 가정해 모든 계산을 수행한다.

귀하는 데에는 며칠 이상 소요된다. 따라서 이에 따른 각 시스템별 훈련 조치나 비상대응 매뉴얼이 필요하다.

정전 복구는 그 시간이 단축될수록 그 복구가 용이해진다. 또한 정전의 상황은 너무나 많은 경우의 다양성이 존재해, 전력시스템 운용자들이 상황에 맞는 처방을 제시하면서 해결해가야 한다. 이를 위해서는 전력시스템 운용자들이 전력시스템에 대한 이해를 충분히 갖추고 충분한 훈련으로 인적 능력에 대한 기준을 충족해야 한다. 시스템 붕괴 이후의 복구절차 등은 실제로 최적조류계산 문제를 푸는 수학적 과제이다. 따라서 수학적 방법을 동원하지 않으면 복구를 하는 것은 매우 어렵다.

물론 몇 가지 비상대응 절차에 대해서는 사전에 준비해 놓는 것이 중요하지만, 실질적인 해법은 계획된 대로 발생하지 않기 때문에 정전이 발생하기 전 마지막으로 주어진 토폴로지를 바탕으로 해결해야 한다. 복구해야 할 부하의 블록을 결정하고 여기에 어떤 송전선을 따라서 어떤 발전기를 가동해야 하는 가를 결정해야 한다.

블랙스타트는 성냥 한 개비로 무수한 촛불을 켤 때와 같은 상황으로 비유할 수 있다. 먼저 성냥으로 하나의 촛불을 켜고, 그 촛불로 다른 촛불을 켜고, 또 그 촛불로 다른 촛불을 켜야 한다. 다만, 블랙스타트가 쉽지 않은 것은 전력시스템 복구의 과정은 발전기 출력의 합과 정전 이후 알지 못하는 시스템부하(MW)가 같아야만 불이 켜진다는 문제 때문이다. 블랙스타트는 정전을 예방하는 것만큼이나 중요하기 때문에 IEEE에서도 1986년에 이미 이에 대한 가이드라인을 제시한 바 있다.

블랙스타트를 위해서 사용되는 발전기는 특정한 기술적 요구를 갖추어야 한다. 영국의 국영전력망 회사에서 요구하는 블랙스타트 가능 발전기의 기술요구사항[84]은 다음과 같다.

---

84 National Grid Company plc (2001), *An Introduction to Black Start*.

o 외부 전원 공급 없이 일정 시간 안에 정지된 발전소의 주 발전기를 기동할 수 있는 능력을 보유할 것

o 송전시스템 또는 주요 배전시스템의 일부에 2시간 안에 전력시스템 운용기관의 지시를 받아 전력 공급이 가능한 능력을 갖출 것

o 이상적으로는 30MW에서 50MW의 부하 블록(load block)에 즉각적인 전력 공급이 가능하도록 기준 주파수 범위를 유지하고 적정 전압을 조정할 수 있는 능력을 갖출 것

o 블랙스타트 가능 발전기는 24시간 안에 전력 공급이 가능하며, 송배전시스템에서 발생 가능한 사고를 대처하고, 다시 복귀 기간 동안에 가동이 가능한 준비를 할 수 있는 전력 공급 능력을 갖출 것

o 경유와 같은 연료 공급의 백업이 이루어져 블랙스타트 지시를 따르면서 3~7일 동안에 발전소를 가동시킬 수 있는 연료공급능력을 갖출 것

o 다른 발전기에 의존하지 않도록 정비 설비를 갖추고, 블랙스타트 작동에 필요한 설비를 보존시키고, 외부 전원이 끊어지면 20분 안에 준비할 것

o 발전설비 가동에 필요한 설비가 높은 가용성(90~95%)을 갖출 것

o 송배전시스템에 무효전력을 공급할 수 있는 능력을 구비해야 하는데 이는 전력시스템 구성에 따라 상이하다. 다만 100MVar 규모의 설비가 400kV 이상 또는 275kV에 연결된 발전기는 항시 이 기준을 충족시킬 것

일반적인 블랙스타트의 과정과 절차는 〈그림 3.23〉에 나타나 있다. 첫째 단계는, 전력시스템의 상태를 파악해야 한다. 어디에서 문제가 발생했는가를 우선 판단하는 것이 우선순위가 가장 높은 작업이다. 현재 가동 가능한 발전기가 무엇이며 8시간 후에 가동 가능한 발전기는 무엇인지 등을 파악해야 한다. 또한 어느 모선에 전력 공급이 어려운지를 파악해야 한다.

두 번째 단계는, 장치 이상이나 예열시간 등을 고려해 사용 가능한 발전기

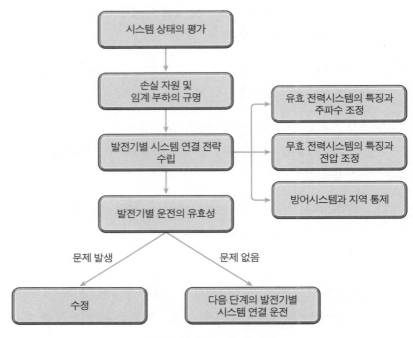

그림 3.23 블랙스타트의 과정

자료: Lindenmeyera, D., Dommela, H. W., and Adibib, M. M. (2001).

가 무엇인가를 정의하고, 현재 수준에서의 시스템이 다시 회복될 수 있는 임계부
하가 얼마인지 계산하는 것이다. 물론 송배전 손실 및 소내소비도 부하로 계산해
야 한다.

세 번째 단계는, 송전선 개폐기의 스위치를 어떻게 처리할 것인가에 개폐기
조작 전략(switching strategies)이 중요하다. 정전이 되는 순간 과전압으로 인해 송전
선의 모든 개폐기가 열리게 된다. 개폐기를 다시 원상복구시켜 놓은 후에 전력
공급을 시도할지, 아니면 일부만 개방해 부분적인 복구를 해가면서 시스템 운용
을 실시할 것인지 판단해야 한다.

네 번째 단계는 개폐기 조작 전략이 유효한가를 평가하고 운전을 직접 실시
한 후, 문제가 발생하면 전략을 수정하고 문제가 없으면 다음 단계의 발전기 별
시스템 접속 전략을 수립해 이를 실행하는 단계이다. 이 단계는 여러 번 반복된

다. 정전 이후에도 전력시스템의 상황과 설비 자원의 배치는 계속 변화한다. 운용 여건도 변화한다. 따라서 전력시스템 운용자들이 상황에 맞는 올바른 판단을 하는 것이 가장 중요하며, 이에 대한 지식을 사전에 습득해 놓아야 한다.

전력시스템이 붕괴된 상황에서는 전력시스템에서 발생할 수 있는 수천 또는 수만 가지 경우의 한 상태에서 시스템이 멈춘 것이다. 따라서 지역별로 부하가 어떤 상태에서 멈춘 것인지에 대한 정보와 어떤 선로가 탈락한 것인지에 대한 정보가 부족한 상황에서 발전기를 어떤 순서로 가동시켜 동시에 접속시킬 것인가에 대한 전략이 사전에 수립되어 있어야 한다. 이 부분이 가장 중요한데, 붕괴 직전의 전력시스템의 토플로지가 어떠했는가를 알고 있어야 한다. 따라서 비상 상황에서 마지막 상태에 대한 정보를 얻는 방법은 상태추정(state estimate)을 5분마다 지속적으로 실시하는 것이며, 비상시에는 마지막 상태추정 정보를 이용해 토플로지 구성을 확인한 후 전력시스템 복구를 실시하는 것이 유효한 것이다. 이 토플로지를 모르고는 짧은 시간 내에 복구하기가 어렵다. 또한 전력시스템에는 다양한 연료원과 기술들이 맞물려 있기 때문에 어떤 발전원으로 시스템을 살리는 데 우선 사용하느냐를 결정해야 한다. 원자력이 많을 경우에는 원전은 안전성을 위해서 소내부하운전(house-load operation) 또는 비상 디젤발전기에 의한 운전을 하고 있을 것이므로 이를 제외하고 가스터빈과 수력발전으로 할 것인지 등을 결정해야 한다.[85] 시간을 끌수록 더 빠른 시간 내에 복구하는 것을 어렵게 만든다. 소내부하운전을 하던 원전이 비상 디젤발전기로 운전하게 되면 이 원전은 블랙스타트에 활용하지 못한다. 시간이 지날수록 블랙스타트에 투입될 수 있는 자원의 양은 줄어들고 토플로지는 변경됨을 유념해야 한다. 또한 무효전력이 중요한데 무효전력은 전압 유지와 관련이 깊다. 복구 과정에서 전압 상승은 시스템의

---

[85] 미국의 가압경수로(PWR) 발전기는 외부 전력이 차단되었을 때 소내부하운전을 실시하지 않고 곧바로 비상 디젤발전기로부터 전원을 얻도록 설계되어 있는 반면에 우리나라의 경우에는 가압경수로 발전기 중 상당 수가 비상시 소내부하운전을 실시하도록 설계되어 있다. CANDU형 발전기는 외부 전원이 차단되면 출력을 60%로 줄이도록 설계되어 있다.

안정도를 해치므로 무효전력을 최적화시키는 것은 매우 중요하다.

NERC는 시스템 붕괴 후 복구와 관련된 계획을 만들 때 다음 사항을 포함하도록 했다.[86]

o 시스템 운용기관은 전력시스템 복구를 위한 작업에 필요한 인력과 책임 그리고 업무 분장에 대한 계획 및 절차 마련해야 한다.

o 시스템 운용기관은 신뢰할 수 있는 블랙스타트 능력이 있다는 것을 담보해야 하며 관련 규정을 수립해야 한다. 발전기별 블랙스타트에 필요한 연료, 유효한 초기 작동 경로(cranking and transmission paths), 전력 공급에 필요한 통신장치 및 프로토콜을 확보해야 한다. 그리고 이것이 정상적으로 작동하는지 여부를 주기적으로 점검해야 한다.

o 복구가 예상대로 완료되지 못할 가능성에 대비해야 한다.

o 분리된 시스템 지역을 동기화하기 위한 필수적인 운전 지시와 절차서를 마련해야 한다.

o 임계부하 요구량(critical load requirements)을 규명하는 것을 포함해 시스템부하를 복구하기 위한 운전 지시 및 절차를 마련해야 한다.

o 복구계획과 관련된 자원과 절차를 테스트하고 검증하고 시뮬레이션하기 위한 절차서[87]를 마련한다.

o 운전원들이 실제로 계획을 수행해봄으로써 훈련되어 있다는 것과 복구훈련에 참여했다는 인사 훈련 기록과 관련된 문서를 기록 유지해야 한다.

o 신뢰도 조정기관(Reliability Coordinators)과 송전선 운용자 사이의 협조 기능을 마련해야 한다. 계획이 집행될 때 전력시스템 신뢰도 조정기관과 송전선 운용자 사이의 협조가 되는 준거 기준을 마련해야 하기 때문이다.

---

86 NERC (2006), *Standard EOP-005-1 —System Restoration Plans.*
87 송전선 운영자들은 5년에 한 번씩 계획을 시뮬레이션하고 테스트해야 한다.

○ 계획이 집행될 때 복구계획 단계별로 운전원들이 수행해야 할 행동 등을 주지
시켜야 한다.

3.6.4 블랙아웃과 원자력발전기

미국의 가압경수로형 원자로의 경우 발전소의 외부 전력이 차단되면 자동적으
로 외부 전력 공급선으로 전원 공급이 옮겨진다. 만약 충분한 전압이 원자력발전
소에 공급되지 못한다면 안전장치와 관련된 차단기가 개방되고 비상 디젤발전
기에 의해서 에너지가 소내 모선에 공급된다. 원자력발전소는 외부 전력이 차단
되더라도 안전하게 원자로, 발전기 및 터빈을 보호하기 위한 메커니즘이 내부에
설계되어 있다.

여기에서 중요하게 보아야 하는 것은 소내부하운전이 설계된 발전기의 스
위치야드 전압이다. 원자력발전소의 안전보호장치는 스위치야드의 전압 상태가
어떠한가에 대해 반응을 해 원자로를 안전하게 냉각하는 경로로 갈 수 있느냐가
결정된다. 소위소내부하운전의 안전성 문제는 바로 스위치야드 쪽의 전압과 관
련된다. 2006년에 스웨덴의 포르스마르크(Forsmark) 원전에서는 1개 호기의 문제
가 스위치야드를 공유하는 2호기까지 문제를 일으켜 정지시킨 사고가 있었다.
스위치야드의 단락(short circuit) 사건이 소내의 전압 강하로 이어지는 사건이 발생
해 소내부하운전에 의한 사고가 발생한 것이다. 유럽의 경우에는 소내부하운전
을 할 수 있도록 설계된 원자력발전소가 많아 이 사건은 외부 전력 상실과 원자
력발전소의 안전성에 대한 관심을 촉발시키게 되었다. 반면에 미국의 원자력발
전소는 외부 전력이 차단되더라도 소내부하운전을 실시하도록 설계된 발전기는
없다.[88] 원자력발전기는 과전압과 주파수의 요동을 견디도록 설계되어 있다.

---

88 Koshy, T. (2010), Lessons from Forsmark Electircal Event, Seventh American Nuclear Society
    International Topical Meeting on Nuclear Plant Instrumentation, *Control and Human-Machine Interface*

표 3.20 미국 원전에서 발생한 외부 전력 상실사고의 원인과 대상 원자로의 분포

구분	사고 유형	사고를 일으킨 원자로 수(기)	대상 기간	사고를 일으킨 원자로의 비율(%)
중요 사고	소내 사고	1	1997-2004	1.00
	스위치야드 사고	7	1997-2004	6.80
	전력망 관련 사고	13	1997-2004	12.60
	날씨 관련 사고	3	1997-2004	2.90
	소계	24		22.30
원자로 정지	소내 사고	19	1986-2004	18.45
	스위치야드 사고	38	1986-2004	36.89
	전력망 관련 사고	3	1986-2004	2.91
	날씨 관련 사고	13	1986-2004	12.62
	소계	73		70.87

자료: Eide, S.A. *et al.* (2005), p. xii.

외부 전력 상실을 일반적으로 LOOP(Loss of Off-site Power)라고 한다. 미국의 경우 2003년 8월 미국 동북부정전을 겪은 이래로 블랙아웃과 원전의 안전성에 대한 관계에 대한 조사가 시작되었다.[89] 〈표 3.20〉은 미국 원자력규제위원회 (NRC)가 조사한 미국 내 외부 전력 상실사고에 대한 원인과 원자력 관련 사고의 빈도에 대한 분석 결과물이다. 2004년 현재 미국 내 103기의 원자력발전소에 있었던 외부 전력 상실사고에 대한 통계적 특징을 조사했다. 이 조사 보고서에 따르면 1997년부터 2004년까지 8년 동안 103기의 원자로 중에 13기의 원자로가 외부 전력 상실사고에 의해서 중요한 운전사고를 겪은 것으로 나타났으며, 1986년부터 2004년까지는 외부 전원 공급 상실에 의해서 3건의 원자로 정지사고가

Technologies, NPIC&HMIT 2010, Las Vegas, Nevada, on CD-ROM, American Nuclear Society, LaGrange Park, IL., pp. 1-3.

[89] Eide, S. A. *et al.* (2005). *Reevaluation of Station Blackout Risk at Nuclear Power Plants: Analysis of Loss of Off-site Power Event: 1986-2004*, NUREG/CR-6890, Vol. 1, U.S. NRC.

표 3.21 소내부하운전이 설계된 원자력발전기의 장단점

	장점	단점	비고
소내부하운전 설계 미반영 발전기	• 원자로 제어와 원자력발전소 방호에 있어서 보다 간단한 설계가 가능함 • 외부 전력 상실 시에 전력시스템의 과도안정도 문제가 상대적으로 매우 작음 • 발전기 차단기나 대형 콘덴서 등에 대한 투자비용이 줄어듦	• 전력시스템에 발생한 작은 교란에도 발전기가 즉각적으로 정지됨 • 송전망의 안전성에 따라 발전기 정지 여부가 결정됨 • 다시 전력시스템에 병입될 때까지는 2~3일의 시간이 필요하며 그동안 전력 공급을 할 수 없게 됨	고리 1, 2, 3, 4 영광 1, 2
소내부하운전 (HLO)	• 보다 심층적인 안전장치가 설계된 발전기임 • 외부 전력이 상실된 후 블랙스타트를 실시할 경우에 즉각적으로 전력시스템에 최대출력으로 공급할 수 있음 • 외부 전력 공급 차단 시에 소내에 있는 모든 설비에 즉각적인 전력 공급이 가능함	• 설계가 복잡함 • 발전기-터빈 전력시스템에서 탈락되면서 전력시스템 과도안정도(power system transient)의 발생 가능성이 있음 • 건설비용을 높임	나머지 발전기

자료: NEA/CSNI/R (2009), pp. 65-66.

있었다.

원자력발전소는 정전 등 외부 전력 상실사고를 충분히 고려해 설계해야 하는 이유는 이러한 사고가 통계적으로도 작지 않은 사고라는 점이다.

외부 전력 상실을 대비하는 방법은 두 가지 방법이 있다. 하나는 소내부하운전을 설계에 반영하는 것이고 다른 하나는 소내부하운전을 반영하지 않고 외부 전력 상실 시 즉각적으로 비상 디젤발전기를 가동하는 방식이다. 소내부하운전이 설계된 원자력발전기의 장단점은 〈표 3.21〉과 같다.

단순히 어떤 특정 발전기에 공급되는 전력이 상실되었는데 스위치야드의 전압 상태의 불안정으로 인해 다른 발전기의 전력 공급에도 영향을 미칠 수 있다는 것은 어디까지나 전력시스템이 정상적으로 운용될 때의 문제이다. 만약 소내부하운전을 하려다가 스위치야드의 문제가 있어서 연속적인 발전기 탈락이 발생하게 되면 전력시스템의 안전도에도 위협이 된다. 외부 전력시스템이 안전하다는 가정하에서 과도안정도의 문제를 해결하기 위해 NEA에서는 1E급 모선

(busbar)에는 직접 외부 전력이 공급되도록 하는 대안을 제시[90]하고 있으나 시스템 붕괴의 경우에는 모든 소외전력이 상실되므로 이러한 대안도 무용지물이 된다.

그리고 정전의 복구는 소내부하운전이 가능한 시간 내에서 다시 이루어져야 효과적인 복구가 가능하다. 그러나 원자력발전소가 비상 디젤발전기를 가동하기 시작하면 이러한 원자로는 블랙스타트에 참여하지 못하게 되어 전력시스템을 복구하는 데에 어려움을 가중시킬 것이다.

3.7 결론 및 요약

제3장에서는 정전의 개념과 원인에 대해서 우선 살펴보았다. 우리나라는 '블랙아웃'이라는 개념이 아직까지 명확하게 정의되어 있지 않고 있다. 배전망에서 나타나는 부분 정전도 블랙아웃이 될 수 있고 연쇄고장에 의한 전력시스템 붕괴도 블랙아웃이 될 수 있다. 따라서 순환정전도 블랙아웃으로 칭할 수 있는데, 순환부하 차단(rotational load shedding) 또는 공급선 순환(feeder rotation)으로 공급자의 인위적 부하 차단이므로 블랙아웃과는 구별된다. 여하튼 블랙아웃에 대한 정의가 명확하지 않음으로 인해 이에 대한 연구의 방향이나 대책도 명확하지 않다. 따라서 블랙아웃에 대한 명확한 정의가 요구된다.

여기에서 논하는 블랙아웃은 전력시스템 붕괴를 의미한다. 전력시스템의 붕괴의 원인은 다양한데, 미국 EPRI는 ① 위상각 불안정(angle instability), ② 설비 과부하, ③ 전압 불안정, ④ 자연현상, ⑤ 기타로 크게 구분하고 있다.

전력시스템 붕괴를 예방하기 위해서는 전력시스템의 감시와 SCOPF에 의

---

90 NEA/CSNI/R (2009), *Defence in Depth of Electrical Systems and Grid Interaction: Final DIDELSYS Task Group Report*, pp. 65–66.

한 발전기 출력의 제어가 필요하다. 2003년 8월 14일 미국 동북부 대정전의 4대 원인 중에는 EMS를 사용하지 않아 전력시스템 감시에 실패한 것이 포함되어 있다. 미국의 예에서 보여주는 바와 같이 EMS의 정상적 사용은 매우 중요하다. EMS를 통한 전력시스템 전체의 상황에 대한 정확한 인지는 사고의 올바른 대처에 대한 첫 걸음이 되며, 이것이 사고의 충격을 완화시키는 데 큰 도움을 준다.

또한 제3장에서는 시스템 다이내믹스 모델링을 통해서 우리나라의 9.15 정전사고 당시에 주파수가 수 시간 동안 불안정한 이유를 시뮬레이션을 통해 살펴보았다. 이 시뮬레이션 결과는 급전원들의 전력시스템에 대한 상황인식이 제대로 되어 있지 않으면 상황인식이 제대로 된 경우보다 주파수 안정화 시간에 보다 많은 시간이 소요됨을 보여주었다. 즉, 시뮬레이션을 통해 우리는 9.15 정전사고는 예비력 인지의 실패뿐만 아니라 주파수를 안정화시키기 위해 적절한 크기의 부하 차단의 양을 알지 못해 발생한 사고이며, 주파수 안정에 도움을 주지 못할 뿐만 아니라 주파수 회복에 걸리는 시간도 보다 오래 지속시켰을 수도 있다는 점을 알 수 있었다. 따라서 순환정전에 대한 기준과 절차를 조속히 마련해 이와 유사한 사건에 대비해야 할 것이다.

시스템 붕괴를 예방하기 위해서는 송전망과 같은 네트워크의 특성에 대한 이론적 기초를 학습해야 한다. 멱함수 법칙에 따른 분포, 중개성 및 군집도 계수의 특징에 따른 '좁은 세상 네트워크 속성에 대한 이해를 해야만 시스템 붕괴의 속성을 이해할 수 있다. 또한 송전선의 네트워크의 모양에 따라 정보, 에너지 및 물질의 이동에 대한 트래픽 문제가 항상 제기되므로 이에 대한 분석을 지속적으로 수행해야만 한다.

앞에서 말한 네트워크의 속성은 복잡계의 특징이기도 하다. 따라서 정전의 발생이나 이의 예방책은 선형적 인과관계에 의한 것이 아니며 비선형적이며 동시에 예측불가능하고, 블랙아웃 발생의 확률 분포가 기존에 알려진 사고 발생 분포가 아닌 멱함수 법칙에 따른 분포를 갖기 때문에 블랙아웃의 발생확률이 알려진 것보다 더 크다는 점을 인식해야 한다. 이 문제에 대한 이론을 보다 자세히 살펴보기 위해서는 시스템 붕괴 현상에 대한 이론인 SOC 모델과 HOT 모델에 대한 연구도 동시에 진행되어야 한다. 복잡계 모형과 이론이 시사하는 바는 수동급전으로는 시스템 붕괴를 막을 수 없으며, 오히려 이것이 위험을 가중시키는 행위가 될 수 있다는 점이다.

또한, 전력시스템과 같은 복잡시스템을 제어하는 조직이 어떤 구조를 가져야 하며, 구성원들이 무엇을 준비해야 하는가도 페로의 정상사고 이론(normal accident theory)을 통해서 살펴보았다.

시스템 붕괴가 발생하였을 때 이를 복구하는 과정도 매우 어려우므로 시스템 붕괴 이후의 복구에 대한 간단한 절차를 제시하였다. 여기에서 중요한 것은 시스템 붕괴가 발생하기 전 가장 마지막의 시스템 구성 모양을 알고 있는 경우와 그렇지 않은 경우에 따라서 복구에 걸리는 시간은 크게 나타난다는 점이다. 따라서 EMS로 전력시스템을 실시간으로 감시하고 있어야만 만일의 경우를 대비할 수 있다.

무엇보다도 시스템 붕괴가 발생하면 가동 중인 원자력발전기가 자신의 원자로를 안정적으로 냉각시키는 것이 중요하다. 일반적으로 원자력발전소는 소내부하운전을 하도록 설계된 발전소와 그렇지 않은 발전소로 나뉠 수 있는데, 블랙아웃을 대비해 이에 대한 적절한 조치와 절차서를 준비해 놓아야 함을 여기에서는 강조하였다.

BLACK
OUT
and Power
System
Operation

4

블랙아웃 예방기술의 확보

4.1 하드웨어의 건전성

4.1.1 발전 용량과 송전선 증설의 관계

2012년 말 현재 우리나라의 송전선로 긍장은 약 196,219km이며, 동 시점의 발전 용량은 85,706,576kW이다. 발전 용량이 커질수록 송전망 용량도 이에 비례해서 커져야 함은 물론이다. 따라서 이 둘의 관계는 양(+)의 관계이다. 일단 발전 용량이든 송전 용량이든 적정 용량을 확보해야만 한다. 〈표 4.1〉과 〈그림 4.1〉을 보면 우리나라의 경우 1961년부터 2012년에 발전 용량이 10% 증가할 때마다 송전선로 긍장도 7% 증가함을 알 수 있다.

그런데 〈그림 4.2〉에서 보는 바와 같이 2001년부터 2012년 사이에는 발전 용량이 10% 증가할 때마다 송전선로 긍장은 약 4% 증가한 것으로 나타난다. 송전선의 대용량화와 함께 송전선 건설이 어려워지고 있는 상황임을 알 수 있다. 발전용량은 증가하는데 송전용량은 증가하지 않는다면 각 송전선이 분담해야 할 송전 용량은 당연히 커질 수밖에 없다. 송전선이 증가하지 않는다는 것이 바

표 4.1 발전 용량 및 송전선로 긍장의 변화

연도	발전 용량		송전선로 긍장(길이)	
	kW	2000년 상댓값	km	2000년 상댓값
2012	85,706,576	160	196,220	121
2011	83,212,546	155	194,253	120
2010	79,983,793	149	191,276	118
2000	53,684,913	100	161,499	100
1990	24,055,893	45	101,242	63
1980	10,375,220	19	46,601	29
1970	2,733,851	5	19,195	12
1961	426, 287	1	9,861	6

자료: 전력통계정보시스템(EPSIS).

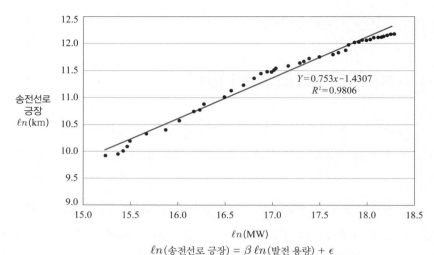

$$\ell n\,(\text{송전선로 긍장}) = \beta\,\ell n\,(\text{발전 용량}) + \epsilon$$

그림 4.1 발전 용량과 송전선로 긍장의 관계(로그함수)(1961~2012)

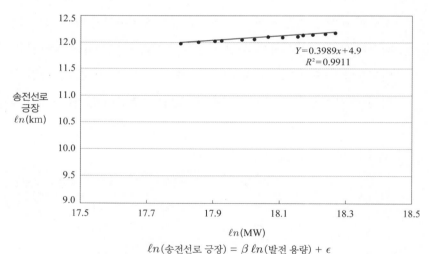

$$\ell n\,(\text{송전선로 긍장}) = \beta\,\ell n\,(\text{발전 용량}) + \epsilon$$

그림 4.2 발전 용량과 송전선로 긍장의 관계(로그함수)(2001~2012)

로 우리나라에서 가장 중요하게 고려해야 할 지표이다.

　더 큰 문제는 교류 환상망을 갖고 있는 상황에서 안보 측면의 취약성을 가지고 있다는 점이다. 특히 환상망의 노드의 중개성(betweenness centrality) 등을 충분히 검토해야 한다. 네트워크의 취약성을 보완하기 위해서는 FACTS와 HVDC가 중요한 역할을 할 것이며, 교류와 직류가 혼합된 형태의 망이 전력의 흐름을 보다 잘 제어할 수 있을 것이며 연쇄고장을 막는 데 도움을 줄 수 있을 것이다.[1]

4.1.2 송전선의 용량과 위험 평가

송전선의 용량은 어느 전력회사에서도 넉넉하다고 말할 수는 없다. 어떠한 지역 간 공급력과 시스템부하의 불균형이 발생해도 송전선이 발전기에서 생산된 전력을 소비자에게 항상 전달할 수 있도록 송전선을 넉넉하게 건설하는 것은 선로 경과지(right-of-way)의 확보, 경제성 등의 측면에서 타당성이 없기 때문이다. 실제적으로도 송전선의 경제성을 평가하는 것은 매우 난해한 문제이다. 송전선은 발전기처럼 이용률을 계산해 건설의 타당성을 평가하지도 않는다. 송전선은 장시간 동안 과부하로 운전될 수 없다. 왜냐하면 과부하된 송전선이 뇌격이나 기술적 요인에 의해 탈락하면 연쇄고장이 일어날 확률이 커지기 때문이다.

또한 사고의 영향을 검토하기 위한 이른바 상정사고의 조합은 매우 많아서 하나 하나의 경제성을 평가하기도 어렵다. 모든 사고의 경제성을 일일이 평가하기보다는 사고에 따른 위험(risk)을 통계적으로 평가하는 것이 낫다.

일반적으로 어떤 사건 X_n에 대한 총위험 R_{total}은 다음과 같은 식[2]

$$R_{total} = \sum_{n=1}^{N} \Pr(X_n) \cdot c(X_n) \tag{4.1}$$

여기서, $\Pr(X)$: 확률밀도함수 $p(x)$를 갖는 확률질량함수(probability mass function)[3]
$\quad\quad c(x)$: 비용함수

---

1   Beck, G. *et al.* (2011), "Global Blackouts: Lessons Learned," *POWER-GEN Europe 2005 Updated Version*, p. 27.

2   Hines, P. *et al.* (2003), *op. cit.*

3   이산확률변수에서 특정 값에 대한 확률을 나타내는 함수로 여기에서는 확률변수가 연속적이지 않고 이산적이다.

으로 표현이 가능하다. 식 (4.1)을 연속함수로 대체해 적분하면 x가 증가함에 따라 확률밀도함수도 확률변수에 따라 증가한다. 이것이 확률밀도함수로 가장 잘 알려진 가우시안의 종형 곡선(Gaussian bell curve)이다. 연속적인 어떤 사건이 S_1과 S_2 사이의 범위를 가질 때 기대되는 위험은 다음의 식

$$R(S_1, S_2) = \int_{S_1}^{S_2} p(x) \cdot c(x) \cdot dx \qquad (4.2)$$

으로 표현이 가능하다.

그러나 식 (4.2)는 전력시스템의 위험에 대한 평가를 통해 비용효과적인 송전선 건설 계획을 수립할 때 사용하는 것이지 실시간 운용에서는 이러한 위험을 평가하지 않는다. 즉, 어디까지나 사전 계획 단계에서 사용하는 수식일 뿐이며 사고가 발생하는 실시간의 상황에서 경제성에 대한 평가를 하지는 않는다. 실시간에 모선별 소비자 수요가 변동하거나 어느 지역의 발전기가 탈락해 불균형이 발생하면 이를 해소하기 위해 다른 지역의 전력이 이동하려면 송전선이 과부하가 될 수 있다. 이를 해소하는 동안에 송전선은 과부하로 운전될 수 있지만 발전기 출력을 재배치하는 것만이 유일한 방법이다. EMS는 5분마다 상태추정을 해서 모선별 소비자 수요를 파악해 송전선이 과부하로 되지 않고 어떤 송전선이 탈락해도 연쇄고장이 일어나 시스템이 붕괴되는 상황도 예방하도록 발전기 출력 기준점을 결정한다.

4.1.3 송전망의 구조적 취약성

송전망은 대용량 전력을 원거리로 수송하는 역할도 하지만 가장 중요한 역할은 모든 발전기가 서로 맞물려 60Hz로 운전하도록 도와주는 것이다. 송전선이 과

부하로 운전되면 발전기 사이의 위상각(phase angle)이 커져서 발전기 사이에 서로 긴밀하게 묶어주는 동기화력(synchronizing power)이 작아지고 수요의 급변 또는 발전기의 탈락이 발생하면 발전기들이 주파수 변화에 견디지 못하고 떨어져나가게 된다. 즉 과도안정도(transient stability) 면에서 불안정 문제가 일어나기 쉽게 된다는 것이다. 따라서 송전선이 자기의 최대 용량에 근접한 전력을 수송하고 있으면 시스템 운용상 대단히 위험하다. 물론 무효전력의 균형 문제로 인해 전압안정도(voltage stability) 문제가 발생하기도 한다.

　〈그림 4.3〉을 보면 우리나라의 경우, 수도권, 경인지방이 대규모 수요처이고 원자력 등 대용량 발전기가 남쪽에 위치하고 있다. 현재 송전망의 상황에서 경인지방의 공급력이 부족해 남쪽의 전력이 북쪽으로 수송되는 하계의 중부하 발생시점을 예상해본다. 그러면 〈그림 4.3〉에서 중앙을 가로지르는 굵은 점선을 통과하는 4개의 송전선에는 과부하가 예상된다. 이것은 5분마다 변화하는 모선별 소비자 수요 및 발전기 출력의 배치와 관계된다. 5분마다의 소비자부하의 변화 및 각 발전기의 출력의 변화를 시스템 운용자가 파악해 선로의 과부하를 해소할 수 있도록 각 발전기에게 출력기준점을 바꾸라고 하는 명령을 내릴 수는 없을 것이다. 이때에 굵은 점선을 통과하는 어느 하나의 선로가 낙뢰, 기타 지락사고 등으로 인해 탈락한다면 여기에 흐르던 전력을 떠맡기 위해 나머지 3개의 송전선에 과부하가 발생할 것이다. 그렇다면 나머지 3개의 선로 가운데 과부하가 심한 선로가 먼저 보호계전기의 작동으로 인해 탈락할 것이며 이것이 연쇄고장의 시작이다. 이로 인해 다음 선로, 그 다음 선로가 과부하로 인해 차례로 차단되고 발전기가 모두 전력을 수송할 경로를 잃게 되어 탈락해버리는 시스템 붕괴가 일어날 것이다. 이것은 2003년 뉴욕 대정전사고에서와 같이 연쇄고장이 시작되어 시스템이 붕괴한 것과 유사하며 약 8초 이내에 시스템이 붕괴할 수 있다. 이런 상황의 발생을 시스템 운용자가 EMS의 기능에 의존하지 않고 경험에 의한 판단으로서 막을 수 없으며[4] 이런 상황의 발생은 곧 국가적 재난의 발생으로 이어진다.

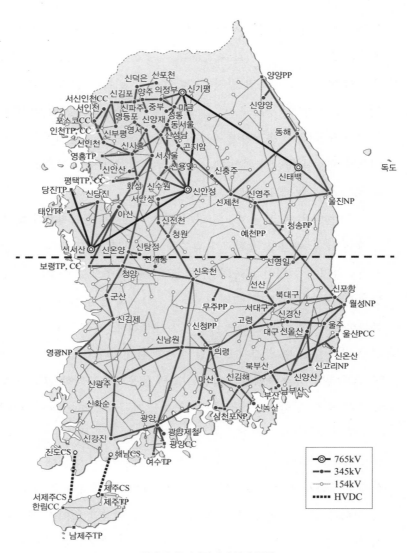

그림 4.3 우리나라의 송전망 구성도

자료: 한국전력거래소(KPX) 홈페이지, 2013년 1월 기준.

4 "Many of the problems that occur on a power system can cause serious trouble within such a quick time period that the **operator cannot take action fast enough once the process is started**. This is often the case with cascading failures. Because of this aspect of system operation, modern operations computers are equipped with contingency analysis programs and model possible troubles before they arise." Wood, A. J., Wollenberg, B. F., and Sheblé, G. B. (2014), *Power Generation, Operation And Control, 3rd Ed.*, New York: Wiley, p. 298.

우리나라의 송전망을 보면 현재 남쪽에서 북쪽으로 대규모의 전력을 수송하기 위한 송전선이 충분히 확보되어 있지 않다고 판단된다. 이것은 수도권 및 경인지방에 소비자부하가 많고 남쪽에 발전기 출력이 많을 경우 경제적으로 전력을 전달하기 위한 송전선 용량이 부족하다는 것을 의미한다. 그런데 이 상황은 5분마다 모선별 소비자부하가 어떻게 변화하는가에 따라, 그리고 경인지방의 발전기 출력의 배치형태에 따라 남쪽에서 북쪽으로 수송해야 할 전력이 많아질 수도 있는 것이며 항상 남쪽에서 북쪽으로 전력을 수송하는 데 있어서 제약이 있다고 말할 수는 없다. 왜냐하면 송전선에 흐르는 전력조류는 발전기 출력의 배치 및 모선별 소비자부하의 크기에 따라 변화하기 때문이다. 모선별 소비자부하의 변화를 파악할 수 있는 상태추정, 송전선의 사고가 발생할 경우에 연쇄고장이 일어나는가 여부를 파악하는 상정사고 분석이 필요하다. 그리고 연쇄고장의 발생을 예방하고 경제급전을 할 수 있는 SCOPF가 5분마다 실행되어 발전기의 출력기준점을 지정해야만 시스템 붕괴를 예방할 수 있다.

선로별 용량을 제약조건으로 발전기의 출력기준점을 지정해야 하는 것이며 문제가 있다고 생각하는 특정 선로에 대해 과부하가 일어나지 않도록 발전기의 출력기준점을 시스템 운용자가 수동으로 지정할 방법은 아주 간단한 시스템이 아니면 불가능한 것이다. 송전선의 전력 흐름에 관한 제약은 수동급전으로 해결할 수 있는 것이 아니고 SCOPF의 실행에서 전력조류계산을 할 때에 제약조건으로서 송전선의 용량 제약을 조건식으로 가하면 각 발전기의 출력기준점이 SCOPF의 해로서 결정되므로 자연히 처리되는 것이다. 송전선의 용량이 부족해 남쪽에서 북쪽으로의 전력 수송에 문제가 있다고 말할수록 시스템 붕괴를 예방하기 위해 안전도 제약 최적조류계산을 더욱 치밀하게 실행해야 하는 것이다.

실시간 시스템 운용 중에 전력 흐름(line loading)이 큰 송전선이 낙뢰, 기타의 기술적 원인 등에 의해 탈락한다면 이것은 연쇄고장으로 이어져 시스템이 붕괴될 위험(risk)이 증가한다. 이 문제가 우리나라의 시스템 운용에서 가장 관심을 많이 가져야 할 분야이다.

그러나 2015년 4월 현재, 전력거래소는 이와 같은 중요한 업무에 대해 실시간으로 상정사고 분석을 하면 경제성이 훼손되므로 비실시간(off-line)에서 해야 한다고 주장했다.[5] 이것은 SCOPF를 실행하지 않는 것과 같은 것이며 종속고장의 시작을 예방할 수 없는 것이다. 시스템 운용의 안전도(security)를 유지하는 업무보다 실시간 상정사고 분석 및 이로 인한 상정사고 제약의 추가로 인해 시스템 전체의 연료비가 상승하는 것을 걱정해 시스템 붕괴와 같은 국가재난이 와도 전력거래소는 이를 걱정할 필요가 없다고 주장하는 것이다. 이것은 대단히 심각한 상황이며 시정되어야 할 급전행위이다.

시스템 운용업무는 송전망확장계획을 수립할 때 선로 용량 및 회선 수 및 송전망 구성 형태를 계획하는 것과는 차별된다. 송전망 확장계획에서 5분마다의 실시간 시스템 운용을 고려해 모선별 시간대별 소비자부하의 변동을 예측해 송전선 확장계획을 수립한다는 것은 계산기의 능력 및 고려해야 할 독립 변수의 개수, 모선별 소비자부하 예측의 불확실성과 복잡성 등으로 인해 불가능하므로 1년 중의 대표적 시간대를 대상으로 모선별 소비자부하 및 발전기의 위치 등을 가정해 계산하는 것이다. 그러므로 실시간 시스템 운용에서와 같은 사고를 가정해 선로 확장계획을 수립하는 것과는 의미가 다르다.

어떤 전문가는 실시간으로 상정사고 분석 프로그램과 SCOPF를 사용하지 않아도 연쇄고장이 일어나 시스템이 붕괴되는 재난은 일어나지 않는다고 주장하기도 한다. 예를 들어 계획 단계에서 송전선 건설계획을 수립할 때 위에서 언급한 4개의 선로 가운데 하나가 고장을 일으켜서 연쇄고장이 발생할 것이라고 판단되면 남쪽의 발전기를 동시에 탈락시켜 송전선의 과부하를 해소시키면 연쇄고장이 일어나지 않는다고 주장하기도 한다. 그러나 송전망 확장계획을 수립

---

5   전력거래소는 상정사고 분석에 쓰이는 상태추정 자료가 실시간으로 수집되며 이 자료로 상정사고 분석을 실시하므로 실시간(on-line) 상정사고 분석이라고 주장하나, 상정사고 분석 결과가 SCOPF에 사용되지 않으므로 비실시간(off-line)에서 이용하는 것이며, 안전도 유지와 시스템 붕괴의 예방과 무관하다.

할 당시의 소비자부하의 배치가 장기간의 송전선 사용 중에 그대로 일어난다는 것은 무리한 가정이다. 실시간 시스템 운용에서는 5분마다 모선별 소비자부하가 확률적으로 변화하는 것을 상태추정 프로그램으로 파악해 연쇄고장이 일어나지 않도록 발전기 출력을 5분마다 수정하도록 지시해야 시스템 붕괴를 예방할 수 있는 것인데, 송전선 건설 때에 연쇄고장의 발생 가능성을 고려해 남쪽의 발전기를 탈락시키면 된다는 가정하에 송전선 건설계획을 수립할 수는 없기 때문이다.

시스템 운용자가 한전이 수립한 송전망 확장계획에 의존해 안심하고 정작 실시간 시스템 운용에서는 예방하는 프로그램을 사용하지 않아도 된다고 주장하면 시스템 붕괴의 위험은 더욱 커진다. 만약 이들의 주장처럼 송전선 사고와 특정 발전기의 운전을 조건부로 연결해 〈그림 4.3〉의 주요 4개 선로 가운데 하나가 탈락할 경우 보호계전기가 자동적으로 특정 발전기를 탈락하도록 해놓았다면, 연쇄고장이 일어나는 순간에 공급력이 부족해 주파수가 하락하고 AGC가 여러 발전기의 출력을 조정하려고 할 것인데, 이는 오히려 제어하기 더욱 어려운 상태로 만드는 것이다. 만약 이러한 전략이 시스템 붕괴를 예방할 수 있는 것이었다면 2003년 미국 북동부 대정전사고 이후에 연쇄고장을 예방하는 대안으로 채택되었을 것이다.

한편, 2006년에 과천 지역에서 154kV 송전선에 화재가 발생한 사건이 있었다. 여전히 이 사건의 원인은 미해결 과제로 남아 있지만, 송전망에 대한 감시 및 송전선 과부하의 가능성을 충분히 고려해야 한다는 것을 알려주는 중요한 사건이다. 〈그림 4.4〉에서 보는 바와 같이 송전선에 화재가 발생하는 사고가 어떤 경우에 발생하는지에 대해 지금이라도 연구해 밝혀야 한다.

그림 4.4 과열로 인한 송전선 탈락(2006)

자료: 서형원 블로그, 〈http://ecopol.tistory.com/114〉.

4.1.4 송전망 과부족의 평가 방법

송전망의 용량이 충분하더라도 송전망의 구성 형태와 모선별 소비자부하의 변동에 따른 송전망 확장계획에 대한 문제에 대해서도 함께 연구해야 한다. 취약부분을 어떻게 극복할 것인지, 그 취약성이 단순히 송전선을 증설하면 해결되는 것인지 아니면 특정 위치에 발전소 건설을 해야 해결되는 것인지에 대한 다양한 시뮬레이션이 필요하다.

송전망 용량의 과부족의 평가

송전망의 용량의 과부족을 파악하는 것은 네트워크 이론에서와 같이 변전소를 중심으로 취약점이 있는가를 밝히는 것이다. 송전선의 구성 형태(topology)와 선로의 용량 및 회선 수를 전체적으로 논하고 발전기의 위치 및 소비자부하의 변동

상황에 따라 발전기에서 생산된 전기가 소비자에게 잘 전달되느냐가 가장 중요한 것인데, 이것을 하나의 지표로서 나타낼 수 없기 때문에 전체 송전망의 적정 용량이란 것을 정의하는 데에는 문제가 있다. 물론 우리나라 현재의 상황처럼 송전선이 부족하니까 건설해야 한다고 하지만 일반적으로 송전선의 과부족은 국지적 분석 및 판단에 따른 것이다.

송전망의 용량이 부족하면 원거리에 있는 변동비가 싼 발전기가 많이 가동되어 소비자부하를 만족시킬 수 없게 되며 전체적으로 발전비용이 높아진다. 실시간 시스템 운용에서 송전망의 용량이 부족하면 송전선 양단 사이의 위상각이 커지게 되고 이것은 과도안정도(transient stability)를 해쳐서 발전기가 동기탈조(out of synchronization, phase)를 일으킬 확률이 높아지고 전력시스템 운용이 불안정해진다. 이것을 전체로 본 물량 또는 하나의 지표로 나타낼 수는 없다. 공학적 분석이 필요한 것이며 어떤 송전선이 얼마나 부족하다고 말하기 어렵다. 또한 송전망의 용량이 부족하면 연쇄고장이 일어나 시스템이 붕괴할 확률이 커진다. 이것이 제일 위험한 상황이다. 물론 송전망 용량이 넉넉한 상태라고 해서 연쇄고장의 발생이 예방되는 것은 아니다. 이것은 송전망 용량의 과부족 문제가 아니라 모선별 소비자부하의 크기 및 발전기별 출력의 배치 상태에 따른 것이다.

발전시스템은 공급지장시간(LOLP)이라는 신뢰도 제약조건을 사용해 설비예비력의 과부족을 판단할 수 있지만 송전망에 대해 그러한 지표(index)를 찾기는 어렵다.

전력시스템 붕괴에 대한 책임

송전망 확장계획 수립에서 미래의 송전망을 증설하는 계획을 검토할 때에는 실시간 전력시스템 운용에서 일어나는 상황을 고려해 증설계획을 수립한다고 가정한다. 그러나 실시간 운용에서는 발전기 고장정지, 예방보수, 송전선의 휴전작업 등에 의해 송전망의 토폴로지가 변동한다. 또한 가동할 수 있는 발전기도 송전계획 당시와 다르고 모선별 소비자 수요도 수시로 변화하며, 송전계획 수립 시에 나타날 것이라고 예상한 것과 대단히 다르다.

여기에서 논하는 것은 송전망을 충분히 건설했다고 해서 실시간으로 시스템 붕괴가 일어나지 않는다고 보증할 수 없다는 것이다. 전력거래소가 수동으로 아무리 현명하고 재빠른 판단을 한다고 해도 5분마다 모선별로 변화하는 소비자 수요를 파악하고 350여 개의 발전기 출력기준점을 수동으로 지시해 송전선의 과부하, 연쇄고장의 발생으로 인한 시스템 붕괴를 막을 수 없다는 것이다. 그러므로 미국의 시스템운용기관(ISO)은 값비싼 EMS를 구입해 상태추정, 상정사고 분석, 그리고 SCOPF를 실행하는 것이다.

우리나라에는 그렇게 하지 않아도 지금까지 아무런 문제가 발생하지 않았는데 왜 그런 복잡한 이론을 주장하느냐고 반문하는 사람들이 많다. "전쟁이 아직까지도 일어나지 않았는데 왜 군대를 그렇게 막대한 비용을 들여 유지하느냐?"고 묻는 국민은 없다. 전력거래소의 EMS 사용의 적정성 여부와 시스템 붕괴의 가능성에 대해 제3의 기관이 문제 없다고 자신 있게 말하고 책임을 질 수는 없을 것이다.

현재 우리나라의 송전망 용량은 건설이 지지부진해 발전기의 출력이 경제적으로 소비자에게 전달되지 못하고 있다고 판단된다. 그런데 지금부터 건설을 열심히 한다고 해서 현재의 남쪽에서 북쪽으로 흐르는 전력조류의 한계 문제가 해결되기도 어렵고, 그렇다고 해서 송전선 과부하 문제가 해결되면 EMS의 상태추정, 상정사고 분석, SCOPF의 실시간 실행이 필요 없게 되는 것은 아니다. 특정 송전선 또는 어떤 그룹의 선로에 대해 제약이 있다는 것은 무의미한 표현이고 "송전선의 용량 제약을 고려해 발전기 출력기준점을 5분마다 지정해야 한다"라는 표현이 옳은 것이다. 시스템 붕괴가 일어나면 전력거래소에게 실시간 상정사고 분석 및 SCOPF를 실행되지 않아도 송전선을 빨리 차단하면 해결된다고 주장하는 사람들도 있지만 연쇄고장을 고속 선로 차단으로 예방할 수는 없다.

송전망의 과부족과 경쟁시장

　전력부문에 경쟁을 도입하는 것의 이득은 비용효율성(cost-efficiency)을 달성하기 위한 것이다. 다시 말하면 소비자의 수요에 대해 최소의 비용으로 생산하는 발전기가 전력을 팔도록 하는 것이다. 예를 들어, 120MW의 변동비가 낮은 발전기와 100MW의 변동비가 높은 발전기가 있다고 가정한다. 가장 간략한 등증분 비용법에 의해 발전기별 경제적 출력을 결정해보면 130MW 전력수요가 나타날 경우, 두 발전기의 증분비용이 같아지며 출력의 합이 130MW가 되도록 각 발전기의 출력이 결정될 것이다. 그러나 130MW 수요 가운데 100MW의 수요가 저비용 발전기에서 멀리 떨어진 곳에 존재할 경우, 송전망의 부족으로 인해 낮은 변동비의 발전기가 출력을 많이 내지 못하고 가까운 곳의 고비용 발전기가 이를 대신해 출력을 높일 것이다. 여기에서 송전망의 경제적 역할이 등장한다. 송전망의 용량이 충분하다면 전력소비자는 이미 자기가 위치한 근처의 발전소에 의존할 필요가 없어진다. 만약 가격이 낮을 경우 다른 지역에서 전력을 구입할 수도 있다는 것이다. 달리 말하면, 시스템 접속을 개방할수록 생산자 사이의 경쟁이 더욱 치열해지고, 전력소비자의 구매가격이 더욱 낮아지게 된다. 그러나 송전망의 사용요금이 0은 아니다.

　다른 상품과 마찬가지로 전력의 효율적 공급은 생산비용과 수송비용의 동시최소화를 요구한다. 위의 예제를 보면, 만약 멀리 떨어져 있는 발전기가 저비용이라도 고가의 수송비를 고려하면 소비자 근처의 고비용 발전기보다 전체 비용이 높아진다면, 수요지에 가까운 고비용 발전기가 최대출력으로 전력을 생산하는 상황이 될 것이다. 여기에 송전망 사용요금의 역할이 존재한다. 만약 송전비용이 과대평가되면 좀 더 변동비가 낮은 발전기가 기존의 발전기와 먼 곳에서 경쟁하지 못할 것이다. 전력거래를 자유화하려는 시도가 새싹부터 잘리게 될 것이다. 만약 송전비용이 과소평가되면 변동비가 높은 발전기가 시장에 진입하는 것을 촉진해 경쟁이 실패할 것이다.

4.2 정전 예방 프로그램의 구비

4.2.1 정전 예방 소프트웨어를 사용해야 하는 이유

우리는 앞서서 전력시스템이 복잡시스템임을 살펴보았다. 단일 규모로서는 세계 몇 순위 안에 속하는 우리나라의 전력시스템도 복잡시스템임은 당연하다.[6]

복잡시스템에서의 트래픽(traffic) 문제가 전력시스템에서의 연쇄고장의 문제라는 점은 이미 밝힌 바와 같다. 이러한 종류의 시스템 붕괴는 물리학 분야의 네트워크 전문가들이 이론적인 규명을 해놓았다. SOC 모형이나 HOT 모형이 전력시스템 위에서 벌어지는 가장 큰 재앙인 연쇄고장이라는 문제의 본질을 인식하는 데 중요한 도구가 된다.

그런데, 트래픽 문제를 해결하기 위해 네트워크를 설계하고 투자하는 문제는 단순한 이론 문제로 해결할 수 없으며 투자자들의 경제성과 입지의 제한 등이 포함되는 문제이기 때문에 전기공학적인 측면에서 문제를 취급해야 하는 것이 타당할 것이다.[7] 전력시스템에서 벌어지고 있는 실시간의 복잡한 문제를 원만히 해결하기 위해서는 다음과 같은 사항을 우선 염두에 두고 해결해야만 한다.

첫째, 전력시스템에서 발행하는 대부분의 문제는 너무나 짧은 순간에 발생하기 때문에 시스템 운용자가 이를 막기 위한 조치를 취할 수 없다. 즉, 급전원이 수동으로 예방할 수 없는 영역이다.[8] 전력시스템에서의 소비자 수요의 변화와 송전선의 전력 흐름의 변화를 일일이 감시하면서 전력시스템 운용의 안전도를 유지하기 위해 5분마다 발전기 출력을 재조정하는 일은 사람이 수동으로 계산할 수 있는 영역이 아니며, 컴퓨터의 도움이 없으면 불가능하다.

---

6   우리나라 시스템 운용사례를 바탕으로 한 실증연구가 아직까지 없다.

7   HOT 모형도 물리학적 관점에서 벗어나 공학적인 관점에서 복잡시스템을 바라본 해석 모형이라고 할 수 있다.

8   Wood, A. J., Wollenberg, B. F., and Sheblé, G. B. (2014), *Power Generation, Operation And Control, 3rd Ed*). New York: Wiley, pp. 298-299.

둘째, 이상적으로는 좁은 세상 네트워크 모양의 전력시스템보다는 척도 없는 네트워크 모양의 전력시스템이 안정적일 것이지만, 전력이 흘러다니는 경로가 증가할수록 사고의 경우가 증가해 사고의 종류가 증가해 컴퓨터의 연산 속도에 영향을 미칠 수 있다.

셋째, 송전선 투자는 일시에 일어나 이상적인 상태로 만들어지지 않고 연차적으로 발생하기 때문에 매년 송전선의 토폴로지 문제는 사라지지 않는다. 따라서 이것은 이상적인 상태에 도달하는 데 한계로 작용하므로 결국 제약조건 아래에서 차선책을 선택해야만 하는 공학적 문제에 직면한다.

넷째, 무엇보다도 시스템 붕괴를 막기 위해서는 SCADA 및 EMS를 이용한 송전선 감시를 철저히 하고, 연쇄고장을 사전에 예방하기 위해 SCOPF를 수행하는 것이 가장 중요하다.

다섯째, 평상시에는 컴퓨터가 해법을 찾아서 시스템의 적절한 상태를 유지하지만 비상상황이 발생하면 모든 문제는 다시 사람의 영역으로 돌아온다. 즉 전력시스템 운용자의 개입이 필요한 것이다. 전력시스템 운용자들에 대한 훈련과 컴퓨터 시스템이 항상 최신의 데이터로 연산할 수 있도록 유지·관리하는 능력이 가장 중요하다. 위기 시의 문제를 푸는 것은 전력시스템 운용자들의 능력에 달려 있다.

전력시스템 운용에는 세 가지 목적이 있음은 제1장에서 밝힌 바 있다. 첫 번째는 시스템수요와 공급력의 균형을 맞추어 주파수를 유지하는 것이며, 두 번째는 전력을 생산함에 있어서 최소의 연료비를 사용하는 것이고, 마지막으로는 송전선 과부하나 전압이상이 발생하지 않도록 제약조건을 지키면서 안전도를 유지하며 전력시스템을 운용하는 것이다. 이 세 가지 목적은 전력산업이 발생한 이래로 지금까지 계속 유지되고 있다.

따라서 이 세 가지 목적을 달성하기 위해서는 시스템 운용자들이 전력시스템에서 일어나고 있는 다양한 현상과 사건에 대한 정보를 파악하고 이를 근거로 의사결정을 내려야 한다. 전력시스템 운용에 요구되는 정보로서는 시스템 주파수, 발전기 운전의 과거 이력, 발전기별 예방정비계획, 효율, 발전기 기동 소요시간, 발전기별 연료비 등이 있다.

급전은 전력시스템의 첫 번째 목적인 시스템부하와 공급력의 균형을 유지하는 데에서 출발했다. 현재 시스템부하가 변화할 때 주어진 발전기의 정격출력의 범위에서 어떤 발전기의 출력을 높이고 낮출 것인가를 결정하는 일이며, 만약 운용예비력이 부족하다고 판단될 경우에는 부하 차단을 지시하는 것을 포함하기도 한다.[9] 발전기의 기동 여부를 결정하고 출력 변경을 지시하는 것은 전력산업의 초창기에는 전화를 이용한 급전 지시에 의해 이루어졌다. 이것은 국내뿐만 아니라 국외에서도 EMS가 개발되기 이전 수십 년 동안의 전력산업계의 시스템 운용방법이다. 전력시스템 운용자와 발전기 운전원 또는 변전소 운전원 간에 음성통신으로 문제를 해결하는 방식인 것이다.

EMS가 없던 시절, 즉 전력시스템 운용에 필요한 정보를 컴퓨터가 계산하기 이전에는 이러한 정보를 기록해두거나 전력시스템 운용자 즉 시스템 운용자들의 체화된 암묵적 지식의 형태로 사용되었다. 실제적으로 전력시스템 운용에서 각종 블랙아웃이 나고 안 나고는 시스템수요와 공급력을 맞추느냐 못 맞추느냐의 문제이지 여기에서 주로 다루고 있는 EMS의 구비 여부에 의해서 좌우되지 않는다. EMS는 보다 합리적인 의사결정이 이루어지도록 도와주는 역할을 하는데, 전력시스템의 규모가 커지면서 그 중요성이 높아진 것이다.

〈그림 4.5〉는 전화를 이용한 급전과 EMS를 이용한 급전의 관계를 표현한 것이다. 현대적 의미에서의 전력시스템 운용은 EMS를 중심으로 이루어지되 비정상적 상황이 발생하면 전화급전이 보조적인 역할로 전환된다. 이 경우를 운전

---

9   전력시스템은 수요와 공급력이 실시간으로 일치될 수 있게끔 운용된다. 만약 양자가 일치하지 않으면 주파수에 변동이 발생한다. 즉, 시스템수요와 공급력이 일치할 때 전력시스템의 정격주파수 60Hz가 유지된다. 만약 시스템수요가 60Hz상의 공급력보다 크게 나타나면 주파수가 60Hz 이하로 하락하며 반대로 공급이 수요보다 많다면 주파수가 60Hz 이상으로 높아진다. 우리나라에서는 60Hz±0.2Hz 범위 내의 주파수를 법적으로 허용하고 있다. 전력시스템 운용은 바로 전력시스템의 주파수를 규정치로 유지하고 시스템 운용의 안전도를 유지하며 경제급전을 하도록 발전기의 출력기준점을 조정하는 행위를 의미한다.

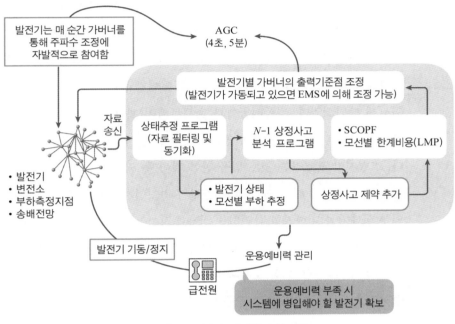

발전기는 매 순간 가버너를
통해 주파수 조정에
자발적으로 참여함

AGC
(4초, 5분)

발전기별 가버너의 출력기준점 조정
(발전기가 가동되고 있으면 EMS에 의해 조정 가능)

자료
송신

상태추정 프로그램
(자료 필터링 및
동기화)

$N-1$ 상정사고
분석 프로그램

• SCOPF
• 모선별 한계비용(LMP)

• 발전기
• 변전소
• 부하측정지점
• 송배전망

• 발전기 상태
• 모선별 부하 추정

상정사고 제약 추가

발전기 기동/정지

운용예비력 관리

급전원

운용예비력 부족 시
시스템에 병입해야 할 발전기 확보

그림 4.5 전력시스템 운용의 두 과정

원 개입이라고 한다.

중앙급전실에서 EMS를 사용해 신호를 보낸다고 하는 AGC가 없어도 전력시스템은 그 기능을 유지할 수 있다. 미국의 일리안(Howard Illian)이 진술한 기록을 통해 이러한 사실을 뒷받침할 수 있다. 즉 AGC 신호가 반드시 전력시스템의 운용에 절대적으로 필요한가에 대한 질문에 대해서 "필요없다"라고 답변한다.[10] 그렇다면 왜 EMS를 사용하는가 하는 의문이 있는데, 인간이 판단할 수 없는 계산 영역을 컴퓨터가 담당해 보다 정교한 의사결정을 내리고 이로 인해 비용을 절

---

10 Rebuttal Testimony of Howard F. Illian on behalf of the Public Utility Commission of Texas, February 18, 2009, PDF, ⟨http://interchange.puc.state.tx.us/WebApp/Interchange/Documents/ 34738_303_610068⟩; PDF , ⟨http://interchange.puc.state.tx.us/WebApp/Interchange/Documents/ 34738_303_ 610069⟩; PDF, ⟨http://interchange.puc.state.tx.us/WebApp/Interchange/Documents/ 34738_303_ 610070.PDF⟩

약하고 안전도를 더욱 향상시키고자 EMS를 사용하는 것이다. 이것은 발전기 탈락 시 주파수를 회복시키기 위해 AGC 신호를 사용하는 이유인 것이다.[11]

　　EMS를 이용한 급전 방식은 1970년대 후반부에 전력시스템 계측 및 운용 분야의 수학(특히 최적화 이론) 및 관련 소프트웨어가 급속도로 발전하면서 주요 전력 회사에 도입되었다. 컴퓨터공학과 소프트웨어 개발 기술이 발전하면서 이제 주파수 말고도 다양한 정보를 발전기와 송·변전 시설로부터 수신받을 수 있게 되다. 그렇지만 신호라는 것도 믿을 만한 것이 못 되어서 받은 자료를 다시 통계학 이론에 의해 검증해 수신 자료가 참인지 거짓인지 판단을 하게 된다. 이 과정을 외부 상태가 어떠한가를 확인하는 상태추정이라고 부르는 것이다.

　　EMS의 기능 가운데 하나인 예비력관리 프로그램이 예비력을 감시해 부족한 경우에 대기예비력을 순동예비력으로 전환하라고 시스템 운용자에게 정보를 실시간으로 줄 수 있으므로 순동예비력의 변화를 실시간으로 파악할 수 있게 되었다. 이로써 부분정전의 발생 가능성도 최소화시킬 수 있게 되었다. 만약 운용 예비력을 확보할 수 없는 경우에는 소비자 수요를 차단해야 한다. 소비자 수요를 줄이는 방법은 부하 차단, 직접부하제어와 순환정전, 저주파수 계전기의 동작[12] 정도이다.

4.2.2 수동급전과 자동급전

협의의 급전(dispatch)이란 현재 가동 중인 발전기의 출력을 변화시키는 행위를 말한다. 급전은 발전기가 자동으로 알아서 출력을 조절하는 1차 제어와 중앙급전실에서 조절하는 2차 제어 두 종류가 있지만 모두 출력(kW나 MW)를 조절하는 것

11　Illian, H. F. (2010), *Frequency Control Performance Measurement and Requirements*, LBNL.; Eto *et al.* (2010), *op. cit.*, pp. 9-10.

12　주로 발전기 탈락 시에 사용한다.

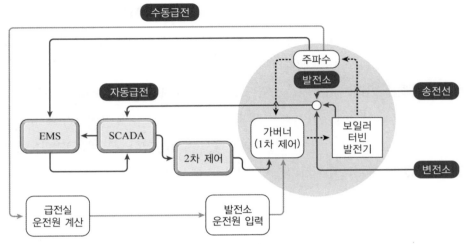

그림 4.6 수동급전 및 자동급전 방식

이다. 2차 제어는 발전기가 알아서 하거나 발전소의 운전원들이 수행할 수 없는 데, 이는 전체 시스템 상태를 알 수 있는 중앙급전기관(신뢰도 조정기관)에서 수행가 능하다.

중앙급전기관에서 급전을 수행하는 방법은 수동급전과 자동급전으로 구분 할 수 있다. 첫 번째, 출력 조절을 위해 발전기의 출력 변화량을 지정할 때 사람 이 연산해 발전기의 출력기준점을 지정하고 이것을 전화 등의 방법으로 발전소 의 운전원에게 통보하고 이들이 다시 특정한 값을 입력해 운전하는 것을 수동급 전이라고 한다. 두 번째, 통신장치를 통해 주파수, 발전소, 송전선, 변전소 등의 모든 데이터를 집결시키고 이를 종합해 가장 안전하면서도 경제적인 각 발전기 의 출력을 내는 점을 수학 연산을 통해서 실행해 다시 이것을 발전기의 가버너에 보내는 2차 제어가 자동급전이다.

〈그림 4.6〉은 1차 제어, 자동급전인 2차 제어, 그리고 수동급전의 영역을 그 린 그림이다.

여기에서 가장 중요한 것은 수동으로는 최적화된 발전기의 출력을 지정할 수 없다는 것이다. 그것은 급전원이 매 5분마다 수백 개의 발전기의 출력기준점을 결정할 수 있는 능력을 보유하지 못했기 때문이다. 아무리 빠른 연산을 지닌 사람도 최적화 이론을 머릿속에 넣고 매번 다른 상황에 대한 문제를 5분마다 풀 수는 없다. 어떤 발전기가 가동 중인지를 파악하는 것도 어렵다. 물론 EMS가 고장을 일으킨 경우에는 사람이 운전을 실시해야 한다. 이것도 급전원 개입이 하나이다. 이때에도 발전소의 가버너가 우선적으로 작동해 주파수를 유지하는 것이지 급전원의 지시에 의해 주파수가 유지되는 것이 아니다. 급전원들은 운용예비력을 확보하기 위한 명령만을 발전소에 내릴 뿐이다.

4.2.3 1차 제어와 전력시스템

전력시스템 운용의 문제는 대단히 기술적인 문제이며 일반인이 이해하기 어려운 분야이다. 정상적인 상태에는 아무런 문제점이 없으나 시스템의 기능에 문제가 생기는 경우 전국의 350여 개의 발전기가 동시에 탈락하는 시스템 붕괴가 발생할 확률도 있다. 이로 인한 결과는 일반인이 상상하기 어렵고 국방문제, 아파트 거주 불능 등 영향을 받지 않는 곳이 없다.

시스템 붕괴의 징조가 나타나도 EMS에서 생성되는 다양한 정보를 바탕으로 기술적 시도를 통한 해결이 가능할 뿐 행정조치로 해결할 수 있는 문제도 아니다. 예를 들면 연쇄고장이 발생할 경우의 영향을 컴퓨터의 상정사고 분석을 통해 파악될 수 있고, 발전기 출력을 재조정할 수 있으나 350여 개의 발전기를 대상으로 급전원이 5분마다 계산해 발전기 출력을 지시해 연쇄고장의 시작으로 인한 시스템 붕괴를 예방하는 것은 불가능한 일이다.

일단 문제가 심각해지면 느닷없이 10초 이내에 시스템이 붕괴된다. 민방위 사이렌이나 정전 훈련에 국민이 참가해서 해결할 문제는 더욱 아니다. 앞에서도 강조했지만, 급전원이 수동으로 문제를 해결할 수 있는 시간을 두고 사고가 진행되는 것이 아니다.

8,000만kW 설비와 수요의 규모에서 발전기 고장의 발생으로 시스템이 붕괴하는 것은 확률적으로 대단히 낮다. 시스템의 규모가 커지면 시스템의 주파수 유지 부담을 많은 발전기가 나누어 갖기 때문에 발전기 탈락으로 인한 시스템 붕괴의 확률이 점점 낮아지며, 주파수를 유지하는 데에도 유리하다. 즉 전력시스템은 각 발전기가 60Hz라는 공통된 약속 및 가버너의 1차 제어 및 AGC 조정 역할 등에 의해서 안정적으로 유지되는 것이지 중앙급전실의 급전원이 시스템의 주파수를 유지하는 것이 아니다. 전력시스템 운용기관의 직원들이 시스템 운용을 잘해서 시스템이 붕괴하지 않는다는 주장은 근거가 없는 것이다. 즉 전력시스템은 발전기들이 규모의 경제 또는 규모의 조화를 이루기 때문에 주파수가 유지되는 분권적 시스템이라는 점이다.

우리나라와 같이 단독 시스템인 미국의 ERCOT의 경우 발전기 자체가 주파수를 제어하는 1차 제어가 중앙급전실에서 제어하는 2차 제어보다 더 중요한 역할을 한다는 연구보고서가 있다. 일리안(Illian)은 미국 동부 연계지역의 경우에는 1차 제어가 2차 제어보다 40% 이상 큰 역할을 하고 있으며, 미국 서부 지역은 15~30배 이상의 역할을 한다고 한다. 또한 텍사스 ERCOT 시스템은 주파수 응동(1차 제어)이 2차 제어보다 약 30배 이상의 역할을 한다고 했다.[13] 단독 시스템인 ERCOT에서는 주파수 응동이 AGC 신호에 의해 제어되는 것보다 중요하며, ERCOT는 비상시 충분한 응동력을 갖는 CFC 운전을 하는 발전기를 지정해 운용하고 있다.

〈그림 4.7〉은 전력시스템의 규모와 EMS의 중요성을 대략적으로 나타낸 그림이다. 전력시스템이 커질수록 복잡성이 증가하므로 전력시스템 운용자가 처리할 수 없는 영역이 증가하고 따라서 EMS의 중요성은 지수함수적으로 증가한다. 다른 말로 표현하면 복잡한 연산을 수행하는 컴퓨터에 의존한 전력시스템

13   Illian, H. F. (2010), *op. cit.*

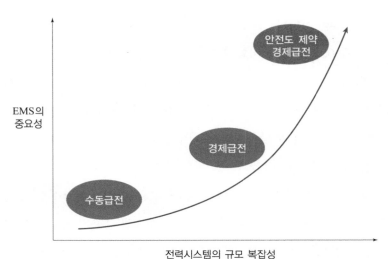

그림 4.7 전력시스템의 규모와 EMS의 중요성의 관계

운용이 필요한 것이다.

그런데 EMS의 중요성은 자동발전제어(AGC)에 방점이 찍히고 있다. 따라서 EMS의 기술은 SCOPF에 초점이 모이고 있다. 그러므로 EMS의 개발 방향은 이 추세대로 흘러가야 한다.

이러한 추세대로 기술개발이 이루어지고 있는가를 살펴보기 위해 〈그림 4.8〉과 같은 K-EMS 시스템을 검토해본다. 첫째, 이 그림대로라면 〈그림 4.8〉의 ① 음영 부분에서 보이는 바와 같이 발전기 목푯값인 AGC 값이 SCADA를 통하지 않고 다른 루트로 가고 있다. SCADA를 거치지 않고 별도의 통신장치를 통해 직접 RTU로 간다는 것은 통신설계에 무엇인가가 문제가 있다는 것이다. 2014년 10월 이후 '차세대 EMS'라는 이름으로 가동된 국산 EMS는 전력거래소가 보냈다고 하는 신호와 발전소에서 받았다고 하는 신호가 불일치한 결과를 보였다.[14] 전력거래소는 1MW 미만의 출력 변화는 발전기의 가버너가 반응하지

14   전력거래소는 이 차이에 대해 ① 발전소 직원이 잘못된 데이터를 전달했다고 하기도 하고, ② 전
      시간대에 1MW 미만의 차이로 들어오는 신호는 발전기 쪽에서 처리하지 않아 차이가 발생하는
      것이라고도 하고, ③ 송전단 자료와 발전단 자료의 차이라고도 하면서 차이에 대한 해명을 했지만 아직

않도록 설계되어 있기 때문이라고 해명하고 있으나 출력 변동의 범위는 1MW 구간을 넘는 것으로 보인다. 이것은 해명이 아니고 기능에 문제가 있다는 것을 의미한다.

미국 NYISO의 매뉴얼을 보더라도 AGC 신호와 상태추정 자료는 SCADA를 통해서만 자료가 입출력되는 것을 확인할 수 있다.[15]

둘째, 〈그림 4.8〉의 ② 음영 부분에서와 같이 상정사고 분석을 한 다음 이것이 발전기 출력기준점 제어와 관련된 AGC 프로그램으로 가지 않고 급전실 전력시스템 운용자들에게 정보를 제공한다. 송전선의 상태를 고려한 SCOPF 출력신호가 없다는 것이다. 이상호 등(2009)의 발표 논문을 보면 SCOPF가 출력값의 범위의 형식이라도 해를 제공한다고 했는데, 〈그림 4.8〉의 ②의 음영 부분을 보면 이것이 연결조차 되어 있지 않아 논문과 보고서 내용 간에도 모순이 있다.

이상의 근거에 의하면 K-EMS에는 실시간 안전도 유지 기능인 SCOPF가 없다는 것을 의미한다. 이러한 논리구조는 IEEE에서 1987년에 발표한 논문에도 나타난다.[16] 당시에는 상정사고 분석 및 처리 기능이 발달하지 못해 실시간 자료가 아닌 정보를 이용한 것일 뿐이다.

명확하게 확인된 것은 없다. 만약 ②의 이유는 펄스(pulse) 지정 방식에서 발생하는 문제이나, 현재 차세대 EMS는 출력기준점(set-point)을 지정하는 방식을 사용하며, 발전기 쪽에도 디지털 가버너가 있는 상황이므로 이는 거짓 해명이다. ③의 이유는 원 자료에서는 두 자료가 소내소비율 만큼의 차이를 보이지 않고 있으므로 잘못된 해명이며, 마지막으로 ①의 사유라면 담당자가 아직도 EMS에 대한 이해가 없다는 것을 방증한다. 어떤 이유이건 두 자료에서 숫자가 차이가 나는 것은 차세대 EMS의 성능을 검증해야 한다는 방증이다.

15 NYISO Energy Market Operations (2012), *Transmission and Dispatching Operations Manual*, Manual 12, Version 2.2, New York Independent System Operator, p. 18.

16 Stott, B., Alsac, O., and Monticelli, A. J. (1987), "Security Analysis and Optimization," *proceeding of the IEEE*, Vol. 75, No. 12, 1623-1644, 1640.

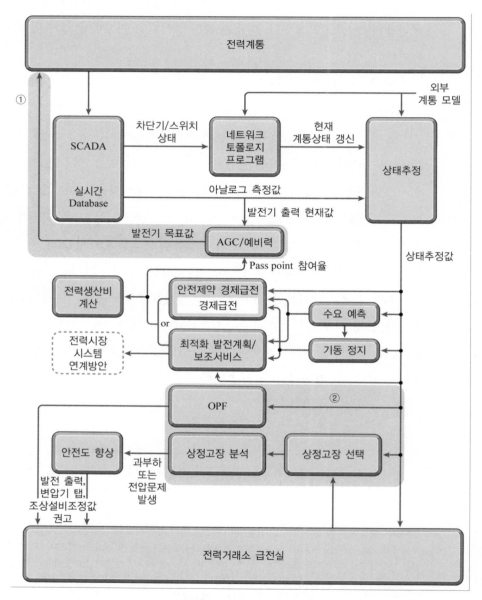

그림 4.8 K-EMS의 구조

자료: 한국전력거래소, 한국형 에너지관리시스템(K-EMS) 개발(최종보고서), 2010. 11.

4.2.4 EMS의 의사결정 지원도구

전력시스템 운용자들은 EMS가 제공하는 각종 실시간 정보와 자신의 경험 등을 종합적으로 판단하면서 시스템을 운용해야 한다. 미국에서 사용하는 EMS에는 시스템 운용자가 NERC[17]의 규정을 준수해 급전하는가를 관리하는 기능까지 내장되어 있다. 전력거래소가 제시하는 EMS의 일반적 기능은 〈표 4.2〉와 같다.

표 4.2 EMS의 기능

분야	단위 기능	주요 기능
SCADA	감시제어	전력시스템 상태 표시 및 경보, 원격제어
	자료취득	실시간 발·변전소 전력시스템 자료 원격취득
AGC/ ED	자동발전제어(AGC)	발전출력 자동제어, 발전연료비 최소화 정격주파수 유지
	경제급전(ED)	증분연료비 반영, 발전기 출력 경제배분
전력시스템 해석 (on-line)	상태추정(SE)	• 취득/모델자료 기반 현재 전력시스템 상태추정 • 모든 전력시스템 해석과 DTS의 기본해 생성
	송전손실민감도 (TLF)	발전기 단위출력 증·감발 시 전력시스템 송전손실민감도 계산, 경제급전에 전송
	상정사고 해석(CA)	상정사고 전력시스템 상태 해석 및 위반사례 발췌
	안전도 개선 (SENH)	정상 및 상정 전력시스템의 안정 운용방안 제공 • 현재 전력시스템: 위반 완화 및 해소방안 • 상정 전력시스템: 위반 완화 및 해소방안
	전압계획 (VVD)	• 현재 전력시스템 전압위반 해소 • 송전 손실 최소화 방안 제공
	조류계산(PF)	검토 전력시스템 모선전압, 위상각, 선로조류계산
	고장전류계산(SCA)	3상 단락고장 시 차단기 고장전류 계산
	최적조류계산(OPF)	발전연료비용, 송전 손실 최소화, 전력시스템 제약 최적 해소방안 검토
DTS	전력시스템 운용자 훈련모의	• 실 전력시스템 환경 반영 EMS 모방, 운용교육 • 시나리오 기반 전력시스템 운용자 고장복구 훈련

자료: 전력거래소(KPX).

---

17 North American Electric Reliability Corporation: 2003년도에 정전사고가 발생했던 북미 지역에서의 전력시스템 신뢰도 규제기관.

이 표의 내용을 보면 비실시간에 사용되는 프로그램과 실시간에 사용되는 프로그램의 구분이 나타나 있지 않다.

EMS 기능은 주로 실시간으로 사용되며, 어떤 상황을 가정해 놓고 운용계획자 또는 지원팀이 현재의 전력시스템 상태가 아닌 자료를 입력해 이를 검토해 보는 용도로도 사용할 수도 있다. 이를 모의훈련이라고 한다. 중요한 것은 모든 정보가 실시간에 생성되어 실시간으로 피드백되어 발전기의 출력기준점을 지정해야 한다는 점이다. 따라서 실시간에 활용되는 EMS의 의사결정 지원도구[18]를 살펴보는 것은 중요하다.

첫 번째 의사결정 지원도구는 시스템 제어 및 자료획득 시스템(SCADA)[19]이다. SCADA는 EMS로 들어오고 나가는 데이터의 출입문 역할을 수행한다. SCADA에서 취득된 자료는 상태추정 프로그램을 실행하는 데 사용된다. 상태추정 프로그램의 출력자료를 사용해 상정사고 분석 프로그램이 실행되고 시스템에서 연쇄 탈락이 일어날 가능성에 대비한다. 시스템 운용자는 전력시스템 자료를 얻고 전력시스템의 각종 설비를 제어하기 위해 SCADA를 사용한다.

SCADA는 ① 현장의 원격계측장치(RTU), ② SCADA-원격계측장치(RTU) 간의 통신, ③ 하나 또는 그 이상의 중앙제어소(master station)로 구성된다. 첫째, RTU는 발전소와 변전소 등에 설치된 현장의 원격계측장치이다. 이것은 자료수집과 장치를 제어하기 위한 기기들의 조합이다. 둘째, SCADA-RTU의 통신을 통해서 송전망의 상태, 모선별 전압, 위상 전류 차단기 및 단로기(switch)의 상태, 그리고 발전기에서 생산되는 무효전력과 유효전력의 크기 등과 같은 관심 있는 정보가 시스템 운용자에게 제공된다. 이를 근거로 차단기의 개폐 등과 같은 제어 조작을 시행한다. 통신선 또는 마이크로웨이브 라디오 채널 등과 같은 통신설비가 현장의 RTU에 부착되어 있으므로, 흔하지는 않지만 통신설비들은 하나 또는

---

18 Ela, E., Miligan, M., and Kirby, B. (2011), *Operating Reserve and Variable Generation*, Technical Report, NREL/TP-5500-51798.

19 Supervisory Control and Data Acquisition Systems.

그 이상의 SCADA 중앙제어소와 서로 교신할 수 있다. 셋째, SCADA 중앙제어소는 현장 RTU로부터 통신설비를 이용해 자료를 수집하는 하나의 계측 주기(cycle)를 시작하도록 하는 SCADA의 한 부분이다. 이때의 계측 주기는 2초부터 길게는 수분에 이르는 기간을 말한다. 많은 전력시스템에서 SCADA 중앙제어소는 시스템 운용 중앙제어실과 완전히 통합되어 있으며, EMS와 직접적인 인터페이스 역할을 하고, 현장의 RTU로부터 오는 자료를 받으며 제어명령이 현장에서 실행될 수 있도록 현장의 장치에 제어작동명령(control operation command)을 중계해준다.

두 번째 의사결정 지원도구는 상태추정 정보이다. 송전망 운용자는 송전설비에 대해 각종 상태에 관한 정보를 관찰하는 능력을 가져야 한다. 인접 시스템의 설비 및 사건이 자신의 시스템에 미치는 영향을 파악하고 있어야 한다. 이러한 목적을 달성하기 위해, 상태추정 프로그램은 첫째, 전력시스템의 토폴로지(설비의 고장 여부)가 반영된 복잡한 수리모델에 사용되는 설비의 부분집합(subset)에 대한 실시간 계측자료를 사용하며, 둘째, 실시간의 각 모선에서의 전압을 추정하고 각 선로별 유효전력과 무효전력의 흐름의 양 및 변압기에 흐르는 무효전력과 유효전력의 크기를 추정한다. 이를 위해 실시간의 시스템 상태에 대한 자료를 사용한다. 상태추정 프로그램을 보유하는 균형유지기관과 제어지역 급전부서는 일정한 시간 간격으로 또는 필요시에(또는 요구에 응해) 상태추정 프로그램을 실행한다.

세 번째 의사결정 지원도구는 상정사고 분석 프로그램이다. 현재의 시스템 상태에 대해 상태추정 프로그램이 추정결과를 알려주면, 시스템 운용자 또는 운용계획 입안자는 시스템 운용의 안전도 유지에 영향을 줄 수 있는 특정한 고장(선로, 발전기, 또는 기타의 설비 등), 더 높은 부하의 출현, 전력 흐름, 또는 발전기 출력 등의 영향에 관한 내용을 분석하기 위해 상정사고 분석 프로그램을 사용한다. 상정사고 분석 프로그램은 하나의 새로운 사건(또는 고장)이 전력시스템에서 일어나면 이로 인해 발생하는 다른 선로의 과부하 또는 전압 한계 위반과 같은 상황을 분석하는 데 도움을 준다.

송전망 운용자와 제어지역 전력시스템 운용자는 현재의 상태에서 다음의 사고발생 상태[20]로 가기 위한 기준 사례(base cases)를 생산하기 위해 상태추정 프로그램을 보유하고 사용한다.

요약하면 EMS는 상태추정 프로그램을 이용해 각 모선의 소비자부하, 전압, 전류, 위상, 발전기 및 송전선의 이상 유무, 각종 개폐기 및 차단기의 상태를 추정하고,[21] 발전기 또는 선로의 탈락이 발생할 경우를 대비해 최적조류계산에 의한 발전기별 출력기준점을 계산해 발전기에 대해 출력조정도 지시(AGC)하며 2차 제어 등에 의한 개별 발전기의 출력변화를 감시해 순동예비력의 확보상황을 전력시스템 운용자에게 알려서 순동예비력을 적정하게 확보하도록 경고메시지를 보내기도 한다. 현재는 일부 회사만이 EMS 소프트웨어를 제작·판매하고 있다. 여기서 주의할 점은 발전시스템에 동기되어 있는(가동 중인) 발전기에 한해서만 EMS의 지시가 유효하다는 것이다.[22]

4.2.5 EMS가 제공하는 서비스

EMS에 의한 급전에서는 원격계측장치(RTU) 및 감시제어 및 자료획득시스템(SCADA)에서 전달되는 계측정보를 전력시스템 운용모형인 EMS에 전달하고 EMS는 이를 이용해 상태를 추정한다. EMS를 통해 전력시스템의 문제점을 실시간으로 파악하고 안전도를 유지하며 동시에 연료비를 최소화하는 시스템 운

---

20 'N-1'이라는 것은 정상 운용 상태에서 하나의 주요 선로가 누락된 것을 말함.

21 kWh는 기간을 정해 계측하는 것이 용이하지만 발전기의 일률인 출력(MW)을 계측하는 것은 동시성(time synchronization)의 문제로 인해 어렵다. 일반적으로 발전기의 가버너는 수시로 주파수를 감지해 발전기의 출력을 조정하고 EMS는 미리 지정한 일부 발전기에 대해 4초마다 주파수 조정을 위한 출력기준점을 지시하고 약 5분 단위로 상태추정에 의한 상정사고 분석, 안전도 유지 가능성 등을 평가하고 SCOPF를 실행해 경제급전을 위한 발전기의 출력 재배분을 시행한다.

22 순동예비력(spinning reserve)의 변화를 파악하는 것도 현재 동기운전(synchronized operation)을 하고 있는 발전기를 대상으로 하는 것이다.

용(경제급전)[23]을 하는 것이다.

〈그림 4.9〉에서는 EMS가 제공하는 서비스를 나타낸다. 첫째, 가장 중요한 전력 소비자에 대한 서비스 기능이다. 이는 가장 안전하고 경제적인 방법으로 소비자에게 전력을 공급하는 것이다. 경제급전이 실현되면 저렴한 전력 공급이 가능할 뿐만 아니라 안전도를 유지할 수 있어 국가 기간망에 대한 안보능력을 확보할 수 있다. 경제급전(ED)은 송전망의 제약조건을 사용하지 않는 경제급전을 의미하는 것이다. 경제급전의 가장 단순한 형태가 등증분비용 경제급전이다. 전력 조류계산이 제약조건으로 작용하지 않으므로 송전선의 과부하를 고려한 발전기

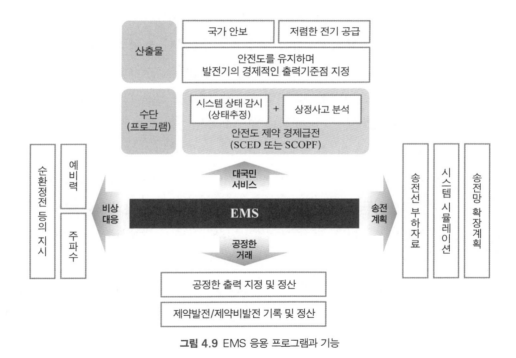

그림 4.9 EMS 응용 프로그램과 기능

---

23   미국 Energy Policy Act section 1234(Study on the benefits of economic dispatch)에는 경제급전에 대한 정의가 내려져 있는데, 경제급전이란 소비자에게 신뢰할 만한 방법을 통해 가장 저렴한 비용으로 에너지를 공급할 수 있도록 발전 설비를 운용하는 것을 의미한다. "The operation of generation facilities produce energy at the lowest cost and reliably serve consumers, recognizing any operational limits of generation and transmission facilities."

출력이 결정되지 못한다. 등증분비용법을 이용하는 경제급전은 시스템수요와 발전기 출력의 합이 같아야 한다는 제약조건만 작용하는 것이다. 이 조건 이외의 제약조건이 추가되면 등증분비용의 원칙은 성립하지 않는다.

패널티 인자(penalty factor)를 고려한 단순한 경제급전도 있으나, 이 방법은 상태추정 프로그램을 통한 자료를 사용하지 않으므로 모선별 소비자부하가 어떤 상태인지 모르며 발전기의 출력이 송전선의 용량 제약을 고려하지 않은 상태에서 도출되므로 송전선의 용량 제약, 연쇄고장의 시작을 방지하고 안전도를 유지하기 위한 발전기 출력을 결정하지 못한다.

결국, SCOPF를 사용하지 않으면 송전선의 과부하 상태를 해소하지 못하고 안전도 유지를 못해 시스템 붕괴의 확률이 높아진다. 따라서 SCOPF로 발전기의 출력기준점을 결정하는 것이 가장 중요하다. 또한 SCOPF가 실현되기 위해서는 이의 앞선 과제인 상태추정[24]과 상정사고 분석이 반드시 수행되어야 하며 이 결과물을 이용해 SCOPF의 출력기준점을 지정하는 것이다.

둘째, EMS는 예비력 관리 및 주파수 조정을 통해 전력시스템의 비상 상황에 대한 대응을 할 수 있도록 서비스를 한다. 주파수를 조정하거나 경제급전을 하면서 약 300여 개의 발전기의 출력이 수시로 변동하므로 EMS가 순동예비력[25]을 수시로 관찰해 전력시스템 운용자에게 알려주어 적절한 조치를 할 것을 경고하는 기능이다. 발전기 출력의 변화가 수시로 발생하면 순동예비력도 수시로 변화하며 이것을 EMS의 하부 프로그램인 RMS(reserve management system)가 담당하고 있다. 순동예비력에 대한 경보를 받은 전력시스템 운용자는 대기예비력을 순동예비력으로 전환하는 조치를 취해야 한다. 이때에 대기예비력이 없다면 소비자의 부하를 차단해 순동예비력을 확보해야 한다. 부분정전이 발생하는 것

---

24 MLE(maximum likelihood estimation) 기법이 주로 사용된다.

25 실제로 주파수 유지를 위해 가장 중요한 것이 순동예비력이다. 대기예비력은 10분 이내에 동기해 사용할 수 있는 출력을 의미하고, 발전기·탈락으로 주파수가 하락하고 이것을 60Hz로 회복하는 데 사용하는 것은 순동예비력뿐이다. 2시간 이후에 가동이 가능한 발전기는 주파수 조정용 예비력 또는 순동예비력과는 무관하다. 이것을 미국 NERC에서는 부하추종 예비력(following reserve)이라고 한다.

이다.

　시스템수요가 시시각각으로 바뀌므로 주파수를 유지하기 위해 각 발전기의 가버너는 발전기 출력을 자체적으로(autonomous) 조정하고 경제급전을 위한 출력도 변화하므로 EMS는 순동예비력의 양을 항상 감시하는데, 전력시스템 운용자는 운용예비력 관리 프로그램을 사용하지 않으면 실시간 급전에서 순동예비력의 변화를 정확하게 파악할 수 없다.

　세 번째, EMS는 공정한 거래를 지원한다. 운전원이 발전기의 출력을 암기해 얻은 수치는 전력시스템 운용자마다 다를 수 있고, 운용예비력 부족에 대한 불안감도 개인별로 차이가 있다.[26] EMS는 SCOPF에 의해 출력기준점을 계산해 어떤 발전기의 출력을 지정하고 이것을 근거로 에너지에 대한 거래를 실시할 수 있게 해준다. 에너지 거래 이외의 주파수 품질 서비스나 제약발전/제약비발전의 정산에 대한 근거자료가 EMS에서 생성되어 보관된다. 외국의 경우 일정기간이 지난 후 이 내용이 공개되며, 이를 근거로 공정한 거래가 가능하다.

　네 번째, EMS는 송전망 확장계획에 대한 자료를 제공한다. EMS는 시스템의 전력조류에 대한 자료를 생성하기 때문에 전력시스템의 어느 부분이 취약한지에 대한 자료를 생성한다. 이를 근거로 취약한 부분을 보강할 수 있는 기본 자료를 제공한다. 특히 시스템 전체에 대한 시뮬레이션을 통해 어떤 선로의 증설이 시스템의 안전도 유지에 미치는 영향을 파악할 수 있다.

26　허수예비력이 발생하는 이유로 입찰한 발전기의 용량을 외기 온도나 발전소의 상황을 실시간으로 알지 못하기 때문에 불가피하게 예비력을 정확히 알 수 없다는 주장이 있지만, 이는 EMS를 사용할 때의 예비력과 무관한 것이며 가동되어 있는 발전기의 출력을 파악하는 것은 상태추정 프로그램의 역할이다.

4.3 전자적 자료의 보관 및 관리

4.3.1 자료 전송의 출발 지점(발전단 출력과 송전단 출력)

EMS는 SCADA를 통해서 정보를 주고받아 시스템 운용을 하는 소프트웨어이다. 따라서 통신 정보를 생성하는 지점이 대단히 중요하다. 통신 신호의 출발점은 발전기의 신호이다. 그런데 스스로 먼저 움직여서 발전하는 발전기도 없으며, 자신이 움직이기 위해서는 자신이 만든 전기의 일부를 소비하거나 외부로부터 전기를 받아서 발전을 한다.

자동차가 외부의 전력으로부터(보통 배터리로부터) 시동을 걸어 기동을 하듯이, 발전기도 처음 가동하기 위해서는 외부 전력이 반드시 필요하다. 또한 각종 기기를 움직이기 위해서는 자신이 생산한 전력의 일부를 사용하는데 이를 소내부하(house load)라고 한다. 소내부하는 보통 발전단 출력(gross output)의 4~5% 정도 되는데, 어떤 발전기가 100MWh의 전력을 생산했다면 자신이 5MWh를 소비하고 95MWh를 송전선을 통해서 내보냈다는 것을 의미한다. 내부에서 사용하는 기기도 표준전압 등이 요구되므로 소내변전소에서 일정하게 승압된 전력을 이용한다.

〈그림 4.10〉에서 볼 수 있듯이 발전소의 상태는 승압이 이루어지기 전에 발전기 뒤에서 한 번 측정하는데, 이를 발전단 출력이라고 하며 승압 후에 소내소비로 일정 사용하고 송전선으로 나가는 지점에서 계측을 하는데, 이때의 측정값은 송전단 출력(net output)이라고 한다.

일반적으로 판매 및 거래와 관련해서는 송전단에서 사용될 수 있지만 발전기 제어와 관련된 자료는 발전단 자료가 유효하다. 이것은 EMS와 정산시스템인 MOS[27]를 어떻게 연결하느냐에 중요한 문제점을 제기하게 된다.

27　MOS(market operating system)의 정체는 불분명하다. 이는 EMS 제작회사들이 시장 운영과 관련된 문제를 해결하기 위해 개발한 소프트웨어이나 일부 기능은 EMS와 동일한 것이 있다. 또한 우리나라의

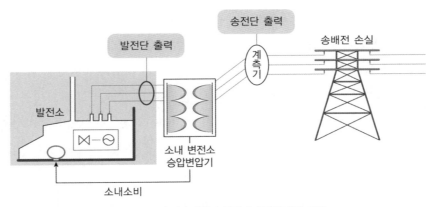

송전단 출력

발전단 출력

송배전 손실

계측기

발전소

소내 변전소
승압변압기

소내소비

그림 4.10 송전단 출력과 발전단 출력의 측정 지점

MOS는 EMS와 유사하게 구성된 소프트웨어이다. MOS는 전력산업구조가 개편된 시장시스템에서 주로 사용하는데, 이것은 정산과 관련되기 때문이다. EMS는 발전기별 출력기준점(MW)을 결정하는 것이며 MOS는 입찰 자료를 바탕으로 정산 비용을 결정하기 위한 발전량(kWh)의 문제를 취급한다.

우선 EMS와 MOS가 발전단과 송전단의 자료 중에서 어떤 자료를 이용할 것이가가 논의의 출발점이 된다. 송전단에서 계측한 발전량 자료는 거래에 사용되기 때문에 MOS의 사용을 위한 것이라고 하지만 EMS의 계산은 kW를 대상으로 하는 계산이 많다. 시스템 운용 관련 교과서에 나오는 가버너 도면에 송전단이 나타나지 않고 주파수는 발전기 축의 회전수이고 가버너는 이것을 관측해 터빈의 기계출력을 조정하도록 되어 있다. 따라서 발전기 제어에는 모두 발전단 자료를 이용하는 것이 정상이다. 발전소의 소내손실은 발전단 출력 변화 및 주파수 변화에 따라 변화하는데 EMS의 발전기별 출력 변화 지시가 송전단을 대상으로 한다면 가버너의 출력기준점(set-point)을 지정하는 새로운 알고리즘이 존재해야만 한다.

주파수가 바뀌면 소비자부하만 변동하는 것이 아니고 발전소 내부의 용량

경우 정산에 어떻게 사용되는가에 대해 알려진 바가 없다.

이 큰 급수펌프 유도송풍 팬[28] 및 강제송풍 팬[29] 등 모터를 사용하는 소내기기의 사용전력량이 변화하기 때문에 발전소 소내소비가 변화해 발전소 제어가 문제를 일으킬 수 있다. 소내 기기에 대한 제어가 적절하지 않으면 발전시스템의 가동이 멈출 수 있다. 다만 이것은 전력시스템 붕괴와는 다른 차원의 것이다. 그래서 송전단에서 출력조정을 하지 않고 터빈의 출력, 즉 발전단에서 주파수를 조정하는 것이 원칙이다. 왜냐하면 전력시스템의 부하는 발전소 소내소비 전력을 포함하며 발전소 소내소비 전력은 우리나라 최대수요 발생 시에는 8,000만kW의 약 5% 정도인 400만kW로 시스템수요를 구성하는 요소 가운데 가장 큰 몫을 차지한다. 이렇게 큰 부하가 주파수의 변화에 따라 변하기 때문에 일정한 크기의 부하라고 가정해 소내소비로서 이를 공제해 송전단 출력으로 EMS가 실행되지는 않는다. 즉 송전단 출력으로는 터빈 출력을 조정할 수도 없으며, 발전단 출력 정보를 이용해 터빈 출력을 조정해야만 발전소 내부의 발전시스템도 제어가 가능한 것이다.[30]

발전기의 발전량을 송전단에서 계측해 정산할 수는 있지만 EMS는 송전단에서 발전기 출력을 조정하지 않는다. 발전사업자가 전기를 판매할 경우, 송전단 가격 및 발전량을 이용해 거래하거나 발전단 가격을 이용해 거래할 수 있으며 이는 발전사업자의 선택사항이다. 일반적으로 시스템 운용은 발전단을 중심으로 이루어지고, 전력 거래는 송전단의 계량기 중심으로 이루어진다. 시스템 운용은 터빈 제어 등 기술적 문제이고, 전력 거래는 비용 등의 경제적 문제이다. 따라서 경제적 측면을 강조하게 되면 전력거래의 자료를 사용하면 된다. 예를 들면 송전단 가격이 100원/kWh라면 발전단 가격은 95원/kWh로 발전량을 거래하면 된

---

28   ID Fan: Induced Draft Fan.

29   FD Fan: Forced Draft Fan.

30   주파수 조정이나 출력기준점 조정은 가버너가 하는 것으로, "터빈 밸브를 조정하는 것인지", "송전단의 어느 것을 조정해 주파수를 조정하는지" 등에 대한 명확한 설명이 있어야 하는데, 우리나라에는 현재 이러한 설명이 없다.

다. 특히 외국의 경쟁시장에서 경매가격이 송전단 기준으로 행해지는지에 대해 알아보아야 한다. 꼭 송전단 가격이 아니면 전력을 거래할 수 없는 것은 아니다. 여기에서 EMS를 제대로 활용하면 발전단 및 송전단 발전량을 항상 알 수 있기 때문에 송전단 출력만 의미가 있는 것은 아니다.

EMS의 주파수 조정 및 경제급전의 출력기준점은 발전단 출력이며 가버너는 터빈 출력을 제어한다. 따라서 송전단 출력을 EMS로부터 받아 가버너의 출력기준점을 역산할 필요는 없다. 특히 발전기 건설계획, 기동정지계획 등 모든 프로그램은 발전소 소내소비를 부하로 취급한다. 프로그램은 발전단 출력을 기준으로 한다. 한국전력공사의 통계자료에서 사용되는 수요는 1시간 동안 발전기의 kWh의 합이다. 즉 발전단의 kWh이다.

EMS가 시스템 상태 감시나 급전과 같은 기술적 문제에 치중한 소프트웨어를 중심으로 구성된 반면에, MOS[31]는 시장 거래를 자료를 생성하는 기능이다. 구조개편이 완성된 시스템에서 EMS와 MOS를 같이 사용하는 이유는 바로 기술 문제와 경제 문제를 구분해서 시스템을 운용하기 때문이다. 이를 간과하고 변동비반영시장(CBP)에서 MOS의 명확한 정의 없이 이를 혼용해 사용하다 보니 기술 문제를 취급해야 할 문제를 거래 문제로 연결해 송전단 자료만을 취급하게 된 것이다.

한편, 송전망에서 발생하는 손실은 송전선 양단의 전압과 송전선의 임피던스(impedance)[32]의 함수이다. 송전선의 손실이 어느 발전기의 출력과 관계되는지 알 수 없으며 조류계산을 통해 송전 손실을 파악할 수 있다. 소비자 수요지점에 발전기가 위치하도록 한다면 송전 손실을 줄일 수 있으나 그것은 불가능한 것이다.

---

31 구조개편이 완성된 시장에서 MOS의 주요 역할은 현재 시간에 입찰한 발전기를 최대의 경제적 효과가 나오도록 재정렬하는 것이며, 운용계획을 정하는 것이다(NYISO).

32 교류전류가 흐르기 어려운 정도로서 전류회로에서의 저항에 해당하는 요소이다. 저항으로 작용하는 여러 가지 요소들을 지칭한다.

4.3.2 EMS의 관리

EMS 운영 및 관리는 다음과 같은 절차로 이루어진다. 전력시스템 운용모형 및 관련 부대설비의 일상운용 및 감시업무는 1인 4조 3교대 근무로 운영하며, 근무자는 설비별 운용 상태 감시, 취득 자료의 정도 개선, 장애 발생 시 응급조치 업무 등을 수행하고 결과를 기록 유지한다. 전력거래소는 전력시스템 운용모형의 기본운영계획을 매년 1월 말 이전에 수립해 운영하며 수립기간은 1년으로 한다. 기본운영계획에는 EMS 운영지침에 따른 일간점검, 주간점검, 월간점검, 분기점검, 반기점검, 정밀점검 사항을 포함한 예방점검 계획을 수립한다. 설비의 점검은 매 주기마다 항목에 따라 점검을 시행하는데, 전력시스템 운용 중 고장이 발생할 때에는 즉시 복구계획을 수립해 시스템 운용 지침서 및 제작사 매뉴얼에 따라 설비를 점검하고 고장수리를 하도록 되어 있다.

전력시스템 운용기관은 EMS의 고장수리 후에는 고장 발생 원인을 분석해 유사 고장의 발생방지를 위한 대책을 수립해야 한다. EMS 운영실적을 매년 분석해 기본운영계획 수립 시 반영한다. 전력거래소는 전력시스템 운용모형의 설비투자 계획을 매년 수립해 시스템 개선, 데이터베이스 작업 및 응용 프로그램의 개발 등을 수행, 시스템 운용에 차질이 없도록 해야 한다. 전력거래소는 EMS를 통해서 전력 설비를 실시간으로 감시하고 관련 자료를 기록 보관해야 할 의무가 있다.

4.3.3 시스템 운용의 신뢰도를 높이기 위한 자료 및 정보교환

전력시스템의 구성 형태인 토폴로지는 송전망의 지도 그 자체라고 할 수 있다. 이것은 각각의 발전기와 변압기가 전력시스템의 다른 설비와 어떤 전압으로서 어떻게 연결되어 있는가 등에 관한 것이다. 또는 각 송전선의 용량은 얼마인가,

각종 접속기기의 전기적 특성은 어떠한가, 어디에 직렬 또는 병렬의 무효전력 공급장치가 연결되어 운전되고 있는가. 여기에 열거한 모든 시스템 구성요소는 전력시스템의 임피던스에 영향을 미치며 전력시스템 내부에서 전력이 어떻게 어디로 흐르는가를 결정한다. 토폴로지와 임피던스는 전력조류계산, 상태추정 프로그램, 상정사고 분석 프로그램, SCOPF 등에서 정식화된다. 또한 토폴로지와 임피던스는 운용계획의 단계에서 전력조류계산의 정식화에 사용되어 실시간이 아닌(off-line) 조건에서도 중요하게 사용된다.

토폴로지 처리 프로그램(topology processor)은 상태추정 프로그램의 전 단계 처리기능(front-end processors) 및 운용정보 표시기능 그리고 경보시스템에 사용된다. 이 기능은 디지털 원격계측기가 계측한 차단기와 단로기(switch)의 상태를 정보로서 변환해 전달하고 이것이 상태추정 프로그램에 의해 입력으로서 사용되며, 선로의 개방 상태 및 조작 여부 그리고 무효전력 보상장치의 개방 및 접속을 고려해 실시간으로 데이터베이스를 수정한다.

전력시스템의 모든 구성요소에 대한 여러 가지의 정보는 실시간으로 수집되고 교환되어서 이들이 정식화(modelling)되어서 토폴로지 처리 프로그램이 이를 정확하게 사용하도록 해야 한다. 만약 시스템 구성요소의 상태에 대한 정보가 부정확하다면 상태추정 프로그램은 상태추정 문제를 풀지 못할 수 있으며 실제의 전압이 정식화된 EMS의 각종 프로그램의 해(solution)와 일치하지 않게 된다.

EMS의 정보는 시스템의 운용 성능을 관찰하고, 신뢰도를 분석하며, 송전망의 혼잡 및 용량초과(congestion)를 관리하고, 각종 발전량의 관리회계 등을 수행하기 위해 제어지역 간에 그리고 신뢰도 조정기관 간에 상호 교환된다. 교환되는 자료는 매 2초 내지 4초 간격으로 교환되는 실시간(on-line) 시스템 운용 자료, OASIS[33]에 등록하는 각종 송전망 예약용 자료, 그리고 시장참여자 사이의 에너지 거래를 확인하기 위한 전자 태그 등으로 구성된다.

---

33 open access same-time information system: 미국의 연계 시스템 사이에 도매 전력 거래를 위해 오가는 고압 송전망의 가용용량에 대한 정보를 주고받는 시스템.

첫 번째, 제어지역 간 통신프로토콜(ICCP)[34]을 통해서 실시간 시스템 운용 자료는 수집되는 즉시 교환되며 공유한다. 미국에서는 민간 또는 개인이 구성한 보호계전기 망(relay network)을 사용하기도 한다. 미국의 경우 NERC는 'NERCNet'라고 알려진 통신망을 운용한다. 매 분마다의 시스템 운용 상태를 관측하고 시스템을 제어하기 위해 ICCP 자료가 사용되며 이 자료에는 상태추정 프로그램과 상정사고 분석 프로그램에 사용되는 자료뿐만 아니라 선로조류, 전압, 발전기 출력, 시간대별 전력교류계획, 연계선조류제어오차(ACE), 그리고 시스템 주파수 등이 포함된다.

두 번째, IDC에 대한 정보의 교류이다. 연계시스템의 실제 전력조류는 물리학의 법칙에 따라 최소 저항의 경로를 따라 흐르므로, NERC의 IDC는 전력이 실제로 어디로 어떻게 흐르는가를 판정하기 위해 사용된다. IDC는 컴퓨터 프로그램으로 현재의 또는 계획된 전력 수송이 연계지역의 송전망 구성요소에 미치는 영향을 계산하는 기능을 갖고 있다. IDC는 40,000개의 변압기 모선, 55,000개의 선로와 변압기, 그리고 6,000개 이상의 발전기를 갖고 있는 연계시스템을 대상으로 모델링한 전력조류계산 프로그램을 이용한다. 이 모델은 어떻게 전력 수송이 각종 시스템 구성요소의 부하부담 상태에 영향을 미치는가에 관한 전달배분인자(TDF)를 계산하며, 또한 만약 또 다른 특정한 시스템 구성요소가 상실되면 이로 인해 각각의 시스템 구성요소에 대해 전력이 추가적으로 얼마나 부담될 것인가를 알려주는 고장배분인자(OTDF)를 계산한다. IDC 모델은 선로 탈락, 소비자부하 수준, 그리고 발전기 고장정지 등의 상태 변화를 반영하기 위해 NERC의 시스템 운용자료 교환(SDX) 시스템을 통해 갱신된다. 전력 전달 정보는 NERC의 전자 태그(E-Tag) 시스템을 통해 IDC에 입력자료가 된다.

세 번째 교환정보 시스템은 SDX라는 것이다. IDC는 미주 동부 연계지역의 전력조류계산 모델에 사용되는 시스템 토폴로지를 최신 상태로 유지하기 위

---

34   Inter-Control Center Communications Protocol.

해 NERC의 SDX을 통해 교환되는 요소 상태의 정보에 의존한다. SDX는 다음 48시간에 대한 소비자 수요와 운용예비력뿐만 아니라 발전기의 고장정지와 송전선 탈락에 대한 정보를 모든 운용자에게 배부한다. 이 자료는 전체 시스템의 전력이 개별 송전시스템 구성요소에 미치는 영향을 계산하기 위해 사용되는 IDC 모델을 갱신할 때 사용된다. 그러나 발전·송전·배전사업자가 선로탈락과 같은 구성요소의 상태 변화에 대한 보고를 얼마나 빨리 SDX를 통해 해야 한다는 규정은 없었다. 어떤 기관은 하루에 한 번씩 갱신해 보고하기도 하고 다른 기관은 사건이 발생하면 보고하기도 한다. NERC는 2003년 현재 주기적으로 정보 갱신 및 보고를 하도록 하는 규정을 만들어서 2004년 여름부터 시행하기로 해서 현재 진행 중이다.

SDX 자료는 직접 원격으로 계측하거나 ICCP 자료를 사용할 수 없는 연계지역의 부분에 대한 토폴로지를 최신의 상태로 유지하기 위해 몇 개의 제어센터에 사용되고 있다. 또한 여러 송전망 서비스 제공회사는 단기적으로 가용송전 용량[35]을 결정하기 위한 송전망 모델링의 자료를 갱신하기 위해서도 이 자료를 사용한다.

네 번째로는 전자 태그(E-Tags)라는 정보가 있다. 모든 제어지역 간의 전력흐름은 특히 동부 연계지역의 IDC 프로그램에서는 전력시스템 운용기관과 송전선 혼잡관리시스템에서 사용하는 중요한 정보에는 전자 태그를 부착한다.

미국 서부 연계지역도 전력시스템 운용기관에서도 신뢰도 조정기관과 예상하지 못한 전력조류 경감대책에 대한 전자 태그 정보가 교환된다. 하나의 전자 태그는 전력 전달의 크기, 시작 시점과 종료 시점, 출발점과 종착점, 모든 계약경로에 있어서의 송전 서비스 제공자, 사용되는 송전 서비스의 우선순위, 그리고 기타의 송전교류에 대한 상세한 내용 등에 관한 정보를 포함한다. 매월 100,000개 이상의 전자 태그가 교환되며 이것은 약 100,000GWh의 거래량을 다룬다.

35　ATC: Available Transfer Capability.

전자 태그에 관한 정보는 송전망 혼잡관리에 필요한 부하 차단을 하는 용도로도
사용된다.

마지막으로는 가장 고전적인 음성통신에 대한 정보이다. 제어지역 운용자
사이의 전화통화 또는 시스템 운용자료를 교환하기 위한 필수적 요소이다. 만약
전자통신설비 또는 원격계측장치에 고장이 발생하면 몇 가지의 필수적인 자료
는 SCADA, 상태추정 프로그램, 상정사고 분석 프로그램, 에너지 계획 프로그
램 그리고 정산용 회계시스템에 수동으로 입력되어야 한다. 운용자 사이의 직접
통화는 다른 시스템에서 원격계측한 자료값을 이용해 자기 시스템의 중요한 자
료를 대체할 수 있고 적합한 자료가 무엇인가를 파악할 수 있게 한다.

또한 시스템 운용자가 필요 이상으로 많은 자료를 얻었다든가 또는 정상적
전력조류가 아니라고 판단한 자료가 있을 경우, 인접한 시스템의 전력시스템 운
용자와의 직접적인 대화를 통해 2003년 8월 14일에 미국이 경험한 것과 같은 문
제를 회피할 수도 있었을 것으로 NERC는 보고 있다. 그러나 여전히 자동화된
정보교환시스템과 제어시스템에 정확한 정보가 입력된다면 이것이 전력시스템
의 모든 상황을 가장 신속 정확하게 알 수 있는 수단이다.

4.4 EMS와 외부 기기의 연결

4.4.1 기술정보와 시장정보의 연결

현대적 의미에서 발전기의 제어는 EMS라는 컴퓨터 소프트웨어 패키지에 의해
서 제어된다. 이 소프트웨어는 다양한 제어기술을 프로그래밍한 것들을 모아서
기능을 하는 시스템이다.

일정 기준 이상의 발전기 및 송·변전 시설에는 〈그림 4.11〉과 같은 RTU

그림 4.11 원격계측장치(RTU)의 외형

라는 통신장치가 장착되어 있다. 이 장치는 해당 지점의 전압, 전류, 개폐기의 상태 등의 자료를 중앙급전실의 SCADA로 보내는 역할을 한다. SCADA는 글자 그대로 자료를 취합해 이를 EMS에 넘겨주는 역할을 한다.

EMS는 이 자료를 바탕으로 시스템의 안전을 유지하기 위한 계산을 시작한다. 주요 모듈은 〈그림 4.12〉와 같은 순서가 약 5분 동안 주기적으로 작동한다.

일반적으로 정부 규제가 없이 판매자와 발전사업자가 양방향에서 경쟁을 통한 입찰을 하는 구조개편이 이루어진 시스템에서는 EMS와 MOS 두 개를 동시에 사용한다. 우리나라와 같이 구조개편이 된 것도 아니고 완전한 정부 규제

그림 4.12 EMS에서 자료 처리의 과정

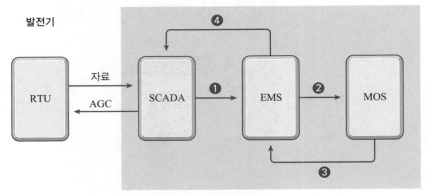

그림 4.13 이종 기기 간의 정상적 연결과 정보의 흐름

주) 이 도식은 2013년에 거짓 정보흐름으로 판명되었음.

시장도 아닌 상황에서 EMS와 MOS를 어떻게 연결해 사용하는 것이 최적인가 하는 문제가 있다. 〈그림 4.13〉은 2014년 10월 이전에 우리나라에서 사용한다고 하는 시스템 구성이다.[36]

모든 데이터는 SCADA로부터 취득되며 이 취득 자료를 EMS에 우선 보낸다. 이때 EMS는 발전단 및 송전단 자료를 모두 받는다고 한다(❶).

그리고 이 자료 중 송전단 자료를 MOS에 보낸다(❷). 그리고 송전단 자료를 근거로 5분 출력기준점(base point)을 만들고, 이를 다시 EMS에 보낸다(❸). EMS는 주파수 오차를 처리하기 위한 신호와 5분 신호를 합해 각 발전기에 보낸다(❹). 그러나 이러한 연결방법과 정보의 흐름은 2013년의 기술조사과정을 통해서 거짓으로 판명되었다.

2013년 기술조사 과정에서 실제로는 SCADA로부터 온 자료를 바탕으로 생성된 상태추정 자료를 사용하지 않고 예측자료를 사용한다고 전력거래소가 주장을 변경했다. 주장에서의 SCADA-EMS-MOS의 연결이 〈그림 4.14〉인

---

36 차세대 EMS는 물리적으로 구분된 EMS와 MOS를 하나의 시스템으로 통합했다고 하는데 기능적인 분리까지 이루어진 것은 아니다.

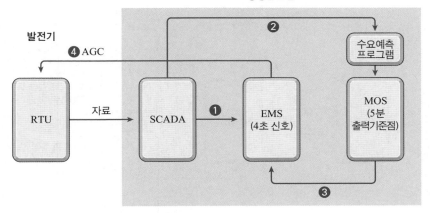

그림 4.14 수요예측 자료에 기반한 자료 생성의 구조(자료의 동시성이 없음)

데, 이러한 연결은 다음과 같은 문제점을 지닌다.

첫째는 EMS와 MOS에서 사용하는 자료의 동시성이 없어 EMS와 MOS가 서로 다른 값을 가지고 계산하고 있다는 점이다. 둘째는 MOS의 송전단 자료와 EMS의 주파수 편차를 제어하는 자료를 합할 때 주파수 편차의 제어는 발전단 자료만으로 가능한데, 발전단 자료와 송전단 자료는 합한다는 점이다. 세 번째는 ❷의 과정에서처럼 EMS에서 송전단 자료를 MOS로 보내는 것이 아니라, MOS는 예측된 수요자료를 받아서 선행급전을 한다고 하는데, 이것은 논리적인 문제점은 앞에서 이미 언급했다.[37] 2014년 10월 이전 전력거래소는 가장 최근의 상태추정 자료를 바탕으로 5분 또는 10분 후를 예측하고 이 예측자료를 이용해 MOS에서 5분 출력기준점 자료를 만든다고 한다.[38] 그런데, 수요예측 자료는 EMS에서 오지 않고 별도의 수요예측 프로그램에서 오기 때문에 EMS에서

---

[37] EMS에서 건너간 자료를 이용해 상태추정을 한다고 했는데, 상태추정은 현재의 계측자료를 이용해 전력시스템의 상태를 추정하는 것이지 불확실성을 갖는 미래의 상태를 추정하는 것이 아니다. 즉 불확실한 미래를 확정짓고 SCOPF가 수행하는 것이 아니라면 MOS가 수행한다는 FMD(Five Minute Dispatch)는 안전도 제약 경제급전(SCED)이 아니라는 것이 다시 한 번 드러난다.

[38] 5분 급전 자료가 없다는 것은 감사원 감사결과 보고서에 적시되어 있다.

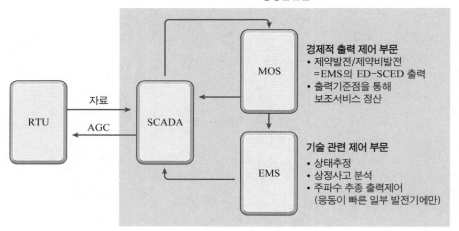

중앙급전실

경제적 출력 제어 부문
• 제약발전/제약비발전
  =EMS의 ED-SCED 출력
• 출력기준점을 통해
  보조서비스 정산

기술 관련 제어 부문
• 상태추정
• 상정사고 분석
• 주파수 추종 출력제어
  (응동이 빠른 일부 발전기에만)

그림 4.15 ERCOT에서의 기기 간 연결과 정보의 흐름(추정)

MOS로는 자료가 오지 않으며 수요예측 자료를 이용해 출력기준점을 만드는 것은 무의미하다. 수요예측이 된다하더라도 예측된 상황으로 전환하기 위해 5분 이내에 운용예비력을 변경하는 것은 불가능하다.

반면에 단독 전력시스템인 ERCOT에서 사용하는 EMS와 MOS는 〈그림 4.15〉와 같은 연결구조를 갖는다. EMS와 MOS가 각각 기술제약을 만족하는 발전기 출력 계산 부분과 정산을 위한 kWh(정산) 계산 부분으로 나뉜다. SCED는 MOS가 수행하고 4초 신호, 즉 주파수 조정을 위한 발전기 출력조정신호는 EMS가 담당하도록 했다. 우선 SCADA로부터 전송받은 자료를 근거로 MOS는 송전선 용량 제약 및 상정사고 제약의 조건식을 만족하는 SCOPF의 발전기별 출력기준점을 생성해 모든 발전기에 보낸다. 그리고 동시에 자신이 받은 자료를 EMS에 보내어 EMS는 단순 경제급전[39], 상태추정, 상정사고 분석을 수행한다. SCOPF의 출력기준점과 단순 경제급전 출력기준점(등증분비용법에 의해 계산)의 차이를 비교해 5분마다의 제약발전/제약비발전을 발전기에 별도의 플래그(flag)를 붙여 보관한

---

39 자세한 것은 제2장에서 설명한 바 있다.

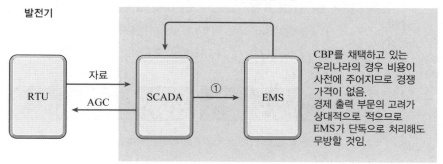

그림 4.16 대안적 기기 간 연결과 정보의 흐름

다. 이 자료가 이후의 정산에 이용된다. 또한 출력기준점 지정 자료가 있기 때문에 보조 서비스 정산도 MOS가 수행한다.

우리나라와 같이 변동비반영시장(CBP: Cost Based Pool)인 경우에는 사실 MOS가 필요 없다고 판단한다.[40] 따라서 〈그림 4.16〉과 같은 구조로 연결을 해도 아무런 문제가 없을 것이다. 즉 EMS가 SCOPF 기능을 수행하면서 4초 AGC 조정 신호를 동시에 계산해도 논리적 문제가 없는 것이다.

단순한 구조를 만들면 기술적으로 AGC 조정 신호를 정상적으로 만들 수 있을 뿐만 아니라 단순한 경제급전(ED)과 SCOPF에 대한 차이에 따른 제약발전/제약비발전 정산이 이루어지고 SCOPF의 출력기준점을 기준으로 품질유지 서비스에 대한 정산도 가능해진다.

이러한 단순 구조에서의 시간에 따른 신호의 송·수신 관계는 다음 〈그림 4.17〉과 같다. 두 종류의 AGC 신호인 부하주파수 제어(LFC) 신호와 5분 급전 신호는 SCADA를 통해서 발전기에 전달된다. 부하주파수 제어는 출력기준점의 변경에 빠르게 대응하는 일부 발전기에만 전달되고, 5분 급전 신호는 모든 발전

---

40 DOE (2005), The Value of Economic Dispatch: a report to congress pursuant to section 1234 of the Energy Policy Act of 2005. Retrieved from 〈http://energy.gov/sites/prod/files/oeprod/DocumentsandMedia/value.pdf〉

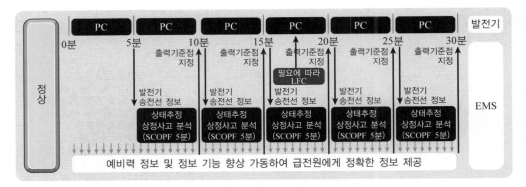

그림 4.17 EMS와 발전기의 상호작용의 관계

주) PC: 1차 제어, LFC: 부하주파수 제어, 출력기준점

기에 전달된다. 5분 급전 신호는 모선별 소비자부하의 크기가 시시각각 변하기 때문에 가동 중인 발전기의 출력을 재배치하는 신호이다.

4.4.2 급전불능 발전기(분산형 전원)의 처리

원격계측장치(RTU)가 없는 발전기는 〈그림 4.18〉과 같이 소비자 계량기 후단에 접속되어 있다. RTU 없는 발전기는 구매한 전력과 자신이 생산한 전력을 차감해 계량을 해서 이를 정산하게 된다. 접속방법 이외의 형태를 고려할 수는 없다. 따라서 급전가능 발전기의 출력은 소비자부하와 손실(소내 및 송전)의 합이며 급전불능 발전기(NDT)[41] 출력을 뺀 것을 공급하게 된다. 즉 소비자 계량기의 측에서 본 부하를 합한 것과 송전 손실, 발전기 소내소비 전력의 합을 공급하게 된다.

또한 급전가능 발전기는 발전기의 가버너가 주파수를 관측해 자신의 출력을 조정하는 것이지 시스템부하의 합을 인지해 자신의 출력을 조정하는 것이 아니다. 실제로 NDT의 출력을 어떻게 파악해 합산하며 파악한다고 하더라도

---

41   non-dispatchable technologies.

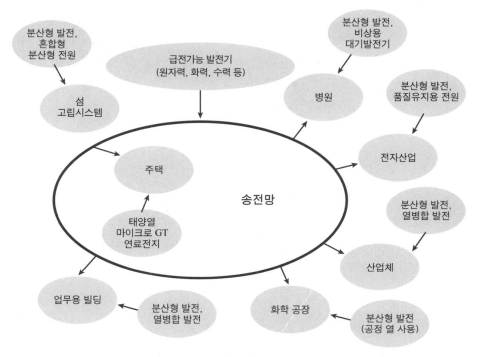

그림 4.18 분산형 전원의 전력시스템 상에서의 배치

NDT는 제어할 수 없기 때문에 EMS에서는 이를 제어할 방법이 없다. EMS가 제어하는 발전기는 급전가능 발전기일 뿐이다. 1차 제어 및 2차 제어에 참여하는 발전기는 급전가능 발전기뿐이며, 급전불능 발전기는 시스템수요를 감소시키는 역할밖에 못 한다.

그런데 상태추정은 급전을 하기 위한 것이며 분산형전원 등 급전불능 발전기에 대해서는 EMS에서 어떻게 처리하느냐가 중요한 문제가 된다.

결론적으로 우선 RTU가 없는 발전기는 수요가 차감되어 총부하로 나타나게 하는 것이 정상이다. 즉, 다음의 식

$$시스템수요 = 발전기 소내소비 + 송전 손실 + 소비자 수요 - NDT 출력 \qquad (4.3)$$

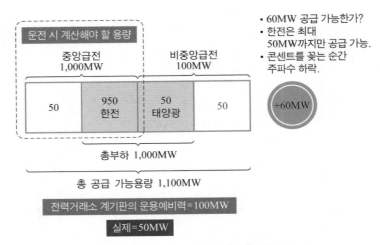

그림 4.19 EMS에서 비중앙급전 발전기의 처리

과 같다.

　　EMS 지시 대상이 아닌 발전기는 소비자 수요를 차감할 뿐이고 순동예비력 계산에 포함해서도 안 된다.[42] 급전불능 발전기에는 RTU가 없기 때문에 RTU로부터 오는 자료가 없으므로 상태추정 자료에는 급전불능 발전기의 출력이 포함되지 않으며, 상태추정 자료가 없는 발전기의 출력을 포함해 예비력을 계산하거나 시스템부하를 계산하는 것은 프로그램의 일관성을 해치는 행위이다. 따라서 상태추정 프로그램을 사용하지 않으면 의미 없는 자료(garbage out)가 화면에 나타나게 된다.

　　〈그림 4.19〉를 통해 관련된 예를 들어보자. 중앙급전 발전기가 1,000MW, 급전불능 발전기가 100MW인 시스템을 가정하자. 이 중에서 현재 급전가능 발전기는 950MW, 그리고 급전불능 발전기는 50MW의 출력을 내고 있다. 그러면 중앙급전 발전기와 비중앙급전 발전기가 각각 50MW씩의 운용예비력을 갖고 있게 된다. 동일 출력조건에서 갑자기 기온이 상승하고 60MW의 부하가 증가했

42　양수발전기가 발전을 할 때에는 발전기이지만 펌핑을 할 때에는 부하가 된다. 양수발전기의 운용예비력은 저수지의 물의 수위와 관련이 깊다.

다고 할 경우에 이것에 대한 즉각적인 공급이 가능한가를 검토해보기로 한다. 중앙급전실의 운전원은 중앙급전 발전기 50MW, 비중앙급전 발전기 50MW로 총 100MW의 운용예비력을 가지고 있다고 계기판에 기록을 하거나 판단을 해도 실제로는 중앙급전 발전기의 50MW밖에 공급하지 못한다. 더구나 급전불능 발전기의 경우에는 시스템수요 변화에 즉각적인 주파수 응동을 하지 못한다.

뿐만 아니라 직류인 배터리 에너지 저장시스템[43]도 주파수 응동은 불가능하다. 교류에만 있는 주파수를 감지해 주파수를 조정한다는 주장에는 기술적인 문제가 있다. 즉 주파수 응동은 터빈 또는 부하 측의 회전기기에 저장된 관성에너지를 이용해 주파수의 급속한 하락을 저지하는 것이며, 반응이 즉각 일어나지 않고 시간지연을 두어 천천히 주파수가 조정되도록 하는 것인데, 배터리가 시간지연 없이 방전하게 되면 주파수 교란이 지속적으로 발생하는 헌팅(hunting)과 같은 현상으로 전력시스템 운용에 악영향을 줄 수도 있다.

따라서 실시간으로 시스템을 운용할 때에는 급전가능 발전기만을 고려해야 한다. 그렇다면 급전불능 발전기가 발전을 하면 그것은 시스템수요를 삭감하는 역할을 한다. 앞의 예에서는 급전불능 발전기가 없다면 총 출력은 1,000MW이었는데, 급전불능 발전기가 50MW의 출력을 내면서 50MW의 부하삭감을 하면서 출력이 950MW(=1,000MW-50MW)가 된 것이다. 즉, 순동예비력이 아무리 많아도 급전불능 발전기에 대해서는 전력시스템 운용기관의 EMS가 출력을 제어하지 못한다.[44]

---

43   BESS: Battery Energy Storage System.
44   전력거래소는 현재 운용예비력을 계산할 때 비중앙급전기를 포함하는 것은 물론 제주도 발전기까지 계산하고 있다. 심지어 제주도 및 섬에 있는 발전기 용량까지 포함시키고 있다. 시스템에 연결도 안 된 섬에 있는 발전기의 예비력이 100만kW가 있다고 하면 내륙에서 수요가 100만kW가 증가했을 때 섬에 있는 발전기가 사용되지는 않는다.

4.5 EMS 활용의 효용

4.5.1 전력시스템 운용자의 합리적 의사결정 지원

만약 순환정전의 근거가 주파수 이상과 관계없이 순동예비력 기준으로 발령된다면 신뢰도 조정기관이 시장에 개입할 여지가 크다. 수많은 발전기가 수 초마다 출력을 바꾸어가면서 운전하고 있는 상황에서 전력시스템 운용자가 순동예비력을 수동으로 파악할 수 없다. 수동운전을 하게 되면, 전력시스템 운용자가 현재 시스템 상태를 감시하는 데 실패해 위기의 순간이 아님에도 불구하고 위기로 판단해 순환정전을 실시할 수도 있다. 중앙급전소 이외의 장소에서 이에 대한 증거를 확보할 수 없어, 순환정전의 실시 등 소비자의 전기사용 편익을 해치는 일이 벌어져도 발전사업자 등은 문제를 제기하기 어렵다.

　　EMS는 전력시스템 운용에 필요한 모든 정보를 생성하는 도구이다. 전력시스템 운용자들은 이 정보를 바탕으로 급전 지시를 해야 하며 그 근거를 EMS에 항상 저장해야 한다. 이렇게 되면 정전을 예방할 뿐만 아니라 보다 합리적으로 전력시장을 운영할 수 있다.

4.5.2 경제급전의 실현

앞에서와 마찬가지로 EMS에 내장된 프로그램대로 급전을 하지 않으면, 전력시스템 운용자가 발전기의 출력을 자의적으로 지정해 운용할 여지가 있다.[45] 전력시스템 운용자가 전화로 운용한다는 것은 급전의 규칙이 컴퓨터 프로그램에 의해 정식화되어 있지 않고 운용자가 경험에서 얻은 운용방식에 의해 임의적으로

45　TO/SO의 통합문제에 대해 민간발전협의회에서 지적하는 공정성의 문제는 급전 운용방식 및 EMS의 사용 여부에 따라 좌우된다.

운용한다는 것을 의미한다.

EMS를 사용하지 않으면 송전선의 과부하 상태를 해소할 수 없으며 연쇄고장을 방지하기 위해 EMS가 출력을 변경하기도 어렵다. 예를 들면, 동일한 연료를 사용하는 A 발전기와 B 발전기 중에 하나의 발전기 출력을 조정해서 운전해야 할 경우 A 발전기의 출력을 높이면 EMS는 발전기별 비용함수(cost function) 등의 자료에 의해 SCOPF를 실행하고 이에 따라 출력을 지시한 근거가 남아 사후에 충분한 자료를 제시할 수 있지만, 시스템 운용자가 급전 지시를 내린 경우에는 A 발전기 출력조정은 해당 운전원의 '감(感)'에 의한 것으로 판단할 수밖에 없다.[46] 이것은 전력산업이 산업으로서 성장할 수 없는 치명적인 약점으로 작용한다.

총 연료비를 최소화하는 것은 시스템 운용자가 실시간으로 계산해 발전기에게 명령을 내릴 수 있는 대상이 아니다.[47] 경제급전이 이루어지지 않아 발전사업자 간 수익배분의 공정성에 문제를 발생할 가능성이 항상 있다. 그러므로 시스템 운용정보를 공개해야 하며 공정한 전력거래를 위해 과거의 정보도 순차적으로 발표해야 한다. 미국 ERCOT의 경우 매일 그날부터 90일 이전의 SCOPF 운용결과를 공개한다. 특히 SCOPF의 실행결과가 시장참여자에게 관심사이다.

---

46 SCOPF는 발전기별 변동비 단가(원/kWh)를 사용하지 않고 비용함수를 사용한다.

47 발전기의 운전은 급전우선순위대로 실시할 수 없다. 급전우선순위(merit order)는 발전기 건설계획 수립 등에서 운전 시뮬레이션을 할 때에 쓰는 개념이지, 실시간 운전에서 사용하는 용어가 아니다. 실시간 시스템 운용에서 EMS는 기동정지계획 프로그램 또는 시스템 운용자의 결정에 의해 현재 가동되어 있는 발전기에 대해 비용함수를 고려해 각종 경제급전을 실행한다. 즉, 실시간에는 가동되어 있는 모든 발전기는 이미 가동 중이므로 급전우선순위가 없이 모든 것이 동등한 순위를 갖는다. 급전은 가동 중인 발전기에게 주파수 유지를 위해 필요한 총 출력을 발전기마다 할당하는 행위도 포함한다. 환경제약을 위한 발전기 출력기준점이 지정된 발전기와 지역별 무효전력 유지를 위한 최소한의 발전을 하는 의무기동발전기(must-run unit)는 예외이다.

4.5.3 효과적인 사고 분석 및 블랙스타트

발전기 수의 증가와 송배전 연장선의 길이와 모선의 노드는 전력수요의 증가에 따라 증가하고 있다. 정상적인 EMS의 운용은 시스템의 모든 자료가 기록·저장된다.

EMS는 전력시스템 내의 상태에 대한 모든 정보를 담고 있는 비행기의 블랙박스(black box)와 같은 역할을 한다. 만약 자료 보관이 이루어지지 않는다면 사고가 발생해도 왜, 어디에서 문제가 생겼는지 분석할 수 없다.

따라서 EMS의 정보를 어떻게 어떤 주기로 보관해야 하는지에 대한 의무사항이 수립되고 이를 강제시켜야 한다. 또한 전력시스템 붕괴가 발생해도 상태추정의 마지막 결괏값을 이용해 전력시스템의 토폴로지를 저장해야 하며, 이를 근거로 시스템 복구를 실시해야 한다.

4.5.4 과잉 규제 방지

행정 규제가 시장에 개입되면 전력 수요가 왜곡되고 이것이 다음 계획을 세울 때 예측의 불확실성을 높이는 작용을 한다. 현실에서 관측된 수요가 수요관리나 정부의 행정 규제의 효과인지 소비자의 자발적 선택인지를 판단하기 어렵다. 단기적으로 수요관리나 정부 규제의 효과가 있더라 하더라도 수요 예측을 할 때에는 이 규제 효과를 감안한 왜곡이 없는 수요를 예측해야 한다. 그렇지 않으면 정상적인 경우에 발생하는 수요를 과소 예측해 장기적 수요에 상응하는 적정 설비 건설이 이루어지지 않을 수 있다.

수요성장의 불확실성이 가중되는 가운데 운용예비력을 과다하게 설정해야한다는 의무를 부여하면 과잉투자가 발생한다. '시장 운영규칙'에서는 위기일 (day)인 최대 수요가 발생하는 날에는 비상상황이 발생할 수 있으므로 정부는 설비계획 시에도 예상되는 최대수요보다 예비력을 높게 설정해 위험을 회피하려 할 것이기 때문이다.

이것이 가능하다면 고장정지, 보수, 수력 출수 등을 모두 고려해 매일의 급전에 사용할 수 있는 발전기가 항상 운용예비력 400만kW를 확보할 수 있는 수준이라는 것인데, 이렇게 하려면 발전설비를 많이 보유해야 하며, 이를 설비 계획 단계에서 확보할 수 있는지는 미지수이다.

또한 과잉 투자를 하게 되면 유휴 설비가 증가하게 된다. 전력시스템 운용자들이 전력시스템 운용을 안심하게 할 수 있도록 순동예비력을 증가시키고, 설비 증설을 발전기 건설계획 수립 담당자에게 요구하게 되면 연료비 낭비와 투자의 낭비가 발생하며 전기요금의 상승으로 이어지게 되는 것이다. 현재 CBP 체제에서는 한전이 모두 이 비용을 1차적으로 부담해야 하며, 2차적으로 전기요금에 이 비용을 반영해야 된다. 발전기 건설계획 수립 단계에서 사용하는 설비예비력을 실시간 운용단계에 적용함으로써 혼돈을 초래할 가능성이 있다. EMS는 모든 상황을 기록으로 남겨두며, 사후에 이를 통한 분쟁 해결이 가능해 규제 개입을 최소화시킬 수 있는 역할을 수행할 수 있다.

4.5.5 위기 대응능력 강화

비정상적 주파수는 순동예비력 문제뿐만 아니라 송전선 탈락 등에 의해서도 발생할 수 있다. 현재 남쪽에서 북쪽으로의 전력 수송의 문제나 전압안정도 문제는 공론화하지 않고 있는데 이는 설비예비력 또는 순동예비력으로 해결할 수 없는 문제이다.

송전망의 문제는 상정사고 분석을 실시해 최적의 안전도 유지 방법을 선택해, 전력시스템의 안전도를 최대한 유지해야 한다. 현재의 출력으로 주파수를 유지할 수 없다고 판단하면 발전기 출력을 재배치해야 한다. 이 문제는 사람이 순간적으로 또는 5분마다 350여 개의 발전기를 대상으로 결정하거나 판단하지 못하고 EMS를 사용해야 한다. 발전소를 많이 건설하거나 송전선을 증설함으로써 위기를 대응하려고(EMS에서 생성되는 정보나 지식을 대체하려) 하는데, 이에는 근본적인 한계가 있는 것이다.

4.6 결론 및 요약

제4장에서는 시스템 붕괴를 예방하기 위해 구비해야 할 하드웨어/소프트웨어의 강건성에 대해 살펴보았는데, 결과적으로 하드웨어이든 소프트웨어이든 그 취약성이 생각보다 크다는 점이다.

하드웨어 측면에서 먼저 살펴보면 다음과 같다. 2012년 말 현재 우리나라의 송전선로 긍장은 약 196,219km이며, 동 시점의 발전용량은 85,706,576kW이다. 이 둘은 양(+)의 관계로 비례적으로 증가해야만 그 용량에 문제가 발생하지 않는데, 최근 10여 년 동안 발전용량은 크게 증가하였는데 송전망의 용량은 이를 좇아가지 못하고 있다는 점에 주목해야 한다. 이것이 의미하는 것은 앞의 3장에서 살펴본 바와 같이 전력시스템이 사고의 임계 수준으로 접근해 가고 있다는 것이다. 그러나 전력시스템의 임계 수준에 대한 평가가 아직 제대로 연구되어 있지 못하다.

여기에서 주의해야 할 것은 송전망의 용량의 과부족을 파악하는 것은 네트워크 이론에서와 같이 변전소를 중심으로 취약점이 있는가를 밝히는 것이다. 송전망의 모양(topology)과 선로의 용량 및 회선 수를 전체적으로 논하고 발전기의 위치 및 소비자부하의 변동 상황에 따라 발전기에서 생산된 전기가 소비자에게 잘 전달되느냐가 가장 중요한 것인데, 이것을 하나의 지표로서 나타낼 수 없기 때문에 송전망의 적정 용량이란 것을 정의하는 데에는 문제가 있다. 따라서 전력시스템의 안전도를 확보하기 위해서는 네트워크 이론에 따른 분석을 통해서 송전망의 과부족을 평가하고, SCOPF를 실행하는 것이다.

두 번째로 소프트웨어적으로도 문제가 있기는 마찬가지이다. 현대 전력시스템 운용은 급전원이 발전기의 출력기준점을 구두로 발전소의 운전원에게 명령하는 것이 아니라 소프트웨어에 의한 계산을 통해서 개별 발전기에 엄밀한 출력값을 지시한다는 점이다. 이 소프트웨어의 집합체가 EMS이다. 그러나 이 소프트웨어의 알고리즘은 차치하고 EMS를 통해 신호를 만들어 발전기에 보내는 방법이나 거래를 위한 정산시스템과 연결하는 방법에 있어서 문제점이 있다는 점이다.

현재의 전력시스템은 발전기 측의 1차 제어가 EMS에서의 주파수추종출력 제어 작용보다 더 크게 작용한다. 이것이 EMS를 정상적으로 사용하지 않더라도 전력시스템이 붕괴되지 않는 큰 이유이다. 즉 전력시스템에 맞물려 있는 발전기는 제2장에서 언급한 동기운전을 해야 하므로 전력시스템의 안전도에 기여하고 있다. 다만 개별 발전기는 자신의 출력만을 일차적으로 미세하게 조정할 뿐이며, 개별 발전기별로 조정이 이루어지다 보니 시스템 전체의 경제성이나 송전선의 용량제약 문제를 고려할 수 없다. 이러한 문제를 해결하기 위해서 등장한 것이 바로 EMS이며, 이의 도입은 처음에는 경제성의 추구에서 시작되었다. 현대에 이르러서는 연쇄고장(cascading outage)을 막기 위한 SCOPF의 기능이 추가됨으로써 경제성과 안전도 모두를 잡을 수 있는 시스템으로 변모하였다.

급전원들은 수동급전으로는 시스템 전체로서 최적화된 발전기의 출력을 지정할 수 없다는 것을 유념해야 한다. 또한 현재 주파수가 유지되는 것은 수동급전으로 유지되는 것이 아니라 가동 중인 개별 발전기의 가버너에 의한 1차 제어가 작용해 주파수를 유지하고 있음을 인지해야 한다. 그런데, 전력시스템의 규모가 커지면서 발전용량이 증가하고 이것이 1차 제어에 배분되는 용량도 증가시킴으로써 이른바 '규모의 경제'와 같은 효과로 전력시스템의 주파수가 유지된다. 여기서 유념해야 할 점은 전력시스템의 규모가 커질수록 1차 제어에 의한 주파수유지의 역할이 증가해 급전원들에게는 특별한 조작이 없어도 전력시스템의 주파수가 유지되는 편의성을 제공할지 모르지만, 급전원들의 편의성이 증가하는 만큼 전력시스템의 복잡성도 함께 증가해 급전원들이 추론 또는 경험에 근거해 전력시스템의 안전도 유지를 위한 제어를 수행할 수 없다는 사실이다. 즉, 급전원이 송전망의 취약점과 교란의 파급 효과를 항상 계산할 수 없을 뿐만 아니라 경제성과 안전도를 동시에 고려해 매 5분마다 수백 개의 발전기의 출력기준점을 수학적 알고리즘을 따라서 암산으로 결정할 수 있는 능력을 보유하지 못하였기 때문에 EMS에 의한 급전의 중요성은 더욱 증가하고 있다.

전력시스템의 규모가 커질수록 1차 제어의 작용이 커지는 대신, 복잡성의 증가로 안전도 유지의 불확실성이 증가하고, 시스템이 붕괴의 경우의 인명 및 재산 피해도 크게 증가한다. 따라서 SCOPF에 대한 실행 문제를 안전도 유지로 인해 훼손되는 연료비 차원의 경제성 측면에서 논의하기 보다는 SCOPF의 실행으로 증가하는 사회적 후생 측면에서 이를 고려해야 한다. 실제로 연료비 절감을 위한 전력시스템 운용이 제대로 실행되었는가도 확인할 문제이다.

원격계측장치(RTU) 및 감시제어 및 자료획득시스템(SCADA)가 계측정보를 전력시스템 운용모형인 EMS에 전달하고 EMS는 이를 이용해 전력시스템의 상태를 추정한다. EMS는 크게 네 가지 기능을 보유하고 있다. 첫째, EMS는 급전원들이 EMS를 통해 전력시스템의 상태 및 문제점을 실시간으로 파악하고 안전도를 유지하면서 동시에 연료비를 최소화하도록 도와주는 기능을 갖는다. 이것은 발전사업자에게는 기회로 작용할 뿐만 아니라 소비자에게 보다 저렴한 전력을 공급하는 기능으로 작용한다. 둘째, EMS는 예비력 관리 및 주파수 조정을 통해 전력시스템의 비상 상황에 대한 대응을 할 수 있는 서비스를 제공한다. 셋째, EMS는 공정한 거래를 지원한다. EMS에 의한 출력기준점은 논리적 수학적 알고리즘에 근거한 것이므로 EMS에 의한 출력기준점의 지정은 급전원들이 발전기 출력을 임의적으로 지정하는 자의성을 배제할 수 있다. 넷째, EMS는 송전망 확장계획에 대한 자료를 제공한다. EMS는 시스템의 전력 조류에 대한 자료를 생성하기 때문에 전력시스템의 어느 부분이 취약한지에 대한 자료를 생성한다. 이를 근거로 취약한 부분을 보강할 수 있는 기본 자료가 생산된다. 특히 시스템 전체에 대한 시뮬레이션을 통해 어떤 선로의 증설이 시스템의 안전도에 어떤 영향을 미치는 가를 파악할 수 있다.

이 밖에도 여기에서는 EMS의 기술정보와 다른 정보기기에서 생성되는 시장정보의 연결 체계를 위해 어떤 정보교환이 이루어져야 하는가와 원격계측장치(RTU)가 없는 급전불가능발전기(분산형 전원)를 EMS에서 어떻게 처리하는 것이 타당한 것인가도 살펴보았다.

BLACK OUT
and Power System Operation

5 ——— 운용예비력

5.1 운용예비력[1]의 기초

5.1.1 전력시스템 운용자의 의무

전력시스템 운용자는 전력시스템의 신뢰도 유지를 주목적으로 하는 몇 가지 의무를 수행해야 한다. 전력시스템의 주파수가 항상 정상 상태의 규정치인 정격주파수 또는 이에 아주 가깝게 유지되도록 하기 위해 공급력(발전기 출력의 합)은 시스템부하와 같도록 유지하는 것이 그 의무 중의 하나이다. 교류연계지역인 경우 어떤 제어지역에 들어가는 연계선조류는 상호 간에 계획된 값과 같도록 유지되어야 한다. 이 전력조류는 중앙집중제어, 자발적 응동, 그리고 신뢰도를 유지할 수 있는 운용예비력 재배치 등의 방법을 이용해 각기 서로 다른 시간축에서 제어가 가능하다. 보다 구체적으로 전력조류는 발전기의 출력기준점 조정(AGC), 이상변압기(phase shifter), 그리고 가변교류 송전시스템(FACTS) 장치를 이용해 제어될 수 있다.

또 전력조류는 송전선 및 변압기 등과 같은 설비의 용량한도 이내에서 전력이 흐르도록 제어되어야 하며, 전력시스템 각 모선(변전소)의 전압수준은 규정된 범위 이내에서 유지되어야 한다. 이 목표는 전압조정기, 변압기 탭, 카페시터, 리액터, 정지형 무효전력 보상장치, 그리고 동기조상기 등을 포함한 송전망의 각종 설비를 제어해 달성될 뿐만 아니라 발전기의 무효전력 출력 조정을 이용해 달성될 수도 있다. 전력시스템 운용기관은 전력시스템에 하나의 사고(contingency)가 발생했을 때에 전력시스템이 이것을 견디고 정상 운용 상태로 복귀할 수 있도록 하기 위해 운용예비력을 유지해야 한다. 또한 사고 발생 이전에 전력조류에 제한을

---

1   Ela, E., Milligan, M., and Kirby, B. (2011), *Operating Reserves and Variable Generation: A comprehensive review of current strategies, studies, and fundamental research on the impact that increased penetration of variable renewable generation has on power system operating reserves*, NREL, Technical Report, NREL/TP-5500-51978.

가해 예방적 제어조치를 취함으로써 전력시스템에 일어날 수 있는 사고를 견디도록 한다.

만약 전력시스템의 상태가 쉽게 예측되거나 여러 시간축에 대해 변화가 없다면, 이와 같은 여러 목표를 만족시키는 것은 용이하다. 그러나 발전기 출력의 합계, 시스템부하의 수준, 그리고 송전설비의 사용 가능성[2] 등을 포함하는 전력시스템의 여러 상태는 가변적이어서 이를 예측하기 어렵다. 그러므로 실제 소비자 수요를 만족하기 위한 공급력을 넘어서는 추가적인 용량(발전기 여유 출력과 응동부하의 사용 가능성)이 가동 중(on-line)에서 또는 대기 상태로서 확보되어 있어야 한다.

시스템 상태에 대한 예측 불가능성 또는 가변성으로 인해 시스템부하가 증가하거나 공급력이 감소하면, 이미 확보된 여유 용량이 사고에 대비해 사용될 수 있도록 항상 준비 상태에 있어야 한다. 즉, 소비자부하가 감소하거나 또는 어떤 발전기의 출력이 증가하면 가동 중인 발전기가 출력을 감소하거나 정지할 수 있어야 한다.[3] 이때 사용되는 개념이 '운용예비력'인 것이다. 운용예비력은 사용 목적이 다양하며 여러 가지의 다른 형태와 크기를 갖는다. 따라서 운용예비력은 전력시스템의 유효전력[4]이 시스템수요와 공급력의 균형을 유지하기 위해 사용되는 예비력을 말한다.[5] 대용량의 발전기와 송전선은 고장을 일으킬 수 있고 또한 사고는 불시에 발생하므로 출력을 증가할 수 있는 여유분의 발전기 출력(또는 차단할 수 있는 부하)은 지금까지 신뢰도 유지의 용도로서 많이 사용되었다. 큰 규모의 소비자부하가 갑자기 탈락한다는 것은 흔하지 않으므로, 전력시스템 신뢰도 유지에 있어서 하향예비력[6]을 필요로 하는 일은 거의 논의되지 않는다. 다만, 예상 외

---

2   equipment availability.
3   응동부하와 급전 지시에 응해 부하를 증가할 수 있는 저장장치도 역시 예비력을 공급한다.
4   여기서는 'active power'를 유효전력이라고 했다. 이것은 'real power'라고도 한다.
5   사용가능한 용량은 유효전력 공급 또는 무효전력 공급용으로 사용될 수 있지만, 주로 유효전력 예비력에 대해 논한다. 무효전력 불균형은 전압의 차이를 발생시키지만 이것은 지역에 따라 변화(location specific)하며 요구사항 또는 사용은 시스템 전체로서 얼마라고 쉽게 지정할 수 없다.
6   수요가 감소하는 것에 대비한 예비력을 말한다.

로 출력이 증가하거나 감소하는 가변발전(예를 들면 풍력발전과 태양광발전)의 비중이 큰 전력시스템에서는 상향예비력과 하향예비력의 중요성이 모두 증가한다.

전력시스템의 가변성과 불확실성은 운용예비력의 필요성을 발생시키는 원인이다. 첫째, 시스템 운용의 가변성이란 전력시스템에서 예상할 수 있는 변화를 말한다. 만약 시스템 운용계획 시점에서 준비하지 못한 상황이 시스템의 가변성에 의해 발생하게 된다면 운용예비력이 필요하다. 예를 들면, 1시간 이내의 가변성에 대해서는 계획을 수립할 수 없으므로 5분마다의 경제급전 또는 SCOPF 실행 간격 사이에서 발생할 수 있는 가변성에 대비하기 위한 운용예비력을 유지할 수 있도록 1시간 단위의 계획을 수립해야 한다. 또한 이 운용예비력은 공급력과 시스템부하의 균형을 유지하기 위해 5분 간격으로 조정될 수 있다. 5분마다 실행되는 AGC 프로그램은 5분보다 더 짧은 간격으로도 가변성에 대비해 운용예비력을 보유하도록 해야 한다.

둘째, 시스템 운용의 불확실성은 예기치 못한 전력시스템 상태변수들의 변화이다. 예상된 것과는 다른 시스템 운용계획의 대안이 필요하므로 불확실성에 대비한 운용예비력이 필요하다. 〈그림 5.1〉은 가변발전기의 출력에 대해 가변성과 불확실성의 예를 보여준다. 이러한 가변성과 불확실성은 모든 전력시스템의

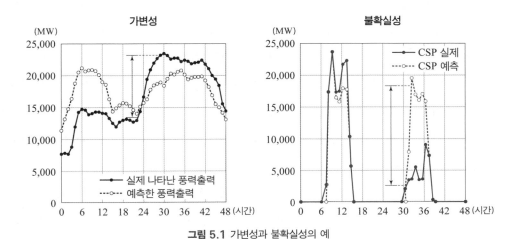

그림 5.1 가변성과 불확실성의 예

상태변수에서 발생한다.

　　운용예비력의 확보기준은 미국의 ISO마다 상이하지만 기본적으로 NERC
의 정의를 모체로 한다. 또한 운용예비력의 양을 결정하는 절차와 적정 규모가
여러 기관에 의해 제시되고 있는데 일반적으로 발전사업자 또는 발전기별 운용
예비력의 할당, 운용예비력의 배치방법과 확보 시점은 이해관계자 사이의 협의
에 의해 정해진다고 보면 된다.

5.1.2 전력시스템과 운용예비력의 개관

〈그림 5.2〉는 어떤 하루의 전력시스템의 부하 패턴을 보여준다. 이 그림은 시스
템부하와 공급력의 균형을 잡기 위해 여러 시간축에서 다양한 시스템 운용전략
이 있다는 것을 설명하고 있다. 첫째, 제2장에서 언급한 기동정지계획은 어떤 하
루의 부하변동 패턴을 따라가기 위해 시간대별로 발전기를 기동하고 정지시킬
것인가에 대한 지시를 포함하고 있다. 둘째, 부하추종은 하루 이내에 시스템수요
변화의 추세를 따라가기 위한 행위이다. 부하추종은 보통 경제급전에 의해 실행
되며 신속한 기동 및 정지가 가능한 가스터빈발전기 또는 수력발전기를 사용하
기도 한다. 셋째, 주파수 조정은 시시각각으로 변화하는 초 단위 또는 분 단위의
소비자부하의 변동에 대해 공급력과 시스템수요가 균형을 유지하도록 하는 것
이다. 이것은 지정된 출력기준점으로 빨리 이동하는 능력을 가진 발전기에게 제
어신호를 보냄으로서 실행된다. 주파수 조정은 전력시스템의 정상 운용 상태에
서 시스템부하와 공급력의 균형을 유지하는 조치이다. 시스템부하는 항상 일정
할 수는 없으므로 앞의 세 가지 전략은 공급력과 시스템부하의 균형을 잡아주는
것을 도와준다.

　　재래식 발전기의 출력도 시간의 변화를 따라서 변할 뿐만 아니라 더 나아가
서 공급력과 시스템부하의 균형에도 영향을 미친다. 그리고 시스템부하에 대한

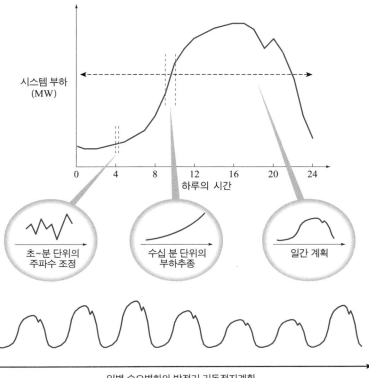

시스템 부하
(MW)

0   4   8   12   16   20   24
하루의 시간

초~분 단위의
주파수 조정

수십 분 단위의
부하추종

일간 계획

일별 수요변화와 발전기 기동정지계획

그림 5.2 전력시스템 운용의 시간축[7]

예측은 어느 때라도 100% 정확할 수 없으므로 각각의 운용예비력은 부하예측 오차의 영향을 완화하는 것을 도와주기 위해 사용된다.

〈그림 5.3〉은 어떤 비상상황이 발생했을 때에 운용예비력이 어떻게 조화되어 사용되는가를 보여주는 예이다. 비상상황은 발전기의 고장정지, 송전선, 변압기 등과 같은 시스템 구성요소의 고장에 의해 발생한다. 이러한 형태의 사고는 전력시스템에 대해 거의 순간적인 변화를 일으킨다. 사고의 유형은 다음과 같다.

첫째, 발전기의 고장정지는 공급력을 부족하게 하며 이것은 주파수 강하로

7   Ela, E., Miligan, M., and Kirby, B. (2011), *op. cit.*

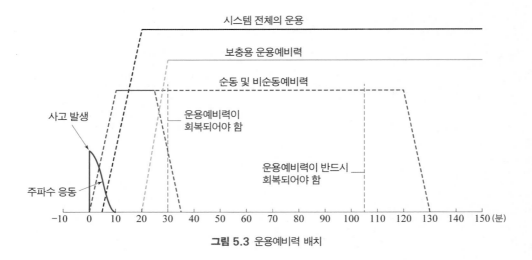

그림 5.3 운용예비력 배치

이어지고, 연계 전력시스템의 경우 연계선조류제어오차(ACE)가 음(-)이 되게 한다. 주파수가 기준치 이하로 낮아지면 강제 부하 차단을 실시할 수 있다. 주파수가 정상치보다 너무 낮게 운전되면 전기사용 기기가 손상을 입을 수 있으므로, 이를 예방하기 위한 조치이다.

둘째, MW로 표현되는 ACE는 복수의 신뢰도 조정기관의 연계선을 오가는 전력조류의 균형에 대한 오차를 말한다. ACE는 균형유지기관(BA)이 제어지역 내의 주파수 편의(frequency bias)에 근거해 제어지역 내의 발전기 응동 능력을 확보함으로써 감소한다. 이는 서로 연결된 연계지역의 송전선에 부담을 주지 않게 하기 위함이다.

셋째, 송전선의 탈락은 고장이 발생하지 않은 송전선에 과부하를 일으키거나 또는 모선전압이 정격치에서 벗어나게 하는 전력조류의 변화를 일으킨다. 송전선 고장의 가능성에 대한 관리를 위한 공통적인 절차는 SCOPF 프로그램을 사용하는 것이며 이 프로그램은 하나의 송전선이 고장을 일으키더라도 급전원이 추가적인 정정조치를 취하지 않아도 모든 선로들의 전력 흐름이 한계를 벗어나지 않도록 하게 하며 동시에 경제성을 유지하는 목적으로 사용된다.

사고 종류에 따른 대응은 다음과 같이 이루어진다.

첫째, 발전기 출력 상실사건이 발생하면 추가적인 공급력이 교란에 대응해 즉시 응동해야 한다. 〈그림 5.3〉에서 보는 바와 같이, 공급력은 응동시간과 응동 지속시간이 서로 다른 몇 개의 응동을 포함한다. 발전기 출력 상실사건이 일어난 초기에 동기발전기는 시스템에 대해 운동 에너지(kinetic energy)를 공급해야 하며, 이로 인해 자신의 회전속도가 낮아지고 주파수도 낮아지는 것이다. 어떤 발전기의 고장으로 인해 공급력이 줄어들면 나머지의 발전기가 공급해야 할 에너지의 분담량이 증가하게 되어 이것이 주파수를 하락시킨다. 주파수가 하락하면 동기발전기와 모터부하로부터 오는 관성응동(inertial response)이 주파수 하락을 저지하려는 반작용으로서 생긴다. 달리 말하면, 시스템에 관성이 많으면 많을수록 주파수 강하율은 더 작아진다. 이렇게 주파수가 강하하는 동안에, 발전기는 가버너 응동을 통해 주파수 변화에 자동적으로 대응할 것이며, 초기 부하응동은 정격주파수와는 다른 주파수에서 시스템부하와 공급력의 균형이 이루어지도록 짧은 시간 동안 작동할 것이다.[8]

둘째, 어떤 발전기의 출력 상실이 일어나면 시스템에 동기되어 있으면서 최대출력을 내고 있지 않은 발전기들의 여유출력(headroom)의 합인 순동예비력과, 기동되어 있지는 않지만 신속하게 기동시킬 수 있는 비순동예비력이 전력시스템에 부족한 에너지를 보충하고 주파수를 정격치로 회복시키기 위해 배치될 것이다.

셋째, 어떤 사건이 발생한 다음에도 연속적으로 발생할지 모를 사건에 대비하기 위한 응동속도가 작은 보충적 운용예비력도 필요하다.

넷째, 흔하지는 않지만, 주파수가 너무 높아지는 사건에 대비하기 위해서도 공급력을 증가하기보다는 감소시킬 수 있는 능력을 갖추어야 한다. 어떤 가혹한 사건에 의한 발전기 출력의 변화는 시스템부하의 상승 또는 하강의 변화보다도 느리게 이루어진다.

---

8 주파수가 더 이상 하락하는 것을 막는 역할의 상당부분은 부하응동(load response)도 담당한다.

운용예비력의 특성은 응동속도(출력증감률과 기동시간), 응동지속기간, 사용의 빈도, 사용방향(증가 또는 감소의 방향), 그리고 제어의 형태(자발적/자동적[9]) 등으로 표현할 수 있다. 운용예비력은 공급력 또는 일상적 소비자부하의 가변성에 대해 응동하기 위해 사용된다. 이 가변성은 서로 다른 시간축(예를 들면 초마다 또는 하루마다)에서 발생하며, 가변성이 발생하는 속도에 따라 적합한 제어전략을 사용해야 한다. 발전기의 탈락과 같이 자주 일어나지 않는 사건에 대해 응동하기 위해서는 정상적 상태와는 다른 운용예비력이 필요하다.

운용예비력의 분류는 전력시스템이 정상 상태에서 작동하느냐 아니면 사건 발생 상태에서 작동하느냐로 먼저 분류하는 것이 일반적이다. 정상 상태는 가변성과 불확실성이라는 두 가지 요인에 근거할 수도 있지만, 일반적으로 항상 일어나는 상황이다. 즉, 예측이 되었건 되지 않았건 간에 사건은 발생할 수 있다. 발전기의 대기비용과 배치비용에의 차이는 각 발전기가 운용예비력 종류별로 얼마나 자주 사용되느냐에 의해 발생한다. 불확실성이 발전기에 대해 요구하는 기술적 특성을 파악하는 것과 불확실성에 따라 운용예비력을 구분하는 것은 어떤 상황에서 어떤 발전기가 다른 발전기에 비해 더 적합한 것인가를 파악하는 데 유용하다.

다시 종합해보면, 정상 상태에서의 응동의 종류와 어떤 사건이 일어났을 때의 응동의 종류는 요구되는 응동속도에 따라 더욱 세분될 수 있다. 앞에서 논의한 바와 같이 어떤 사건은 순간적으로 발생하는 것도 있고 서서히 발생하는 것도 있다. 개별 사건에 대해 대응하기 위해서는 품질(성격)이 다른 예비력이 필요하다. 첫째, 순간적으로 발생하는 사건은 주파수 일탈(excursions)을 정지시키기(arresting) 위해 자발적 응동이 필요하다. 둘째, 순간적으로 발생하는 사건 또는 그렇지 않은 사건이 발생한 후에는 일탈한 주파수는 원래의 계획주파수로 복귀되어야 하며 연계 전력시스템의 ACE는 0으로 복구되어야 한다. 마지막으로 또 다시 발생할

---

9   control center activation, autonomous/automatic.

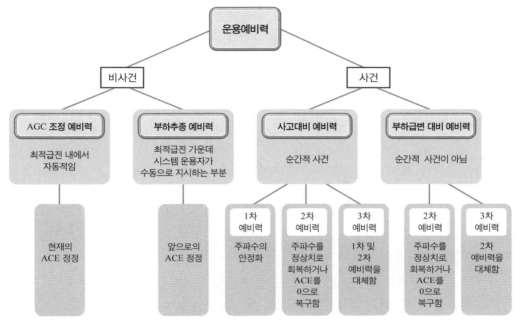

그림 5.4 운용예비력의 분류와 상호관계

자료: Ela, E., Milligan, M., and Kirby, B. (2011).

지도 모를 제2의 사건으로부터 시스템을 보호하기 위해 운용예비력을 대체할 수 있는 예비력의 일부분이 존재해야 한다.

〈그림 5.4〉는 미국의 NREL이 운용예비력을 분류한 것이다. 가지(tree) 형태는 운용예비력 종류가 하위수준의 운용예비력 종류를 포함해 상위수준의 운용예비력 종류와 어떻게 서로 관계가 있는가를 설명한다. 가장 높은 수준부터, 유효전력균형을 유지하기 위해 사용되는 용량으로서의 운용예비력을 정의한다. 이것은 다시 비사건예비력과 사건예비력으로 나뉜다. '사건'은 가혹하고 흔히 발생하지 않는 것을 포함하고 '비사건'은 너무나 자주 일어나기 때문에 서로 다른 것과 구분되지 않는, 연속적으로 발생하는 사건을 말한다. 비사건예비력은 속도가 빠른 AGC 조정 예비력과 속도가 느린 부하추종 예비력으로 나뉜다. 두 가지 운용예비력의 종류를 구분하는 '속도'라는 것은 전력시스템별로 다르다. 가장 짧

은 경제급전 실행 간격 또는 시장 정산 간격 내에서 자동적으로 운용되는 AGC 조정 예비력이 있고 경제급전 실행 간격 또는 시장 정산 간격의 일부분으로서 운용되는 부하추종 예비력이 있다. 이렇게 분류하는 의도는 현재의 불균형을 정정하기 위해 사용되는 AGC 조정 예비력과 부하추종 예비력을 차별화시키기 위한 것이다.

사건예비력도 '속도' 기준으로 사고대비 예비력과 부하급변대비 예비력으로 구분된다. 이 두 예비력을 구분하는 속도는 이들이 순간적으로 발생하는 사건(또는 거의 순간적인 것, 예를 들면 몇 사이클 이내)에 대비해 사용되는 것인가 또는 순간적으로 발생하지 않는 사건인가의 기준이 된다. 하위의 분류에 대해서는 2개의 사건대비 예비력 아래에 추가했다.

순간적으로 발생하는 사건, 또는 사고대비 예비력과 관련 있는 사건이 일어난 직후 시스템의 주파수 편차가 더 이상 커지지 않고 시스템부하와 공급력의 균형이 유지될 수 있는 것을 보장하기 위해 1차 예비력의 일정 부분은 사건에 대해 자동적으로 응동해야 한다. 기기에 손상을 입히거나 또는 강제 부하 차단을 실시하도록 하는 극한적 주파수 편차를 막기 위해 1차 예비력은 사건이 발생한 이후에 즉각 응동해야만 한다. 그런데 이와 같은 응동은 주파수를 다른 수준에서 안정시키므로, 2차 예비력이 작용해 주파수를 계획주파수로 복원시켜야 한다. 마지막으로, 3차 예비력은 또 다른 사건 발생에 대비해 배치된 1차 예비력과 2차 예비력을 보충하는 데에 도움을 주며, 사건이 일어난 후 정해진 시간 내에 두 번째 사고가 일어날 것을 대비해 적정 운용예비력을 확보해 응동할 수 있도록 하는 역할을 수행한다. 운용예비력이 100% 응동할 수 있는 실제 시간은 시스템마다 다르지만, 일반적으로 1차 응동은 수 초 내지 10여 초, 2차 응동은 몇 분, 그리고 3차 응동은 수십 분 정도를 필요로 한다.

부하급변대비 예비력은 몇 가지 다른 이유에서 그 필요성이 인정된다. 사건에는 발전기나 송전선의 탈락과 같이 갑자기 발생하는 것도 있지만 급속하지 않아 사건이 발생하더라도 자동적인 주파수 응동의 필요성이 없는 사건도 있다. 이

때에는 2차 예비력이 주파수 또는 ACE를 정정하기 위해 사용된다. 3차 예비력은 같은 방향으로 뒤따를지도 모를 사건에 대비하기 위한 백업(back-up)용의 예비력이다. 이것은 사고대비 예비력의 종류로 분류된 다른 운용예비력보다 응동시간이 아주 다를 수 있다. 〈표 5.1〉은 운용예비력의 정의와 사용처를 보여준다.

　　다양한 발전기와 응동부하는 각각의 장단점에 따라 운용예비력을 공급한다. 수력발전기와 가스터빈이 증기터빈발전기보다 더 높은 출력변동률을 갖기

표 5.1 각종 운용예비력과 용도

명칭	용도	다른 명칭(common terms)
운용예비력 (operating reserve)	유효전력의 균형을 유지하기 위한 일반적인 운용예비력이다.	
비사건예비력 (non-event reserve)	정상 운용 상태에서 또는 상시적으로(연속적으로) 유효전력의 균형을 유지하기 위해 사용되는 출력이다.	
AGC 조정 예비력 (regulating reserve)	정상 상태에서 유효전력의 균형을 유지하기 위해 사용되는 출력이다. SCOPF의 계산보다 짧은 간격으로 실행되고 시시각각으로 실시간으로 수요변동에 따른 유효전력의 균형을 맞추기 위해 자동적으로 중앙(EMS)에서 신호를 보내는 것이며 확률적(random)이다.	• regulation, 주파수 추종 출력제어 　(load frequency control) • 2차 제어 　(secondary control)
부하추종 예비력 (following reserve)	정상 상태에서 유효전력의 균형을 유지하기 위해 사용되며 주로 앞으로 나타날 공급력과 시스템 수요의 불균형을 해소하기 위해 사용된다. 이것은 SCOPF 계산보다 대응속도가 느리며 EMS의 자동조정에 의존하지 않는다.	• 부하추종 　(load following) • 부하추종 예비력 　(following reserve) • 운용계획 예비력 　(schedule reserve) • 급전용 예비력 　(dispatch reserve) • 균형유지용 예비력 　(balancing reserve)
사건대비 예비력 (event reserve)	정상 상태에서의 유효전력의 불균형 발생보다 자주 일어나지는 않지만 가혹한 상태를 대비해 유효전력 균형을 유지하기 위해 사용되는 예비력이다.	
사고대비 예비력 (contingency reserve)	유효전력의 균형을 유지하기 위한 운용예비력이 부족한 경우에 사용하는 출력이며 이 상황은 정상 상태에서의 유효전력의 균형을 유지하는 필요성보다 더 가혹한 경우에 사용된다. 이 운용예비력은 시시각각으로 발생하는 공급력과 시스템 수요의 불균형을 해소하기 위해 사용되는 예비력이다.	순동예비력과 비순동예비력 (spinning and non-spinning reserve)

(계속)

명칭	용도	다른 명칭(common terms)
부하급변대비 예비력 (ramping reserve)	자주 발생하지는 않지만 정상 상태에서의 유효전력의 수급균형 유지 필요성보다 더 가혹한 사건이 일어나는 동안에 사용하는 용량이다. 시시각각으로 발생하는 공급력과 시스템 수요의 불균형 발생 이외의 상황에서 불균형을 해소하기 위해 사용되는 예비력이다.	
1차 예비력-사고대비 (primary reserve-contingency)	사고대비 예비력 가운데 유효전력의 실시간 공급력과 시스템 수요의 균형을 유지하기 위해 사용되는 예비력이며, 주파수를 안정시키기 위해 사용된다.	• 1차 제어용 예비력 (primary control reserve) • 주파수 응동[10]예비력 (frequency responsive reserve) • 가버너 드룹 (governor droop)
2차 예비력-사고대비 (secondary reserve-contingency)	사고대비 예비력 가운데 유효전력의 실시간 공급력과 시스템 수요의 균형에는 사용되지 않지만 주파수를 유지하거나 ACE를 0으로 하기 위해 사용되는 운용예비력의 일부분이다.	• 2차 제어용 예비력 (secondary control reserve) • 순동예비력 (spinning reserve)
3차 예비력-사고대비 (tertiary reserve-contingency)	사고대비 예비력 가운데 1차 예비력 또는 2차 예비력을 대체하는 데 도움이 되는 예비력이며 결과적으로 실시간에 사용될 수 있도록 하는 예비력이다.	• 3차 제어용 예비력 (tertiary control reserve) • 대체용 예비력 (replacement reserve) • 보충용 예비력 (supplemental reserve)
2차 예비력-부하급변대비 (secondary reserve-ramping)	부하급변대비 예비력의 일부분이며 실시간이 아니지만 가혹하다고 판단되는 상황에서 사용되는 출력이다. 주파수를 유지하거나 ACE를 0으로 하는 목적으로 사용된다.	부하급변대비용 예비력 (ramping reserve)

자료: Ela, E. *et al.* (2011).

는 하지만 재래식 화력발전기와 수력발전기는 원천적으로 순동예비력의 용량 자체에 제약이 있다. 이 발전기들은 제어지역의 규칙에 의해 지정된 시간 내에 출력을 변화하는 용량만을 제공할 수 있다. 가스터빈(연소터빈)에 의해 구동되는 발전기와 수력발전기는 현재 가동해 운전하고 있지 않더라도 순동예비력을 공급하기 위해 신속히 가동할 수 있다. 원자력발전기는 기저부하용으로 건설되었으며 일반적으로 운용예비력을 공급하지 않는다. 응동을 빨리 하고 주파수가 하락함에 따라 그 응동을 유지할 수 있는 가버너를 부착한 발전기는 1차 예비력을 공급할 수 있다. 원자력발전기의 가버너는 대표적으로 폐색(block)되므로, 주파수 응동예비력 또는 1차 제어용 예비력을 공급할 수 없게 한다. 효율을 극대화하기 위해 터빈 밸브를 최대로 열어 놓고 운전하는(변압운전 또는 보일러추종 모드) 대용량 화력발전기는 가버너의 작동을 막아 놓고 주파수 응동을 하지 않는다. 속도가 감소함에 따라 가스터빈의 압축기는 공기를 압축할 수 있는 능력이 저하하므로 주파수가 낮아지면 출력은 감소하게 되며 이것은 가스터빈이 주파수 응동예비력을 공급하는 능력을 감소시킨다.

응동부하는 여러 종류의 운용예비력에 대한 이상적인 공급원이 될 수 있다. 부하제어용 차단기가 열리는 즉시 최대의 응동이 일어나므로 부하응동은 발전기 출력의 변화보다 훨씬 빠를 수 있다. 만약 저주파수 계전기가 가버너 응동 범위와 같은 수준에서 작동하도록 지정되어 있다면 부하응동은 자동적일 수도 있다. 또한 소비자부하마다 서로 다른 주파수에서 저주파수 계전기가 작동해 차단되도록 하면 소비자부하는 발전기 가버너 응동이 주파수 기울기 곡선[11]을 따라서 응동하는 것과 같은 효과를 흉내 낼 수도 있다. 항상 대기 상태로 되어 자주 일어나지 않고 짧은 시간동안에만 작용하는 사고대비 예비력의 특성은 여러 응동부하의 장점을 살리는 것과 조화되도록 유지되어야 한다.

AGC 조정 대상 발전기는 자동발전제어(AGC) 신호를 받고 응답할 수 있는 설비를 갖추어야 한다. AGC 조정 예비력을 공급하는 발전기는 빠르게 변화하는 AGC 조정 신호에 대해 출력기준점을 조정해야 하므로 상당히 빠르고 정확한 응동률을 가져야 한다.

---

10 주파수 응동(frequency response, primary control)은 전력시스템에 불시의 발전기 출력 상실이 일어난 경우에 시스템이 어떻게 응동하는가를 나타내기 위해 사용되는 기술용어이며 불시의 발전기 출력 상실은 신뢰도의 유지에 가장 큰 위협이 된다.

11 frequency droop curve.

5.2 운용예비력의 분류

5.2.1 AGC 조정 예비력

AGC 조정 예비력(regulating reserve)은 연속적이고 신속하게 자주 발생해 시스템부하와 공급력(발전기 출력의 합)의 균형이 변화하는 것에 대응하는 역할을 수행한다. AGC 조정 예비력은 정상 상태가 지속되는 동안에 가장 미세한 규모로 공급력과 시스템부하의 균형을 유지하는 기능을 수행한다. 즉, AGC 조정 예비력은 가장 짧은 시간 안에 출력 변화가 가능하도록 경제급전 주기의 시간 내에서 소비자부하 또는 공급력의 변화로 인해 발생하는 시시각각의 불균형을 해소하기 위해 사용된다. 예측을 벗어나는 시스템부하의 변화, 그리고 공급력의 변화로 인한 불균형을 해소하기 위해서도 사용된다. AGC 조정 예비력은 현재 또는 실시간의 공급력과 시스템수요의 불균형을 해소하는 아주 중요한 기능을 수행한다. 가장 짧은 급전계획 간격은 4초일 수도 있고 5분일 수도 있다. 이것이 의미하는 것은 급전원이 모선별 소비자부하가 어떤 방향으로 변화하고 있다고 생각하면서 발전기 출력을 조정(급전)했는데 변화의 크기와 방향이 기대했던 것과 다르다면, AGC 조정 예비력은 다음의 경제급전 간격이 끝나기 이전에 행해진 실수를 정정하는 데에 사용되어야 한다는 것이다.

독립시스템[12]에서 AGC 조정 예비력은 개별 발전기의 가버너 응동의 형태로 제공된다. 가버너를 부착한 발전기는 경제급전 간격 내에서 자동적으로 정상 상태의 공급력과 시스템 수요의 균형을 유지하는 역할을 할 수 있다. 복수의 균

---

12 ERCOT는 연계되어 있는 지역 전체에 대한 최소한의 응동예비력을 지정(응동예비력 의무량, responsive reserve obligation)한다. 이 MW 용량은 ERCOT가 지정한 제약 아래에서 4개의 응동예비력 분류에 의해 사용된다. ERCOT의 응동예비력 의무는 2,300MW이다. ERCOT의 응동예비력 의무량은 ERCOT의 판매사업자(load serving entities) 사이에 할당된다. 각 판매사업자의 의무량을 결정하기 위해 ERCOT는 공식을 제정해 발표한다. 공식은 월별 최대수요 기준에 따라 판매사업자에 할당하는 내용을 포함한다. ERCOT ISO는 응동예비력 의무용량(MW)을 한 달을 기준해 매월 판매사업자에게 할당한다.

형유지 담당지역(북미와 유럽 대륙 등)이 존재하는 대규모의 연계 전력시스템 내에서, 정상 상태의 불균형(비사건)은 시스템 규모와 가버너 시스템의 불감대 설정 때문에 주파수 응동을 유발하지 않는다. 따라서 가버너 응동 또는 주파수 응동 제어(1차 제어)는 큰 사고발생사건[13]이 일어난 동안에만 작용한다. 급전제어실의 EMS에 의해 자동적으로 출력기준점이 조정되는 기능을 보유한 발전기는 주파수를 제어할 뿐만 아니라 사실상 연계선조류제어오차(ACE)에 근거해 균형유지 담당지역의 불균형을 해소하는 데에 사용된다. 연계선조류제어오차는 임의의 시각에 있어서 유효전력(MW)의 불균형이며 식 (5.1) 및 식 (5.2)

$$ACE = (NI_A - NI_S) - 10\beta(F_A - F_S) \tag{5.1}$$

$$NI_A - NI_S = \sum_{i=1}^{N_G} Pg_i - \left(\sum_{j=1}^{N_D} Pd_j + losses \right) \tag{5.2}$$

와 같이 계산된다.

실제의 연계선 전력 흐름과 계획된 연계선 전력 흐름의 차이인 $(NI_A - NI_S)$는 임의의 순간에 있어서의 개별 균형유지 담당지역의 공급력(ΣPg_i)과 소비자부하와 송전 손실의 불균형의 출력을 합한 것이다. 그러나 개별 균형유지 담당지역은 전체 연계지역의 불균형 크기에 근거한 주파수 편차에 대해 응동할 것이므로, 주파수 일탈이 발생하는 동안에 개별 균형유지 담당지역이 주파수를 정격치로 유지하는 것을 도와주는 것을 보장하기 위해 주파수 성분이 공식에 추가된다(F_a: 실제의 주파수; F_s: 계획주파수). 연계되어 있는 서로 다른 제어지역의 상황에 의해서 주파수 일탈이 발생했을 때, ACE 공식은 지역의 주파수 편의 조정계수 β에 의해 주파수 편차를 수정하고 개별 균형유지 담당지역의 시스템부하와 공급력의 불균형을 해소하기 위한 출력을 표현한 것이다. ACE를 0으로 하기 위해 발전기 출력

---

13   contingency events.

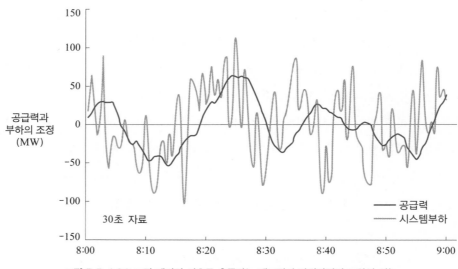

그림 5.5 AGC 조정 예비력 신호를 추종하는 대표적인 화력발전기 조합의 성능

을 조정하는 것은 AGC 조정 예비력을 담당하는 발전기가 있는 대규모 연계시스템에서 일반적인 제어방법이다. 고립시스템에서는 실제적인 또는 계획된 전력교류가 없기 때문에 ACE의 첫 번째 성분은 0이다. 균형유지 담당지역의 AGC 조정 예비력의 비중은 규모가 큰 균형유지 담당지역이 작은 지역의 그것보다 상대적으로 낮다.

시간을 미세하게 분해해보면 대부분의 발전기들이 ACE 값 변화를 순간적으로 추종하는 것이 대단히 어렵거나 또는 불가능하다는 것을 볼 수 있다. 〈그림 5.5〉는 발전기응동의 지연으로 인한 시스템부하와 공급력의 관계를 보여준다. 부하신호에 비해 발전기 출력기준점 조정신호에서 고주파수 잡음(noise)이 작다는 것을 알 수 있다.

발전기에 급격한 상향 조정 또는 하향 조정이 사용되면 불필요한 마모를 일으킨다.[14] 또한 급격한 조정이 신뢰도 유지에 도움이 되는 것인가에 대해서도 논

---

14   자세한 것은 제7장의 AGC 설계(design) 부분을 참조하길 바란다.

란이 있다. 이러한 여러 가지 이유 때문에, AGC 조정 예비력을 담당하는 발전기에 제어량을 배분하기 전에 다양한 AGC 할당계획은 ACE 신호를 여과하거나 적분한 것을 사용해 만들어져야 한다. 예를 들면, 여러 지역의 AGC 조정 대상 발전기에 배분된 ACE는 α가 비례이득이며 T는 적분구간인 다음의 식

$$ACE\_NEW(t) = \alpha \times ACE(t) + \frac{1}{T}\int ACE(t)d\tau \qquad (5.3)$$

에 의해 계산될 수 있다. 대표적인 값은 $\alpha = (0, 0.5)$와 $T = (50, 200)$초이다.

5.2.2 부하추종 예비력

부하추종 예비력은 AGC 조정 예비력과 유사하지만 시간축에서 보면 급히 필요한 것은 아니다. 정상 상태에서 발생할 가변성과 불확실성을 고려한 운용을 해야 할 필요가 있다. 부하추종 예비력에 관한 정의는 미래에 일어날 공급력과 시스템 수요의 불균형을 해소하기 위해 경제급전에 반영된 움직임에 대한 운용예비력이다.

부하추종 예비력에 영향을 미치는 가변성과 불확실성은 확률적이지만 AGC 조정 예비력에 비해 그 크기가 크다. 부하추종 예비력은 대표적인 소비자부하와 가변발전(예를 들면 풍력발전) 출력 패턴과 급전계획 간격 사이에 발생하는 가변성 모두를 담당한다. 부하추종 예비력은 급전과 급전 사이에서 발생할 수 있는 불확실성에 대응하고 더 좋은 정보로써 예측이 개선될 수 있다. 예를 들면, 실시간 경제급전에서의 부하추종 예비력은 내일 또는 수 시간 앞에 대한 기동정지계획에 대한 불확실성을 대응할 수 있다. 일반적으로 부하는 매일 유사한 경로를 따르므로 부하를 추종하기 위한 출력증감과 공급력은 쉽게 예상될 수 있다. 어떤 경우에는

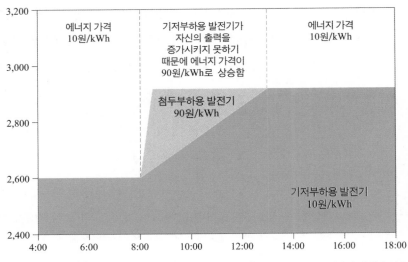

그림 5.6 부하급변대비 예비력의 부족으로 인한 첨두부하용 발전기의 응동과 에너지 가격의 상승

부하추종만을 위한 운용예비력을 확보해야 할 필요성도 있다. 〈그림 5.6〉[15]은 이와 같은 상황이 어떻게 일어나는가를 보여주고 있다. 8시부터 소비자부하는 아주 급하게 상승한다. 변동비가 낮은 기저부하용 발전기는 출력변화율이 낮으므로 부하 그 자체를 공급하는 데에는 적합하지 않다. 그러므로 변동비가 비싼 첨두부하용 발전기가 출력변화에 빠르게 대응해야 한다. 기저부하용 발전기가 값싼 에너지를 공급하는 것에는 문제가 없지만 품질유지 서비스를 제공하지 못하는 데서 발생하는 문제이다.

5.2.3 사고대비 예비력

AGC 조정 예비력 및 부하추종 예비력과는 다르게 사고대비 예비력은 흔히 일

15 Milligan, M. *et al.* (2008), "Analysis of sub-hourly ramping impacts of wind energy and balancing area size," *Proceedings of American Wind Energy Association Windpower 2008*, Houston, TX.

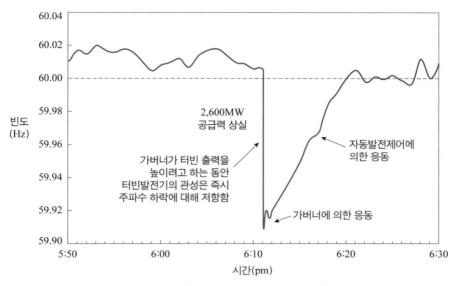

빈도
(Hz)

2,600MW
공급력 상실

가버너가 터빈 출력을
높이려고 하는 동안
터빈발전기의 관성은 즉시
주파수 하락에 대해 저항함

자동발전제어에
의한 응동

가버너에 의한 응동

시간(pm)

그림 5.7 고장발생(발전기 출력상실) 사건의 예와 대표적 응동 사례

어나지 않지만 급격하게 발생하는 사건이 일어나 있는 동안에 필요하다. 용량이 큰 발전기가 정지하는 출력상실 사건은 발전기 또는 전력을 거래하는 대용량의 송전선에서도 발생하지만 풍력단지와 같은 대규모 가변성 발전기 단지의 접속 지점의 상실과 같은 사고도 포함된다. 사고는 순간적으로 급속하게 발생하며 운용예비력의 상당부분은 즉시 작동해야 한다. 〈그림 5.7〉은 대용량 발전기의 탈락에 따른 대표적인 응동을 보여준다. 이 사건이 일어난 직후, 동기발전기의 관성은 공급력의 하락 또는 소비자부하의 변화에 따라 에너지 차이를 흡수하거나 공급하게 된다. 관성응동에 이어서 발전기 가버너는 주파수의 변화를 감지하고 필요한 에너지를 더 생산하든가 감소하든가 하도록 터빈입력을 조정한다.[16] 가버너는 주파수 일탈의 크기를 따라서 출력을 조정한다.

16 모터부하(motor-driven load)도 역시 자연적으로 주파수 응동에 대해 도움을 주는 방향으로 작용하며 주파수와 회전속도가 하락하면 기계적 부하(mechanical load)가 하락하고 주파수가 증가하면 기계적 부하가 증가한다. 만약 부하가 반도체 가변주파수 모터 구동장치(variable frequency motor drive)를 통해 기계적 에너지를 받는다면 이와 같은 자연응동은 기능을 하지 않는다.

관성응동과 가버너 제어(1차 예비력)는 주파수를 안정시킬 것이다. 그러나 만약 다른 사건이 또 일어나서 전력시스템이 붕괴할 위험성이 있는 것은 주파수가 정격치에서 벗어나 있을 때일 것이다. 그러므로 2차 예비력 응동은 주파수를 정상 상태의 수준으로 복귀하기 위해 필요하다.[17] 하나의 사건이 발생해 문제가 해결되지 않는 동안에는 주파수가 정격주파수에서 벗어나 있는데 이러한 상태가 오래 지속된다면 기기에 손상을 입힐 수 있다. 그러므로 사고대비 예비력은 주파수를 정상적인 값으로 복귀시키는 기능을 수행한다.

만약 다른 조치가 없으면, 사고대비 예비력이 출력으로 변환된 시점에 추가적인 사건이 일어난다면 전력시스템에는 사용할 만한 사고대비 예비력이 없는 상태가 된다. 그러므로 더 느리긴 하지만 평시에는 가동되어 있지 않다가 어떤 사고가 발생한 후부터 확보되기 시작하는 3차 예비력이 1차 예비력과 2차 예비력을 대체하도록 하는 것은 중요하다.

다양한 운용예비력에 의해 일어나는 발전기의 응동은 하나의 사고가 일어난 이후에 얼마나 빠르게 주파수를 회복시키고 다른 사고에 대비할 수 있는가는 시스템 운용자가 발전회사에 직접 요구하거나 또는 규정을 만들어 공식화시키는 등의 방식에 의존한다.

사고대비 예비력에 대한 오늘날의 요구사항은 일반적으로 특정한 전력시스템에서 일어날 수 있는 가장 큰 사고(복수의 발전기 고장발생 사건)를 기준으로 정한다. 물론 전력시스템은 가장 큰 사고보다도 심각하지 않은 사건에 대해 응동하도록 준비되어 있어야 한다.

---

17 자동발전제어(AGC)에 의한 발전기 작용과 전력시스템 운용자의 수동응동(manual response)의 조합에 의한 것일 수 있다.

5.2.4 부하급변대비 예비력

운용예비력 중에서 부하급변대비 예비력에 대한 정의는 제대로 이루어지지 않았다. 전부는 아니지만 오늘날의 대부분의 균형유지기관은 이러한 종류의 예비력을 고려하지 않고 있다. 부하급변대비 예비력은 흔히 일어나지도 않고, 심각하지 않고 순간적으로 발생하지도 않는 사건에 대해 사용된다. 미국의 전력시장에서도 큰 규모의 부하증감은 매일 일어나며 이때에 부하급변대비 예비력을 사용해 응동하기보다는 부하추종 예비력으로 대응하는 것이 일반적이다.

앞의 〈그림 5.4〉에 나타난 바와 같이 부하급변대비 예비력 아래에는 1차 예비력이 없다. 사건이 일어나는 속도 때문에 수동으로 응동하는 데에 필요한 시간이 충분하므로 주파수를 안정시키기 위해 자동적으로 응동하는 발전기가 필요하지 않다. 그러나 사건이 클 수 있으므로 부하급변대비 예비력이 사건에 대비해 사용될 때, 같은 방향으로(출력급증 또는 출력급감) 일어날 지도 모르는 두 번째 사건을 위해 대체될 수 있도록 하기 위해 유지되는 3차 예비력이 있을 수 있다. 이 3차 예비력은 사고대비 예비력을 위해 사용되는 것과는 아주 다르다. 부하급변대비 예비력의 형태와 실제적인 필요성은 언제 다음 사건이 일어날 것인가에 대한 확률과 관계가 깊으며, 또한 어떤 종류의 부하급변 사건이 일어날 것인가 하는 것에 대한 분석을 따라서 결정된다.

5.2.5 1차 예비력(사고대비 예비력 아래에서)

앞의 〈그림 5.4〉에 나타난 바와 같이 1차 예비력은 사고대비 예비력의 한 부분인 하위 그룹이다. 이 때문에 사고대비 예비력 용량의 일정 부분은 주파수 변화에 대해 자동적으로 응동해야 한다. 출력 상실사고 사건이 발생해 있는 동안 관성에너지를 공급하기 위해 속도가 감소하는 회전기기에 의해 주파수는 감소할

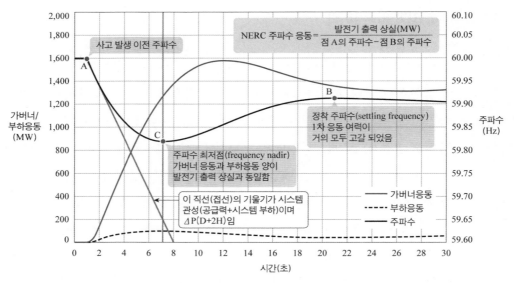

그림 5.8 교란에 대한 주파수 응동(1차 제어)

것이다(그 대신 부하 상실 사건이 일어나면 속도가 증가할 것이다). 〈그림 5.8〉은 관성응동을 보여주며 주파수는 점 A에서 점 C로 감소할 것이다. 발전기 출력 상실이 발생해 에너지를 공급해야 할 때에는, 다른 발전기가 기계적 에너지를 시스템에 공급할 것이므로 속도가 감소한다. 따라서 주파수도 감소할 것이다. 반대로 발전기 출력이 높은 상태에서 부하 상실 사건이 발생해 에너지를 흡수할 때에는 발전기들은 가속할 것이며 주파수는 증가할 것이다. 하나의 연계지역 내의 관성에너지의 양은 주파수 편차가 생기는 속도를 결정한다. 회전기기가 많을수록 관성에너지의 양은 더 증가하므로 주파수의 변화율은 작아진다.

어떤 사건이 발생하고 주파수 편차가 생긴 바로 다음에 발전기의 가버너는 주파수 변화를 감지한다. 각각의 발전기는 가버너를 사용해 주파수 변동을 방지할 수 있는 운동을 하기 위한 기계적 에너지의 입력을 조절하기 시작한다. 이 조절 작용은 전기·기계·유압을 이용하며 터빈에 들어가는 증기의 입력을 조정하는 것을 포함한다. 가버너 제어장치는 기울기 특성 또는 드룹 특성이라고 하는 피드백 신호를 포함하며, 이 특성에 의해 가버너는 각 발전기의 출력을 변동시킨

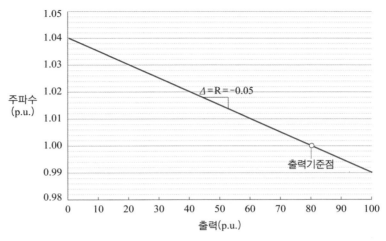

그림 5.9 5% 드룹을 갖는 가버너 특성곡선

다. 드룹은 〈그림 5.8〉의 출발점인 점 A보다 약간 낮은 점 B에서 주파수를 정착시키는 역할을 한다.

〈그림 5.9〉는 드룹 특성곡선을 보여준다. 이 직선의 기울기를 드룹 특성이라고 한다. 여기의 드룹은 통상 4~6%로 지정되는데, 예를 들어 기울기가 -0.05 즉 5%인 발전기는 주파수 5% 변화(예: 50Hz 시스템에서 2.5Hz, 60Hz 시스템에서 3Hz)에 발전기 출력을 100% 변화시킨다는 것이다. 〈그림 5.9〉는 발전기 출력기준점이 정격출력의 80%에서 지정된 5% 드룹 특성곡선이다.

실제로 사용되는 가버너 드룹 특성곡선과 〈그림 5.9〉의 내용에는 중요한 차이가 있다. 가버너에는 미세한 주파수 편차는 무시되도록 하여 발전기의 불필요한 출력 변화를 막기 위해 정격주파수 근처에서 일반적으로 불감대가 존재한다. 이것이 〈그림 5.10〉에 나타나 있다. 일반적으로 불감대는 10~50mHz의 범위 내에 존재한다. 그러므로 주파수 편차에 따라 가버너가 작동을 하는가 하지 않는가에 따라 주파수 응동은 달라질 수 있다.

1차 예비력의 총 용량은 첫째, 주파수 편차가 커지는 것을 정지시키는 데 도움을 주고, 둘째, 공급력과 시스템부하의 균형을 맞추고, 즉 주파수를 정상 상태

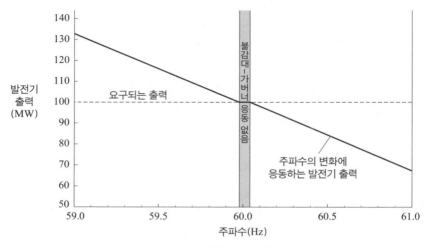

그림 5.10 불감대를 갖는 가버너 드룹 특성곡선

의 값으로 안정시키는 데 도움을 주며, 셋째, 1차 예비력은 사고대비 예비력 가운데 2차 예비력이 주파수를 계획치로 복구시키기 위해 사용한 출력을 보완하는 데 있어서 시간적 여유를 준다.

　1차 예비력은 주파수 편차가 너무 커지는 것을 막는 목적으로 사용된다. 1차 예비력은 발전기에 손상을 입힐 수 있는 상태를 만들 수 있는 과도한 주파수 편차로부터 발전기를 보호한다. 1차 예비력 이외에도 시스템부하를 차단하거나 발전기를 탈락시킬 수 있는 저주파수 계전기 또는 과주파수 계전기를 작동시킴으로써도 유사한 효과를 얻을 수 있다.

　전력시스템 운용자 또는 균형유지기관은 이론적 분석과 과거 실적을 분석해 주파수 응동(1차 제어)의 양을 정의할 수 있다. 이것을 '주파수 응동 특성'이라고 하며 보통 MW/0.1Hz의 단위로 사용한다. 시스템부하와 공급력 균형의 변화가 일어날 때, 시스템이 얼마만큼의 양을 응동할 것인가를 사전에 정의하는 것이다. 비록 이 값은 여러 연계지역과 균형유지 담당지역에서 하나의 값으로 주어지지만 실제로는 대단히 비선형인 상황에서 구해진 것이다. 따라서 시스템 운영자들은 제어지역 내에 현재 동기되어 있는 발전기의 종류와 구성, 시스템부하의 크기, 그리고 가버너의 불감대 등에 의해 주파수 응동 특성이 조건적으로 변화한다는 것을 인지하고 있어야 한다. 일반적으로 주파수 응동 특성을 결정하는 주파수 편차는 전력시스템에 교란이 발생하기 바로 직전 주파수와 용량을 그리고 다시 주파수가 정상값으로 정착하는 시간, 즉 교란이 일어난 이후 약 30초가 지난 시점에서 계측된 주파수와 용량을 분석해 계산된다.

5.2.6 2차 예비력(사고대비 예비력과 부하급변대비 예비력 아래에서)

사고대비 예비력과 부하급변대비 예비력 양자를 위한 2차 예비력은 주파수를 정격치로 복귀시키고 연계선조류제어오차를 0으로 하기 위해 사용된다. 사고대비 예비력과 부하급변대비 예비력의 대부분은 이 용도로 사용된다.

5.2.7 3차 예비력(사고대비 예비력과 부하급변대비 예비력 아래에서)

3차 예비력은 공급력과 시스템수요의 불균형을 해소하기 위해 배치되는 것이 아니고 운용예비력의 불균형을 해소하기 위해 배치되는 유일한 운용예비력 종류의 하나이기 때문에 특이한 성격을 지닌다. 달리 말하면, 운용예비력의 어떤 한 종류가 공급력과 시스템수요의 불균형을 해소하기 위해 사용되었을 때 소진된 운용예비력을 복원하기 위해 3차 예비력은 사용된다. 3차 예비력은 이것이 보충해주는 대상인 운용예비력과 동일한 속도로서 신속하게 응동할 필요는 없다. 3차 예비력은 출력을 서서히 증가함으로써(또는 감소함으로써) 시스템부하와 공급력의 불균형을 해소하기 위해 사용되는 응동이 빠른 1, 2차 예비력이 자기의 역할로 복귀하고 전력시스템의 응동능력을 회복하도록 도와준다. 3차 예비력의 실제 응동시간은 전력시스템이 먼저 일어난 사건에 뒤이어 일어날지도 모를, 그리고 같은 방향(예: 공급력 부족 또는 잉여)으로 일어날 사건에 얼마나 빨리 대비하는가에 의해서 결정된다.

3차 예비력은 필요한 종류의 운용예비력을 보충해줄 때까지 응동을 지속해야 한다. AGC 조정 예비력과 부하추종 예비력은 양의 방향과 음의 방향 모두에 연속적으로 사용되어 이 두 예비력은 연속적인 대체가 가능하나, 3차 예비력은 연속적인 대체가 가능하지 않다.

5.3 ERCOT의 운용예비력 분류 사례

5.3.1 개요

ERCOT는 운용예비력을 부하를 만족하기 위한 공급력을 넘어서 보유하는 MW 출력이라고 정의한다.[18] 전력시스템의 주파수 편차를 조정하고 시스템수요와 공급력의 불균형에 대비하기 위한 전력시스템의 능력은 예비력 유지 정책과 관련된다. 모든 전력시스템은 운용예비력이 무엇이고 어느 정도의 수준을 유지할 것인가에 관한 규칙을 제정하고 운영한다. 필요한 운용예비력을 확보하는 것은 급전소 및 균형유지기관에 부여된 책임이다.

5.3.2 설비예비력

총 발전설비 용량과 예측된 연간 최대수요와의 차이를 설비예비력(installed reserve)

---

18   ERCOT (2011), *Fundamentals Training Manual.*

이라고 한다. 설비예비력의 수치는 여유가 있는 또는 예비로 보유하는 발전기 정격출력의 합이다. 설비예비율은 연간 최대수요의 몇 %인가로 나타낸다. 그러나 설비예비력이라는 수치는 시스템 운용에 사용될 가치가 별로 없다. 시스템 운용에 가장 중요한 것은 예비력 가운데 운용예비력이라고 하는 부분집합(subset)에 해당하는 일부 예비력이다.

5.3.3 운용예비력

운용예비력(operating reserve)은 전력시스템이 만족해야 할 시스템부하를 넘어서 보유해야 할 응동능력[19]으로 구성된다. 연계된 시스템의 경우, 시스템부하는 순 연계선조류와 손실을 포함한다. 전력시스템은 시스템수요와 공급력의 균형을 유지하고 전력시스템의 교란에 효과적으로 대응할 수 있는 능력을 유지하기 위해 충분한 양의 운용예비력을 확보해야 한다. 운용예비력은 순동예비력과 비순동예비력으로 구분된다. 〈그림 5.11〉은 ERCOT의 운용예비력을 구분해 나타낸 것이다.

순동예비력

순동예비력(spinning reserve)은 전력시스템에 동기되어 있는 발전기의 여유용량(headroom)의 합을 의미한다. 가버너는 순동예비력이 확보되지 않은 발전기에 대해 출력을 변경하라고 명령할 수 없다. 또한 AGC는 순동예비력을 보유하지 않은 발전기의 출력기준점을 높일 수도 없다. ERCOT의 경우 직류연계선의 여유용량이 순동예비력으로 사용될 수 있다. 만약 이 여유용량이 주파수 변동에 대응해 신속하게 사용될 수 있다면 이것을 순동예비력으로 사용할 수 있다.

---

19 responsive capability.

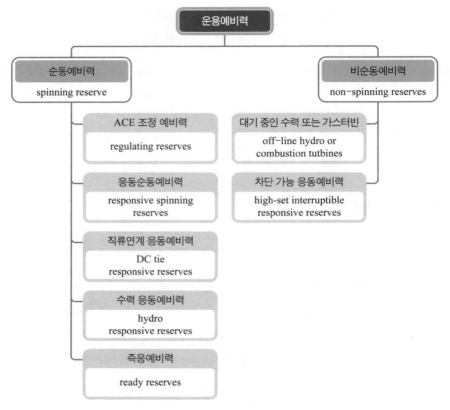

그림 5.11 ERCOT의 운용예비력

비순동예비력

비순동예비력(non-spinning reserve)은 현재 동기되어 운전하고 있지는 않지만 지정된 시간 이내에 동기되어 사용될 수 있는 MW 여유용량 또는 일정 시간 내에 차단할 수 있는 부하(interruptible load)를 의미한다. 비순동예비력의 예로서는 동기되어 있지 않고 대기 중인 가스터빈(연소 터빈)과 일정 시간 내에 차단할 수 있는 부하를 들 수 있다.

5.3.4 응동예비력

ERCOT의 경우 응동예비력(responsive reserve)이라는 분야를 정의하고 있다. 이것은 주파수 변동에 따라 응동할 수 있는 전력시스템의 능력과 직결된다. 응동예비력은 주파수 편차가 발생했을 때 즉시 사용할 수 있는 MW 값을 포함한다. 응동예비력에는 순동예비력과 비순동예비력이 포함된다. 〈그림 5.13〉은 네 종류의 응동예비력을 열거한다. 이 가운데 3개는 순동예비력에 포함되고 1개는 비순동예비력에 포함된다.

응동순동예비력

응동순동예비력(responsive spinning reserve)은 동기되어 있지만 사용되고 있지 않은 발전기 출력의 한 부분으로서 가버너 제어에 따라 즉각 응동할 수 있는 것을 말한다. 좀 더 일반적인 순동예비력의 분류에서 보면 순동예비력은 가버너 제어에 반드시 응동해야 하는 것은 아니다. 응동예비력을 충분히 확보하는 것이 가버너의 유효한 제어에 필요하다.

직류연계응동예비력

직류연계선조류는 일반적으로는 주파수의 변동에 따라 응동하지 않는다. 그러나 HVDC의 제어시스템은 발전기 가버너의 역할과 유사하게 직류연계선의 조류를 제어할 수 있다. 만약 주파수가 떨어지면 전력이 부족한 제어지역(control area)에 신속하게 자동적으로 추가적으로 전력을 공급할 수 있도록 제어하는 작용을 할 수 있다. 그러므로 직류연계선으로부터 응동순동예비력의 일부분을 사용할 수 있다. 직류연계선이 응동순동예비력의 역할을 하려면 주파수가 일정 수준 이하로 떨어졌을 때 직류연계선이 추가적인 응동예비력을 공급할 수 있어야 한다.

차단 가능 응동예비력

일반적으로 차단 가능 부하를 활용하는 것은 소비자부하를 차단함으로써 순동예비력이 부족한 상황을 피하기 위한 목적이다. 예를 들어 공급력이 부족하게 되어 주파수가 하락하는 상황이 되면 시스템 운용자는 수동으로 소비자부하를 차단해야 한다. 이것은 '몸통을 살리기 위해 팔을 절단하는 이론'과 기본적으로 동일하다. 부하 차단을 실시하는 재래식 기법의 변형은 차단 가능 응동예비력(interruptible responsive reserve)이라고 말한다. 차단 가능 응동예비력은 미리 설치된 자동 저주파수 계전기가 소비자부하를 자동적으로 차단함으로 발생하는 부하를 말한다. 만약 주파수가 차단을 시작하는 주파수 이하로 하락하면 20 사이클(1/3초) 이내에 부하가 차단된다. ERCOT의 경우, 차단을 시작하는 주파수는 59.7Hz이다. 일단 소비자부하가 차단되면 이 부하는 급전소의 허가가 없으면 다시 연결될 수 없다. 차단된 부하를 다시 연결하려면 추가적인 공급력을 확보해야 한다.

수력응동예비력

응동예비력의 마지막 분류는 수력응동예비력(hydro responsive reserve)이다. 수력발전기는 동기조상기로서 사용될 수 있다. '컨덴서 모드'로 작용할 때에는 수력발전기는 사실 상 동기모터로 운전되고 있는 것이다. 만약 이 발전기가 미리 지정한 기준을 만족할 수 있다면 '컨덴서 모드'로 운전될 때에는 응동예비력으로 사용될 수 있다.

어떤 종류의 수력발전기는 특별한 장치를 설치하면 주파수 편차에 따라 10초 이내에 컨덴서 모드에서 발전 모드로 전환될 수 있다. 만약 이 발전기가 컨덴서 모드에서 발전 모드로 신속히 전환할 수 있다면 주파수 하락을 저지하는 용도로서 유효하게 사용될 수 있다.

ERCOT의 응동예비력 의무량

ERCOT는 연계되어 있는 지역 전체[20]에 대한 최소한의 응동예비력을 지정한다. 이 MW 용량은 ERCOT가 지정한 제약 아래에서 네 가지의 응동예비력 분류에 의해 사용된다. ERCOT의 응동예비력 의무는 2,300MW이다.

응동예비력 의무의 할당

ERCOT의 응동예비력 의무량은 ERCOT의 판매사업자(load serving entities) 사이에 할당된다. 각 판매업자의 의무량을 결정하기 위해 ERCOT는 공식을 제정해 발표한다. 공식은 월별 최대수요 기준에 따라 판매사업자에 할당하는 내용을 포함한다. ERCOT ISO는 ERCOT 응동예비력 의무용량(MW)을 한 달을 기준해 매월 판매사업자에게 할당한다.

5.3.5 AGC 조정 예비력(ERCOT)

전력시스템은 충분한 양의 AGC 주파수 조정 예비력(regulating reserve)을 확보해야 한다. AGC 주파수 조정 예비력은 순동예비력의 부분집합(subset)이며 AGC의 명령을 따른다. AGC 주파수 조정 예비력이 충분히 확보되지 않으면 정상 상태에서 부하 변화를 추종할 수 없다.

5.3.6 즉응예비력

응동순동예비력이 확보되고 차단 가능 에너지의 구매(interruptible energy purchase)가 가능해진 이후의 예비력을 즉응예비력(ready reserve)이라고 한다.

---

20   전체의 ERCOT Interconnection.

5.4 NERC의 예비력 분류

NERC의 경우에도 별도의 예비력을 분류하고 있다.[21] NERC의 예비력 분류 기준의 특징은 실시간(on-line)과 비실시간(off-line)을 시간의 변화에 따라 명시하고 있다는 점이다. 전력시스템의 주파수를 유지하는 것은 〈그림 5.12〉처럼 서로 다른 자원을 이용해 이루어진다. 이것은 전력시스템 운용자들이 예비력의 종류와 용어의 혼동을 불러 일으킬 수 있는 요인이다.

NERC도 예비력이라는 용어의 혼돈에 대해서 지적하고 있다. 첫 번째 규제기관 및 설비 운용기관 등 전력시스템과 관련된 이해관계자들이 예비력 정의에 대한 혼돈이 있고 서로 다른 용어를 사용하고 있어서 문제가 되고 있다고 보고 있다. 두 번째로는 EMS 자체의 문제이다. 운용기관마다 운용예비력의 정의가 상이해서 ① 10분 이내에 기동이 불가능한데도 기동 중인 발전기의 여유출력(headroom)을 순동예비력에 포함시켜 계산하는 경우의 문제, ② 부하관리와 관련된 정보가 없다는 문제, ③ 가스터빈의 온도 민감성에 대해 정정을 수행하지 않는다는 문제, ④ 기타 제한 및 제약사항에 대한 부적절한 정보를 보유하고 있다는 문제, ⑤ EMS가 제어하는 범위 밖에 있는 예비력을 포함시킨다는 문제를 지적하고 있다.[22]

NERC는 〈그림 5. 12〉를 사용해 운용예비력의 정의에 대해 설명한다.

o 사고대비 예비력(contingency reserve): 사고대비 예비력은 교란제어표준(DCS)과 기타 지역별 신뢰도 조정기관의 사고대비 요구수준을 충족시키기 위해 확보된 운용예비력을 말한다.

o 삭감 가능 부하(curtailable load): 1시간 이내에 전력시스템으로부터 차단할 수 있도

---

21 NERC (2011a), *Balancing and Frequency Control: A Technical Document*, NERC Resources Subcommittee, ERC Resources Subcommittee.

22 급전불능 발전기에 대한 문제는 제3장에서 확인하기 바란다.

그림 5.12 NERC의 예비력 분류

자료: NERC (2011), p. 40.

록 확보된 부하를 말한다.

○ 주파수 응동예비력(frequency-responsive reserve): 36mHz의 불감대(dead-band)를 지니며 6% 이하의 드룹을 제공할 수 있다는 것을 테스트해 능력이 증명된 발전기 중에서 기동 중인 발전기의 여유용량(headroom)을 말하며 〈그림 5.12〉의 (a), (b), (c)가 여기에 해당한다.

○ 차단 가능 부하(Interruptible load): 10분 이내에 급전원의 운전원의 직접 지시로 차단될 수 있는 부하를 말한다.

○ 비순동예비력(non-spinning reserve): 10분 이내에 시스템에서 제거될 수 있는 차단 가능 수요 또는 수요에 대응해 제공될 수 있는 운용예비력으로서 〈그림 5.12〉의 (c)가 여기에 해당한다.

○ 운용예비력(operating reserve): 주파수 조정, 수요예측 오차, 설비의 고장정지, 예방보수, 그리고 특정 지역의 시스템 운용 특성에 대비해 요구되는 예비력을 말한

다. 이것은 (a)+(b)+(c)+(d)+(e)에 해당한다.

○ 계획예비력(planning reserve): 발전기 건설계획 수립에서 예측하는 연중 최대수요 시점에서의 발전기 용량의 합과 최대 수요와의 차이를 %로 표현한 설비예비력을 말한다.

○ 예측운용예비력(projected operating reserve): 〈그림 5.12〉의 (a)+(b)+(c)+(d)+(e) 모두를 말하며 문제가 되는 어떤 시점에 공급이 기대되는 예비력을 의미한다.

○ AGC 조정 예비력(regulating reserve): AGC로 공급되는 순동예비력으로서 일상적으로 규정되는 최소량 이상으로 정상적인 주파수 조정을 위해 확보되어야 하는데 〈그림 5.12〉에서는 (a)가 이에 해당된다.

○ 대체예비력(replacement reserve): 〈그림 5.12〉의 (d)+(e) 부분이다(NERC의 경우, 외부 교란이 회복되는 시간을 30~90분 사이로 규정하고 있다). 사고대비 예비력에 대한 의무적인 회복기간은 교란이 회복된 이후 90분으로 정의하고 있다.

○ 순동예비력(spinning reserve): 기동 중인 발전기의 여유출력분에 해당하면서 10분 이내에 사용가능한 용량으로서 〈그림 5.12〉의 (b)가 여기에 해당한다.

○ 대체예비력 서비스(supplemental reserve service): 10분 이내의 짧은 시간에 예상치 못한 상황에 응동하는 데 사용되는 발전기로부터 추가적으로 제공되는 용량을 의미한다. 이것은 비순동예비력이라고도 말하며 〈그림 5.12〉의 (c)가 이것에 해당한다.

5.5 결론 및 요약

제5장에서는 운용예비력에 대해서 자세히 살펴보았다.

시스템 상태에 대한 예측 불가능성 또는 가변성으로 인해 시스템부하가 증가하거나 공급력이 감소하면, 이미 확보한 각종 운용예비력이 사고에 대비해 사용될 수 있도록 준비상태에 있어야 한다. 즉, 소비자부하가 감소하거나 또는 어떤 발전기의 출력이 증가하면 가동 중인 발전기가 출력을 감소하거나 정지할 수 있어야 한다.

전력시스템의 가변성과 불확실성은 운용예비력의 필요성을 발생시키는 원인이다. 첫째, 가변성이란 전력시스템에서 예상할 수 있는 변화이다. 예를 들면, 1시간 이내의 가변성에 대한 발전계획을 수립할 수는 없으므로 5분마다의 경제급전 간격 사이마다 발생할 가변성에 대비해 운용예비력을 유지할 수 있도록 1시간 단위의 발전 계획을 수립해야 한다. 이 운용예비력은 공급력과 시스템부하의 균형이 유지된다는 것을 보장하기 위해 5분 간격으로 조절될 수 있다. 이와 유사하게, 5분마다 실행되는 경제급전 프로그램은 5분보다 더 짧은 간격으로도 가변성에 대비해 운용예비력을 보유하도록 한다.

둘째, 불확실성이란 예기치 못한 전력시스템 변수들의 변화이다. 예상된 것과는 다른 시스템 운용계획의 대안이 필요하므로 불확실성에 대비한 운용예비력이 필요하다.

운용예비력의 필요성은 모두 공감하지만 그 정의와 구성은 시스템 운용자마다 상이하다. 먼저 NREL의 예비력의 분류에 대해서 살펴보았다. NREL은 예비력을 비사건예비력과 사건예비력으로 나누고 비사건예비력을 다시 AGC 조정 예비력과 부하추종 예비력으로 나누었다. 예비력은 어떤 사건이 발생할 경우를 대비한 예비력으로 사고대비 예비력과 부하증감대비 예비력으로 분류해 이를 준비할 것을 권유하고 있다.

우리나라와 같이 교류연계시스템이 없는 미국 ERCOT의 경우에는 운용예비력을 우선 크게 순동예비력(spinning reserve)과 비순동예비력(non-spinning reserve)으로 분류한다. 가동 중인 발전기의 여유출력과 관련된 순동예비력의 하위에 조정 예비력, 응동 순동 예비력, 직류연계 즉응 예비력, 수력 응동예비력, 즉응예비력을 배치한다. 비순동 예비력은 2가지가 있는데, 대기 중인 수력 또는 가스터빈의 용량과 차단가능 응동예비력이 있다.

NERC의 경우에도 별도의 예비력을 분류하고 있다. NERC의 운용예비력 분류 기준의 특징은 실시간(on-line)과 비실시간(off-line)을 시간의 변화에 따라 명시하고 있다는 점이다. 운용예비력 중 실시간 예비력은 AGC 조정 예비력, 순동예비력 및 기타의 운용예비력이 있으며, 비실시간 운용예비력은 비순동예비력과 10분 이내에 차단 가능한 부하 및 10분에서 60분 이내에 기동이 가능한 발전기의 용량이 여기에 포함된다.

설비예비력은 실시간 시스템 운용에서 사용 가능하지 않은 예비력을 포함한 개념이다. 실시간으로는 운용예비력만을 고려하는데 10분 이내에 기동이 가능한 발전기를 대상으로 운용예비력을 확보한다. 설비예비력에는 포함되는 고장정지 중인 발전기 용량, 예방보수 중인 발전기 용량은 운용예비력이 될 수 없다. 수력발전기들의 용량도 저수지의 용량 및 저수량에 따라서 실시간 시스템 운용을 하는 데에는 한계가 있다. 이러한 관점에서 설비예비력은 발전기 건설계획 수립 등에는 사용되지만 실시간 시스템 운용에는 아무런 역할을 못한다. 물론 설비예비력이 대단히 많으면 공급 지장이 일어나거나 실시간 시스템 운용에 있어서 운용예비력 확보에 어려움을 겪는 횟수가 작아지는 것은 당연하다.

예비력이라는 말은 너무 광범위하고 모호한 표현이다. 미국 NREL, ERCOT 및 NERC가 정의한 운용예비력을 살펴봄으로써 이것의 중요성과 EMS의 운용 예비력 관리방식에 대해서 이해할 수 있을 것이다.

BLACK OUT

and Power System Operation

6

주파수 제어

6.1 주파수 제어의 기초

6.1.1 부하의 변화

주파수 제어(frequency control)는 전력시스템 운용자에게 있어서 매우 중요한 업무의 하나이다. 시스템 운용자의 행위는 전력시스템의 주파수를 허용범위 이내로 유지할 수 있는 능력에 대해 직접적인 영향을 미친다.

전력시스템 내의 부하(시스템부하)는 항상 변화한다. 수많은 가정용, 산업용 소비자 수요의 변화 및 발전기 출력의 변화에 따른 각 선로의 송전 손실의 변화도 시스템수요의 변화에 영향을 미친다. 소비자가 전기 세탁기를 켜든가, 또는 산업용 소비자가 전기로의 차단기를 켜거나 닫거나 하면 시스템부하는 변화한다. 이것이 시스템수요와 공급력(발전기 출력의 합)을 일치시키기 어려운 이유이다. 왜냐하면 목표물(시스템부하)이 항상 움직이기 때문이다. 공급력과 시스템수요가 정확하게 일치하는 것은 아주 짧은 기간 동안이다. 시스템부하는 계속해 변화하는데 이것이 공급력과 시스템수요의 불균형의 원인이다.

〈그림 6.1〉은 우리나라의 여름과 겨울의 대표적인 최대부하 발생일의 일일

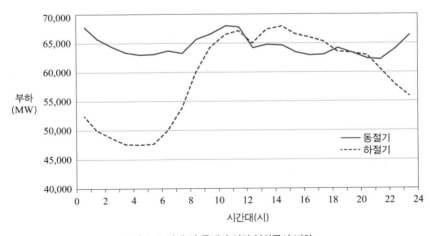

그림 6.1 하계 및 동계의 일일 부하곡선 변화

부하를 나타낸 것이다. 이 그림을 보면 겨울과 여름의 부하가 어떻게 변동하는지 알 수 있다. 〈그림 6.1〉처럼 시간대별 부하를 보아도 알 수 있지만 이보다 짧은 시간 단위, 즉 분 단위 또는 초 단위의 변화를 보아도 시스템부하가 변동한다는 것을 알 수 있다.

6.1.2 주파수 제어시스템의 필요성[1]

전력시스템이 도입되었던 초기에는 공급력과 시스템수요를 일치시키기 위해 초보적인 제어시스템이 사용되었다. 발전소의 운전원은 수동으로 조절장치를 이용해 발전기 출력기준점을 증감해 시스템수요와 공급력이 일치하도록 했다. 전력시스템의 규모가 커지고 시스템 운용에 대한 소비자의 기대가 높아지게 되자 시스템수요와 공급력의 균형을 조절하는 정교한 장치가 개발, 보급되어 이 제어시스템을 이용해 공급력과 시스템수요의 균형을 맞출 수 있게 되었다.

6.1.3 주파수 제어의 정의

제어시스템이란 어떤 프로세스 상에서의 입력과 관련된 물리적 양을 조절해 프로세스의 출력물을 자동적으로 제어하는 장치를 의미한다. 예를 들면 〈그림 6.2〉는 발전기의 속도(출력물은 주파수임)를 제어하기 위해 사용되는 간단한 제어시스템의 블록 다이어그램이다.

'지점 ❶'에서 발전기가 생산하는 정보인 주파수가 관찰된다. '지점 ❷'에서 주파수는 정격주파수 또는 계획주파수와 비교되어 주파수 편차가 결정된다. '지

---

1   ERCOT (2011), *Fundamentals Training Manual.*

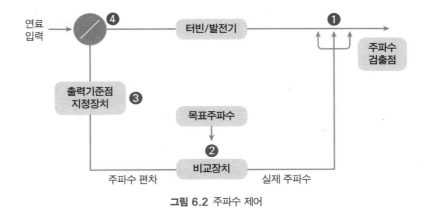

그림 6.2 주파수 제어

점 **③**'에서 주파수 편차를 제어하기 위해 필요한 작용이 이루어져 현재의 주파수를 정격주파수와 같아지도록 한다. '지점 **④**'의 속도제어장치(speed controller)는 터빈 밸브를 조정함으로써 증기, 물, 가스 등과 같은 작용유체(working fluid) 흐름의 크기를 조절한다.

6.1.4 주파수와 에너지 균형

공급력 과다/과소의 영향

공급력의 과다/과소에 따른 중요한 결과는 전력시스템 주파수에 대한 영향이다. 고립된 시스템이나 연계된 시스템에 관계없이 공급력이 시스템수요와 일치할 때 주파수는 60Hz를 유지한다. 60Hz에서 공급력이 부족할 경우에는 주파수가 하락할 것이며 과다할 경우에는 주파수가 상승할 것이다. 〈그림 6.3〉은 소비되는 전력(load)과 공급되는 전력의 균형이 필요하다는 것을 나타낸다. 전력시스템의 발전사업자는 주파수를 60Hz 근방에서 유지하기 위해 가동할 수 있는 발전기를 이용해 시스템 운용자의 지시를 따른다.

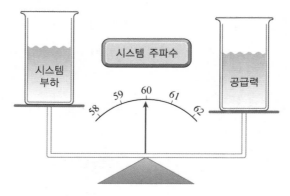

그림 6.3 수요/공급력 균형의 저울과의 비유

공급력과 시스템수요의 균형(저울 비유에서의 유의사항)

급전은 60Hz일 때의 전기를 보내는 것으로 가정해 공급력이 얼마이고 시스템수요가 얼마라는 MW 단위로 수행된다. 시스템수요는 주파수의 함수이다. 즉, 주파수가 변화하면 시스템수요도 변화한다. 모든 발전기가 생산하는 에너지는 시스템에 의해 소비되는 에너지와 항상 같다. 에너지보존법칙 때문이다. 보내주는 에너지를 능동 에너지(active energy)라 하고 소비하는 에너지를 수동 에너지(passive energy)라고 하면 시스템부하가 사용하는 매 초당 에너지가 공급하는 측의 매 초당 에너지보다 클 수 없다. 예를 들면 소비자의 전기기기에는 100kW라고 정격 용량이 표시되어 있는데, 이것은 매 초당 100kJ(킬로줄)의 에너지를 소비하는 크기(100kW)의 기기라는 뜻이다. 이것은 주파수가 60Hz이고 전압이 정격전압일 때를 기준으로 한 것을 말하는 것이지 주파수가 59.5Hz일 때에도 100kJ을 매 초당 소비한다는 것은 아니다.

보다 자세한 논의를 위해 전압은 항상 정격치로 공급된다고 가정하고 주파수 변화와 관련된 몇 가지 현상을 설명하고자 한다. 전력회사가 전기를 공급할 경우에는 60Hz로서 전기를 공급하며 시스템부하가 100만kW라면 발전기 출력의 합계 즉 공급력도 100만kW이다. 이것이 정상적인 공급 상황이며 소비자부하

(또는 시스템부하)가 변동할 때 공급력도 이에 따라 변화해야만 주파수가 60Hz로 유지된다.

만약 공급력이 변화하지 않고 소비자부하만 증가하면, 공급되는 에너지 즉 능동 에너지가 매 초당 100kJ(100만kW)로 공급될 경우 더 이상의 시스템부하는 공급되는 에너지 이상을 사용할 수 없다. 소비자가 더 많은 기기를 접속해도 60Hz의 주파수에서 발전기들이 더 많은 에너지를 추가적으로 순식간에 보내줄 수 없다. 즉 소비자부하가 증가하는 정도로 매 초당 에너지 공급(출력)이 변화하지 못하므로 시스템부하가 전기를 매 초당 공급되는 출력보다 더 많이 사용할 수는 없다. 시스템부하(MW)가 공급력을 초과할 수는 없는 것이다. 이것을 저울의 형태로 나타낸 것이 공급력은 시스템부하보다 작고 저울이 시스템부하 쪽으로 기울었다는 것인데 이것은 60Hz로 계산한 소비자부하가 공급력보다 크다는 것을 의미한다. 그러므로 발전기는 예를 들어 59.5Hz로 에너지를 공급하고 이 주파수에서 시스템부하는 발전기들이 공급하는 초당 100만kJ의 에너지를 사용하게 된다. 그러므로 〈그림 6.3〉에서와 같은 저울을 사용해 주파수를 설명할 때에 양 측의 에너지 균형이 깨어져 주파수가 60Hz 보다 낮게 표시되는 상황은 낮아진 주파수에서 발전기들이 공급하는 매 초당 에너지를 소비자가 매 초당 나누어 쓰게 된다는 것을 말한다. 즉, 소비자들이 개별 전기기기를 59.5Hz에서 사용한다는 것은 60Hz일 때 개별 전기기기가 사용하는 전력보다 더 적게 사용한다는 것을 의미한다. 시스템수요가 공급력보다 많아서 저울이 한 쪽으로 기울었다고 간단하게 말하는 것으로 잘못 이해하면 시스템부하가 공급력보다 크다고 생각하게 되지만 물리적으로 그러한 일은 발생하지 않는다. 낮은 주파수의 상황이 지속되면 소비자 기기가 제 성능을 발휘하지 못하고 발전기 터빈도 손상을 입게 된다.

시스템부하가 증가해 주파수가 낮아지는 것은 시스템수요가 증가하면서 발전기의 전압이 일정한 경우 전류가 커지는 것을 의미한다. 왜냐하면 출력(MW)은 전압(V)과 전류(A)의 곱으로 주어지기 때문이다. 발전기에 전류가 증가하면 증가된 전류가 발전기의 회전을 방해하는 상황이 된다. 이것은 동기발전기(synchronous generator) 이론에서 전기자 반작용이라고 말한다. 감소된 회전수를 높이려면 터빈에 들어가는 증기의 흐름을 증가시켜야 한다. 즉 발전기의 출력을 올려야 한다. 이것이 발전기의 집합이 주파수를 유지하는 원리이다.

발전사업자를 통한 급전계획

발전사업자는 전력시스템의 한 부분이며 발전기 기동 및 정지에 대한 책임을 진다. 이때 '자원(resources)'이라는 용어가 사용되기도 하는데 이것은 발전(generation resources) 또는 부하(load resources)의 형태로 나타난다. 발전사업자의 의무[2]는 다음과 같다.

○ 발전기의 제어시스템이 급전실의 제어시스템으로부터 신호를 받을 수 있도록 하고 계약된 발전기가 제어신호에 따라 움직이도록 한다.

○ 발전기 또는 부하를 갖고 있는 발전사업자는 급전 지시를 받으면서 요청받은 서비스를 공급해야 한다. 그리고 계약 조항에 의한 품질유지 서비스를 공급하기 위해 급전실에 제출된 내용을 준수해야 하고 비상상황 발생 시 품질유지 서비스를 절차에 맞게 제공해야 한다.

○ 발전사업자는 ISO에 약속한 바대로 품질유지 서비스를 준비해야 하고 지시받은 대로 발전기를 작동할 수 있도록 해야 한다.

○ 발전단(gross output) 또는 송전단(net output)의 유효전력 및 무효전력을 공급한다.

○ 급전실에 모든 '자원(resources)'의 운전범위를 제공하는 현재의 운전계획을 유지한다.

○ 급전실에 발전사업자가 소요한 또는 사용하기로 계약한 개별 부하 또는 발전기의 출력에 관해 실시간 자료를 제공한다.

---

2 이 내용은 시스템 운용자가 조정할 수 있는 사항이다.

실시간 운용에 있어서 발전사업자는 필요한 출력을 확보해야만 한다. 이 자원(발전기 출력 또는 부하 차단의 양)은 급전 및 EMS의 원활한 기능 수행을 위해 사용된다. EMS가 지시를 내릴 수 있는 급전대상발전기는 발전사업자 자신이 소유하고 있는 것일 수도 있고 다른 발전사업자와 계약을 통해 확보한 것일 수도 있다. 가동 가능한 발전기의 출력과 의무로 확보해야 할 출력에 차이가 있다면 SCOPF 출력기준점[3]을 만족할 만한 출력을 유지하지 못하게 됨에 유의해야 한다.

6.1.5 정상 상태와 비상 상태에서의 주파수 편차

주파수 편차의 정의

일반적으로 목표주파수는 계획주파수(F_s)라고 말한다. 만약 실제 주파수(F_a)가 계획주파수에서 벗어나면 주파수 편차(frequency deviation)가 발생한 것이다. 예를 들어서 계획주파수의 대표값은 60Hz이다. 현재의 주파수가 59.95Hz라고 하면 −0.05Hz의 주파수 편차가 생긴 것이다.

정상 상태의 주파수 편차

우리나라의 경우 정상 상태에서 주파수는 예를 들어 59.8Hz에서 60.2Hz까지 변동하도록 허용한다.[4] 이 경우의 변동폭은 정상적인 것이며 시스템부하가 변화하는 한 정상이라고 판단한다. 〈그림 6.4〉는 어떤 전력시스템에서 발생하는 정상 상태에서의 주파수 변화를 보여준다. 이 목푯값은 주파수 편차가 허용할 정도로 작은 것이며 60Hz에 가깝다고 판단하는 값이다.

---

3   load-reference set point를 의미한다.
4   「전기사업법 시행규칙」 제18조 관련 〔별표 3〕, 표준전압 · 표준주파수 및 허용오차.

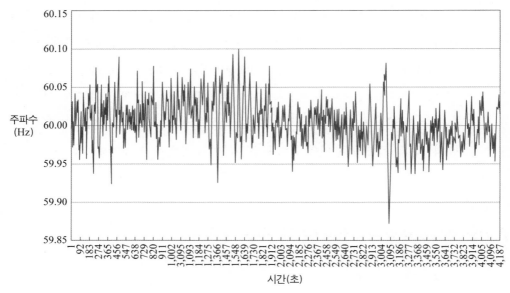

그림 6.4 정상 상태의 주파수 편차

비정상적 주파수 편차

비상 상태(예를 들면 발전기의 탈락 발생)가 발생하면 주파수는 급격한 변화를 일으
킨다. 〈그림 6.5〉는 대용량 발전기의 탈락과 이에 따른 발전기의 대체에 따른 주
파수의 변화를 나타낸다. 앞의 〈그림 6.4〉의 주파수 변동은 정상적인 것이며 관
심의 대상은 아니다. 그러나 〈그림 6.5〉의 주파수 편차는 관심을 끌만큼 큰 변화
이다.

〈그림 6.5〉에 나타난 바와 같이 발전기 탈락 이후 몇 분 만에 1차 제어 및
자동발전제어의 작용으로 60Hz로 회복되었다. 만약 주파수가 ±0.2Hz 이상 변
화해 오랫동안 지속되면 발전기는 물론 소비자가 사용하는 전기기기에도 손상
을 미친다. 이 상태를 회복하기 위해 자동발전제어(AGC)가 4초마다 주파수 편차
를 확인해 공급력을 변화시키며, 주파수는 정상 수준으로 회복된다.

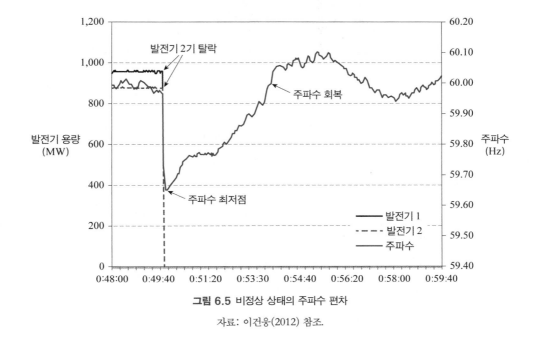

그림 6.5 비정상 상태의 주파수 편차

자료: 이건웅(2012) 참조.

6.1.6 주파수 편의

전력시스템에 접속된 소비자부하는 주파수와 전압의 변화에 따라 전력시스템에서
서로 다른 크기의 전기(MW)를 끌어당겨 사용한다. 소비자부하는 2개의 형태로 구
분된다. 하나는 모터를 사용하지 않는 부하(비회전부하, non-spinning load)이고 다른 것은
모터를 사용하는 부하(회전부하, spinning load)이다.

비모터부하

회전부하가 아닌 전열기, 전등, 그리고 전자제품 등은 접속점의 전압의 크기
에 따라 사용 전력의 크기가 변화한다. 주파수의 변동에 따라 비모터부하의 사용
전력 크기는 약간 변화하는데 주파수가 변화해도 비모터부하의 사용 전력 변화
는 작다고 가정해도 된다. 비모터부하의 크기는 전압의 변화를 따라서 변동한다.

예를 들면 접속점의 주파수가 정상치에서 10% 벗어나면 저항으로 구성된 전열기가 시스템에서 끌어가는 부하는 약 19% 정도 하락하는 것으로 알려져 있다.

모터부하

모터부하가 전력시스템의 전체 부하에서 차지하는 비중은 크다. 전력회사의 공급지역의 인구밀도가 높으면 일반적으로 모터부하의 비중이 크다. 모터부하라면 주로 유도전동기(induction motor)를 말한다. 전기철도의 구동용 모터, 각종 급수 펌프, 냉방기기의 압축기, 진공청소기의 모터 등에는 유도전동기가 사용되며 일반용 부하(commercial load) 및 산업용 부하의 대부분은 유도전동기로 구성되어 있다. 모터부하가 사용하는 전력은 전력시스템의 주파수 및 접속점의 전압 변동에 따라 변화한다. 만약 주파수가 하락하면 모터부하의 부하도 하락한다. 주파수의 변화는 전압의 변화보다 모터부하의 사용 전력의 크기에 더 큰 영향을 미친다. 여기에서는 설명을 쉽게 하기 위해 전압의 변화에 따른 모터부하의 사용전력의 변화는 무시하고 주파수의 변화에 따른 모터부하의 변화에 대해 설명한다. 간략한 계산에 의하면 주파수가 1% 변화하면 모터부하는 약 2% 변화한다.

부하/주파수의 관계

〈그림 6.6〉은 모터부하와 비모터부하가 주파수의 변화에 따라 어떻게 변화하는가를 보여준다. 이 그림에 나타난 전력시스템의 부하는 5,000MW이다. 만약 전체 부하가 비모터부하라고 하면 부하의 크기는 주파수의 변화에 따라 별로 변동하지 않는다. 이와 반대로 모터부하라고 한다면 주파수가 감소하면 모터부하의 크기도 감소한다.

〈그림 6.6〉에는 '총 부하 특성'이라고 하는 세 번째의 곡선이 나타나 있다. 시스템 전체의 부하는 모터부하와 비모터부하로 구성되어 있다. 예를 들면, 어떤 공장에 대용량의 전기히터와 유도전동기가 많이 있다고 할 때에 주파수의 변화에 따라 전체 부하의 크기가 변화하는 정도는 '총 부하 특성'을 따를 것이다. 1%

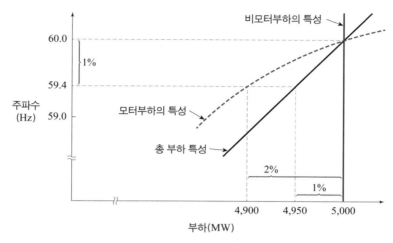

그림 6.6 부하 크기와 주파수의 관계

의 주파수 변화는 1%의 부하변동을 가져올 것이다. 실제로 이와 같은 시스템의 예를 찾기는 어렵지만 간단한 설명을 위한 것이다.

주파수 편차를 파악하는 것은 주파수 제어를 이해하는 것의 기본이 되며, 주파수 편차에 민감한 부하가 주파수 변화에 저항하기 위해 일으키는 변화를 부하제동(load damping)이라고 말한다. 이것은 주파수 응동과 동시에 일어난다.[5]

6.1.7 전력시스템의 관성[6]

전력시스템의 회전요소에는 에너지가 저장된다. 이 에너지는 관성에너지, 저장에너지, 또는 회전에너지라고 한다. 관성에너지는 상대적으로 안정된 주파수를 유지하는 데 있어서 중요한 역할을 한다. 관성(inertia)이란 물체의 현재의 속도 및 방향의 변화에 대해 저항하는 특성을 말한다. 발전기의 관성은 발전기가 회전속

---

5   NERC (2008), *Understand and Calculating Frequency Response*.
6   EPRI (2009), *Power System Dynamics Tutorial*, CA: Palo Alto, 1016042.

도의 변화에 대해 저항하는 것을 말한다. 대용량의 터빈·발전기가 1분당 3,600번 회전하고 있는데 이것의 속도를 순간적으로 변경하는 것은 결코 쉬운 일이 아니다. 발전기의 회전부분에는 일정 속도를 유지하려는 상당한 크기의 에너지가 저장되어 있기 때문에 발전기의 속도를 증가시키려면 회전에너지를 추가해야 하고 속도를 줄이려면 터빈·발전기로부터 회전에너지를 감소시켜야 한다.

어떤 물체에 저장된 관성에너지는 물체의 질량과 반경의 함수이다. 대용량의 스팀터빈은 질량이 매우 크므로(약 200톤 정도) 관성에너지가 매우 크다. 따라서 대용량 터빈·발전기의 관성은 전력시스템의 주파수를 일정하게 유지하는 데 큰 도움을 준다. 즉, 관성은 주파수 변화에 대해 저항한다.

전력시스템은 여러 종류의 관성 근원(source)을 포함하고 있다. 전력시스템에 연결된 회전체는 회전에너지 또는 관성에너지의 근원이다. 전력 생산을 담당하는 모든 터빈·발전기와 전력을 소비하는 회전부하는 관성에너지의 근원이다. 관성의 근원은 전력시스템에 접속된 터빈·발전기뿐만 아니라 회전부하인 모터도 역시 회전에너지 또는 관성에너지를 포함하고 있음을 유의해야 한다.

앞에서 언급했듯이 발전기가 속도의 변화에 자연적으로 저항하는 것은 전력시스템의 주파수를 일정하게 유지하는 데에 도움을 준다. 일반적으로 발전기의 용량이 크면 클수록 발전기의 속도를 변화하기 위해 더 많은 에너지가 추가되거나 감소되어야 한다. 발전기로부터 에너지를 뽑아내거나 추가하는 데에는 여러 가지 방법이 있다. 첫째는 발전기에 투입되는 기계적 에너지를 증가시키거나 감소시키는 것이다. 예를 들면 스팀터빈에 증기를 더 많이 공급하거나 수력발전기의 터빈에 더 많은 물을 공급하는 것이다. 둘째는 발전기에 접속된 시스템부하를 변동시키는 것이다. 만약 발전기에 접속된 부하를 감소시키면 초기에는 발전기의 속도가 증가할 것이다. 이는 발전기에 들어가는 회전에너지를 증가시키는 것과 등가이다. 만약 발전기에 접속된 부하를 추가시킨다면 초기에는 발전기의 속도가 감소하게 되는데, 이는 회전에너지를 감소시키는 것과 등가이다.

시스템부하의 미세한 증가는 주파수 변화에 영향을 미치지 않는다. 이것은 전력시스템의 관성에너지가 아주 크기 때문이다. 부하를 조금만 줄이는 경우에도 비슷한 현상이 일어난다. 그러나 큰 부하가 전력시스템에 추가될 때 전력시스템에 접속된 발전기의 회전속도는 변할 것이다. 예를 들어, 발전기 근방에서 100MW의 부하를 갑자기 추가하면 발전기의 회전속도를 관찰하는 계측기는 회전속도의 감소를 관측할 것이다. 이때 속도의 감소는 일시적인 현상이다. 왜냐하면 발전기의 제어시스템이 전력시스템의 주파수를 정상 상태로 회복시키기 위해 발전기의 회전속도를 증가시키기 때문이다.

전력시스템에서 하나의 발전기가 갑자기 탈락했다고 가정해보자. 이렇게 되면 전력시스템은 잃어버린 에너지 때문에 공급력 부족 상태가 되며 다른 발전기의 에너지에 의해 보완되어야 한다. 시스템 내의 다른 발전기는 자기 자신의 회전에너지의 일부분을 전력으로 변환해 공급력의 부족분을 보충해주는 데 도움을 줌으로써 전력시스템이 잃어버린 출력을 보충하는 역할을 할 것이다. 이런 발전기들은 발전기 탈락으로 인한 공급력의 부족분을 대체하기 위해 자신의 회전에너지를 사용한다. 시스템 내의 발전기들은 자기 자신이 갖고 있던 회전에너지를 희생했기 때문에 회전속도가 감소할 것이다. 그리고 발전기의 회전속도를 관찰하는 계측기와 다음에 설명할 가버너에 의해서 발전기의 회전속도를 증가시킬 것이다.

6.2 가버너[7]

6.2.1 가버너의 소개

발전기는 축의 회전속도를 제어하기 위해 가버너 제어시스템을 사용한다. 가버너 시스템은 발전기 축의 회전속도를 인지해 규정대로 유지하기 위해 발전기의 기계적 입력에너지를 늘이거나 줄이는 조정역할을 하는 장치이다. 가버너 (governor)는 발전기를 기동하거나 정지시킬 때에도 작용을 하지만 여기에서는 이와 관련된 역할은 생략한다.[8]

가버너의 동작 원리를 소개하기 위해 〈그림 6.7〉과 같은 간단한 발전시스템에서 시스템부하가 갑자기 증가한다고 가정한다. 부하가 갑자기 증가하면 발전

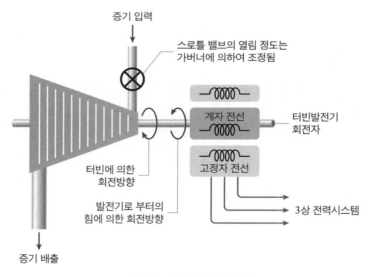

그림 6.7 발전기와 가버너 제어

---

7   EPRI (2009), *op. cit.*와 Vu, H. D. and Agee, J. C. (2002)를 참조해 작성했다.
8   물론 수력발전기의 가버너는 쪽문(wicket gate)의 열림을 제어하고 가스터빈의 경우에는 연료 주입 펌프를 제어한다.

기의 회전 부분에 저장된 에너지가 급하게 빠져나가므로 발전기의 회전속도가 감소하게 된다. 가버너는 발전기 축의 회전속도가 감소하는 것을 감지해 스팀 밸브를 더 열려고 작용한다.

스팀 밸브를 더 열면 터빈에 스팀이 더 많이 공급되고 회전에너지를 증가해 준다. 추가적으로 공급되는 에너지는 축의 회전속도가 더 이상 하락하는 것을 방지하고 결과적으로 축의 회전속도를 증가시킨다. 만약 축의 회전속도가 아직도 규정치에 미달하면 가버너는 스팀 밸브를 더 열도록 지시한다. 이 과정은 수 초 동안 지속해 축의 회전속도가 규정치에 도달할 때까지 계속된다. 전력시스템의 모든 발전기는 다음과 같은 가버너 제어시스템을 사용한다.

- 수력발전기는 터빈에 들어가는 물의 흐름을 제어한다.
- 증기터빈발전기는 터빈 날개를 때리는 스팀의 양을 제어한다.
- 가스터빈은 연소실에 들어가는 연료의 양을 제어하는 가버너를 사용한다.

6.2.2 기계식 원심구 가버너

〈그림 6.8〉은 원심구 가버너(ball-head governor)를 보여주는 간단한 그림이다. 이런 형태의 가버너는 플라이 웨이트(flyweight)의 구조로 되어 있고 터빈-발전기의 속도를 관측한다. 회전하는 원심구는 터빈-발전기의 축에 의해 기계식 기어로 구동되거나 전기적으로 구동된다. 축의 회전력은 벌어지게 하거나 또는 일정한 거리를 유지하도록 하며 이것은 현재 축의 회전속도에 비례한다. 플라이 웨이트가 벌어지거나 좁아지면서 이는 제어밸브의 위치를 변화시킨다. 제어밸브의 위치가 바뀌면 고압오일이 저장탱크에서 나오든가 들어가도록 한다. 오일저장탱크의 유면 위치가 이동하면 연료주입 피스톤의 위치를 제어한다. 만약 연료 주입 피스톤이 아래로 내려가면 스팀 또는 물과 같은 입력을 조절하는 터빈의 스로틀

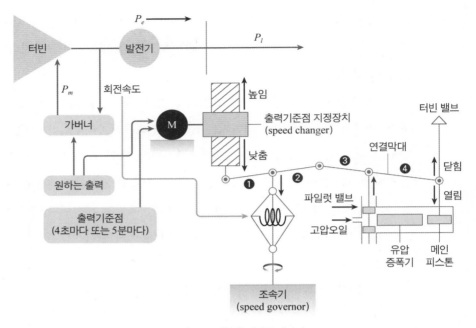

그림 6.8 기본적 원심구 가버너

자료: Murty, M. S. R. (2011).

밸브(throttle valve)가 닫힘 방향으로 이동한다. 반대로 만약 연료 주입 피스톤이 위로 올라가면 스로틀 밸브는 더 열리게 된다. 발전기의 회전속도는 스로틀 밸브의 위치와 직결되어 있다. 만약 가버너가 발전기의 속도 상승을 감지하면 스로틀 밸브를 닫아서 속도 상승을 멈추게 한다. 만약 가버너가 축의 속도가 하강하는 것을 감지하면 스로틀 밸브를 더 여는 쪽으로 제어해 속도를 증가시킨다.

원심구 가버너는 스팀터빈에 들어가는 스팀의 흐름을 제어하거나 수력발전기의 쪽문을 제어하거나 가스터빈의 연료펌프를 제어한다. 모든 가버너 시스템은 유체를 이용해 미세한 플라이 웨이트의 힘을 증폭해 제어밸브를 구동할 수 있도록 한다.

가버너의 주요 구성요소는 다음과 같다.

○ 조속기(speed governor): 원심력을 이용한 회전구가 중심 구성체이며 터빈의 기어에 물려 있다. 터빈 회전속도가 변화하면 이에 비례해 회전구(flyball)가 벌어지며 연결막대 ❶~❹를 아래위로 움직이게 한다.

○ 연결막대(linkage arm): 회전구의 움직임을 유압증폭기를 통해 전달하고 이를 이용해 터빈 밸브를 움직이도록 하는 것이다.

○ 유압증폭기(hydraulic amplifier): 증기 밸브를 움직이는 데에는 대단히 큰 힘이 필요하므로 여러 단계의 유압증폭기를 통해 가버너의 움직임이 터빈 밸브를 움직일 수 있는 힘으로 변환된다.

○ 출력기준점 지정장치(speed changer): 이것은 자동 또는 수동으로 조작될 수 있는 서보모터로 구성되어 있어 주파수를 규정치로 유지한다. EMS는 이것을 변경하도록 신호를 보냄으로써 출력기준점이 변경되고 이로써 원하는 출력을 발전기가 낼 수 있도록 한다.

6.2.3 디지털 가버너

현대의 가버너는 디지털 가버너(digital governor)를 채택하기도 한다. 이런 형식의 가버너는 기계식 가버너(원심구 가버너)와 동일한 작용을 한다.

〈그림 6.9〉는 전자/유체식 가버너의 구성요소를 블록 다이어그램의 형태로 보여준다. 전자/유체식 가버너는 전자식 구성요소를 사용해 속도를 감지하고 필요한 제어신호를 생성하며 유체역학 제어시스템을 이용해 스팀 밸브 또는 수력터빈의 쪽문을 제어하기 위한 힘을 얻는다.

〈그림 6.9〉에 나타난 바와 같이 영구자석발전기(PMG)[9]가 발전기의 축에 전기적으로 연결되어 있다. 영구자석발전기의 축은 발전기의 축과 기어로 맞물려

---

9 Permanent Magnetic Generator.

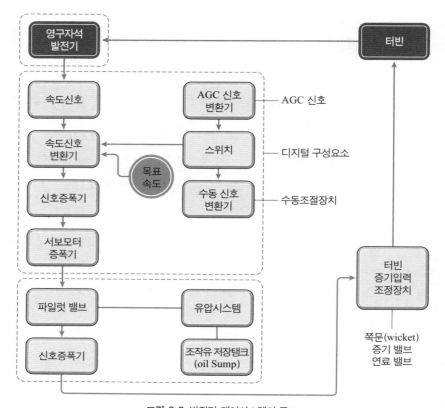

그림 6.9 발전기 제어시스템의 구조

있으며 발전기의 주파수가 축의 회전속도를 나타낸다. 영구자석발전기의 회전수는 이와 등가인 전압으로 변환되고 가버너의 전자식 구성요소에 입력된다. 이 구성요소는 발전기 축의 회전속도를 표본값으로 기준 주파수와 비교한다. 여기에서 검출된 편차(error)는 유체역학 제어시스템을 구동하는 데에 사용된다.

〈그림 6.9〉에 나타난 내용은 'AGC 신호'와 '수동제어 접근(manual control access)'이라는 2개의 입력요소이다. '수동제어 접근'의 입력점은 발전기 운전원이 가버너 시스템을 제어하기 위한 접속점이다. 'AGC signal' 신호는 급전소가 발전기 가버너의 출력기준점을 제어하기 위한 제어신호이다.

구형의 전자식 가버너는 아날로그 또는 디지털 구성요소로 되어 있다. 새로운 전자식 가버너는 디지털 구성요소로 되어 있다. 이런 형식의 가버너는 발전기의 회전속도와 목표출력 등에 대한 자료를 입력받아서 디지털 컴퓨터를 사용해 작동된다. 디지털 가버너의 성능 특성(또는 지정치)은 소프트웨어를 사용해 파악한다. 예를 들면 발전소의 운전원은 소프트웨어 프로그램의 내용을 수정해 가버너의 특성값을 조정할 수 있다.

6.2.4 가버너 드룹 특성곡선

가버너 제어와 시스템 운용

실제의 시스템 운용에서 가버너는 축의 회전속도를 관측하고 스로틀 밸브의 위치를 제어한다. 만약 축의 회전속도가 목표치보다 낮아지면 가버너는 스로틀 밸브를 더 열어서 축의 속도를 올린다. 만약 목표치보다 축의 속도가 커지면 회전속도를 줄이기 위해 가버너는 스로틀 밸브를 닫는 쪽으로 제어한다.

시스템 운용의 관점에서 보면 정상 상태에서 시스템의 주파수와 축의 회전속도는 같다고 하고 스로틀 밸브의 위치는 발전기 출력기준점과 같다고 하면 명확하다. 가버너가 시스템의 주파수를 관측하고 이것을 제어하기 위해 발전기 출력기준점을 조정하는 것이다.

등속(수평선)가버너 제어

주파수 변화에 대한 가버너 응동의 기대치는 하나의 곡선으로 나타낼 수 있다. 모든 가버너 제어시스템은 이러한 곡선을 갖고 있으며 이것을 가버너 특성곡선 또는 '드룹 특성곡선'이라고 한다. 이 곡선은 발전기가 접속된 시스템의 전기적 주파수, 가버너의 출력기준점과 발전기 출력의 3요소의 상관관계를 나타낸다.

발전기의 모든 출력수준에서 목표 주파수를 유지하려고 하는 가버너를 등

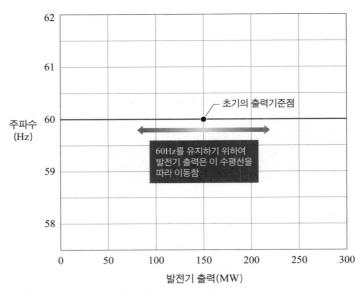

그림 6.10 등속가버너의 드룹 특성곡선

속가버너라고 한다. 단독 시스템(islanded power system)은 등속가버너 제어를 채택할
수도 있다. 블랙아웃(system collapse)이 발생한 이후 전력시스템을 복구하는 과정 중
에 '단독운전 모드'로 운용되는 일부 전력시스템에서는 일부 발전기에 등속가버
너 제어를 할 수 있다. 또한 제어실이 지정하는 비상발전기는 등속가버너 모드를
사용할 수도 있다.

〈그림 6.10〉은 등속가버너의 드룹 특성곡선(droop curve)을 보여준다. 만약 주
파수가 변화하면 드룹 특성곡선을 갖는 가버너는 주파수가 60Hz으로 회복할 때
까지 발전기 출력을 제어하려고 할 것이다. 등속가버너는 가능한 모든 방법을 사
용해 주파수를 60Hz로 유지하려고 한다.

〈그림 6.10〉에 나타난 발전기의 최소출력은 0이고 최대출력은 300MW이
다. 이론적으로 시스템 주파수의 변화를 따라 발전기는 0MW에서 300MW까지
출력을 변화시킬 수 있다. 만약 주파수가 60Hz 아래로 떨어지면 이 발전기는 주
파수를 60Hz로 회복하기 위해 발전기 출력을 300MW 방향으로 발전기 출력을

제어할 것이다. 만약 주파수가 60Hz 이상으로 올라가면 발전기는 출력을 0의 방향으로 제어할 것이다.

드룹의 필요성

실제의 시스템 운용에서 등속가버너를 사용하는 것은 실용적이지 않으며 일반적으로 복수의 발전기가 존재하는 전력시스템에서는 등속가버너는 사용되지 않는다. 등속가버너를 사용하는 전력시스템은 불안정해지기 쉬운데 부하가 급변하면 속도진동(speed oscillation) 상태로 된다. 그리고 등속가버너는 주파수를 60Hz로 유지하기 위해 연속적으로 출력을 제어할 것이다.

만약 드룹 특성이 가버너에 포함될 경우, 주파수 변동이 생기면 자기의 발전기를 정격용량에 비례해 응동할 것이다. 예를 들어, 드룹 지정치가 같다면 1,000MW 발전기는 100MW 발전기보다 10배 더 많이 응동할 것이다.

'단독운전 모드'가 아닌 시스템에서 발전기의 가버너가 등속가버너이고 이것이 유일한 등속가버너라면 〈그림 6.10〉의 드룹 특성이 하나의 발전기 가버너에 의해 사용될 수 있다.

드룹 특성을 갖는 가버너

실제의 시스템 운용에 있어서 가버너는 드룹 특성을 갖고 운전한다. 〈그림 6.11〉은 이런 종류의 가버너의 드룹 특성곡선을 보여준다. 이 곡선은 왼쪽에서 오른쪽으로 경사가 졌다. 이것은 시스템의 주파수가 증가하면 가버너가 발전기 출력을 낮추도록 하며 초기에 유지했던 값보다 높은 주파수에서 안정되도록 한다. 만약 시스템의 주파수가 떨어진다면 가버너는 발전기 출력을 높이도록 하며 초기에 유지했던 값보다 낮은 주파수에서 안정되도록 한다. 가버너의 드룹 값을 지정하면 많은 발전기들이 가버너 제어를 따라서 움직이며, 이때에 전력시스템에 연결된 발전기들이 병렬운전을 하도록 함으로써 시스템부하 변동에 대처하도록 한다. 발전기에 드룹 값을 지정함으로써 발전기가 경쟁적으로 출력을 변동

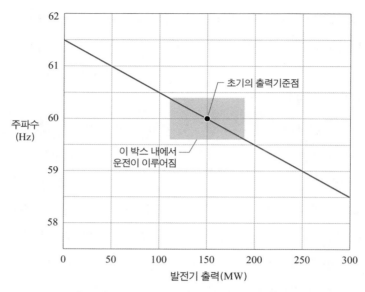

의 영역 바깥의 설명:

초기의 출력기준점

이 박스 내에서
운전이 이루어짐

그림 6.11 5% 드룹 특성을 갖는 가버너의 드룹 특성곡선

하지 않도록 하는 것이 중요하다.

　　가버너 드룹은 발전기의 출력이 무부하에서 정격출력으로 또는 정격출력에서 무부하로 바뀔 때의 주파수 변화를 %로 나타낸 것이다. 예를 들면 〈그림 6.11〉의 300MW의 발전기의 예에서 보는 바와 같이 5%의 드룹 값을 지정하면 주파수가 전체 범위(무부하에서 정격출력까지)에서 변동할 때에 3Hz의 주파수 변화가 필요하다는 것이다. 다시 말하면, 〈그림 6.11〉의 예에 해당하는 발전기는 주파수가 61.5Hz에서 58.5Hz로 바뀐다면(3Hz 또는 60Hz의 5%) 가버너는 발전기의 출력을 0에서 100% (300MW)로 바꾸려고 한다는 것이다.

　　예를 들면, 미국 텍사스의 ERCOT는 5% 드룹 특성을 가버너가 유지하도록 정하고 있다. 5% 드룹을 채택했다고 해서 발전기를 58.5Hz에서 61.5Hz 사이에서 운전하도록 한다는 것을 의미하지는 않는다. 가버너의 드룹 특성이라는 것은 주파수가 60Hz에서 벗어났을 때 발전기가 어떻게 동작할 것인가를 나타낼 뿐이다. 실제의 시스템 운용에서 발전기가 59.5Hz와 60.5Hz의 주파수 범위를 벗어나는 경우는 거의 없다. 일반적으로 시스템 운용자들은 3~7% 사이의 드룹 값을 제시한다.

6.2.5 독립시스템에서의 가버너 제어

여기에서는 먼저 발전기가 하나뿐인 시스템에서 드룹 가버너의 작용을 설명하고 이후에 복수의 발전기가 존재할 경우의 가버너 작용을 설명한다.

주파수 상승에 따른 가버너 응동

독립시스템에서 발전기의 가버너가 〈그림 6.12〉와 같은 드룹 특성곡선을 갖는다고 가정한다. 주파수가 갑자기 상승하면 가버너는 발전기의 출력을 150MW에서 140MW로 낮추고 주파수는 60.1Hz에서 안정된다. 그러나 주파수가 60.1Hz에서 고정되는 것은 받아들일 수 없으며 되도록 빨리 60Hz로 복원되

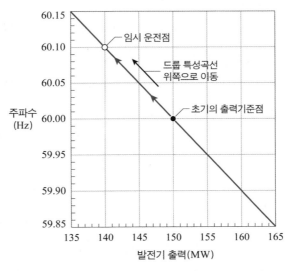

그림 6.12 5% 드룹을 갖는 300MW 발전기 – 주파수 상승

어야 한다. 주파수를 60.0Hz로 복원하는 것은 가버너의 출력기준점을 제어해야 가능하다.

출력기준점

가버너의 출력기준점이라는 것은 시스템의 주파수가 60Hz일 때 발전기가 유지할 출력값(MW)이다. 〈그림 6.12〉의 출력기준점은 초기에는 150MW였다. 축의 회전속도가 60Hz와 등가인 속도일 때 이 출력기준점은 발전기가 원하는 출력(MW)을 내도록 조정된다(이 출력이 허용범위 내에 있다고 가정한다).

출력기준점을 조정하는 것은 가버너 드룹 특성곡선 전체를 수평으로 이동하는 효과가 있는 것이다. 예를 들어, 〈그림 6.13〉을 보면 가버너의 출력기준점이 150MW에서 140MW로 이동되었고 주파수가 60.1Hz에서 목푯값인 60.0Hz로 이동했다. 그러므로 출력기준점이 변경되면 60Hz에서 발전할 출력이 변화한다.

출력기준점과 저장된 에너지

가버너의 출력기준점을 그림으로 구체화하는 다른 방법은 발전기의 회전에너지로서 생각해보는 것이다. 만약 운전원이나 시스템 운용자가 출력기준점을 조정하면 이것은 터빈/회전자에 저장된 에너지 또는 회전에너지를 제어하는 것이 된다. 예를 들어 〈그림 6.13〉에서 출력기준점이 150MW에서 140MW로 이동하면 터빈-회전자의 회전속도는 60.1Hz에서 60.0Hz로 바뀐다. 터빈-회전자에 저장된 회전에너지가 감소했고 주파수가 감소했다.

주파수를 낮추기 위해 가버너의 출력기준점을 바꾸어야 하며, 이것은 터빈-회전자에 저장된 에너지 또는 회전에너지를 감소하는 효과를 낳는다. 이와 마찬가지로 시스템의 주파수를 높이기 위해 가버너의 출력기준점을 높이면 되고 이것은 터빈-회전자에 저장된 에너지 또는 회전에너지를 증가하는 효과를 갖는다.

출력기준점이 변화할 때 출력은 느리게 변화한다. 출력기준점을 빠르게 변화시켜서 발전기를 교란시킬 필요는 없다. 출력기준점을 조정하는 것은 발전기

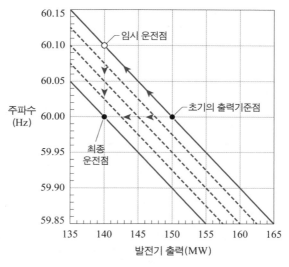

그림 6.13 출력기준점을 140MW@60Hz로 변경

제어시스템을 통해 발전소 운전원이 수동으로 하든지 아니면 EMS의 자동발전
제어(AGC)에 의해 출력기준점 조정신호를 보내면 가버너의 출력기준점이 조정
될 수 있다.

주파수 하락에 따른 가버너 응동

〈그림 6.14〉에서 가버너의 출력기준점은 시스템 주파수가 60Hz일 때 발전
기 출력이 150MW로 되도록 설정되었다. 이때 부하가 증가해 주파수가 하락했
다고 가정한다. 〈그림 6.14〉는 가버너가 작용해 발전기의 드룹 특성곡선의 오른
쪽으로 움직여 주파수를 59.9Hz에서 멈추도록 한 것을 설명하고 있다. 가버너
명령에 의해 발전기의 출력은 150MW에서 160MW로 증가했다.

가버너는 시스템의 주파수를 59.9Hz에서 멈추도록 함으로써 자기의 역할
을 했다. 그러나 궁극적으로 주파수를 60Hz으로 복원해야 하는 것이 가버너의
목적이지만 자신의 역할만으로 주파수를 60Hz로 복원할 수 없다. 출력기준점이
조정되지 않는 한, 가버너는 주파수를 60Hz로 복원할 수 없는 것이다. 발전기가

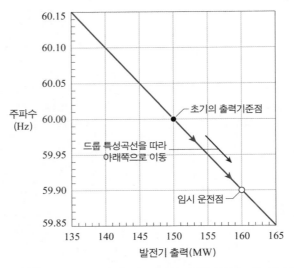

그림 6.14 5% 드룹을 갖는 300MW 용량의 발전기 – 주파수 감소

하나인 시스템에서는 시스템 운용자가 출력기준점을 조정한다.

〈그림 6.15〉는 가버너의 출력기준점이 150MW@60Hz에서 160MW@ 60Hz로 이동하는 것을 나타낸다. 출력기준점이 이동됨으로써 고립시스템의 주파수가 59.9Hz에서 60.0Hz로 회복하는 것을 주목해야 한다.

출력기준점을 조정하면 잃어버린 회전에너지를 발전기에게 돌려주어서 주파수가 회복되도록 한다. 출력기준점의 이동은 시스템 운용자의 전화 지시에 의해 발전소 운전원이 하거나 아니면 발전소 운전원이 필요에 따라 할 수도 있다. 실제 운전에 있어서는 EMS가 4초마다 AGC가 주파수 편차를 관찰해 주파수 회복에 필요한 총 조정량을 출력기준점의 변화가 빠른 발전기에게 배분해 출력기준점의 변경을 지시한다. 이것을 일정 주파수 제어(CFC) 운용이라고 한다. 5분마다 SCOPF가 출력기준점의 변경을 변경하는 것은 모든 발전기의 출력기준점을 재배치할 경우이다.

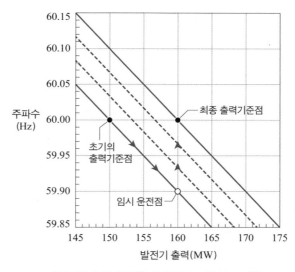

그림 6.15 출력기준점을 160MW @ 60Hz로 변경

부하/주파수 관계와 드룹 특성곡선

독립시스템에서 하나의 발전기를 대상으로 설명할 때, 출력기준점이 조정되면 고립시스템의 회전에너지가 변동하고 이것이 주파수 변화로 나타난다고 설명했다. 이때 사실상 MW 변화가 일어나지만 어떠한 MW의 변화도 보여주지 않았다.

앞에서 설명한 부하/주파수의 관계를 돌이켜 보자. 시스템의 주파수가 변화하면, MW 수준은 주파수와도 관계가 있으므로, MW 값도 이를 따라서 변화한다. 주먹구구 계산을 해보아도 주파수가 1% 만큼 변화하면 시스템부하는 1% 변화할 것이다.

주파수가 변화하면 부하수준(MW)이 변하고 이는 주파수 변동에도 영향을 미친다. 〈그림 6.15〉는 주파수를 60Hz로 복원하기 위한 출력기준점의 조정을 설명한다. 이때 주파수가 회복하는 동안에 발전기 출력은 변화하지 않는다는 것을 주목해야 한다. 〈그림 6.16〉은 〈그림 6.15〉와 동일한 출력기준점 이동을 나타내지만 부하/주파수의 관계가 고려되어 있다.

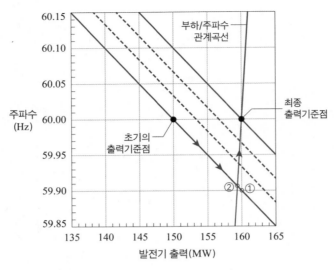

그림 6.16 부하/주파수의 관계식과 드룹 특성곡선

〈그림 6.15〉와 〈그림 6.16〉을 비교해보자. 〈그림 6.15〉 만큼의 주파수 수준으로 〈그림 6.16〉의 주파수가 떨어지지는 않는다. 이것은 부하/주파수의 관계 때문이다. 주파수가 떨어지면 부하의 크기도 감소한다. 〈그림 6.16〉에서 만약 부하/주파수의 효과가 고려되지 않으면 주파수는 점 ①까지 하락할 것이다. 부하/주파수의 효과를 고려하면 주파수가 점 ②까지만 하락할 것이다. 가버너의 출력기준점이 주파수를 복원하기 위해 조정된다면 시스템 주파수와 발전기 출력이 동시에 상승할 것이다. 주파수가 60Hz로 상승하기 때문에 발전기 출력은 증가하며, 시스템부하의 수준도 높은 값으로 이동한다.

부하/주파수의 관계는 연계된 전력시스템 운용에서 매우 중요하다. 규모가 큰 전력시스템에서 주파수 편차를 없애는 것은 가장 중요한 과제이다. 공급력과 시스템부하의 차이가 크다면 가버너 제어가 중요한 역할을 한다.

지금부터 드룹 특성곡선을 설명할 때에는 그 사용에 대한 설명이 복잡해지므로 부하/주파수의 관계를 포함하지 않는다. 다만 부하/주파수의 영향은 항상 존재하며 전력시스템의 주파수 제어에 영향이 크다는 것을 기억해야 한다.

6.2.6 복수의 발전기 시스템에서의 가버너 제어 역할

대부분의 발전기는 '단독 모드'로 운전하지 않고 여러 발전기 가운데 하나로서 역할을 한다. 여기에서는 고립시스템의 발전기 운전과 복수의 발전기 시스템에서의 발전기 운전의 차이점에 대해 살펴본다.

〈그림 6.12〉부터 〈그림 6.16〉을 통해 발전기의 출력기준점의 이동이 어떻게 회전에너지의 변화를 가져오고 발전기의 주파수를 변화시키는가를 설명했다. 고립시스템의 예에서 가버너는 1차적으로 주파수의 변화에 응동해 발전기의 MW 출력을 제어했다. 그리고 고립시스템의 주파수를 60Hz로 회복하기 위해 가버너의 출력기준점이 변화되었다. 복수의 발전기가 있는 시스템에서는 어떤 시점에 존재하는 발전기가 많기 때문에 몇 가지 사실을 더 고려해야 한다.

단독 시스템의 발전기 운전과 복수의 발전기 시스템의 차이를 설명하기 위해 우선 〈그림 6.14〉와 〈그림 6.15〉로 다시 돌아간다. 〈그림 6.14〉는 단독 시스템에서 초기의 출력기준점이 150MW로 지정되어 있고 가버너 제어를 받는 고립시스템의 발전기를 나타내었다. 시스템의 주파수가 하락함에 따라 가버너는 드룹 특성곡선을 따라서 발전기를 제어해 160MW의 출력에서 주파수를 59.9Hz에 머물게 했다.

만약 주파수 회복을 가버너의 자동응동 기능에만 맡긴다면 주파수는 59.9Hz에서 유지될 것이다. 가버너는 발전기 출력을 높이고 주파수를 59.9Hz에 멈추게 함으로써 자신의 역할을 충실히 수행했다. 〈그림 6.15〉는 주파수를 60Hz로 복원하기 위해 출력기준점이 이동되는 것을 설명했다. 〈그림 6.15〉의 최종 출력기준점으로 이동하는 과정에 있어서 발전기 출력이 변하지 않았다는 사실을 주목해야 한다.

출력기준점의 변화는 전체적으로 회전에너지의 변화인 것이며 결과적으로 시스템의 주파수를 변화시킨다. 단독시스템에서는 발전기가 하나만 존재하기 때문에 만약 부하/주파수의 관계를 무시한다면 위의 사실은 옳은 것이다. 출력

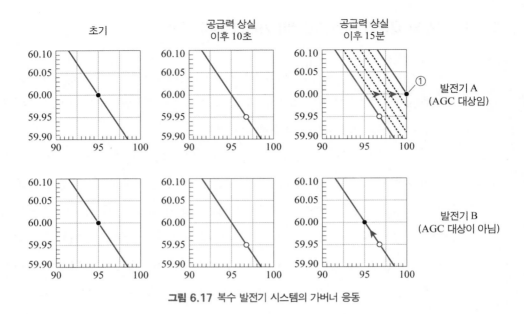

초기

공급력 상실
이후 10초

공급력 상실
이후 15분

① 발전기 A
(AGC 대상임)

발전기 B
(AGC 대상이 아님)

그림 6.17 복수 발전기 시스템의 가버너 응동

기준점이 바뀌었을 때 발전기의 출력은 이미 가버너에 의해 제어된 것이다. 그런데 복수의 발전기가 존재하는 시스템에서는 이것이 적용되지 않으며, 〈그림 6.17〉은 이를 나타낸 것이다.

〈그림 6.17〉은 2개의 발전기가 존재할 경우를 예로 든 것이다. 발전기 'A'와 발전기 'B'는 초기에는 95MW로 운전하고 있으며 이것은 그림의 왼쪽에 나타나 있다. 〈그림 6.17〉의 중간에 나타나 바와 같이 2개의 발전기는 각자의 드룹 특성곡선을 따라 아래로 내려가서 시스템부하의 증가에 응동한다. 그림의 가장 오른쪽을 보면 주파수를 60Hz로 맞추기 위해 발전기 A의 출력기준점 점 ①로 이동했다. 발전기 'B'의 출력기준점은 변동하지 않았다.

발전기 'A'의 출력기준점 변화는 〈그림 6.12〉 또는 〈그림 6.14〉에 설명된 것과 같이 수직으로 상승하거나 강하하는 움직임이 아니라 특성곡선을 따라서 위로 올라가서 오른쪽으로 움직이는 것을 유의해야 한다. 2개의 발전기가 초기에는 주파수가 하락함에 따라 드룹 특성곡선의 아래로 움직였기 때문에 출력기준점의 변화는 발전기 하나만 있을 때와는 다르다. 그러나 두 발전기 가운데 하나만이 주파수를 회복하기 위해 출력기준점을 변경했다. 출력기준점이 변화한 발전기는 전력시스템 내의 다른 발전기의 가버너 응동을 보완하기 위해 출력을 증가할 것이다. 전력시스템 내의 출력기준점이 변화하면 회전에너지와 발전기의 출력은 동시에 변화할 것이다.

복수의 발전기가 있는 시스템에서 주파수 편차가 발생하면 가버너가 부착된 모든 발전기는 응동해야 한다. 그러나 AGC 주파수 조정 서비스를 제공하는 발전기만이 각자의 가버너 출력기준점을 변경하도록 해야 한다. 몇 개의 발전기가 출력의 과잉 또는 부족으로 인한 주파수 편차 발생을 제일 먼저 제거하려고 할 것이다. 가버너 응동을 나타낸 전력시스템 내의 나머지 발전기는 주파수가 회복됨에 따라 각자의 드룹 특성곡선을 따라 원래의 운전점으로 이동할 것이다.

6.2.7 자동발전제어에 대한 발전기의 응동

주파수를 조정하는 역할은 개별 발전기의 가버너 기능(1차 제어)과 EMS의 AGC 또는 주파수 추종 출력제어(LFC)의 기능에 의해 수행된다. 가버너에 의한 터빈출력의 변화 공식은 다음 식[10]

$$\Delta p_m = \Delta p_{ref} - \frac{1}{R} \Delta f \tag{6.1}$$

여기서, Δf: 주파수 변화
$\quad\quad \Delta p_m$: 터빈 출력 변화
$\quad\quad \Delta p_{ref}$: 출력기준점의 변화
$\quad\quad R = \dfrac{\Delta f}{\Delta MW}$: 발전기 출력 변화에 따른 주파수 변화 계수
$\quad\quad p_{ref}$: 출력기준점

---

10 Glover, J. D. and Sarma, M. (1993), *Power System Analysis and Design, 2nd Ed.*, PWS Publishing Company.

과 같다. 식 (6.1)에 의해 주파수 편차가 발생했을 때 복구에 필요한 출력증감량을 알 수 있다. 주파수가 변화하면 1차 제어에서 가버너는 속도조정률 R에 의해 출력 변화의 양($-\frac{1}{R}\Delta f$)을 기계적 입력의 변화(Δp_m)로 계산해 터빈의 입력을 조정할 것이며 이것은 시시각각으로 변화하는 주파수에 따라 일어나는 가버너의 응동이다.

Δp_{ref}는 출력기준점의 변화량을 나타내며 4초마다 주파수 조정을 위한 총 출력변동량이 AGC에 의해 정해진다. 이것을 담당하는 출력기준점의 변화가 빠른 발전기는 Δp_{ref} 만큼의 출력기준점을 변화시킬 것이다. 이 공식은 일정 주파수 제어(CFC)를 위한 공식으로 사용된다.

시스템수요의 연속적 변화에 따른 주파수 편차를 정정하기 위해 각 발전기의 가버너가 자동적으로 수행하는 것이다. 식 (6.1)에서 터빈 출력의 변화(Δp_m)는 발전기 가버너의 출력기준점의 변화(Δp_{ref})와 주파수 편차에 따라 발생한다는 것을 의미한다.

출력기준점의 변화(Δp_{ref})는 〈그림 6.18〉에서의 그래프의 수평 이동과 같으며, 동일한 출력기준점에서의 터빈 출력 변화(Δp_m)는 기울기를 타고 변화하는 것이다. 다만 가버너의 출력기준점의 변화(Δp_{ref})는 이를 조정해주는 시간(4초 또는 5분)에 따라 대상 발전기가 다른 것이며 4초 이내의 시시각각으로 변화하는 주파수 변동에 대해서는 각 발전기의 가버너가 1차 제어에 의해 터빈의 밸브를 조정해 주파수를 60Hz로 유지한다. 이때 출력기준점은 변화하지 않는다.

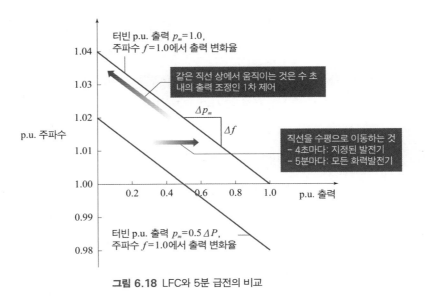

그림 6.18 LFC와 5분 급전의 비교

터빈 p.u. 출력 $p_m=1.0$,
주파수 $f=1.0$에서 출력 변화율

같은 직선 상에서 움직이는 것은 수 초
내의 출력 조정인 1차 제어

Δp_m

Δf

직선을 수평으로 이동하는 것
 – 4초마다: 지정된 발전기
 – 5분마다: 모든 화력발전기

p.u. 주파수

p.u. 출력

터빈 p.u. 출력 $p_m=0.5\,\Delta P$,
주파수 $f=1.0$에서 출력 변화율

6.2.8 시스템의 주파수 응동 특성

주파수 응동 특성이라고 하는 전력시스템의 특성 지표는 전력시스템 제어에 중요한 역할을 수행한다. 주파수 응동 특성(FRC)은 주파수의 변화에 따른 전력시스템의 MW 응동과 관련된다. 주파수 응동 특성은 주파수가 변화함에 따라 모든 발전기와 모터부하의 응동이 합성된 결과이다. 즉, 주파수 응동 특성은 모든 발전기의 가버너 응동과 부하의 주파수 응동을 포함한 것이다. 주파수 응동 특성 자료는 0.1Hz당 MW로서 나타낸다. 예를 들어, 어떤 전력시스템에서 0.1Hz의 주파수 변화는 200MW의 변화로 응동한다고 표현한다.

전력시스템의 주파수 응동 특성은 현재의 시스템 운용조건에 따라 변화한다. 주파수 편차가 발생한 이후의 전력시스템의 주파수 응동 특성은 현재 병렬운전하고 있는 발전기, 부하의 크기, 운전 중인 송전망 등에 따라 변화한다. 따라서 서로 다른 시간대에 있어서 같은 용량의 발전기 탈락이 발생해도 시스템의 주파수 응동 특성은 서로 다른 값을 갖는다.

주파수 응동 특성은 드룹 특성과 유사하다. 이 2개의 특성은 주파수의 변화와 관계된 것이다. 따라서 어떤 시스템의 주파수 응동 특성은 시스템 드룹이라고 표현하기도 한다. 어떤 시스템이 주파수 변화에 어떻게 응동하는가에 대해 드룹 특성곡선의 형태와 유사한 곡선을 만들어낼 수 있다.

전력시스템에서 주파수 응동 특성의 예

〈그림 6.19〉는 대표적인 전력시스템의 특성 주파수 응동 자료로, 공급력에 비해 용량이 비교적 큰 발전기가 탈락한 직후에 주파수가 어떻게 변화하는가를 나타낸다. 수평축은 분 단위로 측정한 것이다. 시스템의 주파수 응동은 교란이 발생한 다음에 10~15초 사이에 발생한다. 〈그림 6.19〉를 보면 주파수는 AGC 작용이라고 나타난 화살표 부근의 변화처럼 회복한다. 이 그림을 통해서 1,150MW의 발전기 용량이 탈락했을 때 주파수가 변화하는 것을 주목할 필요가 있다. 총공급력에 비해 대단히 큰 용량의 발전기가 탈락하면 주파수 변화가 크며 전력시스템은 이를 고려해 설계되었다. 〈그림 6.19〉에 나타난 시스템의 주파수 응동 특

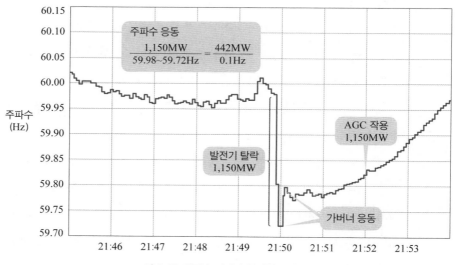

그림 6.19 주파수 변화와 주파수 조정 작용

성은 442MW/0.1Hz이다. 이 특성은 〈그림 6.19〉의 예에서 0.1Hz의 주파수 편차에 대해 300~600MW 범위의 값을 갖는다.

주파수 응동 특성은 주파수 편차에 응동하는 정도를 측정하는 주요한 척도이며, FRC는 자연주파수 응동(natural frequency response)이다. 그 단위로는 MW/0.1Hz가 사용된다. 주파수 편차 또는 β 와 같은 주파수 응동 특성을 나타낼 때 주로 사용되는 용어이다.

6.2.9 가버너 응동의 한계

가버너는 주파수 제어를 위한 역할을 완벽하게 한다고 말할 수 없고 그러한 의도로 사용되지는 않는다. 의도적이건 아니건 간에 가버너 제어의 한계는 다음 사항을 포함한다.

- 드룹(droop)
- 응동순동예비력(responsive spinning reserve)
- 공급력과 시스템수요 간의 불일치 크기(mismatch size)
- 가버너의 불감대(governor dead-band)
- 발전기의 형식(type of generating unit)
- 폐색된 가버너(blocked governors)

이 여섯 개의 항목에 대해 하나씩 설명한다.

드룹

드룹 값의 설정으로 인해 가버너는 주파수를 60Hz로 회복하지 않는다. 드룹 값의 설정은 가버너 제어시스템에 의도적으로 도입된 것이다. 만약 드룹 값의 설정이 없다면 가버너 제어를 받고 병렬운전하고 있는 발전기는 출력을 조정하기 위해 다른 발전기와 경합할 것이다. 그러면 각각의 발전기가 서로에 대해 출력 요동을 유인하므로 발전기 출력도 요동한다. 드룹 값을 설정하는 또 다른 이점은 % 드룹 값을 지정하면 각 발전기가 자기의 정격출력에 비례해 부하변동에 대응하도록 할 수 있다는 것이다.

응동순동예비력

만약 가버너가 주파수의 변화에 따라 드룹 특성곡선 위를 움직이려 한다면 이것은 발전기가 여유출력(headroom)을 갖고 있어야 한다. 이 여유출력의 합을 순동예비력이라고 말한다. 순동예비력이란 현재 시점에서 동기되어 운전하고 있는 공급력(발전기 출력의 합)과 정격출력의 합과의 차이를 말한다.

하나의 발전기는 여유출력을 많이 갖고 운전하지만 가버너의 명령에 적절하게 반응할 수 없는 경우도 있다. 그러므로 순동예비력이라고 해서 모두 가버너의 명령에 잘 응동할 수 있는 것은 아니다. 순동예비력 가운데 가버너의 명령에 잘 응동하는 부분을 발전기의 응동순동예비력이라고 말한다. 일반적으로 하나의 발전기가 갖고 있는 순동예비력은 가버너의 명령에 잘 응동해야 하며 10초 이내에 충분히 사용할 수 있는 것이라야 한다.

수력발전기가 보유하고 있는 순동예비력의 대부분은 응동순동예비력이다. 일반적으로 수력발전기의 에너지 변환 과정의 성격으로 보아 가버너의 명령에 따라 MW 변화를 더 많이 그리고 더 빨리 할 수 있다. 에너지 변환과정의 특성으로 인해 증기터빈발전기의 경우 순동예비력 가운데 일부분만이 응동순동예비력으로 작용한다. 증기터빈발전기의 경우에는 보일러의 온도와 압력이 일정한 범위 내에 있어야 한다. 이 제약조건이 증기터빈발전기의 출력 증가 및 감소율(ramp rate)을 제한한다.

공급력과 시스템수요의 불일치 크기

불일치라는 것은 주파수 편차를 발생시키는 공급력과 시스템부하와의 차이를 %로 나타낸 것이다. % 불일치가 크면 클수록 주파수 편차가 크고 가버너가 응동할 확률이 커진다. 예를 들면 최대수요가 100,000MW인 경우에 500MW 용량의 발전기가 탈락하더라도 주파수 변화가 별로 눈에 띄지 않는다.

가버너의 불감대

가버너와 같은 제어장치는 주어진 입력값에 의해 목표치에 가까운 변수 값을 유지한다. 한편 어떤 주어진 범위 내에서 제어시스템이 응동하지 않을 경우 불감대가 존재한다고 말한다. 이러한 경우 제어시스템은 목표치 대신 목표 범위를 설정한다. 예를 들어 제어되는 변수가 주파수라면 가버너가 정확하게 60.0Hz를 유지하기보다는 59.97Hz에서 60.03Hz 사의의 값을 유지하도록 한다면, 목푯값의 주위에서 가버너가 응동하지 않는 불감대가 형성된다. 가버너가 59.97~60.03Hz의 범위 내에서 작동할 경우 목푯값은 60.0Hz이고 불감대는 0.03Hz이다.

오래된 기계식 가버너 시스템에서는 불감대는 어쩔 수 없이 존재했다. 움직이는 부분의 기계적 마찰이 원하건 원하지 않건 간에 불감대가 형성되었다. 최근의 기계식과 전자식을 합한 가버너 시스템에서는, 원한다면 불감대를 상당히 제거할 수 있다. 그러나 실제 운전에 있어서 어느 정도의 불감대를 유지할 필요가 있다.

미국 NERC는 가버너 제어시스템이 0.036Hz의 불감대를 유지할 것을 권장한다. 실제로 전력시스템 내에서의 주파수 변화를 세밀하게 관찰하면 주파수 편차가 0.03Hz 이하일 경우에는 주파수 변화에 대한 흔적의 끝 부분은 잘 보이지 않는다. 이러한 근거로 전력회사는 가버너의 유효한 불감대를 0.03~0.04Hz 근방으로 설정한다.

발전기의 형식과 가버너 응동

발전기의 형식(수력, 연소터빈 등)은 가버너 응동에 직접 영향을 미친다. 가버너 제어시스템은 발전기 형식에 따라 변하지 않지만 중요한 것은 발전기의 출력이 얼마나 응동 가능한가 하는 것이다. 만약 발전기가 가버너의 명령대로 출력을 변화하지 못한다면 전력시스템 운용에 도움이 되지 않는다.

수력발전기는 가버너의 명령에 따라 출력이 쉽게 변동한다. 용량과 형식에 따라 약간 다르지만 몇 초 이내에 응동하기도 한다.

가스터빈(combustion turbine)은 가버너의 명령에 급속하게 응동한다. 그러나 가장 경제적인 가스터빈의 운전은 최대출력 부근일 때 이루어진다. 이것이 가버너 응동을 제약하는 요인이다.

증기터빈발전기의 가버너 응동은 형식에 따라 아주 나쁜 것부터 아주 좋은 것까지 다양하다. 초기의 가버너 응동은 저장된 스팀을 이용해 행해진다. 이러한 초기 응동은 대단히 빠르다. 그러나 문제는 이 초기 상태를 유지하기는 어렵다는 것이다. 발전기 출력의 약 30%는 터빈발전기의 고압 부분에서 생산된다. 나머지 70%는 저압 단계에서 이루어진다. 가버너는 고압터빈의 제어밸브에 명령을 직접 내리므로 고압터빈은 가버너의 명령에 대단히 신속하게 응동한다. 저압터빈은 가버너의 명령에 대해 간접적으로 제어된다. 저압터빈은 보일러의 재열사이클을 통해 증기를 공급받는다. 가버너가 최초로 명령을 내보낸 후 수 초가 지나야 가버너가 원하는 MW 출력이 발전기에 의해 생산된다.

가스 또는 유연탄화력발전기도 가버너의 명령을 잘 따를 수 있다. 조율이 잘 된 유연탄화력발전기는 주파수 편차가 발생한 이후 10초 이내에 여유출력의 10% 정도가 신속하게 응동할 수 있다. 가스 또는 유연탄화력발전기는 보일러-터빈의 사양에 따라 실제의 응동 특성이 다르다. 드럼 타입의 보일러는 스팀의 저장량이 많으므로 신속하고 지속적인 가버너 응동이 가능하다.

이와 대조적으로 초임계 보일러(관류형 보일러, once-through type)는 스팀의 저장량이 작아서 가버너의 명령에 대해 충분한 응동을 지속할 수 없다.

원자력발전기는 유연탄화력발전기와 비슷한 응동 특성를 가지며 가압경수로형 원자력발전기가 비등수형 원자력발전기보다 가버너의 응동 특성이 더 좋다. 주파수 편차가 생기면 원자력발전기의 가버너는 더 이상 밸브를 열지 않도록 막혀 있어 MW 응동을 하지 않는다. 그러나 이것은 모든 전력회사에 공통된 것은 아니다. 어떤 전력회사는 가버너의 명령에 따라 응동하도록 하기로 하고 우리나라의 경우에는 모든 원자력발전기의 가버너 응동을 막고 있다.

폐색된 가버너

전력시스템 운용자들은 가버너에 대해서 응동하지 못하게 할 수 있다. 발전기의 제어장치를 조절함으로써 주파수 변화에 따른 가버너 응동을 못하게 할 수 있는 것이다. 이것을 폐색(block)된 가버너라고 한다. 예를 들어 원자력발전기는 주로 정격 용량에서 운전된다. 주파수가 하락해도 발전기의 운전원은 스팀 밸브를 더 이상 열리지 않게 할 수 있다. 사실상 주파수 하락에 따라 가버너가 응동하지 못하도록 폐색하는 것이다.

6.3 자동발전제어 신호의 설계[11]

6.3.1 AGC의 소개

앞에서 설명한 바와 같이 공급력과 시스템부하는 항상 일치해야 하며 그렇지 않으면 주파수 편차가 발생한다. 시스템수요와 공급력의 불일치가 생기면 주파수 편차가 발생하고 주파수를 회복하기 위해 각 발전기의 가버너가 응동해 발전기

---

11 EPRI (2009), *Power Systems Dynamics Tutorial*, EPRI, Palo Alto, CA: 2009, 1016042.

의 출력을 변화시킨다. 가버너는 전력시스템의 관성과 부하/주파수 관계에 의해 도움을 받아 웅동한다. 그러나 이러한 모든 영향이 상대적으로 안정적인 주파수를 유지하는 데에 사용된다고 말할 수 없다. 가버너 제어 하나만으로 주파수 제어를 할 수 없는 이유는 다음과 같다.

○ 가버너는 전력시스템에 병렬운전 중인 발전기의 '% 드룹 특성'으로 인해 주파수를 60Hz로 회복시키지 못한다.

○ 가버너 제어는 연료비 최적화를 위한 각 발전기의 출력을 고려해 행해지지 않으므로 가버너 제어만이 가장 경제적인 선택이 아니다.

○ 가버너 제어는 거친(coarse) 것이어서 전력시스템의 주파수를 미세하게 제어하기에는 적합하지 않다.

그러므로 주파수를 일정하게 유지하고 시스템수요와 공급력을 일치시키기 위해 다른 형태의 가버너 제어가 필요하다. 이것이 자동발전제어(AGC)이다. 가버너는 개별 발전기를 제어하지만 EMS의 AGC는 여러 발전기에 신호를 보내어 공급력과 시스템부하를 일치시킨다. EMS의 AGC는 개별 발전기를 대상으로 신호를 보낸다. AGC는 가버너가 하는 영역보다 더 폭넓게 전력시스템을 제어한다. 가버너 제어시스템은 자기 발전기만을 대상으로 관찰하고 제어하지만 AGC는 전력시스템 내의 모든 발전기를 대상으로 감시하고 제어한다.

정상 상태에서 AGC는 발전기의 출력기준점을 조정하기 위해 신호를 보낸다. 발전기의 출력기준점을 조정함으로써 시스템수요와 공급력의 균형을 맞춘다. 5분마다 모든 발전기의 출력기준점을 재조정하는 이유는 첫째, 5분 동안에 있어서의 모선별 소비자 수요가 시시각각으로 변화하고 이에 모든 발전기가 주파수를 조정하기 위해 1차 제어 작용을 해서 자신의 출력도 변화하여 새로운 출력기준점이 요구되며, 둘째, 4초마다 AGC가 주파수 조정을 위해 미리 지정한 일부 발전기의 출력기준점을 조정했으므로 각 발전기의 출력기준점이 경제적 출력기준점에서 벗어나 있기 때문이다. 실제로 모선별 소비자 수요의 변화는 송전선의 과부하를 방지하기 위해 각 발전기의 출력을 변화시켜야 한다. 그러므로 상태추정과 상정사고 분석을 해서 연쇄고장의 시작으로 인해 시스템이 붕괴되는 것을 예방하는 발전기 출력을 결정하는 것이 SCOPF이며, 이것이 5분마다 발전기들의 출력기준점을 재배치하는 것이다.

6.3.2 AGC의 기능

AGC의 기능은 단독시스템을 사용해 설명하면 쉽게 이해가 가능하다. 단독 시스템에서 발전기의 출력의 합은 60Hz에서 발전기 별 소내소비의 합과 소비자부하와 송전 손실을 합한 것과 같다. 단독시스템에서 AGC의 가장 중요한 기능은 주파수를 60Hz로 유지하는 것이다. 주파수 편차가 발생하면 AGC는 제어신호를 생산해 각각의 발전기에게 제어신호를 보낸다. 발전사업자가 발전용량을 제공한다는 것은 선택된 발전기가 급전 지시를 따를 수 있고, 출력증감발률(ramp rate)에 따라 자기가 제시한 출력기준점을 변경할 수 있다는 것을 신고한 것과 동일한 의미이다. EMS로부터 오는 제어신호는 각 발전기의 가버너의 출력기준점을 조정하는 데에 사용된다.

AGC는 주파수 편차를 추적하며 이것을 60Hz로 유지하기 위해 작동한다. 이것은 주파수 조정 신호를 발전기에게 보냄으로써 이루어진다. 만약 주파수가 기준치 이상이면 발전기 출력을 낮추라고 요구하는 MW 단위의 하향조정(reg down) 신호를 보낸다. 만약 주파수가 기준치보다 낮으면 발전기 출력을 높이라고 요구하는 MW 단위의 상향조정(reg up) 신호를 보낸다. 발전기들은 2개의 출력기준점을 받는데 그 하나는 5분마다 SCOPF의 실행에 의해 계산된 출력기준점의 값이고 다른 하나는 매 4초마다 주파수 추종 출력제어(LFC)에 의해 수정된 출력기준점이다.

6.3.3 AGC의 구성

AGC의 구성요소는 중앙급전실에도 존재하고 전력시스템의 각 부분에도 존재한다. AGC 신호는 원격계측을 통해 생성, 전송된다. 우선 현재의 전력시스템 주파수 기록자료를 얻기 위해 주파수 검출장치가 이용된다. 이 자료를 계획주파수(예를 들면 60.02Hz 또는 60.0Hz)와 비교해 주파수 편차가 검출되면 이것은 AGC에 연결된다. 실제의 자료는 모든 발전기에 부착된 계측기로부터 얻어진다. 이때에 원격지에 있는 송전시스템에서 원격계측장치(RTU)을 통해 중앙제어실에 정보가 도달한다. 그러면 AGC는 주파수 편차를 판정해 발전기에게 지시를 내리고, AGC는 제어대상 발전기에게 지시를 내려보낸다. 매 4초마다 새로운 신호가 생성되며 제어를 받는 발전기를 소유한 발전사업자에게 새로운 지시가 내려간다.

6.3.4 AGC의 작용

ISO가 AGC를 운용하는 것은 주파수를 계획값으로 유지하기 위한 것이다. 발전기를 이용해 소비자 수요 및 송전 손실을 공급하는 업무와 품질유지 서비스를 공급하는 연결고리를 미세하게 제어하는 것이 그러한 업무에 속한다. AGC는 주파수 조정과 응동이라는 두 가지 지시를 발전사업자에게 내려보낸다. 이러한 관계는 〈그림 6.20〉에 나타나 있다.

첫 번째 1단계의 급전은 주파수를 조정하는 데 초점을 맞춘 수동급전이다. 전력산업의 초창기에는 이른바 수동급전이 이루어졌다. 전화 등으로 직접 발전기들의 출력기준점을 지시한 것이다. 그러나 이는 경제성도 안전도도 확보하지 못하는 급전 형태이다.

두 번째 2단계 수준은 경제성을 고려해 시스템 운용을 하는 것이다. 어떤 전력회사이든 최소비용으로 운용하기를 원할 것이다. 이를 해결하기 위해서는 경

	1단계	2단계	3단계
방법	• 수동급전 • 기동정지명령 • 발전기의 출력기준점 조정(소내 수동 명령)	단순 경제급전 (EMS)	안전도 제약 경제급전 (EMS)
기능	전력 공급	경제성	안전도 유지와 경제성
필요 정보	주파수	순동예비력 및 등증분연료비	송전선의 상태

그림 6.20 급전 기능의 확장

제성 고려가 필요하다. 이것은 현재 가동 중인 발전기의 출력을 조정할 때 전체적으로 최소의 연료비가 들도록 발전기의 출력기준점을 조정하는 것이다. 물론 경제급전뿐만 아니라 경제적 기동정지계획도 가능하다. 경제급전을 위해서는 순동예비력이 중요한 정보로 작용한다. 즉, 주파수를 조정하기 위해 필요한 순동예비력을 너무 많이 확보해 연료비를 낭비하지 않도록 해야 하며 동시에 순동예비력을 너무 적게 확보해 주파수가 나빠지거나 비상상황 발생 시에 대응을 못하는 상태가 되지 않도록 해야 한다.

마지막 3단계는 안전도 제약 경제급전을 하는 단계이다. 1단계 및 2단계로 운용을 하는 경우에는 송전선의 상태를 알 수 없다. 앞의 3장에서 살펴보았지만 대규모 시스템에서의 블랙아웃의 원인은 송전선 탈락으로 인한 연쇄고장의 확률이 가장 크다. 따라서 시스템 운용의 안전도가 유지되도록 발전기의 출력기준점이 결정되어야 한다. 안전도를 유지하면서 시스템을 운용하는 것이 현재 대규모 전력시스템 운용의 의미에서 가장 중요하고, EMS는 시스템 상태를 감시하면서 시스템 운용의 안전도가 유지될 수 있는 출력기준점을 정해 발전기에 보낸다.

왜 출력기준점, 특히 5분마다 한 번씩 갱신되는 출력기준점이 중요한가? 그것은 현대 전력시스템 운용이 추구하는 모든 가치를 담고 있기 때문이다. 안전도

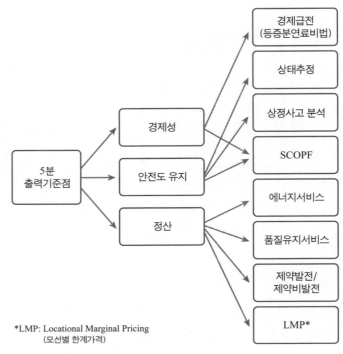

*LMP: Locational Marginal Pricing
(모선별 한계가격)

그림 6.21 출력기준점의 역할

제약 경제급전뿐만 아니라 사후에 정산(settlement)에 필요한 제약발전 및 제약비발전의 정보까지 모든 것의 근거이며 기준이 되기 때문이다. 그리고 송전선 혼잡비용을 고려한 모선별 한계비용[12]을 실시간으로 계산할 수 있다.[13] 이것에 대한 계층도는 〈그림 6.21〉에 표시했다.

12   LMP: Locational Marginal Pricing.
13   이 관한 내용은 이 책의 제7장 10절(7.10)에서 소개된다.

6.3.5 출력기준점의 종류

앞에서 우리는 출력기준점이 왜 중요한가를 살펴보았다. 여기에서는 출력기준점의 종류와 이를 어떻게 생산하느냐에 대해서 살펴보겠다. EMS는 일정한 규칙에 의해서 출력기준점을 만드는 역할을 수행한다.

출력기준점의 종류는 다음과 같은 것들이 있으며 생산주기와 용도에 따라서 〈표 6.1〉과 같이 구분할 수 있다.

안전도를 유지하기 위한 경제급전 방법은 시스템 상태, 모선별 소비자부하 및 송전선의 사고를 가정한 SCOPF를 실행하는 것이다. SCOPF를 수행하기 위해서는 상태추정의 과정을 거쳐야 하는데 상태추정의 시간이 약 1분이 소요되는 것으로 알려져 있다. 이후에 이 결과를 이용해 상정사고 분석을 실행하는 데에 약 1분 소요되며 SCOPF을 포함한 실행주기는 약 2.5분이다.

일반적으로 4초마다 출력기준점을 AGC에 의해 조정하는 발전기는 송전선의 용량 제약을 고려해 지역별로 골고루 분포시킨다.

정해진 시간 주기(5분)마다 발전기별 출력기준점이 결정되고 출력기준점이

표 6.1 출력기준점의 종류

통칭	생산 주기	종류	필요 정보	사용처	용도	알고리즘
A G C	보통 4초 (일부 응동이 빠른 발전기에만 적용)	LFC	• 주파수 편차 • 발전기별 속도조정률	고립 시스템	주파수 유지	단순
		ACE	• 발전기별 속도조정률 • 주파수 편차 + 연계거래정보	연계 시스템	주파수 유지	단순
	보통 5분 (모든 발전기에 적용)	ED	등증분연료비	연계 및 고립 시스템	제약발전 상황 (con-on/con-off) 판별기준	라그란지 함수
		SCOPF	상태추정 자료와 상정사고 제약	연계 및 고립 시스템	최적조류계산 실행 및 연쇄고장 발생 예방	비선형 계획법 (최적화)

기록되어 있어야지만 AGC에 의한 출력변화를 알 수 있으며, 이것으로 등증분 비용법에 의한 발전기 출력기준점의 값과 비교해 제약발전(con-on) 및 제약비발전 (con-off)의 상태를 파악해 정산에 적용할 수 있다.

주파수를 유지하는 것은 각 발전기의 가버너에 의한 1차 제어이며 EMS의 AGC 신호이다. 전력시스템 운용자가 수많은 발전기를 대상으로 4초마다 AGC 를 일일이 수행할 수 있는 방법은 없다. EMS는 짧은 시간 안에서 전력시스템 상 태추정을 통해 얻은 정보를 바탕으로 상정사고 분석을 통한 SCOPF의 해를 찾 아 발전기에게 출력기준점을 조정하는 신호를 보내고 전력시스템 운용자에게 의사결정의 도움을 주는 역할을 한다.

전력시스템에 순동예비력만 적절하게 또는 많이 확보되어 있으면 1차 제어 에 의해 자동적으로 주파수가 유지될 수 있기 때문에 별 문제 없이 전력시스템이 운용된다고 해서 이것에 대해 "EMS를 사용하고 있다."라고 말할 수는 없다. 상 태추정, 상정사고 분석, SCOPF의 실행에 의한 5분마다의 발전기별 출력기준점 의 생성 여부와 이에 따라 발전기 출력기준점이 조정되는가를 파악해야 EMS 사용의 적정성에 대한 답을 구할 수 있다. 이 과정에서 생성된 각종 정보를 화면 으로 전력시스템 운용자에게 제공하며, 전력시스템 운용자가 이를 기초로 전력 시스템을 감시하는 것인가를 확인하는가의 문제이다. 이때 출력변화량(ΔMW)의 값을 발전기에 보내는 펄스(pulse) 방식과 절댓값(MW)을 보내는 방식이 있는데 후 자를 출력기준점 지정 방식이라고 한다.

6.3.6 AGC 신호의 형식과 설계

앞의 〈표 6.1〉에서 보는 바와 같이 자동발전제어에 있어서 5분 동안 변동하지 않 는 출력기준점 지정신호와 주파수 유지(LFC)를 위해 4초마다 변화되어야 할 출력 기준점 변경신호의 2개가 존재한다. 그런데 모든 발전기가 5분 간격의 SCOPF

출력기준점 신호와 4초마다의 LFC 신호를 받는다면 5분 동안 유지해야 할 출력기준점 지정신호는 다른 신호 값으로 대체된다. 예를 들면 12시 5분 0초에 SCOPF 출력기준점을 420MW로 수신한 발전기가 있는데, 12시 5분 4초에 LFC의 값이 425MW가 수신되면 앞의 SCOPF 신호값은 단 4초만 사용하는 결과를 초래한다. 이렇게 되면 안전도 유지를 위해 결정된 각 발전기의 출력기준점도 유지되지 못하므로 안전도 유지가 불가능하게 된다. 따라서 모든 발전기는 SCOPF의 출력기준점 신호를 수신해 안전도와 경제성을 유지하고 이 신호를 받는 발전기 가운데 출력기준점의 조정이 빠른 일부 발전기는 5분마다의 신호와 4초마다의 LFC 신호를 받아 처리함으로써 주파수 품질도 유지하는 것이다.

실제로 응동 속도가 느린 화력발전기에 대해 4초마다 AGC 주파수 조정 신호를 보내면 출력기준점을 빠르게 변경하지 못하므로 주파수 조정이 되지 않는다. 일부 응동이 빠른 발전기를 선정해 주파수를 조정하고 응동이 느린 화력 발전기들은 5분 동안 출력기준점을 변경하지 않는 것이다. 또한 4초마다의 LFC 신호를 받는 일부 발전기를 선정할 경우에는 송전선의 용량을 고려해 지역별로 비슷한 용량이 선택되도록 한다.

이러한 관점에서 LFC 신호와 SCOPF 신호를 받는 발전기의 선택과 배치를 잘 설계해야 한다. 이른바 좋은 AGC 설계가 요구되는데, 좋은 설계에 대해 우드와 월렌버그(Wood and Wolenberg)[14]는 다음과 같은 세 가지 기준을 제시한다.

첫째, 이상적으로는 ACE 신호의 크기가 너무 크게 되지 않도록 해야 한다. ACE는 비정형적으로 발생하는 모선별 소비자부하 변동에 의해 직접 영향을 받기 때문에 이 기준은 ACE의 표준편차가 작아지도록 통계적으로 처리해야 한다.

둘째, ACE는 서서히 표류하지(drift) 않도록 해야 한다. 이것은 주파수 편차와 연계시스템조류 편차라는 두 가지 신호를 통합하는 ACE의 조정 시간이 작아야 한다는 것을 의미한다. ACE에 대해 서서히 이동하는 것은 시스템의 시계

---

14 Wood, A. J. and Wollenberg, B. F. (1996), *Power Generation, Operation And Control, 2nd Ed.*, New York: Wiley, p. 355.

오차에 영향을 주는데, 즉 이것이 곧 연계시스템에서의 예상치 못한 편차이다.

셋째, AGC에 의해 요구되는 제어의 양은 최소화되어야 한다. ACE의 많은 부분이 제어를 필요로 하지 않는 비정형적 부하 변동(random load change)이다. 비정형적 부하 변동을 따라 가려고 노력하는 것은 발전기의 속도 조정장치를 마모시키게 된다.

ERCOT의 자료[15]에서도 SCOPF에 의한 출력기준점은 5분 동안 지속된다. ERCOT의 미키(Mickey)의 발표 자료에 따르면 시스템부하는 계속 변화하며 4초 간격의 AGC 조정 신호(LFC 신호)는 SCED 즉, SCOPF의 송출시간 사이에 송출된다고 적시하고 있다.[16]

PJM에서도 출력기준점이 우선 설정되고, 출력은 이 운전점을 향해서 조정된다고 적시하고 있다.[17] 두 회사의 공통점은 4초 주파수 조정 신호는 SCOPF로 산출한 출력기준점 근처에서 작용하며, 4초 주파수 조정 신호와 SCOPF의 신호가 분리되어 송출된다는 점을 명확히 하고 있다. 다만 4초와 5분의 신호가 겹칠 때 이 신호는 합쳐진다.

15 Price, K. (2002). *SCED: Security Constrained Economic Dispatch, Texas Reliability Entity.* Retrieved from ⟨www.texasre.org/CPDL/SCED.pdf⟩

16 "Load value is constantly changing thus requiring generation to be constantly adjusted to maintain 60Hz frequency. ERCOT uses Regulation which is deployed every 4 seconds to balance load and generation in between SCED runs." Mickey, J. (2011), *ERCOT Operating Reserves*, Workshop on Resource Adequacy and Shortage Pricing, ERCOT. Retrieved from ⟨http://www.puc.texas.gov/industry/projects/electric/37897/062911%5CERCOT_Mickey.pdf⟩

17 PJM (2011), *Regulation Services RPSTF Training.* Retrieved from ⟨http://www.pjm.com/~/media/committees-groups/task-forces/rpstf/20110509/20110509-item-03-rpstf-ed-regulation-overview.ashx⟩

6.3.7 ERCOT의 시스템 운용

ACE 대 ICE

어떤 한 제어지역 내의 AGC는 공급력과 주파수를 평가한다. AGC는 모든 자료를 종합해 제어오차를 계산한다. 이 제어오차를 연계지역 간 조류오차(ACE)라고 한다.

ACE 값에 근거해 AGC는 제어지역 내의 몇 개의 선택된 발전기에 대해 시그널이나 펄스를 보내서 발전기의 출력을 어느 수준에서 유지할 것인가 즉 출력 기준점을 어떻게 조정할 것인가를 명령한다. 일반적으로 ACE는 다음의 공식

$$ACE = (N_{IA} - N_{IS}) - 10\beta(F_A - F_S)$$

여기서, N_{IA}: 연계시스템 간 전력 흐름(MW)

N_{IS}: 연계시스템 간 계약된 거래 전력(MW)

β: 오차 상수이며 음(−)의 값이며 MW/0.1Hz로 표시함[18]

F_A: 실제 주파수(Hz)

F_S: 계획주파수(Hz)

을 이용해 계산된다.

ERCOT는 우리나라처럼 미국의 다른 제어지역과 동기연계선(synchronous ties)을 갖지 않는다. 그러므로 ERCOT의 관할지역에 있어서는 다른 교류연계선 제어지역에서 존재하는 것과 같은 개념의 전력거래(interchange)가 없다. ERCOT 는 다른 지역의 연계선 편의제어(tie-line bias control) 공식에서 전력거래의 오차 항목이 사용되지 않는다. ERCOT는 ACE라는 용어를 사용하지 않고 연계선제어

---

18 NERC는 주파수 편의 파라미터인 β가 주파수 응동(frequency response) 상수인 B와는 다름을 명확히 하고 있다. B는 ACE 공식에서 β에 근사한 값이다. B는 교란에 따른 주파수 회복을 위한 AGC 신호가 약화되는 것을 방지하기 위한 값이다. 만약 B와 β가 같다면 주파수가 감소한 이후에 ACE를 변화시킬 필요가 없다.

오차(ICE: Interconnect Control Error)라는 용어를 사용한다. 이것은 단순하게 다음 식

$$ICE = 10\beta(F_A - F_S) \tag{6.2}$$

여기서, β: 상수이며 음(-)의 값이며 MW/0.1Hz로 표시함(MW/Hz)[19]
10: 단위 주파수 변화에 대한 상수이다.
F_A: 실제 주파수(Hz)
F_S: 계획주파수(Hz)

과 같다.

단독 시스템의 경우 ICE 값에 근거해 중앙급전실 EMS의 AGC는 발전기에 출력기준점의 조정을 지시한다. 이 지시 신호는 2~4초 간격으로 주파수를 조정하기 위해 몇 MW를 높이든가 또는 낮추던가 해야 하는 것으로서 각각의 발전기에게 전달된다. 발전사업자는 시스템 운용자에게 일정 주파수 제어 운전을 할 수 있는 모드로 전환할 수 있는 능력을 입증해야 한다. 이 사항은 운용지침이나 시장운영규칙에 명시되어 있으며 발전사업자에 설치되어 있는 원격계측장치를 사용해야 한다.

이 조치는 ISO의 EMS에 장애가 발생해 비상상황이 발생하게 되면 전체 전력시스템이 발전사업자에 의해 조정될 수 있도록 하기 위함이다. 또한 ISO는 주파수 조정 신호와 동일한 작용을 하는 제2의 신호를 이용해 응동예비력을 배치할 수도 있다. 신호처리는 유사하지만 발전사업자가 응동해야 할 소요량은 시간에 따라 상당히 다르다. 발전기가 SCOPF의 결과에 의해 전달받은 출력기준점에서 운전하지 못하면 출력기준점 편차가 발생한다.

19   위의 각주 참조

6.3.8 AGC 제어의 모드

동기연계선(교류연계선, synchronous ties)을 공유하는 연계시스템에서 시스템을 운용하기 위해 각각의 제어시스템은 다음의 요구사항을 만족하는 AGC를 갖추어야 한다.

○ 각각의 AGC는 자기 제어지역의 부하, 송전 손실, 그리고 계획된 연계선의 전력 흐름을 만족시키기 위해 충분한 공급력을 확보해야 하며 연계된 전력시스템의 주파수를 계획값으로 유지해야 한다.

○ 각 제어지역은 인접 시스템의 공급력의 변화에 따라 자기 제어지역의 공급력을 변경하지 않도록 시스템을 운용해야 한다.

○ 각 제어지역의 AGC는 계획된 순연계선조류의 오차범위 범위 내에서 실재의 연계선조류를 유지해야 한다.

AGC 운용을 위해 가능한 방법은 다음의 세 가지가 있다.

○ 일정 주파수 제어(constant (flat) frequency)
○ 일정 연계선조류 제어(constant net interchange, flat tie-line)
○ 연계선 주파수 편차 제어(tie-line frequency bias)

주파수를 일정하게 유지하기 위한 제어는 등속가버너를 이용해 주파수를 조정하는 것과는 다르다. 일정 주파수 유지 운용은 주파수를 유지하기 위해 AGC가 가버너의 출력기준점을 조정하는 것이다. 등속가버너는 개별 발전기의 주파수를 직접 조정한다.

일정 주파수 제어

일정 주파수 제어에서 AGC는 주파수만을 관찰한다. 만약 주파수가 계획치 (예를 들면 60.0Hz)에서 벗어나면 AGC는 AGC의 제어를 받는 발전기 가운데 응동속도가 빠른 발전기 가버너의 출력기준점을 조정해 주파수를 계획치로 복원한다.

만약 어떤 제어지역이 일정 주파수 제어를 사용한다면 다른 지역의 시스템 수요와 공급력의 불일치로 인한 주파수 일탈에 대해 응동한다. 이것은 정상 상태 에서는 받아들이기 어려운 것이다. 하나의 제어지역은 정상 상태에서 자기 제어 지역 내의 시스템수요와 공급력의 변화에 대해서만 응동해야 한다.

일정 주파수 제어는 연계된 전력시스템에서는 정상 상태에서 사용될 수 없다. 만약 2개 이상의 전력시스템이 주파수를 서로 제어하려고 한다면 제어지역 간의 전력 스윙(power swing)과 불안정(instability)을 일으킬 수 있다. 이와 반대로 연계지역에 속한 하나의 제어지역이 일정 주파수 제어를 한다면 모든 시스템의 부하 변화에 따라 응동하기 위해 대부분의 짐을 져야 한다.

ERCOT의 경우 ERCOT가 운용하는 EMS의 AGC 기능이 상실된다면, ERCOT는 발전사업자에게 이 사실을 즉각 알려야 한다. 이러한 경우에 경쟁시 장에서의 ISO는 발전사업자에게 AGC 기능을 일정 주파수 제어로 변경하라고 명령하는 것이 일반적이다.

일정 연계선조류 제어

일정 연계선조류 제어(constant net interchange, flat tie-line)에 있어서 AGC는 하나 의 제어지역과 인접한 제어지역 사이의 연계선만을 관찰한다. 만약 연계선 흐름 이 계획흐름에서 벗어나면 AGC는 이 흐름이 계획치에 도달하도록 발전기의 출 력을 제어한다. 이 경우의 가장 큰 문제점은 주파수 제어가 이루어지지 않는다는 것이다. 일정 연계선조류 제어를 하는 제어지역은 주파수가 60Hz 이하인데도 불구하고 연계선조류만을 유지하기 위해 공급력을 제어해버리는 결과를 낳기도 한다. 그러나 더 큰 목표는 계획주파수의 유지에 두어야 한다. 일정 연계선조류

제어는 이 목표를 항상 달성한다고 말할 수 없다. 이 제어는 어떤 특별한 비상상황 아래에서 시행된다. 예를 들어 어떤 제어지역이 AGC 주파수 제어대상 발전기를 잃는다면 일정 연계선조류 제어를 실시할 수 있다.

연계선 주파수 편의 제어

연계선 주파수 편의 제어는 일정 주파수 제어와 일정 연계선조류 제어를 혼합한 제어수단이며 AGC를 운영하기 위해 가장 선호되는 방법이다. 만약 하나의 제어지역이 연계선 주파수 편의 제어를 한다면 AGC는 인접 제어지역의 시스템 운용에 영향을 받지 않는다.

연계선 주파수 편의 제어에서는 일단 가버너가 초기의 주파수 편차를 제거했다면 교란이 일어난 제어지역 내의 AGC는 주파수를 원하는 값으로 회복하는 역할을 시작할 것이다. 인접한 제어지역은 공급력이 부족한 제어지역의 요청이 있으면 자기 제어지역 내의 발전기들의 출력기준점을 조정할 것이다.

만약 AGC가 연계선 주파수 편의를 제어하는 모드로 운전 중이면 AGC는 주파수 편의와 연계선조류를 조정하는 역할을 할 것이다. 연계선 주파수 편의를 제어 모드 아래에서의 AGC는 계획된 연계선조류에 오차가 일어나지 않도록 하면서 연계된 전력시스템 전체의 주파수를 제어한다.

6.4 NERC의 제어성능표준[20]

6.4.1 제어성능표준

NERC는 제어지역 내에서 부하의 변동과 관련해 받아들일 수 있는 표준을 정의한다. 또한 NERC는 수요와 공급의 균형을 유지하기 위해 적합한 표준을 설명하는 문서도 공표한다. 이 문서에서 정상 상태와 교란 상태에 있어서의 제어성능에 관한 내용이 공시된다. 이 문서는 제어지역 내에서 적용 가능한 내용으로 개발된 것이지만 제어지역을 기능상의 역할로 분리할 경우에는 균형유지기관(Balancing Authority)이 표준을 만족하는 시스템 운용을 하도록 규정하고 있다. 주파수유지 기능을 추적하는 것이 NERC가 수요와 공급력의 균형이 이루어지는가를 관찰하는 척도가 된다. 제어성능표준(CPS: control performance standards) 보고서는 요구에 의해 발표되지만 제어지역의 연간 시스템 운용실적을 평가할 때에는 CPS1이 매년 발간된다. CPS1과 유사한 것이 매월 발간되는 "NERC Resources Subcommittee Review"이다.

정상 운용 상태(Normal Conditions)

정상 운용조건 아래에서 ERCOT의 목표는 연계선제어오차(ICE: Interconnect Control Error)를 최소화하는 것이다. ICE가 0을 중심으로 얼마만큼의 편차가 있는가를 파악해야만 제어의 성능을 알 수 있으며, 이것으로 제어오차의 허용 범위를 정할 수 있는 것이다.

전력시스템의 부하는 항상 변화하고 있기 때문에 가버너, 시스템 운용지역의 AGC 대상 발전기 출력제어시스템은 60Hz를 중심으로 주파수 변동폭이 매우 작게 되도록 수요와 발전기 출력이 균형을 이루도록 설계되어 있다.

---

20 ERCOT (2011), *Fundamentals Training Manual*.

우리나라와 같이 단독시스템인[21] ERCOT 제어지역에서 이 표준이 CPS1 이다. ERCOT의 연간 CPS1 보고서에 있어서 이 수치는 100%보다 커야 한다. 이것이 최소한으로 허용할 수 있는 수치이다. 하나의 균형유지기관이 100%의 CPS1을 달성했다면 이 제어지역은 주파수를 유지하기 위해 발전기 출력을 정상적으로 조정하는 의무를 제대로 수행하고 있다는 것을 나타낸다. 100%보다 낮으면 가능하기는 하지만 바람직하지 못하다고 말한다.

ERCOT의 최대 실적은 200%이고, 일반적으로 CPS1 수치는 160% 근방이다. 연계선제어오차(ICE)는 ERCOT가 CPS1을 결정하기 위한 지표이다. ERCOT는 연계선제어오차를 0으로 유지할 수 없다. 시스템 주파수는 계속해 60Hz를 중심으로 위 아래로 변동하고 있으므로 연계선제어오차의 값도 원하는 값을 중심으로 끊임없이 변화한다. ERCOT가 연계선제어오차를 0에 가깝도록 유지할수록 더욱 좋으며 ERCOT가 이 값을 ICE의 값이 0으로 되는 것은 +와 -의 연계선제어오차가 상쇄되는 것이므로 좋은 효과를 내는 것이다. 어느 시간에서나 ERCOT의 CPS1의 값은 100%보다 클 수도 있고(이것은 좋은 현상임) 작을 수도 있다(이것은 나쁜 것임). ERCOT의 실적은 월간 또는 연간 자료에 의해 판단된다.

NERC가 규정한 CPS 값은 2개의 성분 중에서 CPS2는 제어지역 사이의 성능(performance)을 관찰하기 위한 것이다. 그러나 ERCOT는 하나의 제어지역이며 직류 연계선에 의해 다른 지역과 격리되어 있으므로 CPS2를 평가할 관계식을 찾을 수 없다. 그러므로 2002년 ERCOT는 NERC로부터 CPS2 성능평가표준에 관해 보고할 의무를 면제받았다. 그러므로 결과적으로 NERC가 ERCOT에 적용하는 표준은 CPS1이다.[22]

제어성능표준이 확립되었을 때 각각의 달성할 목표치 또는 비교기준(bench-

---

21   Balancing Authority.

22   NERC는 '사고대비 예비력(contingency reserve)'을 "The provision of capacity deployed by the Balancing Authority to meet the Disturbance Control Standard (DCS) and other NERC and Regional Reliability Organization contingency requirements."라고 정의한다.

mark)이 주어졌다. 이 목푯값을 'Epsilon 1' 또는 ϵ_1이라고 한다. 'Epsilon 1'이라는 것은 바로 통계학의 변수로서 1분 평균 주파수 값의 자승평균치[23]이다. 이 매뉴얼을 작성할 당시(2011)의 주요한 3개의 연계지역의 ϵ_1 값은 각각

- O 동부 연계지역(Eastern Interconnection): 0.018Hz
- O 서부 연계지역(Western Interconnection): 0.0228Hz
- O ERCOT 연계지역(ERCOT Interconnection): 0.030Hz

이었다.

6.4.2 NERC CPS1

CPS1은 하나의 제어지역이 주파수를 안정적으로 유지할 수 있는가를 나타내는 지표로서 사용되는가를 나타내기 위해 정의되었다. 이것은 ACE(또는 ICE)와 주파수의 관계식을 세울 수 있기 때문에 가능하다.

그러므로 CPS1은 ICE 변화의 가변성(variability)의 함수로서 ERCOT의 주파수 제어를 나타내는 통계적 방법이다. CPS1은 ICE 성능의 실적의 1분 평균값을 나타내는 척도이다. 발표되는 연간 CPS1은 1분 평균값의 연간 수치이다.

ERCOT의 공급력이 과다한 상태이면 ICE 값은 양으로 되며 실제 주파수는 더 커진다. 공급력이 부족하면 연계선제어오차는 음의 값을 가지며 주파수가 하락하는 것이다. ICE(ACE)가 불규칙하면 주파수도 불규칙한 것이다. 어느 경우에도 CPS1은 주파수 유지 실적을 나타낸다. CSP1 공식은 다음과 같다.

---

23   Root Mean Square (RMS) value, 자승평균치.

$$\text{CPS1}(\% \text{ 값}) = 100 \times (2 - (\text{하나의 상수}) \times (\text{주파수 오차}) \times (\text{ICE})) \qquad (6.3)$$

ERCOT 연계시스템은 하나의 제어지역으로서 운용되므로 연계선제어오차는 주파수 편차와 같은 방향으로 변화한다. 이것은 ERCOT가 달성할 수 있는 CPS1의 최대치가 200%라는 것을 나타낸다.

식 (6.3)을 살펴보면, 평균 주파수가 계획대로 유지되거나 ICE가 0이면 '(주파수 오차) × (ICE)'는 0이다. 그러므로 CPS1 = 100 × (2 - 0)이다. 주파수가 계획대로 유지되거나 ICE가 0이면 CPS1은 정확하게 200%이다. 이 공식은 % 단위의 CPS1 값이 표준에 순응하는가의 여부를 판정하기 위해 개발되었다. 이 공식은 어떤 시간대에서라도 ERCOT가 CPS1을 잘 따르고 있는가를 판단하기 위해 사용된다. 이것은 매 분의 평균치로 측정되어 월 누적 또는 연간 누적으로 계산이 수행된다.

NERC는 1년 동안의 이동평균치로 CPS1 값에 가장 많은 관심을 나타낸다. 또한 NERC는 발전기제어에 관한 문제가 발생하기 이전에 미리 문제를 파악하기 위해 한 달 평균의 CPS1 값에 주의를 기울인다.

CPS1과 MW-Hz

CPS1 준수 여부를 계산하는 공식을 자세히 살펴보면, 실제로 계산되거나 관측되는 것은 MW-Hz 수치이다. ERCOT는 연계선 직류조류의 값과 연계 전력시스템의 주파수 편차를 관측한다.

CPS의 시행

CPS1 척도를 통과하기 위해 매달 이 값을 관찰할 때 ERCOT의 1년 이동평균값[24]의 100%를 넘어야 한다. 과거에 NERC는 연계지역의 전력회사들이

---

24   sliding one-year average.

이 값을 준수하기 위해 수평비교(peer pressure) 방법에 의존했다. 그러나 현재의 새로운 CPS는 상호비교는 더욱 개선된 방법을 사용하고, 전력회사의 준수 여부에 따라 벌과금이 부과된다.

교란제어표준

교란제어표준(DCS)을 설정하기 위해 각 ISO가 NERC에게 보고하도록 NERC가 정의한 교란은 '예비력을 공유하는 그룹 또는 균형유지기관(Balancing Authority)의 가장 심각한 사고의 80% 또는 그 이상의 ACE 변화를 일으키는 사건'이라고 정의된다.

ERCOT는 보고해야 하는 교란을 '가장 심각한 단일 사고의 80% 또는 그 이상의 발전기 출력의 상실로 이어지는 사건'이라고 정의한다. 교란제어표준에 의하면 ERCOT는 보고해야 할 교란이 시작된 지 15분 이내에 회복해야 하는 것으로 되어 있다. 회복이라는 것은 교란이 일어나기 전의 상태로 ICE를 회복하는 것이다. ERCOT가 교란을 회복하기 위해서는 사용할 수 있는 운용예비력이 얼마인가가 매우 중요하다.

어느 시간대에서라도 ERCOT는 교란제어표준을 준수해야 한다. 만약 ERCOT가 이 표준을 준수하지 못한다면 추가적으로 운용예비력을 확보하든가 그렇지 않으면 벌과금을 지불해야 한다. 만약 교란이 ERCOT가 고려하는 가장 심각한 사고보다 크다면 교란제어표준에 관한 의무가 면제된다. 예를 들어서, 기상이변으로 인해 만약 ERCOT의 여러 개의 발전기가 탈락한다면 DCS에 관련한 교란에 대한 보고사항은 면제되며 15분 이내에 ICE를 0으로 회복할 의무도 없다.

6.4.3 ERCOT의 제어성능표준

주파수 회복

직류연계선의 전력 흐름은 계획된 전력교류의 일부분이라고 간주되지 않기 때문에 ERCOT의 ICE는 주파수 편차에 대한 성분만을 포함한다. 외부 교류 연계선과의 연결이 없고 직류연계선만 있는 ERCOT는 NERC 정책의 예외적 적용을 받는다. ERCOT는 15분 이내에 ICE를 0으로 회복해야 한다는 규정의 적용을 받지 않고 주파수를 교란 이전의 수준으로 회복시켜야 한다는 규정의 적용을 받는다(그러나 효과는 동일하다). 달리 말하면, 발전기 가버너의 작용, 저주파수 계전기의 작동 개시, AGC 응동효과, 공급력과 시스템수요의 균형 유지, 응동예비력의 작용, 비순동예비력의 사용이나 다른 정정작용을 통해 주파수 편차를 없애야 하며, 15분 이내에 교란발생 이전의 주파수 상태로 회복해야 한다.

AGC 주파수 조정

ERCOT는 AGC 관련 기기의 성능을 평가하기 위해 주파수 조정에 대한 조사(regulation survey)를 실시한다. 또한 발전사업자의 발전기가 주파수 조정 역할과 응동예비력 역할을 제대로 수행하는가에 대해 월별로 성능을 조사한다.

6.5 주파수 편차의 영향

6.5.1 증기터빈 날개에 대한 영향

60Hz를 벗어난 주파수에서 전력시스템이 지속적으로 운용되면 시스템에 연결되어 있는 전기기기가 손상을 입는다. 가장 가혹한 손상을 입는 것은 증기터빈의

날개이다.

기계적 장치라는 것은 진동에 있어서 자연주파수를 갖는다. 만약 어떤 기계장치가 자신의 자연주파수에 가까운 기계적 힘에 노출된다면 이 장치는 힘을 증폭해 공명 상태로 이동할 수 있다. 이 공명이 기계장치를 심하게 진동하도록 할 수도 있다. 가끔 이 공명에 의한 진동이 커져서 기계가 손상을 입게 된다.

증기터빈의 날개도 진동에 있어서 자연주파수를 갖고 있다. 발전기가 60Hz가 아닌 상태에서는 운전 중에 터빈 날개의 자연주파수가 여기 상태(excited state)로 되어 터빈 날개를 손상시킬 수 있다. 이 진동은 터빈 날개를 회전하지 못하도록 한다. 반경이 큰 저압터빈의 날개가 비정상적 주파수에서 운전될 경우 영향을 가장 많이 받는다. 일단 첫 단계의 터빈 날개가 손상을 입으면 터빈 전체가 손상을 입는다.

증기터빈 날개는 수명기간 동안에 걸쳐서 몇 시간 동안에는 저주파수 운전에 노출된다. 전력회사는 증기터빈의 날개가 비정상적 주파수 아래에서 운전한 기록을 검토해 일정 시간을 넘으면 교체한다. 이것이 터빈 날개로 인한 발전기 정지를 예방하는 방안이다.

이 문제에 대한 가장 좋은 대책은 운전 중에 비정상적 주파수에서 터빈이 운전되지 않도록 하는 것이다. 이것을 방지하기 위해 비정상적 주파수가 일정 시간 이상 지속되면 보호계전기를 작동해 발전기를 시스템에서 분리한다.

〈그림 6.22〉는 증기터빈이 비정상적 주파수 아래에서 운용하는 것에 대한 한계치를 보여준다. 이 수치는 발전기의 수명기간 동안에 대해 적용하는 수치이다. 예를 들어 이 그림에서 보면 58Hz에서 발전기가 10분 이상 운전되면 터빈날개에 손상이 온다는 것을 말한다. 여기에서 10분이라는 것은 수명기간에 걸친 수치를 말하는 것이다. 예를 들어 1분 동안의 비정상적 운전이 10번 일어나거나 10분의 비정상적 운전이 한 번 일어나는 것을 등가라고 판단하는 것이다. 실제로 비정상적 주파수에 대한 운전 한계는 터빈 제작회사 또는 전력회사에 따라 다르다.

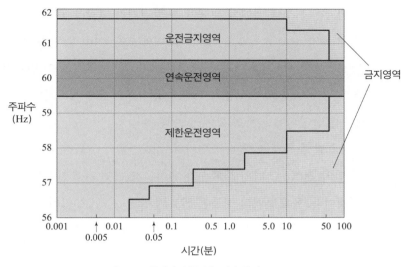

그림 6.22 증기터빈 주파수 변화 한계

6.5.2 유효전력 흐름에 대한 영향

유효전력 전달에 관해서 간략하게 다음의 식

$$P_{SR} = \frac{V_S \times V_R}{V_{SR}} \sin \delta_{SR} \tag{6.4}$$

으로 표현이 가능하다.

식 (6.4)와 같은 유효전력 전달공식에 의하면 전력 흐름을 좌우하는 가장 큰 요소는 전력위상각(power angle, δ)이다. 위상각은 발전기의 상대적 가속이 존재하면 변동한다. 만약 전력 전달이 두 지점 사이에서 증가한다면 두 지점 사이에는 상대적 가속이 있다는 것이다.

상대적 가속이라는 것은 미세한 주파수의 차이에 기인한다. 하나의 연계시스템 내에서 두 지점 간에 주파수 편차가 발생한다면 전력위상각이 변화한다. 예를 들면 전력시스템 내에서 용량이 큰 발전기가 고장을 일으켜 탈락하면 아주 짧은 기간 동안(예를 들면 몇 초) 전력시스템 내에 속한 여러 모선에서의 주파수는 조금씩 다르게 된다. 단기적인 주파수 편차는 유효전력의 흐름이 변화하기 위해 필요하다. 일단 유효전력의 흐름이 교란종료 이후의 수준에 도달하면 시스템 전체의 주파수는 안정되어 공통의 값에서 안정된다.

시스템 운용자는 주파수 편차와 유효전력의 흐름에 대해 이해하고 있어야 한다. 만약 전력시스템의 주파수가 변하고 있다면 유효전력의 흐름도 변하고 있다는 것이다. 유효전력의 진동은 선로의 탈락(trip)으로 이어질 수 있고 더 가혹한 시스템 교란으로 이어질 수 있다. 시스템 운용자에게는 주파수를 계획주파수에 맞도록 유지하기 위해 모든 조치를 취해야 한다.

6.6 저주파수에 대한 보호[25]

6.6.1 전력시스템의 고립

연계된 복수의 전력시스템은 하나의 주파수로 운용된다. 그러나 발전기 출력 또는 소비자 수요가 골고루 분포되어 있지는 않다. 전력시스템의 어떤 지역은 수많은 송전선으로서 긴밀하게 연결되어 있고 어떤 지역에는 몇 개의 송전선으로서 느슨하게 연결되어 있다. 〈그림 6.23〉은 느슨하게 연결된 지역(A)과 긴밀하게 연결된 지역(W-X-Y-Z)을 보여준다.

가혹한 시스템 교란이 연계된 전력시스템에서 발생하면 송전선이 차단되어 일부 시스템이 고립되는 경우가 생긴다. 고립된다는 것은 하나의 시스템에서 어

25 ERCOT (2011), *Fundamentals Training Manual.*

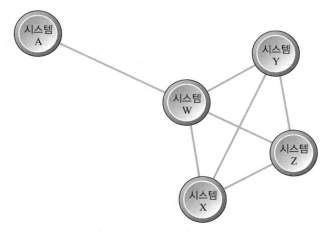

그림 6.23 전력시스템의 고립화

느 부분이 나머지 시스템과 분리되는 것을 말한다.

만약 큰 시스템 교란이 연계선을 통해 전파되면 강력하게 연계된 지역들은 같이 따라서 움직인다. 〈그림 6.23〉과 '시스템 A'와 같이 느슨하게 연계된 시스템은 고립되어 독립된 시스템을 구성한다. 고립된 시스템에서 일어나는 주파수 편차의 크기는 커다란 연계시스템의 편차보다 크다. 고립된 시스템의 크기에 따라서 주파수 편차는 2~3Hz까지 나타나기로 한다.

6.6.2 자동 저주파수 확정 부하 차단

만약 연계시스템에서 교란이 일어나면 제어지역 간에 에너지 불균형 상태가 쉽게 발생한다. 만약 불균형 상태가 연계시스템을 분할하고 고립시스템을 만들게 된다면 불균형은 더욱 심각하게 된다. 연계시스템 전체로서 또는 고립된 제어지역에서 시스템수요와 공급력 사이의 적절한 균형이 이루어진다는 보장이 없다.

시스템수요와 공급력 사이에 균형이 이루어질 때까지 주파수는 하락하거나 상승할 것이다. 만약 시스템수요가 공급력보다 큰 상태[26]라면 주파수는 하락할 것이며 공급력이 더 많은 상태라면 주파수가 상승할 것이다.

만약 공급력이 너무 많다면, 그리고 주파수가 상승한다면 발전기의 가버너는 발전기의 출력을 낮추기 시작할 것이다. 이러한 출력정정 작용은 불균형의 크기에 따라서 문제를 해결할 수도 있고 해결하지 못 할 수도 있다. 만약 주파수가 너무나 많이 상승하면(예를 들어 62Hz로) 고주파수 보호계전기가 작동해 발전기를 탈락시킬 것이다. 이 작동으로 발전기는 보호될 것이지만 공급력이 부족한 상태로 될 것이다.

소비자부하가 너무나 증가해 주파수가 하락하면 발전기의 가버너는 출력을 높일 것이다. 그러나 시스템수요와 공급력의 불균형의 정도에 따라서 이것으로는 주파수 회복이 충분하지 않을 수도 있다. 불균형의 정도가 너무 크면 가버너의 작용만으로 주파수 하락을 막지 못할 수도 있다. 극단적 조치가 취해지지 않으면 시스템이 붕괴할 수도 있다. 여기에서 말하는 극단적 조치에는 자동 저주파수 확정 부하 차단[27]이 포함된다.

저주파수 부하 차단(UFLS)은 주파수가 지정된 수치 이하로 내려가면 미리 선정된 소비자의 부하를 자동적으로 차단하는 자동 보호 프로그램이다. 고감도 저주파수 부하차단 보호계전기를 갖추지 않은 시스템에서는 최소 25% 부하는 자동 저주파수 부하 차단을 하는 대상으로 되어 있다. ERCOT의 고감도 자동 저주파수 확정 부하 차단(AFLS)은 다음과 같이 3단계로 구성되어 있다.

① 59.3Hz에서 전체 부하의 5%를 차단함
② 59.0Hz에서 추가적으로 10% 부하를 차단함

---

26   수요가 공급력보다 많을 수는 없다. 교란이 생긴 순간에 60Hz로 계산한 시스템수요와 공급력이
     불일치한다는 표현이다. 일반적으로 정상 상태에서 운용 중에 시스템수요가 공급력보다 커지려고 하는
     순간에 주파수가 하락한다. 주파수가 하락하면 시스템수요가 동시에 하락한다. 왜냐하면 시스템수요는
     주파수의 함수이며 주파수가 낮아지면 시스템수요가 60Hz에서의 값보다 낮아진다. 발전기가 수요의
     증가에 따라 빛의 속도로 출력을 높이지 못해 에너지를 공급하지 못하기 때문에 가버너의 1차 제어가
     작동하기 시작한다.

27   automatic (under-frequency) firm load shedding 또는 AFLS 라고 함.

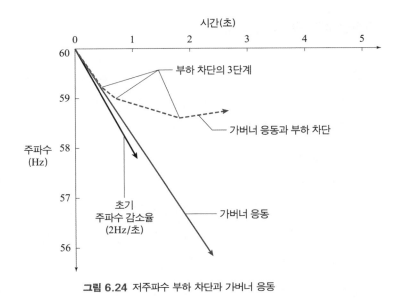

그림 6.24 저주파수 부하 차단과 가버너 응동

③ 58.5Hz에서 추가적으로 10% 부하를 차단함

〈그림 6.24〉는 3단계 저주파수 부하 차단 작용을 설명한다. 첫 번째 단계는 59.3Hz에서 작동하고 두 번째는 59Hz이며 마지막 단계는 58.5Hz에서 작동한다. 각 단계의 조치 이후에 주파수 하락의 기울기가 개선되는 것에 유의할 필요가 있다. 저주파수 부하 차단의 목적은 주파수를 회복한다기보다는 주파수 하락을 방지하려는 것이다. 일단 저주파수 부하 차단이 시행되면 시스템 운용자가 수동으로 주파수를 건전 상태로 회복해야 한다. 이 경우에 부하가 차단된다면 차단된 부하가 다시 시스템에 접속되는 것은 ISO의 명령을 받아 행해져야 한다. 저주파수 부하 차단이 행해졌다는 것은 현재의 시스템 운용 상태가 취약하다는 것을 의미하므로 또다시 소비자부하를 접속시켜 교란을 일으키는 것을 막아야 한다. 차단된 부하를 회복하는 것은 또 하나의 교란을 일으키는 것과 등가이므로 연계시스템 전체를 고려해 협의하고 조정되어야 한다.

6.6.3 송전선로의 저주파수 계전기

저주파수 계전기는 송전선로에도 설치할 수 있다. 여기에 설치되는 저주파수 계전기의 기능은 주파수의 커다란 변화가 발생할 때 연계선을 차단하는 것이다. ERCOT는 저주파수 계전기를 연계선에 설치하는 것을 허용하지만 계전기의 동작에 관해서는 엄격한 원칙을 세워 놓고 있다. 예를 들어 인근의 전력시스템에 대해 가버너 응동을 이용해 주파수 조정용 전력을 공급할 경우에는 저주파수 계전기가 인접 시스템이 주파수를 회복하도록 하기 위해 연계선을 차단하지 않는다.

만약 주파수가 너무 하락해 전체 시스템의 회복에 문제가 될 경우에는 연계선을 차단하는 것은 적절한 조치이다. 그러한 경우에 하나의 제어지역은 저주파수 연계선차단 계전기를 설계해 자기 제어지역이 전체 연계시스템과 분리해 주파수를 회복하고 정상운용을 할 수 있게 한다. 이런 종류의 계전기는 주파수가 최소한 2초 이상 58Hz 이하로 지속될 경우에 동작하도록 조정한다.

6.6.4 저주파수에 대한 발전기의 보호

만약 저주파수 부하 차단 프로그램을 실행해도 시스템수요와 공급력의 불일치를 해결하지 못한다면 주파수가 계속해 하락하거나 낮은 주파수로 지속될 수 있다. 앞에서 지속적인 저주파수 운전이 증기터빈의 마지막 단계의 날개에 미치는 영향에 대해 설명했다. 일반적으로 증기터빈발전기에는 저주파수 차단장치가 부착되어 있다. 이 보호계전기는 저주파수 운전이 지속되면 발전기를 차단하도록 되어 있다.

ERCOT는 증기터빈의 저주파수 차단에 대한 지침을 운영한다. 59.4Hz 이상에서는 발전기를 차단하지 않는다. 주파수가 59.4Hz 이하로 하락하면 고속의 시간지연 차단이 일어난다. 일단 주파수가 57.5Hz 이하로 떨어지는 즉시 발전기는 탈락한다.

만약 주파수가 59.7Hz로 하락하면 저주파수 계전기는 상당량의 부하를 차단한다. 만약 주파수 하락이 지속되고 59.4Hz보다 낮은 상태에서 발전기가 탈락하기 시작하면 추가적 부하 차단이 시행되어야 한다. 그러므로 저주파수 계전기가 작동하는 것이다. 이와 같은 모든 작용은 주파수를 회복하는 것이 될 수 있는 한 발전기를 운전 상태로 유지하려는 것이다.

6.7 결론 및 요약

제6장은 주파수제어에 대해서 살펴보았다.

공급력의 과다/과소에 따른 중요한 결과는 주파수에 대한 영향이다. 고립된 시스템이나 연계된 시스템의 공급력이 시스템수요와 일치할 때 주파수는 60Hz를 유지한다. 60Hz에서 공급력이 부족할 경우에는 주파수가 하락할 것이며 과다할 경우에는 주파수가 상승한다. 그러나 공급력이 변화하지 않고 소비자부하만 증가하더라도 공급되는 것 이상으로 에너지를 시스템부하가 사용할 수 없다. 즉 실제로 시스템부하(MW)가 공급력을 초과할 수는 없다.

이와 같은 공급력과 시스템부하의 관계를 이해할 때 주파수 제어에 대한 이해가 명확해진다. 이와 더불어 전력시스템에 접속된 소비자부하를 이해하는 것도 매우 중요하다. 소비자부하는 두 개의 형태로 구분된다. 하나는 모터를 사용하지 않는 부하(비모터부하, 비회전부하, non-spinning load)이고 다른 것은 모터를 사용하는 부하(모터부하, 회전부하)이다. 비모터부하는 회전부하가 아닌 전열기, 전등, 그리고 전자제품 등에 공급되는 부하이며 접속점의 전압의 크기에 따라 사용전력의 크기가 변화한다. 비모터부하의 사용전력 크기는 주파수의 변동에 따라 약간 변화하기는 하지만, 주파수가 변화해도 비모터부하의 사용전력 변화가 작다고 가정해도 무관하다. 모터부하는 주로 유도전동기(induction motor)를 사용하는 부하를 말한다. 전기철도의 구동용 모터, 각종 급수 펌프, 냉방기기의 압축기, 진공청소기의 모터 등에는 유도전동기가 사용되며 전력시스템의 전체 부하에서 차지하는 비중이 크다. 모터부하가 사용하는 전력은 주파수 및 접속점의 전압변동에 따라 변화한다. 만약 주파수가 하락하면 모터부하의 사용전력도 하락한다. 주파수의 변화는 전압의 변화보다 모터부하의 사용전력의 크기에 더 큰 영향을 미친다.

또한 전력시스템에 연결된 모든 회전요소에는 에너지가 저장된다. 이 에너지는 관성 에너지, 저장에너지, 또는 회전에너지라고 한다. 관성에너지는 상대적으로 안정된 주파수를 유지하는데 있어서 중요한 역할을 하는데, 발전기뿐만 아니라 부하인 모터에도 에너지는 저장된다. 관성에너지는 주파수를 안정화시키는 데에 상당한 도움을 준다는 점을 명심해야 한다.

발전기는 축의 회전속도를 제어하기 위해 가버너 제어시스템을 사용한다. 가버너 시스템은 발전기 축의 회전속도를 인지해 주파수를 규정치로 유지하기 위해 터빈의 기계적 입력 에너지를 늘이거나 줄이는 조정 역할을 하는 장치이며, 출력기준점을 조정하는 장치이다. 여기에서 말하는 출력기준점이란 주파수가 60Hz일 때에 터빈제어 밸브의 위치를 나타낸다. 시스템 운용의 관점에서 보면, 주파수가 60Hz일 때에 발전기가 내어야 할 출력이다.

그런데, 전력시스템에서는 가버너 제어 하나만으로 주파수제어를 할 수 없어 외부에서 주파수를 제어하도록 하는 AGC 신호가 생성되어야 한다. AGC 신호는 크게 4가지로 구분된다.

일반적으로 4초 주기로 발전기 출력기준점 조정 신호를 응동이 빠른 일부 발전기에 보내는 LFC와 ACE 제어신호가 있다. LFC는 고립시스템에서 사용되고, ACE는 연계시스템에서 사용된다. 그리고 5분마다는 가동 중인 모든 발전기를 대상으로 생성되는 신호가 있는데 SCOPF는 경제성과 안전도 유지를 모두 고려해 출력기준점 조정 신호를 생성한다.

우리나라에는 아직 주파수 제어, 주파수 응동, 주파수 편의 및 주파수 편차

등에 대한 정확한 정의가 확립되어 있지 않다. 주파수 응동 특성 자료는 0.1Hz 당 MW로서 나타내는데, 예를 들면 어떤 전력시스템에서 0.1Hz의 주파수 변화는 200MW의 변화로 응동한다고 하는 전력시스템의 주파수 응동 특성 자료이다. 일반적으로 제어지역의 ACE 제어공식에서 사용하는 파라미터로 β라는 용어로 사용되며 주파수 편의라고 한다. 이에 반해 주파수 편차 또는 오차는 현재의 주파수와 계획주파수와의 차이를 나타낸다. 마지막으로 주파수 응동은 회전체가 갖는 관성응동과 가버너를 갖는 발전기의 1차 제어를 합해 지칭한 것이다. 이와 같은 정의에서 보면 배터리와 같은 직류 장치가 주파수 응동을 충분히 할 수 없다는 것은 명확해진다. 이 장을 통해 AGC의 명확한 이해, 출력 조정 신호의 생성 및 분배방법을 숙지하고, SCOPF를 이해해야 한다.

BLACK OUT

and Power System Operation

7 전력시스템 컴퓨터제어모형

7.1 EMS

7.1.1 EMS의 구조[1]

EMS(Energy Management System)는 전력시스템을 감시하고 제어하고 시스템 운용을 최적화하는 프로그램의 집합이다. EMS의 사용목적은 총 연료비를 최소화할 뿐 아니라 시스템 운용의 안전도와 신뢰도를 유지하는 것이다. EMS는 SCADA를 통해 시스템의 상태에 대한 계측자료를 취득하며 이 자료를 이용해 상태추정 프로그램을 실행한다. 그러면 각 발전기의 출력, 각 모선의 소비자부하, 전압, 전류, 위상, 차단기의 열림/닫힘 상태 등에 대한 실시간 시스템 상태가 추정된다.[2]

EMS는 이 상태추정 자료를 이용해 시스템 운용을 위한 각종 계산을 실행하고 상태 변화에 대처하도록 하며 시스템 운용자를 도와주는 역할을 한다. 주요 기능은 주파수를 규정값으로 유지하고 SCOPF을 실행해 총 연료비를 최소화하고 송전선의 과부하를 방지하고 안전도를 유지하는 것이며, 이것은 정상 상태에서의 최적화를 위한 제어기능이다. 또한 과전압과 저전압의 발생을 제어하는 역할도 한다. 안전도 제약 최적조류계산(SCOPF) 프로그램를 실행하기 위해 상태추정 프로그램과 상정사고 분석 프로그램이 이용되며, 순동예비력 관리 프로그램은 발전기 출력기준점의 변동에 따라 순동예비력 과부족을 감시해 시스템 운용자가 적정한 순동예비력을 확보하도록 도와준다.

〈그림 7.1〉에서 보면 시스템 운용에 필요한 기능에는 EMS와 SCADA가 존재한다는 것을 알 수 있다. 이 EMS 기능은 시스템 모델링[3], 주파수 유지, 상태추정, 자동발전제어, 상정사고 분석, SCOPF 등을 포함하며 자료획득 및 감시제어를 위한 SCADA, 원격계측장치(RTU), 통신설비 등이 EMS의 기능을 도와주

---

1   MaCalley, J. D. (2012), *Introduction to System Operation Optimization, and Control.*
2   on-line measurement and state estimation.
3   위상기하학(topology)의 처리, network configuration 작성.

7장 전력시스템 컴퓨터제어모형   419

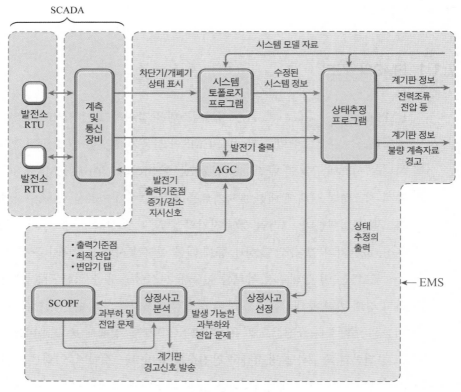

그림 7.1 SCADA와 EMS의 구조

자료: Wood and Wollenberg (1996).

도록 되어 있다. 통신설비는 SCADA 기능에 포함되기도 한다. SCADA와 통신설비는 회색 점선 사각형 영역이고, 나머지의 커다란 점선 영역이 포함된 부분은 EMS의 영역이다. 이 장은 〈그림 7.1〉을 중심으로 EMS를 설명한다.

7.1.2 전력시스템 운용 최적화의 역사

전력시스템 운용의 최적화는 컴퓨터의 계산능력 및 최적화 이론의 발전과 더불어 진화해왔다. 20세기 초반에는 조류계산 문제는 주먹구구 방식[4], 아날로그 방식의 네트워크 해석장치 또는 계산척(slide rule)을 이용해 경험 많은 엔지니어가 이를 해결했다. 그 이후 점차적으로 시스템 운용자의 경험을 반영한 계산보조장치가 개발되었다. 최적전력조류계산 문제는 1960년대에 카르펜티에르(Carpentier)에 의해 정식화되었으나,[5] 풀기 어려운 문제라고 소개되었다. 비선형 최적화 문제인 최적전력조류계산 문제를 선형화해 풀 수 있는 방법도 제시되었으나 문제를 잘 풀지 못했고 계산 속도가 느렸으며, 수학자들은 이렇게 해서 찾은 최적해가 전역적 최적해라는 것을 입증하지 못했다. 급전제어실에서는 최적전력조류계산 문제 또는 이를 근사화한 문제를 하루에 몇 번씩 풀어보는 수준에 그쳤다.

전력시스템 운용 관련 문헌은 전력조류계산, 경제급전, 그리고 최적전력조류계산의 세 가지로 분류된다. 〈표 7.1〉은 전력조류계산, 경제급전, 그리고 최적전력조류계산 문제를 비교한 것이다. 첫 번째 형태인 전력조류계산은 발전기, 모선별 소비자부하가 주어졌을 때 모선별 전압 및 송전선 전력조류에 관련한 네트워크 방정식을 푸는 것을 말한다. 전력조류계산은 물리적으로 실현 가능하거나 최적해를 찾는 것이라기보다는 수학적으로 옳은 해를 찾는 것이다. 전력조류 방정식 자체는 발전기 무효전력 출력의 제한범위 또는 송전선의 용량 제약을 고려한 해를 구하는 것이 아니지만 여러 종류의 최적조류계산의 제약조건으로서 해법에 적용될 수 있다.

두 번째 형태의 문제인 경제급전(ED) 문제는 시스템수요를 만족시키기 위해 비용최소화 방법을 이용해 발전기의 출력기준점을 결정하는 여러 종류의 방법을 말한다. 그러나 이러한 정식화는 전력조류계산의 제약조건식을 간략하게 처리하거나 무시한다. 또한 상태추정 자료도 사용하지 않는다.

---

4   analog network analyzers 교류계산반.

5   Carpentier, J. (1962), "Contribution á l'étude du dispatching économique," *Bulletin de la Société Française des Électriciens*, Ser. 8, Vol. 3, 431-447.

표 7.1 조류계산과 주요 전력시스템 문제

문제의 형식	문제의 명칭	전압 위상각 제약 고려 여부	전압 크기의 제약 고려 여부	송전선 용량 제약 고려 여부	손실 고려 여부	가정	발전기의 비용함수 포함 여부	상정사고 제약의 고려 여부
OPF	교류 최적조류계산 ACOPF (full ACOPF)	O	O	O	O		O	X
OPF	직류 최적조류계산 (DCOPF)	X	X 모든 전압의 크기 지정	O		전압 크기는 상수	O	X
OPF	분할 최적조류계산 (decoupled OPF)	O	O	O	O	P/θ는 V/Q와 무관함	O	X
OPF	안전도 제약 경제급전 (SCED)	O	X	O	O	전압 크기는 지정	O	O
power flow	전력조류계산 (load flow)	X (그러나 추가 가능)	O	X (그러나 추가 가능)	O		X	X
economic dispatch	경제급전 (economic dispatch)	X	X	X	경우에 따라	송전선 용량 제약 고려하지 않음	O	X
OPF	안전도 제약 최적조류계산 (SCOPF)	O	경우에 따라	O	O	경우에 따라	O	O

자료: Cain, M. *et al.* (2013), p. 10.

　　세 번째 형태의 문제인 최적전력조류계산 문제는 전력조류 제약조건식에 발전기 최소/최대출력에 대한 제약, 송전선의 용량 제약, 모선의 전압에 관한 제약 등과 같은 시스템 운용상의 제약조건식을 고려해 목적함수를 최소화하는 해 (각 발전기의 출력)를 찾아내는 것이다. 최적전력조류계산은 OPF라고 하며 대부분의 OPF는 열적 제약과 전압 한계에 관한 대리변수의 계산을 포함한다. OPF의 해법에는 제약조건식이 다르고 목적함수가 다른 여러 종류의 정식화된 식이 있다.

정확한 교류전력조류 방정식을 제약조건식에 사용하는 것을 교류최적조류계산(ACOPF)이라고 한다. 이것보다 간략한 정식화는 직류최적조류계산(DCOPF)이라고 하며 이 정식화에서는 전압의 크기는 모두 고정되고 위상각은 거의 0에 가깝다고 가정한다. 'DC'는 직류전류를 의미하며, 직류라는 용어의 사용에는 문제가 있다. DCOPF는 교류최적조류계산의 선형화된 표현방식이며 직류회로의 전력조류계산을 하는 것이 아니다. 교류최적조류계산과 직류최적전력조류계산을 일반적 용어로서 최적조류계산이라고 말한다. 교류최적조류계산은 주로 분할기법(decoupling)을 사용해 해를 찾으며 이 기법은 네트워크의 구조에 대한 이점을 활용한다.

분할기법에서는 유효전력(P)과 전압 위상각(θ)이 긴밀하게 결합되어 있고, 전압 크기(V)와 무효전력(Q)이 긴밀하게 결합되어 있는 사실을 이용하지만 인접한 모선 사이의 위상각 차이는 작고 고전압 송전망의 리액턴스는 저항에 비해 크다는 가정 때문에 유효전력과 전압위상각($P-\theta$)과 전압과 무효전력($V-Q$) 문제는 약하게 결합되어 있다. 분할최적조류계산은 교류최적조류계산 문제를 2개의 선형 부문제(subproblem)로 나누며, 하나는 유효전력과 전압위상의 부문제이고 또 다른 하나는 전압크기와 무효전력의 부문제이다. 교류최적조류계산이라는 용어는 유효전력과 무효전력을 동시에 최적화하는 완전 교류최적조류계산의 의미로서 사용하고, 분할최적조류계산 문제는 최적해에 도달하기 위해 무효전력과 유효전력의 문제를 개별적으로 최적화하면서 2개의 부문제를 반복해 푸는 것을 말한다.

지금부터는 경제급전, 전력조류, 그리고 최적 전력조류계산 등의 전력시스템 운용 최적화의 연구에 대한 경과를 살펴보기로 한다. 1930년대 초의 경제급전 문제는 등증분비용법에 의한 발전기별 출력기준점을 결정하기[6] 위해 수계산 및 특별히 고안한 계산척을 이용했으나 이 계산에는 하나의 케이스를 계산하기 위해 8시간 이상 소요되었다.[7] 초기의 경제급전 계산의 속도는 대단히 느렸다.

---

6   equal incremental loading.

키르흐마이어(Kirchmayer)는 운용계획을 수립할 때에 주어진 비용조건에서 10개의 발전기로 구성된 시스템의 경제급전을 할 경우에 10분 정도 소요된다고 평가했다.[8] 이와는 대조적으로 오늘날의 전력조류계산 프로그램은 수백 개의 발전기로 구성된 시스템에 대한 해를 수 초 이내에 찾는다. 1970년대까지의 경제급전 해법에 관한 문헌조사에서, 합(Happ)은 손실을 고려하는 경제급전 정식화와 관련된 여러 방법에 대한 진화과정을 소개했다.

1929년경부터 컴퓨터가 출현하기 이전까지는, 전력조류계산 문제를 풀기 위해 전력시스템 운용을 시뮬레이션하는 아날로그 네트워크 해석기[9]를 이용했다.[10] 워드(Ward)와 헤일(Hale)은 1956년 자동 디지털 계산기에 의해 전력조류 문제를 풀었다고 발표했다.[11] 새슨(Sasson)과 제임스(Jaimes)는 초기의 전력조류계산 해법에 대한 논문을 비교하는 연구결과를 발표했으며 해법으로 노드 어드미턴스 매트릭스(Y 매트릭스) 또는 이것의 역행렬, 노드 임피던스 매트릭스(Z 매트릭스) 등을 이용한 여러 종류의 반복기법이 사용되었다. 카르펜티에르를 포함한 초기의 연구자들은 가우스-자이델(Gauss-Seidel)법을 사용했다. 최적조류계산 문제에 있어서는 어드미턴스 매트릭스가 희박하다(sparse)는 특징을 활용해 티니(Tinney)를 포함한 다른 연구자들이 희박성 활용기법[12]을 개발했고 1960년대 이후에는 뉴튼-랍슨(Newton-Raphson)법이 널리 사용되기 시작했다.[13]

7   Happ, H. H. (1977), "Optimal Power Dispatch - A Comprehensive Survey," *IEEE Transactions on Power Apparatus and Systems*, Vol. PAS-96, No. 3, 841-844.

8   Kirchmayer, L. K. (1958), *Economic Operation of Power Systems*, Wiley and Sons.

9   analog network analyzer.

10   Sasson, A. M. and Jaimes, F. J. (1967), "Digital Methods Applied to Power Flow Studies," *IEEE Trans. on Power Apparatus and Systems*, Vol. 86, No. 7, 860-867.

11   Ward, J. B. and Hale, H. W. (1956), "Digital Computer Solution of Power Flow Problems," Trans. AIEE (Power Apparatus and Systems), Vol. 75, 398-404.

12   sparsity techniques.

13   Peschon, J. *et al.* (1968), "Optimum Control of Reactive Power Flow," *IEEE Transactions on Power Apparatus and Systems*, Vol. PAS-87, No. 1, 40-48.

어드미턴스 메트릭스가 희박하다는 것은 0의 요소를 많이 포함한다는 것을 의미하며 이것은 전력시스템을 구성하는 네트워크가 조밀하게 연결되어 있지 않기 때문에 나타나는 결과이다. 희박성 활용기법은 자료저장 장소의 크기를 축소하고 계산속도를 증가할 수 있는 데에 사용될 수 있다.[14]

초기의 최적조류계산 연구는 최적성 조건(optimality conditions)에 대해 전형적인 라그란지 완화법[15]을 적용한 것이지만 변수의 상한값과 하한값의 제약조건식을 사용하지 않았다.[16] 1962년, 카르펜티에르는 카르시-쿤-터커(Karush-Kuhn-Tucker) 조건에 의거해 변수의 상한과 하한이 존재하는 최적조류계산 문제의 최적성 조건을 발표했다. 이것이 완전하게 정식화된 최초의 논문이라고 생각된다. 카르펜티에르는 비용함수가 적절하게 볼록성(convexity)을 가지면 카르쉬-쿤-터커의 필요조건을 적용할 수 있다고 가정했다. 전력조류 방정식의 구조를 살펴보면 이것은 대담한 가정이라고 할 수 있다.[17] 카르펜티에르는 완전 교류전력조류 방정식, 발전기의 유효전력과 무효전력의 제약조건식, 모선 전압 크기의 제약조건식, 그리고 송전망과 연결된 모선의 전압, 위상차의 제약조건식 등을 정식화했다.

위노(Huneault)와 갈리아나(Galliana)는 300개 이상의 논문을 조사하고 163개의 논문을 인용하면서 1991년까지의 최적전력조류계산의 문헌조사를 제공했다.[18]

14 Stott, B. (1974), "Review of Load-Flow Calculation Methods," *Proceedings of the IEEE*, Vol. 62, No. 7, 916.

15 Lagrange Relaxation.

16 Squires, R. B. (1961), "Economic Dispatch of Generation Directly from Power System Voltages and Admittances," *AIEE Trans.* Vol. 79, pt. III, 1235-1244.

17 Hiskens, I. A. and Davy, R. J. (2001), "Exploring the Power Flow Solution Space Boundary," *IEEE Transactions on Power Systems*, Vol. 16, No. 3, 389-395.; Schecter, A. (2012), "Exploration of the ACOPF Feasible Region for the Standard IEEE Test Set," FERC Technical conference to discuss opportunities for increasing real-time and day-ahead market efficiency through improved software, Docket No. AD10-12-003. available at ⟨http://www.ferc. gov/EventCalendar/Files/20120626084625-Tuesday,%20Session %20TC-1,%20Schecter%20.pdf⟩, June 26, 2012.

18 Huneault, M. and Galiana, F. D. (1991), "A Survey of the Optimal Power Flow Literature," *IEEE*

이들은 "최적전력조류계산의 역사를 살펴보았으며 이에 관한 연구는 1960년대 초부터 이미 기본적으로 잘 정리되었고 점점 강력해진 최적화기법의 응용이다." 라고 결론을 내렸다. 이들은 최적조류계산 문헌의 진화과정을 소개하고, 해법을 분류해 그룹으로 나누었다. 해법은 여러 형태의 경사법(gradient methods), 선형계획법, 2차 계획법, 그리고 페널티법을 포함한다. 이들은 "상업적으로 구입해 사용할 수 있는 최적조류계산의 알고리즘은 완전 비선형 최적조류계산 모델과 모든 변수에 가해지는 한계에 관한 제약조건식을 만족시킨다."라고 결론을 내렸다. 이들은 또한 "최적조류계산은 대단히 어려운 수리계획문제이다."라고 결론을 내렸다. 현재의 알고리즘은 계산속도에 문제가 있으며 심각한 악조건을 만나면 수렴문제에 부딪치기 쉽다.

또 하나의 연구 분야인 안전도 제약 최적조류계산(SCOPF)은 송전선 상정사고 제약조건식[19]을 고려하는바, 이 과제는 추가적인 계산시간의 부담을 가져온다.[20,21] 이 조사는 교류최적조류계산 문제에 대해 논했다. 다른 연구는 사고가 발생한 이후에도 시스템의 안전도를 유지하기 위해 필요한 상정사고 제약조건을 포함하기 위해 정식화를 확장한 것이다.

최적조류계산 연구자들은 최적조류계산의 해법에 관한 어려운 과제로서 이산변수의 모델링, 국소최적해, 통일된 해법의 결여, 해법의 신뢰성, 계산 시간 등을 들고 있다. 이 가운데 일부분은 해결되었고 티니(Tinney)와 모모(Momoh)는 이산변수 정식화를 추가한 최적조류계산의 해법에 대해 논했다.[22] 현재로서는 혼합

Transactions on Power Systems, Vol. 6, No. 2, 762-770.

19 transmission contingency constraint: 상정사고 분석을 해서 해당 선로가 고장을 일으켜 차단기가 선로를 개방해도 나머지 건전한 송전선로가 과부하 상태로 되어 연쇄고장이 일어나지 않도록 해당 선로의 용량을 다시 지정하는 제약을 상정사고 제약(contingency constraint)이라고 하며 이것이 OPF의 각종 제약조건식에 추가되어 사용되면 SCOPF를 사용하는 것이라고 말한다.

20 Carpentier, J. G. (1979), "Optimal power flows," *International Journal of Electrical Power and Energy Systems*, Vol. 1, Iss. 1, 3-15.

21 Stott, B., Alsac, O., and Monticelli, A. J. (1987), "Security Analysis and Optimization," *Proceedings of the IEEE*, Vol. 75, No. 12, 1623-1644.

정수계획법의 개발과 진화로 인해 이산변수가 정식화되고 교류최적조류계산 해법에 포함되었다. 현재까지 해결되지 않고 있는 최적조류계산 해법의 과제는 "사용하는 용어와 이들의 정의의 결여"라고 쾨스러(Koessler)가 말하고 있으며 주어진 문제가 비볼록성(non-convexity)을 갖는다는 것을 말하는 국소최적해 문제도 거론하고 있다. 위노와 갈리아나는 "1991년에 사용하던 알고리즘이 최적조류계산 문제를 빠르고 신뢰성 있게 풀 수 없다."는 것이며 최적조류계산 문제는, 다른 여러 비선형계획 문제와 같이 최적성 조건을 찾기 어렵고 수렴의 문제가 있다고 했다.

7.2 SCADA

7.2.1 전력제어시스템의 감시제어 및 자료취득시스템

시스템 운용자는 전력시스템의 상태변수에 대한 자료를 획득하고 전력시스템의 각종 설비를 제어하기 위해 SCADA를 사용한다. SCADA의 3개의 구성요소는 현장의 원격계측장치, 통신시스템, 그리고 하나 또는 그 이상의 SCADA 중앙제어소(master station)이다. SCADA 시스템에서 취득된 자료는 상태추정 프로그램을 실행하는 입력자료로서 사용되고 이 프로그램의 출력을 사용해 상정사고 분석 프로그램이 실행되고 전력시스템에서 발생할 가능성이 있는 사고도 확인된다. 발전소와 변전소 등에 설치된 현장의 원격계측장치는 자료수집과 장치를 제어하기 위한 기기들의 조합이다. SCADA는 차단기 및 단로기(switch)의 상태, 선로의 전압, 그리고 발전기에서 생산되는 무효전력과 유효전력의 크기 등과 같은 전

---

22 Momoh, J. A. *et al.* (1997), "Challenges to Optimal Power Flow," *IEEE Transactions on Power Systems*, Vol. 12, No. 1, 444-447.

력시스템 상태변수에 대한 정보를 EMS와 시스템 운용자에게 제공하며 차단기의 개폐 등과 같은 제어조작명령을 시행한다. 통신선 또는 마이크로웨이브 라디오 채널 등과 같은 통신설비가 현장의 원격계측장치에 부착되어 있으므로, 흔하지는 않지만, 통신설비들은 하나 또는 그 이상의 SCADA 중앙제어소와 서로 교신할 수 있다.

SCADA 중앙제어소는 현장 원격계측장치로부터 통신설비를 이용해 자료를 수집하는 하나의 실행주기(cycle)를 시작하도록 하는 SCADA의 한 부분이다. 여기의 시간주기는 2초부터 길게는 수 분에 이르는 기간을 말한다.

대부분의 전력시스템에서 SCADA 중앙제어소는 시스템 운용을 하는 중앙제어실과 통합되어 있으며, EMS와 직접적인 인터페이스 역할을 하고, 현장의 원격계측장치(RTU)로부터 오는 자료를 받으며 제어명령이 현장에서 실행될 수 있도록 현장의 장치에 제어작업명령을 중계해준다.

원격계측장치 내부에 설치되어 있는 계전기는 급전실의 명령에 의해 감시제어를 수행하기 위해 제어대상 회로를 차단하거나 연결한다. 이러한 기능에는 차단기와 개폐기를 열고 닫거나 변압기 탭을 조정하던가, 병렬 카페시터의 스위치를 조작하든가 동기조상기의 가동을 시작하든가 중지하는 기능이 포함된다. 잘못된 기기조작을 사전에 막기 위해 이중 전송 등을 포함한 여러 가외적 방법이 사용된다. 실행 전 확인방식은 시스템 운용자가 어떤 변전소의 기기조작을 원할 때, 시스템 운용자는 변전소를 선택하고, 원격계측장치가 이것을 확인하고, 시스템 운용자가 조작할 기기를 선정하고, 필요한 조치를 하면 된다. 그러면 원격계측장치는 필요한 조치를 하고 완료되었다는 것을 보고한다. 이러한 복잡한 과정을 통해 시스템 운용자의 잘못된 지시 및 기기조작을 사전에 예방하는 것이다.

원격계측장치에서 수집되어 급전실에 보내는 정보는 아날로그 정보와 상황표시자료(status indicator)이다. 아날로그 정보는 주파수, 전압, 전류, 유효전력, 무효전력 등이다. 여기에 더해 통신장치의 전송오류를 방지하기 위해 각종 검증 기능이 사용된다. 이러한 자료를 이용해 아날로그-디지털 변환장치는 자료를 디지털 정보로 변환해 급전실에 보낸다. 상황표시자료는 경보신호(온도 상승, 계전기 저전압, 불법정보의 침투)와 차단기 및 개폐기의 열림/닫힘 정보이다. SCADA는 주기적으로 원격계측장치를 주사(scan)해 상태 정보를 알아내고 급전실로 전송한다. 일반적으로 자료 전송은 2초 간격으로 실행된다. 몇몇 정보는 예외보고(exception reporting)의 원칙에 의해 변화가 생길 때만 전송된다. 감시기능 중에서 중요한 것은 사건 순서의 기록이다. 차단기 작동과 같은 몇 가지 사건은 2초의 주사주기(scan cycle)보다 훨씬 짧은 기간에 발생하기 때문이다. 보호계전기 담당자는 차단기의 조작이 발생하는 시간뿐만 아니라 차단기의 닫음작용이 몇 번 일어났느냐에 대해 관심을 갖게 된다. 만약 이러한 조작들이 1.5초 이내에 발생한다면 모든 정보를 잃어버릴 수도 있다. 이렇게 짧은 기간에 발생하는 정보는 사건 순서의 기록장치에 보관되고 급전실에 전송된다.

7.2.2 전력제어시스템의 구조와 통신기술

SCADA의 통신형태는 원격계측이다. 원격계측이란 1차 계측기의 측정정보를 원거리에서 알아내고 판독하는 것이다. 원격계측의 특징은 번역수단이며 이것은 원거리에서 전송된 정보를 판독할 수 있는 내용[23]으로 제공하는 것이다. 실제적 전송거리는 중요하지 않다. 원격계측은 아날로그 또는 디지털 형태이다. 아날로그 원격계측에서는 전압, 전류, 주파수 등의 계측자료가 읽혀 암호화되어 통신선로를 통해 수신장소에 전달되고 급전실의 EMS에 입력된다. 아날로그 원격계측의 형태는 전류, 펄스의 진폭, 펄스의 길이, 펄스 율 등이며 펄스의 길이와 펄스율이 가장 흔한 형태이다. 디지털 원격계측의 경우, 측정되는 내용은 펄스의 순서가 정보를 대표하는 형태로서 미리 구성된 암호로 변환된다. 디지털 전송의

---

23   representative quality.

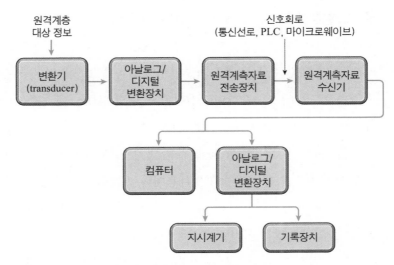

원격계층
대상 정보

신호회로
(통신선로, PLC, 마이크로웨이브)

변환기
(transducer)

아날로그/
디지털
변환장치

원격계측자료
전송장치

원격계측자료
수신기

컴퓨터

아날로그/
디지털
변환장치

지시계기

기록장치

그림 7.2 원격계측시스템의 블록 다이어그램

장점은 한 장소에서 다른 장소로 정보가 전송될 때, 정보의 정확도가 손상되지 않는다는 사실이다. 〈그림 7.2〉에서 보는 바와 같이 디지털 원격계측시스템은 아날로그에서 디지털로, 그리고 다시 디지털에서 아날로그로 변환해주어야 한다.

7.2.3 용어의 정의[24]

SCADA는 원격계측장치를 제어하는 신호를 제공하기 위해 암호화된 신호로서 통신 채널을 이용해 운용되는 시스템이라고 정의한다. 감시시스템은 통신 채널을 통해 자료를 나타내는 기능이나 기록용으로서 원격계측장치(RTU)의 상태를 알기 위해 암호화된 신호를 사용하는 기능을 추가해 자료획득시스템과 결합한다.

원격계측장치는 원격 현장의 감시기능에 영향을 미치기 위해 전기적으로

---

24 Varnes, K., Johnson, B., and Nickeleom, R. (2004), *Review of Supervisory Control and Data Acquisition (SCADA) Systems*, Idaho National Engineering and Environmental Laboratory. (ANSI C37.1.의 내용 소개)

연결된 장치의 모든 집합체와 작동기능 전체라고 정의된다. 이 장치는 통신 채널과의 인터페이스를 포함하지만 연계되는 채널을 포함하지는 않는다. 중앙제어소와 교신은 통신계층의 하위와 연쇄적으로 이루어진다.

프로토콜이란 교신을 시작하고 유지하는 것을 알리는 엄격한 절차이다.

지능형 전자장치(IED: Intelligent Electronic Device)는 외부 소스와 자료 및 제어명령을 주고받는 기능을 보유한 하나 이상의 프로세서로 구성된 장치라고 정의한다(전자 다중작동 계기, 디지털 계전기, 제어장치 등).

○ EMS는 전력시스템의 데이터베이스, 각종 응용 프로그램, 화면 그리고 발전기능 정보들을 내장하고 있다. 하나의 EMS는 SCADA 시스템, 자동발전제어(AGC), 응용 프로그램 및 데이터베이스, 그리고 사용자-인터페이스 등으로 구성되어 있다.

○ SCADA 서버는 컴퓨터 하드웨어, SCADA 네트워크의 각종 장치와 교신하는 소프트웨어 등으로 구성되어 있다. 서버는 이중으로 설치될 수 있으며 여러 기능에서 사용되는 정보를 보관한다.

○ 라우터(router)는 전력시스템 토폴로지에 의해 정보가 이동할 수 있도록 하는 하드웨어와 소프트웨어로 구성되어 있다.

○ 방화벽(firewall)은 외부와 내부의 장치가 서로 정보를 교신할 수 있게 하는 하드웨어와 소프트웨어로 구성되어 있다. 이것은 미리 설정한 사이버 보안상의 요구조건을 만족하지 않으면 통신이 이루어지지 않도록 한다.

7.3 전력시스템 상태추정[25]

7.3.1 상태추정의 개념

상태추정은 원격계측자료에 근거해 전력시스템의 상태변수에 대한 값을 추정하는 과정이다. 이 과정은 가외적(redundant)이며[26] 불완전한 계측과정을 포함한다. 시스템의 상태추정 과정은 선택한 기준을 최소화 또는 최대화해 상태변수의 진실한 값을 추정하는 통계적 판정법에 기초한다. 가장 많이 사용되는 판정법은 추정치와 '진실한(즉 계측된)' 값의 함수 사이의 차이의 자승의 합을 최소화하는 것이다. 최소자승법 추정의 아이디어는 19세기 초부터 알려지고 사용되었다. 이 분야의 주요 발전은 20세기에 우주항공 분야에서 이루어졌다. 이 분야를 개발할 때에 근본적 문제로 등장한 것은 항공우주선(예를 들면 미사일, 비행기, 우주선 등)의 위치와 속도벡터에 관한 가외적이고 불완전한 계측자료가 주어졌을 때 공간정위(location)를 알아내는 것이다. 여러 사례에서 보면, 이러한 계측은 계측오차를 포함하고, 잡음(noise)에 오염될 수 있는 광학계측, 레이더 시그널 등에 의존하고 있다.

상태추정의 하나의 예로서는 로켓을 발사하는 과정을 들 수 있다. 로켓이 연료를 분사해 원하는 지구 궤도에 진입하기 위해서는 발사 직후부터 로켓의 위치, 속도 벡터, 연료분사량, 고도, 풍향 등을 관제소에서 정확하게 파악하고 각종 제어를 실행해야 한다. 이때 로켓에 내장된 계측기로부터 수신하는 자료, 그리고 관제소에서 취득하는 각종 자료를 판독하고 의미 있는 자료를 생성해 필요한 명령을 정확히 로켓에 보내야 원하는 궤도에 로켓을 올릴 수 있게 된다. 이 과정에 오차 또는 오류가 있으면 로켓 발사가 실패할 것이다.

---

25 Wood, A. J., Wollenberg, B. F., and Sheblé, G. B. (2014), *Power Generation, Operation And Control, 3rd Ed.*, New York: Wiley.

26 redundant: 가외적인 개수의 자료는 추가적 자료라고 해석하며 상태추정 변수의 적합도 또는 진실도를 판정하기 위해 필요하다.

전력시스템에서도 원격 현장에서 계측되어 오는 8,000개 내지 10,000개 정도의 원시 자료를 상태추정 프로그램에 의해 추정해서 사용해야 한다. 그렇지 않으면 각 모선의 소비자부하를 정확하게 파악하지 못하고 송전선의 과부하 상태도 파악되지 못하므로 EMS가 정확하고 의미 있는 자료를 실시간으로 생산하지 못한다. 따라서 발전기에게 출력기준점을 변경하라는 올바른 신호를 보내지 못한다. 즉 EMS가 급전의 기능을 하지 못하는 것이다. 상태추정 자료는 EMS의 각종 프로그램의 입력이며 발전기에게 보내는 출력기준점 조정신호는 EMS의 출력물이라고 볼 수 있다.

7.3.2 필요성

상태추정은 시스템 규모가 커질수록 더욱 중요한 기능으로서 위치를 점하고 있다. 앞서 언급한 바와 같이 전력시스템 붕괴는 연쇄고장으로부터 발생하므로 송전선의 전력 흐름이 어떤 송전선 탈락에 의해 과부하가 되어 연쇄고장을 시작하지 않도록 SCOPF를 실행하는 것이 중요하다. 그 첫 단계가 바로 시스템의 상태를 실시간으로 추정하는 것이다. 상태추정이라는 것이 모선별 소비자 수요, 전압, 위상, 선로의 전력 흐름 등 상태변수의 값을 추정하는 것이므로 상태추정이 실시간으로 실행되지 않으면 이후의 실시간상정사고 분석 프로그램이나 SCOPF의 실행도 무의미하다는 것을 의미한다.

7.3.3 알고리즘

EMS는 급전대상 발전기를 이용해 정격주파수를 유지하며 경제급전을 하기 위한 발전기의 출력기준점을 지정한다. 경제급전을 위해서는 각 모선의 소비자 수

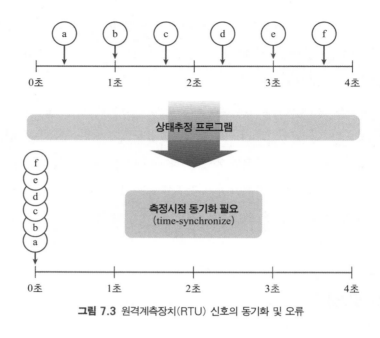

그림 7.3 원격계측장치(RTU) 신호의 동기화 및 오류

요, 전압, 전류, 위상, 송전선의 전류 등을 파악하는 것이 필수이며 상태추정은 실시간(on-line)에서 실행되어야 한다. 이렇게 실행되지 않으면 이것은 EMS를 사용하지 않는 것과 동일하다. 4초마다 RTU와 SCADA를 통해 신호가 온다고 하더라도 계측자료를 전송받은 그대로 사용할 수 없고 상태추정 프로그램을 통해 통계학 이론에 의해 진실한 값에 가장 가까운 값을 추정해야 한다.

첫 번째, 전력시스템의 설비에 부착된 RTU로부터 들어오는 정보의 값은 통신설비의 상태에 따라 다를 수 있다. 예를 들면 〈그림 7.3〉과 같이 a에서 f까지의 각 설비의 상태 값이 미세하지만 서로 제각각 들어온다면 이 값을 한 시점의 상태에서 값, 즉 동 그림의 하단에서와 같이 '0초'의 시점에서의 값이 어떠했는가를 추정해야 하는 것이다.

두 번째, 이렇게 동기화된 값을 사용한다는 것은 취득한 자료의 값 중 오류로 판단된 것들은 제거하는 것이다.

〈그림 7.4〉에서 볼 수 있듯이 이론적으로 계산된 자료는 물리적 법칙에 의

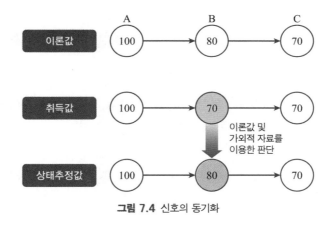

그림 7.4 신호의 동기화

해 A 지점에 100MW, B 지점에 80MW, 그리고 C 지점에 70MW의 전력 흐름이 있어야 한다고 가정해보자. 그런데 원격계측장치로부터 얻은 자료에 의해 A, B, C에 각각 100MW, 70MW, 70MW의 전력이 흐른다는 정보가 EMS에 나타났다고 하자. 그러면 취득한 자료에서 오류를 제거해야 한다. 이것은 통계적 추정의 문제로 B에서 취득한 70MW은 거짓 값이며 실제로는 80MW의 부하가 흘렀다고 수학적으로 참으로 여겨지는 값을 찾아야 하는 것이다.

일반적으로 발전기에 대한 상태추정은 8천여 개의 모선별 소비자부하 등 기타 상태변수를 파악하는 것보다 오차가 적다고 보며 반드시 상태추정 과정을 거치지 않아도 된다고 알려져 있다. 왜냐하면 여러 경로를 통해 발전기의 출력을 비교적 쉽게 파악하기 때문이다. 상태추정 프로그램을 통해서 지금 실시간의 모선별 소비자부하를 추정하고 실시간 상정사고 분석과 SCOPF와 같은 프로그램을 실행해 발전기의 출력기준점을 지정하는 것이다. 각 모선별로 실시간으로 변화하는 소비자 수요를 합산해 시스템수요를 추정하는 것이 아니고 발전기의 출력을 합하면 시스템수요가 파악된다. 모선별 소비자 수요는 SCOPF 계산에 사용되며 SCOPF가 계산한 출력기준점으로 발전기 출력이 변화하면 송전선의 전력 흐름에 변화가 발생한다. 따라서 실시간 상태추정이 제대로 실행되지 않으면 EMS가 송전선의 과부하 여부를 알아낼 수 없고 연쇄고장의 발생도 예방할 수 없게 된다. 이 기능을 실행하지 않으면 시스템 붕괴가 일어날 위험이 높아지는 것이다.

〈그림 7.5〉에는 모선이 3개이며 소비자부하와 발전기 출력이 정해져 있는 직류 전력조류계산의 결과가 나타나 있다. 〈그림 7.6〉에는 3개의 전력조류 계측기에 나타난 수치밖에 없다. 모선의 위상, 발전기 출력, 소비자부하를 알아내기 위해서는 3개 가운데 2개의 계측자료만 필요하다. 예를 들어 우리는 M_{13}와 M_{32}를 사용한다면 M_{13}와 M_{32}는 각 송전선의 전력조류를 다음

$$M_{13} = 5\text{MW} = 0.05\text{p.u.}$$

$$M_{32} = 40\text{MW} = 0.40\text{p.u.}$$

과 같이 완벽하게 알려준다고 가정한다.

그러면 선로 1-3과 선로 3-2의 전력 흐름은 계측기가 읽은 수치

$$f_{13} = \frac{1}{x_{13}}(\theta_1 - \theta_3) = M_{13} = 0.05\text{p.u.}$$

$$f_{32} = \frac{1}{x_{32}}(\theta_3 - \theta_2) = M_{32} = 0.40\text{p.u.}$$

와 같다고 놓을 수 있다.

우리는 $\theta_3 = 0\,rad$(라디안)이라는 것을 알고 있기 때문에 θ_1에 대해 f_{13} 등식을 풀 수 있고, θ_2에 대해 f_{32} 등식을 풀 수 있으며 다음 결과

$$\theta_1 = 0.02\,rad,\ \theta_2 = -0.10\,rad$$

를 얻는다.

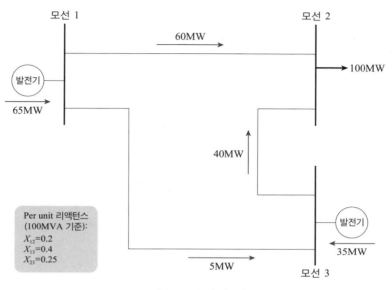

그림 7.5 3-모선 시스템

Per unit 리액턴스
(100MVA 기준):
$X_{12}=0.2$
$X_{13}=0.4$
$X_{23}=0.25$

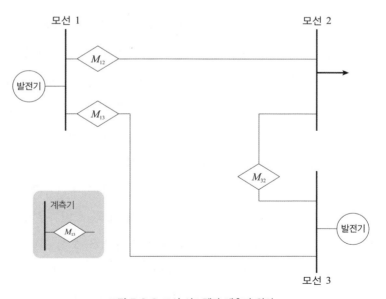

그림 7.6 3-모선 시스템과 계측기 위치

다음은 3개의 계측자료에 약간의 오차가 있는 경우를 조사한다.

$$M_{12} = 62\text{MW} = 0.62\text{p.u.}$$

$$M_{13} = 6\text{MW} = 0.06\text{p.u.}$$

$$M_{32} = 37\text{MW} = 0.37\text{p.u.}$$

만약 앞에서와 같이 M_{13}와 M_{32}의 계측자료만 사용한다면 다음

$$\theta_1 = 0.024\,rad, \ \theta_2 = -0.0925\,rad, \ \theta_3 = 0.0\,rad \text{(0이라고 가정함)}$$

과 같이 위상을 계산해낼 것이다.

이것은 〈그림 7.7〉에 나타난 것과 같다. 예측된 전력조류는 M_{13}와 M_{32}에 나타난 것과 같지만 선로 1-2의 전력 흐름은 M_{12}에 나타난 62MW와 일치하지 않는다는 것을 주목해야 한다. 만약 M_{13}의 계측자료를 무시하고 M_{12}와 M_{32}의 계측자료를 이용한다면 〈그림 7.8〉에 나타난 것과 같은 전력 흐름을 얻을 것이다.

지금까지 한 것은 M_{13}의 계측자료를 무시하고 M_{12}에 맞는 자료를 얻은 것이다. 지금 필요한 것은 실제의 위상, 선로의 전력조류, 소비자 수요와 발전기 출력의 가장 좋은 추정치를 생산하기 위해 3개의 계측기로부터 얻는 정보를 사용하는 절차이다. 우리가 전력시스템으로부터 알아내려고 하는 것은 계측을 통해 얻는 것이므로 전력시스템의 상태를 추정하기 위해서는 계측자료를 이용해야 한다. 각 경우마다, 모선 1과 모선 2의 위상을 알아내기 위해 계측자료를 이용했다. 위상이 파악된다면 계측되지 않은 전력 흐름, 소비자부하, 그리고 발전기 출력 등이 추정될 수 있다. 우리는 θ_1과 θ_2를 알면 3-모선 전력시스템의 다른 변수를 모두 알 수 있으므로 이것을 상태변수라고 한다. 일반적으로 전력시스템의 상태변수는 하나의 모선을 제외한 모든 모선의 전압의 크기와 위상이다.기준 모선의 위상은 $0\,rad$으로 한다. 원한다면 모선 전압의 실수 성분과 허수 성분을 사용

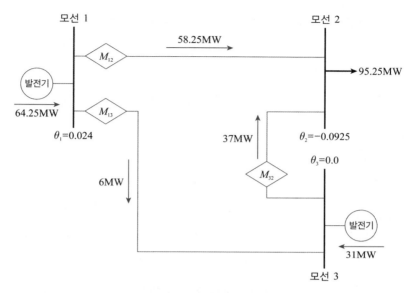

그림 7.7 1-3과 3-2 조류를 이용해 얻은 전력조류

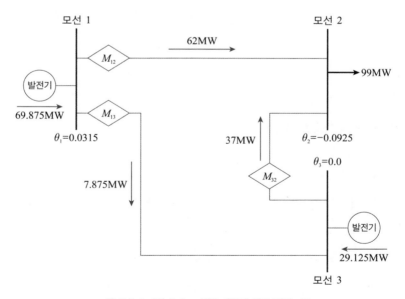

그림 7.8 1-2와 3-2 조류를 이용해 얻은 전력조류

할 수도 있다. 만약 우리가 전력시스템의 '상태(전압, 전류의 크기와 위상)'를 추정하기 위해 계측을 할 수 있다면 전력조류, 발전기 출력, 모선별 소비자부하 등 원하는 것을 계산할 수 있다. 이것은 전력시스템의 구성 형태[27]와 송전선의 임피던스를 알고 있는 것을 전제로 한다. 자동위상조정 변압기(phase shifter) 또는 위상조절기 등이 자주 시스템 구성에 나타나고 변압기 탭의 위치가 원격으로 계측되어 급전실로 전송된다. 엄밀하게 말한다면 변압기와 이상변압기(phase shifting transformer)를 통한 전력 흐름을 파악하기 위해 변압기 탭의 위치와 위상조절기의 위치는 상태변수로 취급되어야 한다.

다시 3-모선 직류 전력조류계산 모델로 돌아가기 위해, θ_1과 θ_2의 2개의 상태변수를 추정하기 위한 가외적 계측자료를 제공하는 3개의 계측자료를 갖고 있다고 하자. θ_1과 θ_2를 계산하기 위해서는, 앞에서 본 바와 같이 2개의 계측자료만 필요하므로 3개의 계측자료는 가외적이라고 말하며 나머지 계측자료는 덤이라고 말한다. 그러나 가외적 계측자료도 정보를 필요로 하는 경우가 생기므로 버릴 필요는 없다. 결론적으로, 상태추정은 전력시스템에 대한 불완전한 계측자료가 있을 때에 정확한 전력시스템의 상태를 추정하는 기술이다.

7.3.4 최우최소자승 추정

최우최소자승 추정(maximum likelihood least-squares estimation)은 시스템에서 하나 이상의 미지의 변수의 값을 계산하기 위해 표본을 사용하려고 할 때의 절차를 의미한다. 표본(계측자료)이 부정확하면 모르는 모수에 대한 추정치도 역시 부정확하다. 그러므로 사용할 수 있는 계측자료가 주어졌을 때, 어떻게 미지의 모수에 대한 최상의 추정치를 구하는 공식을 만들 것인가의 문제이다.

---

27 차단기, 개폐기의 상태.

어떤 통계적 판정법이 선택되느냐에 따라서 상태추정의 개념은 여러 방향으로 전개될 수 있다. 지금까지 검토되고 여러 가지로 응용되는 판정법 가운데 다음의 세 가지는 가장 많이 나타나는 것이다.

① 최우판정법은 상태변수 $\hat{x}$의 추정치가 상태변수 벡터 $\mathbf{x}$의 참값일 확률을 가장 크게 하는 것이 목적이다(즉, maximize $P(\hat{x}) = \mathbf{x}$).

② 가중최소자승 판정법[28]은 추정 계측치 $\hat{z}$와 실제 계측치 $\mathbf{z}$ 사이의 편차의 자승의 가중치의 합[29]을 최소화하는 것이 목적이다.

③ 최소분산 판정법[30]은 진실한 상태변수 벡터와 추정된 상태변수 벡터 사이의 각 성분의 편차의 자승의 가중치의 합[31]을 최소화하는 것이 목적이다.

만약 오차가 정상분포(normal distribution)를 따르고, 계측기의 오차분포는 편의(偏倚)되지 않았다고 가정하면 위의 세 가지 방법은 동일한 결과를 가져온다. 최우추정법은 "내가 얻은 계측치가 참값일 확률이 얼마인가?" 하는 질문을 한다. 이 확률은 추정되어야 할 미지의 모수뿐만 아니라 변환기의 확률적 오차에 따라 변한다. 바로 알게 되겠지만 최우추정 프로그램은 계측에 있어서의 확률밀도함수가 알려져 있다고 가정한다. 또 다른 추정방법도 사용될 것이다. '최소자승' 프로그램은 샘플 또는 계측오차의 확률분포를 알아야 할 필요가 없다. 그러나 만약 샘플 또는 계측오차는 정상분포를 한다고 가정한다면, 동일한 추정공식에 도달할 것이다. 이 책에서는 계측오차의 정상분포를 가정해 최우추정 판정법을 사용해 공식을 전개할 것이다. 그 결과는 '최소자승' 또는 좀 더 정확하게 '가중최소자승' 추정식이 될 것이다. 이 책에서는 간단한 전기회로를 사용해 위의 방법을

---

28 weighted least-squares criterion.

29 sum of squares of the weighted deviation.

30 minimum variance criterion.

31 sum of squares of the weighed deviation.

설명할 것이며 최우추정법이 어떻게 구성되느냐에 대해 설명한다.

먼저 확률적 계측오차의 개념을 소개한다. 계측의 개념이라는 것이 논의하기에 더 적합하므로 '표본'이라는 용어를 누락시켰다. 계측에는 오차가 있다고 가정한다. 다시 말하면 계측장치로부터 취득한 값은 현재 측정되고 있는 모수의 참값에 가까우며 미지의 오차만큼의 차이가 있다. 수학적으로 이것은 다음과 같이 정식화할 수 있다.

z^{meas}를 계측기로부터 얻은 계측치라고 하자. z^{true}를 계측되는 값의 참값이라고 한다. 그리고 η를 확률적 계측오차라고 하자. 그러면 계측치는 다음과 같이 나타난다.

$$z^{meas} = z^{true} + \eta \tag{7.1}$$

확률변수 η는 계측오차를 정식화하는 데 도움을 준다. 만약 계측오차가 편의(偏倚)되지 않았다고 가정하면, η의 확률밀도함수는 평균치가 0인 정상분포곡선이다. 다른 계측치의 확률밀도함수도 최우추정법에 사용된다. η의 확률밀도함수는

$$PDF(\eta) = \frac{1}{\sigma\sqrt{2\pi}} exp\left(\frac{-\eta^2}{2\sigma^2}\right) \tag{7.2}$$

이며 σ는 표준편차이고, σ^2은 확률변수의 분산이다. $PDF(\eta)$는 η의 움직임을 보여준다. 이것을 나타낸 것이 〈그림 7.9〉이다. 표준편차 σ는 확률적 계측오차의 심각도(seriousness)를 나타내는 척도이다. 만약 σ가 크다면 계측은 상대적으로 정확하지 않을 수 있고(즉 저품질 계측장치), σ가 작다면 오차의 퍼짐(spread)이 작다고(즉 고품질 계측기) 말한다. 여러 요소가 전반적 오차의 발생에 기여할 때 나타나는 분포이므로 계측오차를 모델링할 때에는 정상분포를 가정한다.

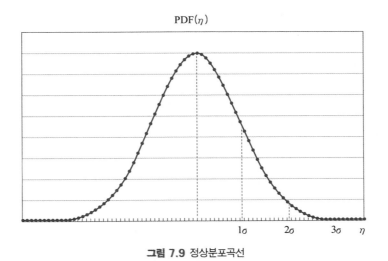

PDF(η)

그림 7.9 정상분포곡선

최우추정의 개념

〈그림 7.10〉과 같은 간단한 직류회로의 예를 가지고 최우추정(maximum likelihood)의 원리를 설명한다. 이 예제에서는 알려진 표준편차를 갖고 있는 전류계를 가지고 전압원의 값 x^{true}를 추정하려고 한다. 전류계의 지시치는 z_1^{meas}이며 이것은 z_1^{true}의 합(회로에 흐르는 전류의 참값)과 η_1(전류계에 존재하는 오차)의 합이다. 그러면 다음 식

$$z_1^{meas} = z_1^{true} + \eta_1 \tag{7.3}$$

을 얻는다.

그런데 η_1의 평균치는 0이므로 z_1^{meas}의 평균치는 z_1^{true}와 같다. 이것을 이용해 z_1^{meas}의 확률밀도함수는 다음 식

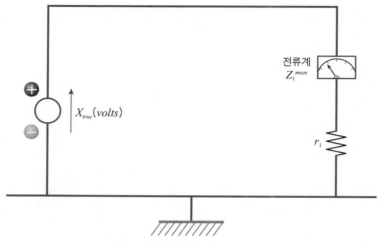

그림 7.10 간단한 직류회로

$$PDF(z_1^{meas}) = \frac{1}{\sigma_1 \sqrt{2\pi}} exp\left[\frac{-(z_1^{meas} - z_1^{true})^2}{2\sigma_1^2}\right] \tag{7.4}$$

과 같이 쓸 수 있다.

　여기에서 σ_1은 확률적 오차 η_1의 표준편차이다. 만약 r_1의 값을 알고 있다고 한다면 다음 식

$$PDF(z_1^{meas}) = \frac{1}{\sigma_1 \sqrt{2\pi}} exp\left[\frac{-(z_1^{meas} - \frac{1}{r_1}x)^2}{2\sigma_1^2}\right] \tag{7.5}$$

을 세울 수 있다.

　최우추정 프로그램의 원리로 돌아오면 계측치 z_1^{meas}가 관측될 확률

$$prob(z_1^{meas}) = \int_{z_1^{meas}}^{z_1^{meas} + dz_1^{meas}} PDF(z_1^{meas})dz_1^{meas} \quad (dz_1^{meas} \rightarrow 0) \tag{7.6}$$

$$= PDF(z_1^{meas})dz_1^{meas}$$

을 최대화하는 추정치(x_{est})를 찾아야 한다.

최우추정절차에 따라 $prob(z_1^{meas})$의 값을 x에 대해 최대로 하는 것은 다음 식

$$\underset{x}{max}\, prob(z_1^{meas}) = \underset{x}{max}\, PDF(z_1^{meas})dz_1^{meas} \tag{7.7}$$

이다.

$PDF(z_1^{meas})$에 대해 자연대수를 취한 것을 최대화하는 것은 $PDF(z_1^{meas})$이므로 여기에서 사용될 수 있는 하나의 편리한 변환은 $PDF(z_1^{meas})$에 대해 자연대수를 취한 것을 최대화하는 것이다. 그러면 다음 식

$$\underset{x}{max}\, \ell n \left[PDF(z_1^{meas}) \right]$$

또는

$$\underset{x}{max} \left[- \ell n(\sigma_1 \sqrt{2\pi}) - \frac{(z_1^{meas} - \frac{1}{r_1}x)^2}{2\sigma_1^2} \right]$$

의 값을 구할 수 있다. 그러나 첫 번째 항은 상수이므로 무시할 수 있다. 그러면 괄호 속의 함수는 음의 계수를 가지므로 두 번째 항을 최소화함으로써 괄호 속의

함수를 최대화할 수 있다. 다시 말하면 다음 식

$$\max_{x} \left[-\ell n(\sigma_1 \sqrt{2\pi}) - \frac{(z_1^{meas} - \frac{1}{r_1}x)^2}{2\sigma_1^2} \right]$$

은 아래 식

$$\min_{x} \left[\frac{(z_1^{meas} - \frac{1}{r_1}x)^2}{2\sigma_1^2} \right] \tag{7.8}$$

과 같다. 식 (7.8)의 1차 도함수

$$\frac{d}{dx} \left[\frac{(z_1^{meas} - \frac{1}{r_1}x)^2}{2\sigma_1^2} \right] = \frac{-(z_1^{meas} - \frac{1}{r_1}x)}{r_1\sigma_1^2} = 0 \tag{7.9}$$

를 취해 0으로 놓으면 오른쪽의 항을 최소화하는 x의 값을 구할 수 있다. 그러면

$$x^{est} = r_1 z_1^{meas}$$

을 얻는다.

이 결과는 처음부터 예상한 것이었다. 지금까지 우리가 한 것은 전압의 최우추정치를 계측된 전류의 값과 알려진 저항의 값을 곱한 것이라고 말하는 것이다. 그러나 두 번째 계측회로를 추가함으로써 최상의 추정치가 그렇게 확연히 들어나지 않는 전혀 다른 경우를 만난다. 〈그림 7.11〉에서 보는 것과 같이 두 번째

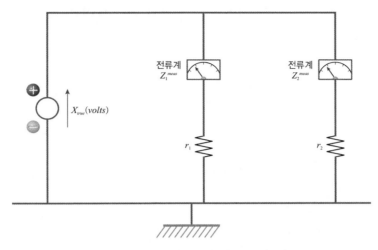

그림 7.11 2개의 저항과 전류계를 갖는 직류회로

의 전류계와 저항을 추가해본다. r_1과 r_2의 값을 알고 있다고 가정한다. 앞에서와 같이 각 계측기에 의해 읽힌 수치를 참값과 확률적 오차의 합이라고 한다.

$$z_1^{meas} = z_1^{true} + \eta_1$$
$$z_2^{meas} = z_2^{true} + \eta_2$$

(7.10)

여기에서 오차는 독립 확률변수이며, 평균치가 0이고 정상분포를 하며 확률밀도함수는 다음 식

$$PDF(\eta_1) = \frac{1}{\sigma_1 \sqrt{2\pi}} \, exp \left[\frac{-(\eta_1)^2}{2\sigma_1^2} \right]$$

$$PDF(\eta_2) = \frac{1}{\sigma_2 \sqrt{2\pi}} \, exp \left[\frac{-(\eta_2)^2}{2\sigma_2^2} \right]$$

(7.11)

과 같다. 그리고 앞에서와 같이 z_1^{meas}과 z_2^{meas}의 확률밀도함수를 다음 식

$$PDF(z_1^{meas}) = \frac{1}{\sigma_1 \sqrt{2\pi}} \, exp \left[\frac{-(z_1^{meas} - \frac{1}{r_1}x)^2}{2\sigma_1^2} \right]$$

$$PDF(z_2^{meas}) = \frac{1}{\sigma_2 \sqrt{2\pi}} \, exp \left[\frac{-(z_2^{meas} - \frac{1}{r_2}x)^2}{2\sigma_2^2} \right]$$

(7.12)

과 같이 나타낼 수 있다.

우도(尤度)함수(likelihood function)는 계측치 z_1^{meas}과 z_2^{meas}를 얻게 될 확률이어야 한다. 그런데 확률적 오차 η_1과 η_2가 독립 확률변수라고 가정하고 있으므로, z_1^{meas}과 z_2^{meas}를 얻게 될 확률은 단순히 z_1^{meas}을 얻을 확률과 z_2^{meas}를 얻을 확률의 곱

$$
\begin{aligned}
prob(z_1^{meas} \, and \, z_2^{meas}) &= prob(z_1^{meas}) prob(z_2^{meas}) \\
&= PDF(z_1^{meas}) PDF(z_2^{meas}) dz_1^{meas} dz_2^{meas} \\
&= \left[\frac{1}{\sigma_1 \sqrt{2\pi}} \, exp \left[\frac{-(z_1^{meas} - \frac{1}{r_1}x)^2}{2\sigma_1^2} \right] \right] \\
&\quad \times \left[\frac{1}{\sigma_2 \sqrt{2\pi}} \, exp \left[\frac{-(z_2^{meas} - \frac{1}{r_2}x)^2}{2\sigma_2^2} \right] \right] dz_1^{meas} dz_2^{meas}
\end{aligned}
$$

(7.13)

이다.

다음으로 함수의 값을 최대화하기 위해 다음 식과 같이

$$\underset{x}{max} \, prob(z_1^{meas} \text{ and } z_2^{meas})$$

$$= \underset{x}{max} \left[-\ell n(\sigma_1\sqrt{2\pi}) - \frac{(z_1^{meas} - \frac{1}{r_1}x)^2}{2\sigma_1^2} - \ell n(\sigma_2\sqrt{2\pi}) - \frac{(z_2^{meas} - \frac{1}{r_2}x)^2}{2\sigma_2^2} \right]$$

$$= \underset{x}{min} \left[\frac{(z_1^{meas} - \frac{1}{r_1}x)^2}{2\sigma_1^2} + \frac{(z_2^{meas} - \frac{1}{r_2}x)^2}{2\sigma_2^2} \right]$$

$$\text{(7.14)}$$

자연대수(ℓn)를 취한다. 구하려는 최솟값은 다음 식

$$\frac{d}{dx} \left[\frac{(z_1^{meas} - \frac{1}{r_1}x)^2}{2\sigma_1^2} + \frac{(z_2^{meas} - \frac{1}{r_2}x)^2}{2\sigma_2^2} \right]$$

$$= \frac{-(z_1^{meas} - \frac{1}{r_1}x)}{r_1\sigma_1^2} - \frac{(z_2^{meas} - \frac{1}{r_2}x)}{r_2\sigma_2^2} = 0$$

$$\text{(7.15)}$$

을 이용해 다음과 같은

$$x^{est} = \frac{\left(\dfrac{z_1^{meas}}{r_1\sigma_1^2} + \dfrac{z_2^{meas}}{r_2\sigma_2^2} \right)}{\left(\dfrac{1}{r_1^2\sigma_1^2} + \dfrac{1}{r_2^2\sigma_2^2} \right)}$$

$$\text{(7.16)}$$

값을 얻는다.

전류계 가운데 하나가 고품질이라면 다른 전류계보다 분산이 훨씬 작을 것이다. 예를 들어, 만약 $\sigma_2^2 \ll \sigma_1^2$ 이라면, x_{est} 에 관한 식은 다음

$$x^{est} \simeq z_2^{meas} \times r_2 \tag{7.17}$$

와 같이 된다.

그러므로 미지의 모수를 추정하는 최우추정법은 계측기의 품질에 따라 적절한 계측에 대한 가중치를 주는 방법을 알려준다.

추정문제를 확률밀도함수의 곱의 최대치로 나타낼 필요가 없다는 것이 명확해졌다. 그 대신, 식 (7.8)과 식 (7.14)를 관찰해 필요한 것을 나타내는 직접적인 방법을 알아낼 수 있다. 이 식에서 미지의 모수의 최우추정값은 각각의 계측된 값과 계측되는 참값(미지의 모수의 함수)의 차이를 자승해 합한 값의 최솟값을 주는 모수의 값으로 항상 표현된다는 것을 알 수 있다. 이때 자승합을 구하는 과정에서 자승차(squared difference)는 계측기 오차의 분산에 따라 가중치를 갖는다. 그러므로 우리는 N_m 번의 계측을 해서 하나의 모수 x 를 추정한다면 다음 식

$$\min_{x} J(x) = \sum_{i=1}^{N_m} \left[\frac{[z_i^{meas} - f_i(x)]^2}{\sigma_i^2} \right] \tag{7.18}$$

여기서, $f_i =$ i 번째 계측에서 계측되고 있는 값을 계산하는데 사용되는 함수

$\sigma_i^2 =$ i 번째 계측의 분산

$J(x) =$ 계측의 잔차(residual)

$N_m =$ 독립적 계측의 수

$z_i^{meas} =$ i 번째 계측값

과 같이 나타낼 수 있다.

식 (7.18)을 이용하면 p.u. MW, MVAR, kV 등의 실제 물리적 단위로 나타낼 수도 있다는 것을 주목해야 한다. 만약 우리가 N_m 번의 계측을 통해 N_s 개의 미지의 모수를 추정하려면 다음과 같은 계산

$$\underset{(x_1, x_2, ..., x_{N_s})}{min} f(x_1, x_2, ..., x_{N_s}) = \sum_{i=1}^{N_m} \left[\frac{[z_i - f_i(x_1, x_2, ..., x_{N_s})]^2}{\sigma_i^2} \right]$$

을 수행하면 된다.

앞에서는 급전실에서 상태추정, 상정사고 분석, 발전기의 출력정정작용이 어떻게 적용되는지에 대해 〈그림 7.1〉을 이용해 앞에서 설명했다. 이 그림은 각종 구성 프로그램 사이에서 정보가 흐르는 것을 나타낸다. EMS는 변환기가 제시하는 정보 및 열림/닫힘에 관한 상황정보를 디지털 신호로 바꾸어 급전실로 보내는 원격계측장치(RTU)로부터 정보를 받는다. 또한, 급전실의 컴퓨터 시스템은 발전기 출력기준점의 증가/감소에 대한 지시와 차단기/개폐기의 열림과 닫힘에 관한 제어정보를 보낼 수 있으며 EMS로 들어오는 정보를 차단기/개폐기의 상황지표와 양에 관한 아날로그 계측정보로 분류한다. 발전기 출력에 관한 아날로그 계측자료는 자동발전제어에 직접 사용될 수 있지만, 다른 자료는 사용되기 전에 상태추정의 과정을 거치기도 한다.

상태추정 프로그램을 실행하기 위해서는 송전선 및 변전소의 차단기가 모선을 통해 소비자부하와 발전기에 어떻게 연결되어 있는가를 파악해야 한다. 이 정보를 송전망 위상기하[32]라고 한다. 그런데 변전소의 차단기/개폐기는 송전망 위상기하를 변화시킬 수 있으므로 컴퓨터 프로그램은 원격계측된 차단기/개폐기의 상황지표에 관한 정보를 실시간으로 받아서, 전력시스템의 전기적 연결 상태를 다시 구성해야 한다. 이것에 관한 예가 〈그림 7.12〉에 나타나 있는데, 〈그림 7.12〉 (a)의 그림에서 차단기를 열면 〈그림 7.12〉 (a)에서 모선의 수가 늘어나는 것을 알 수 있다. 전력시스템 모델을 재구성하는 프로그램을 송전망 구성 프로그램[33]이라고 한다. 이 프로그램은 각 변전소를 나타낼 수 있어야 하고 송전

---

32 network topology, network configuration.

33 network topology program.

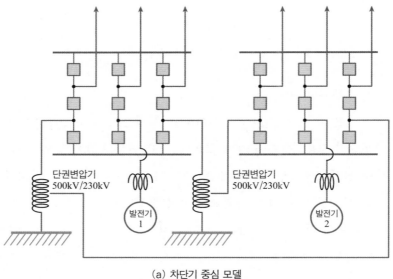

(a) 차단기 중심 모델

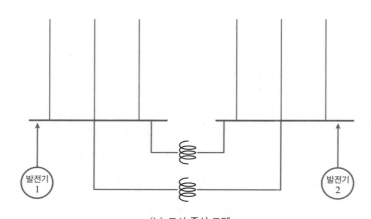

(b) 모선 중심 모델

그림 7.12 송전망 토폴로지

선이 어떻게 변전소에 접속되어 있는가를 나타내야 한다.

　　다른 모선구분 차단기와 차단기/개폐기를 통해 연결된 모선구분 차단기는 동일한 전기적 모선에 연결된 것으로 한다. 전력시스템의 차단기/개폐기의 상황 지표의 변화에 대한 정보를 반영해 전기적 모선의 수와 이들이 접속되는 방법이 변경된다.

7.4 상정사고 분석

7.4.1 정의

상정사고 분석이란 하나의 발전소 또는 송전선에 고장이 발생했을 때에 나머지 건전한 선로의 전력조류가 어떻게 될 것인가를 분석하는 것이다. 시스템 운용에서 필요한 것은 EMS의 상정사고 분석이 실시간으로 이루어져 SCOPF 프로그램이 "만약에 하나의 선로사고가 실제로 발생하더라도 연쇄고장이 발생해 시스템 붕괴가 일어나지 않도록"하기 위해 출력기준점을 다시 조정하는 것이다.

실시간 상정사고 분석은 EMS의 상정사고 분석 프로그램이 5분 간격으로 상태추정 자료를 이용해 가상 사고가 발생할 경우에 연쇄고장이 시작해 시스템 붕괴가 발생하는가를 판별하는 것이다. 시스템의 상태는 실시간의 발전기 출력, 모선별 소비자부하, 전압, 전류, 위상, 송전선 전력조류 등을 말하며 실시간 상태추정 프로그램을 실행해 파악한다.

7.4.2 실시간 상정사고 분석과 비실시간 상정사고 분석

실시간 시스템 운용자를 지원하는 시스템 분석 담당자가 실시간이 아닌 어떤 가정된 상황을 전제로 시스템의 운용 상태와 모선별 소비자부하를 가정해 입력하고 발전기 출력도 입력하는 이른바 비실시간 상정사고 분석을 한다고 가정한다. 그렇다고 실시간 운전에 있어서 비실시간 계산에 사용한 가정한 모선별 소비자 수요가 그대로 실시간에 나타나지도 않을 것이며, 시시각각으로 변화하는 시스템의 상태 및 모선별 소비자부하를 반영하고 시스템 붕괴가 일어날 것인가를 판정해 시스템 운용자가 발전기 출력을 변화할 수 없다.

실시간 운용에서는 실제의 시스템 운용에서 발생할 수 있는 사고와 실시간의 발전기 출력 상태, 송전선의 전력 흐름 상태, 모선별 소비자부하의 상태를 갖고 계산하는 것이므로 앞서 언급한 시스템 상황과 전혀 관계없이 비실시간으로 상정사고 분석을 한다는 것은 시스템 운용에 아무런 도움을 줄 수 없다. 이것이 '뉴욕 대정전사고'를 일으킨 하나의 원인이 되었다.

비실시간으로 행해지는 상정사고 분석업무는 상태추정을 실시간으로 실행하지 않고 일근자가 입력을 가정해 작성·검토해보는 것이므로 실시간 시스템 운용자가 화면으로 대하는 실시간 상정사고 분석 프로그램의 역할과는 무관한 것이며, 5분마다 수행하지도 않으므로 시스템 붕괴를 예방할 수 없는 것이다. 실제로 상정사고 분석을 하지 않고 시스템 운용자가 실시간으로 송전선의 과부하 상태를 전화로 파악했다고 해도 5분마다 파악하기도 어렵고 이때마다 350여 개의 발전기에 대해 출력기준점의 변화를 전화로 하나하나 지시할 수도 없다. 상정사고 분석이 실시간에 상태추정 프로그램의 출력 자료를 이용해 실행되지 않으면 SCOPF를 실행할 근거자료가 없는 것이다. 왜냐하면 실시간 상정사고 분석을 해서 상정사고 제약조건을 추가해 실행하는 것이 SCOPF이기 때문이다.

7.4.3 송전선의 용량 제약과 SCOPF의 사용

현재 우리나라 전력시스템의 상정사고 분석 대상 가운데 중요한 것은 남쪽에서 북쪽으로 연결된 몇 개의 송전선이다. 이 선로들은 지역별 소비자 수요와 공급력의 불균형이 발생하면 과부하 상태가 될 확률이 높고, 이 중 하나가 과부하 상태인데 낙뢰로 인해 선로가 탈락하면 나머지 건전한 선로도 과부하 상태가 되어 탈락한다. 이것이 연쇄고장을 유발할 수 있으며 외국의 대규모 전력시스템에서 붕괴가 일어나는 주요 요인이다. 8,000만kW 발전설비 규모에서는 발전기 탈락으로 인해 시스템이 붕괴할 확률은 극히 낮다. 순동예비력 확보도 중요하지만 송전선 용량 제약을 고려해 안전도를 유지하는 것이 우리나라와 같이 송전선 경과지 확보가 어려운 환경에서는 매우 중요한 고려사항이다. 향후에도 발생할 확률이 높은 시스템의 사고는 순동예비력 부족이 아니라 송전선의 연쇄고장의 파급으로 인한 시스템 붕괴일 것이다. SCOPF를 사용하지 않고 수동으로 안전도를 유지하는 것은 불가능한 것이다. 상정사고 분석을 하지 않는다는 것은 송전선 탈락만 없으면 시스템 운용의 문제는 없을 것이라고 판단하는 것과 다름이 없다. 그러나 송전선 탈락이 발생하지 않는다고 하는 것은 확률적 가정이 아니라 결정론적(deterministic) 가정일 뿐이다. SCOPF를 사용해 발전기 출력기준점을 지정하지 않으면 송전선의 과부하 상태를 해소하지도 못하고 연쇄고장이 일어나기 시작하는 것을 예방하지도 못한다.

송전망의 용량이 부족하면 송전선 용량 제약에 따라 경제적으로 유리한 발전기가 다른 지역의 소비자 수요를 만족시키기 위해 전력을 공급할 수 없게 되어 발전비용이 높아진다. 경제적으로 유리한 발전기의 출력이 제한되고(con-off) 변동비가 높은 발전기가 출력을 높이게(con-on)된다. 이 상황을 기록해 변동비가 낮은 발전기가 송전망의 제약으로 인해 발전을 경제적으로 제대로 하지 못한 것을 보상해주는 정산이 행해지고 있는데 이것을 제약비발전이라고 한다. 이 계산은 5분마다 안전도 제약 최적조류계산이 실행되지 않으면 불가능하다. EMS의 SCOPF는 5분 단위로 이 제약으로 인해 발전기 출력기준점이 낮아졌는가 아니면 하나의 발전기가 제약을 받아 출력을 내지 못해 다른 발전기가 출력을 더 내었는가를 기록해 정산에 고려한다.

제약발전 및 제약비발전의 여부를 판단하는 것은 증분비용법에 의한 발전기 출력기준점과 SCOPF를 사용한 발전기 출력기준점의 차이이다. 어떤 발전기는 경제적으로는 100만kW를 낼 수 있으나 제약으로 인해 출력기준점이 낮아져서 80만kW 출력을 내어 제약비발전이 된다. 그러면 어떤 다른 발전기는 제약조건 때문에 출력이 감소한 발전기(con-off 상태)의 감소량만큼 자신의 출력을 더 증가해야 하며, 이 발전기는 제약발전(con-on 상태)이 된다. 왜냐하면 공급력과 시스템부하는 항상 일치해야 하기 때문이다.

7.4.4 ED, OPF 그리고 SCOPF

일반적으로 ED(economic dispatch)라고 하는 것은 상태추정 결과와 송전선 용량의 제약조건을 사용하지 않고 발전기별 출력기준점을 계산하는 것을 의미한다. 전력조류계산의 제약이 없이 계산하므로 송전선 용량 제약이 고려되지 않는 계산이다. 또한 OPF라고 하면 주로 실시간 교대근무자가 아닌 컴퓨터 시스템을 유지 관리하는 일근자가 운용계획을 수립하기 위해 사용하는 것[34]을 말한다. SCOPF는 상정사고 분석을 통해 OPF의 제약조건에 상정사고 제약을 추가해 실시간으로 발전기 출력기준점을 결정할 때에 사용하는 용어이다. 상정사고 제약이 가해지지 않은 SCOPF는 OPF와 동일한 것이다.

7.5 자동발전제어[35]

7.5.1 단일 발전기로 구성된 시스템의 주파수 변화

전력시스템의 주파수를 규정치(50Hz 또는 60Hz) 또는 계획치로 유지하는 것은 발전시스템의 각종 기기의 건전성 및 소비자의 전기기기의 사용을 위해 대단히 중요하다. 자동으로 주파수를 조정하는 역할은 개별 발전기의 가버너의 1차 제어와 EMS의 자동발전제어(AGC) 또는 주파수 추종 출력제어의 기능에 의해 수행된다.

전력시스템의 주파수 변화를 이해하기 위해서는 〈그림 7.13〉과 같이 단독

---

34 study mode, 또는 off-line용.

35 Murty, *Automatic Generation Control*. Retrieved from 〈http://www.sari-energy.org/PageFiles/What_We_Do/activities/CEB_Power_Systems_Simulation_Training,_Colombo,_Sri_Lanka/Course_ppts/Lecture_49_EMS.pdf〉

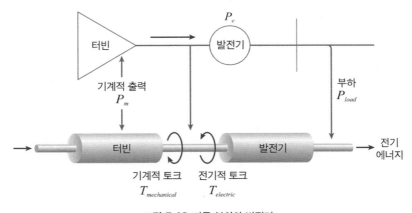

그림 7.13 단독 부하와 발전기

자료: Wood, A. J., et al. (2014).

부하에 연결된 하나의 발전기를 고려해본다. 정상 상태에서 터빈의 기계출력 (P_m)과 시스템부하의 크기(P_l)는 같다. 그러나 부하의 크기에 변동이 생기고, 발전기 출력은 변하지 않는다면 회전체의 관성(rotating inertia)에 의해 터빈발전기의 회전속도(ω)는 변화한다. 이 관계는 다음의 미분방정식과 같이 주어진다.

$$P_m - P_l = M[d\omega/dt] \tag{7.19}$$

위의 식은 회전자의 관성을 나타내는 식이다. 가버너 시스템은 속도의 변화를 감지하고 증기 제어밸브를 제어해 기계출력(P_m)이 변동된 출력(P_l)과 같도록 한다. 속도변화는 멈추지만 속도는 다른 값으로 변해서 고정된다. 정상 상태에서의 주파수의 변화($\Delta\omega$)는 다음 식과 같이 시스템부하의 변화(ΔP_l)와 속도조정률[36] 또는 드룹(droop)이라는 것을 사용해 설명할 수 있다.

다음의 식 (7.20)

36　R: speed regulation.

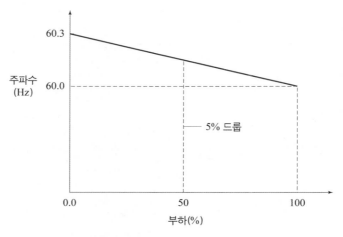

그림 7.14 가버너의 주파수 조정

$$\Delta \omega = - \left[\Delta P_l \right] \cdot \left(R \right) \tag{7.20}$$

은 드룹 공식이라고 한다. 〈그림 7.14〉에서 보는 바와 같이 부하가 20%만큼 변하면($\Delta P_l = 0.2 \text{p.u.}$), p.u. 드룹 값이 0.05일 경우, 주파수는 1% 변한다($\Delta \omega = 0.01 \text{p.u.}$). 이와 유사하게, 시스템부하를 모두 차단하면($\Delta P_l = -1.0 \text{p.u.}$) 속도는 5% 변한다 ($\Delta \omega = +0.05 \text{p.u.}$). 이것은 드룹 특성에 의해 설명된다.

7.5.2 추가적 제어의 필요성

시스템수요가 변화하면 주파수는 원래의 정상 상태에서 유지되던 값을 벗어나 과도 상태를 거쳐 다른 값으로 정착한다. 이것을 정착주파수(settling frequency)라고 한다. 이 값은 드룹 값에 따라 결정된다. 예를 들면, 100% 부하를 차단하면 발전기의 속도는 105%에서 정착된다. 과도기간 중에는 〈그림 7.15〉처럼 더 높은 값[37]을 잠시 갖는다. 그러나 이 속도는 원래 값으로 복원되어야 하는바, AGC 기능이 추가적 제어를 해서 출력기준점을 새로 지정해줌으로써 주파수가 규정치

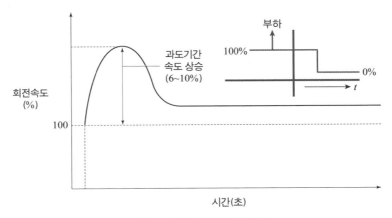

그림 7.15 부하 차단에 대한 응동

로 복원되도록 한다.

〈그림 7.16〉을 보면, 전기적 부하가 바뀌면 변화가 일어나기 이전의 속도로 복원하기 위해 출력기준점이 조절되어야 한다. 이것은 〈그림 7.17〉과 같이 새로운 출력기준점을 맞추기 위해 드룹 특성을 수평으로 이동하는 것과 등가이다.

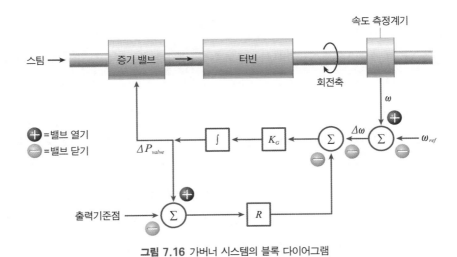

그림 7.16 가버너 시스템의 블록 다이어그램

37   TSR: Transient Speed Rise.

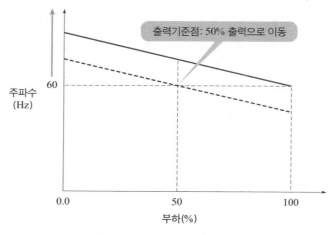

주파수
(Hz)

출력기준점: 50% 출력으로 이동

60

0.0   50   100

부하(%)

그림 7.17 드룹 특성곡선의 수평이동

7.5.3 주파수 추종 출력제어

부하/주파수의 변동에 관한 개념은 단일 발전기와 단독 부하가 있는 시스템에서 복수의 발전기와 복수의 부하로 구성된 시스템으로 확장될 수 있다. 시스템수요와 공급력(발전기 출력의 합)의 불균형은 시스템의 관성에 의해 주파수의 변화를 일으킨다. 각 발전기의 가버너는 주파수를 감지하며, 60Hz를 유지하기 위해 터빈의 입력을 자동적으로 조정할 것이다. 이 작용을 1차 제어라고 한다. 1차 제어에 대한 블록 다이어그램이 〈그림 7.18〉이다. 미국 NERC 및 전력회사는 1차 제어라는 용어 대신 주파수 응동(frequency response)이라는 용어를 사용한다.

그러나 1차 제어의 작용만으로 주파수는 60Hz로 복귀하지 못하며 주파수는 60Hz가 아닌 다른 값(정착주파수)에 고정되며 단일 시스템의 경우와 같이 주파수가 회복되기 위해 출력기준점이 조정되어야 한다. 이 기능은 〈그림 7.19〉와 같은 AGC[38]에 의해 행해진다. 출력기준점을 조정하는 과정을 추가적 제어[39]라

---

38   automatic load frequency control이라고도 한다.

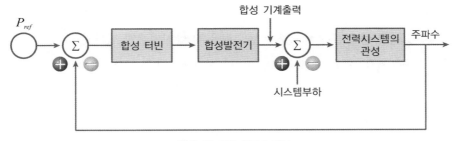

그림 7.18 자동 주파수 제어

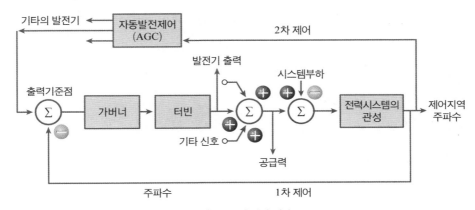

그림 7.19 추가적 제어

고 한다. 시스템수요가 변화하면 주파수가 변화하고 처음 몇 초 동안의 조정은 모든 급전대상 발전기의 가버너의 작용(1차 제어)에 의한 것이며 궁극적으로는(최종적으로는) 자동발전제어의 작용이 대부분이다. 원자력발전기의 경우, 가버너를 폐색(block)해 주파수 편차를 회복하는 데 참여시키지 않는 전력회사도 많다.

각 발전기는 출력을 높이거나 낮추는데 이때 출력기준점의 조정 속도가 빠른 발전기가 먼저 출력기준점을 조정한다. 화력발전기는 열적 스트레스(thermal stress) 때문에 출력증감의 속도에 제약이 있다. 그러나 모든 발전기는 1차 제어에

---

39 supplement control이라고 하며 secondary control이라고도 한다. 주로 주파수 응동(frequency response) 작용 이외로 EMS가 보내는 신호를 2차 제어 신호라고 한다.

는 참여한다. 일정 주파수 제어(CFC)를 할 경우, AGC 기능은 주파수를 회복할 수 있는 용량을 계산해 필요한 변화량을 각 발전기에게 조정신호(regulating signal)로서 배분해 보낸다. 이때에는 모든 발전기를 대상으로 하는 것이 아니고 출력기준점의 변화가 빠른 발전기를 선정해 보낸다. 이것은 통상 4초의 간격으로 행해지며 발전기를 선정함에 있어서는 지역별로 송전망의 용량을 고려해 균등하게 미리 정해 놓는다.

시스템수요와 공급력의 균형이 깨어지면 주파수의 변화가 생긴다. 시스템 부하는 시시각각으로 변화하므로 공급력과의 균형이 유지되지 않는다. 순동예비력이 많이 확보되어 있으면 주파수를 조정하기 용이하며 반대로 순동예비력의 확보량이 부족하면 전력시스템 운용자는 부하 차단을 실시하기도 한다.

7.5.4 연계선 전력조류제어

미국의 연계시스템은 연계선에 의해 여러 전력시스템이 연결되어 있고 서로 협정을 해서 운용된다. 따라서 주파수 추종 출력제어(LFC)는 이 협정을 준수해 실행된다. 이 기능은 연계선 운용계획[40] 기능에 의해 수행된다. 각각의 전력시스템은 자기 서비스 지역의 소비자의 수요를 만족시키기 위해 발전을 할 의무가 있다. 각각의 제어지역이 자기의 균형유지 담당지역의 시스템수요를 정확하게 만족시킨다면 주파수는 60Hz로 유지될 것이다. 〈그림 7.20〉과 같이 나타낼 수 있는 연계시스템은 변화하는 자기 제어지역의 시스템수요를 만족시켜가면서 연계선의 계획된 전력조류를 유지해야 한다. 각 시스템의 EMS는 연계선 전력 흐름과 주파수를 감시하면서 발전기의 출력기준점을 증가 또는 감소할 수 있다. 여기에도 AGC가 사용된다.

---

40   IS: Interchange Scheduling(연계선 계획).

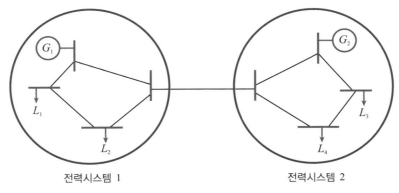

그림 7.20 연계 시스템

2개의 전력회사가 각자의 전력시스템을 연계하는 데에는 몇 가지 이유가 있다. 첫째는 두 전력회사의 발전기 변동비가 서로 달라서 거래가 가능한 이웃의 전력시스템과 전력을 거래할 수 있기 때문이다. 둘째, 연계선을 통해 거래할 전력이 없다고 하더라고 하나의 시스템에 속한 발전기가 고장을 일으켜 탈락하면 두 시스템에 속한 발전기가 모두 주파수 하락을 경험하기 때문에 주파수를 회복하는 데 있어서 도움을 요청할 수 있다.

시스템수요를 만족시키기 위해 발전기의 출력을 할당하는 경우에 연계된 시스템은 흥미로운 제어 문제가 발생한다. 〈그림 7.20〉과 같은 두 연계시스템에서 발생할 수 있는 가상적 상황을 이용해 이 문제를 설명한다. 두 시스템은 모두 동일한 특성을 가진 발전기와 부하로 구성되어 있다고($R_1 = R_2$, $D_1 = D_2$) 가정[41]하고 연계선 운용협약에 의해 100MW의 전력을 전력시스템 1에서 시스템 2로 보내기로 되어 있다. 지금 시스템 2에서 30MW의 부하가 갑자기 증가했다고 가정한다. 그러면 2개의 시스템은 동일한 발전기 특성을 갖고 있으므로 두 시스템은 각각 15MW의 부하 증가를 경험하게 되어 연계선의 조류는 100MW에서 115MW로 변화할 것이다. 따라서 시스템 2의 30MW의 부하증가는 시스템 1에

---

41 연계지역 간 속도조정률(R: Speed regulation)과 부하제동(D: load damping)이 각각 같다고 한다.

서의 발전기 출력의 증가와 시스템 2에서의 발전기의 출력 15MW의 증가로 만족될 것이다. 이것은 좋아 보이지만 전력시스템 1은 115MW가 아닌 100MW를 팔게 되어 있고 발전비용은 상승할 것이며 이 비용을 청구할 곳이 없다. 이 시점에서 필요한 것은 30 MW의 부하가 시스템 2에서 발생했고 이곳에서 30MW의 공급력을 증가하고 주파수를 60Hz로 유지하는 작용이다. 이렇게 하면 전력시스템 1의 발전기 출력은 부하증가 이전의 상태로 회복된다. 제어시스템은 주파수와 연계선에 흐르는 순-전력[42]에 대한 정보를 활용해야 한다. 이 제어를 위해서는 다음 사항을 인지해야 한다.

① 만약 주파수가 감소했고 자기 시스템을 떠나가는 순연계선전력이 증가했다면 자기 시스템의 외부에서 부하가 증가한 것이다.

② 만약 주파수가 감소했고 자신의 시스템을 떠나가는 순연계선전력이 감소했다면 자기 시스템의 내부에서 부하가 증가한 것이다.

SCADA는 연계선의 전력 흐름을 계측한다. 계획된 연계선 전력 흐름은 계획판매량에서 구매량을 차감한 것으로 한다. 두 시스템의 규정주파수는 60Hz이다. 두 시스템의 계획된 전력 흐름의 차이를 ΔP_{tie} 라고 하며 규정주파수와 현재 주파수와의 차이를 Δf 라고 한다. 이 둘은 합해 하나의 값(ΔP_{tie}와 $\beta \Delta f$ 의 합)으로 만들어 각 발전기의 가버너에 출력기준점으로 전달된다. 만약 이 신호가 양수이면 한쪽 시스템에서 판매하는 전력이 많거나, 또는 주파수가 60Hz보다 높다는 것을 의미한다. 이 경우 한쪽 시스템의 발전기들은 출력을 감소해야 하며 '감소' 신호가 전달된다. 만약 신호가 음수이면 반대의 작용이 일어난다. 여기에서 주의할 점은 항상 증분변화 신호가 전달된다는 사실이다.

현재의 AGC의 수행은 연계선조류편의제어[43]전략에 의한 것이다. 이 전략

---

42 net power flow.

에서, 각 전력시스템의 EMS는 ACE를 0으로 유지하려고 노력한다. 이에 대한 식은

$$ACE = (T_a - T_s) - 10\beta \cdot (f_a - f_s) \qquad (7.21)$$

이며, 2개의 전력시스템이 연계되어 있는 경우, 각 지역의 ACE는 다음 식

$$ACE_1 = \Delta P_{12} + B_1 \cdot \Delta\omega \quad ACE_2 = \Delta P_{21} + B_2 \cdot \Delta\omega \qquad (7.22)$$

여기서, $B_i = DL_i + 1/R_i$: 지역 i 의 주파수 편의 계수
DL_i : 지역 i 의 부하제동계수

과 같다.

식 (7.21)에서 $T_a - T_s$ 는 연계선의 현재 전력조류와 계획된 전력조류와의 차이고, $f_a - f_s$ 는 정격주파수와 계획주파수의 편차이며, $10 \cdot \beta(f_a - f_s)$ 는 주파수 편차에 대한 각 지역의 자연응동[44]을 나타낸 것이다. 여기에서 β 는 시스템 자연응동계수라고 한다. 이 수치는 현재 운전 중인 발전기의 가버너 응동 특성과 항상 변화하는 부하의 주파수 응동 특성에 따라 변화하므로, 정확한 β 를 구하는 것은 시스템수요가 변동하므로 일정하지 않으며 '1% 법칙'이 자주 사용된다.[45] 이 특성은

$$\beta = \frac{1}{R} + D \qquad (7.23)$$

---

43   tie-line bias control.

44   natural response.

45   NERC (2011a), *Balancing and Frequency Control: A Technical Document*, NERC Resources Subcommittee, p. 21.

라고 표시되고, 여기에서 $1/R$은 가버너 레귤레이션 또는 드룹이며, D는 부하제동[46] 계수이다.

연계선조류 제어의 기본개념은 ACE가 0보다 크면 공급력을 감소시키고 ACE가 0보다 작으면 증가하는 것이다. β가 0이 아닌 이상, 만약 모든 참여 시스템의 ACE가 0이면 $\Delta\omega = 0$이며 모든 ACE(Δnet interchange)는 0이다. ACE를 0으로 하면 주파수와 연계선의 전력조류는 계획대로 복원된다. 이상적으로 $\Delta P_{ref,i} = ACE_i$이다. 대부분 다음 식

$$\triangle P_{ref,i} = -K_i ACE_i dt \tag{7.24}$$

과 같은 비례적분제어[47]를 시행한다.

정상 상태에서 $\Delta P_{ref,i} = 0$, $\Delta ACE_i = 0$이다. 그렇다면 $\Delta P_{ref,i} = \Delta P_{li}$이다. 안정적 이득[48]으로서 적분제어를 하면 오차가 0으로 되는 것을 보장한다. 이것을 블록 다이어그램으로 표시한 것이 〈그림 7.21〉이다.

만약 발전기가 고장을 일으켜 탈락하면 앞의 〈그림 6.19〉와 같이 주파수가 60Hz에서 59.72Hz로 하락한다. 이때에 가버너 1차 제어작용에 의해 주파수가 상승하기 시작하고 59.80Hz 근방에 정착된다. 이것을 정착주파수(settling frequency)라고 한다. 그 다음으로 AGC의 조정(regulation) 기능이 각 발전기의 가버너의 출력기준점을 조정해 주파수는 60Hz으로 회복된다.

---

46   load damping.

47   proportional integral control.

48   stable gain, K_i.

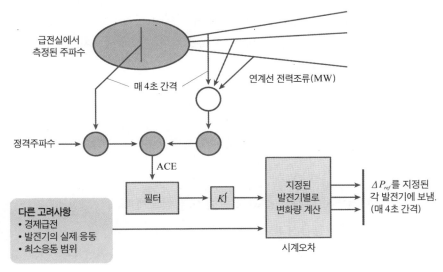

급전실에서
측정된 주파수

매 4초 간격

연계선 전력조류(MW)

정격주파수 →

ACE

필터

$K\!\!\int$

지정된
발전기별로
변화량 계산

ΔP_{ref}를 지정된
각 발전기에 보냄.
(매 4초 간격)

다른 고려사항
• 경제급전
• 발전기의 실제 응동
• 최소응동 범위

시계오차

그림 7.21 주파수 추종 출력제어(LFC)의 구조

7.6 전력시스템 안전도[49]

7.6.1 안전도의 정의

먼저 전력시스템 운용에 있어서 신뢰도, 적정성 그리고 안전도를 정의하면 다음과 같다.[50]

O 신뢰도(reliability): 전력시스템의 구성요소가 잘 작동해 주어진 기준 이내에서 소비자에게 전력을 전달하는 수행능력의 정도를 나타낸다. 신뢰도는 빈도, 지속시간, 전력 공급에 미치는 악영향의 크기 등에 의해 측정된다.

49 Wood, A. J., Wollenberg, B. F., and Sheblé, G. B. (2014). *op. cit.*

50 U.S.-Canada Power System Outage Task Force (2004), *Final Report on the August 14, 2003 Blackout in the United States and Canada: Causes and Recommendations.*

○   적정성(adequacy): 전체 시스템의 관점에서 구성요소의 불확실한 고장정지를 고려해 소비자에게 언제라도 필요한 전력(MW)과 에너지(MWh)를 공급할 수 있는 능력을 말한다.

○   안전도(security): 전력시스템이 단락사고(short circuit fault), 예상하지 못한 시스템 구성요소의 탈락 등으로 인한 갑작스런 교란을 견뎌낼 수 있는가의 정도를 말한다.

여기에서 말하는 신뢰도는 발전기 건설계획을 수립할 때 적정 설비예비력을 결정하는 공급신뢰도(LOLP)[51]와는 구분된다. 시스템 운용에서는 1년에 며칠 또는 몇 시간 동안 공급력이 부족할 것인가를 계산하기보다는 주어진 급전 시간 단위(예를 들면 5분 또는 20분) 내에서 순동예비력을 확보해 부하 차단을 최소화하면서 소비자부하를 만족시켜야 할 것인가가 시스템 운용자의 신뢰도 유지 의무이다. 신뢰도의 유지는 적정성과 관계가 깊다고 말할 수 있다.

시스템을 운용하는 데 필요한 연료비를 최소화하는 것과 대등하게 중요성을 갖는 것이 시스템 운용의 안전도를 유지하는 것이다. 안전도는 시스템의 구성요소가 작동을 실패하더라도 시스템 운용을 가능한 상태로 회복하는 것이 가능한 정도를 말한다. 예를 들면, 어떤 발전기가 고장을 일으키면 시스템에서 탈락된다. 적정한 규모의 순동예비력을 보유하고 있다면 나머지 건전한 발전기들은 주파수가 많이 하락하거나 아니면 소비자부하를 차단해야 하는 상황을 일으키지 않고서도 모자라는 공급력을 보충할 수 있다. 이와 유사하게, 하나의 송전선이 낙뢰로 인해 손상을 입어 보호계전기의 동작으로 인해 탈락될 수 있다. 만약 시스템 운용을 하는 데 있어서, 송전선의 전력조류가 적절하게 유지되도록 발전기 출력을 재배치한다면 나머지 송전선은 변화한 전력조류를 감당해 송전선의 전력 흐름의 제한범위 내에서 건전한 운전 상태를 유지할 수 있다.

---

51   공급지장시간(loss of load probability).

7.6.2 안전도 유지의 필요성

시스템 구성요소의 탈락을 일으키는 초기화 사건(initiating event)과 사고가 발생하는 시점은 예측할 수 없기 때문에 사고가 발생하더라도 시스템이 위험한 상태로 가지 않도록 운용되어야 한다. 시스템 구성요소는 제한범위 내에서 운전되도록 설계되었기 때문에 대부분의 설비는 제한범위가 유지되지 못하면 설비를 시스템에서 분리하도록 하는 보호계전기에 의해 보호를 받고 있다. 만약 시스템 내에서 어떤 사고가 발생해 운전의 제한범위를 벗어나면 이 설비는 탈락되어 시스템에서 분리된다. 만약 하나의 구성요소가 탈락해 건전한 설비에 과부하를 유발시키면 이 설비도 보호장치에 의해 탈락할 것이다. 이것을 연쇄고장의 시작이라고 하며 이와 같은 파급되면 시스템이 완전하게 무너질 수 있다. 이것을 시스템 붕괴라고 말한다.

순동예비력도 확보되어 있고 주파수도 정상적으로 유지되고 있다고 하더라도 송전망에 연쇄고장이 파급되면 발전기들이 출력을 정상적으로 낼 수 있어도 생산한 전력을 수송할 통로가 사라졌으므로 운전 중인 발전기가 다른 발전기와 동기속도로서 운전할 수 없게 된다. 그러므로 각각의 발전기가 제멋대로 회전하다가 탈락하게 된다. 이 상황은 약 8초 내지 10초 사이에 일어나며 전체의 발전기가 짧은 순간 내에 모두 탈락해 전국의 전력 공급이 중단되는 것이다. 이것은 〈그림 7.22〉에서 보면 시소의 막대기가 부러져서 시소를 못하게 되는 것과 유사하다.

시스템 붕괴를 일으킬 수 있는 형태의 사건순서(event sequence)는 우선 절연파괴, 또는 보호계전기의 작동에 의해 송전선이 개방되는 것이다. 그리고 나머지 건전한 선로는 탈락된 송전선에 흐르던 전력을 흡수해 운전을 계속해야 하므로 과부하 상태가 되고 이때 보호계전기가 작동하게 되어 개방된다. 나머지 건전한 선로는 더욱 더 많은 전력조류를 담당해야 하는데, 이것이 과부하 상태가 되면 이 선로도 개방된다. 대부분의 시스템은 하나의 초기화 사건이 다른 구성요소를

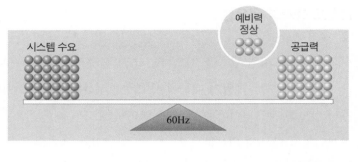

그림 7.22 시스템수요와 공급력의 균형상실 붕괴

과부하 상태로 만들어내는 연쇄고장이 시작되지 않도록 운용된다. 이것이 안전
도를 유지하는 전력시스템 운용의 핵심이다.

7.6.3 연쇄고장 방지의 알고리즘

대부분의 대규모 전력시스템은 시스템 운용자가 안전도를 유지하도록 전력시스
템을 감시하면서 운용할 수 있도록 한다. 여기서는 이러한 목적으로 설치된 설비
와 운용기술에 대해 논한다. 전력시스템 운용의 안전도 유지는 급전실에서 수행
되는 다음과 같은 3개의 큰 기능

① 전력시스템 감시(monitoring)
② 상정사고 분석(contingency analysis)
③ 안전도 제약 최적조류계산(security-constrained optimal power flow)

에 의해 실행된다.

첫째, 전력시스템 감시기능은 시스템 운용자가 시스템의 상태에 관한 최신 정보를 얻도록 하는 것이다. 일반적으로 말한다면 이것은 앞의 세 가지 기능 가운데 가장 중요한 기능이다. 몇 개의 발전기가 전력을 공급하던 초기의 시스템 운용시기와 달리 시스템을 효과적으로 운용하기 위해서는 중요한 정보가 입력되어야 하고 계측값이 SCADA의 중앙제어실로 전송되어야 한다. 원격계측시스템이라고 말하는 계측 및 전송시스템은 전압, 위상, 전류, 송전선 전력조류, 모선별 소비자부하, 변전소 내의 차단기와 개폐기의 상태 등을 감시할 수 있는 시스템으로 진화되었다. 또한, 발전기 출력, 변압기 탭의 위치 등과 같은 중요한 정보도 원격계측될 수 있다. 이렇게 많고 다양한 정보가 동시에 전송되면 전력시스템 운용자는 실시간 급전을 하는 시간단위, 예를 들면 5분 이내에서 모두 검증할 수 없다. 그러므로 급전실에 설치되어 있는 컴퓨터가 원격계측에 의해 수집된 정보를 처리하고 데이터베이스에 저장해 이 정보를 급전실의 화면에 게시한다. 이것보다 더 중요한 것은 컴퓨터는 정보를 분석해 운전의 제한범위를 벗어나 있는 것을 전력시스템 운용자에게 알려주고 전압이 과부하이거나 허용범위를 벗어나는 경우에 경보를 전달하는 것이다.

전력시스템 감시기능은 상태추정 프로그램을 통해 실행된다. 상태추정은 원격계측을 통해 획득한 자료와 전력시스템 모델을 결합해 현재 시스템의 상태를 알려주는 변수에 관한 통계적으로 가장 정확한 추정치를 생산하는 데에 사용된다. 이와 같은 시스템은 운용자가 차단기를 조작하거나, 개폐기를 분리하거나 변압기 탭을 조정하는 것이 가능하도록 하는 SCADA와 결합해 사용된다. 이것은 EMS와 전력시스템 운용자에게 발전기와 송전망을 감시하고 과부하 또는 과전압에 대해 조치를 취할 수 있도록 해준다.

두 번째로 중요한 안전도 유지기능은 상정사고 분석이다. 이 분석의 결과는 전력시스템이 방어적으로 운용되도록 한다. 여기에서 상정사고라는 용어는 사고(contingency)를 의미하는 것이지만 EMS의 프로그램이 하나의 사고가 일어나면 어떤 상태가 되는 것인가를 알아내려고 할 때에 사고로 인해 선로 또는 발전기가 없다고 가정하는 경우에 사용하는 용어이다. 그러므로 안전도 유지 여부를 판단하는 과정에서는 '사고' 대신에 '상정사고'라는 용어를 사용한다. 전력시스템에서 발생하는 여러 가지 사고는 시스템 운용자가 대응조치를 취할 수 없는 아주 짧은 시간 내에 발생해 심각한 문제를 일으킬 수 있다. 이것의 한 예가 연쇄고장의 경우이다. 이러한 시스템 운용의 특성 때문에 EMS는 일어날 가능성이 있는 사고를 가상해 사고 발생 후에 나머지 건전한 선로가 과부하를 일으키지 않도록 발전기 출력을 재배치하는 기능을 갖고 있다. 시시각각으로 변화하는 모선별 소비자 수요에 따라 발전기 출력을 재배치할 때 5분마다 시스템 운용자가 연쇄고장이 일어나지 않도록 발전기 출력을 재배치할 능력은 없다. 상정사고 분석 프로그램은 시스템 해석 모델에 근거해 사건을 가정하고, 일어날 가능성이 있는 과부하 또는 과전압에 대해 EMS가 사전에 발전기 출력기준점을 조정하는 조치를 취해 연쇄고장이 시작되지 않도록 해서 시스템 붕괴를 예방한다. 상정사고 분석의 가장 간단한 형태는 최적조류계산 기능에 내장된 전력조류계산 프로그램을 이용하는 것인데 사고가 일어난 상황이 상정되면 사고의 영향 또는 결과를 최적조류계산 프로그램이 네트워크 토폴로지를 바꾸어 분석한다. 변형된 상정사고 분석 프로그램으로는 고속계산법, 자동 상정사고 선정법, 그리고 자동 상정사고 전력조류계산법 등이 있다.

　세 번째 중요한 안전도 유지기능은 SCOPF를 실행하는 것이다. 이 기능에서는 최적조류계산의 해로 주어지는 발전기 출력기준점에 대해 변화를 가하거나 다른 제약을 추가해, 하나의 사고가 일어나도 나머지 건전한 선로에 과부하가 발생하지 않도록 한다. 즉 사고가 일어나더라도 연쇄고장이 일어나지 않도록 하기 위해 사고를 상정하는 선로의 제약용량을 변경해 최적조류계산을 다시 실행해 발전기의 출력기준점을 재배치하는 것이다. 이 과정은 다음과 같이 4단계로서 설명된다.

① 최적 급전: 이것은 시스템이 고장을 일으키기 전의 상태이다.
② 상정사고 이후: 이것은 사고가 발생한 이후의 상태이다. 여기에서는 안전도를 위반하는 조건이 형성되어 있다고 가정한다.
③ 안전도 유지 급전: 이것은 사고가 발생하지 않았지만 안전도 위반상황이 발생하지 않도록 운전조건에 제약을 가한 상태이다.
④ 사고 이후 안전도 보장: 이것은 기준 운전 상태[52]에 상정사고 분석의 결과를 고려해 제약조건을 수정한 상태이다.

지금부터 위의 4개 항목을 다음의 SCOPF 예제를 이용해 설명한다. 먼저 발전기 2대, 소비자부하, 그리고 2개의 선로를 갖는 시스템에서 발전기가 수요를 만족시키는 것을 예로 든다. 여기에서 선로 손실은 무시한다.

우리는 예로 든 시스템이 〈그림 7.23〉에서처럼 500MW의 출력을 제공하는 발전기 1과 700MW의 출력을 제공하는 발전기 2, 2대의 발전기의 운전 상태가 최적 급전상황이라고 가정한다. 그리고 2개의 송전선은 각각 400MW의 송전 능력을 갖는다고 하면 기준 운전 상태에서 전력수송의 문제는 없다고 본다. 2개의 송전선 가운데 하나가 고장을 일으켜 개방되었다고 하면 〈그림 7.24〉와 같은 상황이 된다.

지금 건전한 나머지 선로에 과부하가 발생했다. 이 예제에서는 이 상황이 일어나는 것이 바람직하지 않으므로 발전기 1의 출력을 400MW로 낮추어 상황을 개선하려고 한다. 그러면 안전도를 유지할 수 있는 급전은 〈그림 7.25〉와 같다.

지금 동일한 상정사고 분석을 하면 상정사고-이후의 안전도 보장 상태는 〈그림 7.26〉과 같다.

발전기 1과 발전기 2가 출력기준점을 조정해 상정사고-이후의 운전 상태가 과부하로 되는 것을 방지했다. 이것을 안전도 유지를 위한 정정[53]이라고 말한다.

---

52   base operating condition.

53   security corrections.

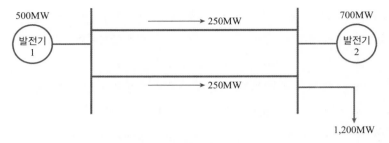

그림 7.23 최적 급전 상태

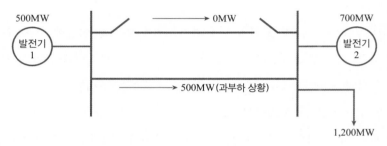

그림 7.24 상정사고-이후 상태

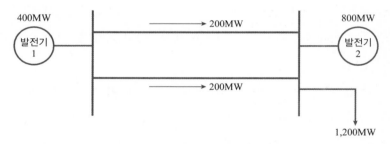

그림 7.25 안전도 유지 급전 상태

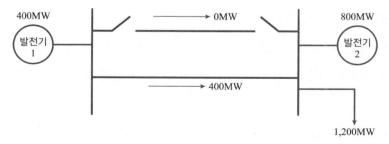

그림 7.26 상정사고-이후 안전도 보장 상태

기준 운전 상태 또는 상정사고-이전의 조건을 수정해 상정사고-이후에 위반상황이 발생하지 않도록 하는 프로그램을 SCOPF라고 한다.

전력시스템 감시, 상정사고 분석, 그리고 사전 정정작업 해석[54] 등은 시스템의 안전도 유지를 위해 EMS가 시스템 운용자를 지원하는 대단히 복잡한 기능이다. 최적조류계산에 대한 설명이 끝난 다음에 OPF를 이용해 SCOPF를 실행하는 과정에 관해 다시 설명한다.

7.7 경제급전 최적화 이론[55]

7.7.1 최적성 조건[56]

이 절은 경제급전에 사용되는 최적화 이론을 이해하기 위해 먼저 라그란지 승수의 개념과 카르시-쿤-터커(Karush-Kuhn-Tucker) 조건[57] 등 비선형계획법의 1차 필요조건과 충분조건에 대해 설명한다.

제약 없는 최적화 문제와 정의

여기서 고찰의 대상으로 삼는 것은, 목적함수 $f: R^n \rightarrow R^1$, 제약함수 $g_i: R^n \rightarrow R^1$, $i = 1, \cdots, m$; $h_j: R^n \rightarrow R^1$, $j = 1, \cdots, l$ 에 관해 정의되는 비선형

---

54 corrective action analysis.

55 Avriel, M. (1976), *Nonlinear Programming: Analysis and Methods*, Prentice-Hall Inc., Englewood Cliffs, NJ.

56 Osborne, M. (1972), "Topics in Optimization," *STANS-CS-72-279*, Computer Science Department, School of Humanities and Sciences, Stanford University.

57 쿤-터커(Kuhn-Tucker) 조건이라고도 하며 최적해에 대한 1차 필요조건(FONC: first order necessary condition)이라고 한다. 앞으로 KKT 조건이라고 표기한다.

계획문제

$$\begin{cases} \text{최 소 화} & f(\mathbf{x}) \\ \text{조 \quad 건} & g_i(\mathbf{x}) \le 0, \quad i = 1, \cdots, m \\ & h_j(\mathbf{x}) = 0, \quad j = 1, \cdots, l \end{cases} \tag{7.25}$$

이다. 문제 (7.25)에 대해

$$S = \left\{ \mathbf{x} \middle| g_i(\mathbf{x}) \le 0, \ i = 1, \cdots, m \ ; \ h_j(\mathbf{x}) = 0, \ j = 1, \cdots, l \ ; \ \mathbf{x} \in R^n \right\} \tag{7.26}$$

를 실행가능영역 혹은 제약영역이라 하며

$$f(\mathbf{x}^*) \le f(\mathbf{x}), \ \forall \, \mathbf{x} \in S \tag{7.27}$$

를 충족시키는 $\mathbf{x}^* \in S, \ f(\mathbf{x}^*)$를 각기 최적해 및 최적치라 한다.

우선, 최적해의 존재를 보증할 충분조건으로서는 다음의 정리가 잘 알려져 있다.

정리 7.1 바이어슈트라스(Weierstrass)

$S \subset R^n$이 콤팩트[58]하고, f가 S상에서 연속이라면 문제 (7.25)는 최적해를 갖는다.

여기에서는 우선, 가장 간단한 비선형계획 문제인 제약 없는 최적화 문제

58　closed and bounded

$$min \ f(\mathbf{x}), \quad \mathbf{x} \in R^n \tag{7.28}$$

를 다루고 그 국소최적해, 즉 어떤 $\delta > 0$ 가 존재해 다음 부등식

$$f(\hat{\mathbf{x}}) \leq f(\mathbf{x}), \quad \forall \, \mathbf{x} \in B_n(\hat{\mathbf{x}} \, ; \delta) \tag{7.29}$$

여기서, $B_n(\hat{\mathbf{x}} \, ; \delta) = \{\mathbf{x} | \, \| \mathbf{x} - \hat{\mathbf{x}} \| \, \langle \delta, \mathbf{x} \in R^n \}$ 이다.

를 충족시키는 $\hat{\mathbf{x}} \in R^n$ 이 가져야 할 성질을 조사해보기로 한다. 제약 없는 최적화 문제 (7.28)은 식 (7.25)에서 $m = l = 0$ 인 경우인데, 이 문제에 대한 결과는 뒤에 서술할 일반의 경우로부터도 이끌 수가 있지만, 이것은 매우 중요하므로 세 가지의 초등적이기는 하지만 중요한 결과를 증명해둔다.

정리 7.2 (1차 필요조건)

$f \in C^1$ 에 대해 $\mathbf{x}^*$ 가 문제 (7.28)의 국소최적해라면

$$\nabla f(\mathbf{x}^*) = 0 \tag{7.30}$$

이다.

증명

$\nabla f(\mathbf{x}^*) \neq 0$ 이라 하면 $\nabla f(\mathbf{x}^*)\mathbf{y} < 0$, $\|\mathbf{y}\| = 1$ 을 충족시키는 $\mathbf{y} \in R^n$ 이 존재한다(예를 들면 $\mathbf{y} = -\nabla^t f(\mathbf{x}^*) / \| \nabla^t f(\mathbf{x}^*) \|$ 라 하면 된다). 평균치 정리에 의해, 임의의 ϵ 에 대해서

$$f(\mathbf{x}^* + \epsilon \mathbf{y}) = f(\mathbf{x}^*) + \epsilon \nabla f(\mathbf{x}^* + \theta \epsilon \mathbf{y}) \cdot \mathbf{y}$$

를 충족시키는 $\theta \in [0, 1]$ 이 존재하므로, ϵ 을 충분히 작은 양수라 하면 ∇f 의 연속성에 의해 $\nabla f(\mathbf{x}^* + \epsilon \theta \mathbf{y}) \cdot \mathbf{y} < 0$ 이 된다. 따라서 충분히 작은 $\epsilon > 0$ 에 대해

$f(\mathbf{x}^* + \epsilon y) < f(\mathbf{x}^*)$가 되며, $\mathbf{x}^*$는 국소최적해일 수 없다.

다음으로, $f \in C^2$이라고 가정하고 2차 조건을 생각해보자.

정리 7.3 (2차 필요조건)

$f \in C^2$에 대해 $\mathbf{x}^*$가 제약 없는 최적화 문제 (7.28)의 국소최적해라면, $\mathbf{x}^*$는 (7.30)을 충족시키며, $\nabla^2 f(\mathbf{x}^*)$는 양반정부호(positive semidefinite)이다. 즉

$$\mathbf{y}^t \nabla^2 f(\mathbf{x}^*) \mathbf{y} \geqq 0, \quad \forall \mathbf{y} \in R^n \tag{7.31}$$

이다.

증명

$\mathbf{y}^t \nabla^2 f(\mathbf{x}^*) \mathbf{y} < 0$을 충족하는 $\mathbf{y} \in R^n$이 존재한다고 가정해 모순을 이끈다. 이때, $\|\mathbf{y}\| = 1$이라 해도 일반성을 잃지 않는다. $\nabla^2 f(\mathbf{x})$의 연속성에 의해 $\bar{\alpha} > 0$이 존재해 다음의 부등식이 성립한다.

$$\mathbf{y}^t \nabla^2 f(\mathbf{x}^* + \alpha \mathbf{y}) \mathbf{y} < 0, \quad \forall \alpha \in [0, \bar{\alpha})$$

한편, 평균치 정리에 의해

$$f(\mathbf{x}^* + \epsilon \mathbf{y}) = f(\mathbf{x}^*) + \epsilon \nabla f(\mathbf{x}^*) \cdot \mathbf{y} + \frac{1}{2} \epsilon^2 \mathbf{y}^t \nabla^2 f(\mathbf{x}^* + \theta \epsilon \mathbf{y}) \mathbf{y}$$

를 만족시키는 $\theta \in [0, 1]$이 존재하므로, $\nabla f(\mathbf{x}^*) = 0$을 고려하면

$$f(\mathbf{x}^* + \epsilon \mathbf{y}) - f(\mathbf{x}^*) = \frac{1}{2} \epsilon^2 \mathbf{y}^t \nabla^2 f(\mathbf{x}^* + \theta \epsilon \mathbf{y}) \mathbf{y} < 0, \quad \forall \epsilon \in (0, \bar{\alpha}/\theta)$$

로 되어, $\mathbf{x}^*$의 국소최적성과 모순된다.

$f \in C^2$에 대해 $\mathbf{x}^*$는 국소최적성의 1차 필요조건 (7.30)을 충족시키는 것으로 한다. 이때 $\nabla^2 f(\mathbf{x}^*)$가 양정부호(positive definite), 즉

$$\mathbf{y}^t \nabla^2 f(\mathbf{x}^*) \mathbf{y} > 0, \ 0 \neq \forall \mathbf{y} \in R^n \tag{7.32}$$

이라면, $\mathbf{x}^*$는 문제 (7.28)의 고립국소최적해이다.

$\nabla^2 f$의 연속성에 의해 $\overline{\alpha} > 0$이 존재해, 모든 $\alpha \in [0, \overline{\alpha})$와 모든 $\mathbf{y} \in R^n$, $\| \mathbf{y} \| = 1$에 대해 $\mathbf{y}^t \nabla^2 f(\mathbf{x}^* + \alpha \mathbf{y}) \mathbf{y} > 0$로 된다. 다시 평균치 정리와 $\nabla f(\mathbf{x}^*) = 0$을 고려하면, 충분히 작은 $\epsilon > 0$에 대해서

$$f(\mathbf{x}^*) < f(\mathbf{x}^* + \epsilon \mathbf{y}), \quad \forall \mathbf{y} \in R^n, \ \| \mathbf{y} \| = 1$$

을 얻는다. 따라서 $\mathbf{x}^*$는 고립국소최적해이다.

$f : R^n \rightarrow (-\infty, \infty)$은 폐볼록집합 S에서 2회 연속미분 가능한 함수로 한다. 이때, $\nabla^2 f(\mathbf{x})$가 모든 $\mathbf{x} \in S$에서 양정부호라면, 즉

$$\mathbf{d}^t \nabla^2 f(\mathbf{x}) \mathbf{d} > 0, \quad \forall \mathbf{x} \in S, \ 0 \neq \forall \mathbf{d} \in R^n$$

라면, f는 S에서 협의볼록함수이다.

정리 7.5와 $\nabla^2 f$의 연속성을 고려하면 조건 식 (7.32)은 f가 $\mathbf{x}^*$의 근방에서 협의볼록함수임을 나타내고 있다. 또한 여기에서 정리 (7.3)과 (7.4)를 비교하면, 국소최적성의 필요조건 식 (7.30), 식 (7.31)은 충분조건 (7.30), (7.32)와 매우 가까운 관계에 있다는 것을 알 수 있다. 즉, $f \in C^2$ 아래에서 2차 충분조건은

'거의 필요한' 조건이 되는 것이다. 다음 절 이후에서는 위의 세 가지 정리를 제약 있는 최적화 문제로 확장시키기로 한다.

7.7.2 카르시-쿤-터커(KKT) 조건

기준형 비선형계획 문제

비선형계획 문제 (7.25)에서 l개의 등식제약 $h_j(\mathbf{x}) = 0$, $(j = 1, \cdots, l)$은 다음의 식

$$g_{m+j}(\mathbf{x}) = h_j(\mathbf{x}) \leq 0, \qquad g_{m+l+j}(\mathbf{x}) = -h_j(\mathbf{x}) \leq 0, \ \ j = 1, \cdots, l$$

(7.33)

인 $2l$개의 부등식 조건으로 바꿀 수 있으므로, $m + 2l$을 다시 m으로 놓으면 문제 (7.26)은 형식적으로는 부등식제약만으로 만들어지는 문제

$$\begin{cases} \text{최소화} & f(\mathbf{x}) \\ \text{조 건} & g_i(\mathbf{x}) \leq 0, \ i = 1, \cdots, m \end{cases}$$

(7.34)

와 동등하다. 실제로, 이론의 전개에 관한 논의로는 문제 (7.34)에 대한 결과로부터 문제 (7.25)에 관한 결과를 이끄는 것이 가능한 경우가 많으므로, 식 (7.34)를 기준형 비선형계획 문제[59]라 하고, 이하에 이 문제에 대해서 전개하기로 한다. 또한 $f(\mathbf{x})$, $g_i(\mathbf{x})$, $(i = 1, \cdots, m)$은 1회 연속미분 가능하다. 즉 $f(\mathbf{x}) \in C^1$, $g_i(\mathbf{x}) \in C^1$, $i = 1, \cdots, m$라고 가정한다.

---

59   canonical nonlinear programming problem.

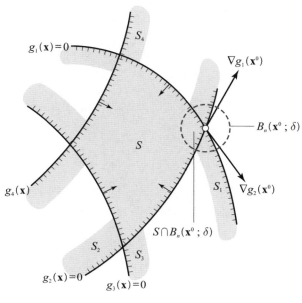

그림 7.27 초곡면의 표현

문제 (7.34)에 대해서

$$S_i = \left\{ \mathbf{x} \mid g_i(\mathbf{x}) \leq 0, \ \mathbf{x} \in R^n \right\}, \ i = 1, \cdots, m \}$$ (7.35)

로 하면, 실행가능영역 S 는

$$S = \bigcap_{i=1}^{m} S_i$$ (7.36)

라 쓸 수 있다. 위의 가정 아래에서 S_i 는 R^n 의 매끄러운 초곡면 $g_i(\mathbf{x}) = 0$ 에 의해 구분되는 한쪽 공간을 나타낸다(그림 7.27). $g_i(\mathbf{x}), (i = 1, \cdots, m)$ 이 정해지면 $S = \bigcap_{i=1}^{m} S_i$ 가 일의적(uniquely)으로 결정되는 것은 물론이지만, 역으로 S 가 주어졌

을 때 그것을 표현하는 $g_i(\mathbf{x}), (i = 1, \cdots, m)$이 일의적으로 정해진다고는 말할 수 없는 점에 주의하자(이 점에 대해서는 제약자격의 항에서 상세히 설명한다).

예 7.1

$S = [-1, 1]$이라 하면,

$$\{\mathbf{x} \,|\, g_1(\mathbf{x}) = x - 1 \leq 0, g_2(\mathbf{x}) = -x - 1 \leq 0\},$$

$$\{\mathbf{x} \,|\, g_3(\mathbf{x}) = x^2 - 1 \leq 0\},$$

$$\{\mathbf{x} \,|\, g_4(\mathbf{x}) = \ln x \leq 0, \ g_5(\mathbf{x}) = -1/(1+x) \leq 0, \ g_6(\mathbf{x}) = -x^3 - 1 \leq 0\}$$

등은 모두 S를 나타낸다.

유효제약식과 선형화 원추

$\mathbf{x}^0 \in S$라면 정의에 의해 모든 i에 대해서 $g_i(\mathbf{x}^0) \leq 0$인데, 특히 $g_i(\mathbf{x}^0) = 0$을 만족하는 제약식을 $\mathbf{x}^0$에서의 유효제약식[60]이라 하고, 그 첨자의 집합을

$$I(\mathbf{x}^0) = \{i \,|\, g_i(\mathbf{x}^0) = 0, \ i = 1, \cdots, m\} \tag{7.37}$$

으로 나타낸다. 예를 들면 〈그림 7.27〉에서는 $\mathbf{x}^0$에서 유효제약식이 g_1과 g_2이므로, $I(\mathbf{x}^0) = \{1, 2\}$이다. $g_i(\mathbf{x}), (i = 1, \cdots, m)$은 가정에 의해 연속이므로 $\delta > 0$을 충분히 작게 취하면, $S \cap B_n(\mathbf{x}^0; \delta)$는 $\mathbf{x}^0$에서 유효제약식 $g_i(\mathbf{x}), i \in I(\mathbf{x}^0)$만으로 규정된다. 여기서 분석을 진행하기 위해 다음 2개의 원추

$$G(\mathbf{x}^0) = \{\mathbf{y} \,|\, \nabla g_i(\mathbf{x}^0) \cdot \mathbf{y} < 0, \ \forall i \in I(\mathbf{x}^0) \ ; \ \mathbf{y} \in R^n\} \tag{7.38}$$

---

60   active constraint 혹은 binding constraint.

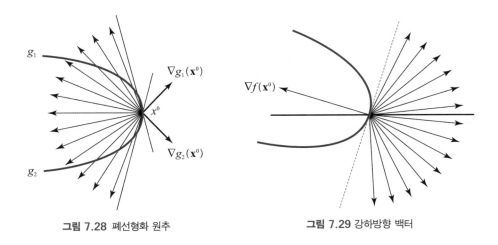

그림 7.28 폐선형화 원추   **그림 7.29** 강하방향 백터

$$\overline{G}(\mathbf{x}^0) = \left\{ \mathbf{y} \,\middle|\, \nabla g_i(\mathbf{x}^0) \cdot \mathbf{y} \leq 0, \ \ \forall\, i \in I(\mathbf{x}^0) \ ; \ \mathbf{y} \in R^n \right\} \tag{7.39}$$

를 정의하자. $G(\mathbf{x}^0)$ 및 $\overline{G}(\mathbf{x}^0)$ 를 각기 $\mathbf{x}^0$ 에서의 S의 개선형화 원추(open linearizing cone), 폐선형화 원추(closed linearizing cone)라 한다(그림 7.28). $\mathbf{y} \in G(\mathbf{x}^0)$라면 평균치정리와 $\nabla g_i(\mathbf{x})$의 연속성에 의해, 충분히 작은 $\epsilon > 0$ 에 대해 $\theta \in [0, 1]$이 존재해

$$g_i(\mathbf{x}^0 + \epsilon \mathbf{y}) = g_i(\mathbf{x}^0) + \epsilon \nabla g_i(\mathbf{x}^0 + \theta \epsilon \mathbf{y}) \cdot \mathbf{y} < g_i(\mathbf{x}^0) = 0, \ \ \forall\, i \in I(\mathbf{x}^0)$$

이다. 또한, $i \not\in I(\mathbf{x}^0)$에 대해서도 $g_i(\mathbf{x}^0) < 0$과 g_i의 연속성에 의해, 충분히 작은 $\epsilon > 0$에 대해 $g_i(\mathbf{x}^0 + \epsilon \mathbf{y}) < 0$이므로 $\mathbf{x}^0 + \epsilon \mathbf{y} \in S$가 된다. 즉 $\mathbf{y} \in G(\mathbf{x}^0)$라면 $\mathbf{x}^0$에서 $\mathbf{y}$ 방향으로 이동시켰을 때, 그 이동량이 충분히 작은 동안에는 이동 후의 점도 실행가능영역 S 안에 머문다. 이런 의미에서 $G(\mathbf{x}^0)$ 의 요소는 $\mathbf{x}^0$에서의 실행가능방향 벡터라 한다.

다음으로, 목적함수 f 에 관해 정의되는 다른 하나의 원추

$$F(\mathbf{x}^0) = \left\{ \mathbf{y} \,\middle|\, \nabla f(\mathbf{x}) \cdot \mathbf{y} < 0, \mathbf{y} \in R^n \right\} \tag{7.40}$$

를 정의한다. $\mathbf{y} \in F(\mathbf{x}^0)$라면 위와 같은 이유로, 충분히 작은 $\epsilon > 0$에 대해 $f(\mathbf{x}^0 + \epsilon \mathbf{y}) < f(\mathbf{x}^0)$이 되므로, $F(\mathbf{x}^0)$의 요소를 f의 $\mathbf{x}^0$에 있어서의 강하방향 벡터(descent direction vector)라고 한다(그림 7.29).

$\mathbf{x}^* \in S$가 문제 (7.41)의 국소최적해라면 $F(\mathbf{x}^*) \cap G(\mathbf{x}^*) = \phi$이다.

증명

$y \in F(\mathbf{x}^*) \cap G(\mathbf{x}^*)$가 존재한다고 하면, 위에서 서술한 바에 의해 충분히 작은 $\epsilon > 0$에 대해서 $\mathbf{x}^* + \epsilon \mathbf{y} \in S$이며, 또한 $f(\mathbf{x}^* + \epsilon \mathbf{x}) < f(\mathbf{x}^*)$이다. 따라서 $\mathbf{x}^*$는 f의 S에서의 국소최적해일 수 없다.

보조정리 7.6을 최초의 중요한 결과인 프리츠 존(Fritz John)의 정리와 연결하기 위해 고르단(Gordan)의 정리를 증명한다.

정리 7.7 고르단(Gordan)

$\mathbf{A} \in R^{m \times n}$에 대해 $X(\mathbf{A}) \subset R^n$, $Y(\mathbf{A}) \subset R^m$을

$X(\mathbf{A}) = \{\mathbf{x} \mid \mathbf{A}\mathbf{x} = 0, \; 0 \neq \mathbf{x} \geq 0, \mathbf{x} \in R^n\}$

$Y(\mathbf{A}) = \{\mathbf{y} \mid \mathbf{y}^t \mathbf{A} < 0, \; \mathbf{y} \in R^m\}$

라 정의하면, 다음의 명제

$X(\mathbf{A}) \neq \phi \Leftrightarrow Y(\mathbf{A}) = \phi$

가 성립한다.

(i) $X(\mathrm{A}) \neq \phi \Rightarrow Y(\mathrm{A}) = \phi$의 증명 : $\mathbf{y} \in Y(\mathrm{A})$가 존재한다고 하면, $\mathbf{y}^t \mathrm{A} < 0$ 이고, $\mathbf{x} \in X \neq \phi$에 대해 $0 \neq \mathbf{x} \geq 0$이므로, $\mathbf{y}^t \mathrm{A}\mathbf{x} = (\mathbf{y}^t \mathrm{A}) \cdot \mathbf{x} < 0$이다. 한편, $\mathrm{A}\mathbf{x} = 0$에 의해 $\mathbf{y}^t \mathrm{A}\mathbf{x} = 0$이므로 모순이다.

(ii) $X(\mathrm{A}) = \phi \Rightarrow Y(\mathrm{A}) \neq \phi$ 의 증명 : $X(\mathrm{A}) = \phi$이라면
$\mathbf{e} = (1, 1, \cdots, 1) \in R^n$ 이라 했을 때,

$$\mathrm{A}\mathbf{x} = 0, \mathbf{e} \cdot \mathbf{x} = 1, \mathbf{x} \geq 0$$

를 만족하는 $\mathbf{x} \in R^n$은 존재하지 않는다. 따라서

$$X'(\mathrm{A}) \equiv \{\mathbf{x} \in R^n \mid \begin{pmatrix} \mathrm{A} \\ e^t \end{pmatrix} \mathbf{x} = \begin{pmatrix} 0 \\ 1 \end{pmatrix}, \ \mathbf{x} \geq 0\} = \phi$$

이다.[61] 여기에 파르카스(Farkas)의 보조정리(Lemma)[62]를 적용하면

$$\mathbf{u}^t \mathrm{A} + \alpha \mathbf{e} \geq 0, \mathbf{u} \cdot 0 + \alpha_1 < 0$$

를 충족시키는 $\mathbf{u} \in R^m$, $\alpha \in R^1$이 존재한다. 이에 의해 $\mathbf{u} \cdot \mathrm{A} \geq -\alpha \mathbf{e} > 0$가 얻어진다. 따라서 $\mathbf{y} = -\mathbf{u}$는 $\mathbf{y}^t \mathrm{A} < 0$을 만족시키므로 $Y(\mathrm{A}) \neq \phi$이다.

---

61    $\begin{pmatrix} 0 \\ 1 \end{pmatrix}$은 $(0, 0, \cdots, 0, 1)^t \in R^{m+1}$, $\begin{pmatrix} \mathrm{A} \\ e^t \end{pmatrix} = \begin{pmatrix} a_{11} \ \cdots \ a_{1n} \\ \vdots \qquad \vdots \\ a_{m1} \ \cdots \ a_{mn} \\ 1 \ \ \cdots \ \ 1 \end{pmatrix}$

62   (파르카스의 보조정리) $\mathrm{A} \in R^{m \times n}$, $\mathbf{b} \in R^m$ 에 관해서 정의되는 다음의 두 집합
     $X(\mathrm{A}, \mathbf{b}) = \{\mathbf{x} \mid \mathrm{A}\mathbf{x} = \mathbf{b}, \ \mathbf{x} \geq 0, \ \mathbf{x} \in R^n\}$
     $Y(\mathrm{A}, \mathbf{b}) = \{\mathbf{y} \mid \mathbf{y}^t \mathrm{A} \geq 0, \ \mathbf{y} \cdot \mathbf{b} < 0, \ \mathbf{y} \in R^m\}$
에 관해서, 다음의 명제
     $X(\mathrm{A}, \mathbf{b}) \neq \phi \Leftrightarrow Y(\mathrm{A}, \mathbf{b}) = \phi$
가 성립한다.

$\mathbf{x}^* \in S$가 문제 (7.34)의 국소최적해라면

$$\left. \begin{array}{l} \xi_0 \nabla f(\mathbf{x}^*) + \sum_{i=1}^{m} \xi_i \nabla g_i(\mathbf{x}^*) = 0 \\ \xi_i \, g_i(\mathbf{x}^*) = 0, \, g_i(\mathbf{x}^*) \leq 0, \quad i = 1, \cdots, m \\ 0 \neq \boldsymbol{\xi} = (\xi_0, \xi_1, \cdots, \xi_m) \geq 0 \end{array} \right\} \qquad (7.41)$$

를 충족시키는 $\boldsymbol{\xi} \in R^{m+1}$이 존재한다.

증명

$\mathbf{x}^*$가 국소최적해라면 보조정리 7.6에 의해 $F(\mathbf{x}^*) \cap G(\mathbf{x}^*) = \phi$이다. 따라서 $\{\mathbf{y} \,|\, \nabla f(\mathbf{x}^*) \cdot \mathbf{y} < 0, \; \nabla g_i(\mathbf{x}^*) \cdot \mathbf{y} < 0, \; \forall i \in I(\mathbf{x}^*) \; ; \; \mathbf{y} \in R^n\} = \phi$이다. $I(\mathbf{x}^*) = \{i_1, \cdots, i_k\}$라 하면, 이 조건이 성립하기 위한 필요충분조건은 정리 7.7에 의해

$$\xi_0 \nabla f(\mathbf{x}^*) + \sum_{j=1}^{k} \xi_{i_j} \nabla g_{i_j}(\mathbf{x}^*) = 0$$

를 만족시키는 $0 \neq (\xi_0, \xi_{i_1}, \cdots, \xi_{i_k}) \geq 0$이 존재하는 것이다. 여기서 $\xi_i = 0$, $i \not\in I(\mathbf{x}^*)$라 하고, $\boldsymbol{\xi} = (\xi_0, \xi_1, \cdots, \xi_m)$이라 하면, $0 \neq \boldsymbol{\xi} \geq 0$이며

$$\xi_0 \nabla f(\mathbf{x}^*) + \sum_{i=1}^{m} \xi_i \nabla g_i(\mathbf{x}^*) = 0$$

가 충족된다. $\mathbf{x}^* \in S$이므로 $g_i(\mathbf{x}^*) \leq 0, \; i = 1, \cdots, m$이며, 정의에 의해

$$g_i(\mathbf{x}^*) = 0, \; i \in I(\mathbf{x}^*) \; ; \; \xi_i = 0, i \not\in I(\mathbf{x}^*)$$

이므로, $\xi_i g_i(\mathbf{x}^*) = 0, \; i = 1, \cdots, m$이 되어, $\boldsymbol{\xi}$는 (7.41)을 만족한다.

조건 (7.41)은 프리츠 존 조건이라고 불리며, 국소최적성의 조건을 한 조의 등식·부등식계의 해의 존재조건으로 연결한 것으로서 역사적으로 중요한 의미

를 갖는다. 그런데 프리츠 존 승수벡터[63] $\xi \in R^{m+1}$의 제0번째 요소 ξ_0이 0이면 (위의 정리에서는 그 가능성이 배제되지 않은 점에 주의하자.) 이 조건식은 목적함수 f와 전혀 관계가 없게 되어, 그 유효성은 현저하게 낮아진다.

KKT 조건

한편, 만약 $\xi_0 \neq 0$이라면 $\lambda_i = \xi_i/\xi_0, \quad i = 1, \cdots, m$로 정의함에 따라 프리츠 존 조건은

$$\begin{cases} \nabla f(\mathbf{x}^*) + \sum_{i=1}^{m} \lambda_i \nabla g_i(\mathbf{x}^*) = 0 \\ \lambda_i\, g_i(\mathbf{x}^*) = 0, \quad \lambda_i \geq 0, \quad i = 1, \cdots, m \\ g_i(\mathbf{x}^*) \leq 0, \quad i = 1, \cdots, m \end{cases} \tag{7.42}$$

로 표기된다. 식 (7.42)은 KKT 조건 또는 1차 필요조건이라 불리며, $\lambda = (\lambda_1, \cdots, \lambda_m) \in R^m$은 KKT 승수벡터 또는 단순히 KKT 벡터라고 한다. 또한, $\lambda_i g_i(\mathbf{x}^*) = 0 \ (i = 1, \cdots, m)$은 상보적 여분성 조건이라 한다.

이제 KKT 조건의 기하학적 의미를 서술해보자. 정의에 의해 $\lambda_i = 0, i \notin I(\mathbf{x}^*)$이므로 식 (7.42)의 처음의 두 식을

$$\nabla f(\mathbf{x}^*) = \sum_{i \in I(\mathbf{x}^*)} \lambda_i (-\nabla g_i(\mathbf{x}^*)) \, ; \, \lambda_i \geq 0, \quad \forall i \in I(\mathbf{x}^*) \tag{7.43}$$

로 고쳐 쓰면, 이는 $\nabla f(\mathbf{x}^*)$가 $-\nabla g_i(\mathbf{x}^*), \ i \in I(\mathbf{x}^*)$의 비음 1차 결합으로 나타나며 이것은 $\nabla f(\mathbf{x}^*)$가 $-\nabla g_i(\mathbf{x}^*), \ i \in I(\mathbf{x}^*)$에 의해 생성되는 볼록원추

---

63 Fritz John multiplier vector.

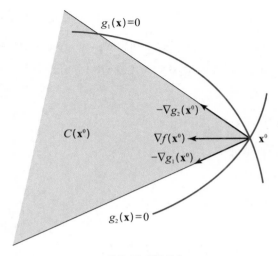

$g_1(\mathbf{x})=0$

$-\nabla g_2(\mathbf{x}^0)$

$C(\mathbf{x}^0)$

$\nabla f(\mathbf{x}^0)$

$\mathbf{x}^0$

$-\nabla g_1(\mathbf{x}^0)$

$g_2(\mathbf{x})=0$

그림 7.30 볼록원추

$$C(\mathbf{x}^*) = \left\{ \mathbf{y} \,\middle|\, \mathbf{y} = \sum_{i \in I(\mathbf{x}^*)} \theta_i(-\nabla g_i(\mathbf{x}^*)),\ \theta_i \geqq 0,\ \forall i \in I(\mathbf{x}^*),\ \mathbf{y} \in R^n \right\} \tag{7.44}$$

에 포함된다는 것을 의미한다(〈그림 7.30〉 참조).

조건 (7.42)에서 $m=0$으로 두면 조건 (7.30)으로 되므로, KKT 조건은 제약없는 최적화 문제 (7.4)에 대한 1차 필요조건 (정리 7.2)의 확장이 되는 점에 주의하자.

여기에서 문제 (7.34)에 대응하는 라그란지 함수 $L : R^n \times R^m \to R^1$

$$L(\mathbf{x}, \boldsymbol{\lambda}) = f(\mathbf{x}) + \sum_{i=1}^{m} \lambda_i g_i(\mathbf{x}) \tag{7.45}$$

를 도입한다. $L(\mathbf{x}, \boldsymbol{\lambda})$를 $\mathbf{x}$에 관해 편미분한 것을 $\nabla_{\mathbf{x}} L(\mathbf{x}, \boldsymbol{\lambda})$로 나타내면

$$\nabla_{\mathbf{x}} L(\mathbf{x}, \boldsymbol{\lambda}) = \nabla f(\mathbf{x}) + \sum_{i=1}^{m} \lambda_i \nabla g_i(\mathbf{x})$$

이므로, KKT 조건 (7.42)은

$$
\left.
\begin{aligned}
&\nabla_{\mathbf{x}} L(\mathbf{x}^*, \boldsymbol{\lambda}) = 0 \\
&\lambda_i g_i(\mathbf{x}^*) = 0, \;\; \lambda_i \geqq 0, \\
&g_i(\mathbf{x}^*) \leqq 0, \; i = 1, \cdots, m
\end{aligned}
\right\}
\tag{7.42$'$}
$$

의 간략한 형태로 쓸 수 있다. 이 라그란지 함수는 쌍대이론에서 본질적인 역할을 수행한다.

보조정리 7.9

문제 (7.34)가 $\mathbf{x}^0 \in S$에 있어서 KKT 벡터를 갖기 위한 필요충분조건은 $F(\mathbf{x}^0) \cap \overline{G}(\mathbf{x}^0) = \phi$ 이 되는 것이다.

증명

$I(\mathbf{x}^0) = 1, \cdots, k$ 라고 해도 일반성을 잃지 않는다. $F(\mathbf{x}^0) \cap \overline{G}(\mathbf{x}^0) = \phi$ 이라면,

$$
Y = \left\{ \mathbf{y} \middle| \nabla f(\mathbf{x}^0) \cdot \mathbf{y} < 0, \; -\nabla g_i(\mathbf{x}^0) \cdot \mathbf{y} \geqq 0, \; i = 1, \cdots, k, \; \mathbf{y} \in R^n = \phi \right\}
$$

이므로, $\mathbf{A} = (-\nabla^t g_1(\mathbf{x}^0), \cdots, -\nabla^t g_k(\mathbf{x}^0)) \in R^{n \times k}$, $\mathbf{b} = \nabla^t f(\mathbf{x}^0) \in R^n$ 으로 놓고 파르카스의 보조정리를 적용하면,

$$
Z = \left\{ \mathbf{z} \middle| \sum_{i=1}^{k} z_i (-\nabla^t g_i(\mathbf{x}^0)) = \nabla^t f(\mathbf{x}^0), \; z_i \geqq 0, \; i = 1, \cdots, k, \; \mathbf{z} \in R^k \right\} \neq \phi
$$

으로 되어 KKT 벡터가 존재한다. 또한, KKT 벡터가 존재한다고 하면 $Z \neq \phi \Rightarrow Y = \phi \Rightarrow F(\mathbf{x}^0) \cap \overline{G}(\mathbf{x}^0) = \phi$ 로 논리를 역으로 유추할 수가 있다. 이상으로 정리가 증명되었다.

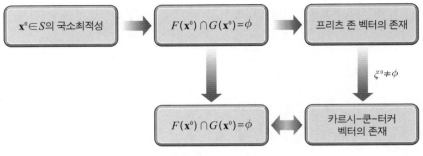

그림 7.31 KKT 조건의 산출과정

지금까지의 결과를 총괄하면 〈그림 7.31〉의 도식이 구해진다.

정칙성 조건(Regularity Condition)

$F(\mathbf{x}^0)$와 $G(\mathbf{x}^0)$ 또는 $\overline{G}(\mathbf{x}^0)$가 교차하지 않음을 실제로 검증하는 것은 쉽지 않으므로, 다음에 검증 가능한 KKT 벡터의 존재조건을 부여해둔다.

정의

$\nabla g_i(\mathbf{x}^0),\ \ i \in I(\mathbf{x}^0)$가 1차 독립일 때, $g_i\,(i = 1, \cdots, m)$은 $\mathbf{x}^0$에서 정칙성 조건을 충족시킨다고 한다.

정리 7.10

문제 (7.34)의 국소최적해 $\mathbf{x}^* \epsilon \xi$에서 정칙성 조건이 만족된다면 $\mathbf{x}^*$에서 KKT 벡터가 존재한다.

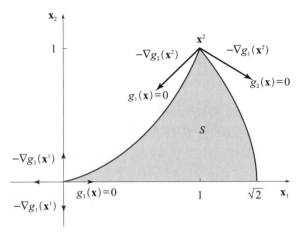

그림 7.32

증명

프리츠 존의 정리 (7.8)에 의해,

$$\xi_0 \nabla f(\mathbf{x}^*) + \sum_{i \in I(\mathbf{x}^*)} \xi_i \nabla g_i(\mathbf{x}^*) = 0$$

를 충족시키며, 0보다 큰 스칼라 ξ_0, ξ_i, $i \in I(\mathbf{x}^*)$ 가 존재한다. 이때, 만약 $\xi_0 = 0$ 이라면 $\sum_{i \in I(\mathbf{x}^*)} \xi_i \nabla g_i(\mathbf{x}^*) = 0$ 을 충족시키는, 모두가 0은 아닌 ξ_i, $i \in I(\mathbf{x}^*)$ 가 존재하므로, $\nabla g_i(\mathbf{x}^*)$, $i \in I(\mathbf{x}^*)$ 가 1차 독립이라는 가정에 모순된다.

예 7.2

$$S = \left\{ \mathbf{x} = (x_1, x_2)^t \middle| g_1(\mathbf{x}) = -(x_1)^2 + x_2 \leq 0, \right.$$
$$\left. g_2(\mathbf{x}) = (x_1)^2 + (x_2)^2 - 2 \leq 0, \ g_3(\mathbf{x}) = -x_2 \leq 0 \right\}$$

로 다음 두 가지 문제

(a) $min \ [f_1(\mathbf{x}) = x_1 \,|\, g_i(\mathbf{x}) \leq 0, i = 1, 2, 3]$

$\mathbf{x}^1 = (0, 0)$ 은 이 문제의 최적해로서

$I(\mathbf{x}^1) = \{1, 3\}$ 이다.

$\nabla f_1(\mathbf{x}^1) = (1, 0), \ \nabla g_1(\mathbf{x}^1) = (0, 1), \ \nabla g_3(\mathbf{x}^1) = (0, -1)$ 이므로

$\nabla f(\mathbf{x}^1) + \lambda_1 \nabla g_1(\mathbf{x}^1) + \lambda_3 \nabla g_3(\mathbf{x}^1) = 0$ 을 충족시키는

$\lambda_1 \geq 0, \ \lambda_3 \geq 0$ 은 존재하지 않는다.

따라서 KKT 벡터는 존재하지 않는다. 그러나 예를 들어 $\xi_0 = 0, \ \xi_1 = 1$,

$\xi_3 = 1$ 이라 하면 프리츠 존 조건이 만족된다. 이 경우 $\nabla g_1(\mathbf{x}^1)$ 과

$\nabla g_3(\mathbf{x}^1)$ 이 1차 연쇄이므로 정칙성 조건이 충족되지 않는 점에 주의하자.

(b) $min \ [f_2(\mathbf{x}) = -x_2 \,|\, g_i(\mathbf{x}) \leq 0, \ i = 1, 2, 3]$

$\mathbf{x}^2 = (1, 1)$ 은 이 문제의 최적해로 $I(\mathbf{x}^2) = \{1, 2\}$ 이다.

$\nabla f_2(\mathbf{x}^2) = (0, -1), \nabla g_1(\mathbf{x}^2) = (-2, 1), \ \nabla g_2(\mathbf{x}^2) = (2, 2)$ 이므로,

$\lambda_1 = \lambda_2 = 1/3$ 이라 두면

$\nabla f(\mathbf{x}^2) + \lambda_1 \nabla g_1(\mathbf{x}^2) + \lambda_2 \nabla g_2(\mathbf{x}^2) = 0$

이 된다. 따라서 점 (1.1) 에 있어서 KKT 조건이 성립한다. 이 경우,

$\nabla g_1(\mathbf{x}^2)$ 와 $\nabla g_2(\mathbf{x}^2)$ 가 1차 독립이므로 정칙성 조건이 충족된다.

를 생각해보자.

7.7.3 제약자격

접원추

정칙성 조건과 같이, KKT 벡터의 존재를 보증하기 위한 제약식 ($g_i(\mathbf{x})$, $i = 1, \cdots, m$)에 부과된 조건은, 일반적으로 제약자격(constraint qualification)이라고 불리는데, 정칙성 조건이 충족되지 않아도 KKT 벡터가 존재하는 경우가 있다. 예를 들면, 예 7.2(a)에서 $f_1(\mathbf{x}) = x_2$ 라 하면 국소최적해 $(0, 0)$ 에 있어서 KKT

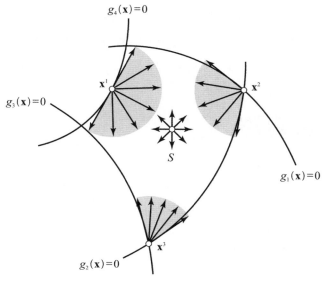

$g_4(\mathbf{x})=0$

$g_3(\mathbf{x})=0$

$\mathbf{x}^1$

$\mathbf{x}^2$

S

$g_1(\mathbf{x})=0$

$g_2(\mathbf{x})=0$

$\mathbf{x}^3$

그림 7.33 접원추

벡터 $(0,1,0)$가 존재한다. 따라서 KKT 벡터의 존재를 보증하는 정칙성 조건보다 완화된 제약자격을 구하는 것이 문제로 된다.

그래서 이 문제를 분석할 열쇠가 되는 S의 접원추(tangent cone)를 정의하자. 임의의 폐집합 $X \subset R^n$과 $\mathbf{x}^0 \in X$가 주어졌을 때, $\mathbf{x}^0$에 수렴하는 X의 열 $\{\mathbf{x}^j\}$ 와 비음의 실수열 $\{\theta^j\}$에 의해 $\mathbf{y} = \lim_{j \to \infty} \theta^j(\mathbf{x}^j - \mathbf{x}^0)$로 나타내는 $\mathbf{y} \in R^n$의 집합을 $T(X; \mathbf{x}^0)$라 쓰고, $\mathbf{x}^0$에 있어서 X의 접원추라 한다. 즉,

$$T(X; \mathbf{x}^0) = \left\{ \mathbf{y} \,\middle|\, \mathbf{y} = \lim_{j \to \infty} \theta^j(\mathbf{x}^j - \mathbf{x}^0)\,; \theta^j \geqq 0, \; \lim_{j \to \infty} \mathbf{x}^j = \mathbf{x}^0, \; \mathbf{x}^j \in X, \; j = 1, 2, \cdots \right\}$$

(7.46)

이다. 〈그림 7.33〉은 실행가능영역 S의 몇몇 점에서의 접원추를 나타낸 것이다.

접원추 $T(S; \mathbf{x}^0)$는 $g_i(\mathbf{x})$, $i = 1, \cdots, m$의 미분 가능성과는 관계없이 정의

되는 개념이지만, 〈그림 7.33〉에서 보는 바와 같이 $\mathbf{x}^0 \in S$에서 유효제약식 $g_i(\mathbf{x})$ $(i \in I(\mathbf{x}^0))$가 미분 가능하다면, $\mathbf{x}^0$에 있어서의 S의 폐선형화 원추 $\overline{G}(\mathbf{x}^0)$와 밀접한 관계를 갖는다〈〈그림 7.28〉 참조〉. 다음의 정리는 이 관계를 나타낸 것이다.

보조정리 7.11

g_i, $i \in I(\mathbf{x}^0)$가 $\mathbf{x}^0$에서 미분 가능하다면 $T(S;\mathbf{x}^0) \subset \overline{G}(\mathbf{x}^0)$이다.

증명

$\mathbf{y} \in T(S;\mathbf{x}^0)$이라면 $\nabla g_i(\mathbf{x}^0) \cdot \mathbf{y} \leq 0$, $\forall i \in I(\mathbf{x}^0)$가 되는 것을 증명하면 된다. 그래서 $\mathbf{y} \in T(S;\mathbf{x}^0)$를 정의하는 점열을 $\{\mathbf{x}^j\}$, $\{\theta^j\}$라고 하고, $i \in I(\mathbf{x}^0)$라 하면, 평균치정리와 $g_i(\mathbf{x}^0) = 0$에 의해,

$$\begin{aligned} 0 \geq g_i(\mathbf{x}^j) &= g_i(\mathbf{x}^0) + \nabla g_i(\mathbf{x}^0 + \alpha^j(\mathbf{x}^j - \mathbf{x}^0)) \cdot (\mathbf{x}^j - \mathbf{x}^0) \\ &= \nabla g_i(\mathbf{x}^0 + \alpha^j(\mathbf{x}^j - \mathbf{x}^0)) \cdot (\mathbf{x}^j - \mathbf{x}^0) \end{aligned}$$

를 충족시키는 $\alpha^j \in [0, 1]$이 존재한다. 따라서 이 양변에 θ^j를 곱해 $j \to \infty$의 극한을 취한다면 $0 \geq \lim_{j \to \infty} \nabla g_i(\mathbf{x}^0 + \alpha^j(\mathbf{x}^j - x^0)) \cdot \theta^j(\mathbf{x}^j - x^0) = \nabla g_i(\mathbf{x}^0) \cdot \mathbf{y}$가 얻어진다.

이와 같이 접원추는 폐선형화 원추에 포함되지만, 일반적으로 이 둘이 일치한다고는 한정하지 않는다.

예 7.3

예 7.2의 문제

$$g_1(x_1, x_2) = -(x_1)^2 + (x_2)^2, \; g_2(x_1, x_2) = (x_1)^2 + (x_2)^2 - 2,$$

$$g_3(x_1, x_2) = -x_2$$

에 대해서 $T(S;\mathbf{x})$ 와 $\overline{G}(\mathbf{x})$ 를 구해보자〈그림 7.32〉 참조).

$\mathbf{x}^0 = (0,0)$ 에서는, $I(\mathbf{x}^1) = \{1,3\}$, $\nabla g_1(\mathbf{x}^0) = (0,1)$, $\nabla g_3(\mathbf{x}^0) = (0,-1)z$ 이므로, $\overline{G}(\mathbf{x}^1) = \{\mathbf{y}|\nabla g_1(\mathbf{x}^0) \cdot \mathbf{y} \leq 0, \nabla g_3(\mathbf{x}^0) \cdot \mathbf{y} \leq 0\} = \{(\mathbf{y}_1, \mathbf{y}_2)|\mathbf{y}_2 = 0\}$ 이다. 또한, 그림에서도 알 수 있듯이 $T(S;\mathbf{x}^0) = \{(\mathbf{y}_1, \mathbf{y}_2)|\mathbf{y}_1 \geq 0, \mathbf{y}_2 = 0\}$ 이므로 $T(S;\mathbf{x}^0) \subsetneq \overline{G}(\mathbf{x}^0)$ 이다. 한편, $\mathbf{x}^0$ 를 제외한 에서는 $T(S;\mathbf{x}) = \overline{G}(\mathbf{x})$ 이다.

$T^{'}(S;\mathbf{x}^0)$ 는 S 가 결정되면 일의적으로 결정되는 집합임에 반해, 예 7.3에서 보인 바와 같이 동일한 S 를 규정하는 제약함수의 조는 몇 개라도 존재할 수 있으므로, 어떤 S 에 대해서 $\overline{G}(\mathbf{x}^0)$ 가 일의적(uniquely)으로 결정된다고는 말할 수 없음에 주의하자.

보조정리 7.12

> $\mathbf{x}^0 \in S$ 에 대해서 $T(S;\mathbf{x}^0)$ 는 공집합이 아닌 폐원추이다.

증명

> 정의에 의해 $0 \in T(S;\mathbf{x}^0)$ 이므로 $T(S;\mathbf{x}^0) \neq \phi$ 이다. 다음으로 $\mathbf{y} \in T(S;\mathbf{x}^0)$ 로 정의되는 점열을 $\{\mathbf{x}^j\}$, $\{\theta^j\}$ 라 하면, $\lambda > 0$ 에 대해서 $\{\lambda\theta^j\}$, $\{\mathbf{x}^j\}$ 는 $\lambda\mathbf{y}$ 로 정의되므로 $\lambda\mathbf{y} \in T(S;\mathbf{x}^0)$ 이다. 따라서 $T(S;\mathbf{x}^0)$ 는 원추이다. $T(S;\mathbf{x}^0)$ 가 폐집합이라는 것은 정의식 (7.22)에 의해 명확하다.

논의를 더욱 진행시키기 위해, $T(S;\mathbf{x}^0)$ 와 $\overline{G}(\mathbf{x}^0)$ 의 쌍대 원추

$$T^*(S; \mathbf{x}^0) = \{\mathbf{z} \mid \mathbf{z} \cdot \mathbf{y} \leqq 0, \ \forall \mathbf{y} \in \mathrm{T}(\mathrm{S}; \mathbf{x}^0); \mathbf{z} \in R^n\} \tag{7.47}$$

$$\overline{G}^*(\mathbf{x}^0) = \{\mathbf{z} \mid \mathbf{z} \cdot \mathbf{y} \leqq 0, \ \forall \mathbf{y} \in \overline{\mathrm{G}}(\mathrm{S}; \mathbf{x}^0); \mathbf{z} \in R^n\} \tag{7.48}$$

를 도입해보자. 이들은 각기 $T(S; \mathbf{x}^0)$ 와 $\overline{G}(\mathbf{x}^0)$ 의 모든 요소와 둔각을 이루는 벡터의 집합이므로, 모두 폐볼록원추이다.[64]

보조정리 7.13

$f \in C^1$ 이고, $\mathbf{x}^* \in S$ 가 문제 (7.34)의 국소최적해이라면,
$-\nabla f(\mathbf{x}^*) \in T^*(S; \mathbf{x}^*)$ 이다.

증명

모든 $\mathbf{y} \in T(S; \mathbf{x}^*)$ 에 대해서 $-\nabla f(\mathbf{x}^*) \cdot \mathbf{y} \leq 0$ 이 성립함을 증명하면 된다. $\mathbf{y} \in T(S; \mathbf{x}^*)$ 를 고정해 이 $\mathbf{y}$ 를 정의하는 점열을 $\{\mathbf{x}^j\}$, $\{\theta^j\}$ 라 한다. $\mathbf{x}^*$ 는 f 의 S 상에서의 국소최적해이므로 $f(\mathbf{x}^*) \leq f(\mathbf{x})$, $\forall \mathbf{x} \in S \cap B_n(\mathbf{x}^*; \delta)$ 를 충족시키는 $\delta > 0$ 이 존재한다. 또한 $\lim_{j \to \infty} \mathbf{x}^j = \mathbf{x}^*$ 에 의해, 충분히 큰 j 에 대해서 $\mathbf{x}^j \in S \cap B_n(\mathbf{x}^*; \delta)$ 이므로 평균치정리에 의해 $0 \leq f(\mathbf{x}^j) - f(\mathbf{x}^*) = \nabla f(\mathbf{x}^* + \alpha^j(\mathbf{x}^j - \mathbf{x}^*)) \cdot (\mathbf{x}^j - \mathbf{x}^*)$, $\forall j \geq j_0$ 를 충족시키는 $\alpha^j \in [0, 1]$ 과 j_0 이 존재한다. 이로부터 $0 \leq \nabla f(\mathbf{x}^* + \alpha^j(\mathbf{x}^j - \mathbf{x}^*)) \cdot \theta^j(\mathbf{x}^j - \mathbf{x}^*)$, $\forall j \geq j_0$ 에 따라, $j \to \infty$ 의 극한을 취하면, $\nabla f(\mathbf{x}^*) \cdot \mathbf{y} \geq 0$ 이 구해진다.

---

[64] 임의의 집합 S, $T \subset R^n$ 에 대해 다음의 성질이 성립한다.
(i) S^* 는 폐볼록원추이다.
(ii) $S \subset T$ 라면 $T^* \subset S^*$ 이다.

$f \in C^1$이고, $\mathbf{x}^* \in S$는 문제 (7.34)의 국소최적해라고 한다. 이때 $\mathbf{x}^* \in S$에서 KKT 벡터가 존재하기 위한 필요충분조건은 $-\nabla f(\mathbf{x}^*) \in \overline{G}^*(\mathbf{x}^*)$가 된다.

증명

보조정리 7.9에 의해 $\mathbf{x}^* \in S$에서 KKT 벡터가 존재하기 위한 필요충분조건은 $F(\mathbf{x}^*) \cap \overline{G}(\mathbf{x}^*) = \phi$이다. 그런데, 이 조건은 모든 $\mathbf{y} \in \overline{G}(\mathbf{x}^*)$에 대해서 $\nabla f(\mathbf{x}^*) \cdot \mathbf{y} \geq 0$이 성립되어야 한다. 즉 $-\nabla f(\mathbf{x}^*) \in \overline{G}^*(\mathbf{x}^*)$와 같은 값이다.

이상 두 가지의 결과를 조합하면 다음의 중요한 결과를 얻을 수 있다.

정리 7.15

$f \in C^1$이고, $\mathbf{x}^* \in S$는 문제 (7.34)의 국소최적해라고 한다. 이때, $\overline{G}^*(\mathbf{x}^*) = T^*(S; \mathbf{x}^*)$라면[65] 문제 (7.34)은 $\mathbf{x}^*$에서 KKT 벡터를 갖는다.

증명

보조정리 7.13에 의해 $-\nabla f(\mathbf{x}^*) \in T^*(S; \mathbf{x}^*)$이다. 이 정리의 가정에 따라 $-\nabla f(\mathbf{x}^*) \in \overline{G}^*(\mathbf{x}^*)$이다. 따라서 보조정리 7.14에 의해 $\mathbf{x}^* \in S$에서 KKT 벡터가 존재한다.

65　이 조건은 $\overline{G}(\mathbf{x}^*) = T(S; \mathbf{x}^*)$와 동치(同値)가 아님을 주의.

필요충분 제약자격

정리 7.15는 g_i, $i = 1, \cdots, m$에 의해 결정되는 실행가능영역 S의 $\mathbf{x}^*$에 있어서의 쌍대 접원추 $T^*(S;\mathbf{x}^*)$가 $g_i(\mathbf{x})$, $(i = 1, \cdots, m)$의 $\mathbf{x}^*$에 있어서의 쌍대 선형화 원추 $\overline{G}^*(\mathbf{x}^*)$와 일치하면, $\mathbf{x}^* \in S$는 S에서 국소최적해로 되는 모든 $f \in C^1$에 대해서 KKT 벡터가 존재함을 나타내고 있다. 따라서 이하에서는

"$\mathbf{x}^0$가 $S = \left\{ \mathbf{x} \mid g_i(\mathbf{x}) \le 0, i = 1, \cdots, m \,;\, \mathbf{x} \in R^n \right\}$에 있어서 국소최적해 가 되는 함수 $f \in C^1$의 집합을 $\mathscr{F}(S;\mathbf{x}^0)$라 했을 때, 모든 $f \in \mathscr{F}(S;\mathbf{x}^*)$에 대해서, $\mathbf{x}^0$에서 KKT 벡터가 존재한다."

라면, $g_i(\mathbf{x})$, $i = 1, \cdots, m$은 라그란지 정칙이라 하고, $g_i(\mathbf{x})$, $(i = 1, \cdots, m)$이 라그란지 정칙성을 만족시키기 위한 필요충분조건을 필요충분 제약자격[66]이라고 한다.

정리 7.16

$g_i(\mathbf{x})\,;\, R^n {\rightarrow} R^1$, $i = 1, \cdots, m$이 $\mathbf{x}^0 \in S$에서 라그란지 정칙이기 위한 필요충분조건은 $\overline{G}^*(\mathbf{x}^0) = T^*(S;\mathbf{x}^0)$이 되는 것이다.

증명

$\overline{G}^*(\mathbf{x}^0) = T^*(S;\mathbf{x}^0)$이라면 $g_i(\mathbf{x})$, $(i = 1, \cdots, m)$이 라그란지 정칙인 것은 정리 7.15에서 증명했으므로, 필요조건만을 증명한다. 보조정리 7.11에 의해 일반적으로 $\overline{G}^*(\mathbf{x}^0) \subset T^*(S;\mathbf{x}^0)$이므로, 이를 위해서는 $T^*(S;\mathbf{x}^0) \subset \overline{G}^*(\mathbf{x}^0)$를 보이면 충분하다. 그런데, 보조정리 7.14에 의해 $g_i(\mathbf{x})$, $i = 1, \cdots, m$이 라그란지

---

66   necessary and sufficient constraint qualification.

정칙이라면, 모든 $f' \in \mathscr{F}(S;\mathbf{x}^0)$에 대해 $-\nabla f(\mathbf{x}^0) \in \overline{G}^*(\mathbf{x}^0)$이므로,
"$\mathbf{y} \in T^*(S;\mathbf{x}^0)$이라면 $\mathbf{y} = -\nabla f(\mathbf{x}^0)$을 충족시키는 $f \in \mathscr{F}(S;\mathbf{x}^0)$가
존재한다."라는 것을 나타내면, 이 목적은 달성된다. 그래서 이와 같은
$f \in \mathscr{F}(S;\mathbf{x}^*)$의 존재를 구성적으로 증명한다. 이때 좌표의 원점을 이동시켜
$\mathbf{x}^0 = 0$이라 하고, 또한 $T^*(S;\mathbf{x}^0)$는 원추이므로 $\|\mathbf{y}\| = 1$이라 해도 일반성을
잃지 않음에 주의해, 이하에서 $\mathbf{y} \in T^*(S;0)$, $\|\mathbf{y}\| = 1$로 둔다.

(i) 우선 임의의 자연수 k에 대해서

$$C_k = \{\mathbf{x} \mid \mathbf{y} \cdot \mathbf{x} \leq \|\mathbf{x}\|/k, \mathbf{x} \in R^n\} \tag{7.49}$$

이라 하고, $S \cap B_n(0;\delta) \subset C_k$를 충족시키는 $\delta > 0$이 존재함을 증명하자.
　　이와 같은 $\delta > 0$이 존재하지 않는다고 가정하면, 임의의 자연수 p에
대해서 $S \cap B_n(0, 1/p) \subset C_k$에 속하며, C_k에 속하지 않는 벡터 $\mathbf{x}^p$가
존재한다. 즉 $\mathbf{x}^p$는 다음 조건

$$\frac{\mathbf{y} \cdot \mathbf{x}^p}{\|\mathbf{x}^p\|} > \frac{1}{k}, \ \ \mathbf{x}^p \in S \cap B_n(0, 1/p), p = 1, 2, \cdots \tag{7.50}$$

을 충족시킨다. $\mathbf{x}^p/\|\mathbf{x}^p\|$는 콤팩트 집합 $Z = \{\mathbf{v} \mid \|\mathbf{v}\| = 1, \mathbf{v} \in R^n\}$에
포함되므로, 수렴하는 부분열이 존재한다. 이 부분열을 다시 $\mathbf{x}^p$로 정의하고,
$\mathbf{z} = \lim\limits_{p \to \infty} \mathbf{x}^p/\|\mathbf{x}^p\|$라 하면 $\mathbf{x}^p \in S$, $0 \in S$에 의해 $\mathbf{z} \in T(S, 0)$가 된다. 한편
식 (7.50)에 의해 $\mathbf{y} \cdot \mathbf{z} \geq 1/k$로 되는데, 이는
$\mathbf{y} \in T^*(S, 0) \equiv \{\mathbf{u} \mid \mathbf{u} \cdot \mathbf{z} \leq 0, \forall \mathbf{z} \in T(S, 0)\}$에 모순된다. 이상으로
$S \cap B_n(0, \delta) \subset C_k$를 충족시키는 $\delta > 0$의 존재가 증명되었다.

(ii) 다음으로, $k = 1, 2, \cdots$에 대해서

$$\delta_k = \sup\{\delta \mid S \cap B_n(0;\delta) \subset C_k\}$$

이라 하면, (i)에서 증명한 바에 의해, 모든 k에 대해 $\delta_k > 0$이다. 또한 이
δ_k를 이용해,

$$\epsilon_1 = \min\{1, \delta_1\} \tag{7.51}$$

$$\epsilon_k = \min\{\epsilon_{k-1}/2, \delta_k\}, \ k = 2, 3, \cdots$$

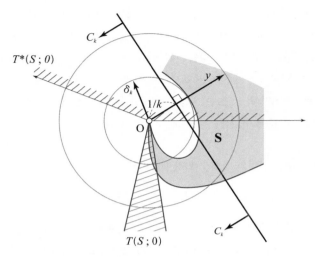

그림 7.34 라그란지 정칙의 필요충분조건

이라 하면, $0 < \epsilon_{k+1} < \epsilon_k \ (k = 1, 2, \cdots),\ \lim_{k \to \infty} \epsilon_k = 0$ 을 얻는다. 따라서 이 ϵ_k 를 이용해 다음과 같은 함수 $P: R^n \to R^1$

$$P(\mathbf{z}) = \begin{cases} 2\|\mathbf{z}\|, & \|\mathbf{z}\| > \epsilon_2 \\[2mm] \dfrac{2\|\mathbf{z}\|}{\epsilon_k - \epsilon_{k+1}}\left\{\dfrac{\|\mathbf{z}\| - \epsilon_{k+1}}{k-1} + \dfrac{\epsilon_k - \|\mathbf{z}\|}{k}\right\}, & \epsilon_{k+1} \leq \|\mathbf{z}\| \leq \epsilon_k\,;\ k = 2, 3, \cdots \\[2mm] 0, & \|\mathbf{z}\| = 0 \end{cases}$$

(7.52)

을 정의한다.

쉽게 확인되듯이 $P(\mathbf{z}) \geq 0,\ \ \forall \mathbf{z} \in R^n$ 이다. 또한 P 는 $\|\mathbf{z}\|$ 에 관한 단조증가함수이며, $\|\mathbf{z}\| < \epsilon_k$ 라면 $P(\mathbf{z}) < 2\|\mathbf{z}\|/(k-1)$ 이다. 따라서 $z_j < \epsilon_k$ 라면

$$0 < \frac{P(0, \cdots, 0, z_j, 0, \cdots, 0) - P(0)}{z_j - 0} < \frac{2}{k-1},\ \ \forall z_j < \epsilon_k$$

이다. 여기서 $k \to \infty$ 의 극한을 취하면 $\partial_j P(0)/\partial z_j = 0$ 이다. j 는 임의이므로, 이에 의해

$$\nabla P(0) = 0$$

(7.53)

을 얻는다.

(iii) 마지막으로 식 (7.52)에서 정의한 P를 이용해,

$$f(\mathbf{x}) = P(\mathbf{x} - (\mathbf{y} \cdot \mathbf{x})\mathbf{y}) - \mathbf{y} \cdot \mathbf{x} \tag{7.54}$$

이라 하면, 이 f가 구하려고 하는 함수임을, 즉 $f \in \mathcal{F}(S\,;0)$임과 동시에 $\nabla f(0) = -\mathbf{y}$가 되는 것을 증명한다. $\epsilon < \epsilon_3$에 대해 $\mathbf{x} \in S \cap B_n(0\,;\epsilon)$라 하면, $\epsilon_{k+1} \leq \|\mathbf{x}\| \leq \epsilon_k$를 충족시키는 $k \geq 3$이 존재하며, $\epsilon_k \leq 1/2^{k-1} < 1/k(k \geq 3)$이므로 $\mathbf{x} \in C^k$가 된다. 다음으로

$$\mathbf{w} = \mathbf{x} - (\mathbf{y} \cdot \mathbf{x})\mathbf{y}^t \tag{7.55}$$

라 하면, $\|\mathbf{y}\| = 1$과 코시-슈워츠(Cauchy-Schwartz)의 부등식으로부터

$$\|\mathbf{x}\| - \mathbf{y} \cdot \mathbf{x} \leq \|\mathbf{w}\| \leq \|\mathbf{x}\| + \mathbf{y} \cdot \mathbf{x} \tag{7.56}$$

을 얻는다. $\mathbf{x} \in C_k$에 의해 $\mathbf{y} \cdot \mathbf{x} \leq \|\mathbf{x}\|/k$이므로 $\|\mathbf{w}\| \geq \|\mathbf{x}\|(k-1)/k$가 되며, 이에 의해

$$\mathbf{y} \cdot \mathbf{x} \leq \|\mathbf{x}\|/k \leq \|\mathbf{w}\|/(k-1) \tag{7.57}$$

가 되어, $\|\mathbf{x}\| \geq \epsilon_{k+1}, \epsilon_{k+2} \leq \epsilon_{k+1}/2$ 와 $\|\mathbf{w}\| \geq \|\mathbf{x}\|(k-1)/k$ 에 의해 $\|\mathbf{w}\| \geq \epsilon_{k+2}$를 얻는다. 따라서 P의 단조증가성에 의해

$$P(\mathbf{w}) = \frac{2\|\mathbf{w}\|}{\epsilon_{k+1} - \epsilon_{k+2}} \left(\frac{\|\mathbf{w}\| - \epsilon_{k+2}}{k} + \frac{\epsilon_{k+1} - \|\mathbf{w}\|}{k+1} \right) \geq \frac{2\|\mathbf{w}\|}{k+1}$$

인데, 이것을 식 (7.57)과 조합하면, $k \geq 3$ 이라면

$$P(\mathbf{w}) \geq \frac{2(k-1)}{k+1} \mathbf{y} \cdot \mathbf{x} \geq \mathbf{y} \cdot \mathbf{x}$$

이므로, $\epsilon < \epsilon_3$ 이라면

$$f(\mathbf{x}) = P(\mathbf{x} - (\mathbf{y} \cdot \mathbf{x})\mathbf{y}) - \mathbf{y} \cdot \mathbf{x} \geq 0, \quad \forall \mathbf{x} \in B_n(0\,;\epsilon) \cap S$$

이다. 그런데, $f(0) = P(0) = 0$이므로 원점은 f의 S에 있어서의 국소최적점이 된다. 또한, (7.53)에 의해 $\nabla P(0) = 0$이므로 $\nabla f(0) = -\mathbf{y}$가 된다.

라그란지 정칙성을 보증하는 조건

이상으로 $\overline{G^*}(\mathbf{x}^0) = T^*(S;\mathbf{x}^0)$가 라그란지 정칙성의 필요충분조건을 부여하는 것을 알게 되었는데, 구체적인 문제에 관해서 직접 이 조건이 성립하는지 어떤지를 확인하는 것은 일반적으로 쉽지 않다. 따라서 라그란지 정칙성을 보증하는 검증 가능한 조건을 몇 가지 구해보도록 한다.

우선, 정리 7.10을 고쳐 쓰면 다음의 결과가 얻어진다.

정리 7.17

$\mathbf{x}^0 \in S$가 정칙성 조건을 만족한다면 S는 $\mathbf{x}^*$에서 라그란지 정칙이다.

또한 보조정리 7.11과 정리 7.15에 의해 $T^*(S;\mathbf{x}^0) \subset \overline{G^*}(\mathbf{x}^0)$라면 라그란지 정칙인데, 이를 위해서는 $\overline{G}(\mathbf{x}^0) \subset T(S;\mathbf{x}^0)$이면 된다.[67] 이 사실을 이용하면 다음의 두 가지 결과를 얻을 수 있다.

정리 7.18

$\mathbf{x}^0 \in S$에 있어서

$$G(\mathbf{x}^0) \equiv \left\{ \mathbf{z} \,\middle|\, \nabla g_i(\mathbf{x}^0) \cdot \mathbf{z} < 0, \forall i \in I(\mathbf{x}^0) \right\} \neq \phi \qquad (7.58)$$

라면, $g_i, \; i = 1, \cdots, m$은 $\mathbf{x}^0$에서 라그란지 정칙이다.

---

67 정리: 임의의 부분집합 $S \subset TCR^n$에 대해 다음의 성질이 성립한다.
  i) S^*는 폐볼록원추이다.
  ii) $S \subset T$라면 $T^* \subset S^*$이다. (여기서 '*'는 쌍대추(dual cone)임을 나타냄)

$\overline{G}(\mathbf{x}^0) \subset T(S;\mathbf{x}^0)$ 임을 증명한다. $\mathbf{y}\in\overline{G}(\mathbf{x}^0)$과 $\mathbf{z}\in G(\mathbf{x}^0)$를 고정하고, 0으로 수렴되는 양수 열 θ^j, $j=1,2,\cdots$ 에 대해서

$$\mathbf{y}^j = \mathbf{y} + \theta^j\mathbf{z}, \quad j=1,2,\cdots \tag{7.59}$$

으로 한다. 정의에 의해 모든 $i\in I(\mathbf{x}^0)$ 에 대해서 $\nabla g_i(\mathbf{x}^0)\cdot\mathbf{y}\le 0$, $\nabla g_i(\mathbf{x}^0)\cdot\mathbf{z}< 0$이므로, $\nabla g_i(\mathbf{x}^0)\cdot\mathbf{y}^j\le 0$, $j=1, 2, \cdots$이다. 따라서 평균치 정리와 $\nabla g_i(\mathbf{x})$의 연속성에 의해, 충분히 큰 k에 대해서 $\alpha^j\in[0, 1]$이 존재해

$$g_i(\mathbf{x}^0+\theta^k\mathbf{y}^j) = g_i(\mathbf{x}^0) + \theta^k\nabla g_i(\mathbf{x}^0+\alpha^j\theta^k\mathbf{y}^j)\cdot\mathbf{y}^j < 0, \quad \forall i\in I(\mathbf{x}^0)$$

가 얻어진다. 한편, $i\notin I(\mathbf{x}^0)$라면 $g_i(\mathbf{x}^0)<0$이므로 충분히 큰 k에 대해서 $g_i(\mathbf{x}^0+\theta^k\mathbf{y}^j)<0$이 된다. 따라서

$$\mathbf{x}^k \equiv \mathbf{x}^0 + \theta^k\mathbf{y}^j \in S$$

이다. 이에 의해

$$\mathbf{y}^j = (\mathbf{x}^k-\mathbf{x}^0)/\theta^k, \mathbf{x}^k\in S, \quad \lim_{k\to\infty}\mathbf{x}^k = \mathbf{x}^0$$

이므로, $\mathbf{y}^j\in T(S;\mathbf{x}^0)$ 가 된다. 그런데, $T(S;\mathbf{x}^0)$는 폐집합이므로 정의식 (7.59)에 의해, $\mathbf{y}=\lim_{j\to\infty}\mathbf{y}^j\in T(S;\mathbf{x}^0)$ 이다. 이상으로 $\overline{G}(\mathbf{x}^0)\subset T(S;\mathbf{x}^0)$ 이 증명되었다.

정리 7.19

$g_i, R^n\to R^1, i=1,\cdots,m$ 이 1차식이라면 이는 S의 모든 점에서 라그란지 정칙이다.

7.8 경제급전과 최적조류계산

7.8.1 경제급전의 정의

급전(dispatch)이라는 용어는 EMS 또는 전력시스템 운용자가 발전기의 출력기준점을 지정하는 신호를 보내는 것을 의미한다. 하나의 발전기는 출력기준점(MW)이 지정되면 이 출력으로 1시간 동안 운전할 때 에너지(kcal/시간)를 소비하며, 이 열량에 해당하는 비용을 원/시간으로 나타내고 이를 비용함수(cost function) 또는 비용률(cost rate)이라고도 한다. 경제급전(ED) 또는 SCOPF에서는 각 발전기의 연료비의 합이 최소로 되기 위한 각 발전기의 출력기준점(MW)을 결정하며 이때 목적함수로 고려되는 것이 비용함수이다.

경제급전(ED: economic dispatch)이란 것은 시스템 운용의 측면에서 사용할 경우, 넓은 의미의 'economic operation' 또는 'least-cost dispatch'를 의미한다. 그러나 EMS의 구성 프로그램을 설명할 경우의 경제급전(ED)이라고 하는 것은 상태추정 프로그램도 실행하지 않고 모선별 소비자 수요를 고려하지 않고, 송전선 용량에 관한 제약조건도 고려하지 않으면서 발전기의 출력기준점을 결정하는 '단순한' 경제급전을 말한다. 주로 등증분비용법에 의해 발전기의 출력기준점을 결정하거나 발전기 출력의 상한 및 하한을 제약조건식으로 사용하는 수준의 프로그램을 말한다. 이 책에서는 SCOPF를 이용하지 않는 비용최소화 급전의 문제는 경제급전이라고 표현했다. OPF라고 말하는 것은 비실시간으로 일근자가 운용계획 수립을 위한 작업에 사용되는 경우의 용어이다. 실시간 시스템 운용에서의 경제급전이란 안전도 제약 최적조류계산, 즉 SCOPF를 말하며 이것은 상태추정을 통해 모선별 소비자부하를 추정하고 송전선로의 용량 제약을 고려해 상정사고 분석을 실행한 이후의 연쇄고장의 발생을 예방하기 위해 상정사고 제약조건을 추가해 SCOPF를 실행해 각 발전기의 출력기준점을 결정하는 과정에 사용된다.

7.8.2 경제급전의 제약조건[68]

〈그림 7.35〉는 N개의 화력발전기가 전기적 부하 P_{load}(시스템부하)를 공급하는 하나의 모선에 연결되어 있는 시스템을 나타낸다. F_i는 발전기의 비용함수(cost rate)를 나타낸다. 발전기의 출력 P_i는 발전기 i의 출력을 나타낸다. 전체 발전비용은 각 발전기의 비용을 합한 것이다. 시스템을 운용하는 데 있어서의 가장 중요한 제약조건은 '시스템부하가 발전기 출력의 합과 같아야 한다.'라는 조건이다.

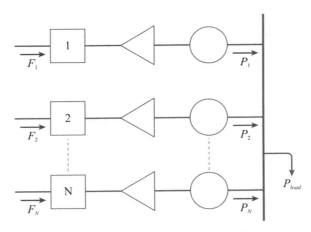

그림 7.35 시스템부하를 공급하기 위한 N개의 화력발전기

7.8.3 화력발전시스템의 급전

수학적으로 말한다면, 이 문제는 대단히 단순하다. 즉, 목적함수 F_T는 주어진 시스템수요를 공급하는 데 필요한 총 비용이다. 이 문제는 각 발전기 출력의 합이 주어진 시스템수요와 같다는 제약조건 아래에서 F_T를 최소화하는 것이다. 이

---

68   Wood, A. J., Wollenberg, B. F., and Sheblé, G. B. (2014), *Power Generation, Operation And Control, 3rd Ed.*, New York: Wiley.

문제를 정식화함에 있어서 송전 손실과 발전기 출력의 제한범위에 관한 것은 고려되지 않았다.

$$F_T = F_1 + F_2 + F_3 + \cdots + F_N$$

$$= \sum_{i=1}^{N} F_i(P_i) \tag{7.60}$$

$$\phi = 0 = P_{load} - \sum_{i=1}^{N} P_i \tag{7.61}$$

이것은 라그란지 승수를 이용해 해를 구할 수 있는 제약조건 아래의 비선형 최적화 문제이다.

목적함수가 최솟값을 갖기 위한 필요조건을 세우기 위해 제약조건의 함수에 하나의 미정계수를 곱해 목적함수에 더한다. 이것은 라그란지 함수라고 하며 다음 식

$$\mathcal{L} = F_T + \lambda \phi \tag{7.62}$$

과 같다.

라그란지 함수의 1차도 함수를 각 독립 변수에 대해 미분해 0으로 놓으면 목적함수가 최소치를 갖기 위한 필요조건을 구할 수 있다. 이 경우에 독립 변수는 N개의 발전기의 출력 P_i와 하나의 라그란지 승수[69]로서 $N+1$개이다. 라그란지 함수를 λ에 관해 미분하면 원래의 제약조건이 된다. 반면에 라그란지 함수를 각 발전기의 출력에 대해 하나씩 편미분하면 아래와 같은 식

---

69   undetermined Lagrange multiplier.

$$\frac{\partial \mathcal{L}}{\partial P_i} = \frac{dF_i(P_i)}{dP_i} - \lambda = 0 \qquad (7.63)$$

또는

$$0 = \frac{dF_i}{dP_i} - \lambda$$

을 얻는다.

　화력발전기로 구성된 발전시스템에서 최소비용의 존재를 위한 필요조건은 〈그림 7.36〉과 같은 발전기의 증분비용이 어떤 정해지지 않은 값 λ와 같다는 것이다. 물론 이 필요조건에 공급력은 시스템수요와 같아야 한다는 것을 추가해야 한다. 이것을 등증분비용법이라고 한다. 또한 각 발전기별로 만족되어야 하는 2개의 부등식이 있다. 이 부등식의 조건은 발전기의 출력이 최소출력보다 크거나

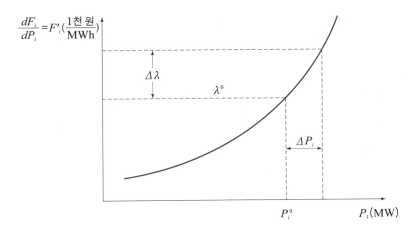

그림 7.36 발전기의 증분비용 곡선

같아야 하고, 최대출력보다 작거나 같아야 한다는 것이다.

$$\frac{dF_i}{dP_i} = \lambda \quad N \text{ 개의 등식}$$

$$P_{i,min} \leq P_i \leq P_{i,max} \quad 2N \text{개의 부등식} \tag{7.64}$$

$$\sum_{i=1}^{N} P_i = P_{load} \quad 1 \text{개의 제약조건}$$

부등식 제약조건을 고려하면, 필요조건은 다음 식

$$\frac{dF_i}{dP_i} = \lambda \, P_{i,min} < P_i < P_{i,max} \text{ 의 경우}$$

$$\frac{dF_i}{dP_i} \leq \lambda \, P_i = P_{i,max} \text{의 경우} \tag{7.65}$$

$$\frac{dF_i}{dP_i} \geq \lambda \, P_i = P_{i,min} \text{ 의 경우}$$

과 같이 확장될 수 있다.

등증분비용법에 의한 발전기 출력은 실제로 5분마다 새로 계산되어 각 발전기에 전달되는 것이 아니다. 전력시스템의 각종 제약조건에 의해 SCOPF의 해를 구한 다음, 각 발전기의 출력이 등증분비용법의 결과와 차이가 나면 제약발전 및 제약비발전 상황을 파악하기 위해 사용되며 이 상황이 5분마다의 정산 (settlement)에서 사용된다. 즉 단순 경제급전의 출력은 제약발전, 제약비발전의 정산을 위해서만 사용될 뿐이다.

7.8.4 구간별 선형 비용함수를 이용한 경제급전

많은 전력회사는 다중구간 선형 비용함수를 이용해 발전기의 비용함수로 사용하고 있다. 〈그림 7.37〉은 이러한 형태의 비용함수를 나타낸다. 단일 구간을 갖는 비용함수에 대해 람다(λ) 반복 탐색법을 사용할 때에 람다 값을 사용해 증분비용함수에 의해 출력을 결정할 경우, 이 값이 최소출력과 최대출력을 벗어나면 경계선의 값을 출력으로서 결정한다.

모든 발전기가 가동 중일 때 모든 발전기의 최소출력점에서 탐색을 시작하고 가장 증분비용이 낮은 발전기의 출력을 증가한다. 만약 이 발전기의 출력이 오른쪽 경계선에 부딪치거나 P_{max}를 만나면 다음으로 증분비용이 큰 발전기의 출력을 증가한다. 최종적으로 모든 발전기의 출력이 정해지고 각 발전기 출력의 합은 시스템부하와 같게 된다. 이 점에서 마지막으로 출력이 결정되는 발전기는 어떤 하나의 구간에서 출력이 결정된다. 만약 증분비용이 동일한 발전기가 있다

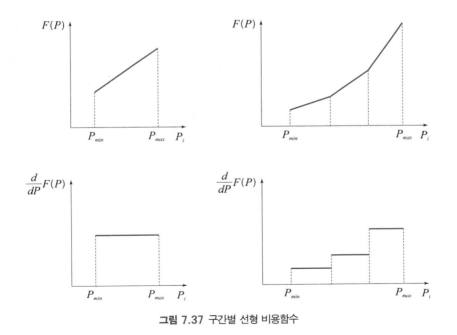

그림 7.37 구간별 선형 비용함수

면 어떤 발전기를 택해도 비용최소화에는 영향을 미치지 않는다.

7.8.5 선형계획법을 이용한 경제급전

구간별 선형 비용함수

　　선형계획법은 목적함수와 부등식 제약조건식이 선형함수일 경우 문제를 정확하게 푸는 데 적합하다. 아래에 제시하는 정식화에서 선형계획법이 어떻게 경제급전에 사용될 수 있는가를 설명한다. 먼저 비선형 비용함수를 선형함수의 조합으로써 나타내는 방법을 살펴본다.

　　〈그림 7.38〉과 같은 비용함수에서 출발한다. 비선형 비용함수를 구간별로 직선인 함수로 나타내면 〈그림 7.39〉이 된다. 발전기 하나를 3개의 구간으로 나타내고 각각을 i_1, i_2, i_3 라고 한다. 변수 P_i는 3개의 변수 P_{gen_1}, P_{gen_2}, P_{gen_3}로 표현한다. 각각의 구간의 기울기는 s_{i1}, s_{i2}, $s_{i3}(s_{i1} < s_{i2} < s_{i3})$가 된다. 그러면 비용함수는 다음 식

$$F_i(P_{gen_i}) = F_i(P_{gen_i}^{min}) + s_{i1}P_{gen_{i1}} + s_{i2}P_{gen_{i2}} + s_{i3}P_{gen_{i3}} \tag{7.66}$$

여기서, $0 \le P_{gen_*} \le P_{gen_*}^{max}\ \ for\, k = 1,\ 2,\ 3$

과 같다.

　　마지막으로 다음 2개의 식

$$P_{gen_i} = P_{gen_i}^{min} + P_{gen_{i1}} + P_{gen_{i2}} + P_{gen_{i3}} \tag{7.67}$$

$$s_{ik} = \frac{F_i(P_{gen_{i(k+1)}}) - F_i(P_{gen_{ik}})}{(P_{gen_{i(k+1)}}) - (P_{gen_{ik}})} \tag{7.68}$$

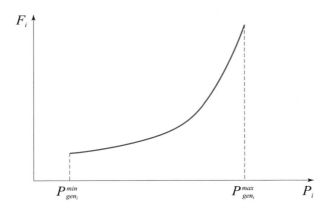

그림 7.38 비선형 비용함수의 특성

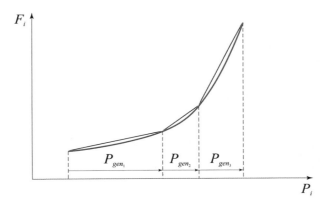

그림 7.39 비선형 비용함수의 특성

이 성립한다.

비용함수는 3개의 변수 P_{gen_1}, P_{gen_2}, P_{gen_3}의 선형 조합으로 표시된다.

그런데 기울기는 출력이 커짐에 따라 증가하므로 선형계획법 프로그램은 $P_{gen_{i(k+1)}}$이 0보다 더 커지기 전에 $P_{gen_{ik}}$가 $P_{gen_{ik}}^{max}$에 도달하도록 한다.

선형계획법을 이용한 경제급전

경제급전을 위한 선형계획법의 해는 다음 식

$$min \sum_{i=1}^{N_{gen}} (F_i(P_{gen_i}^{min}) + s_{i1}P_{gen_{i1}} + s_{i2}P_{gen_{i2}} + s_{i3}P_{gen_{i3}}$$

$$0 \leq P_{gen_{ik}} \leq P_{gen_{ik}}^{max} \quad k = 1, \ 2, \ 3 \quad and \quad i = 1, \cdots, N_{gen} \tag{7.69}$$

과 같이 나타낼 수 있다.

마지막으로 다음 식

$$P_i = P_i^{min} + P_{gen_{i1}} + P_{gen_{i2}} + P_{gen_{i3}} \quad i = 1, \cdots, N_{gen} \tag{7.70}$$

$$s.t. \ \sum_{i=1}^{N_{gen}} P_i = P_{load}$$

이 성립한다.

7.8.6 출력기준점과 참여인자

참여인자(participation factors)를 이용한 방법은 시스템수요의 변화량이 작을 때, 각 발전기를 경제급전 출력기준점에서 다른 출력기준점으로 조금씩 이동시킴으로써 경제급전을 반복해 푼다고 가정하는 것이다. 먼저 각 발전기의 출력기준점이 정해져 운전하고 있는 상태에서 출발한다. 다음에 시스템수요의 변화를 가정하고 이 수준에서 발전기가 가장 경제적인 출력기준점에서 운전하기 위해, 즉 시스템수요의 변화에 참여하기 위해 발전기 출력기준점이 얼마만큼 변동되어야 하는가를 조사한다.

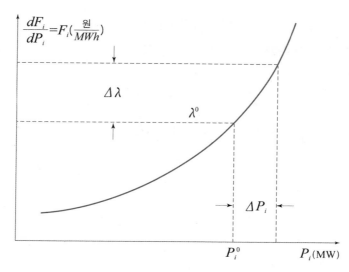

그림 7.40 발전기의 증분비용 곡선

먼저 각 발전기 출력에 따른 비용의 변화를 나타내는 비용함수의 1차 및 2차 미분계수가 주어졌다고 가정한다(F_i'과 F_i''). 〈그림 7.40〉에는 i-번째 발전기의 증분비용곡선이 주어져 있다. 만약 출력이 $\triangle P_i$만큼 변화한다면 시스템의 증분비용이 $\lambda^0 + \triangle \lambda$로 변화한다. 이 하나의 발전기 출력의 $\triangle P$에 대해 다음 식

$$\triangle \lambda_i = \triangle \lambda \cong F_i'' \triangle P_i \tag{7.71}$$

이 성립한다. 이 식은 N개의 발전기에 대해서도 다음 식

$$\triangle P_1 = \frac{\triangle \lambda}{F_1''}$$
$$\triangle P_2 = \frac{\triangle \lambda}{F_2''}$$
$$\vdots$$
$$\triangle P_N = \frac{\triangle \lambda}{F_N''}$$

이 성립한다. 발전기 출력변화의 합계(=시스템부하의 변화량)는 각 발전기 출력의 변화의 합과 같다. P_D를 발전기가 담당하는 총 수요($P_D = P_{load} + P_{loss}$)라고 하자. 그러면 다음 식

$$\triangle P_D = \triangle P_1 + \triangle P_2 + \dots + \triangle P_N \tag{7.72}$$

이 성립한다. 앞의 식은 다음 식

$$\frac{\triangle P_i}{\triangle P_D} = \frac{(1/F_i^{''})}{\sum_i \left(\dfrac{1}{F_i^{''}}\right)} \tag{7.73}$$

과 같이 참여인자를 계산하는 데 사용된다.

이와 같은 컴퓨터 연산은 간단하다. 이것은 수요수준의 함수로서 $F_i^{''}$의 표를 만들어 놓고 현재 시스템수요와 예상되는 수요증가를 합해 이 표를 보면서 참여인자를 계산하면 된다.

이보다 나은 참여인자 계산방법은 $P_D^0 + \triangle P_0$에서 경제급전계산을 반복해 실행하는 것이다. 경제급전을 위한 출력기준점을 새로 계산된 출력기준점에서 차감해 그 차이를 $\triangle P_D$로 나누어 참여인자를 계산한다. 이 방법은 컴퓨터를 이용함으로써 쉽게 계산되며 계산시간이 짧으며, 발전기 출력에 제한범위가 주어지고, 구간별 선형 비용함수의 꺾인 점을 통과하거나, 비용함수가 볼록함수(convex function)가 아닌 경우에도 일관성 있는 해를 제시한다.

7.8.7 최적조류계산의 정의

최적조류계산(OPF) 프로그램은 전력시스템 상태에 대한 입력(주로 모선별 소비자부하를 실시간으로 추정해 사용함)으로서 상태추정 프로그램의 출력자료를 사용한다. 상태추정 프로그램에 의해 추정된 값, 차단기의 개방 여부, 송전선의 구성 형태, 송전선 용량 제약, 모선별 소비자부하 등의 입력 자료를 이용해 연료비를 최소화하는 발전기의 출력(MW)을 구하는 것이며 송전선 용량 제약 및 모선별 전압의 상한과 하한 등에 관한 각종 기술제약조건을 반영하기 위해 조류계산 방정식이 제약조건으로서 사용된다.

앞 절에서 경제급전의 개념을 소개했다. 경제급전의 정식화에서 공급력은 소비자 수요와 송전 손실의 합과 같다는 하나의 제약조건을 사용했다. 그러므로 하나의 제약조건을 갖는 라그란지 함수는 다음 식

$$L = \sum F(P_i) + \lambda \left(P_{load} + P_{losses} - \sum P_i \right) \tag{7.74}$$

과 같다.

만약 "발전기 출력의 합은 소비자 수요와 송전 손실의 합과 같다."라는 하나의 제약조건

$$P_{load} + P_{losses} - \sum P_i = 0 \tag{7.75}$$

을 생각한다면 전력조류계산에서의 조건 즉 발전기의 출력은 전력조류계산에서 나타나는 것과 동일한 제약조건, 즉 "전력시스템의 조류는 하나의 간단한 등호 제약조건이 된다."는 것을 말하는 것과 같다. 그리고 경제급전을 말한다면 발전 시스템의 연료비를 최소화하는 것이라고 할 수 있으며 전력조류 방정식은 최적 조류계산의 하나의 제약조건이라고 말할 수 있다.

시스템 전체로 본 연료비를 최소화하는 발전기의 출력기준점을 구하기 위해 OPF를 사용하는 것이며 이와 동시에 모든 전력조류가 균형을 잡는다. 이것의 해를 보면 비용최소화가 아닌 다른 형태의 목적함수도 만들 수도 있다는 것을 알 수 있다. OPF의 목적함수로서 전체 송전 손실의 최소화를 택할 수도 있고 현재의 최적 출력기준점의 조합에서 다음 출력기준점으로의 발전기 출력 및 제어 변수의 변화를 최소화하는 것을 목적함수로 할 수도 있다. 비상상황에서 부하 차단을 최소화하기 위한 목적으로 소비자 수요를 어떻게 조정할 것인가를 알기 위해 최적조류계산을 사용할 수도 있다. OPF는 목적함수가 어떠하든 간에 전력조류 방정식의 제약조건이 만족되는 해를 구한다.

경제급전 문제를 최적조류계산으로 정식화하는 이유는 다음과 같다.

○ 만약 전력조류 방정식을 제약조건으로 하고 전체 발전비용을 최소화하는 것을 목적함수로 한다면 증분 손실의 계산은 정확하다. 또한, 송전 손실 자체를 최소화하는 목적함수를 택할 때에 전력조류계산은 필수적이다.

○ 경제급전 계산에서는 발전기 출력의 제한범위 $P_i^- \leq P_i \leq P_i^+$ 만을 취급했다. 만약 모든 전력조류 방정식의 제약조건이 포함된다면 더 다양한 시스템 운용의 제한범위도 포함될 수 있다. 제약조건들은 발전기의 무효전력 제한범위 $Q_i^- \leq Q_i \leq Q_i^+$, 발전기와 모선의 전압 크기 $|E_k|_i^- \leq |E_i| \leq |E_i|^+$, 그리고 암페어 또는 MVA로 표현되는 송전선 및 변압기의 전력조류 $MVA_{ij}^- \leq MVA_{ij} \leq MVA_{ij}^+$ 이다. 이러한 제약조건을 사용하면 발전기 또는 송전선의 전력 흐름이 제한범위를 벗어나지 않게 되며 이 제약조건을 만족하지 않으면 발전기나 송전설비가 손상을 입을 수도 있다.

○ SCOPF는 시스템 운용 중에 송전망의 구성요소가 가상의 사고를 일으킨 이후의 안전도 유지를 위해 제약을 반영할 수 있다. SCOPF의 실행은 시스템 운용을 방어적으로 할 수 있게 한다. 다시 말하면 사고가 일어났을 경우에 고장을 일으키지 않은 선로의 전력조류를 제한범위 이내에서 유지될 수 있도록 한다.

그러므로 다음과 같은 제약조건

$$|E_k|^- \leq |E_k|(\text{선로 } nm \text{이 탈락된 상태}) \leq |E_k|^+ \tag{7.76}$$

$$MVA_{ij}^- \leq MVA_{ij}(\text{선로 } nm \text{이 탈락된 상태}) \leq MVA_{ij}^+ \tag{7.77}$$

이 추가될 수 있으며 SCOPF는 상정사고 발생 이후 모선 k의 전압이 제한범위 이내로 유지되고 선로 nm의 탈락으로 인한 다른 선로 ij의 전력 흐름이 제약 치를 넘지 않도록 할 수 있다.

○ 경제급전(ED)계산에서 조정할 수 있는 변수는 발전기 출력 하나뿐이었다. SC-OPF에는 조정이 가능한 제어변수가 추가적으로 지정될 수 있다. 이러한 변수 는 발전기 전압, 무효전력 보상장치의 무효전력 입력값 등이다. 그러므로 SCOPF는 송전망의 운용을 최적화하기 위해 많은 제어변수를 조정할 수 있는 체계를 제공한다.

○ 여러 종류의 목적함수를 사용할 수 있으므로 시스템 해석의 범위를 넓혀준다.

위와 같은 유연성을 갖추고 있으므로 SCOPF는 다음과 같은 응용이 가능 하다.

○ 송전망의 각종 제한범위를 만족하면서 총 운전비를 최소화하기 위해 각종 제 어변수 및 발전기의 최적 출력배분을 계산한다.

○ 현재의 시스템 상태를 사용해 안전도 제약을 고려한 예방급전을 행할 수 있다.

○ 송전선이 과부하 상태이거나 전압이 제한범위를 벗어났을 때와 같은 비상상황 에서 SCOPF는 시스템 운용자로 하여금 선로의 과부하 또는 비정상적인 전압 의 발생을 방지하도록 조정하는 정정급전을 실행하도록 할 수 있다.

○ 발전기의 최적 전압, 변압기 탭, 커패시터 뱅크, 무효전력 보상장치 등의 최적 값 또는 위치를 찾아낸다.

○ SCOPF를 송전망 확장계획 문제에 사용해 송전망이 견딜 수 있는 최대 응력을 계산할 수 있다. 예를 들면 하나의 전력시스템 지역에서 다른 시스템으로 전달될 수 있는 최대전력을 구하는 데에도 사용할 수 있다.

○ SCOPF는 모선별 증분비용(BIC)[70]을 계산할 수 있으므로 시스템 운용의 경제분석에도 사용될 수 있다. 모선별 증분비용은 시스템의 모든 모선에서의 한계비용을 계산하기 위해 사용된다. 이와 유사하게 하나의 전력시스템에서 다른 시스템으로 전력을 탁송할 때 증분비용 또는 한계비용을 계산하는 데에도 사용된다.

7.8.8 최적조류계산의 해법

최적조류계산은 규모가 크고 풀기 어려운 수리계획법 문제이다. 수십 년에 걸쳐서 여러 종류의 수리계획 모델[71]이 시도되었으며 현재에는 OPF를 푸는 신뢰도 높은 방법이 많이 개발되었다. OPF 모델의 해법은 다음과 같다.

○ 람다(Lambda) 반복법: 많은 경제급전(ED) 계산에 사용된다.

○ 뉴턴(Newton)법: 수렴속도가 빠르나 부등호 제약조건이 있는 경우에는 사용하기 어렵다.

○ 선형계획법: 현재 가장 많이 사용되는 방법이다. 부등호 제약조건을 취급하기 용이하다. 비선형 목적함수와 제약조건은 선형화해 적용한다.

○ 내점법(IPM: interior point method): 이 방법도 선형계획법처럼 많이 사용되는 기법이며 부등호 제약조건의 처리가 용이하다.

---

70   BIC: bus incremental cost (locational marginal pricing).
71   mathematical programming model.

OPF는 다음과 같은 형태의 제약조건을 사용한다.

$\mathbf{g(z)} = 0$: 전력조류 방정식과 제약식   (7.78)

$\mathbf{h^-} \leq \mathbf{h(z)} \leq \mathbf{h^+}$: 상태변수의 부등호 제약   (7.79)

$\mathbf{z^-} \leq \mathbf{z} \leq \mathbf{z^+}$: 상태변수 또는 제어변수의 범위   (7.80)

그러면 OPF 프로그램은 등호와 부등호의 제약조건, 상태변수와 제어변수의 제한범위 등을 제약조건으로 하는 목적함수를 최소화(또는 최대화)하는 것이다. 비선형계획법의 문제로서 정식화하면 다음 식

$$
\begin{aligned}
&min.\ f(\mathbf{x}) \\
&s.t.\ \ g_i(\mathbf{x}) \leq 0,\ \ i = 1, \cdots, m \\
&\quad\quad \mathbf{x} \in X
\end{aligned}
\tag{7.81}
$$

과 같다. 1차 필요조건인 KKT 조건은 아래의 식과 같다. 먼저 라그란지 함수는 다음 식

$$
L = f(\mathbf{x}) + \boldsymbol{\lambda} \cdot \mathbf{g(x)}
\tag{7.82}
$$

과 같다. 1차 KKT 필요조건은 다음 식

$$
\nabla f(\mathbf{x}) + \sum_{i=1}^{m} \lambda_i \nabla g_i(\mathbf{x}) = 0
$$

$$
\lambda_i g_i(\mathbf{x}) = 0
$$

$$
\lambda_i \geq 0 \ \ \text{for} \ \ i \in I.
$$

과 같다.

7.8.9 반복선형계획법

반복선형계획법(iterative LP)은 비선형 목적함수 및 제약조건식을 선형화해 선형계획법을 푼 다음, 최적해를 수정한 후, 임시 최적해에서 다시 선형화를 해서 선형계획법의 해를 구하는 과정을 반복하는 것이다.

전체 최적해는 $\triangle P_{gen}$, $\triangle Q_{gen}$, $\triangle V$, 그리고 $\triangle \theta$ 에 관해 푸는 것이다. 조류계산은 P_{gen}^0, Q_{gen}^0, V^0, 그리고 θ^0 의 값을 사용해 푼다.

먼저 현재의 운전점에서 목적함수를 선형화한다.

$$min \sum_{j=1}^{N_{gen}} [F_j(P_{genj}^0) + \frac{dF_j(P_{genj})}{dP_{genj}} \triangle P_{gen \ j}] \tag{7.83}$$

여기에서 $F_j(P_{genj}^0)$ 는 상수이며 $\dfrac{dF_j(P_{genj})}{dP_{genj}}$ 는 P_{genj}^0 에서 계산한다.

그러면 비선형 목적함수는 다음 식과 같이 선형함수로 된다.

$$min \sum_{j=1}^{N_{gen}} [\frac{dF_j(P_{genj})}{dP_{genj}} \triangle P_{gen \ j}] \tag{7.84}$$

다음으로 전력조류 방정식은 자코비안(Jacobian)의 모든 행과 열이 포함된다는 사실을 제외하고는 뉴턴(Newton) 조류계산법과 같은 형태로 선형화된다.

$$\begin{pmatrix} \dfrac{\partial P_1}{\partial \theta_1} & \dfrac{\partial P_1}{\partial V_1} & \dfrac{\partial P_1}{\partial \theta_2} & \cdots \\[2mm] \dfrac{\partial Q_1}{\partial \theta_1} & \dfrac{\partial Q_1}{\partial V_1} & \dfrac{\partial Q_1}{\partial \theta_2} & \cdots \\[2mm] \dfrac{\partial P_2}{\partial \theta_1} & \dfrac{\partial P_2}{\partial V_1} & \dfrac{\partial P_2}{\partial \theta_2} & \cdots \\[2mm] \cdots & \cdots & \cdots & \ddots \end{pmatrix} \begin{pmatrix} \triangle \theta_1 \\ \triangle V_1 \\ \triangle \theta_2 \\ \vdots \end{pmatrix} = \begin{pmatrix} \triangle P_{genj} \\ \triangle Q_{genj} \\ \vdots \end{pmatrix} \tag{7.85}$$

이것이 선형 제약조건식을 구성한다. 이 알고리즘이 작동하게 하기 위해 슬랙 모선의 전압과 위상각은 다음 식

$$\triangle V_{swing} = 0 \, , \ \ \triangle \theta_{swing} = 0 \tag{7.86}$$

과 같이 상수로 지정한다.

또한 모든 부하모선의 P 와 Q 는 다음 식

$$\triangle P_{load} = 0 \, , \ \ \triangle Q_{load} = 0 \tag{7.87}$$

과 같이 상수로서 지정된다.

마지막으로 모든 발전기의 유효전력과 무효전력의 상한과 하한에 관한 제약식은 다음 식

$$P_{genj}^{min} - P_{genj} \leq P_{genj} \leq P_{genj}^{max} - P_{genj} \tag{7.88}$$
$$Q_{genj}^{min} - Q_{genj} \leq Q_{genj} \leq Q_{genj}^{max} - Q_{genj}$$

과 같이 지정된다. 또한 모든 모선의 전압에 관한 제약은 다음 식

$$|V_i|^{min} - |V_i| \leq \triangle|V_i| \leq |V_i|^{max} - |V_i| \tag{7.89}$$

과 같이 지정된다. 증분 선형 최적조류계산법의 해를 얻기 위한 절차는 다음과 같다.

① 기준 조류계산방정식을 푼다.
② 목적함수를 선형화한다.
③ 제약조건식을 선형화한다.
④ 각종 변수의 제한 범위를 지정한다.
⑤ 선형계획법을 푼다
⑥ 만약 $\triangle P$, $\triangle Q$, 그리고 $\triangle|V_i|$의 값의 변화가 미리 정한 크기보다 크다면 1)로 돌아가고, 아니면 종료한다.

7.8.10 비선형 내점법의 정식화[72]의 예

SCOPF는 대표적인 비선형계획법 문제이며 다음 식

$$
\begin{aligned}
&min\, F(\mathbf{x}_0,\mathbf{u}) \\
&s.t.\ \ \mathbf{g}_0(\mathbf{x}_0,\mathbf{u}) = 0 \\
&\qquad \mathbf{h}_0(\mathbf{x}_0,\mathbf{u}) \leq 0 \\
&\qquad \mathbf{g}_i(\mathbf{x}_i,\mathbf{u}) = 0 \quad i = 1, 2, \cdots, nc \\
&\qquad \mathbf{h}_i(\mathbf{x}_i,\mathbf{u}) \leq 0
\end{aligned}
\tag{7.90}
$$

여기서, • $\mathbf{x}_0$와 $\mathbf{x}_i$: 기준 케이스와 상정사고 케이스 i의 상태변수
  • $\mathbf{u}$: 제어변수
  • $F(\mathbf{x}_0,\mathbf{u})$: 최적화 문제의 목적함수
  • $\mathbf{g}_0(\mathbf{x}_0,\mathbf{u})$와 $\mathbf{g}_i(\mathbf{x}_i,\mathbf{u})$: 기준 케이스와 상정사고 케이스 i의 전력조류 방정식

---

72 Qiu, W., Flueck, A. J., and Tu, F. (2005), *A New Parallel Algorithm for Security Constrained Optimal Power Flow with a Nonlinear Interior Point Method*, IEEE.

- $h_0(\mathbf{x}_0, \mathbf{u})$ 와 $h_i(\mathbf{x}_i, \mathbf{u})$: 기준 케이스와 상정사고 케이스 i의 물리적 제약조건식과 운전조건에 관한 제약조건식
- nc : 상정사고 목록의 개수

과 같이 정식화된다.

경쟁전력시장의 경우, 각 발전기가 구간별 선형입찰전략을 사용한다고 하면 목적함수는 다음 식

$$F(\mathbf{x}_0, \mathbf{u}) = \sum_{i=1}^{n_{gen}} \sum_{j=1}^{n_{gblock_i}} (Pr_{ij} \times u_{ij}) \tag{7.91}$$

여기서, u_{ij} : SCOPF의 제어변수이며 발전기 i의 j번째 입찰블록을 나타낸다.
Pr_{ij} : 발전기 i의 j번째 입찰블록의 입찰가격을 나타낸다.
n_{gen} : 발전기의 개수이다.
n_{gblock_i} : 발전기 i가 입찰하는 블록의 개수이다.

과 같다.

SCOPF의 정식화의 예(primal-dual interior point method의 예)

프라이멀-듀얼(Primal-dual) 내점법은 여러 가지로 해석된다.[73] 여기의 정식화는 피아코(Fiacco)와 매코믹(McCormick)의 베리어(barrier)법에 근거한 것이다. SCOPF 문제 식 (7.90)과 관련한 로그 베리어(logarithmic barrier) 함수는 다음 식

$$min \ \psi(\mathbf{x}) = F(\mathbf{x}_0, \mathbf{u}) - \gamma \sum ln(c_i) \tag{7.92}$$

$$s.t. \ \mathbf{g}_i(\mathbf{x}_i, \mathbf{u}) = 0$$

$$\mathbf{h}_i(\mathbf{x}_i, \mathbf{u}) + \mathbf{c} = 0$$

73   El-Barky, A. S. *et al.* (1996), "On the Formulation and Theory of Newton Interior Point Method for Nonlinear Programming," *J. Optim. Theory Appl.,* Vol. 89, 507-541.

$$c_i \geq 0$$

$$i = 0, 1, 2, \cdots, nc$$

여기서, nc : 상정사고의 개수
$i=0$: 기준 케이스
c_i : 슬랙변수
γ : 베리어(barrier) 파라미터이며 0으로 단조감소한다.

과 같다.

베리어 함수 식 (7.92)의 라그란지 함수는 다음 식

$$L(\mathbf{x}, \mathbf{u}, \boldsymbol{\lambda}, \beta) = F(\mathbf{x}, \mathbf{u}) - \gamma \sum ln(c_i) + \boldsymbol{\lambda} \cdot \boldsymbol{g}(\mathbf{x}, \mathbf{u}) + \boldsymbol{\beta} \cdot (\mathbf{h}(\mathbf{x}, \mathbf{u}) + \mathbf{c}) \tag{7.93}$$

과 같다.

$\boldsymbol{\lambda}$와 β는 각각 등호 제약조건식과 부등호 제약조건식의 라그란지 승수와 같다. 라그란지 함수 식 (7.92)에 대한 카르시-쿤-터커(KKT: Karush-Kuhn-Tucker) 최적성 조건은 다음 식

$$\begin{aligned}
&\nabla_{\mathbf{x}} L(\mathbf{x}, \mathbf{u}, \boldsymbol{\lambda}, \beta) = 0 \\
&\nabla_{\mathbf{u}} L(\mathbf{x}, \mathbf{u}, \boldsymbol{\lambda}, \beta) = 0 \\
&\mathbf{g}(\mathbf{x}, \mathbf{u}) = 0 \\
&\mathbf{h}(\mathbf{x}, \mathbf{u}) + \mathbf{c} = 0 \\
&[\beta] \cdot \mathbf{c} - \gamma \cdot \mathbf{e} = 0 \\
&\mathbf{c}, \beta, \gamma \geq 0
\end{aligned} \tag{7.94}$$

과 같다.

여기에서 $\nabla_{\mathbf{x}} L(\mathbf{x}, \mathbf{u}, \boldsymbol{\lambda}, \beta) = 0$는 변수 $\mathbf{x}$에 관한 라그란지 함수 식 (7.93)

의 1차 그라디언트(gradient)이며 $\nabla_u L(x, u, \lambda, \beta) = 0$는 변수 u에 관한 라그란지 함수 식 (7.93)의 1차 그라디언트이다. $[\beta]$ 는 대각선 요소가 β 의 각 요소로 이루어진 메트릭스이며 e 는 각 요소가 1인 벡터이다.

7.9 안전도 제약 최적조류계산

7.9.1 OPF와 SCOPF의 비교

앞에서는 안전도 해석의 개념 및 전력시스템이 안전도를 유지하면서 운용되도록 하기 위해 어떠한 제약을 가해야 하는가를 설명했다. 사고가 발생한 이후에 전력시스템의 제약조건을 위반하는 상황이 발생하지 않도록 하기 위해 사고가 일어나기 전의 운용조건에 상정사고 제약을 추가한 것을 안전도 제약이라고 한다. 지금부터는 OPF와 SCOPF을 비교해보면서 SCOPF의 실행에 대해 설명한다.

〈그림 7.41〉은 OPF와 SCOPF를 비교한 것이다. 2개의 정식화에 있어서

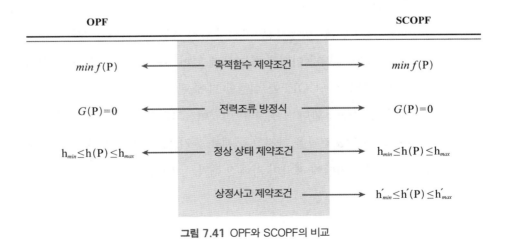

그림 7.41 OPF와 SCOPF의 비교

의 차이점을 비교하면 다음과 같다.

○ SCOPF의 해는 OPF의 해보다 총 연료비가 항상 크거나 같다.

○ 송전선 용량 제약에 부딪친(binding) 상태일 경우, OPF의 해는 송전선의 용량 제약이 고려되지 않은 경제급전(ED)의 해에서 벗어난다. 즉 각 발전기의 출력 기준점이 다르게 된다. 이때 사용되는 송전선의 용량 제약은 연속정격치(continuous rating)이다.

○ 상정사고 제약식의 제약에 부딪쳤을 때에만 SCOPF의 해는 OPF의 해에서 벗어난다. 이 경우는 상정사고 후의 송전선 비상정격용량(emergency rating)보다 송전선의 전력 흐름이 커질 경우에 발생한다.

최적조류계산이 경제급전(ED)과 다른 점은 목적함수를 최소화하는 과정에서 전력조류를 계속해 수정하는 것이다. 전력조류가 수정되도록 하는 것의 장점은 송전시스템에서 유지되어야 하는 제약조건을 SCOPF에 반영해 발전기 출력을 조정할 수 있다는 것이다. 그러므로 전력시스템의 구성요소의 제약조건을 만족시키면서 최적해에 도달할 수 있는 것이다.

이 절차를 확대하고 보강하는 방법이 상정사고 상태에서 구성요소에 대해 제한 범위를 추가하는 방법이다. 이 안전도 제약 또는 상정사고 제약[74]은 상정사고-이후뿐만 아니라 상정사고-이전에 대해서도 SCOPF가 제약조건을 만족하도록 작용한다. 그러나 이렇게 하는 데에 있어서는 대가를 지불해야 한다. 이것은 교류조류계산으로 SCOPF를 실행할 때에 관측되는 상정사고마다 조류계산 프로그램을 실행해야 한다는 것이다. 이것이 〈그림 7.42〉에 나타나 있다. SCOPF는 $(n-0)$ 제약조건만을 가지고 문제를 풀기 시작한다. SCOPF의 최적해를 구했을 경우에만 이때에 제약이 가해진 해가 상정사고 분석이 실행된 것을 나타내

---

74 contingency constraints.

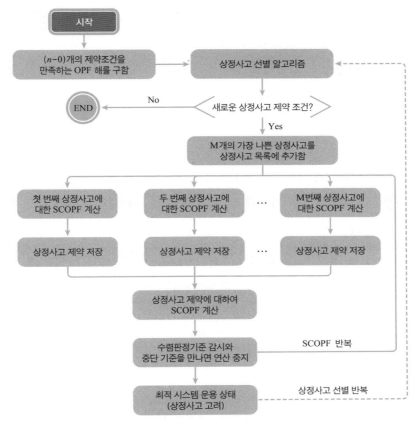

그림 7.42 SCOPF의 계산 순서도

자료: Wood and Wollenberg (1996).

는 것이다.

〈그림 7.42〉에서 상정사고 해석은 가장 나쁜 상정사고의 경우를 확인하는 것에서 출발한다. 안전도를 설명하면서 지적한 바와 같이 모든 상정사고의 경우가 상정사고-이후에 시스템 운용조건의 위반상황 결과로 나타나는 것이 아니므로, 조류계산 프로그램의 실행 회수에 제한을 가하는 것이 중요하다. 이것은 각각의 상정사고에 따른 조류계산에 따라 새로운 상정사고 제약이 추가되는 SCOPF에 있어서 대단히 중요하다. 선별 알고리즘을 거친 M개의 가장

나쁜 상정사고 경우만 추가된다고 가정한다. $M=1$이라고 한다면 가능하면서도 가장 나쁜 상정사고 경우만 추가된다.

다음에는, 고려하고 있는 모든 $(n-1)$ 상정사고가 전력조류 모델을 수정하는데 이 수정 내용을 이용해 전력조류계산을 실행해야 한다. 만약 조류계산의 결과에 위반상황이 나타나면 상정사고 제약을 만들어내기 위한 고장전달 분포함수를 사용한다. 실제로 실행되는 것은 상정사고가 반영된 모델에 대해 민감도 계산을 하고 결과적으로 나타나는 제약조건의 민감도를 보관한다. 모든 상정사고에 대한 전력조류 계산이 끝나면 상정사고 제약이 OPF 모델에 추가되어 해를 구한다.

〈그림 7.42〉를 보면 실행되어야 할 2개의 루프가 있다. "OPF 반복"이라는 루프는 모든 상정사고 제약이 만족되는 OPF의 해를 얻을 때까지 OPF와 모든 상정사고별 조류계산과 OPF가 실행되도록 한다. 다음으로 "상정사고 선별 반복"이라는 바깥의 루프가 실행된다. 만약 상정사고 선별 알고리즘이 새로운 상정사고를 찾아내지 않는다면 SCOPF는 종료된다. 그러나 만약 새로운 상정사고가 발견되면 이것을 명단에 추가하고 실행을 계속한다.

전력시스템의 운용조건은 안전도를 자주 위반하기 때문에 이러한 과정이 필요하다. 등증분비용법에 의해 발전기의 출력기준점을 결정하면 송전선의 용량이 초과되었는지의 여부를 무시하고 발전기의 출력기준점을 결정하는 것이므로 연쇄고장의 발생을 예방하지 못한다.

만약 몇 개의 상정사고 제약이 SCOPF에 추가된다면 SCOPF는 발전기 출력기준점을 다시 지정하고, 전압의 제한범위, 그리고 변압기 탭을 조정할 것이다. 새로운 선별 알고리즘과 전력조류계산이 실행되면 이러한 조정 절차는 새로운 상정사고 위반의 경우를 만들어낼 것이다. 상정사고 선별 알고리즘과 SCOPF 사이를 오가며 반복하는 것은 제약조건이 가장 많이 발생하는 상정사고의 경우를 찾아내기 위한 것이다.

7.9.2 P-SCOPF, C-SCOPF, PC-SCOPF

SCOPF의 실행과정은 컴퓨터의 연산속도 및 시스템의 규모와 관련이 깊다. 컴퓨터 연산속도가 느렸던 1990년대에는 SCOPF의 알고리즘이 이미 개발되어 있지만 프로그램 수준이 낮아 계산결과를 급전원들에게 알려주고 급전원이 수동으로 출력기준점을 정하는 수준에 그쳐 있었다. 즉, 1990년대에 이미 완벽한 C-SCOPF(수정-SCOPF)[75]의 알고리즘이 개발되어 있었으나 컴퓨터 연산속도 문제로 이를 간략화한 P-SCOPF(예방-SCOPF)[76]를 사용하다 최근에는 'C'와 'P'를 보완·결합한 알고리즘을 사용하는 경향이다. 〈표 7.2〉에서는 OPF, P-SCOPF, PC-SCOPF, C-SCOPF에 대한 일반적인 수학식을 표기한 것이다. 현재에는 PC-SCOPF(예방·수정-SCOPF) 방법으로 연쇄고장의 시작을 예방하지 않으면 시스템이 붕괴하는 국가재난이 일어날 위험을 막는 것이 어렵다. 궁극적으로는 C-SCOPF의 속도를 높이기 위한 연구가 미국을 중심으로 활발히 진행되고 있으며, 속도를 높이기 위한 방법으로 벤더스 분해(Benders decomposition)[77] 기법을 이용한 연구가 발표되었다.

이러한 연구를 살펴보았을 때, 실시간으로 상정사고 분석(CA) 프로그램을 실행해 상정사고 제약조건을 생성하고 이 제약조건을 SCOPF에 추가해 실행하는 것이 2015년 현재 사용되고 있는 EMS의 주요 기능이다.[78] 이때 상정사고의 검토

---

[75] corrective security-constrained optimal power flow의 약자로서 수정-SCOPF라 할 수 있을 것이다. 모든 상정사고 분석과 이에 따른 제약조건에 대한 각 발전기별 출력을 계산하는 완벽한 SCOPF 알고리즘이다. 전력시스템이 비상사태로 넘어가지 않도록 EMS가 출력을 자동으로 수정해준다고 하여 corrective라는 용어를 사용한 것이다.

[76] preventive security-constrained optimal power flow의 약자로서 예방-SCOPF라 할 수 있을 것이다. 모든 상정사고 분석을 수행하나 이에 따라 발전기별 출력이 제약 조건을 위반하느냐의 여부로 출력을 결정하며, 1990년대에는 급전원들에게 정보를 제공하는 기능을 제공했지만, 최근에는 이를 자동화한 기능이 사용되고 있다. 만약 상정사고 분석을 하지 않으면 단순 OPF와 동일한 형태이다.

[77] Mohammadi, J., Hug, G., and Kar, S. (2013), "A Benders Decomposition Approach to Corrective Security Constrained OPF with Power Flow Control Devices," *Power and Energy Society General Meeting (PES)*, IEEE, 1-5.

표 7.2 OPF, P-SCOPF, PC-SCOPF, C-SCOPF의 비교

구분	목적함수	제약조건	계산소요 시간
OPF	$min\ f(\mathbf{x}_0, \mathbf{u}_0)$	subject to $\mathbf{g}_k(\mathbf{x}_k, \mathbf{u}_0) = 0 \qquad k = 0$ $\mathbf{h}_k(\mathbf{x}_k, \mathbf{u}_0) \leq \mathbf{h}_k^{max} \qquad k = 0$	매우 짧다
P-SCOPF	$min\ f(\mathbf{x}_0, \mathbf{u}_0)$	subject to $\mathbf{g}_k(\mathbf{x}_k, \mathbf{u}_0) = 0 \qquad k = 0, 1, 2, \cdots, c$ $\mathbf{h}_k(\mathbf{x}_k, \mathbf{u}_0) \leq \mathbf{h}_k^{max} \qquad k = 0, 1, 2, \cdots, c$	짧다
PC-SCOPF	$min\ f(\mathbf{x}_0, \mathbf{u}_0)$	subject to $\mathbf{g}(\mathbf{x}_0, \mathbf{u}_0) = 0 \qquad k = 0$ $\mathbf{h}_0(\mathbf{x}_0, \mathbf{u}_0) \leq \mathbf{h}_0^{max}$ $\mathbf{g}_k(\mathbf{x}_k, \mathbf{u}_k) = 0 \qquad k = 0, 1, 2, \cdots, c$ $\mathbf{h}_k(\mathbf{x}_k, \mathbf{u}_k) \leq \mathbf{h}_k^{max} \qquad k = 0, 1, 2, \cdots, c$ $|\mathbf{u}_k - \mathbf{u}_0| \leq \Delta\mathbf{u}_k^{max} \qquad k = 0, 1, 2, \cdots, c$	탄력적이다
C-SCOPF	$min\ f(\mathbf{x}_0, \mathbf{u}_0)$	subject to $\mathbf{g}(\mathbf{x}_0, \mathbf{u}_0) = 0$ $\mathbf{h}_0(\mathbf{x}_0, \mathbf{u}_0) \leq \mathbf{h}_0^{max}$ $\mathbf{g}_k(\mathbf{x}_k, \mathbf{u}_k) = 0 \qquad k = 0, 1, 2, \cdots, c$ $\mathbf{h}_k(\mathbf{x}_k, \mathbf{u}_k) \leq \mathbf{h}_k^{max} \qquad k = 0, 1, 2, \cdots, c$ $|\mathbf{u}_k - \mathbf{u}_0| \leq \mathrm{K} \qquad k = 0, 1, 2, \cdots, c$	길다

여기서, f_0 : 비용최소화 목적함수

　　$\mathbf{g}$: 전력조류계산 제약조건식

　　$\mathbf{h}$: 전압, 송전선 용량 제약 등의 각종 제약조건 함수

　　$\mathbf{x}_k$: $k = 0$ 이면 상정사고-이전의 모선별 전압 및 위상각 등의 상태변수이며,

　　　　$k > 0$ 이면 상정사고-이후의 모선별 전압 및 위상각 등의 상태변수임.

　　$\mathbf{u}_k$: $k = 0$ 이면 상정사고-이전의 제어변수 값이고,

　　　　$k > 0$ 이면 상정사고-이후의 제어변수 값을 의미함.

자료: Li, Y. (2008)에서 정리함.

대상 요소를 모두 고려하면 계산 시간이 길어지는 문제가 있고 또한 확률적으로도 연쇄고장을 일으키는 상정사고의 경우가 항상 발생하는 것도 아니다.

---

78 2015년 현재 미국의 MISO 및 ERCOT의 경우에는 실시간 상정사고 분석 자료를 사용하고 있다. MISO의 자료는 Dondeti, J. R. *et al.* (2012), *Experiences with Contingency Analysis in Reliability and Market Operations at MISO*, IEEE.를 참조하기 바라며, ERCOT의 경우에는 Blevins, B. (2011), *Reliability Requirements*, ERCOT.를 참조하기 바란다.

이러한 문제를 해결하기 위해 현재 전력시스템 운용에 사용되는 상정사고 목록에 우선순위를 정해 일부만을 선택해 SCOPF 프로그램을 실행할 수 있다. 우선 전력시스템을 운영하는 기관이 심각하다고 생각되는 수준을 결정하고 그러한 사고를 일으킬 수 있는 상정사고를 오프라인에서 우선 선별하는 것이다. 그리고 이 선별된 상정사고 목록(contingency list)을 대상으로 실시간 상정사고 분석을 실시해 영향력이 큰 상정사고의 제약조건을 만든다. 이 과정을 상정사고 선별(contingency selection 또는 contingency screening)이라고 하며,[79] 선별된 사고 중에서 우선순위가 큰 상정사고 제약조건을 EMS의 SCOPF 프로그램 입력해 각 발전기별 출력기준점을 계산하면 된다. 상정사고 선별작업은 온라인 상에서 연쇄고장이 일어날 수 있는 취약한 선로를 발견하기 위한 작업이다. 전력시스템 상태가 변화하면 일근자가 급전원에게 상정사고 목록을 다시 구성하도록 알려주어 오프라인에서 상정사고 목록에 관한 입력자료를 수정하도록 하면 된다. 또한 모든 상정사고 목록은 더 긴 시간 주기를 두고 별도로 상정사고 분석(full contingency analysis)을 실시한다. 불시에 송전선이 탈락해 연쇄고장을 일으킬 가능성이 있는 상황이 발생할 경우에 이를 다시 선별된 상정사고 목록에 추가해 실시간 상정사고 및 SCOPF가 이루어지도록 하는 과정을 거치면 된다. 컴퓨터의 연산 속도의 문제점으로 인해 상정사고를 처리하는 컴퓨터를 병렬로 연결해 처리하도록 하는 방법도 있다.

7.9.3 선행급전의 부당성

2011년 9월 15일의 정전사고 이후 시작된 EMS 사용 여부에 대한 이 논쟁에서 등장한 용어가 '5분 선행급전'이라는 것이다. 그러나 이것은 확인되지 않은 용어

---

[79] Wood, A. J. and Wollenberg, B. F. (1996), *op. cit.*, p. 430.

7장 전력시스템 컴퓨터제어모형 **531**

일 뿐만 아니라 논리적으로 성립이 되지 않는 개념이다. 앞서 언급했지만 실시간 급전에서는 예측할 대상이 사실상 없기 때문에 예측정보로 급전을 하는 것은 문제가 있다.

전력시스템 운용자의 주요 업무는 주어진 실시간 상황에서 수요변동에 대응해 순동예비력을 사용해 주파수 응동(frequency response)이 제대로 이루어질 수 있도록 하고, 경제적이면서 안전한 전력시스템 운용이 유지될 수 있도록 발전기의 출력기준점을 5분마다 재배치하는 것이다. 2011년 9월 정전사고 이후에 전력거래소는 5분 수요예측 결과를 바탕으로 5분마다 급전을 한다는 주장을 했다. 그러나 5분마다 전국의 수많은 변전소별로 변화하는 소비자 수요를 예측할 수는 없다. 그럼에도 불구하고 5분 후의 수요를 예측해 시스템을 운용한다는 것은 논리에 어긋난다. 이것은 AGC 신호의 역할에 대한 오해에서 비롯된 것으로 파악된다. 2011년 9.15 정전 당시 EMS에서 5분 간격으로 발전기에 보내는 신호를 만드는 알고리즘을 전력거래소는 다음과 같이 설명하고 있다.[80]

BPA 배분 총량(BPA all) 늑 현재 수요 − 발전기 출력기준점 합계(MOS 수요예측)

$$(7.95)$$

여기서, BPA: 출력기준점 조정

이 식은 발전기의 출력을 조정할 때 현재 수요에서 5분 후의 예측수요를 차감해 이 양을 발전기에 배분한다는 논리이다. 그러나 이는 다음과 같은 문제가 있다. 현재 시점의 상태추정 자료를 어디에 사용하는지, 실시간으로 수요예측을 해서 위의 공식처럼 각 발전기의 출력기준점을 재배치하는 것인지, MOS라는 소프트웨어가 실시간으로 5분 후의 수요예측을 수행하는지에 발전기 출력기준점의 합계가 전력거래소가 주장하는 송전단 출력과 어떤 관계가 있는지에 대해

---

80 전력거래소 내부자료.

서도 분명하지 않다.

앞서 상태추정의 기능 및 출력에 대해서 자세히 논의했지만, 5분마다의 경제급전 신호 또는 SCOPF에 의한 발전기 출력기준점의 재배치는 상태추정 자료를 근거로 한다. 이 상태추정이라는 것은 현재 현시된 원격계측장치의 자료를 근거로 시스템의 상태를 추정하는 것이며, 앞으로 발생할 모선별 소비자 수요를 예측해 모든 발전기의 출력기준점을 재배치할 수는 없다. 이렇게 한다면 상태추정이 필요 없게 된다. SCOPF를 실행하기 위해 모선별 소비자부하를 예측하는 것은 더욱 어려운 일이다.

예측을 한다면 지금까지의 5분마다의 모선별 소비자 수요에 대한 과거의 자료가 축적되어 있어야 하며 이것을 사용해 5분 후의 모선별 소비자 수요를 예측해야 한다. 즉 상태추정 자료가 필요 없는 것이다. 그렇다고 해서 5분마다 모선별 소비자 수요 자료가 보관되어 있는가도 명확하지 않고 모선별로 소비자 수요를 예측하는가도 분명하지 않다. 또한 상정사고 분석 및 SCOPF 프로그램은 시스템의 상태 및 모선별 소비자 수요를 상태추정에 의해 알아야 실행이 가능한 것인데, 이것을 무시하고 수요예측을 통해서 5분마다 모선별 소비자 수요를 예측해 사용할 수 있는가에 대해서도 아직 기술적으로 검증되지 않았다.

5분 후의 모선별 소비자 수요의 예측이 가능하다고 양보하더라도 이미 존재하는 확실한 계측자료로 상태를 추정하는 것이 타당하지 아직 존재하지 않는 5분 후 미래의 수치를 예측해 사용한다는 것은 주파수 유지를 더욱 어렵게 할 뿐이다. 상태추정이라는 단어에서의 추정(estimation)도 현재에 계측한 수치를 이용해 추정을 한다는 것을 의미한다.

5분 후의 총 수요를 예측할 알고리즘도 확실하지 않는 상황에서 5분 후의 모선별 수요를 예측한다는 것은 더욱 무의미하다. 5분 후의 모선별 소비자 수요를 예측해 사용한다면, 이것이 정확하게 예측된다 해도 상태추정, 상정사고 분석, SCOPF를 실행하는 2분 30초 정도의 시간이 경과하므로 그동안에 수요가 변화해 5분 후의 모선별 수요는 예측한 것과 같을 수 없다. 다만, 지금 수요를 기준으로 상태추정을 하는 방법의 단점은 상태추정, 상정사고 분석, SCOPF를 실행하는 동안에 모선별로 수요가 변화해 2분 30초 후의 모선별 수요가 현재와 다르다는 것이지만 이것은 현재의 컴퓨터 계산속도를 더 이상 축소하지 않는 한, 벗어날 수 없는 한계이다. 이 한계를 벗어나기 위해 상태추정 시간을 단축하는 것이 이 분야의 가장 커다란 연구 과제이다.

5분 후의 모선별 소비자 수요를 예측하지 않더라도 현재 확보된 순동예비력이 시스템수요의 변화에 응해 주파수 조정에 참여하고 있다. 즉 시스템수요의 변화에 대해 순동예비력을 확보하고 각 발전기 출력을 조정해 주파수를 유지할 수 있다. 5분이라는 짧은 기간에 대해 예측모형을 사용해 소비자 수요를 파악하는 것은 현재의 시점에서 상태추정을 실행한 결과를 무시한다는 결론이다.

가장 중요한 결론은 증빙자료가 희박한 상태에서 실시간으로 상태추정을 해서 5분마다의 모선별 소비자 수요를 추정한다는 각종의 주장을 하는 것이다. 상태추정을 하지 않으면 모선별 소비자 수요 자료의 기록이 없으므로 모선별 소비자 수요를 예측할 수 없는 것이다. 시스템수요를 예측해 배분한다는 것 자체가 모선별 소비자부하에 대한 현재의 상황을 이용하지 않으므로 발전기의 출력기준점이 송전선의 과부하를 예방하거나 연쇄고장의 시작을 예방하지 못하는 것이다. 즉 시스템 붕괴를 예방할 수 없는 대단히 위험한 관행인 것이다.

7.9.4 EMS 요약

〈그림 7.43〉의 왼쪽의 기능은 주파수 변동을 관찰해 발전기의 출력기준점을 조정하는 기능이며 각 발전기의 가버너가 주파수 편차를 감시해 출력을 조정하며, 이로써 주파수가 조정된다. 전력시스템이 연계된 경우, EMS는 연계선의 전력조류를 관찰해 4초마다 발전기에 조정신호를 보내어 출력기준점을 조정함으로써 ACE를 0으로 유지한다.

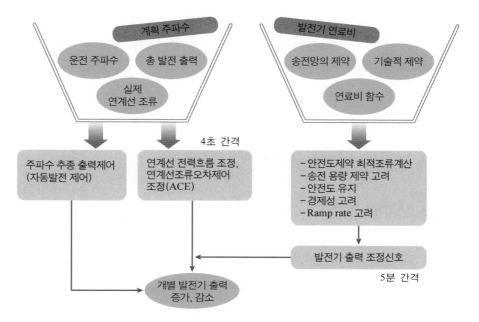

그림 7.43 EMS 기능 요약

〈그림 7.43〉의 오른쪽의 기능은 총 연료비를 최소화하는 기능이다. 발전기의 연료비 함수가 주요 입력자료이며, 송전선 용량 제약을 고려해 연료비를 최소로 하는 발전기 출력기준점을 계산하고 다시 상정사고 해석을 통해 안전도 유지를 위한 각 발전기의 출력기준점이 결정된다. 이 과정에서 연료비 최소화와 안전도 유지의 두 가지 목표가 절충된다. 각 발전기의 출력기준점은 각 발전기의 가버너에 전달되고 가버너가 이 값을 유지하도록 작동하며 약 5분[81]에 한 번씩 변화한다.

출력제어에 대한 제약의 예로서는 각 발전기의 출력의 증가 및 감소에 관한 제약[82], 전기시계의 시간을 정상치로 나타내기 위한 오차수정에 따른 제약 등이

---

[81] 5분 단위는 발전기의 대수, 송전시스템의 규모, 상태추정, SCOPF 등을 감안한 시간이다. 현재의 컴퓨터 능력으로 급전 대상 발전기가 약 300개라면 계산시간은 2분 30초 정도라고 알려져 있다.

[82] ramping constraint.

있다. 시스템수요와 공급력의 불균형이 심해지거나 발전기 탈락으로 인해 주파수가 갑자기 크게 변화하면, EMS 기능은 우회되며 비상제어 조치가 시행된다.

7.10 모선별 한계가격요금제[83]

7.10.1 LMP의 개관

모선(location)별 한계비용에 근거한 요금제도(LMP)는 경쟁시장의 가격에 근거해 송전 혼잡을 관리하기 위한 제도이다. 가격(price)은 시장참여자에게 제시한 입찰/호가(bids/offers)에 의해 결정된다. 송전선 사용요금은 송전선의 사용을 위해 급전을 다시 실행함에 따른 증분비용을 말한다. 만약 송전선의 혼잡이 없다면 송전선 사용료는 0이다(송전선 투자비 회수는 제외한다).

송전선의 혼잡이 일어나면 LMP는 변화한다. 송전선 혼잡은 변동비가 낮은 발전기가 수요를 만족시키고 시장정산을 하는 것을 방해한다. 변동비가 낮은 발전기는 제약비발전(con-off) 상태로 되어서 제약이 없는 지역의 시장가격을 낮춘다. 변동비가 높은 발전기는 제약이 발생한 지역의 부하를 만족시키기 위해 제약발전 상태가 되며 제약이 있는 지역의 시장가격을 높인다.

---

[83] 이 절은 경쟁시장의 모선별 한계가격에 대해 설명하며 Treinen, R. (2005). "Locational Marginal Pricing (LMP): Basics of Nodal Price Calculation," *CRR Educational Class #2*, CAISO Market Operation.의 자료에 근거했다.

7.10.2 LMP의 정의

LMP는 발전(인근 연계지역으로부터의 전력 구입 포함) 측의 입찰(supply bid)과 수요 측의 호가(呼價, offer), 그리고 송전망의 물리적 제약과 시스템 운용의 제약 등을 고려해 전력시스템에서 특정한 지점의 수요가 한 단위 증가할 때 최소의 비용으로 수요를 만족시키기 위한 한계비용(marginal cost)을 의미한다. 이를 위해 고려해야 할 중요한 개념은 한계비용, 최소비용, 공급자 입찰, 수요 측 호가 및 송전망의 물리적 측면이다. 모선별 가격이란 것은 특정한 모선(node)에서의 LMP라고 정의한다. 그러므로 LMP는 부하 집합점에서의 가격이라고 일반적으로 사용된다.

LMP의 정의와 계산방법은 경제학이론, 한계비용(변동비라고도 함), 최소비용, 입찰(공급곡선), 그리고 수요곡선, 전력시스템 운용관행, 송전망의 물리적 측면, 급전기준에 근거한 시스템 운용, 시스템 운용절차와 제약조건 등에 근거한다.

공급곡선

〈그림 7.44〉는 공급의 한계비용(또는 변동비용)을 나타낸다. $P(Q^*)$은 Q^*에서 다음의 한 증분을 발전하는 것에 대해 공급자가 지급받기를 원하는 최소의 kWh당 가격이다. Q^*까지의 곡선 아래의 해당하는 면적은 Q^*를 생산하기 위한 비용요소 중에서 상수인 것을 고려하지 않은 총

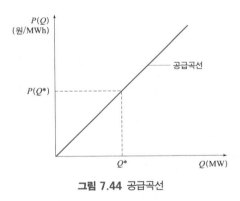

그림 7.44 공급곡선

비용(원/시간)을 나타내며 Q가 증가하면 $P(*)$ 함수는 단조증가한다. 즉 $P(Q_1) \geq P(Q_2)$, $Q_2 > Q_1$이 성립한다.

수요곡선

〈그림 7.45〉는 수요의 한계편익(증분편익)을 나타낸다. $P(Q^*)$는 Q^*에서 다음 한 증분의 Q를 소비하기 위해 소비자가 기꺼이 지불하려는 단위 kWh 당의 최대가격을 나타낸다. Q^*까지의 곡선 아래의 해당하는 면적은 비용요소 중에서 상수인 것을

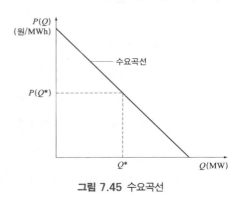

그림 7.45 수요곡선

고려하지 않은 상태에서 Q^*를 소비하기 위한 총 편익(원/시간)을 나타내며 Q가 증가하면 $P(*)$ 함수는 단조감소한다. 즉 $P(Q_1) \geq P(Q_2)$, $Q_2 > Q_1$이 성립한다.

공급자 잉여

만약 총량 Q^*가 $P(Q^*)$의 가격이 결정되면, 〈그림 7.46〉의 회색 부분은 공급자 잉여이며 Q^*를 생산하는 데 필요한 것 이상의 추가적 수입을 나타낸다. Q^*를 생산하기 위한 총 수입은 적어도 $P(Q^*) \times Q^*$이다. 가격은 $P(Q^*)$보다 클 수도 있다. $P(Q^*) \times Q^*$이 총 수입이라고

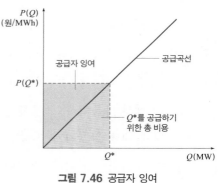

그림 7.46 공급자 잉여

가정하자. 총 수입에서 총 공급비용(아래의 삼각형)을 빼면 공급자 잉여가 되는데 이것은 회색 부분의 삼각형의 면적이 된다.

소비자 잉여(또는 수요잉여)

만약 총량 Q^*가 $P(Q^*)$의 가격이 결정되면, 〈그림 7.47〉의 회색 삼각형 부

분은 소비자 잉여이며 Q^*를 소비하는 데 필요한 것 이상으로 소비자가 절약하는 추가적(extra) 혜택을 나타낸다. Q^*를 구입하기 위한 총 지불액은 많아야 $P(Q^*) \times Q^*$이다. 가격은 $P(Q^*)$보다 작을 수도 있다. 총 혜택 _(위의 삼각형 + 아래 사각형)에서 총 지불액 _(아래 사각형)을 빼면 소비자 잉여가 되

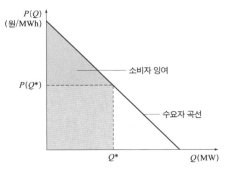

그림 7.47 소비자 잉여(또는 수요잉여)

는데 이것은 회색 삼각형의 면적이 된다.

　　한계비용의 개념은 전체 시스템 비용의 한계비용을 의미한다. 전체 시스템 비용은 사회적 잉여(총 잉여라고도 함)와 유사한 것이다. 사회적 잉여는 경제학의 기본이론이며 이것은 공급곡선에 의거한 공급자 잉여와 수요곡선에 의거한 소비자 잉여로부터 계산된다.

　　총 잉여(또는 사회적 잉여) = 공급자 잉여 + 소비자 잉여

가 되며 〈그림 7.48〉은 이를 표현한 것이다. 청산가격(clearing price)에 도달하고 유효한 거래를 위해 총 공급이 총 수요와 같아야 한다는 제약조건 아래 총 잉여가 최대화된다.

　　경제적 효율을 달성하고 공급력과 시스템수요를 일치시키고 가격을 형성하기 위해 총 잉여가 최대화된다. 이것은 공급자와 소비자 모두에 대한 혜택을 최대화하는 것이다. $P(Q^*)$는 공급되어야 할 다음의 증분과 소비될 다음의 증분에 대한 가격이며 $P(Q^*)$는 한계청산가격이다. LMP는 이러한 경제학의 원리에 따라 계산된다.

　　청산가격과 청산물량 아래에서 총 잉여는 총 소비자 편익(수요곡선 아래의 면적)

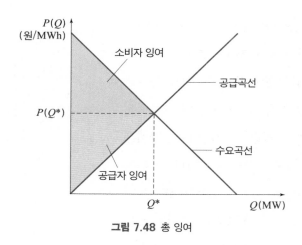

$$P(Q)$$
(원/MWh)

소비자 잉여

공급곡선

$$P(Q^*)$$

수요곡선

공급자 잉여

$$Q^*$$

$$Q(\text{MW})$$

그림 7.48 총 잉여

에서 총 공급비용(공급곡선 아래의 면적)을 뺀 것과 같다.

Q^*와 $P(Q^*)$의 값은 비선형최적화의 정식화로써 구해지며 목적함수는 총 잉여를 최대화하는 것이고 제약조건으로서는 공급력과 시스템수요가 일치한다는 조건이다.

목적함수는 다음과 같이 세울 수 있다.

○ Maximize(총 비용)
○ Maximize(총 소비자 잉여 − 총 공급비용)
○ Maximize(수요곡선의 면적 − 공급곡선)
○ Mininimize(공급곡선의 면적 − 수요곡선의 면적), 여기에서 목적함수는 총 잉여의 부호를 바꾼 것과 같다.
○ Mininimize(공급곡선의 면적 + 수요곡선의 면적의 부호를 바꾼 것), 수요 자곡선의 면적의 부호를 바꾼 것은 수요(MW)가 '−'이기 때문이다. 부호에 관해서는 시스템에 주입하는 것을 '+'로 하고 시스템에서 나가는 것을 '−'로 취급하기 때문이다.

공급 측 입찰의 예가 〈그림 7.49〉의 왼쪽 그래프에 나타나 있다. 공급비용

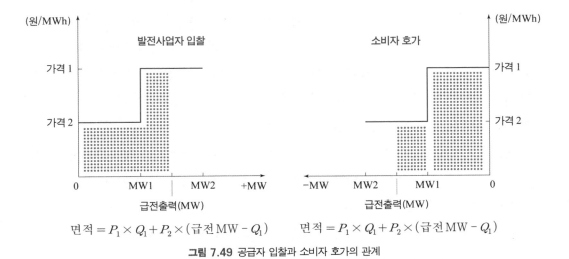

면적 $= P_1 \times Q_1 + P_2 \times (\text{급전MW} - Q_1)$ 면적 $= P_1 \times Q_1 + P_2 \times (\text{급전MW} - Q_1)$

그림 7.49 공급자 입찰과 소비자 호가의 관계

은 '급전 MW'까지의 곡선 아래의 면적이다. 곡선 아래의 면적은 (원/MWh) × (+MW)이며 원/시간이다.

소비자 호가의 예는 〈그림 7.49〉의 오른쪽 그래프에 나타나 있다. 소비자 혜택은 '급전 MW'까지의 곡선 아래의 면적이다. 곡선 아래의 면적은 (원/MWh) × (−MW)이며 −원/시간이다. MW가 음수라는 것은 시스템에서 나간다는 것(주입이 아니라는 것)을 뜻한다.

LMP 계산은 다음 식

    ○ Minimize(총 잉여의 부호를 바꾼 것)

    ○ Minimize(총 시스템 비용), (총 시스템 비용은 총 잉여와 유사하며 여기의 설명에서는 총 잉여에 '−'를 붙인 것으로 한다.)

    ○ Subject to: 공급력 = 시스템수요(시스템 운용의 제약, 연계시스템의 전력 흐름 제약 포함)

에 근거한다.

LMP는 한계가격이며 이것은 최적화 문제의 해를 구했을 때 생산되는 가격 민감도를 나타낸다. LMP의 계산은 송전망의 제약이 위반되면 안 되기 때문에 하나의 공급곡선과 수요곡선의 예보다 훨씬 복잡하다. 만약 송전선 용량 제약을 준수하지 않으면 모든 공급곡선과 수요곡선은 하나로 모아져 간단한 방법이 적용되어 시스템 전체로 본 하나의 청산가격과 물량을 결정하는 데에 사용될 수 있다. 그러나 송전선 용량 제약이 준수되어야 하기 때문에 한계가격은 시스템 전체로 계산되는 것이 아니고 모선별로 계산된다.

간단한 모선별 LMP의 정의는 LMP의 의미를 이해하는 데에 편리하다. 각 모선에서의 에너지에 대한 LMP는 고정된 부하에 1MW를 추가함으로써 시스템 비용이 최소비용 운용에서 얼마나 변화하는가를 알아내는 것이다. 물론 이 경우에 시스템 운용의 제약과 송전망의 제약을 고려하는 것이다. 이것을 간단한 식으로 표현하면 다음 식

$$LMP = \frac{\text{경제급전에 의한 전체 시스템 비용의 변화}}{\text{1MW 변화}}$$

(7.96)

과 같다.

예 7.4

간단한 2-모선 시스템에서 발전사업자(공급자) 입찰과 소비자 호가(offer)가 있으며 송전 손실과 송전 혼잡에 대한 제약조건이 없다고 가정한다.

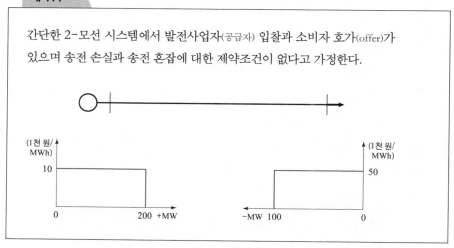

소비자는 100MW의 부하를 사용함에 있어서 50,000원/MWh까지 지불할 용의가 있고 공급자(발전사업자)는 10,000원/MWh 이상이라면 200MW까지 공급할 용의가 있다.

이 상태에서 최적화는 목적함수를 최적화하는 것이다. 이는 전체 시스템 비용을 최소화하는 것으로, 이때의 제약조건은 공급력과 시스템수요가 일치한다.

여기에서 보면 다음과 같이

O 공급비용 = 발전사업자 입찰 곡선 아래의 면적
10,000원/MWh × 공급 MW

O 소비자 호가 = 소비자 호가(offer) 곡선 아래의 면적
50,000원/MWh ×(−수요 MW) (수요 MW가 음수임에 주목)

O 문제의 최적화
Minimize 10,000원/MWh × 공급 MW + 50,000원/MWh ×(−수요 MW)
$s.t.$ 공급력 = 시스템수요

할 수 있다. 문제를 풀어보면,

공급측 용량 = 소비자부하 = 100MW

이며 전체 시스템 비용은

10,000원/MWh × 100MW + 50,000원/MWh × (−100MW)

의 계산에 의해 −4,000,000원/시간(1,000,000−5,000,000)이다.

부하모선에서의 LPM는 무엇인가? 위의 예제에서 송전선의 용량 제약과 손실이 고려되지 않기 때문에 발전기와 부하가 하나의 점에 존재하는 것으로 되

어 부하모선의 LMP는 모두 같다. 공급곡선과 수요곡선을 하나의 그래프에 놓고 한계청산가격을 결정할 수 있다.

부하 모선에 1MW를 추가해본다. 이 증분은 소비자 호가와 관계없으며 추가적 MW에 대한 입찰도 없다. 여기에서 공급력과 시스템수요가 같아야 한다는 것을 주목해야 한다. 그러므로 이것을 확인하기 위해 2개의 선택사항을 만들어 놓는다.

- 선택 1: 위의 1MW가 발전사업자에 의해 공급된다. 그러면
  공급력= 100 + 1 = 101MW
  시스템수요 = 100 + 1 = 101MW
  이다.

- 선택 2: 위의 1MW가 시스템수요를 1MW만큼 축소하고 발전기 출력을 원래와 같은 상태로 유지한다. 그러면
  공급력 = 100MW
  시스템수요 = (100 -1) + 1 = 100MW
  이다.

각 선택에 대한 총 시스템 비용은 다음과 같다.

- 선택 1:
  공급비용 = 10,000원/MWh × 101MW = 1,010,000원/시간
  소비자비용 = 50,000원/MWh × (-100MW) = -5,000,000원/시간
  총 비용 = 1,010,000 - 5,000,000 = -3,990,000원/시간

- 선택2:
  공급자비용 = 10,000원/MWh × 100MW = 1,000,000원/시간

소비자비용 = 50,000원/MWh × (-99MW) = -4,950,000원/시간

총 비용 = 1,000,000원/시간 - 4,950,000원/시간 = -3,950,000원/시간.

선택 1을 선택할 때에 총 비용이 최소가 된다. 즉 -3,990,000원/시간은 -3,950,000원/시간보다 작다. 발전기 출력을 x $(0<x<1)$MW 만큼 증가하고 수요자 호가를 $(1-x)$MW 만큼 감소하는 여러 가지 조합은 총 시스템 비용을 -3,990,000원/h보다 크게 하고 -3,950,000원/h보다 작게 한다.

선택 1에 의한 비용의 변화는 -3,990,000원/h -(-4,000,000원/h)=10,000원/시간이며 부하모선의 LMP는 -10,000원/h를 1MW로 나누면 10,000원/MWh으로 된다.

7.10.3 LMP의 특성

LMP는 안전도 제약 최적조류계산(SCED, 또는 SCOPF)의 실행결과로부터 얻어진다. LMP는 송전선의 혼잡과 송전 손실에 따라 달라질 수 있다. 모선별 한계비용에 의한 송전요금제에 있어서 송전선 혼잡과 손실에 따른 송전선 사용요금은 공급지점과 수전지점의 LMP의 차이이다.

제약이 없는 조건에서는 송전 손실이 없다고 가정하면 송전선 사용요금에 대한 청산가격은 단일 가격이다. 이것은 제약 없는 경제급전이다. 물론 공급력과 시스템수요가 일치해야 한다는 조건은 필요하다.

제약조건이 있는 경우, 즉 송전 혼잡이 존재하는 경우, 변동비가 낮은 발전기가 모든 수요를 만족시킬 수 없기 때문에 에너지 공급의 한계비용은 모선별로 다르다. 송전선의 용량이 충분하지 않은 경우 에너지를 전달하기 위해 비용이 증가한다는 사실을 반영한다. 수요모선에 한계발전기로부터 에너지가 전달되기 때문에 제약 없는 경제급전에 의한 단일 가격에 비해 LMP는 상당히 다르다.

부하집적점(aggregated load point)에 있어서 LMP를 구하려면 부하의 크기에 다른 가중평균값을 계산하면 된다. 부하별 가중치를 구하기 위해 부하배분인자(load distribution factor)를 사용한다. 부하집적점에 대한 LMP는 소비자부하에 대한 청산에 사용되고 모선별 LMP는 발전에 대한 청산에 주로 사용된다.

LMP의 구성요소는 다음과 같이 3개의 요소로 볼 수 있다. 첫째는 기준 모선의 한계비용이며, 둘째는 송전 손실의 한계비용이며 이 경우 손실은 주로 송전선의 열 손실이다. 셋째는 송전선의 용량 제약을 제약조건으로 했을 때에 제약에 걸린 송전선 때문에 발생하는 송전 혼잡의 한계비용이다. 이러한 구성요소들은 SCOPF 프로그램의 실행을 통해 얻어진다. 이 3개의 성분은 알고리즘에서 별개의 변수로서 계산되지만 LMP를 구하기 위해 합산된다.

모선 i에서의 LMP(nodal price)는 다음 식

$$\lambda_i = \lambda_{ref} - L_i \times \lambda_{ref} - \sum_j (\mu_j \times SF_{ji})$$

여기서, λ_i : 모선 i에서의 LMP

λ_{ref} : 기준 모선에서의 LMP

L_i : 모선 i에서의 한계손실인자($= \partial P_{loss} / \partial P_i$)

P_i : 모선 i에서 전력의 주입

P_{loss} : 시스템 손실

μ_j : 제약조건 j의 잠재가격(shadow price)

SF_{ij} : 모선 i에서의 제약조건식 j에 유효전력부하의 이전인자(shift factor) (이전인자를 계산하는 기준 모선은 시스템의 기준 모선과 동일하다.)

을 이용해 계산할 수 있다.

〈그림 7.50〉은 모선별 한계비용의 성분을 설명한다. λ_{ref}는 기준 모선에서의 한계비용이며 모선 가격(nodal price)이다. 각 모선 i에서의 모선 가격은 이와 같은 요소를 공유한다. 이 모선 가격은 내생적 송전선 혼잡 성분을 갖는다. 다시 말하면 기준 모선에서의 가격은 송전망의 혼잡 발생 가능성에 대한 물리적 제약조

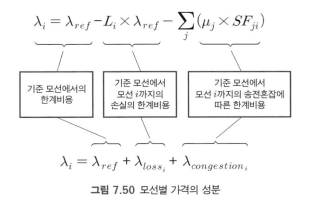

$$\lambda_i = \lambda_{ref} - L_i \times \lambda_{ref} - \sum_j (\mu_j \times SF_{ji})$$

| 기준 모선에서의
한계비용 | 기준 모선에서
모선 i까지의
손실의 한계비용 | 기준 모선에서
모선 i까지의 송전혼잡에
따른 한계비용 |

$$\lambda_i = \lambda_{ref} + \lambda_{loss_i} + \lambda_{congestion_i}$$

그림 7.50 모선별 가격의 성분

건을 고려해 한 단위의 증분을 공급하기 위한 기준 모선에서의 한계비용이다.

$\lambda_{loss_i}(= - L_i \times \lambda_{ref})$ 는 기준 모선부터 모선 i에 이르는 송전 손실의 한계비용이며 $+ L_i \times \lambda_{ref}$ 는 모선 i에서 기준 모선에 이르는 송전 손실의 한계비용이다. L_i 는 $(\partial P_{loss} / \partial P_i)$ 와 같으며, 예를 들어 기준 모선에서 1MW를 빼고 모선 i에 1MW를 주입하면 $\Delta loss$ 의 손실의 변화가 있을 것이다. 유효전력의 균형을 위해 모선 i에는 $\Delta P_i = \Delta loss + 1MW$ 의 변화가 있을 것이다. 만약 손실이 증가하면 L_i 는 0보다 클 수도 있으며, 손실이 감소하면 0보다 작게 될 것이다(이것은 역조류가 발생해 송전선의 전력조류가 감소함을 의미한다).

$\lambda_{congestion_i}$ 는 $- \sum_j (\mu_j \times SF_{ji})$ 와 같으며 이것은 기준 모선에서 모선 i로 조류가 흐를 경우의 송전선 혼잡의 한계비용이다. $+ \sum_j (\mu_j \times SF_{ji})$ 는 모선 i에서 기준 모선으로의 전력 흐름에 의한 송전 혼잡의 한계비용이다. μ_j 는 선로용량의 제약에 부딪친 송전선의 잠재가격(1천 원/MWh)이다. 이 가격은 제약조건이 한 단위 증가했을 경우 목적함수의 변화값과 같다. SF_{ji} 는 추가적으로 1MW가 모선 i에 주입되고 기준모선에서 빠져나갈 경우에 제약조건 j에 있어서 증가하는 전력 흐름을 나타낸다.

7.10.4 최적화 이론과 잠재가격[84]

볼록함수 $f : R^n \to R^1$, $g_i : R^n \to R^1$, $i = 1, \cdots, m$ 에 관해서 정의된 기준형 볼록함수계획 문제

$$(P) \qquad \begin{cases} \text{최소화} & f(\mathbf{x}) \\ \text{조 건} & g_i \leqq 0, \; i = 1, \cdots, m \end{cases} \qquad (7.97)$$

를 주문제(primal problem)라고 부른다.

목적함수 f 와 제약함수 g_i, $i = 1, \cdots, m$ 에 대해서

$$\begin{cases} \tilde{f}(\mathbf{x}, 0) = f(\mathbf{x}), & \forall \mathbf{x} \in R^n \\ \tilde{g}_i(\mathbf{x}, 0) = g_i(\mathbf{x}), & \forall \mathbf{x} \in R^n, \; i = 1, \cdots, m \end{cases} \qquad (7.98)$$

을 만족하는 R^{n+m} 으로 정의되는 볼록함수 $\tilde{f}(\mathbf{x}, \mathbf{y})$, $\tilde{g}_i(\mathbf{x}, \mathbf{y})$, $(i = 1, \cdots, m)$ 가 주어져 있다고 하자. $\mathbf{y} \in R^n$ 을 섭동 벡터(perturbation vector)라고 부르고, 조건 (7.98) 을 만족하는 볼록함수 $\tilde{f}$, $\tilde{g}_i$, $(i = 1, \cdots, m)$ 를 각각 섭동목적함수(perturbed objective function)와 섭동제약함수(perturbed constraint function)라고 한다.

다음에 $\tilde{f}(\mathbf{x})$, $\tilde{g}_i(\mathbf{x})$, $i = 1, \cdots, m$ 을 이용해 새로운 함수

$$\varphi(\mathbf{x}, \mathbf{y}) = \begin{cases} \tilde{f}(\mathbf{x}, \mathbf{y}), \tilde{g}_i(\mathbf{x}, \mathbf{y}) \leq 0, \; i = 1, \cdots, m \\ \infty, \text{상기 이외의 경우} \end{cases} \qquad (7.99)$$

을 정의한다. $\tilde{g}_i$, $i = 1, \cdots, m$ 은 가정에 의해 볼록함수이기 때문에,

---

84 Avriel, M. (1976), *Nonlinear Programming: Analysis and Methods*, Prentice-Hall Inc., Englewood Cliffs, NJ.

$$dom\, \varphi = \left\{ (\mathbf{x}, \mathbf{y}) \mid \tilde{g}_i(\mathbf{x}, \mathbf{y}) \leqq 0,\ i = 1, \cdots, m\,;\ \mathbf{x} \in R^n, \mathbf{y} \in R^m \right\} \quad (7.100)$$

은 R^{n+m} 상의 볼록집합이다. 따라서 φ 은 R^{n+m} 상의 확장볼록함수가 된다. 그리고 이 φ 에 대해서 $\mathbf{y} \in R^m$ 을 파라미터로서 포함해야 하는 제약이 없는 최적화 문제 $P(\mathbf{y})$ 를 다음과 같이 정의하자.

$$P(\mathbf{y}): \qquad\qquad min\ \left[\varphi(\mathbf{x}, \mathbf{y}) \mid \mathbf{x} \in R^n \right] \qquad\qquad (7.101)$$

여기에서 $\mathbf{y} = 0$ 로 두면

$$\varphi(\mathbf{x}, 0) = \begin{cases} f(\mathbf{x}), & g_i(\mathbf{x}) \leqq 0,\ i = 1, \cdots, m \\ \infty, & \text{상기 이외의 경우} \end{cases} \qquad (7.102)$$

이므로, $P(0): min\ \left[\varphi(\mathbf{x}, 0) \mid \mathbf{x} \in R^n \right]$ 은 주문제 (P) 와 일치한다. 이렇게 해서 주문제는 $\mathbf{y} \in R^m$ 을 파라미터로 하는 문제군 $P(\mathbf{y})$ 가운데 묻혀 있는 것이 된다. 앞으로 $P(\mathbf{y})$ 를 섭동주문제(perturbed primal problem)라고 부르기로 한다. (P) 에 대한 실행가능해(feasible solution) 및 최적해의 개념을 $P(0)$ 에 관해서 표현하면 다음과 같이 쓸 수 있다.

정의

주문제 (P) 는 $inf\ \{\varphi(\mathbf{x}, 0) \mid \mathbf{x} \in R^n\} < \infty$ 인 경우 "가능해를 갖는다."라고 하며, $min\ \{\varphi(\mathbf{x}, 0) \mid \mathbf{x} \in R^n\} = \varphi(\hat{\mathbf{x}}, 0) < \infty$ 를 만족하는 $\hat{\mathbf{x}} \in R^n$ 을 (P) 의 최적해라고 한다.

7.10.5 섭동비선형계획 문제와 라그란지 쌍대 문제

기준형 볼록계획문제

$$
\begin{cases}
\text{최소화} & f(\mathbf{x}) \\
\text{조건} & g_i(\mathbf{x}) \leqq 0, \quad i = 1, \cdots, m
\end{cases}
\tag{7.103}
$$

가 주어지고 $\mathbf{y} \in R^m$에 대해 다음 식

$$
\begin{cases}
\widetilde{f}(\mathbf{x}, \mathbf{y}) = f(\mathbf{x}) \\
\widetilde{g_i}(\mathbf{x}, \mathbf{y}) = g_i(\mathbf{x}) - y_i, \quad i = 1, \cdots, m
\end{cases}
\tag{7.104}
$$

을 정의하면, 이들의 함수는 R^{n+m}으로 정의되는 볼록함수이며 조건 (7.98)을 만족한다. (7.103)에 관해, (7.99)에서 정의된 함수 φ를 φ_L로 놓으면,

$$
\varphi_L(\mathbf{x}, \mathbf{y}) =
\begin{cases}
f(\mathbf{x}), & g_i(\mathbf{x}) \leqq y_i, \; i = 1, \cdots, m \\
+\infty, & \text{상기 이외의 경우}
\end{cases}
\tag{7.105}
$$

이며, 주섭동문제 $P_L(\mathbf{y})$는 다음 식

$$
P_L(\mathbf{y})
\begin{cases}
\text{최소화} & f(\mathbf{x}) \\
\text{조건} & g_i(\mathbf{x}) \leqq y_i, \; i = 1, \cdots, m
\end{cases}
\tag{7.106}
$$

으로 된다. $P_L(\mathbf{y})$는 일반화 선형계획문제로 불리는 경우도 있지만, 여기에서는 특히 문제 (7.97)을 생산계획문제로 생각해 $g_i(\mathbf{x}) \leqq 0$가 i번째 자원의 이용 가능량에 관한 제약을 나타내는 것으로 하면, $g_i(\mathbf{x}) \leqq y_i$는 자원의 양이 y_i만큼 변화한 것에 해당하므로 $P_L(\mathbf{y})$는 자원량을 매개변수(parameter)로 하는 생산비 최소화 문제의 군을 나타내는 것으로 생각할 수 있다.

$f: R^n \to R^1$, $g_i: R^n \to R^1$, $i = 1, \cdots, m$ 이 연속인 볼록함수이며 $g_i(\mathbf{x}^0) \leqq 0$, $i = 1, \cdots, m$을 만족하는 $\mathbf{x}^0 \in R^n$이 존재한다면, φ_L는 폐·진 볼록함수이다.

여기에서 φ_L에 대응하는 쌍대 문제를 앞 절의 절차를 이용해 구체적으로 구해보기로 한다. 공액함수의 식 $f^* = sup\{\mathbf{a} \cdot \mathbf{x} - f(\mathbf{x}) \mid \mathbf{x} \in R^n\}$, $\mathbf{a} \in R^n$으로부터 $\boldsymbol{\xi} \in R^m$에 대해 다음 식

$$\varphi_L^*(0, \boldsymbol{\xi}) = sup \{\boldsymbol{\xi} \cdot \mathbf{y} - \varphi_L(\mathbf{x}, \mathbf{y}) \mid \mathbf{x} \in R^n, \ \mathbf{y} \in R^m\}$$
$$= sup \{\boldsymbol{\xi} \cdot \mathbf{y} - f(\mathbf{x}) \mid \mathbf{x} \in R^n, \ \mathbf{y} \in R^m, \ g_i(\mathbf{x}) \leqq y_i, \ i = 1, \cdots, m\}$$

(7.107)

이 성립한다. 즉,

$$\varphi_L^*(0, \boldsymbol{\xi}) = \begin{cases} sup \left\{ \sum_{i=1}^{m} \xi_i \, g_i(\mathbf{x}) - f(\mathbf{x}) \mid \mathbf{x} \in R^n \right\}, & \boldsymbol{\xi} \leqq 0 \text{인 경우} \\ +\infty, & \boldsymbol{\xi} \not\leqq 0 \text{인 경우} \end{cases}$$

(7.108)

이므로, 다음 식

$$\psi_L(0, \boldsymbol{\xi}) = -\varphi_L(0, \boldsymbol{\xi}) = \begin{cases} inf \left\{ f(\mathbf{x}) - \sum_{i=0}^{m} \xi_i g_i(\mathbf{x}) \mid \mathbf{x} \in R^n \right\}, & \boldsymbol{\xi} \leqq 0 \text{의 경우} \\ +\infty & \boldsymbol{\xi} \not\leqq 0 \text{의 경우} \end{cases}$$

(7.109)

을 얻는다. $\lambda_i = -\xi_i$, $i = 1, \cdots, m$으로 변수변환해 다음 식

$$L(\mathbf{x},\boldsymbol{\lambda}) = \begin{cases} f(\mathbf{x}) + \displaystyle\sum_{i=1}^{m_i} g_i(\mathbf{x}), & \boldsymbol{\lambda} \geqq 0 \text{의 경우} \\ -\infty, & \boldsymbol{\lambda} \ngeqq 0 \text{의 경우} \end{cases} \tag{7.110}$$

$$\underline{L}(\boldsymbol{\lambda}) = inf\,\{\,L(\mathbf{x},\boldsymbol{\lambda}) \mid \mathbf{x} \in R^n\,\} \tag{7.111}$$

과 같이 두면, 쌍대 문제 (P_L^*) 는 다음 식

$$(P_L^*) \qquad\qquad max\ [\,\underline{L}(\boldsymbol{\lambda}) \mid 0 \leqq \boldsymbol{\lambda} \in R^m\,] \tag{7.112}$$

으로 쓸 수 있다. $L(\mathbf{x},\boldsymbol{\lambda})$ 가 라그란지 함수 그 자체라는 사실에 기인해서, $\boldsymbol{\lambda}$ 를 라그란지 승수, (P_L^*) 은 라그란지 쌍대 문제(Lagrange dual problem)라고 한다. 더 나아가서 다음의 함수

$$\overline{L}(\mathbf{x}) = sup\,\{\,L(\mathbf{x},\boldsymbol{\lambda}) \mid 0 \leqq \boldsymbol{\lambda} \in R^m\,\} \tag{7.113}$$

를 정의하면 다음 식

$$\begin{aligned} min\ \ &\{\overline{L}(\mathbf{x}) | \mathbf{x} \in R^n\} \\ = min\ &\left[\, sup\left\{ f(\mathbf{x}) + \sum_{i=1}^{m} \lambda_i g_i(\mathbf{x}) \mid \lambda_i \geq 0,\ i=1,\cdots,m \right\} \right] \\ = min\ &\{ f(\mathbf{x}) \mid g_i(\mathbf{x}) \leqq 0,\ i=1,\cdots,m \} \end{aligned}$$

이 되므로, 문제 (7.103)는 (P_L^*) 와 대칭인

$$(P_L):\ min\,[\,\overline{L}(\mathbf{x}) \mid \mathbf{x} \in R^n\,] \tag{7.114}$$

의 형태로 나타낼 수 있다.

정리 7.21 (약쌍대이론)

일반적으로

$$inf \left\{ \overline{L}(\mathbf{x}) \mid \mathbf{x} \in R^n \right\} \geq sup \left\{ \underline{L}(\boldsymbol{\lambda}) \mid 0 \leq \boldsymbol{\lambda} \in R^m \right\} \tag{7.115}$$

가 성립한다.

정리 7.22 (안장점 정리)

$$min \left\{ L(\mathbf{x}, \boldsymbol{\lambda}^*) \mid \mathbf{x} \in R^n \right\} = L(\mathbf{x}^*, \boldsymbol{\lambda}^*) = max \left\{ L(\mathbf{x}^*, \boldsymbol{\lambda}) \mid 0 \leq \boldsymbol{\lambda} \in R^m \right\} \tag{7.116}$$

을 만족하는 $\mathbf{x}^* \in R^n$, $0 \leq \boldsymbol{\lambda}^* \in R^m$이 존재하면, $\mathbf{x}^*$, $\boldsymbol{\lambda}^*$는 각각 (P_L)과 (P_L^*)의 최적해이다.

〈그림 7.51〉은 (7.116)을 도시한 것이다. $L(\mathbf{x}, \boldsymbol{\lambda})$가 $(\mathbf{x}^*, \boldsymbol{\lambda}^*)$의 근방에서 말의 안장과 같은 형태를 하고 있기 때문에, (7.116)을 만족하는 $(\mathbf{x}^*, \boldsymbol{\lambda}^*)$를 $L(\mathbf{x}, \boldsymbol{\lambda})$

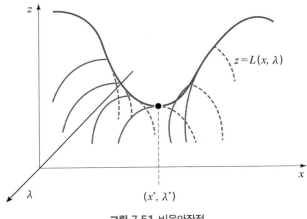

그림 7.51 비음안장점

의 비음안장점(non-negative saddle point) 혹은 간단히 안장점이라고 한다.

$(\mathbf{x}^*, \lambda^*)$가 라그란지 함수 $L(\mathbf{x}, \lambda)$의 비음안장점이기 위한 필요충분조건은

$$\begin{cases} L(\mathbf{x}^*, \lambda^*) = min\left\{L(\mathbf{x}, \lambda^*) \mid \mathbf{x} \in R^n\right\} \\ \lambda_i^* \geqq 0,\, g_i(\mathbf{x}^*) \leqq 0,\, i = 1, \cdots, m \;\; ; \;\; \sum_{i=1}^{m} \lambda_i^* g_i(\mathbf{x}^*) = 0 \end{cases} \tag{7.117}$$

이 만족되는 것이다.

정리 7.22에 의하면 (7.117)을 만족하는 $\mathbf{x}^*$, λ^*는 각각 (P_L)과 (P_L^*)의 최적해이므로, (7.117)을 최적성 조건(optimality condition)이라고 부르기도 한다. 또한 $f(\mathbf{x})$, $g_i(\mathbf{x})$, $i = 1, \cdots, m$가 미분 가능하면, (7.117)의 첫 번째 조건이 성립하기 위해서는

$$0 = \nabla_{\mathbf{x}} L(\mathbf{x}^*, \lambda^*) = \nabla f(\mathbf{x}^*) + \sum_{i=1}^{m} \lambda_i^* \nabla g_i(\mathbf{x}^*) \tag{7.118}$$

이 성립해야 한다. 따라서 이 경우, 최적성 조건 (7.117)이 만족된다면 KKT 조건이 성립한다. 또한 f가 미분 가능한 협의볼록함수이고, $g_i(\mathbf{x})$, $i = 1, \cdots, m$이 미분 가능한 볼록함수이라면, (7.117)의 첫 번째 조건은 (7.118)과 같다.

7.10.6 라그란지 승수의 경제학적 해석

$(\mathbf{x}^*, \lambda^*)$가 라그란지 함수 $L(\mathbf{x}, \lambda)$의 비음안장점일 때, λ^*를 잠재가격(shadow price)

또는 균형가격(equilibrium price)이라고 한다.

다시 섭동비선형계획 문제

$$P_L(\mathbf{y}) \qquad min\,[\,f(\mathbf{x})\,|\,g_i(\mathbf{x}) \leq y_i,\ i=1,\cdots,m\,;\,\mathbf{x}\in R^n\,] \qquad (7.119)$$

를 자원 i 의 이용가능한 양이 처음의 상태에서 $y_i,\ i=1,\cdots,m$ 만큼 변화했을 경우의 생산비용 최소화 문제로 생각해보자. 섭동함수[85]

$$\Phi_L(\mathbf{y}) = min\,\big\{\,f(\mathbf{x})\,\big|\,g_i(\mathbf{x}) \leq y_i,\ i=1,\cdots,m\,;\,\mathbf{x}\in R^n\,\big\} \qquad (7.120)$$

는 이 경우의 최소 생산비를 나타낸다.

정리 7.24 (쌍대정리)

$\varphi: R^{n+m} \to (-\infty, \infty]$ 는 폐·진 볼록함수라고 하자. 이때 (P) 가 안정하며, 최적해를 갖기 위한 필요충분조건은 (P^*) 가 안정하고 최적해를 갖는 것이다. 이때

$$\varphi(\hat{\mathbf{x}}, 0) = min\,\{\varphi(\mathbf{x}, 0)\,|\,\mathbf{x}\in R^n\} = max\,\{\psi(0, \boldsymbol{\xi})\,|\,\boldsymbol{\xi}\in R^m\} = \psi(0, \hat{\boldsymbol{\xi}})$$

이 성립하고

$$\hat{\boldsymbol{\xi}}\in\partial\Phi(0),\ \hat{\mathbf{x}}\in\partial(-\Psi)(0)$$

로 된다.

---

[85]   섭동함수: Rockafellar는 bi-function이라고 했다.

여기서 간단히 하기 위해 $\Phi_L(\mathbf{y})$가 $\mathbf{y}=0$에서 미분 가능하다고 가정하면, 정리 7.24에 의해

$$\lambda_i^* = -\xi_i^* = -\left.\frac{\partial \Phi_L(\mathbf{y})}{\partial y_i}\right|_{\mathbf{y}=0}, \quad i = 1, \cdots, m \tag{7.121}$$

이다. 따라서 λ_i^*는 (y=0에 있어서) 자원 i의 이용 가능량이 증가했을 때 최소생산비용이 감소하는 비율을 나타낸다. 따라서 λ_i^*는 1단위의 자원 i가 생산체계 중에서 갖는 가치를 뜻하는 것으로 해석할 수 있다. λ_i^*가 자원 i의 잠재가격이라고 불리는 것은 이 때문이다.

다음으로, 동일 생산 시스템에 있어서, 자원의 이용가능 양에 탄력성을 부여해 단가 λ_i를 지불하면 얼마든지 자유롭게 자원 i를 구입할 수 있으며, 또한 여분이 있다면 만족할 만큼의 양을 같은 가격으로 매각 가능한 것으로 하자. 여기서 이에 필요한 비용도 포함한 비용의 최소치를 고려하면 자원 i를 y_i만큼 구입하는 비용은 $\lambda_i\,y_i$이며, 자원의 량이 y_i만큼 변화한 상황 아래에서의 최소생산비는 $\Phi_L(\mathbf{y}) + \boldsymbol{\lambda} \cdot \mathbf{y}$로 된다. 앞에서 서술한 바와 같이, $-\boldsymbol{\lambda}^* = \boldsymbol{\xi}^* \in \partial \Phi_L(0)$이므로 열구배(subgradient)의 정의에 의해

$$\Phi_L(\mathbf{y}) \geq \Phi_L(0) + (-\boldsymbol{\lambda}^*) \cdot (\mathbf{y}-0), \ \forall\, \mathbf{y} \in R^m$$

즉

$$\Phi_L(\mathbf{y}) + \boldsymbol{\lambda}^*\mathbf{y} \geq \Phi_L(0), \ \forall\, \mathbf{y} \in R^m \tag{7.122}$$

이 된다. 이 관계는 자원이 만족할 만큼 이용 가능하게 되었다고 해도, 현재의 가

격체계 아래에서는 최소생산비를 현재 상태보다 절감할 수 없으며, 현상($\fallingdotseq y = 0$)이 하나의 균형 상태로 되어 있음을 나타내고 있다. 이것이 λ^*를 균형가격이라 하는 이유이다.

7.11 결론 및 요약

제7장은 전력시스템 운용의 컴퓨터 모형인 EMS의 구조, 구성 프로그램의 기능 및 전력시스템 운용에 관련한 이론을 설명하였다. 우선 EMS의 전체 구조와 하위 프로그램 간의 연결이 어떻게 이루어지는 가를 초반부에서 설명하였다.

또한 본 장에서는 수많은 RTU로부터 신호를 받아 처리하는 SCADA에 대한 설명과 EMS에 전송하는 방식에 대해서도 알아보았다. 수신된 자료를 바탕으로 전력시스템이 현재 어떤 상태에 있는가를 알아보는 상태추정부터 EMS의 기능이 본격적으로 시작된다. 상태추정은 EMS 기능의 시작점이며 상태추정자료는 EMS의 가장 중요한 입력자료이다. 상태추정과정이 생략된다면 EMS는 어떤 정보도 생산해낼 수 없다. 이 상태추정을 바탕으로 "만약 어떤 송전선이 고장으로 탈락한다면"이라는 사고를 가정해 그 경우에 어떤 현상이 발생하는가를 살펴보는 상정사고분석을 실시한다. EMS는 이러한 사고가 발생해도 전력시스템 내의 건전한 송전선에 과부하가 발생해 연쇄고장이 발생하지 않도록 발전기별 출력을 재배치하는 SCOPF 신호를 생성하고, SCADA를 통해 이 신호를 개별 발전기로 보낸다. 이러한 일련의 작업은 일반적으로 5분마다 수행된다. 전력시스템과 EMS는 앞의 과정을 통해 생성된 정보를 주고받는 피드백 구조를 갖추고 이것이 주기적으로 SCADA를 통해 이루어질 때 EMS가 정상적으로 작동한다고 평가할 수 있다.

전력시스템의 규모가 커질수록 사고의 종류와 발생 건수는 증가한다. 컴퓨터의 연산 속도보다 전력시스템의 규모가 커지고 이로 인해 상정사고의 수가 증가함에 따라 컴퓨터가 모든 상정사고를 분석한 후에 SCOPF 신호를 만들 수 없는 상황도 있었다. 모든 상정사고를 분석한 후에 SCOPF 신호를 만드는 것을 C-SCOPF(수정-SCOPF)라고 하는데, 이것은 사실상 불가능해서 어떤 조건에 해당하는 경우에 이를 급전원에게 경고해주고 급전원이 출력을 조정하는 P-SCOPF(예방-SCOPF)를 주로 이용하였다. 최근에는 계산 속도를 줄이기 위해 큰 사건 위주의 상정사고를 선별해 발전기별 출력기준점을 조정하는 PC-SCOPF(예방 · 수정-SCOPF) 기법을 이용하는데 이 기법은 발전기 출력을 EMS가 직접 지시하도록 하고 있다. EMS의 최종 목표는 C-SCOPF가 완전히 가능하도록 하는 것이라고 할 수 있지만, 2015년 현재의 EMS 기술은 PC-SCOPF 수준을 제작할 정도의 기술력을 보유해야만 EMS 제작기술이 국제경쟁력을 확보하였다고 할 수 있다.

마지막으로 SCOPF의 계산을 수행하는 동안에 모선별 한계가격이 계산된다. 각 모선에서 제약조건이 한 단위만큼 변동하였을 때에 연료비를 최소화하는 목적함수의 변화가 모선별 한계가격이며 이것이 바로 송전선 사용요금과 모선별 차등요금을 실시하기 위한 LMP의 기본 정보이다. 그러나 현재 우리나라에서는 SCOPF 신호가 없기 때문에 안전도 유지도 어려울 뿐만 아니라, LMP 제도의 도입도 어려운 상황이다. 이에 대한 대책이 요구된다.

가버너 governor 발전기 또는 기타 시스템 구성요소의 1차 제어 또는 주파수 응동을 담당하기 위한 전자장치, 디지털 장치, 또는 기계적 장치 등을 말함. NERC Glossary

가버너 응동 governor response 가버너 응동은 주파수의 % 변화에 대한 발전기 출력의 % 변화로서 표현된다. 대표적인 가버너의 응동을 5%로 지정할 경우, 주파수가 5% 감소하면 발전기 출력이 100% 변화해야 한다는 것이다. 예를 들면 5%로 지정하면 주파수가 0.3Hz 감소할 경우(이 수치는 60Hz의 5%에 해당함), 발전기 출력은 100% 증가할 것이다(주파수 하락이 일어나기 이전에 발전기가 90% 출력 상태 또는 그 이하에서 운전 중이라고 가정함). NREL

가버너 제어시스템 governor control system 발전기 회전축의 속도를 제어하기 위해 사용되는 하나의 제어시스템을 말한다. 증기-터빈발전기에서, 가버너 제어시스템은 터빈 날개를 때리는 스팀의 양을 조정한다. 수력터빈발전기에서 가버너 제어시스템은 수차의 날개를 때리는 물의 양을 조정한다. 가버너 제어시스템은 단독 전력시스템 또는 연계된 전력시스템의 주파수를 유지하는 필수적인 요소이다. ERCOT manual

가버너 특성곡선 governor characteristic curve 가버너의 성능을 나타내기 위한 그래픽 방법을 말하며 수평축은 발전기 출력이고 수직축은 주파수를 나타낸다. 만약 % droop을 갖는 가버너를 나타낸다면 곡선은 발전기의 출력이 증가함에 따라 하향한다. ERCOT manual

가변발전 VG variable generation 또는 intermittent generation. 간헐발전 뉴욕 대정전 보고서

가변성 variability 수요와 공급의 균형이 수시로 변화하는 확률적 상황을 말한다. 즉 공급력과 시스템수요의 균형에 대한 예상할 수 없는 변화를 말한다. NREL

감시제어 및 자료취득시스템 supervisory control and data acquisition system 전력시스템을 감시하고 제어하거나 자료를 취득하기 위한 하나의 시스템. ERCOT manual

경제급전 economic dispatch 최소 비용으로 전력을 생산하기 위해 개별 발전기에 대해 출력을 지

정하는 것. NERC Glossary

계획 schedule   1) 동사로 사용될 때: 연계선 사이의 전력거래를 계획하는 것. 2) 명사로 사용될 때: 연계선 사이의 전력거래 계획.

계획주파수 scheduled frequency   시계오차를 정정하기 위해 규정주파수에서 벗어난 주파수를 지정한 것. 시계오차를 정정하는 기간 이외의 계획주파수는 60Hz이다. NREL

계획치 scheduled   희망값 또는 목푯값을 말한다. 예를 들면, 345KV 모선에 있어서 계획전압은 358KV일 수 있다. 시스템 운용자는 이 모선의 전압을 358KV로 유지할 것이다. ERCOT manual

고립시스템 island, isolated system   연계 전력시스템 가운데 전기적으로 고립된 시스템. 고립시스템은 자기 자신의 주파수를 독립적으로 유지한다. 교란이 발생하거나 커다란 교란이 발생한 이후에 회복기간 동안에 고립시스템이 생길 수 있다. ERCOT manual

고장 fault   일반적으로 단락고장(short circuit)을 뜻하지만 좀 더 일반적으로는 시스템의 비정상적 상태를 말한다. 고장은 주로 확률적 사건(random events)이다. 뉴욕 대정전 보고서

고장배분인자 OTDF: Outage Transfer Distribution Factor   상정사고 분석에서 하나의 선로가 탈락했을 때 이 선로에 흐르던 전력이 다른 건전한 선로에 어떻게 배분될 것인가를 결정하는 인자. NERC Glossary

고장정지 forced outage   1) 발전설비 또는 송전선이 비상상황에 처해 서비스가 불가능한 상태가 되어 제거하는 것. 2) 설비가 예상하지 못한 고장을 일으켜 설비를 사용할 수 없게 된 상태. NERC Glossary

고장 outage **정전**   기계의 운전 정지, 사용 불능, 공급 정지. 뉴욕 대정전

공급력 supply capability   운전 중인 발전기 출력의 합. NREL

공진주파수 natural frequency   모든 기계적 장치는 진동의 공진주파수를 갖는다. 예를 들면 교량에 힘이 가해지면 교량은 공진주파수에서 진동한다. 전기회로도 회전의 공진주파수를 갖는다. 하나의 전기회로의 공진주파수는 회로의 저항, 인덕턴스, 그리고 카페시턴스의 함수이다. ERCOT manual

공칭부하 nominal load   정격 또는 명판 부하. 예를 들면, 100MW의 소비자부하는 전력망의 하나의 모선으로부터 전력을 공급받는다. 만약 모선에서의 전압과 주파수가 공칭값이라면 이 부하는 모선에서 100MW의 전력을 끌어당겨 사용한다. 만약 전압 또는 주파수가 변화하면 실제로 사용하는 부하는 공칭부하의 값과 달라진다. ERCOT manual

과도기 드룹 transient droop   시스템부하가 변동했을 때 발전기 출력이 진동(oscillation)하지 않도록 하기 위한 특성임. 출력진동은 가버너가 출력변동을 지시하는 것과 실제로 부하변동에

응동할 수 있는 발전기 출력변화에 시간지연이 있기 때문에 발생한다. 이러한 시간지연은 가버너의 과다 제어로 연결될 수 있다. 이 경우에 'hunting'이 발생하는 조건이 된다. 가버너가 등속가버너 모드인 경우 과도기 드룹은 필요하다. 과도기 드룹함수 또는 보상기능은 속도변화가 일어난 직후의 가버너의 초기 응동을 제동(damp)한다. 이것은 상시 드룹과 비교해 과도기간에 발생하므로 과도기 드룹이라고 한다. ERCOT manual

관성 inèrtia　물체가 움직이고 있을 때 변화에 저항하는 성질을 말한다. 예를 들면, 회전체의 관성은 물체의 회전속도의 변화에 대해 저항한다. 회전체의 관성은 질량, 반경 그리고 회전속도의 함수이다. NREL

관성에너지 inertial energy　회전체에 저장된 에너지를 말한다. 예를 들면, 회전하고 있는 발전기는 관성에너지를 갖는다. 관성에너지, 저장된 에너지, 회전에너지 등은 서로 차별 없이 사용되며 전력시스템의 회전기기에 저장된 에너지를 말한다. ERCOT manual

관성응동 inertial response　1) 제어 작용이 발생하기 전에 시스템 주파수의 급격한 하락을 정지시키기 위한(arresting) 응동이다. 이것은 발전기 또는 모터부하와 같은 것이 회전체(rotating mass)이기 때문이며 주파수가 하락하면 1천 분의 1초 이내에 응동을 시작한다. 2) 시스템에 접속되어 있는 회전기기에 저장되어 있는 에너지의 변화로 인해 주파수가 변화(가속 또는 감속)할 때 회전하는 발전기 또는 모터에서 빠져나가거나 주입되는 에너지를 말한다. 이것은 MW로 나타낸다. NREL

교란 disturbance　1) 비정상적 시스템 상태를 유발하는 불시의 사건. 2) 전력시스템에 교란이 일어나는 것. 3) 발전기가 불시 고장정지를 일으키거나 부하를 차단해 ACE에 예기하지 못한 변화가 발생하는 것. NERC Glossary

교란제어표준 DCS: Disturbance Control Standard　교란이 발생했을 때 ACE를 정해진 시간 내에 균형유지기관이 복귀해야 하는 기준을 말한다. NERC Glossary

급전 dispatch　실시간 시스템 운용의 관점에서 각 발전기의 출력을 실시간(on-line)으로 지정하는 것.

기저부하용 발전기 base-load units　변동비가 낮고 계속적으로 운전되는 발전기이며, 출력을 거의 변화하지 않으며 따라서 부하추종 발전을 하지 않음.

단락 고장 fault　전력시스템에 있어서 의도하지 않은 단락(short circuit) 사고를 말한다. 고장은 2개의 상(phase) 사이에서, 3개의 상에서 또는 상과 대지(ground, earth) 사이에서 일어난다. ERCOT manual

단일 사고 single contingency　시스템 설비 또는 구성요소(발전기, 송전 선로, 변압기 등)의 돌발적이고 예상하지 못한 고장을 말함. 사고 복구조치의 일부분으로서 제거되는 요소는 단일 사고

의 한 부분으로 간주된다. 뉴욕 대정전 보고서

대기용 예비력 off-line reserve   주파수 조정, 수요예측오차, 설비고장, 예방보수, 지역별 운용상의 기술 요건 등을 위해 시스템부하 이상으로 확보해 놓은 발전기 출력 가운데 동기되어 있지 않은 발전기 출력의 합. NREL

동기 synchronous   항상 같다는 것을 말함. 동기발전기는 전력시스템과 동기해(같은 속도로) 회전한다. 회전자계(rotating magnetic field)의 회전속도와 똑같이 발전기가 회전하는 것을 말한다. ERCOT manual

동기시키다 synchronize   2개의 분리된 교류전기기기를 주파수, 전압, 위상각 등을 일치시켜 연결하는 절차. 예를 들면 전력시스템에 발전기를 동기하는 것. 뉴욕 대정전 보고서

동기상실 loss of synchronism   전력시스템의 구성요소(주로 발전기를 지칭함) 사이에 자계의 결속 (magnetic bond)이 무너지는 것이며 발전기가 회전자계와 보조를 맞추어 회전할 수 없는 상태가 되는 것이다. 동기상실은 동기탈조(out-of-step)와 같은 개념이다. ERCOT manual

동기속도 synchronous speed   시스템의 회전자계(rotating magnetic field)와 동기 상태를 유지하며 존재하기 위해 동기발전기가 회전해야 하는 속도를 말함. 동기속도는 전력시스템의 주파수와 발전기의 회전자의 자석의 개수에 의해 결정된다. 60Hz를 유지하는 전력시스템에서 '분당 회전수 × 회전자석의 개수 = 7,200'이다. ERCOT manual

드룹 droop   축의 회전속도가 감소할 때 발전기 출력을 증가시키는 가버너 제어시스템의 특성을 의미함. 상시 드룹(permanent droop)과 과도기 드룹(transient droop) 두 종류가 있다.

드룹 특성곡선 droop curve   가버너의 성능을 나타내는 도식적 방법임. 수평축은 발전기 출력이며 수직축은 시스템 주파수를 나타낸다. % droop을 갖는 가버너를 그리면 이 곡선은 발전기 출력이 증가함에 따라 왼쪽에서 오른쪽으로 하향하는 형태이다. ERCOT manual

드룹가버너   드룹 특성을 갖는 가버너.

등속가버너 제어 isochronous governor control   0%의 droop을 갖고 운전하는 가버너. 가버너가 등속제어 모드에 있으면 가버너는 60Hz를 유지하려고 한다. 등속가버너 제어는 시스템 붕괴에 따른 복구에 이용될 수 있다. ERCOT manual

모선 bus   bus-bar의 약어임. 전기회로 상에서 하나 또는 그 이상의 구성요소가 같이 접속되어 있는 노드(node, 마디)를 말한다. 뉴욕 대정전 보고서

무효전력 reactive power   교류설비의 전기장과 자기장을 형성하고 유지해주는 전력의 한 부분을 말함. 무효전력은 모터와 발전기처럼 회전자계를 이용하는 설비에는 꼭 공급되어야 한다. 무효전력은 송전시설에서 발생하는 무효전력 손실도 보충해주어야 한다. 무효전력은 발전

기, 동기조상기, 또는 카페시터와 같은 정전설비(electrostatic equipment)에 의해 공급되며 전력시스템의 전압에 직접적인 영향을 준다. 이것은 kVAr 또는 MVA로 표시되며 무효전력 부하에 소비되는 전압과 전류를 곱한 것이다. 무효전력 부하의 예로서는 카페시터와 인덕터가 있다. 이와 같은 형태의 부하는 교류전압원에 인가되면 전류를 흡수하지만 인가된 전압과 90°의 차이가 있기 때문에 유효전력을 소비하지 않는다. 뉴욕 대정전 보고서

미국 연방에너지규제위원회 FERC: Federal Energy Regulatory Commission 주 사이의 송전사업과 도매전력거래를 규제하는 독립적인 연방기관이다. 뉴욕 대정전 보고서

바이오연료 bio fuel 탄소의 순환주기상 석탄, 석유와 같이 지하에서 농축되지 못하고 지금 우리가 사는 현 시점에서 바로 탄소와 수소로 분리되는 자원이다.

발전기 기동정지 unit commitment 시스템수요를 공급하고 운용예비력을 확보하기 위해 발전기를 어떻게 가동할 곳인가를 결정하는 과정. ERCOT manual

발전소 2차 제어 plant secondary control 외부에서 발생한 명령에 의해 터빈 제어장치에 제어를 명령하는 것을 말함. 이 책에서는 시스템 전체로 본 1차 제어 이외의 제어를 2차 제어라고 한다. NREL

보일러추종 boiler follow 화력발전기 터빈 제어의 일종으로서 발전기의 터빈은 출력조정 명령이 있으면 즉각 반응하도록 하면서 보일러 응동은 이로 인한 온도와 압력의 변화에 따르도록 하는 것이다. ERCOT manual

부하 demand 1) 전기에너지가 전달되는 율(rate)을 나타내며 일반적으로 주어진 시간에 있어서의 kW 또는 MW로서 표현되거나 지정된 시간의 평균값으로 나타난다. 2) 소비자가 에너지를 사용하는 율(Rate)을 나타낸다. NERC Glossary

부하 load 전력시스템의 특정한 점(모선)에 전달되는 전력(MW). ERCOT manual

부하 demand, load 전력시스템으로부터 전력을 공급받는 최종 소비자 기기 또는 소비자를 의미한다. NERC Glossary

부하/주파수 관계 load/frequency relationship 주파수 편차와 부하 크기의 관계를 말함. 일반적으로 부하 크기는 주파수에 따라 변화한다. 만약 주파수가 상승하면 부하의 크기는 상승한다. ERCOT manual

부하제동 load damping 주파수에 민감한 부하가 주파수 변화에 저항하기 위해 일으키는 사용전력의 변화를 말함. NERC Reference Document Understand and Calculating Frequency Response (June 19, 2008)

부하추종 load following 실제 공급력과 예상되는 수요의 차이가 너무 커서 주파수 조정만으로

감당할 수 없으므로 미리 지정한 발전기의 출력의 변동률(ramp)을 고려해 출력을 변화하는 것을 의미함. NREL

부하추종 예비력 load following reserve   부하추종을 위해 확보하는 운용예비력. NREL

부하추종용 발전기 load-following unit   실제 공급력과 예상되는 수요의 차이가 너무 커서 주파수 조정만으로 감당할 수 없으므로 미리 지정한 발전기의 출력의 변동률(ramp)을 고려해 출력을 변화하는 것을 부하추종이라고 하며, 이 용도로 사용되는 것이 부하추종용 발전기임. 이 발전기는 하루의 변화하는 부하곡선의 형태를 따라가는 발전기이다.

불감대 dead-band   제어시스템 내에서 목푯값(target value)의 어떤 주어진 범위 내에서 가버너가 작동하지 않는 범위를 말함. 예를 들면 하나의 가버너 제어시스템이 0.03Hz의 불감대를 갖는다고 하면 주파수 편차가 0.03Hz보다 작을 경우, 가버너는 동작하지 않는다.

불안정 instability   전력시스템이 안정도(stability)를 잃으면 불안정 상태에 들어갔다고 말한다. ERCOT manual

불확실성 uncertainty   수요와 공급의 균형이 예상을 벗어나서 변화하는 것을 말한다(예: 하나의 사고 또는 수요예측의 오차 등). NREL

비사건 non-event   사건(event)이 아니면서 시스템수요가 변화하는 것. NREL

비사건예비력 non-event reserve   사고가 발생하지 않아도 대비해야 하는 운용예비력. NREL

비상상황 emergency   전력시스템의 신뢰도 유지에 악영향을 미칠 수 있는 송전설비 또는 발전기 출력의 상실을 예방하거나 한정하기 위해 자동 또는 즉각적 수동 작동을 요구하는 비정상적인 시스템 상태. 뉴욕 대정전 보고서

비상상황 정격 emergency Rating   설비의 소유주가 정의하는 기기의 용량이나 출력에 관해 하나의 시스템, 또는 구성요소가 일정한 기간 동안 지원하거나 생산하거나 견딜 수 있는 정격치를 말하며 MW, Mvar, 또는 다른 적절한 단위로서 나타낸다. 이 정격치는 설비의 수명기간, 물리적 또는 안전의 허용할 수 있는 한계를 가정해 지정된다. NERC Glossary

비순동예비력 non-spinning reserve   1) 전력시스템에 동기되어 있지 않지만 정해진 시간 이내에 동기할 수 있는 발전기. NERC 2) 주어진 시간 이내에 차단할 수 있는 소비자부하. NERC 3) 운용예비력 가운데 시스템에 동기되어 있지는 않지만 정해진 기간 내에 가동해 수요를 만족시킬 수 있는 부분 또는 주어진 시간 내에 시스템에서 제거될 수 있는 차단 가능 부하를 말한다. NERC Glossary

비확정거래 non-firm transaction   거래물량이 지켜지지 않아도 되는 거래. 뉴욕 대정전

비회전부하 non-spinning load   모터를 사용하지 않는 부하.

사고 contingency　발전기, 송전선, 차단기, 스위치 등의 시스템 요소에 있어서 예기치 못한 고장 또는 계통 구성요소의 탈락이 발생하는 것. 하나의 사고는 다중사고를 포함할 수도 있으며, 이것은 여러 요소가 동시에 탈락하는 사고로 진행하는 상황에 관련된다.　NREL

사고 후 운용절차 post-contingency operating procedures　사고가 발생한 이후에 시스템 문제를 완화시키기 위해 급전원이 사용해야 하는 운용절차.　뉴욕 대정전 보고서

사고대비 예비력 contingency reserve　1) 균형유지기관이 교란제어표준(DCS: Disturbance Control Standard)과 기타 NERC와 지역신뢰도관리기관(reliability coordinator)의 사고 대비 요구사항을 만족하기 위해 확보하는 용량.　NREL　2) 교란제어표준(DCS)을 만족하기 위해 발전기가 탈락했을 때에 사용될 수 있는 운용예비력의 일부분.　ERCOT manual

3차 주파수 제어 tertiary frequency control　현재와 미래의 사고에 대응하기 위해 예비력을 확보하는 조치를 포함한다. 교란이 발생한 이후의 예비력 배치와 예비력 복구는 3차 제어의 공통된 형식이다.　NREL

상 phase　교류전력시스템은 효율적인 발전과 대용량의 송전을 위해 세 가닥의 도체를 사용한다. 각각의 도체를 상(相)이라고 하며 'A', 'B', 그리고 'C'로 표현한다. 소비자부하는 단상(1φ), 2상(2φ), 또는 3상(3φ)으로 접속된다.　ERCOT manual

상시 드룹 permanent droop　상시 드룹은 모든 가버너를 설치한 모든 발전기가 주파수 조정에 참여할 수 있도록 하기 위해 사용되며 발전기 용량에 비례해 MW 응동을 할 수 있도록 한다. 바람직한 상시 드룹의 값은 5% 부근이다. 5% Droop이라는 것은 주파수가 5% 변화하면 발전기의 가버너가 연료 밸브를 최대한도로 변경한다는 것을 의미한다.　ERCOT manual

상태추정 프로그램 state estimator　시스템 상태(모선의 전압 위상자)에 대한 추정을 위해 가외적(redundant) 계측을 하는 컴퓨터 프로그램을 말함. 이것은 현재와 한 단계 앞의 상태를 시뮬레이션해 전력시스템이 현재의 토폴로지와 모선별 소비자 상태에 있어서 안전한 상태로 운용되는 것을 확인하기 위해 사용된다. 상태추정 프로그램과 이에 관련한 상정사고 분석 프로그램을 이용해 시스템 운용자는 주요한 사고가 신뢰도에 미치는 영향을 검토할 수 있다. 뉴욕 대정전 보고서

설비예비력 installed reserve　연간 최대발전출력과 연간 최대부하의 차이를 말한다.　ERCOT manual

설비적정성 resource adequacy　공급측과 수요측의 자원(resource)이 시스템수요를 만족시킬 수 있는 능력을 말한다.　NERC Glossary

송전선 여유용량 transmission margin　하나의 송전선에 흐를 수 있는 최대전력과 현재 해당 선로에 흐르는 전력 흐름의 차이.　뉴욕 대정전 보고서

수력응동예비력 hydro responsive reserve　동기조상기 고속응동 모드로 운전 중인 수력발전기의 MW 응동능력. 이 용량은 주파수 하락이 일어나면 10초 이내에 사용할 수 있어야 한다.
ERCOT manual

순동예비력 spinning reserve　1) 동기운전 중인(즉 on-line) 발전기의 사고대비 예비력의 일부분에 대해 사용되는 용어. 순동예비력은 주파수 조정 예비력 또는 사고대비 예비력을 제공하려고 특별히 지정해 있지 않은 기타의 실시간 운전 중인 예비력뿐만 아니라 주파수 조정과 사고대비 예비력에 의존하는 모든 예비력을 포함해 모든 실시간에 가동 중인 운용예비력을 말한다. 순동예비력은 "동기되어 병렬운전을 하고 있지만 추가적으로 부하가 증가할 때에 출력을 증가해 부하를 만족시킬 수 있는 여유출력"이라고 정의한다. NERC glossary　2) 운전 중이면서 부하를 담당하지 않는 발전기 용량의 일부분(head-room)으로서 수요가 변동하면 즉시 응동할 수 있는 예비력. NREL

순부하 net load　시스템의 각 모선에서 본 소비자부하의 합. 뉴욕대정전

시계오차 time error　제어시스템의 시계 표시 값과 표준시간과의 누적된 시간 차이. 시계오차는 주파수가 60.0Hz를 벗어남으로써 발생한다. 뉴욕 대정전 보고서

시스템 system　발전, 송전, 변전, 배전의 구성요소들의 집합. NERC Glossary

시스템 신뢰도 system reliability　적정 전압과 주파수로써 부하 차단 없이 보낼 수 있는 전력시스템의 능력에 대한 척도. 뉴욕 대정전 보고서

시스템 운용자 system operator　실시간으로 전력시스템을 감시하고 제어하는 의무를 갖는 제어소(균형유지기관, 송전망 운용자, 신뢰도협의기관)의 직원. NERC Glossary

시스템부하 system load　시스템수요(system demand)라고도 함. 시스템 내에서 가동하는 발전기가 공급하는 모든 부하. 각 발전기의 소내소비, 송전 손실, 그리고 소비자부하를 합한 것임. 뉴욕 대정전

신뢰도 유지 시스템 운용 reliable operation　전력시스템의 열적 용량의 한계, 전압의 한계, 안정도 유지의 한계 등을 준수해 사이버 보안사고, 또는 시스템 구성요소의 돌발적 사고 등을 포함한 급격한 교란의 발생으로 인해 불안정성, 제어불능의 시스템 분리 또는 연쇄고장 등이 일어나지 않게 운용하는 것. NERC Glossary

실시간 예비력 on-line reserve　주파수 조정, 수요예측 오차, 설비의 불시고장정지, 그리고 예방보수를 위한 정지와 제어지역의 보호 등에 대비해 가동 중인 발전기 가운데에서 확정 시스템 수요 이상으로 확보하는 발전기 출력의 합. NREL

안전도 security　전기적 단락고장(short circuits) 또는 상정한 시스템 구성요소의 상실과 같은 돌발적 교란에 견딜 수 있는 전력시스템의 능력을 말함. 뉴욕 대정전 보고서

안정도 stability   안정된 전력시스템이란 전력시스템의 구성요소가 자기력(magnetic force)에 의해 튼튼하게 결속되어 있는 것을 말하거나 전력시스템이 정상운전 시와 비정상운전 상태에서 평형을 유지할 수 있는 능력을 말함. 예를 들면 안정적으로 운전되는 발전기의 내부 자장(internal magnetic field)은 접속된 3상 전력시스템의 자장과 동기되어(in-step) 회전한다. ERCOT manual

안정도 한계 stability limit   전력시스템 내의 특정한 지점에서 전체 시스템 또는 일부분의 시스템의 안정도 한계를 유지하면서 흘릴 수 있는 최대 전력 흐름. 뉴욕 대정전 보고서

에너지 energy   1) 물리적인 일을 할 수 있는 능력. 2) 일정 기간 동안에 나타난 파워(power)의 누적치. 전기에너지는 와트아워(Wh), 킬로와트아워(kWh), 또는 메가와트아워(MWh)로 나타낸다.

AGC 조정 예비력 regulating reserve, 또는 AGC regulation reserve   AGC의 지시에 따라 응동할 수 있는 운용예비력을 말하며 유효한 주파수 조정을 할 충분한 변화율을 가져야 한다. NERC Glossary

AGC 펄스 AGC pulses   AGC시스템은 미리 지정된 발전기에 대해 출력기준점을 변경하라는 신호를 보낸다. 이 신호는 통신망을 통해 전달되며 펄스라고 칭한다. ERCOT manual

여유출력 headroom   발전기의 현재의 운전출력과 최대 운전출력의 차이. NREL

연계 interconnection   1) 대문자로 쓰면, 북미의 5개의 큰 전력시스템을 말함. Eastern, Western, ERCOT(Texas), Quebec, and Alaska. 2) 소문자로 쓰면, 2개의 시스템 또는 제어지역을 연결하는 설비를 말함. 추가적으로 interconnection은 전력회사에 소속되지 않은 발전기를 제어지역 또는 전력시스템과 접속하는 설비를 말하기도 함. 뉴욕 대정전 보고서

연계선 tie-line   2개의 전력시스템 사이의 물리적인 연결(예: 송전 선로, 변압기, 차단기 등)을 말하며 양방향으로 전력의 전달이 일어나는 선로이다. 뉴욕 대정전 보고서

연계선 운용계획 수립기관 scheduling entity   연계선의 전력교류를 승인하거나 시행하는 책임을 갖는 기관. NERC Glossary

연계선 전력 거래 interchange, transaction, interchange transaction   균형유지 담당지역 사이의 연계선을 통한 전력의 거래. NERC Glossary

연계선조류제어오차 ACE: Area Control Error   연계선의 계획조류와 실제조류와의 차이, 계획주파수 편의, 그리고 계량기 오차를 합한 것을 말함. NERC Glossary

연계선조류편의제어 tie-line bias control   AGC의 하나의 운전 모드임. 이 모드에서는 ACE 계산에서는 주파수 편의 및 연계선조류오차도 포함한다. ERCOT manual

연계시스템 interconnected system   정상 상태에서 동기 상태로 운용되며 연계선(tie-lines)을 갖고 있

는 2개 또는 그 이상의 개별적인 전력시스템으로 구성된 하나의 전력시스템. 뉴욕 대정전 보고서

열소비율 heat rate   화력발전소의 효율을 나타내는 수치. 열소비율은 1kWh의 발전량을 생산하는 데 필요한 열량(kCal)을 나타낸다. 열소비율의 크기가 작으면 효율이 더 높다는 것을 의미한다. ERCOT manual

열역학 제1법칙(에너지 보존의 법칙)   어떤 계(system)에 투입된 에너지의 양은 산출된 에너지와 손실되는 에너지의 합과 같으며 이는 보존된다.

용량 capacity   전력(power)을 전달할 수 있는 잠재능력으로, 매 초당 백만 줄(Joule)의 에너지를 사용할 수 있다면 용량은 백만kW라고 말하며 기기의 크기와 관계된다.

운용예비력 operating reserve   실시간으로 소비자부하의 변동, 주파수 조정, 일간 수요예측 오차, 발전기의 고장정지 및 지역별 공급력과 시스템부하의 균형을 유지하기 위해 수요를 초과해 보유하는 발전기의 출력의 합계를 말하며 순동예비력과 비순동예비력을 포함한다. NERC Glossary

원심구 가버너 centrifugal ball-head governor   축의 속도를 감지하기 위해 회전 원심구를 사용하는 기계식 가버너를 말함. ERCOT manual

위상각 phase angle   하나의 파형이 다른 파형보다 앞서가나 혹은 뒤서거나 하는 각도(angle). 위상각은 2개의 전압 사이, 2개의 전류 사이 또는 전압과 전류사이에서 존재할 수 있다. ERCOT manual

유효전력 real power, active power   부하에 대해 에너지를 전달하는 부분을 말함. NERC Glossary

응동률 response rate   정상 운전 상태에서 발전기가 출력을 변화할 수 있는 율(MW/Min)을 말함. NERC Glossary

응동순동예비력 responsive spinning reserve   주파수 강하를 멈추기 위해 사용하는 개별 발전기의 가버너의 작용 또는 연계 전력시스템에서의 MW 응동을 말함. ERCOT manual

응동예비력 responsive reserve   주파수 편차를 일으키는 사건이 발생했을 때 처음 몇 분 동안에 주파수를 회복하기 위해 사용되는 운용예비력 부분을 말한다. ERCOT manual

의무가동발전기 must-run units   환경제약에 의해 가동하는 발전기, 전압을 유지하기 위한 발전기, 안정도를 유지하기 위한 발전기 또는 지역적 송전제약 및 안전도 유지를 위한 발전기 등은 발전사업자와 시스템 운용자 사이의 계약에 따라 운전되며 이들을 의무가동발전기라고 한다.

2차 제어 secondary control   공급력과 시스템수요의 균형을 유지하기 위한 서비스이다. 주로 분 단위의 변화속도를 가지며 EMS, 부하추종용 발전기, 급전원의 수동명령 등에 의해 지정되

는 것이다. 2차 제어는 하루 24시간에 걸쳐서 4초 또는 5분 단위로 공급력과 시스템부하의 균형을 유지하기 위해 사용되며 시스템 교란이 발생했을 때에 주파수를 회복하기 위해 순동예비력과 비순동예비력에 의해 공급된다. NREL

2차 주파수 제어 secondary frequency control   주파수 편의의 크기에 의해 공급력과 시스템부하 사이의 균형을 유지하기 위해 중앙제어대상 발전기가 출력을 변화하는 것을 말함.

일정 주파수 제어 CFC: Constant Frequency Control   AGC의 운용모드의 하나임. CFC 모드일 경우, AGC는 주파수 편차만을 감시해 공급력과 시스템수요의 균형을 유지한다.

1차 또는 자연주파수 응동 primary or natural frequency response   전력시스템 운용자 또는 EMS 프로그램의 간섭 없이 발전기의 가버너의 1차 제어와 부하응동의 조합에 의한 반응이다. 이것은 기계적 응동이지 주파수 편차를 조정하는 ACE 식을 통해서 응동하는 것이 아니다.

1차 제어 primary control   전력시스템에 불시의 발전기 출력 상실이 일어난 경우에 시스템이 어떻게 응동하는지를 나타내기 위해 전력산업이 사용하는 기술적 용어이며, 불시의 발전기 출력 상실은 신뢰도의 유지에 가장 큰 위협이 된다.

1차 주파수 응동 PFR: Primary Frequency Response   주파수 편차에 따라 발전기가 즉각적으로 자기 정격출력에 비례해 출력을 변화하거나 시스템부하가 주파수 편차에 따라 크기가 즉시에 변동하는 것을 말한다. NERC Glossary

1차 주파수 제어 frimary frequency control   발전기로부터의 출력과 시스템에 물려 있는 소비자부하의 자발적이고 자동적이며 지속적인 순변화(net change)의 결과물(MW 변화)을 말함. 이것은 주파수 변화를 저지하는 방향으로 작용한다. 1차 제어는 주파수 응동(frequency response)으로 더 잘 알려져 있다. 주파수 응동은 교란이 발생한 후 초기의 몇 초 사이에 일어난다. NREL

자동발전제어 AGC: Automatic Generation Control   연계지역 간의 전력 흐름 계획과 주파수 편의에 따라 제어지역 내의 발전기가 중앙 제어소의 EMS의 신호에 따라 출력을 조정할 수 있도록 하는 시스템. NERC Glossary

저주파수 부하 차단 UFLS: Under-frequency Load Shedding   전력시스템의 주파수에 근거해 소비자부하를 차단하는 것을 말한다. 예를 들면 전력회사는 주파수가 59.3Hz 이하로 하락하면 접속된 부하의 5%를 차단하고, 58.9Hz 이하로 하락하면 추가적으로 10%를 더 차단할 수 있다. 이것은 주파수 하락을 방지하기 위한 최후의 수단이다. ERCOT manual

전력량 kWh   일정 시간 동안의 에너지 사용량을 말함. 1kW로 1시간 동안 사용된 에너지는 1kWh이다.

전력시스템 power system   전력시스템의 구성요소에 대한 집합적인 명칭임. 전력시스템은 발전설비, 송변전설비, 배전설비로 구성된다. 또한 전력시스템은 커다란 연계시스템의 한 부분을 의미할 수도 있고 전체 시스템을 의미하기도 한다. ERCOT manual

전력시스템 컴퓨터 제어모형 EMS: Energy Management System   전력시스템의 각종 구성요소의 성능을 실시간으로 감시하고 발전설비와 송전설비를 제어하기 위해 전력회사 급전원이 사용하는 하나의 컴퓨터 제어시스템. 뉴욕 대정전 보고서

전력-위상각 곡선 power-angle curve   전력 전달 곡선의 0°부터 180°도 사이의 부분을 말하며, 단순 전력시스템의 위상각 안정도를 검토하는 데 사용된다. ERCOT manual

전압/위상각 power angle, δ 회로 요소에 있어서 정현파 전압과 여기에 흐르는 정현파 전류의 위상각 관계를 말함. 유효전력의 크기는 위상각과 관계된다. 뉴욕 대정전 보고서

전압 조정 voltage control   발전기 무효전력 출력, 변압기 탭, 그리고 카페시터와 인덕터 등을 이용해 송전전압을 제어하는 것을 말함. 뉴욕 대정전 보고서

정상 상태 정격용량 normal rating   기기의 수명, 하루의 부하변동 주기에 따라 기기가 손상되지 않고 사용될 수 있는 용량을 말하며, 기기의 소유자가 MW로 정의한다. NERC Glossary

정지 outage   발전기, 송전선, 또는 기타 설비가 고장이 일어나 서비스를 하지 않는 기간을 말함. 뉴욕 대정전 보고서

제어성능표준 CPS: control performance standard   주어진 기간 동안에 ACE의 한계를 정해 놓은 신뢰도 기준을 말함. NERC Glossary

조정 regulation   시스템 주파수를 미리 정한 한계 이내로 유지하기 위해 시스템 주파수의 변화에 응해 전기적 출력을 제어하기 위한 능력 ERCOT manual

주파수 frequency   1초 동안에 전압의 방향이 바뀌는 횟수.

주파수 동요 frequency swings   정상 상태에서 벗어난 주파수의 변화. 뉴욕 대정전 보고서

주파수 오차 frequency error   현재의 주파수와 계획주파수와의 차이($F_A - F_S$)를 나타냄. NERC Glossary

주파수 응동 frequency response, primary control   1) 기기의 측면: 시스템 주파수의 변화를 저항하려고 시스템의 구성요소가 응동하는 것을 말함. NREL 2) 시스템 전체의 측면: 주파수가 변화할 때 부하와 발전기 출력의 변화의 합을 말함. 주파수 0.1Hz당의 MW로 표현된다 (MW/0.1Hertz). NREL 3) 전력시스템에 불시의 발전기 출력 상실이 일어난 경우에 시스템이 어떻게 응동하는가를 나타내기 위해 전력산업이 사용하는 기술적 용어이며 불시의 발전기 출력 상실은 신뢰도의 유지에 가장 큰 위협이 된다. NREL

주파수 응동 의무 FRO: Frequency Response Obligation 시스템 운용의 신뢰도를 유지하기 위해 균형유지기관이 책임지는 주파수 응동의 양을 말하며 MW/0.1Hz로 나타낸다. NERC Glossary

주파수 응동 특성 FRC: Frequency Response Characteristic 주파수 편차에 대해 전력시스템이 응동하는 MW의 값을 말함. FRC는 0.1Hz당 MW로서 나타낸다. 예를 들면 주파수 응동 특성이 200MW/0.1Hz라고 하면 주파수 편차가 0.1Hz인 경우, 이 지역에서 200MW의 출력 변화가 있으면 주파수가 60Hz로 회복된다. 시스템의 주파수 응동 특성은 시스템 상태에 따라 변화한다. ERCOT manual

주파수 응동의 수요응동 frequency-responsive demand response 가버너 응동을 보완하기 위해 소비자가 허락하는 부하 차단의 양이며 이것은 저주파수 계전기가 작동하는 주파수보다도 높은 값에서 소비자의 부하를 차단하는 데 사용된다. NREL

주파수 조정 frequency regulation 가버너 응동과 자동발전제어를 통해 주파수를 정격치로 유지하는 능력 또는 작용을 말함. NERC Glossary

주파수 조정용 발전기 regulating unit 시스템 주파수를 조정하기 위해 사용하는 발전기. 발전기가 주파수 조정용 발전기로서 사용되기 위해서는 순동예비력을 갖고 있어야 한다. ERCOT manual

주파수 편의 β, frequency bias 1) 제어지역의 ACE 공식에 사용되는 수치이며 제어지역 전력시스템의 주파수 응동 특성(FRC)을 나타낸다. ERCOT manual 2) 하나의 제어지역 내에서 MW/0.1초 단위로 주어지는 수치이며 주파수 편차에 따라 얼마만큼의 공급력이 변화해야 주파수를 정상으로 회복할 수 있는가를 나타내는 MW값임. NERC Glossary

주파수 편의 지정 frequency bias setting MW/0.1Hz로 표시되는 값이며 ACE 계산에 사용된다. 이것은 균형유지기관이 연계지역의 주파수를 4초마다 조정할 때에 사용된다. NERC Glossary

주파수 편차 frequency deviation 연계시스템의 주파수 변화(Hz). 다른 시스템과 연계되지 않은 고립 전력시스템(isolated system)에서도 주파수 편차라고 함. NREL

차단 가능 부하 interruptible load 계약조건에 따라 전력 공급을 중단해도 좋은 소비자부하. ERCOT manual

차단 가능 응동예비력 interruptible responsive reserve 59.7Hz 이상에서 고속 저주파수 계전기에 의해 차단되는 소비자부하. ERCOT manual

첨두부하용 발전기 peaking units 부하 사이클에서 첨두부하 발생시간대에 가동되는 발전기로서 발전기의 변동비는 대단히 높으며 건설비는 낮고 기동비용이 거의 없음. ERCOT manual

총 부하 total load 모터부하와 비모터부하의 합. ERCOT manual

최종소비자 end-user 산업용 소비자, 가정용 소비자, 일반용 소비자 등으로 구분함.

출력기준점 load-reference set-point   가버너 제어시스템에서, 이 값은 주파수가 60Hz일 때에 터빈 제어밸브의 위치를 나타낸다. 시스템 운용의 관점에서 보면, 주파수가 60Hz일 때에 발전기가 내는 출력이다. ERCOT manual

카르시-쿤-터커 조건 KKT(Karush-Kuhn-Tucker) 조건   최적점이 되기 위한 1차 필요조건(first order necessary condition)

토폴로지 topology   전력시스템 구성 형태(configuration). 뉴욕대정전

편차 deviation   계획치로부터 벗어난 값을 말한다.

폐색된 가버너 blocked governor   주파수 편차가 발생했을 때 응동하지 못하도록 조치해 놓은 가버너를 말함. ERCOT manual

품질유지 서비스 ancillary service   전력회사의 운용관행에 따라 신뢰도를 만족하는 시스템 운용을 유지하면서 송전망 서비스 제공자가 발전기로부터 소비자에게 전기가 전달되는 것을 지원하기 위해 필요한 서비스를 말함.

확정수요 firm demand   시스템 운용의 신뢰도가 위협받거나 비상상황인 경우를 제외하고 전력을 공급해주어야 하는 소비자부하를 말함.

AEMC 2006 (2008), *Congestion Management Review, Apendix A: introduction in the NEM*, final report. Retrieved from ⟨http://www.aemc.gov.au/getattachment/42a1dfd9-bf32-4bf1-bcc4-81dd8095dfc7/Final-Report-Appendix-A-An-introduction-to-congest.aspx⟩

Alsac, O. and Stott, B. (1983), "Optimal Load Flow with Steady-state Security," *IEEE Transactions on Power Apparatus and Systems*, Vol. PAS-102, 2995-2999.

Amin, M. and Stringer, J. (2008), "The Electric Power Grid: Today and Tomorrow," *MRS BULLETIN*, Vol. 33. Retrieved from ⟨http://www.massoud-amin.umn.edu/publications/The_Grid_Amin_Stringer.pdf⟩

Anderson, K. W. JR. (2013), *Resource Adequacy in ERCOT: Analysis of ERCOT's Capacity Reserve Margin*. Retrieved from ⟨https://www.puc.texas.gov/agency/about/commissioners/anderson/pp/ANALYSIS_ERCOT_CAPACITY_RESERVE_MARGIN_0 13013.pdf⟩

Avriel, M. (1976), *Nonlinear Programming: Analysis and Methods*, Prentice-Hall Inc., Englewood Cliffs, NJ.

Bacher, R., and Van Meeteren, H. P. (1988), "Real-time Optimal Power Flow in Automatic Generation Control," *IEEE Transactions on Power Systems*, Vol. 3, No. 4, 1518-1529.

Bak, P., Tang, C., and Wiesenfeld, K. (1987), "Self-organized criticality: an explanation of $1/f$ noise," *Physical Review Letters*, Vol. 59, 381-394.

Bazaraa, M., Sherali, H. D., and Shetti, C. M. (2006), *Nonlinear Programming, 3rd Ed.*, John Wiley & Sons.

Beck, G. *et al.* (2011), "Global Blackouts: Lessons Learned," *POWER-GEN Europe 2005 Updated Version*.

Bekhouche, N. (2002), "Automatic generation control before and after deregulation," *Proceedings of the Thirty-Fourth Southeastern Symposium on System Theory*, Huntsville, AL.

573

Bhaskar, M., Muthyala, S., and Maheswarapu, S. (2010), "Security Constrained Optimal Power Flow (SCOPF): A Comprehensive Survey," *International Journal of Computer Applications*, Vol. 11, No. 6, 42-52.

Billinton, R., and Allan, R. (1996), *Reliability Evaluation of Power Systems, 2nd Ed.*, New York: Plenum Press.

Blevins, B. (2011), *Reliability Requirements*, ERCOT.

Bompard, E., Wu, D., and Pons, E. (2012), "Complex science application to the analysis of power systems vulnerabilities," *SESAME project*. Retrieved from ⟨https://www.sesame-project.eu/sesame-forum/sesame-project/963248604/520012648/ComplexScienceApplicationtotheAnalysisofPowerSystemsVulnerabilities.pdf⟩

Bouffard, F., and Galiana, F. (2008), "Security for operations planning with significant wind power generation," *IEEE Transactions on Power Systems*, Vol. 23, No. 2, 306-316.

BP (2014), *BP Statistical Review of World Energy*. Retrieved from ⟨http://bp.com/statisticalreview⟩

Brisebois, J. and Aubut, N. (2011), "Wind farm inertia emulation to fulfill Hydro-Quebec's specific need," *Proceedings of the IEEE Power and Energy Society General Meeting*, Detroit, MI.

Carpentier, J. (1962), "Contribution á l'étude du dispatching économique," *Bulletin de la Société Française des Électriciens,* Ser. 8, Vol. 3, 431-447.

Cain, M., B., O'Neill, R. P., and Castillo, A. (2013), *History of Optimal Power Flow and Formulations*, FERC.

Caldarelli, G. (2007), *Scale-free networks: complex webs in nature and technology*, Oxford university press.

Carlson, J. M. and Doyle, J. (1999), "Highly Optimized Tolerance: A Mechanism for Power Laws in Designed Systems," *Phys. Rev. E* 60(2), 1412-1427.

Carlson, J. M. and Doyle, J. (2002), "Complexity and robustness," *PNAS*, Vol. 91, suppl. 2538-2545.

Carpentier, J. (1979), "Optimal Power Flows," *Int. J. Electric Power Systems,* Vol. 1, April, 3-15.

Carreras, B. A. *et al.* (2003), "Blackout Mitigation Assessment in Power Transmission System," *proceedings of Hawaii International Conference on System Science.*

Carreras, B. A., Newman, D. E., and Dobson, I. (2004), "Evidence for Self-Organized Criticality in a Time Series of Electric Power System Blackouts," *IEEE Transactions on circuits and systems-I: Regular Papers*, Vol. 51, No. 9, 1057-1122.

Chen, J., Thorp, J. S., and Dobson I. (2005), "Cascading dynamics and mitigation assessment in power system disturbances via a hidden failure model," *Electrical Power and Energy Systems*, Vol. 27, 318-326.

Chowdhury, B. H. and Rahman, S. (1990), "A Review of Recent Advances in Economic Dispatch," *IEEE Transactions on Power Systems*, Vol. 5, No. 4.

Cohen, R. and Havlin, S. (2010), *Complex Networks: Structure, Robustness and Function*, Cambridge University Press.

Cooke, D. (2005), *Learning From the Blackouts: Transmission System Security in competitive Electricity Markets*, IEA (International Energy Agency), Paris, 144-147.

Dany, G. (2001), "Power reserve in interconnected systems with high wind power production," *Proceedings of IEEE Porto Power Tech Conference*, Porto, Portugal.

Dobson, I. (2006), Risk of Large Cascading Blackouts, *EUCI Transmission Reliability Conference*, Washington DC.. Retrieved from 〈http://www.ksg.harvard.edu/hepg/ Papers/Dobson_EUCI_1006.pdf〉

Dobson, I., Carreras, B. A., and Newman, D. E. (2005), *Blackout risk: Cascading failure and complex systems dynamics*.

Dobson, I. *et al.* (2007), "Complex systems analysis of series of blackouts: Cascading failure, critical points and self-organization," *Chaos*, Vol. 17, American Institute of Physics.

DOE (2005), *The Value of Economic dispatch a report to congress pursuant to section 1234 of the Energy Policy Act of 2005*. Retrieved from 〈http://energy.gov/sites/prod/files/ oeprod/DocumentsandMedia/value.pdf〉

Doherty, R. and O'Malley, M. (2005), "A new approach to quantify reserve demand in systems with significant installed wind capacity," *IEEE Transactions on Power Systems*, Vol. 20, No. 2, 587-595.

Dommel, H. W. and Tinney, W. F. (1968), "Optimal Power Flows Solutions," *IEEE Transactions on Power Apparatus and Systems*, Vol. PAS-87, 762-770.

Dondeti, J. R. *et al.* (2012), "Experiences with Contingency Analysis in Reliability and Market Operations at MISO," *IEEE*, Power and Energy Society General Meeting, 2012 IEEE, 1-7.

Dorogovtsev, S. N. and Mendes, J. F. F. (2013), *Evolution of Networks : From biology nets to the internet and WWW*, Oxford University Press.

Dorogovtsev, S. N. (2010), *Lecture on Complex Networks: Oxford master series in statistical computational, and theoretical physics*, Oxford University press, NY.

Eide, S. A. *et al.* (2005), *Reevaluation of Station Blackout Risk at Nuclear Power Plants: Analysis of Loss of Off-site Power Event, 1986-2004*, NUREG/CR-6890, Vol. 1, U.S. NRC.

Ela, E. *et al.* (2009), "The evolution of wind power integration studies: past, present, and future," *Proceedings of Power* & *Energy Society General Meeting*, Calgary, Canada.

Ela, E., Milligan, M., and Kirby, B. (2011), *Operating Reserves and Variable Generation: A comprehensive review of current strategies, studies, and fundamental research on the impact that increased penetration of variable renewable generation has on power system operating reserves*, Technical Report, NREL/TP-5500-51978. Retrieved from ⟨http://apps1.eere.energy.gov/wind/newsletter/pdfs/51978.pdf⟩

EPRI (2003a), *Online Probabilistic Reliability Monitor*, EPRI, Palo Alto, CA. (Product No. 2003.1002262).

EPRI (2003b), *Moving toward Probabilistic Reliability Assessment Method: A framework for Addressing Uncertainty in Power System Planning and Operation*, EPRI, Palo Alto, CA. (Product No. 2003.1002639),

EPRI (2009), *Power Systems Dynamics Tutorial*, EPRI, Palo Alto, CA: 2009, 1016042.

ERCOT (2011), *Fundamentals Training Manual*. Retrieved from Internet.

Erlich, I. *et al.* (2010), "Primary frequency control by wind turbines," *Proceedings of the IEEE Power and Energy Society General Meeting*, Minneapolis, MN.

Eto J. *et al.* (2010), *Use of frequency response metrics to assess the planning and operating requirements for reliable integration of variable renewable generation*," LBNL, LBNL-4142E.

FERC (2005), *Economic Dispatch: Concepts, Practices and Issues Presentation*, The Joint Board for the Study of Economic Dispatch.

FERC (2007a), *Open Access Transmission Tariff*. Retrieved from ⟨http://www.ferc.gov/legal/maj-ord-reg/land-docs/rm95-8-0aa.txt⟩

FERC (2007b), *Order 693: Mandatory Reliability Standards for the Bulk-Power System*, Docket No. RM06-16-000.

FERC (2010), *Notice of Proposed Rule: Integration of Variable Energy Resources*, Docket No. RM10-11-000.

FERC (2011), *Notice of Proposed Rule: Frequency regulation compensation in the organized wholesale power markets*, Docket No. RM11-8-000, AD10- 11-000.

Gan, D. *et al.* (2003), "Energy and reserve market designs with explicit consideration to lost opportunity costs," *IEEE Transactions on Power Systems*, Vol. 18, No. 1, 53-59.

Gellings, C. (2004), "A Power Delivery System to Meet Society's Future Needs," *Proceedings of the International Energy Agency Workshop on Transmission Network Reliability in Competitive Electricity Markets*, International Energy Agency, Paris, 29-30.

Glover, J. D. and Sarma, M. S. (2002), *Power System Analysis and Design, 3rd Ed.*, Pacific Grove Brooks.

Gooi, H. B. *et al.* (1999), "Optimal scheduling of spinning reserve," *IEEE Transactions on Power Systems*, Vol. 14, No. 4, 1485-1492.

Grant, W. *et al.* (2009), "Change in the Air," *IEEE Power and Energy Magazine*, Vol. 5, 47-58.

Harvey, S. M. and Hogan, W. W. (2000), *Nodal and Zonal Congestion Management and the Exercise of Market Power.*

Hauer, J. *et al.* (2002), "Advanced Transmission Technologies," *National Transmission Grid Study-Issue Paper*, United States Department of Energy, Washington DC..

Happ, H. H. (1977), "Optimal Power Dispatch – A Comprehensive Survey," *IEEE Transactions on Power Apparatus and Systems,* Vol. PAS-96, No. 3, 841-844.

Hines, P., O'Hara, B., Cotilla-Sanchez, E., and Danforth, C. M. (2003), *Cascading Failures: Extreme Properties of Large Blackouts in the Electric Grid*, Mathematics Awareness Monthly.

Hines, P., Apt, J., and Talukdar, S. (2009a), *Large Blackouts in North America: Historical trends and policy implications*, Carnegie Mellon Electricity Industry Center Working Paper, CEIC 09-01.

Hines, P., Apt, J., and Talukdar, S. (2009b), "Large blackouts in North America: Historical trends and policy implications," *Energy Policy*, Vol. 37, Iss. 12, 5249-5259.

Hines, P., Balasubramaniam, K., and Sanchez, E. C. (2009c), "Cascading failures in power grids," *IEEE Xplore*, September/October.

Hirst, E. *et al.* (1996), *Ancillary-service details: Regulation, load following, and generator response*, ORNL/CON-433, Oak Ridge National Laboratory.

Hiskens, I. A. and Davy R. J. (2001), "Exploring the Power Flow Solution Space Boundary," *IEEE Transactions on Power Systems*, Vol. 16, No. 3, 389-395.

Hohensee, G. (2011), *Power Law behavior in designed and natural complex systems: self organized criticality versus highly optimized tolerance, a literature review for emergent states of matter*, University of Illinois at Urbana-Champaign.

Huneault, M. and Galiana, F. D. (1991), "A Survey of the Optimal Power Flow Literature," *IEEE Transactions on Power Systems*, Vol. 6, No. 2, 762-770.

IAEA (2012), *Electric Grid Reliability and Interface with Nuclear Power Plants*, IAEA Nuclear Energy Series, Technical Reports.

Idaho National Laboratory (2005), *Reevaluation of station blackout risk at nuclear power.*

IEA (2004), *Electricity Transmission and Distribution technology and R&D Workshop (various papers)*, OECD/IEA.

IEA/OECD (2014), *Electricity Information 2014 with 2013 data.*

Illian, H. F. (2006), "Discussion of Technical Issues Required to Implement a Frequency Response Standard," NERC RS, November 15.

Illian, H. F. (2010), *Frequency Control Performance Measurement and Requirements*, LBNL.

Ingleson, J. *et al.* (2010), "Tracking the Eastern interconnection frequency governing characteristic," *Proceedings of the IEEE Power and Energy Society General Meeting*, Minneapolis, MN..

ISO/RTO Council (2005), *The Value of Independent Regional Grid Operators*, A report by the ISO/RTO Council.

Jaleeli, N. *et al.* (1992), "Understanding automatic generation control," *IEEE Transactions on Power Systems*, Vol. 7, No. 3, 1106-1122.

KEMA Inc. (2011), *KERMIT Study Report To determine the effectiveness of the AGC in controlling fast and conventional resources in the PJM frequency regulation market*, PJM Interconnection, LLC., Statement of Work 11-3099.

Keyhani, A. (2011), *Design of Smart Power Grid Renewable Energy Systems*, A John Wiley & Sons, INC., Publication.

Kirby, B. (2006), *Demand Response for Power System Reliability: FAQ*, ORNL/TM 2006/565, Oak Ridge National Laboratory.

Kirby, B. *et al.* (2009), *NYISO Industrial Load Response Opportunities: Resource and Market Assessment*, New York State Energy Research and Development Authority, Oak Ridge National Laboratory.

Kirby, B. *et al.* (2010), "Providing minute-to-minute regulation from wind plants," *Proceedings of the 9th Annual Large-Scale Integration of Wind Power into Power Systems and Transmission Networks for Offshore Wind Power Plant*, Quebec, Canada.

Kirchmayer, L. K. (1958), *Economic Operation of Power Systems*, Wiley, New York.

Kirschen, D. and Strbac, G. (2004), "Why Investments Do Not Prevent Blackouts," *The Electricity Journal*, Vol. 17, Iss. 2, 29-36.

Knapp, E. D. and Samani, R. (2013), *Applied Cyber Security and the Smart Grid: Implementing Security Controls into the modern Power infrastructure*, Syngress Publishing.

Koshy, T. (2010), "Lessons from Forsmark Electrical Event, Seventh American Nuclear Society International Topical Meeting on Nuclear Plant Instrumentation," *Control and Human-Machine Interface Technologies*, NPIC&HMIT 2010, Las Vegas, Nevada.

Kümmel, R. (2011), *The second law of economics: Energy, Entropy, and the origins of wealth*, Springer Science + Business Media, LLC..

Kundur, P. (1994), *Power System Stability and Control*, New York: McGraw-Hill.

Lazarewicz, M. *et al.* (2004), "Grid frequency regulation by recycling electrical energy in flywheels," *Proceedings of Power Engineering Society General Meeting*, Denver, CO..

Li, Y. (2008), *Decision making under uncertainty in power system using Benders decomposition*, Ph.D Dissertation, Iowa State University.

Lindenmeyera, D., Dommela, H. W., and Adibib, M. M. (2001), "Power system restoration: a bibliographical survey," *International Journal of Electrical Power & Energy Systems*, Vol. 23, Iss. 3, 219-227.

Lu, W. *et al.* (2006), "Blackouts: Description, Analysis and Classification," *Proceedings of the 6th WSEAS International Conference on Power Systems*, Lisbon, Portugal.

Ma, H. T. *et al.* (2010), "Working towards frequency regulation with wind plants: combined control approaches," *IET Renewable Power Generation*, Vol. 4, No. 4, 308-316.

MaCalley, J. D. (2012), *Introduction to system operation, optimization, and control.*

Makarov, Y. *et al.* (2009), "Operational impacts of wind generation on California power systems," *IEEE Transactions on Power Systems*, Vol. 24, No. 2, 1039-1050.

Markey, E. J. and Waxman, H. A. (2013), *Electric grid vulnerability: Industry Responses Reveal Security Gaps: A report written by the staff of Congressmen*, U. S. House of Representatives.

Matos, M. and Bessa, R. (2011), "Setting the operating reserve using probabilistic wind power forecasts," *IEEE Transactions on Power Systems*, Vol. 26, No. 2, 594-603.

Mickey, J. (2011), *ERCOT Operating Reserves*, Workshop on Resource Adequacy and Shortage Pricing, ERCOT. Retrieved from 〈https://www.puc.texas.gov/industry/projects/ electric/37897/062911%5CERCOT_Mickey.pdf〉

Miller, N.W. *et al.* (2010), "Impact of frequency responsive wind plant controls on grid performance," *Proceedings of the 9th Annual Large-Scale Integration of Wind Power into Power Systems and Transmission Networks for Offshore Wind Power Plant*, Quebec, Canada.

Milligan, M. *et al,*(2010), "Advancing wind integration study methodologies: implications of higher levels of wind," *Proceedings of American Wind Energy Association Windpower 2010*, Dallas, TX.

Milligan, M. *et al.* (2008), "Analysis of sub-hourly ramping impacts of wind energy and balancing area size," *Proceedings of American Wind Energy Association Windpower 2008*, Houston, TX.

Mills, A. *et al.* (2010), Implications of wide-area geographic diversity for short-term variability of solar power, Technical Report LBNL-3884E.

Mohammadi, J., Hug, G., and Kar, S. (2013), "A Benders Decomposition Approach to Corrective Security Constrained OPF with Power Flow Control Devices," *Power and Energy Society General Meeting (PES)*, IEEE, 1-5.

Momoh, J. A. (2009), *Electric Power System Applications of Optimization, 2nd Ed.*, CRS Press.

Morales, J. *et al.* (2009), "Economic valuation of reserves in power systems with high penetration of wind power," *IEEE Transactions on Power Systems*, Vol. 24, No. 2, 900-910.

Mousavi, O. A., Cherkaoui, R., and Bozorg, M. (2012), "Blackouts risk evaluation by Monte Carlo Simulation regarding cascading outages and system frequency deviation," *Electric Power Systems Research*, 89, 157-164.

Murty, M. S. R. (2011), *Energy Management System (EMS)*, SARI. Retrieved from ⟨http://www.sari-energy.org,Lecture_49_EMS.pdf⟩

Nagurney, A. and Qiang, Q. (2009), *Fragile networks : Identifying Vulnerabilities and Synergies in an Uncertain World*, John Wiley & Sons, Inc..

National Grid Company plc. (2001), *An Introduction to Black Start.*

NEA/CSNI/R (2009), *Defence in Depth of Electrical Systems and Grid Interaction*, Final DIDELSYS Task Group Report.

NERC (2006a), *Standard EOP-005-1 — System Restoration Plans.*

NERC (2006b), *Standard EOP-005-2 — System Restoration Plans.*

NERC (2006c), *Standard EOP-005-3 — System Restoration Plans.*

NERC (2006d), *Standard FAC-003-1 — Transmission Vegetation Management Program.* Retrieved from ⟨http://www.nerc.com/files/fac-003-1.pdf⟩

NERC (2007), *Reliability Concepts Version 1.0.2.*

NERC (2009a), *2009 CPS2 Bounds.*

NERC (2009b), *Accommodating High Levels of Variable Generation.*

NERC (2010a), *Motion for an extension of time of the North American Electric Reliability Corporation: United States of America of before the Federal Energy Regulatory Commission*, Docket No. RM06-16-010.

NERC (2010b), *NERC Standard Authorization Request, BAL-005-1, Automatic Resource Control.*

NERC (2010c), *Reliability Standards for the Bulk Electric Systems of North America.*

NERC (2011a), *Balancing and Frequency Control: A Technical Document*, NERC Resources Subcommittee.

NERC (2011b), *Reliability Standards for the Bulk Electric Systems of North America.*

NERC (2011c), *Standard PER-003-1 — Operating Personnel Credentials Standard.* Retrieved from ⟨http://www.nerc.com/files/PER-003-1.pdf⟩

NERC (2011d), *Standard TOP-002-1 —Normal Operations Planning.* Retrieved from ⟨http://www.nerc.com/pa/Stand/Phase%20IIIIV%20Planning%20Standards%20DL/TOP-002-1_Clean_15May06.pdf⟩

NERC (2013), *Summer Reliability Assessment 2013.*

NERC (2014), *Glossary of Terms Used in NERC Reliability Standards,* updated October 1.

NERC (2015a), "Standard FAC-003-1 — Transmission Vegetation Management Program," *Reliability Standards for the Bulk Electric Systems of North America.*

NERC (2015b), "Standard PER-003-1 — Operating Personnel Credentials Standard," *Reliability Standards for the Bulk Electric Systems of North America.*

NERC (2015c), "Standard TOP-002-2. 1b — Normal Operations Planning," *Reliability Standards for the Bulk Electric Systems of North America.*

New York Independent System Operator (2010a), *Ancillary Services Manual.*

New York State Reliability Council (2010b), *NYSRC Reliability Rules, for Planning and Operating the New York State Power System, section D-R4, D-R2.*

Newman, M. E. J. (2010), *Networks: An Introduction,* Oxford University Press.

Nooij, M. de, Lieshout, R., Koopmans, C. (2009), "Optimal blackout: Empirical results on reducing the social cost of electricity outages through efficient regional rationing," *Energy Economics,* Vol. 31, 342-347.

Nye, D. E. (2010), *When the lights went out : a history of blackouts in America,* Cambridge, MA; London: MIT Press.

NYISO Energy Market Operations (2012), *Transmission and Dispatching Operations Manual,* Manual 12, Version 2.2, New York Independent System Operator.

NYISO Energy Market Operations (2014), *Transmission and Dispatching Operations Manual,* Version 2.4, Manual 12.

Osborne, M. (1972), "Topics in Optimization," *STANS-CS-72-279,* Computer Science Department, School of Humanities and Sciences, Stanford University.

Ortis, A. (2005), "Reliability and security of electricity supply: the Italian blackout," *5th NARUC/CEER Energy Regulators' Roundtable,* Washington, DC. Retrieved from ⟨http://www.energy-regulators.eu/portal/page/portal/EER_HOME/EER_INTER NATIONAL/EU-US%20Roundtable/5supthsup%20EU-US%20Roundtable/Italy%20Reliability_Ortis.pdf⟩

Pagani, G. A. and Aiello, M. (2013), "The Power Grid as a complex network: A survey," *Physica A: Statistical Mechanics and its Applications,* Vol. 392, Iss. 11, 2688-2700.

Park, H. (2010), *The social structure of large scale blackouts changing environment, institutional imbalance, and unresponsive organizations*, The degree of Doctor of Philosophy, Graduate Program in Planning and Public Policy, Graduate School – New Brunswick Rutgers, the State University of New Jersey.

Paton, D. and Johnson, D. M. (2006), *Disaster Resilience: An Integrated Approach*, Publisher, Charles C. Thomas.

Perrow, C. (1986), *Complex organizations: a critical essay*, Random House.

Perrow, C. (2007), *The Next Catastrophe: Reducing Our Vulnerabilities to Natural, Industrial, and Terrorist Disasters*, Princeton University Press.

Peschon, J. *et al.* (1968), "Optimum Control of Reactive Power Flow," *IEEE Transactions on Power Apparatus and Systems*, Vol. PAS-87, No. 1, 40-48, Jan. 196.

Pinto, H. and Stott, B. (2010), "Security Constrained Economic Dispatch With Post-Contingency Corrective Rescheduling," *Enhanced Real-time Optimal Power Flow Market Models*, FERC Conference, Washington DC.

PJM Interconnection (2010), *PJM Manual 11: Energy & Ancillary Services Market Operations*, Revision: 45.

Price, K. (2002). *SCED: Security Constrained Economic Dispatch, Texas Reliability Entity*. Retrieved from ⟨http://texasre.org/CPDL/SCED.pdf⟩

Ragsdale, K. (2012), *ERCOT Overview (Emphasis on Real-time Market and Real-time Operations) for Austin Electric Utility Commission*, ERCOT. Retrieved from ⟨http://www.austintexas.gov/edims/document.cfm?id=176238⟩

Real-time Tools Best Practices Task Force (2008), *Real-time Tools Survey Analysis and Recommendations*, Final Report, NERC.

Rebours, Y. *et al.* (2007), "A survey of frequency and voltage control ancillary services, Part I: technical features," *IEEE Transactions on Power Systems*, Vol. 22, No. 1, 350-357.

ROAM Consulting Pty Ltd (2014), *Review of System Restart Ancillary Services (SRAS) Requirements in the NEM*, National Generator Forum and the Private Generators Group (PGG),

Robours, Y. *et al.* (2005), A survey of definitions and specifications of reserve services, Technical Report, University of Manchester.

Rockafellar, R. T. (1970), *Convex Analysis*, Princeton University Press.

Ruiz, P. *et al.* (2009), "Wind power day-ahead uncertainty management through stochastic unit commitment policies," *Proceedings of Power Systems Conference and Exposition*, Seattle, WA..

Ruiz, P. *et al.* (2009), "Uncertainty management in the unit commitment problem," *IEEE Transactions on Power Systems*, Vol. 24, No. 2, 642-651.

Sadaat, H. (2002), *Power System Analysis, 2nd Ed.*, The McGraw-Hill Book Companies, Inc..

Sasson, A. M. and Jaimes, F. J. (1967), "Digital Methods Applied to Power Flow Studies," *IEEE Trans. on Power Apparatus and Systems*, Vol. 86, No. 7, 860-867.

Schecter, A. (2012), "Exploration of the ACOPF Feasible Region for the Standard IEEE Test Set," *FERC Technical conference to discuss opportunities for increasing real-time and day-ahead market efficiency through improved software*, Docket No. AD10-12-003. Retrieved from, ⟨http://www.ferc.gov/EventCalendar/Files/20120626084625-Tuesday,%20 Session%20TC-1,%20Schecter%20.pdf⟩

Sharma, S. *et al.* (2011), *System inertial frequency response estimation and impact of renewable resources in ERCOT Interconnection*, presented at ERCOT Emerging Technologies Working Group Meeting.

Shortle, J., Rebennack, S., and Glover, F. W. (2014), "Transmission-Capacity Expansion for Minimizing Blackout Probabilities," *IEEE Transactions on On Power Systems*, Vol. 29, No. 1, 43-52.

Simon, C. P. and Blume, L. (1994), *Mathematics for Economists*, W·W·Norton & Company, New York · London.

Smith, J. C. *et al.* (2007), "Utility wind integration and operating impact state of the art," *IEEE Transactions on Power Systems*, Vol. 22, 900-908.

Sornette, D. (2006), *Critical phenomena in nature sciences; Chaos, fractal, self organization and disorder: Concepts and tools, 2nd Ed.*, Springer.

Stoft, S. (2002), *Power System Economics: Designing Markets for Electricity*," The Institute of Electrical and Electronics Engineers, Inc..

Stott, B. (1974), "Review of Load-Flow Calculation Methods," *Proceedings of the IEEE*, Vol. 62, No. 7, 916.

Stott, B., Alsac, O., and Monticelli, A. J. (1987), "Security Analysis and Optimization," *proceeding of the IEEE*, Vol. 75, No. 12, 1623-1987.

Squires, R. B. (1961), "Economic Dispatch of Generation Directly from Power System Voltages and Admittances," *AIEE Trans.*, Vol. 79, pt. III, 1235-1244.

Talukdar, S. N. *et al.* (2003), "Cascading Fualiures: Survival versus Prevention," *The Electricity Journal*, Nov., 25-31.

Todd, W. D. *et al.* (2009), *Providing Reliability Services through Demand Response: A Preliminary Evaluation of the Demand Response Capabilities of Alcoa Inc*, ORNL/TM 2008/233, Oak Ridge National Laboratory.

Treinen, R. (2005), "Locational Marginal Pricing (LMP): Basics of Nodal Price Calculation," *CRR Educational Class #2*, CAISO Market Operations.

U.S.-Canada Power System Outage Task Force (2004), *Final Report on the August 14, 2003 Blackout in the United States and Canada: Causes and Recommendations*.

US DOE (United States Department of Energy) (2002), *National transmission Grid Study*, US DOE, Washington. Retrieved from ⟨http://doe.gov/ntgs/gridstrud/main_ print.pff⟩

US Energy Information Administration (2003), Electricity Power Monthly.

Varnes, K., Johnson, B., and Nickeleom, R. (2004), *Review of Supervisory Control and Data Acquisition (SCADA) Systems*, Idaho National Engineering and Environmental Laboratory.

Vazquez, M. O. and Kirschen, D. (2007), "Optimizing the spinning reserve requirements using a cost/benefit analysis," *IEEE Transactions on Power Systems*, Vol. 22, No. 1, 24-33.

Vazquez, M. O. and Kirschen, D. (2009), "Estimating the spinning reserve requirements in systems with significant wind power generation penetration," *IEEE Transactions on Power Systems*, Vol. 24, No. 1, 114-123.

Veremyev, A. *et al.* (2014), "Minimum vertex cover problem for coupled interdependent networks with cascading failures," *European Journal of Operational research*, Vol. 232, 499-511.

VLPGO (Very Large Power Grid Operators) WG#2 (2010), *Electrical Power System Restoration, Survey Paper on Electric Power System Restoration*.

Vu, H. D. and Agee, J. C. (2002), *WECC Tutorial on Speed Governors*. Retrieved from ⟨https://www.wecc.biz/Reliability/Governor%20Tutorial.pdf⟩

Wan, Y. H. (2005), *A primer on wind power for utility applications*. NREL Technical Report NREL/TP500-36230.

Wang, J. *et al.* (2005), "Operating reserve model in the power market," *IEEE Transactions on Power Systems*, Vol. 20, No. 1, 223-229.

Wang, J., Shahidehpour, M., and Li Z. (2008), "Security-constrained unit commitment with volatile wind power generation," *IEEE Transactions on Power Systems*, Vol. 23, No. 3, 1319-1327.

Ward, J. B. and Hale, H. W. (1956), "Digital Computer Solution of Power Flow Problems," *Trans. AIEE* (*Power Apparatus and Systems*), Vol. 75, 398-404.

Western Electricity Coordination Council (2006), *WECC white paper on the proposed NERC (North American Electric Reliability Corporation) balance resources and demand standards*. Retrieved from ⟨http://www.wecc.biz/Documents/2007/News/WECC%20White %20Paper%20on%20the%20BRD%20Standards-Dec2006-v3.pdf.⟩

Wood, A. J. and Wollenberg, B. F. (1996), *Power Generation, Operation and Control, 2nd Ed.*, New York: Wiley.

Wood, A. J., Wollenberg, B. F., and Sheblé, G. B. (2014), *Power Generation, Operation And Control, 3rd Ed.*, New York: Wiley.

World Bank, Electric power consumption (kWh per capita), Retrieved from 〈http://data.worldbank.org/indicator/EG.USE.ELEC.KH.PC〉

Wu, L. *et al.* (2007), "Stochastic security-constrained unit commitment," *IEEE Transactions on Power Systems*, Vol. 22, No. 2, 800-811.

Yong, T. *et al.* (2009), "Reserve determination for system with large wind generation," *Proceedings of Power & Energy Society General Meeting*, Calgary, Canada.

Zhang, G. *et al.* (2013), "Understanding the cascading failures in Indian power grids with complex networks theory," *Physica A: Statistical Mechanics and its Applications*, Vol. 392, Iss. 15, 3273-3280.

감사원(2014), 『전력계통운영시스템 운영 및 한국형 계통운영시스템 개발구축실태』.

경기개발연구원(2011), 『9.15 정전대란: 평가와 정책방향』, GRI 현안분석.

국가에너지통계종합정보시스템, 〈http://www.kesis.net/flexapp/KesisFlexApp.jsp〉

권오헌(1998), 『미분 가능하지 않은 함수의 최적화』, 학술연구총서·54, 고려대학교 출판부.

김영창(2012), 『전력산업의 이해』, 사단법인 대한전기학회.

대한전기학회(2011), 『9.15 정전관련 기자회견: 조사결과발표 및 대책 토론회』, 2011년 12월 28일.

서형원 블로그, 〈http://ecopol.tistory.com/114〉

유재국(2011), 「9.15 정전 사고의 쟁점과 개선 과제」, 『이슈와 논점』, 제295호, 국회입법조사처.

유재국(2012a), 「원자력발전소 가동정지와 동계 전력수급대책」, 『이슈와 논점』, 제575호, 국회입법조사처.

유재국(2012b), 「전력계통운영시스템(EMS) 운용 현황과 개선 방안」, 『현안보고서』, 제157호, 국회입법조사처.

윤상윤 외(2009), 「한국형 EMS 시스템의 Baseline 계통 해석용 소프트웨어 개발을 위한 데이터 모델링」, 대한전기학회, 『전기학회논문지』, 58(10), 1842-1848.

윤상윤 외(2012), 「스마트배전 운영시스템용 구간부하 추정 프로그램 개발」, 대한전기학회, 『전기학회논문지』, 61(8), 1083-1090.

윤상윤 외(2013), 「배전운영시스템용 응용 프로그램을 위한 공통 데이터베이스 구축」, 대한전기학회, 『전기학회논문지』, 62(9), 1199-1208.

이건웅(2012), 「계통운영시스템 운영현황」, 『전력계통운영시스템 운용 개선을 위한 정책 토론회』, 전정희 의원실, 정책토론회 발표집.

이상호 외(2009), 「한국형 EMS용 제약경제급전 프로그램 개발」, 대한전기학회, 『대한전기학회 학술대회 논문집』, 38-39.

이원희 · 조용권 · 이창용(2012), 『동절기 전력난의 원인과 대책』, CEO Information, 제838호, 삼성경제연구소.

정필권(1997), 『경제학에서의 최적화이론과 응용』, 세경사.

제레미 리프킨(2010), 『공감의 시대』, 이경남 역, 민음사(Rifkin. J. (2009), *The empathic civilization: The race to global consciousness in a world in crisis*, Penguin Group Inc.).

페르 박(2012), 『자연은 어떻게 움직이는가?: 복잡계로 설명하는 자연의 원리』, 정형채 · 이재우 역, 한승(Per Bak, *How Nature Works: the science of self-organized criticality*).

한국건설기술연구원(2012), 『국가기반체계 보호전략 개발연구』, 행정안전부.

한국전력거래소(2008), 『Knowledge Power』.

한국전력거래소(2010), 『한국형 에너지관리시스템(K-EMS) 개발(최종보고서)』, 지식경제부.

한국전력거래소(2011), 「전력거래소가 관행적으로 전력예비력 또는 공급능력을 부풀렸다"는 보도와 관련한 해명자료」, 『전력거래소 보도자료』, 2011년 9월 20일자.

한국전력거래소(2013), 「"발전사들 전력 생산 않고도 4년간 1조 챙겨"에 대한 해명」, 『보도설명자료』, 2013년 10월 1일자.

한국전력거래소(2014), 「2014년 11월 전력계통 운영실적」.

한국전력거래소(2014), 『전력시장 실무자를 위한 정산규칙 해설』.

한국전력공사(2014), 『2013년 한국전력통계』, 제83호.

현대중공업(주) 중앙연구소(1999), 『에너지관리, 제어시스템(EMS) 소프트웨어 개발에 관한 연구』, 한국전력공사.

ㄱ

가버너 356

가버너 레귤레이션 462

가버너 응동 380

가버너 제어 324

가버너 제어시스템 382

가버너응동 326

가변발전 307

가변성 95, 307

가압경수로형 원자력발전기 381

가외적 428

가외적 계측자료 436

가용도 127

가우스-자이델법 420

가우시안의 종형 곡선 248

가중최소자승 437

가중최소자승 판정법 437

감사원 11, 139

감시 466

감시기능 467

강건성 204

개량 복합도체 216

개선형화 원추 479

개폐기 424

결정론적 451

결합성 219

경로 87

경보신호 425

경사법 422

경쟁전력시장 519

경제급전 78, 417, 500, 511

경제성 94

계 40

계측 438

계측자료 434

계획예비력 338

계획주파수 54, 312, 319, 461

고도로 최적화된 허용성 203

고르단의 정리 480

고립국소최적해 475

고압직류 송전 216

고온 초전도 케이블 216

고장배분인자 282

고장정지 80

고정비 117

고정자 권선 54

고주파수 보호계전기 406

공간 혁명 44

공간정위 428

공급 지장 340
공급곡선 538
공급력 305, 343, 347
공급선 순환 149
공급신뢰도 464
공급자 잉여 534
공급지장시간 95, 255
공률 50
공집합 491
과도안정도 249, 255
과도정전 148
과부하 429
과전압 467
관성 323, 353
관성에너지 326, 353, 354
관성응동 63, 311, 323, 324
교란 88
교란제어표준 400
교류계산반 417
교류발전기 52
교류연계지역 305
국소최적성 474
국소최적해 422, 473
국제에너지기구 215
군집 194
균형유지기관 174, 271, 310, 397
급전 47, 500
급전대상 발전기 47
급전불능 발전기 47
기계출력 453
기동비용 49, 103, 118
기동정지계획 96, 99
기동정지계획 99
기울기 특성 326
기저부하 49
기저부하용 발전기 49, 103
기준형 비선형계획 문제 476

ㄴ

낙뢰 249
내점법 514
네트워크 방정식 417
네트워크 산업 58
노드 58
노드 어드미턴스 매트릭스 420
노드 임피던스 매트릭스 420
노드의 차원 196
뉴욕 대정전사고 249
뉴턴 조류계산법 516
뉴턴법 514
뉴튼-랍슨법 420
능동 에너지 346

ㄷ

다중구간 선형 비용함수 505
단독시스템 87
단락 237
단조증가함수 496
도일 204
독립 변수 502
독립 확률변수 443, 444
독립시스템 318
동기발전기 311, 347
동기속도 82, 465
동기연계선 391, 393
동기운전 77, 81
동기조상기 305, 334, 424
동기탈조 255
드룹 63, 377, 453
드룹 지정치 363
드룹 특성 326, 327
드룹 특성곡선 327, 361, 362, 371, 372
등속가버너 361, 363

등증분비용법　128, 388, 419, 500, 503
등호제약조건　511
디지털 전송　425

ㄹ

라그란지 승수　471, 502
라그란지 완화법　100, 102
라그란지 정칙　494
라그란지 정칙성　498
라그란지 함수　484, 485, 515
라우터　427
람다　132
람다 반복법　514
로그 베리어　519

ㅁ

멱함수 법칙　191, 202
멱함수 지수　206
모래더미　200
모선　66, 305
모선 가격　542
모선별 소비자 수요　125
모선별 소비자부하　57, 450, 511
모선별 증분비용　514
모선별 한계가격요금제　532
모선별 한계비용　386
모수　436, 438
모터부하　311, 323
목적함수　67, 483, 502
무부하　364
무효전력　112, 417, 419

ㅂ

바이오연료　43

반복 탐색법　505
반복기법　420
반복선형계획법　516
발전기 출력 상실　326
발전단　348
발전소　66
발전시스템　76
발전효율　67
방화벽　427
배전시스템　76
벤더스 분해　525
변동비　117, 322
변압기 탭　467
변압운전　317
병렬 카페시터　424
병렬운전　363
보일러추종 모드　317
보호계전기　464
복잡계　198
복잡시스템　258
복합화력발전기　68
볼록성　421
볼록원추　483
볼록함수　510
부등식제약　476
부문제　419
부분정전　149
부하 차단　241, 458
부하/주파수 관계　382
부하/주파수의 관계　369
부하곡선　49, 125
부하급변대비 예비력　314, 316, 325
부하배분인자　542
부하응동　311, 317
부하제동　353
부하제동 계수　462
부하추종　49, 308

부하추종 예비력 314, 315, 321
부하추종용 발전기 49
분산 438
분산형 전원 47
분할기법 419
불감대 63, 327, 379
불안정 394
불확실성 95, 307
브라운아웃 148
블랙아웃 201, 385
블랙아웃의 영향 228
비등수형 원자력발전기 381
비모터부하 351
비볼록성 423
비사건예비력 313, 315
비상 상태 350
비상대응 매뉴얼 96
비상상황 309
비선형 비용함수 506
비선형계획문제 471
비순동예비력 311, 331, 337
비용곡선 131
비용률 500
비용최소화 67
비용함수 66, 130, 500, 501, 505
비음 1차 결합 483
비회전부하 351
쁘아송 확률분포 190

ㅅ

사건 순서 425
사건대비 예비력 315
사건발생 상태 312
사건순서 465
사건예비력 313
사고 111, 305, 467

사고대비 예비력 314, 315, 322
사용자-인터페이스 427
사이버 보안 427
사회적 잉여 535
삭감 가능 부하 336
상보적 여분성 조건 483
상정사고 468
상정사고 목록 162, 519
상정사고 목록 선정 94
상정사고 분석 11, 383, 449
상정사고 제약 521
상정사고 제약조건 422, 450
상정사고 제약조건식 422
상태변수 424, 431, 434, 515
상태추정 387, 388, 428, 467
상황표시자료 424
서울행정법원 97
선 58
선로 경과지 247
선행급전 527
선형 제약조건식 517
선형계획법 422, 506, 514
선형화 518
설계의 자유도 206
설비 과부하 151
설비예비력 80, 330, 340
소내소비 79
소비자 잉여 535
소비자 편익 535
소비자 호가 538
소비자부하 306
소프트웨어 실패 206
속도제어장치 345
속도조정률 453
속도진동 363
송전 손실 125, 502
송전단 348

송전단 출력 276
송전망 구성 프로그램 447
송전망 위상기하 447
송전망 확장계획 문제 514
송전선 용량 제약 511
송전선 탈락 429
송전선로 긍장 245
송전선의 경제성 247
송전시스템 76
수동 에너지 346
수동급전 263
수력 응동예비력 332
수력응동예비력 334
수렴문제 422
수리계획 모델 514
수리계획문제 422
수선유지비 117
수요곡선 538
수요예측 94
순간정전 148
순동예비력 311, 458
순환부하 차단 149
순환운전 127
순환정전 149
스로틀 밸브 357, 361
슬랙 모선 517
시간축 92
시스템 45
시스템 고립 404
시스템 교란 404
시스템 다이내믹스 175
시스템 병입 84
시스템 붕괴 26, 56, 162, 450, 451
시스템 시각화 도구 217
시스템 운용자 88, 449
시스템부하 306, 453
시스템운용기관 89

신뢰도 94, 98, 463
신뢰도 기준 163
신뢰도 유지 464
신뢰도 조정기관 174
신재생에너지 67
실수 성분 434
실시간 상정사고 분석 449
실행가능방향 벡터 479
실행가능영역 472
심층방어 218
쌍대 원추 491
쌍대이론 485

ㅇ

안전도 94, 98, 422, 451, 464
안전도 유지 469
안전도 제약 513, 521
안전도 제약 최적조류계산 415, 466
양반정부호 474
양정부호 475
에너지 서비스 시장 105
에너지 운반체 39
에너지 저장 장치 216
에너지 정책에 관한 법률 163
여기 상태 402
여유출력 311, 378
여자기 112
역행렬 420
연결막대 359
연계선 310, 460, 461
연계선 운용계획 458
연계선 운용협약 459
연계선 전력 흐름 458
연계선 주파수 편의 제어 395
연계선 주파수 편차 제어 393
연계선제어오차 391, 396

연계선조류 63, 305

연계선조류제어오차 310

연계선조류편의제어 460

연계시스템 405

연계지역 89, 328

연속성 474

연속정격치 522

연쇄고장 6, 86, 159, 200, 299, 383, 385, 429, 431, 449, 465

열소비율 121

열에너지 50

열역학 45

열역학 제1법칙 40, 66

열적 스트레스 457

영구자석발전기 359

예방급전 513

예외보고 425

오류 430

오차분포 437

와이불 분포 200

와트 50

완전 비선형 최적조류계산 422

완화 102

운동 에너지 311

운동에너지 50

운용예비력 80, 305, 331, 337

운용예비력 관리 111

원격계측 425

원격계측시스템 467

원격계측장치 66, 270, 384, 415, 423

원심구 가버너 357

원인불명의 고장 214

원추 478

위상 83, 434

위상각 249, 419

위상각 불안정 151, 240

위상측정기기(PMU) 58

위치에너지 50

유도전동기 352

유도전류 112

유압증폭기 359

유효에너지 39

유효전력 306

유효전력 전달 403

유효제약식 478, 490

응동능력 331

응동부하 317

응동속도 312

응동순동예비력 332, 333, 378

응동예비력 333

의무가동 발전기 49

이산변수 422, 423

이상변압기 305, 436

일률 50

일정 연계선조류 제어 393, 394

일정 주파수 제어 368, 393

임계수준 202

임계점 202, 207

입찰 136

ㅈ

자기조직화 200

자기조직화된 임계점 200

자동 상정사고 선정법 468

자동 상정사고 전력조류계산법 468

자동 저주파수 계전기 334

자동 저주파수 확정 부하 차단 406

자동급전 263

자동발전제어 85, 350, 382

자동위상조정 변압기 436

자발적 응동 312

자승차 446

자연대수 445

자연주파수 402
자연주파수 응동 377
자체기동 113
자코비안 516
잠재가격 552
잡음 428
재래식 발전기 308
저장에너지 353
저주파수 계전기 317, 328, 409
저주파수 부하 차단 406
저주파수 운전 408
적정성 464
적합도 428
전기사업법 164
전기에너지 51
전기자 반작용 348
전기적 모선 448
전기적 부하 455
전력 감시 시스템 217
전력 스윙 394
전력 풀 89
전력(kW) 26, 71
전력거래 391
전력계통 46
전력량(kWh) 26, 71
전력시스템 46
전력시스템 붕괴 429
전력위상각 403
전력조류 305, 432
전력조류 방정식 511
전력조류계산 417
전송오류 424
전압 불안정 151
전압 지원 112
전압안정도 249
전자기에너지 50
절연파괴 465

점열 491
접원추 489
정격주파수 311, 344, 461
정격출력 364
정산 52, 386, 504
정산시스템 299
정상 상태 59, 207, 312, 382, 415, 453
정상분포 437
정상사고 219
정수계획 99
정전 86
정지형 무효전력 보상장치 305
정착주파수 454, 462
정칙성 조건 486
제1차 에너지 혁명 43
제2차 에너지 혁명 43
제약 없는 최적화 문제 472
제약발전 136, 388, 451
제약비발전 136, 388, 451, 504
제약영역 472
제약자격 488
제약조건식 506
제약조건의 함수 502
제약함수 471
제어밸브 453
제어변수 513
제어성능표준 396
제어신호 359, 383
제어지역 89, 333
제어지역 간 통신프로토콜 282
조류 58
조밀 송전선 배치 216
조정신호 458
존재조건 482
좁은 세상 네트워크 195
주간예측 96
주기 54

주사주기 425
주파수 76, 162
주파수 강하 309
주파수 응동 62, 391, 456
주파수 응동 특성 328, 375
주파수 일탈 312, 319
주파수 제어 343
주파수 조정 308
주파수 최저점 326
주파수 추종 출력제어 111, 373, 383, 458
주파수 편의 62, 63, 310
주파수 편의 조정계수 319
주파수 편차 314, 319, 345, 349, 374, 379, 384, 461
주파수 회복 241
중간부하용 발전기 103
중개성 192
중앙제어소 423
즉응예비력 335
증분 손실 512
증분비용 78, 119, 120, 505
증분비용곡선 509
증분비용함수 130
증분열소비율 123, 124
증응예비력 332
지능형 전자장치 427
지락사고 249
지수함수 196
지중 케이블 216
직류 송전망 217
직류연계선 331
직류연계응동예비력 332
직류최적전력조류계산 419
진실도 428
쪽문 356

ㅊ

차단 가능 부하 334, 337
차단 가능 응동예비력 332, 334
차단기 424
참값 438
참여인자 508
척도 없는 네트워크 189, 193
첨두부하용 발전기 49, 103
첨자의 집합 478
초고압송전선 216
초기화 사건 465
초임계 보일러 380
최소분산 판정법 437
최소운전시간 127
최소자승 프로그램 437
최소정지기간 127
최소출력 유지비용 118
최우최소자승 추정 436
최우추정 439
최우추정 프로그램 437
최우추정값 446
최우판정법 437
최적성 조건 421
최적조류계산 417
최적치 472
최적해 472
추가적 제어 61, 454
추정치 467
출력기준점 108, 317, 327, 366, 371, 373, 387, 500, 508
출력기준점 조정 305
출력기준점 지정장치 359
출력변화율 322
출력상실 사건 323
출력증감발률 383
충분조건 472, 475

ㅋ

카르노 사이클 45
카르시-쿤-터커 421, 520
카르시-쿤-터커 조건 471
카르펜티에르 417
칼슨 204
컨덴서 모드 334
코시-슈워츠의 부등식 497
콤팩트 472

ㅌ

타이트 풀 89
탈락 404
토폴로지 58, 94
통계적 추정 431
통계적 판정법 437
통신시스템 423

ㅍ

파르카스의 보조정리 481
판매사업자 76, 318
퍼짐 438
페날티법 422
편의(偏倚) 437
평균비용함수 131
평균치 443
평균치 정리 473, 474
폐볼록원추 492
폐볼록집합 475
폐색 317, 457
폐색된 가버너 381
폐선형화 원추 479, 490
폐집합 499
표본 438

표본(계측자료) 436
표준편차 438, 439
풀 89
품질유지 서비스 88, 98, 109
품질유지 서비스 거래시장 105
프라이멀-듀얼 내점법 519
프로토콜 427
프리츠 존 승수벡터 483
프리츠 존의 정리 480
플라이 웨이트 357
피아코-매코믹 베리어법 519
필요충분 제약자격 494
필요충분조건 482

ㅎ

한계비용 514
핵분열에너지 41
허브 194
허수 성분 434
허수예비력 97
협의볼록함수 475
혼합정수계획법 422
화석연료 43, 67
확률밀도함수 438
확률변수 438
확률분포 437
확률적 계측오차 438
확률적 오차 437
회전부하 351
회전에너지 353
회전자계 43
희박하다 420

A

active constraint 478
adequacy 464
AGC 신호 410
AGC 조정 예비력 313, 315, 318
AGC 주파수 조정 예비력 335

B

barrier 519
base load 49
base-load units 49
Benders decomposition 525
BIC 514
binding constraint 478
block 457
blocked governors 377
bus 58

C

carnot cycle 45
Carpentier 417
Cauchy-Schwartz 497
CBP시스템 135
clustering 194
con-off 451
con-on 451
constant net interchange 394
contingency 111, 467
continuous rating 522
control area 333
control performance standards 71, 396
convex function 510
convexity 421
cost function 66, 500

cost rate 500, 501
coupling 219
CPS 71
CPS1 397
cycle 54

D

data 204
dead-band 63
decoupling 419
defense in depth 218
degree of node 196
dispatch 47, 500
droop 377

E

economic dispatch 452, 500
economic operation 500
ED 452
edge 58
electric 51
electrical 51
electrical energy 51
energy carrier 39
exciter 112

F

Farkas 481
FERC 89
Fiacco 519
firewall 427
first order necessary condition 471
flat tie-line 394
frequency control 343

frequency response   111
Fritz John   480

G

Gauss-Seidel   420
Gordan   480
governor   356
governor dead-band   377
gradient   521
gradient methods   422

H

heat rate   121
hidden failure   214
HOT   203
hub   194
hydro responsive reserve   334

I

incremental heat rate   123
induced current   112
inertial response   63
instability   394
installed reserve   330
interchange   391
Interconnect Control Error   391
interior point method   514
interruptible load   332
IOU   90
IPM   514
IPP   91
iterative LP   516

J

Jacobian   516

K

Karush-Kuhn-Tucker   421, 471, 520
KKT   520
KKT 벡터   483
KKT 승수벡터   483
KKT 조건   483

L

Lambda   514
lambda   132
least-cost dispatch   500
Lemma   481
LMP   532
load damping   353
load frequency control   111
load serving entities   318
load-following units   49
location   428
logarithmic barrier   519
LOLP   95

M

management   64
master station   423
McCormick   519
minimum-load costs   118
mismatch size   377
monitoring   466
must-run units   49

N

NERC 90
network industries 58
Newton 514, 516
Newton-Raphson 420
node 58
noise 428
non-convexity 423
non-spinning load 351
non-spinning reserve 332
normal 59
normal accident 219
normal distribution 437

O

operation 64
optimality conditions 421

P

participation factors 508
peak-load units 49
phase angle 249
Phase Measurement Unit 58
plant operation 64
pool 89
positive definite 475
positive semidefinite 474
Power 50
power system 46
Primal-dual 519
primal-dual interior point method 519
primary control 110

R

ramp rate 378
redundant 428
regulating reserve 318, 335
regulating signal 458
relax 102
reliability 463
responsive reserve 333
responsive spinning reserve 377
robust but fragile 206
router 427
RTO 90

S

SCADA 270, 415
scan cycle 425
SCOPF 출력기준점 349, 388
security 464
self-organized criticality 199
settlement 52, 386, 504
shadow price 552
small-world network 195
SMP 108
SOC 199
software failure 206
sparse 420
speed changer 359
spinning load 351
spread 438
squared difference 446
start-up cost 118
stator winding 54
status indicator 424
steady state 59
subproblem 419

supplementary control   61
synchronous generator   347
synchronous operation   81
synchronous speed   82
synchronous ties   391, 393
system   40, 45
system collapse   56

T

tangent cone   489
thermal stress   457
thermodynamics   45
throttle valve   357
tight pool   89
topology   58
transient stability   249
trip   404
type of generating unit   377

V

VLPGO   148
voltage stability   249
voltage support   112

W

watt   50
wicket gate   356

Y

Y 매트릭스   420

123

1% 법칙   461
1차 KKT 필요조건   515
1차 그라디언트   521
1차 예비력   314, 325
1차 예비력-사고대비   316
1차 제어   110, 265, 328, 388, 456
1차 필요조건   471, 475, 483
2차 계획법   422
2차 예비력   314, 329
2차 예비력-부하급변대비   316
2차 예비력-사고대비   316
2차 제어   265
2차 조건   474
2차 충분조건   475
2회 연속미분 가능   475
3차 예비력   314, 324, 329
3차 예비력-사고대비   316
4초 주파수 조정 신호   390
9.15 정전   153

김영창(공학박사)

서울대학교 전기공학과를 졸업하고 한국전력공사에 입사하여 주로 장기투자계획의 근간을 이루는 전력수급계획 수립에 대한 일을 수행하였다. 우리나라의 전력수급기본계획을 수립할 때 사용하는 WASP 모형이 도입된 이래 이의 활용에 관한 일을 했으며, 국제원자력기구(IAEA)의 컨설턴트로서 IAEA 회원국의 WASP 사용자 훈련 및 모형 개선에 참여하고 있다. 1999년 즈음에 시작된 전력산업구조 개편과 관련해서 한국전력공사의 실무를 맡아 추진하였으며, 구조 개편이 진행되면서 한국전력거래소로 소속을 바꾸어 전력산업구조 개편에 필요한 시장운영시스템 개발을 담당하다가 전력산업구조 개편이 중단된 상황에서 2004년에 퇴직하였다. 그는 전력산업구조 개편은 경제학의 논리를 갖춘다고 이루어지는 것이 아니라 EMS라는 소프트웨어에 의한 기술적 기반이 구축되어 있어야만 그 추진과 이에 따른 전력시장 운영이 가능하다고 주장한다. 한국과학기술원 경영과학과에서 박사학위를 받았으며, 전력산업에 최적화 이론을 적용하는 분야에서 꾸준히 연구활동을 하고 있다.

유재국(경제학박사)

현재 국회입법조사처에서 에너지산업 전반에 대한 조사업무를 하고 있는 입법조사관이다. 기술, 행정, 법률, 경제학 등의 영역을 모두 섭렵해야 하는 자리에서 통섭적인 지식으로 국회의원들에게 에너지와 관련된 정보를 객관적이고 중립적으로 제공하고 있다. 2011년 9월 15일에 발생한 정전이 EMS를 제대로 운용하지 않음으로써 급전원들이 전력시스템이 어떤 상황인지 몰라 발생한 사고였다는 보고서를 2012년에 발간한 당사자이기도 하다. 또한 우리나라에서 시스템 다이내믹스(System Dynamics)의 모델러(modeler)로서 에너지 시스템과 관련된 동적 시뮬레이션 모형을 직접 만들어 분석하는 데에 많은 시간을 할애하고 있다. 충남대학교 행정학과를 졸업하고 아주대학교 에너지학과에서 경제학 박사학위를 받았으며, 다양한 분야에 대하여 관심이 많아 복잡계, 인구 예측, 에너지 수요 예측 등에서도 많은 성과를 내고 있다.